中央空调实用技术

主 编 何耀东 何 青

主 审 安大伟

北 京

冶 金 工 业 出 版 社

2014

内 容 简 介

本书内容是以近期颁布的新国标和新规范为基准编写的。全书共分7篇22章，第1、2篇为中央空调基础理论和冷负荷计算；第3、4篇为中央空调的构成——冷热源、末端设备与水系统管网；第5篇为舒适性空调的16种功能房间和工艺性洁净空调的设计与运行；第6、7篇为机房设计、系统调试、监测控制与新技术应用。书末编入了《公共建筑节能设计标准》的强制性条文，并附有设计计算用数据表。

本书适用于大专院校建筑环境与设备工程专业、暖通空调专业、热能制冷专业等相关专业用教材，也可供从事中央空调设计、施工、监理、维修与运行管理人员阅读。

图书在版编目(CIP)数据

中央空调实用技术/何耀东，何青主编. —北京：冶金工业出版社，2006.3（2014.3 重印）

ISBN 978-7-5024-3861-6

Ⅰ. 中…　Ⅱ. ①何…　②何…　Ⅲ. 集中空气调节系统—基本知识　Ⅳ. TB657.2

中国版本图书馆 CIP 数据核字（2005）第132131号

出 版 人　谭学余
地　　址　北京北河沿大街嵩祝院北巷39号，邮编100009
电　　话　(010)64027926　电子信箱　yjcbs@cnmip.com.cn
责任编辑　杨秋奎　王之光　美术编辑　吕欣童
责任校对　王贺兰　李文彦　责任印制　李玉山
ISBN 978-7-5024-3861-6
冶金工业出版社出版发行；各地新华书店经销；三河市双峰印刷装订有限公司印刷
2006年3月第1版，2014年3月第3次印刷
787mm×1092mm　1/16；29.25印张；784千字；449页
60.00 元

冶金工业出版社投稿电话：(010)64027932　投稿信箱：tougao@cnmip.com.cn
冶金工业出版社发行部　电话：(010)64044283　传真：(010)64027893
冶金书店　地址：北京东四西大街46号(100010)　电话：(010)65289081(兼传真)

《中央空调实用技术》

编审委员会

主编单位　天津大学建筑环境与设备工程系
天津工业大学机电信息学院
天津高校暖通空调制冷发展研究会

主　　编　何耀东（天津工业大学）
何　青（天津天友建筑设计有限公司）

主　　审　安大伟（天津大学）

编审人员　杨　华（河北工业大学）　李　莎（天津工业大学）
任绳凤（天津城建大学）　刘培琴（天津职业大学）
彭铁成（天津理工大学）
付卫红（天津工业大学）
律宝莹（天津商业大学）
王德明（天津科大技术发展有限公司）
李　中（天大胜远中央空调有限公司）
王凤臣（天津京泰冷暖设备有限公司）

（以上排名不分先后）

前　　言

《中央空调》一书由冶金工业出版社出版以来，颇受社会的好评。因该书将基础理论与实践经验紧密结合，实用技术性较强，因而深受本专业广大读者和高校“空气调节”课程师生的欢迎。该书出版后几乎每年重印 1 次，已连续印刷 7 次，总印数达 2 万多册。

近年来，中央空调技术突飞猛进的发展，国家新规范、新标准也不断出现，如《采暖通风与空气调节设计规范》(GB 50019—2003）和《民用建筑供暖通风与空气调节设计规范》(GB 50736—2012)。改革高校教学，急需为社会培养既有理论、又有实践知识的专业人才，有鉴于此，主编单位和出版社共同商定，在《中央空调》的基础上，编写了一本理论联系实际，内容更新、实用性更强的新书——《中央空调实用技术》，以解决高校教学和设计施工人员之需求。

本书由何耀东、何青主编，安大伟主审。由各有关高校空调课任课老师分章校审。各章节的校审人：安大伟第 1 ~ 5 章、第 21、22 章；刘培琴第 6 ~ 8 章；李莎第 9、10 章；杨华第 11 章；任绳凤第 12 ~ 14 章；彭铁成第 15 ~ 17 章；付卫红第 18 章；律宝莹第 19、20 章。全书各章节最后由安大伟统校一遍，最终修改完稿由何耀东完成。

本书承蒙编委会各成员的共同努力，各有关高校的鼎力支持和社会各界的大力协助，才得以在短时间内编审完成。在此对本书编审工作尽过力的各位专家、教授和朋友们表示深深的谢意。

由于编审者水平有限，不妥之处在所难免，欢迎诸位读者予以批评指正。

编审者
2005 年 8 月

目　录

第1篇　中央空调基础理论

1　中央空调的任务、湿空气的状态参数及焓湿图 …… 1
1.1　中央空调的任务 …… 1
1.2　“绿色空调”——中央空调发展的必然方向 …… 1
1.3　中央空调的调节对象——湿空气的组成及状态参数 …… 2
1.3.1　湿空气的组成 …… 2
1.3.2　湿空气的状态参数 …… 2
1.3.3　温度在空调工程中的各种参数 …… 4
1.4　湿空气焓湿图的组成及应用 …… 5
1.4.1　焓湿图的组成 …… 5
1.4.2　焓湿图的应用 …… 5
2　空气的热湿处理及热舒适指标 …… 13
2.1　中央空调系统的空气热湿处理途径与方案 …… 13
2.1.1　夏季热湿处理途径与方案 …… 13
2.1.2　冬季热湿处理途径与方案 …… 14
2.2　用喷水室处理空气 …… 15
2.2.1　喷水室的构造与类型 …… 15
2.2.2　喷水室处理空气的过程分析 …… 17
2.2.3　喷水室的热工计算与阻力计算 …… 18
2.3　用表面式换热器处理空气 …… 22
2.3.1　表面式换热器的构造与安装 …… 23
2.3.2　表面式换热器处理空气的过程 …… 24
2.4　表面式空气冷却器的热工计算 …… 26
2.4.1　表冷器的热交换效率 …… 26
2.4.2　表冷器热工计算的类型与计算方法 …… 27
2.4.3　表冷器的设计性计算和校核性计算步骤举例 …… 28
2.4.4　表冷器热工计算的计算机计算框图 …… 31
2.4.5　喷水式表冷器和直接蒸发式表冷器 …… 32
2.5　表面式空气加热器的热工计算 …… 33
2.5.1　平均温差法——用于加热器的一般性设计计算 …… 34
2.5.2　热交换效率法——用于以表冷器作为加热器的设计计算 …… 35

2.6 表面式换热器的阻力计算 …… 35
2.6.1 空气加热器的阻力 …… 35
2.6.2 表冷器的阻力 …… 36
2.7 空气的其他加热处理方式与加湿、除湿 …… 36
2.7.1 空气的其他加热处理方式——散热器、暖风机、辐射供暖、电采暖 …… 36
2.7.2 空气的加湿与除湿 …… 46
2.8 空调的舒适性与热环境评价指标 …… 49
2.8.1 室内空调的舒适图 …… 49
2.8.2 人体舒适方程式 …… 51
2.8.3 热环境评价指标 PMV 和 PPD …… 51

3 中央空调系统的组成及其典型方式 …… 53
3.1 中央空调系统的组成 …… 53
3.2 中央空调系统的分类与比较 …… 53
3.2.1 分类 …… 53
3.2.2 比较 …… 57
3.3 全空气空调系统（AAA） …… 58
3.3.1 全空气空调系统图示和处理过程 …… 58
3.3.2 全空气空调系统一次回风和二次回风方式的选定 …… 60
3.3.3 全空气空调系统的风量平衡 …… 61
3.3.4 全空气空调的系统划分 …… 62
3.3.5 全空气空调系统的分区处理 …… 63
3.4 变风量空调系统（VAV） …… 64
3.4.1 变风量与定风量的区别 …… 65
3.4.2 变风量末端装置的形式 …… 66
3.4.3 节流型变风量空调末端装置 …… 66
3.4.4 妥思变风量末端装置与变风量调节器 …… 69
3.5 风机盘管+空调新风系统（FC+OA） …… 70
3.5.1 风机盘管的构造、类型与基本参数 …… 70
3.5.2 风机盘管+新风系统中新风的供给方式 …… 72
3.5.3 风机盘管+新风系统中新风终状态的处理方式 …… 73
3.5.4 风机盘管机组的选择 …… 74
3.5.5 风机盘管的水系统 …… 75
3.6 双风管空调系统 …… 77
3.6.1 双风管空调系统的构成与种类 …… 77
3.6.2 双风管空调系统的特点与应用 …… 78
3.7 诱导器空调系统 …… 79
3.7.1 诱导器的构成与诱导比 …… 79
3.7.2 诱导器系统的处理过程及特点 …… 80
3.8 全新风空调系统 …… 81

3.8.1 夏季全新风空调系统的调节过程与冷量计算 …… 81
3.8.2 冬季全新风空调系统的调节过程与加热量计算 …… 82
3.9 商用中央空调、家用（户式）中央空调与变冷剂系统（VRV） …… 82
3.9.1 商用中央空调 …… 82
3.9.2 家用（户式）中央空调 …… 83
3.9.3 变冷剂系统（VRV） …… 86

4 中央空调风系统与风管道 …… 88
4.1 中央空调送、排风系统设计 …… 88
4.1.1 送风系统设计原则 …… 88
4.1.2 排风系统设计原则 …… 89
4.2 风系统的防火设计与消声设计 …… 90
4.3 中央空调的新风系统与回风系统 …… 90
4.3.1 确定新风量的三个条件 …… 90
4.3.2 室内空气污染源与绿色室内环境 …… 91
4.3.3 中央空调的新风量与新风口、新风阀的设置原则 …… 92
4.3.4 中央空调的回风系统 …… 94
4.4 风管系统设计 …… 94
4.4.1 风管常用材料 …… 95
4.4.2 风管系统的设计 …… 95
4.4.3 风机的选择与校核 …… 98

5 中央空调的送、回风口及气流组织 …… 99
5.1 送风口与回风口 …… 99
5.1.1 送风口的形式 …… 99
5.1.2 回（排）风口的形式 …… 102
5.2 对气流组织的要求与评价 …… 103
5.3 气流组织形式 …… 105
5.4 气流组织设计计算 …… 106
5.4.1 侧送风的计算 …… 106
5.4.2 散流器送风的计算 …… 110

第2篇　中央空调冷负荷计算方法与计算软件

6 空调设计参数与冷负荷计算用基础数据 …… 114
6.1 室内外设计参数 …… 114
6.1.1 室外气象参数 …… 114
6.1.2 室内空调设计参数 …… 115
6.2 围护结构温差传热冷负荷计算用基础数据 …… 118
6.3 外窗太阳辐射冷负荷计算用基础数据 …… 122
6.4 人体、照明、设备等散热形成冷负荷计算用基础数据 …… 124

7　冷负荷计算方法与散湿量计算方法 …… 127
7.1　国标对冷负荷计算的技术规定 …… 127
7.2　围护结构温差传热冷负荷计算 …… 128
7.2.1　计算方法 …… 128
7.2.2　冷负荷计算方法示例 …… 128
7.3　外窗太阳辐射冷负荷计算 …… 131
7.4　人体、照明、设备散热冷负荷计算 …… 133
7.4.1　人体散热冷负荷计算 …… 133
7.4.2　照明散热冷负荷计算 …… 134
7.4.3　电动设备散热冷负荷计算 …… 136
7.5　冷负荷计算值的确定 …… 137
7.5.1　空调房间计算冷负荷值的确定 …… 137
7.5.2　空调建筑物计算冷负荷值的确定 …… 137
7.5.3　空调系统计算冷负荷值的确定 …… 137
7.6　各种散湿量计算及化学反应散热量、散湿量计算 …… 137
7.6.1　人体散湿量计算 …… 137
7.6.2　餐厅食物散热量、散湿量计算 …… 138
7.6.3　水面蒸发水分计算 …… 138
7.6.4　化学反应的散热量、散湿量计算 …… 139
7.6.5　低温建筑结构的传湿量计算 …… 139
8　冷负荷计算软件与冷指标估算 …… 140
8.1　冷负荷计算软件 …… 140
8.1.1　鸿业负荷计算软件 …… 140
8.1.2　PKPM® 系列暖通空调软件——CPM …… 148
8.2　冷负荷估算方法 …… 148
8.3　中、美、日、英4国冷指标值 …… 150

第3篇　中央空调主机设备与末端设备

9　中央空调冷源设备 …… 153
9.1　电动压缩式制冷原理及其制冷剂、载冷剂、润滑油 …… 153
9.1.1　压缩式制冷机的制冷原理 …… 153
9.1.2　制冷剂 …… 153
9.1.3　载冷剂 …… 155
9.1.4　冷冻机油（润滑油） …… 156
9.2　电动压缩式冷水机组 …… 156
9.2.1　活塞式冷水机组 …… 156
9.2.2　螺杆式冷水机组 …… 159
9.2.3　离心式冷水机组 …… 162

9.2.4　涡旋式制冷机 …… 164
9.3　蓄冷技术与设备 …… 166
9.3.1　蓄冷介质种类与蓄冷设备类型 …… 167
9.3.2　冰蓄冷 …… 167
9.3.3　水蓄冷 …… 170
9.4　吸收式冷水机组 …… 173
9.4.1　蒸汽型双效溴化锂吸收式冷水机组 …… 173
9.4.2　直燃型溴化锂吸收式冷（热）水机组 …… 176
9.4.3　热水型溴化锂吸收式冷水机组 …… 180
9.4.4　氨水吸收式制冷机（特点、技术参数） …… 181
10　中央空调热源设备与热泵 …… 183
10.1　真空锅炉、电热锅炉与换热机组 …… 183
10.1.1　真空锅炉 …… 183
10.1.2　电热锅炉 …… 186
10.1.3　换热机组 …… 190
10.2　空气源热泵 …… 194
10.2.1　空气源热泵（风冷热泵）机组的技术参数 …… 194
10.2.2　空气源热泵的能量平衡点与辅助冷热源 …… 196
10.3　水源热泵 …… 198
10.4　地源热泵 …… 200
10.5　水环热泵 …… 201
10.6　燃气热泵、蓄热式热泵和高温相变式热泵 …… 203
11　中央空调末端设备——型号规格、安装维修与运行调节 …… 206
11.1　空调机组、新风机组的结构、性能及其安装与维修技术 …… 206
11.1.1　组合式空调机组的结构与性能 …… 206
11.1.2　组合式空调机组的安装、运行与维修 …… 208
11.1.3　新风机组 …… 209
11.2　风机盘管结构、性能及其安装、运行与维修技术 …… 213
11.2.1　风机盘管的结构与性能 …… 213
11.2.2　风机盘管的安装与运行 …… 216
11.2.3　风机盘管的维修 …… 216
11.3　单元式空调机组与屋顶式空调机组的结构与性能 …… 218
11.3.1　水冷单元式空调机组与恒温恒湿机组 …… 218
11.3.2　风冷分体式空调机组与热泵机组 …… 218
11.3.3　屋顶式空调机组 …… 219
11.4　商用中央空调与家用（户式）中央空调系统的设备选型与工程设计 …… 220
11.4.1　商用、家用（户式）中央空调系统的特点 …… 220
11.4.2　商用、家用（户式）中央空调机技术参数 …… 220
11.4.3　商用、家用（户式）中央空调系统设计 …… 227

11.5　中央空调系统的运行调节技术 …… 228
11.5.1　中央空调系统的全年运行调节技术 …… 228
11.5.2　室内冷（热）、湿负荷变化时的运行调节技术 …… 233
11.5.3　变风量系统的全年运行调节技术 …… 238
11.5.4　风机盘管系统的全年运行调节技术 …… 240

第4篇　中央空调水系统与水管道

12　空调水系统的类型、管网承压及常用管材、管件与阀门 …… 242
12.1　空调水系统的划分原则与类型 …… 242
12.1.1　空调水系统划分原则 …… 242
12.1.2　空调水系统的类型、特征和优缺点 …… 242
12.2　水系统管网的承压与典型形式（附工程实例） …… 244
12.2.1　水系统管网的承压 …… 244
12.2.2　水系统管网的典型形式 …… 244
12.2.3　水系统管网的设计安装工程实例 …… 247
12.3　水系统常用管材与管件 …… 251
12.3.1　钢管 …… 251
12.3.2　塑料管 …… 255
12.3.3　塑料管、塑钢管的性能比较 …… 260
12.3.4　水系统常用管件 …… 262
12.4　水系统常用阀门 …… 263
12.4.1　闸阀 …… 263
12.4.2　截止阀 …… 265
12.4.3　球阀 …… 266
12.4.4　旋塞阀 …… 267
12.4.5　蝶阀 …… 269
12.4.6　安全阀 …… 269

13　水系统管网的设计与安装 …… 271
13.1　水系统管网设计原则 …… 271
13.1.1　水系统设计应力求各环路的水力平衡 …… 271
13.1.2　防止大流量小温差 …… 271
13.1.3　供冷与供暖的水输送系数必须符合规范指标 …… 272
13.1.4　二次泵系统宜设置变频调速装置或选用自带调节装置的水泵 …… 273
13.1.5　水系统的膨胀、补水、排水与排气 …… 273
13.1.6　水系统的水处理与水过滤 …… 274
13.2　水系统的设计计算 …… 274
13.2.1　水管的流速、温升、冷损失、容水量 …… 274
13.2.2　水管管径、冷却塔水量与水泵扬程计算 …… 275

13.2.3　设备阻力损失与管网阻力损失 …… 276
13.2.4　凝结水管路系统的设计 …… 276
13.2.5　同程式、异程式和水力平衡 …… 277
13.3　水系统的分区及高层、超高层建筑水系统的承压 …… 278
13.3.1　水系统的分区 …… 278
13.3.2　国内外超高层建筑概况 …… 279
13.3.3　高层、超高层建筑水系统设备、管件、管材的承压 …… 280
13.4　高层、超高层建筑水系统的设计 …… 282
13.4.1　建筑高度在100~200m之间的水系统设计 …… 282
13.4.2　建筑高度大于200m的水系统设计 …… 284
13.4.3　超高层建筑水系统设计实例 …… 284
13.5　水系统管网的安装 …… 285
13.5.1　管道间距与支（吊）架间距 …… 285
13.5.2　空调设备与管道的保温（保冷） …… 286

14　定流量水系统与变流量水系统 …… 288
14.1　定流量水系统的应用特征 …… 288
14.2　变流量水系统的方式及特征 …… 288
14.2.1　变流量水系统的方式 …… 288
14.2.2　变流量水系统调节方式的选择 …… 289
14.2.3　变流量水系统的一、二次泵 …… 290
14.2.4　供回水环路的旁通 …… 290
14.2.5　变流量水系统的优点 …… 290
14.3　变流量水系统设计流量的查算方法 …… 291
14.3.1　算式计算法 …… 291
14.3.2　查图计算法 …… 291
14.3.3　查算方法示例 …… 291
14.4　变流量水系统在部分负荷时的设备性能与耗电量 …… 292
14.4.1　冷水机组部分负荷的机组效率 …… 292
14.4.2　冷却塔部分负荷的性能 …… 293
14.4.3　水泵变频调速性能 …… 293
14.4.4　变流量系统部分负荷综合耗电量 …… 293
14.4.5　变流量系统的节能效果 …… 295

第5篇　舒适性空调和工艺性空调的设计与运行

15　酒店、宾馆及高层、超高层建筑空调的设计与运行 …… 296
15.1　客房空调的设计与运行 …… 296
15.1.1　客房空调的风机盘管系统 …… 296
15.1.2　客房空调的新风系统 …… 297

15.1.3 客房空调的排风系统 …… 298
15.2 写字楼空调的设计与运行 …… 300
15.2.1 现代写字楼的分类与功能特点 …… 300
15.2.2 现代写字楼的空调负荷与空调分区 …… 300
15.2.3 写字楼常用的几种空调系统 …… 301
15.3 餐厅、宴会厅、多功能厅空调的设计与运行 …… 302
15.3.1 餐厅、宴会厅、多功能厅空调的特点 …… 302
15.3.2 餐厅、宴会厅、多功能厅负荷计算的特殊性 …… 302
15.3.3 餐厅、宴会厅、多功能厅空调方式 …… 304
15.4 KTV 歌舞厅空调的设计与运行 …… 306
15.4.1 KTV 歌舞厅空调的特点 …… 306
15.4.2 KTV 歌舞厅空调方式 …… 306
15.4.3 KTV 歌舞厅的新风、排风系统 …… 307
15.5 康乐中心空调的设计与运行 …… 309
15.5.1 康乐中心的功能房间及其特点 …… 309
15.5.2 康乐中心空调的设计与运行 …… 310
15.6 门厅、四季厅空调的设计与运行 …… 311
15.6.1 门厅、四季厅空调的特点 …… 311
15.6.2 门厅、四季厅空调设计 …… 312
15.6.3 中庭的空调设计 …… 312
15.7 地下停车库通风排烟的设计与运行 …… 313
15.7.1 地下停车库的防火及防烟分区 …… 313
15.7.2 地下停车库通风排烟量的计算 …… 313
15.7.3 地下停车库的通风排烟设计与运行 …… 314
15.7.4 地下停车库空调供暖和防火的设计与运行 …… 315
15.7.5 地下停车库采用上排风方式的研究 …… 315
15.8 建筑物防火排烟的设计与运行 …… 315
15.8.1 防火排烟的设计 …… 315
15.8.2 房间、车库和走廊的防排烟方式 …… 320
15.8.3 防烟楼梯间及其前室、消防电梯前室和合用前室的防排烟方式 …… 322
15.8.4 机械送风加压防烟方式 …… 324
15.8.5 高层建筑防排烟设计中应注意的技术要点 …… 325
15.8.6 高层建筑防排烟工程实例 …… 326
15.9 厨房空调和通风的设计与运行 …… 327
15.9.1 厨房的冷负荷与温度 …… 327
15.9.2 厨房通风的设计 …… 327
15.9.3 厨房排风补风措施 …… 328
15.9.4 厨房设备散热、散湿量与空调冷负荷 …… 329
15.10 洗衣房空调和通风的设计与运行 …… 331

15.10.1　洗衣房空调和通风的设计 …… 331
15.10.2　洗衣房空调系统和排风系统的设置与运行[1] …… 331

16　文化体育场馆空调的设计与运行 …… 334
16.1　影剧院空调的设计与运行 …… 334
16.1.1　影剧院空调负荷的特殊性 …… 334
16.1.2　观众厅空调的设计与运行 …… 336
16.1.3　观众厅空调设计与运行应注意的问题 …… 339
16.1.4　舞台空调的设计与运行 …… 340
16.1.5　影剧院空调的预冷运行 …… 340
16.2　体育馆空调的设计与运行 …… 341
16.2.1　体育馆空调的负荷与要求 …… 341
16.2.2　比赛大厅空调的送回风方式 …… 341
16.2.3　体育馆空调送风的设计计算 …… 344
16.2.4　体育馆的防火排烟 …… 346
16.3　游泳馆空调的设计与运行 …… 347
16.3.1　游泳馆空调的特点 …… 347
16.3.2　游泳馆空调负荷的特殊性 …… 348
16.3.3　游泳馆散湿量、冷负荷与送风量计算 …… 349
16.3.4　游泳馆采暖系统的设计与运行 …… 351
16.3.5　游泳馆空调的设计与运行 …… 352

17　商场空调的设计与运行 …… 354
17.1　商场空调冷负荷计算基数及概算值 …… 354
17.1.1　商场空调冷负荷计算基数 …… 354
17.1.2　商场噪声及空调负荷的概算值 …… 354
17.2　商场空调方式 …… 355
17.2.1　全空气中央空调系统 …… 355
17.2.2　风机盘管＋新风系统与柜式空调系统 …… 355
17.2.3　全水空调系统与多联机商用空调方式 …… 356
17.3　商场的防火排烟 …… 357
17.3.1　商场防烟部位及防烟措施 …… 357
17.3.2　商场内分割房间及货柜面积较大商场的防排烟 …… 357
17.4　地下商场空调的设计与运行 …… 358
17.4.1　地下商场的空调设计负荷 …… 358
17.4.2　提高地下商场空调效果的措施 …… 359
17.4.3　提高空调系统运行管理水平的措施 …… 362

18　工艺性生产厂房空调与洁净空调的设计与运行 …… 363
18.1　工艺性生产厂房空调的设计与运行 …… 363
18.1.1　工艺性生产厂房空调的设计运行方法 …… 363

18.1.2 空调厂房的气流组织形式 …… 363
18.2 洁净厂房空调的设计与运行 …… 364
18.2.1 洁净厂房洁净度等级标准 …… 364
18.2.2 洁净空调系统的设计原则 …… 366
18.2.3 洁净空调的气流组织及其系统的基本形式 …… 370
18.3 医院空调的设计与运行 …… 373
18.3.1 医院洁净空调的等级标准与主要技术指标 …… 373
18.3.2 医院空调的特点及室内设计参数 …… 375
18.3.3 医院空调系统的选择与设计原则 …… 377
18.3.4 医院手术室空调系统 …… 379
18.3.5 医院排风系统的设计与运行 …… 382
18.4 计算机房与程控机房空调的设计与运行 …… 383
18.4.1 机房空调的特点及基本要求 …… 383
18.4.2 机房空调的送回风方式 …… 385
18.4.3 机房空调系统的空气处理工况 …… 387
18.4.4 机房空调的运行 …… 388

第6篇 制冷机房设备的设计选型与安装维修

19 制冷机房主机设备设计选型与安装维修 …… 389
19.1 制冷机的选型设计 …… 389
19.1.1 制冷机台数与制冷范围 …… 389
19.1.2 制冷机的节能性、环保性及投资运行费 …… 389
19.1.3 制冷机的水温与水质条件 …… 390
19.2 制冷机房设计 …… 390
19.2.1 制冷机房设计的技术要点 …… 390
19.2.2 制冷机房的布置原则 …… 392
19.3 电动压缩式冷水机组的安装调试 …… 393
19.3.1 安装前的准备工作 …… 393
19.3.2 电动压缩式冷水机组的安装与调试 …… 394
19.4 溴化锂吸收式冷水机组的安装与调试 …… 396
19.4.1 溴冷机房的要求与设备安装 …… 396
19.4.2 溴冷机水系统与电气系统的安装 …… 397
19.4.3 直燃机的安装与调试 …… 397

20 制冷机房辅助设备设计选型与安装维修 …… 400
20.1 水泵与水过滤器的设计选型与安装维修 …… 400
20.1.1 水泵的设计选型与安装维修 …… 400
20.1.2 水过滤器的设计选型 …… 403
20.2 冷却塔的设计选型与保养维修 …… 405

20.2.1　冷却塔的设计选型 …… 405
20.2.2　冷却塔的保养和检修标准 …… 406
20.3　定压补水设备与水锤吸纳器的设计选型 …… 407
20.3.1　定压补水设备 …… 407
20.3.2　活塞式水锤吸纳器 …… 408
20.4　水处理装置的设计选型 …… 409
20.5　减振器的设计选型 …… 410

第7篇　中央空调系统的调试、监测控制与空调新技术

21　中央空调系统的调试与监测控制 …… 412
21.1　中央空调系统的调试与测定 …… 412
21.1.1　中央空调系统的运行调试 …… 412
21.1.2　中央空调系统的测定 …… 412
21.2　中央空调系统送风量的调整 …… 414
21.2.1　空调系统送风量的调整原理 …… 414
21.2.2　空调系统送风量的调整方法 …… 415
21.3　中央空调系统的监测与控制 …… 416
21.3.1　监测与控制的工作范围 …… 416
21.3.2　监测与控制环节 …… 416

22　中央空调新技术应用 …… 424
22.1　低温送风空调系统 …… 424
22.1.1　低温送风空调系统与常规空调系统技术性比较 …… 424
22.1.2　低温送风空调的优点与有关规定 …… 425
22.2　置换通风 …… 426
22.2.1　置换通风的特性及与常规空调的比较 …… 426
22.2.2　置换通风的自然对流与送排风温差 …… 426
22.3　空调热回收与空气换热器 …… 427
22.3.1　热回收方式及其比较 …… 427
22.3.2　全热换热器与新风换气机 …… 427
22.4　冷热电联产与冷却塔供冷 …… 429
22.4.1　冷热电联产 …… 429
22.4.2　冷却塔供冷系统 …… 431
22.5　天棚辐射采暖制冷系统 …… 434
22.5.1　天棚辐射与置换新风的优点 …… 434
22.5.2　应用条件与其节能性 …… 434
22.6　地下停车库诱导通风系统 …… 436
22.7　公共建筑节能设计标准（GB 50189—2005）的应用 …… 437
22.7.1　计算参数与新风量 …… 437

22.7.2 强制性条文 …… 438
附 录 …… 443
附表1 部分水冷式表面冷却器的传热系数和阻力试验公式 …… 443
附表2 水冷式表面冷却器的 E' 值 …… 444
附表3 JW 型表面冷却器技术数据 …… 444
附表4 部分空气加热器的传热系数和阻力试验公式 …… 445
附表5 一些铸铁散热器规格及其传热系数 K …… 445
附表6 一些钢制散热器规格及其传热系数 K …… 446
附表7 散热器组装片数修正系数 …… 446
附表8 散热器连接形式修正系数 …… 446
附表9 散热器安装形式修正系数 …… 447
附表10 空调工程常用单位换算 …… 447
参考文献 …… 449

第1篇　中央空调基础理论

1　中央空调的任务、湿空气的状态参数及焓湿图

中央空调是“空调大家族”中的重要组成部分。“空调”是空气调节的简称。空调可分为中央空调与局部空调两大类。局部空调泛指窗式空调器和分体式壁挂空调器或分体式柜式空调器。除局部空调以外的空调，则统称为中央空调。中央空调原指用于大型工民建工程的集中式或半集中式的空调系统，而近年来又不断涌现出“商用中央空调”和“家用中央空调”新成员，可见中央空调的重要性和普遍性与日俱增。为区别于“商用中央空调”和“家用中央空调”，则可把用于大型工业与民用建筑工程的中央空调概称为“大型工民建用中央空调”（简称大型中央空调）。

中央空调已成为当今社会不可缺少的一门技术。空调在国民经济建设和人民日常生活中起着越来越重要的作用。

空调工程是通过对空气的处理过程，使空气的温度、湿度、压力、气流速度、新鲜度和洁净度达到人们舒适要求或满足生产工艺要求，这些指标就构成了室内空气环境的条件。

1.1　中央空调的任务[1]

中央空调的任务，就是要对空气进行调节和控制，使之达到所要求的室内空气环境。其具体任务是：

（1）要创造出适合人体舒适感的室内空气环境。由于室内空气环境对人体的舒适感有着非常重要的作用，因此创造人体舒适感所要求的室内空气环境，就成为空调工作的首要任务。如要求室内空气温度为24℃ ±1℃，相对湿度为55% ±5%，那么空调工作不仅要保持24℃的温度基数和55%的湿度基数，而且还要确保±1℃的温度精度和±5%的湿度精度（即允许温、湿度的波动范围）以及较高的新鲜度和洁净度。

（2）要满足工艺生产所需求的室内空气环境。某些工艺生产的工序对温、湿度环境要求极高，温、湿度条件不仅直接影响生产工序的正常进行，而且还影响着产品的产量和质量。如纺织生产、精密仪器生产和药物生产工艺等。

（3）排除室内有害气体和集中散发的热量与湿量。舒适空调房间的二氧化碳及卫生间的不良气味，工艺空调的生产车间所产生的有毒、有味等有害气体，以及大量散发热量和湿量的局部部位，均需通过空调和排风设施予以消除，这样才能获得一个良好的室内空气环境。

1.2　“绿色空调”——中央空调发展的必然方向

影响人的舒适与健康最为直接的因素就是建筑室内环境。我们运用中央空调技术创造了美

好的建筑室内环境,同时却使室外自然环境遭到破坏。CFC 制冷剂正在破坏保护人类生存的大气臭氧层,大量耗费的能源正在使可供利用的自然资源走向枯竭,大气、水和土壤正在受到污染,就连夏季空调排出的热也造成“热岛”现象,恶化了所处的城市环境。为了贯彻可持续发展战略,建筑与空调未来的发展必须坚持“绿色建筑”和“绿色空调”的方向。所谓“绿色建筑”就是指能为建筑中的人提供健康、舒适、安全、方便的室内环境,而又不损害周边、区域乃至全球环境,充分开发利用可再生能源和高效利用自然资源的建筑,当然符合这种条件的空调才能称之为“绿色空调”。“绿色空调”是中央空调发展的必然方向。“世界绿色建筑委员会”已宣告成立,总部设在澳大利亚。为推动全世界“绿色建筑”与“绿色空调”起了重大作用。中国的“绿色建筑”已在北京、上海、天津、深圳和哈尔滨等地展开。北京的“世界财富中心”大厦的绿色建筑,已通过美国认证标准的认证,这将是在21世纪之初出现在中国大地上的最具影响力的“绿色建筑”与“绿色空调”。

1.3　中央空调的调节对象——湿空气的组成及状态参数[1,2]

湿空气既是空气调节的介质，又是空气调节的对象。湿空气的物理性质及其状态的变化，对室内空气环境和空调过程都有较直接的影响，因此有必要深入了解湿空气的成分、状态参数和焓湿图等。

1.3.1　湿空气的组成

1.3.1.1　湿空气

自然界中的空气，是由数量基本稳定的干空气和数量经常变化的水蒸气组成的混合物。这种混合物称为湿空气，凡是含有水蒸气的空气均称为湿空气，即是人们常说的空气或大气。而大气中除了湿空气外，还有污染物，如烟气、细菌等，但这些污染物所占比例很小。

1.3.1.2　干空气

干空气是湿空气的主要组成部分，它是由氮气、氧气、二氧化碳及其他稀有气体按一定比例组成的混合物（见表1-1），绝对的干空气在自然界中是不存在的。

表1-1　干空气的组成

气体名称	质量分数/%	体积分数/%	气体名称	质量分数/%	体积分数/%
氮气（N_2）	75.55	78.13	二氧化碳（CO_2）	0.05	0.03
氧气（O_2）	23.1	20.9	其他气体[氦(He)、氖(Ne)、氪(Kr)等]	1.3	0.94

1.3.1.3　饱和空气

干空气具有吸收和容纳水蒸气的能力，并且在一定温度下只能容纳一定量的水蒸气。我们把在一定温度下水蒸气的含量达到最大值的空气称为饱和空气。对应的温度为该空气的饱和温度。空气中可容纳的水蒸气含量与温度有关，温度越高，空气中水蒸气的可容纳量就越大。因此，如果降低饱和空气的温度，空气中水蒸气的可容纳量也随之降低，并且多余的水蒸气会冷凝成液体。自然界中的结露现象就是这个道理，根据这一道理，我们利用制冷装置对空气进行冷却除湿处理。空气在饱和状态时的水蒸气分压力用p_{cb}表示。

1.3.2　湿空气的状态参数

1.3.2.1　温度

温度是描述空气冷热程度的物理量，主要有3种表示方法：摄氏温标、华氏温标和绝对温标（又称热力学温标或开氏温标）。

摄氏温标用符号 t 表示，单位是℃；华氏温标用符号 t_F 表示，单位是℉；绝对温标用符号 T 表示，单位是 K。三种温标间的换算关系如下：

$$T = t + 273 \tag{1-1}$$

$$t = T - 273 \tag{1-2}$$

$$t_F = \frac{9}{5} \times t + 32 \tag{1-3}$$

1.3.2.2 压力

空气的压力就是当地的大气压，用符号 p 表示。单位为国际单位帕（Pa），与已废除的几种单位（工程单位、毫米汞柱、毫米水柱）的换算关系如下：

$$1\text{kgf/cm}^2 = 98066.5\text{Pa} \approx 0.1\text{MPa} \tag{1-4}$$

$$1\text{mmHg} = 13.5951\text{mmH}_2\text{O} = 133.3224\text{Pa} \tag{1-5}$$

正如空气是由干空气和水蒸气两部分组成一样，空气压力 p 也是由干空气压力和水蒸气压力两部分组成的，即：

$$p = p_g + p_c \tag{1-6}$$

式中 p_g——干空气的分压力；

p_c——水蒸气的分压力。

在空调系统中，空气的压力是用仪表测量出来的，但仪表显示的压力不是空气的绝对压力值，而是“表压”，即空气的绝对压力与当地大气压力的差值。只有空气的绝对压力才是其基本状态参数，一般情况下，凡未指明的工作压力均应理解为绝对压力。

1.3.2.3 湿度

空气湿度是指空气中含水蒸气量的多少，有以下几种表示方法：

（1）绝对湿度。即每 1m^3 空气中含有水蒸气的质量，符号为 γ_Z，单位为 kg/m^3。如果在某一温度下，空气中水蒸气的含量达到了最大值，此时的绝对湿度称为饱和空气的绝对湿度，用 γ_B 表示。

（2）相对湿度。为了能准确说明空气的干湿程度，在空调中采用了相对湿度这个参数，它是空气的绝对湿度 γ_Z 与同温度下饱和空气的绝对湿度 γ_B 的比值，符号为 φ。相对湿度一般用百分比来表示。

$$\varphi = \frac{\gamma_Z}{\gamma_B} \times 100\% = \frac{p_c}{p_{cb}} \times 100\% \tag{1-7}$$

相对湿度 φ 表明了空气中水蒸气的含量接近于饱和状态的程度。φ 值越小，表明空气越干燥，吸收水分的能力越强；φ 值越大，表明空气越潮湿，吸收水分的能力越弱。

相对湿度 φ 的取值范围在 0～100% 之间，如果 $\varphi = 0$，表示空气中不含有水蒸气，属于干空气；如果 $\varphi = 100\%$，表示空气中的水蒸气含量达到最大值，成为饱和空气。因此，只要知道 φ 值的大小，即可知空气的干湿度。

（3）含湿量（又称比湿量）。对应于 1kg 干空气的湿空气所含水蒸气的质量，用符号 d 表示，单位为 g/kg（干空气）。

在空气调节中，含湿量 d 是用来反映对空气进行加湿或除湿处理过程中水蒸气量的增减情况的。空调工程计算中，常用含湿量的变化来表达加湿和除湿程度。

$$d = 622\frac{p_c}{p - p_c} \tag{1-8}$$

1.3.2.4　比焓

空气的焓值是指空气中含有的总热量，通常以干空气的单位质量为基准，称作比焓，工程上简称焓。空气的比焓是指1kg干空气的焓和与它相对应的水蒸气的焓的总和，用符号 h 表示，单位是kJ/kg（干空气）。

在空调工程中，我们常根据空气处理过程中焓值的变化来判断空气是吸收热量还是放出热量。空气中焓值增加，表示空气得到热量；空气中焓值减少，表示空气放出热量。利用这一原理，根据焓值的变化来计算空气在处理前后得到或失去热量的多少。

$$h = 1.01t + 0.001d(2500 + 1.84t) \tag{1-9}$$

1.3.2.5　密度和比体积

空气的密度是指每1m³空气中干空气的质量与水蒸气的质量之和，用 ρ 表示，单位为kg/m³。

空气的比体积是指单位质量的空气所占有的体积，用符号 v 表示，单位为m³/kg。因此空气的密度与比体积互为倒数关系。

$$\rho = \frac{1}{v} \tag{1-10}$$

1.3.3　温度在空调工程中的各种参数

1.3.3.1　露点温度

利用饱和空气的含湿量与温度有关这一原理，我们可以通过降低温度的方法，使不饱和空气达到饱和，再由饱和到空气凝结出水珠（即结露）。在结露之前，空气所含水蒸气总量不变。我们把一定压力下，湿空气在水蒸气的含量 d 不变的情况下，冷却到相对湿度 $\varphi = 100\%$ 时所对应的温度，称为露点温度，并用符号 t_L 表示。

1.3.3.2　机器露点温度

空调系统的“机器露点温度”与空气的露点温度是有区别的，它是指经过人为的对空气加湿或除湿冷却后所达到的近于饱和的空气状态。表面式冷却器外表面的平均温度称为“机器露点温度”；经过喷水处理的空气比较接近于 $\varphi = 100\%$ 状态，习惯上将其状态称为“机器露点”。

1.3.3.3　干、湿球温度

空气的相对湿度 φ 通常通过干、湿球温度计测量出来。

干、湿球温度计的结构如图1-1所示，它是由两个相同的温度计组成的。使用时放在通风处，其中一个放在空气中直接测量出来的温度称为干球温度，用符号 t_g 表示；另一个温度计的感温部分用纱布包裹起来，纱布下端放在盛满水的水瓶里，测量出来的温度称为湿球温度，用符号 t_{sh} 表示。

根据干、湿球温度计的差值和干球温度值从湿度表上可以查得空气的相对湿度 φ 的大小。

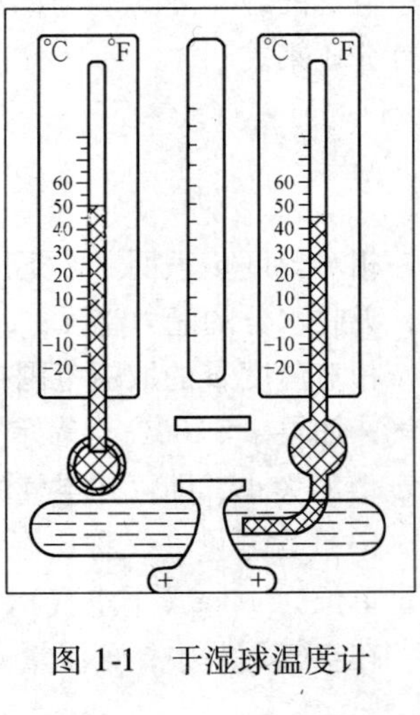

图1-1　干湿球温度计

值得注意的是，风速大小对所测湿球温度的准确性有很大影响。当流过湿球的风速较小时，空气与湿球表面热湿交换不完善，湿球读数偏高。当流经湿球表面的风速为4m/s以上时，所测得的湿球温度几乎不变，数据最准确。

1.4　湿空气焓湿图的组成及应用[2,4]

1.4.1　焓湿图的组成

1.4.1.1　焓湿图的坐标

焓湿图建立在斜角坐标上，如图1-2所示。纵坐标表示焓值用 h 表示，横坐标表示含湿量用 d 表示，两坐标间的夹角为135°。这是因为在实际应用中，可避免图面过长。

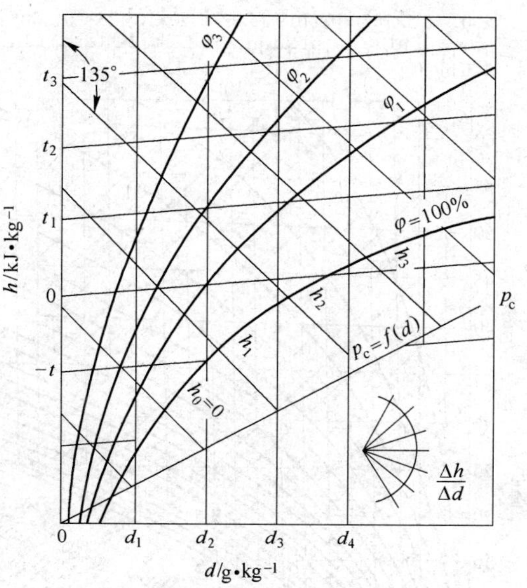

图1-2　焓湿图的组成

1.4.1.2　焓湿图上的等参数线

焓湿图上的等参数线如下：

（1）等焓线（h）。等焓线是一组与纵坐标成135°夹角的相互平行的斜线，每条线代表一焓值且每条线上各点的焓值都相等。

（2）等含湿量线（d）。等含湿量线是一组垂直于水平轴的直线，每条线代表一个含湿量且每条线上各点的含湿量值都相等。

（3）等温线（t）。等温线是一条斜线，每条线代表一个温度且每条线上各点的温度都相等。

（4）等相对湿度线（φ）。等相对湿度线是一组向上延伸的发散形曲线，每条线代表一个相对湿度且每条线上各点的相对湿度值相等。

（5）等水蒸气分压线（p_c）。等水蒸气分压线是一组垂直于水平轴的直线，每条线代表一水蒸气分压力且每条线上各点的水蒸气分压值都相等。

在水平轴的上方绘一条水平线，标上 d 值所对应的 p_c 值即为水蒸气分压力线，如图1-3所示。

（6）等热湿比线。为了说明空气的热湿变化过程，一般在 h-d 图的右下角给出热湿比（或称角系数）线。所谓热湿比就是湿空气变化时焓的变化与含湿量变化之比，即

$$\varepsilon=\frac{\Delta h}{\Delta d}\quad 或\quad \varepsilon=\frac{\Delta h}{\frac{\Delta d}{1000}} \tag{1-11}$$

热湿比 ε 表示了空气状态变化的方向和特征，式（1-11）分子、分母同乘总空气量 G，得到

$$\varepsilon=\frac{\Delta h}{\Delta d}=\frac{G\cdot\Delta h}{G\cdot\Delta d}=\frac{\pm Q}{\pm W} \tag{1-12}$$

式中，Q 的单位为kJ/h；W 的单位为kg/h。

式（1-12）中的正、负代表湿空气状态变化的方向。

1.4.2　焓湿图的应用

焓湿图是空调工程中进行分析计算的一种特殊工具图。其用途为：（1）确定湿空气的状

态参数；(2) 确定湿空气状态变化的过程；(3) 确定湿空气的混合过程；(4) 确定送风状态点和送风量；(5) 拟定空调联合处理过程等。图1-3为大气压力101.325kPa的焓湿图。

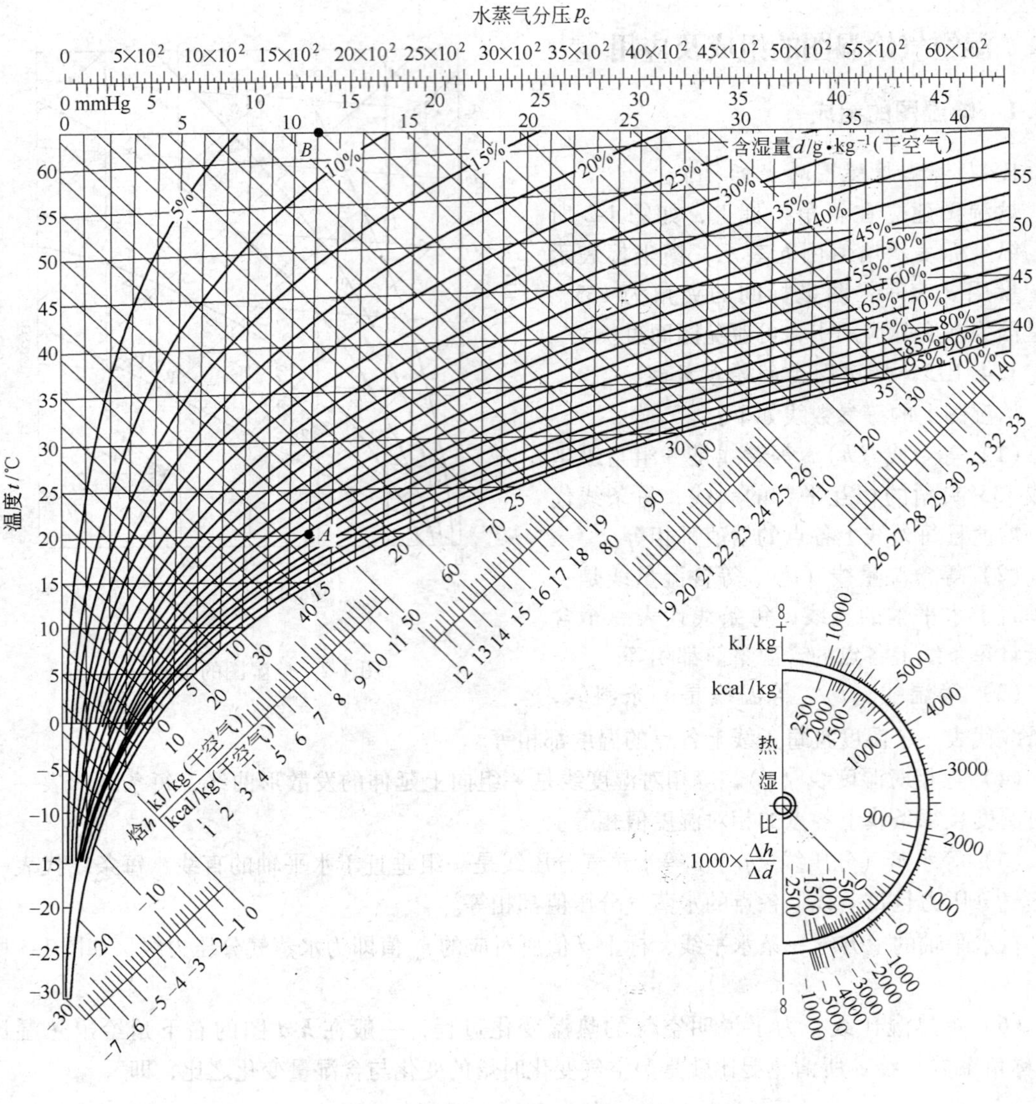

图1-3　湿空气的焓湿图（h-d图）

1.4.2.1　确定空气状态参数[1,2]

(1) 已知两个参数确定其他参数。焓湿图上的每一个点都代表空气的一个状态，只要已知h、d或p_c、t、φ中的任意两个参数，即可利用焓湿图确定其他参数。

【例1-1】 已知：大气压$B=101325$Pa，空气的温度$t=20$℃、$\varphi=70\%$，求空气的h、d、p_c值。

解： 首先在图1-3中，根据$t=20$℃、$\varphi=70\%$的交点确定出空气的状态点A，过A点分别沿等焓线、等含湿量线查出空气的$h=46$kJ/kg、$d=10.2$g/kg（干空气）。

p_c值的查法是：从A点沿等含湿量线向上作垂线，与上面的水平线交于一点B，再由B点垂直向上交于等水蒸气分压力线，查出$p_c=1626.7$Pa（12.2mmHg）。

（2）确定露点温度 t_L。由露点温度的定义知：在含湿量不变的情况下给空气降温，当空气的相对湿度 $\varphi=100\%$ 时所对应的温度即为露点温度 t_L。

【例 1-2】 已知：大气压 $B=101325$Pa，空气的温度 $t=32$℃，$\varphi=40\%$，求空气的 t_L。

解： 如图 1-4 所示，首先根据 $t=32$℃、$\varphi=40\%$ 的交点，确定出空气的状态点 A，过 A 点沿等含湿量线向下与 $\varphi=100\%$ 相交于 L 点，L 点所对应的温度即为 A 点的露点温度，查得 $t_L=17$℃。

由图 1-4 可知：与含湿量 d 相同的任何状态的空气（A、B），都会拥有相同的露点温度，即等湿又同露。含湿量越大的空气（A'），露点温度就越高。

（3）确定湿球温度 t_{sh}。湿球温度计纱布上的水分不断蒸发，湿球表面形成一层很薄的饱和空气层，这层饱和空气的温度近似等于湿球温度。这时，空气传给水的热量又全部由水蒸气返回空气中，所以湿球温度的形成可近似认为是一个等焓过程。因此，求湿球温度的方法是：从空气原状态点沿等焓线下行，与 $\varphi=100\%$ 的交点所对应的温度即为湿球温度 t_{sh}。

【例 1-3】 已知：大气压 $B=101325$Pa，空气的温度 $t=33.5$℃、$\varphi=40\%$，求空气的 t_{sh}。

解： 如图 1-5 所示，首先根据 $t=33.5$℃、$\varphi=40\%$ 的交点，确定出空气的状态点 A，过 A 点沿等焓线下行与 $\varphi=100\%$ 相交于 sh 点，sh 点所对应的温度即为空气的湿球温度，查图得 $t_{sh}=22.8$℃。

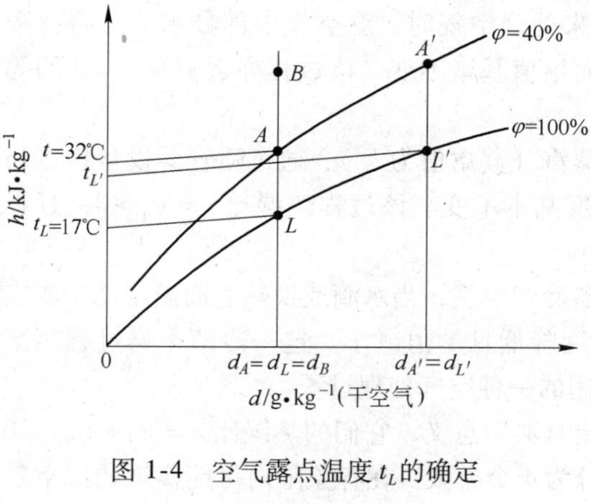

图 1-4　空气露点温度 t_L 的确定

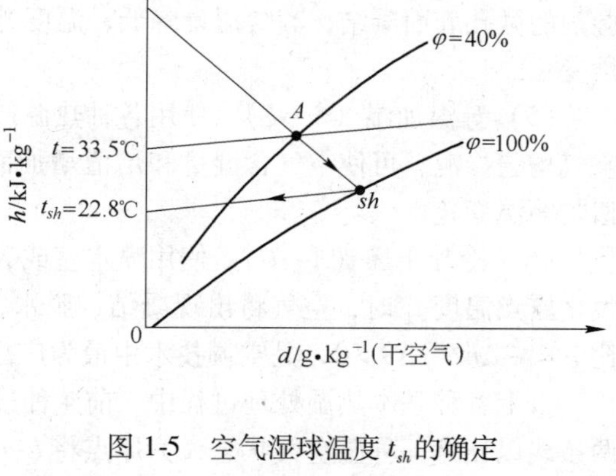

图 1-5　空气湿球温度 t_{sh} 的确定

由上图可知，如果干、湿球温度计处于饱和空气的环境中，由于此时湿纱布上的水分不再蒸发，则空气的干、湿球温度相等。

1.4.2.2　确定湿空气状态变化的过程[3,4]

空气热湿处理基本过程及其状态变化可从焓湿图上反映出来，如图 1-6 所示。

（1）等湿加热（$A\rightarrow B$）。使用以热水、蒸汽等作热媒的表面式换热器及某些电热设备，通过热表面对湿空气加热，则其温度升高、焓值增大而含湿量不变。这一过程又称“干加热”，其热湿比 $\varepsilon=\Delta h/0=+\infty$。

（2）等湿冷却（$A\rightarrow C$）。使用以冷水或其他流体作冷媒的表面式冷却器（简称表冷器）冷却湿空气，当其冷表面温度等于或高于湿空气的露点温度 t_L时，空气温度降低、焓值减小而含湿量保持不变。这一过程又称“干冷却”，其热湿比 $\varepsilon=-\Delta h/0=-\infty$。

（3）等焓加湿（$A\rightarrow E$）。使用喷水室以适量的水对湿空气进行循环喷淋，水滴及其表面饱和空气层的温度将稳定于被处理空气的湿球温度 t_{sh}，空气温度降低、含湿量增加而焓值基本

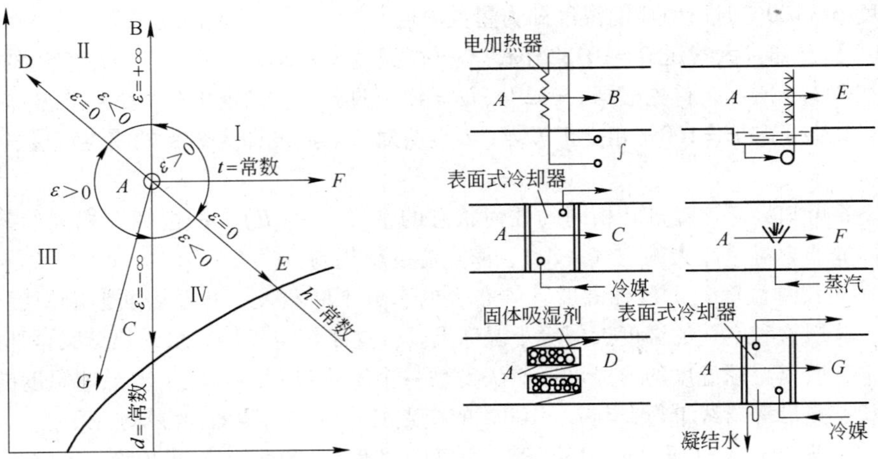

图1-6　几种典型的湿空气状态变化过程

不变。此外，水分在空气中自然蒸发亦可使空气产生同样的状态变化。这一过程又称“绝热加湿”，其热湿比 $\varepsilon=4.19t_{sh}$，近似于 $\varepsilon=0$ 的等焓过程。

（4）等焓除湿（$A\to D$）。使用固体吸湿装置来处理空气时，湿空气中部分水蒸气将在吸湿剂的微孔表面凝结，其含湿量降低，温度升高而焓值基本不变。该过程亦近似呈 $\varepsilon=0$ 的等焓变化。

（5）等温加湿（$A\to F$）。使用各种热源产生蒸汽（其焓值为 h_q），通过喷管等设备使之与空气均匀掺混，可使空气含湿量和焓值增加而温度基本不变。该过程热湿比 $\varepsilon=h_q>0$，且近似是等温变化。

（6）冷却干燥（$A\to G$）。使用喷水室或表冷器冷却空气，当水滴或换热表面温度低于湿空气之露点温度 t_L 时，空气将出现凝结、脱水，温度降低且焓值减小。这一冷却干燥过程热湿比 $\varepsilon=-\Delta h/-\Delta d>0$，是空调技术中最为广泛应用的一种空气处理过程。

以上各种基本热湿处理过程中，前4种过程更具典型意义，它们的热湿比 $\varepsilon=\pm\infty$ 和 $\varepsilon=0$ 两条线以任意一种湿空气状态 A 为原点将 h-d 图分为4个象限。在各象限内可能实现的湿空气状态变化过程统称为多变过程，它们各自相对于一定的处理设备，也各具特定的过程变化特征。详见表1-2。

表1-2　*h-d* 图上各象限内空气状态变化的特征

象　限	热湿比，ε	状态参数变化趋势			过　程　特　征
		h	d	t	
Ⅰ	$\varepsilon>0$	+	+	±	增焓增湿 喷蒸汽可近似实现等温过程
Ⅱ	$\varepsilon<0$	+	−	+	增焓，减湿，升温
Ⅲ	$\varepsilon>0$	−	−	±	减焓，减湿
Ⅳ	$\varepsilon<0$	−	+	−	减焓，增湿，降温

尚应指出，使用液体吸湿装置来处理空气也是一种重要的技术手段。理论上它可实现各种多变过程，但从工程实用价值考虑，则限于对空气进行减湿处理。

图 1-7 所示的就是湿空气由状态 A 变化到状态 B 的过程线（假定空气的热、湿变化是同时、均匀发生的）。

由解析几何知道，纵坐标与横坐标之比表示直线的斜率。因此，在 h-d 图上，ε 就是直线 AB 的斜率，因它表示了过程线 AB 的倾斜角度，故又称为"角系数"。所以，对于起始状态不同的空气，只要斜率相同，即 ε 值相同，其过程线必然相互平行，根据这一特点，一般在 h-d 图的右下角处作出一系列不同值的 ε 标尺线，如图 1-8 所示为用 ε 线确定空气终状态。具体应用时，只要过初始状态点作平行于 ε 等值线的直线，这一直线（假定如 $A \to B$ 的方向）就代表 A 状态的湿空气在一定的热湿作用下的变化方向。

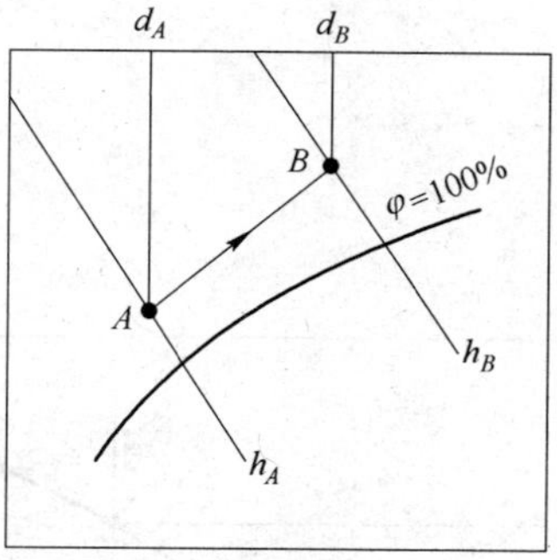

图 1-7 空气状态变化表示在 h-d 图上

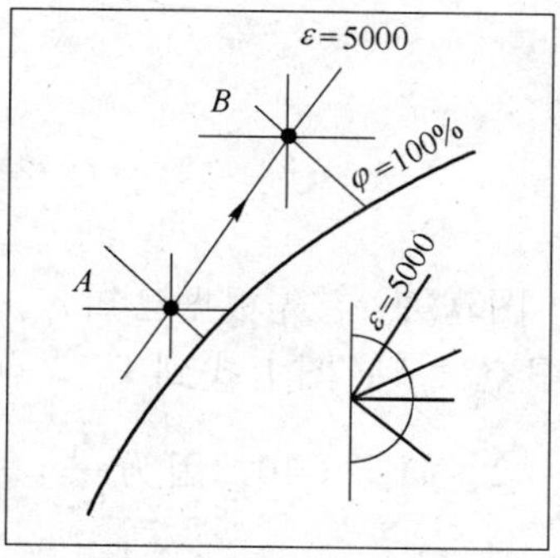

图 1-8 用 ε 线确定空气终状态

【例 1-4】 已知：$B = 101325\text{Pa}$，湿空气的初态为 $t_A = 25℃$，$\varphi_A = 60\%$，当加入 1000kJ/h 的热量和 2kg/h 湿量后，温度 $t_B = 32℃$，求湿空气的终状态。

解： 在 $B = 101325\text{Pa}$ 的 h-d 图上，由 $t_A = 25℃$，$\varphi_A = 60\%$ 找到空气状态 A（图 1-9）。

求热湿比：

$$\varepsilon = \frac{+Q}{+W} = \frac{10000}{2} = 5000\text{kJ/kg}$$

过 A 点作一等值线 $\varepsilon = 5000$ 的平行线，此线即为湿空气的变化过程线，此线与 $t = 32℃$ 等温线的交点即为湿空气的终状态 B。由 B 点可查出 $\varphi_B = 50\%$，$d_B = 14.8\text{g/kg}$（干空气），$h_B = 71\ \text{kJ/kg}$（干空气）。

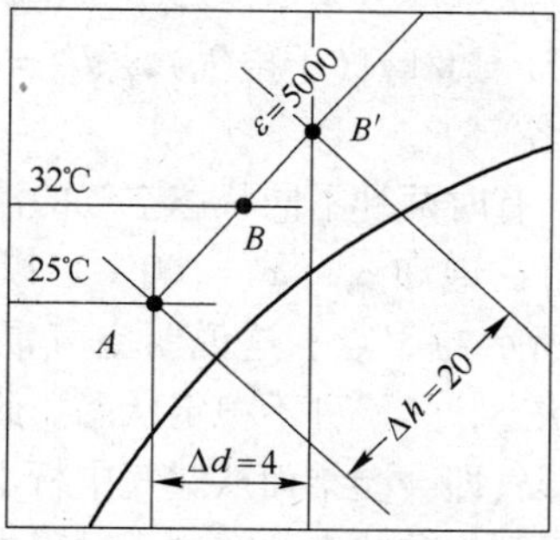

图 1-9 例 1-4 示意图

例 1-4 可不用 h-d 图中的 ε 线标尺而直接在 h-d 图上用作图法求得，由 $Q = 1000\text{kJ/h}$ 和 $W = 2\text{kg/h}$，则

$$\varepsilon = \frac{\Delta h}{\Delta d} = \frac{Q}{W} = 5000\text{kJ/kg} = 5\text{kJ/g}$$

即 $\Delta h : \Delta d = 5:1$。过 A 点任选一 Δd（或 Δh）线段长度，按 5:1 的比例求出 Δh（或 Δd）的值，按 $h_A + \Delta h$ 的等 h 线与 $d_A + \Delta d$ 的等 d 线的交点 B' 与 A 点的连线即为 $\varepsilon = 5000\text{kJ/kg}$ 的空气状态变化过程线，如图 1-9 所示。AB' 线与 $t_B = 32℃$ 的等温线的交点 B 就是所求空气终状态点，有时把 B' 点称为辅助点。

需要指出的是，图 1-3 给出的 h-d 图是以标准大气压 $B=101325\text{Pa}$ 作出的。当某地的大气压与标准大气压有较大差别时，使用此图会产生较大的误差，此时简便易行的方法是利用标准大气压的 h-d 图加以修改。

1.4.2.3　确定湿空气的混合过程[5]

举例说明如下：

【例 1-5】 夏季时空调采用 $G_1=40\text{kg/h}$，$t_1=37℃$，$\varphi_1=50\%$ 的新风与 $G_2=160\text{kg/h}$，$t_2=20℃$，$\varphi_2=60\%$ 的回风混合，求其混合后的空气状态。

解 1：计算法求混合点 3 的 h、d：

$$h_3=\frac{G_1h_1+G_2h_2}{G_1+G_2}$$

$$d_3=\frac{G_1d_1+G_2d_2}{G_1+G_2}$$

解 2：图算法。首先根据已知 t_1、φ_1 及 t_2、φ_2 在湿空气 h-d 图上找到 1、2 点并连成线段 1～2，如图 1-10，因为 $\frac{G_1}{G_2}=\frac{40}{160}=\frac{1}{4}$，所以将线段 1～2 平分成 5 段，而距离 2 点取一段，即得空气混合状态点 3。此点空气的状态参数是 $t_3=23.4℃$，$\varphi_3=62\%$，$h_3=51\ \text{kJ/kg}$（干空气），$d_3=0.011\text{kg/kg}$（干空气）。

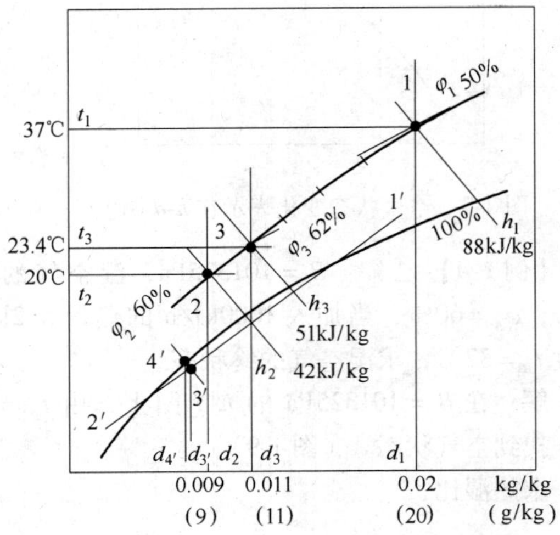

图 1-10　例 1-5 示意图

有时两种不同状态空气的混合，其混合点落在饱和线（$\varphi=100\%$）以下，如图 1-10 所示的 3′点。这说明空气混合后呈过饱和状态，是一种不稳定状态。此时，多余的水蒸气即会凝结而从空气中析出，空气仍然恢复到饱和状态。在这一过程中，凝结水带走了水的显热（即液体热），因此空气的焓值略有降低。实际上，由于凝结水带走的显热很少，因此空气状态变化的过程也可近似看作等焓过程，即混合点 3′的空气沿 3′～4′等焓进行，$\Delta d=d_{3'}-d_{4'}$ 为析湿量。

1.4.2.4　确定送风状态点和送风量[7]

A　夏季送风状态和送风量

空调系统送风状态和送风量的确定，可以在 h-d 图上进行，具体计算步骤如下：

（1）在 h-d 图上找出室内空气状态点 N。

（2）根据计算出的室内冷负荷 Q 和湿负荷 W 计算热湿比 $\varepsilon=\frac{Q}{W}$，再通过 N 点画出过程线 ε。

（3）选取合理的送风温差（见表 1-3），根据室温允许波动范围（即温度精度）查取送风温差，并求出送风温度 t_0，画 t_0 等温线与过程线 ε 的交点 O 即为送风状态点。

表 1-3　送风温差和换气次数

室温允许波动范围 /℃	送风温差 /℃	换气次数 /1·h⁻¹	室温允许波动范围 /℃	送风温差 /℃	换气次数 /1·h⁻¹
±0.1～0.2	2～3	150～20	>±1	人工冷源：≤15	
±0.5	3～6	>8		天然冷源：可能的最大值	
±1.0	6～10	≥5			

（4）按下式计算送风量 G（kg/s）

$$G = \frac{Q}{h_N - h_0} = \frac{W}{d_N - d_0}1000 \tag{1-13}$$

如果所计算的送风量折合的换气次数 n 值大于表 1-3 中的 n 值，则符合要求。

如果知道室内显冷负荷 Q_X，则可用下式计算送风量 G：

$$G = \frac{Q_X}{1.01(t_N - t_0)} \tag{1-14}$$

式中　1.01——干空气定压比热容，kJ/（kg·K）。

【例 1-6】 某空调房间冷负荷 $Q = 3314$W，湿负荷 $W = 0.264$g/s，室内空气状态参数为：$t_N = 22℃ \pm 1℃$，$\varphi_N = 55\% \pm 5\%$，当地大气压力为 101325Pa，求送风状态和送风量。

解： 先绘出本题的 h-d 图，如图 1-11 所示。

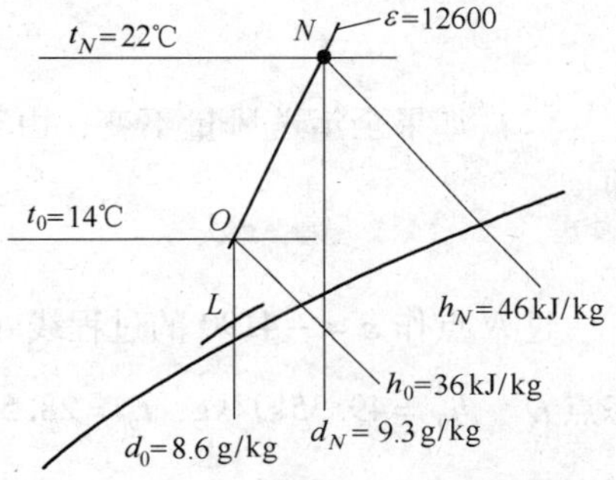

图 1-11　例1-6 的 h-d 图

（1）求热湿比 $\varepsilon = \frac{Q}{W} = \frac{3314}{0.264} = 12600$；

（2）在 h-d 图上确定室内空气状态点 N，通过该点画出 $\varepsilon = 12600$ 的过程线。取送风温差为 $\Delta t_0 = 8℃$，则送风温度 $t_0 = 22 - 8 = 14℃$。从而得出：

$$h_0 = 36\text{kJ/kg},\quad h_N = 46\text{kJ/kg}$$
$$d_0 = 8.6\text{g/kg},\quad d_N = 9.3\text{g/kg}$$

（3）计算送风量

按消除余热：

$$G = \frac{Q}{h_N - h_0} = \frac{3314}{46 - 36} = 0.33\text{kg/s}$$

按消除余湿：

$$G = \frac{W}{d_N - d_0} = \frac{0.264}{9.3 - 8.6} = 0.33\text{kg/s}$$

B　冬季送风状态和送风量

室内散湿量一般冬、夏季相同，冬季送风量可以与夏季送风量相同；也可以小于夏季送风量，但必须满足最小换气次数的要求、送风温度也不宜超出 45℃。

【例 1-7】 仍按上题基本条件，如冬季热负荷（耗热量）$Q = -1.105$kW，散湿量 $W = 0.264$g/s，确定冬季送风状态和送风量。

解： 先绘出本题的 h-d 图，如图 1-12 所示。

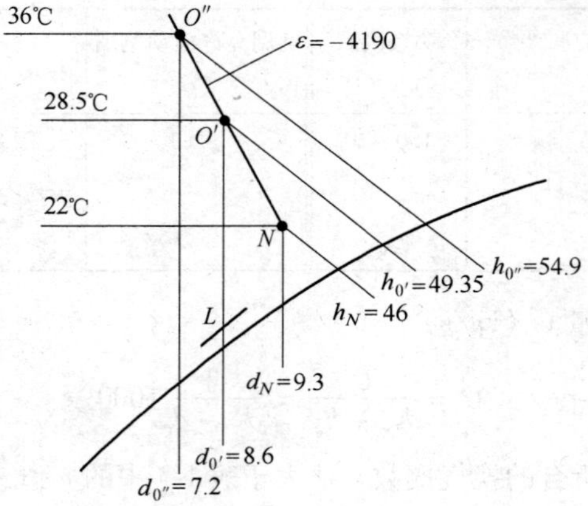

图 1-12　例 1-7 的 *h-d* 图

（1）求冬季热湿比

$$\varepsilon = \frac{-1.105}{0.264 \times 10^{-3}} = -4190$$

（2）如果全年送风量不变，由于冬夏室内散湿量相同，则冬季送风含湿量与夏季相同，即

$$d_0 = d_{0'} = 8.6\text{g/kg}$$

过 N 点作 $\varepsilon = -4190$ 的过程线（图 1-12），与 8.6g/kg 等含湿量线的交点即为冬季送风状态点 O'。$h_{0'} = 49.35\text{kJ/kg}$，$t_{0'} = 28.5℃$。或计算 $h_{0'} = h_N + \frac{Q}{G} = 46 + \frac{1.105}{0.33} = 49.35\text{kJ/kg}$，由 *h-d* 图查得，$t_{0'} = 28.5℃$。

如希望冬季减少送风量，提高送风温度，例如 $t_{0''} = 36℃$，则在 $\varepsilon = -4190$ 过程线上可得 O'' 点，$t_{0''} = 36℃$，$h_{0''} = 54.9\text{kJ/kg}$，$d_{0''} = 7.2\text{g/kg}$，送风量则为：

$$G = \frac{-1.105}{46 - 54.9} = 0.125\text{kg/s} = 450\text{kg/h}$$

2　空气的热湿处理及热舒适指标

2.1　中央空调系统的空气热湿处理途径与方案[4]

在焓湿图的应用中我们已学习了空气热湿处理的基本过程与方法，现就可着手解决如何将来源各异且状态有别的空气处理成室内热湿环境控制所需的送风状态 O。

下面以一全部使用室外新风的直流式空调系统（假定其夏、冬季均要求同一送风状态 O）为例，对其夏季、冬季设计工况下空气热湿处理的各种途径与方案（见图 2-1）进行简要分析。

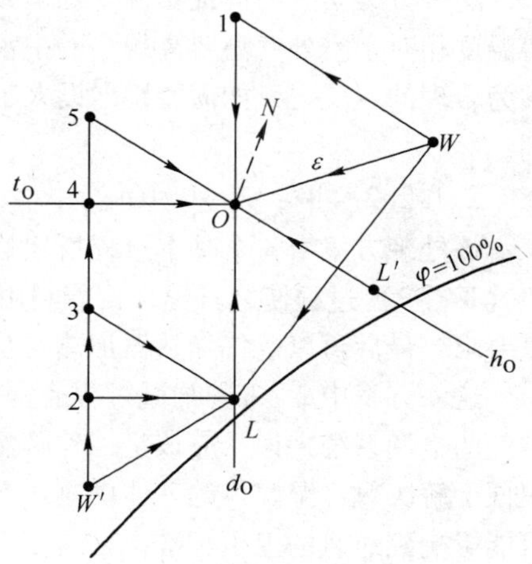

图 2-1　空气热湿处理的途径与方案

2.1.1　夏季热湿处理途径与方案

2.1.1.1　$W \rightarrow L \rightarrow O$

该处理方案系由冷却干燥（$W \rightarrow L$）和干加热（$L \rightarrow O$）两个基本过程组合而成。通常使用喷水室或表冷器对夏季 W 状态的空气进行冷却干燥处理，使之变成低温低湿且接近饱和的 L 状态，再经各种空气加热器等湿升温，即可获得所需的送风状态 O。

冷却干燥对于夏季空调往往是必不可分的处理需求。由于对冷水温度要求较低，通常需要使用人工冷源，相应的设备投资与能耗也就更大些。如果采用喷水室处理空气，可望获得较高卫生标准和较宽的处理范围，有利于充分利用循环水喷淋措施，也可经济地解决冬季的加湿问题；如果采用表冷器，则可使处理设备趋于紧凑，且具有上马快、使用管理方便等优点。二者均能适应对环境参数的较高调控要求，在工程中均有广泛的应用。

当空调送风状态 O 要求比较严格时，常需借助再加热器来调整送风温度，这势必造成冷、热量的相互抵消，由此导致能量的无益消耗乃是该方案固有的一大弊病。

2.1.1.2　$W \rightarrow O$

该处理方案以一个基本的热湿处理过程，从新风状态 W 直接获得空调所需的低温低湿的送风状态 O。由于技术上诸多苛求，常规的处理设备已经无能为力，只有借助使用液体吸湿剂的减湿装置来实现。

虽然，这一处理方案似乎相当简便，一般无需使用人工冷源，能量消耗减少且利用也更趋合理，但是，液体减湿系统本身较为复杂，在初投资与运行管理等方面往往存在着诸多不利，故工程中的应用远不如第 1 方案广泛。

2.1.1.3　$W \rightarrow 1 \rightarrow O$

该处理方案由一个等焓除湿（$W \rightarrow 1$）和一个干冷却（$1 \rightarrow O$）过程所组成。如前所述，使用固体吸湿剂处理空气即可近似呈等焓除湿变化。由于空气在除湿同时温度升高，故欲达到送风参数要求，还需进行后续冷却处理。

这一方案需要增设固体吸湿装置，这会对初投资和运行管理带来不利。它与第 1 方案比较，不存在后者固有的冷热抵消的能量浪费。再则，由于后续干冷过程允许冷媒温度较高，可使制冷设备容量大幅减小，乃至完全取消人工制冷，从而为蒸发冷却等自然能利用技术的应用提供用武之地。

2.1.2　冬季热湿处理途径与方案

2.1.2.1　$W' \to L \to O$

该热湿处理方案只含两个基本处理过程，即采用热水喷淋的加热加湿（$W' \to L$）加上一个后续干加热（$L \to O$）过程来实现空调送风状态 O。

这一方案实施的前提是夏季处理方案中已确定使用喷水室。在某些地区，如果冬季可以获得温度相对于室外气温要高得多的中水或地热井水，用以喷淋处理空气在技术、经济上都应是颇为合理的；反之，如需特别增设人工热源来提供热水，则会给初投资和运行管理等带来不利。

2.1.2.2　$W' \to 2 \to L \to O$

该处理方案由 3 个基本过程所组成：对于冬季 W' 状态低温低湿的室外空气，通过一个预热（$W' \to 2$）过程使之升温，接着利用一个近于等温的加湿（$2 \to L$）过程，使其满足送风含湿量要求，最后再以空气加热器加热（$L \to O$），从而获得所需之送风状态 O。

这一方案中 $2 \to L$ 的加湿过程通常采用喷蒸汽的方法。这对于夏季已确定使用表冷器处理空气的空调系统来说，应该是一种必然的选择。尤其当空气加热也是采用蒸汽作热媒时，这就更便于解决热、湿媒体的一体供应。不过，也应注意，使用蒸汽处理空气难免产生异味，这有可能影响到送风的卫生标准。

2.1.2.3　$W' \to 3 \to L \to O$

该处理方案与第 2 方案相似，均含有新风预热（$W' \to 3$）和再加热（$L \to O$）过程，不同之处在于利用经济的绝热加湿（$3 \to L$）来取代喷蒸汽加湿，为此尚需加大前面预热过程的加热量。

对于夏季使用喷水室处理空气的空调系统来说，冬季可充分利用同一设备对空气作循环水喷淋处理，从而获得既改善空气品质又实现经济、节能运行等效益，故采用这一方案当属明智的选择。

2.1.2.4　$W' \to 4 \to O$

该处理方案也只包括两个基本过程，即新风预热（$W' \to 4$）和喷蒸汽加湿（$4 \to O$）。它与第 2 方案的区别在于取消了二次再加热过程，而由新风预热集中解决送风需要的温升，由此可望减少设备投资。后续的喷蒸汽加湿过程除存在异味影响外，其加湿量的调节、控制往往也更难处理好。

2.1.2.5　$W' \to 5 \to \begin{matrix} L' \\ 5 \end{matrix} \!\!> \!\!\to O$

该处理方案系在新风预热（$W' \to 5$）和循环水喷淋（$5 \to L'$）这两个基本过程的基础上，再增加一个两种不同状态空气的混合$\left(\begin{matrix} L' \\ 5 \end{matrix} \!\!> \!\!\to O \right)$过程。

不难看出，这一方案对加热过程的处理上与第 4 方案是一致的；从喷水处理设备看则与第 3 方案有所不同——需要使用一种带旁通道的喷水室。使用这种特殊形式的喷水室可以得到两种不同状态（L'和 5）的空气，通过调节二者的混合比即可方便地获得所需的送风状态 O。不过，喷水室增设旁通道将导致空调机组断面增大，从而会出现增大投资和增加设备布置等方面的困难。

最后尚需指出，尽管上述5个方案中空气处理的途径各有不同，但从冬季总的耗热量来看都是相同的。只不过这些热量在各个加热、加湿环节中的分配比例有所差异而已。当这些热量相对集中地用于某些环节时，或许有可能取消某种设备，进而简化处理过程，但同时也应权衡由于设备容量及介质流通阻力增大而在设备占用空间与介质输送能耗等方面可能带来的不利。

2.2　用喷水室处理空气[3,4]

喷水室是生产工艺性空调常用的一种处理空气的方式。

喷水室借助喷嘴向流动空气中均匀喷洒细小水滴，以实现空气与水在直接接触条件下进行热湿交换。它所独具的能够实现多种空气处理过程、具有一定空气净化能力、结构上易于现场加工构筑且节省金属耗量等优点，使之成为应用最早而且相当普遍的空气处理设备。但是，限于它对水质要求高、占地面积大、水系统复杂、运行费用较高等缺点，除在一些以湿度调控为主要目的的场合（如纺织厂、卷烟厂等）还大量使用外，一般建筑已不常使用或仅作加湿设备使用。

2.2.1　喷水室的构造与类型

喷水室系由喷嘴、供水排管、挡水板、集水底池和外壳所组成，底池还包括有多种管道和附属部件，如图2-2所示。

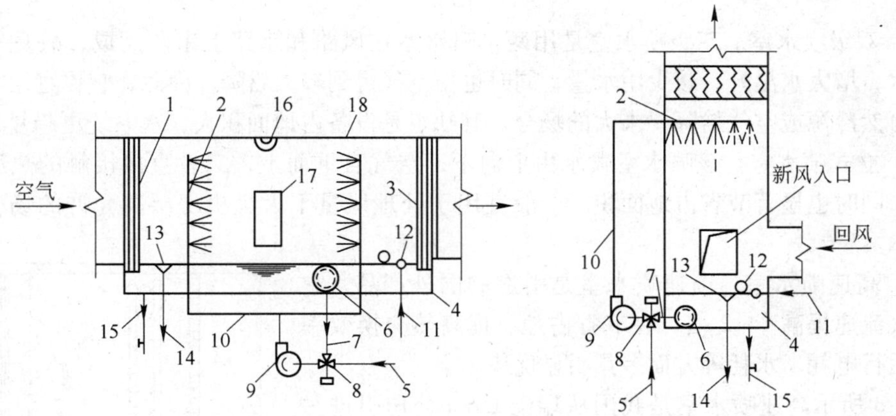

图2-2　喷水室的构造

a—卧式喷水室；*b*—立式喷水室

1—前挡水板；2—喷嘴与排管；3—后挡水板；4—底池；5—冷水管；6—滤水器；7—循环水管；8—三通混合阀；9—水泵；10—供水管；11—补水管；12—浮球阀；13—溢水器；14—溢水管；15—泄水管；16—防水灯；17—检查门；18—外壳

（1）单级卧式低速喷水室。其构造示意图如图2-2*a*所示。这种喷水室的横截面积应根据通过风量和 $v=2\sim3\text{m/s}$ 的流速条件来确定，长度则取决于喷嘴排数、排管布置和喷水方向。喷水室中通常设置1~3排喷嘴，喷水方向根据与空气流动方向相同与否分为顺喷、逆喷和对喷——单排多用逆喷，双排多用对喷，在喷水量较大时才宜采用 3 排（1 顺 2 逆）。供水排管间距约为 600 ~ 1000mm，前、后挡水板的贴近距离分别取为 200mm 和 250mm。

1）喷嘴。喷嘴是喷水室中使水雾化并均匀喷散的重要构件，一般采用铜、不锈钢、尼龙和塑料等耐磨、耐腐蚀材料制作，其布置以保证喷出水滴能均匀覆盖喷水室横断面为原则。喷嘴的喷水量、水滴直径、喷射角度和作用距离与其构造、孔径及喷嘴前水压有关。实验证明，喷嘴孔径小、喷水压力高，可得到细喷，适用于空气加湿处理；反之，可得到粗喷，适用于空气的冷却除湿。我国曾广泛使用 Y-1 型离心喷嘴，近年来，陆续研制出 BTL-1 型、FKT 型、FL 型和 PY-1 型等新型喷嘴，其喷水性能均较 Y-1 型有所提高。

2）挡水板。它起分离空气中夹带水分，以减少喷水室“过水量”的作用，前挡水板尚可起到均流作用。挡水板过去主要使用镀锌薄钢板或玻璃板条加工制作成多折形，现在则多改用各种塑料板制成波形和蛇形挡水板，这更有利于增强挡水效果和减少空气流通阻力。

3）喷水室的外壳和底池。在定型产品中多用钢板和玻璃钢加工，现场施工时也可采用砖砌或用混凝土浇制，制作过程应处理好保温和防水。底池的集水容积一般可按 3% ~ 5% 的总喷水量考虑，它本身还和以下 4 种管道相连：

①循环水管，借以将底池中的集水经滤水器吸入水泵重复使用；

②溢水管，借以经溢水器（设水封罩）排除底池中的过量集水；

③补水管，借以补充因耗散或泄漏等造成底池集水量的不足；

④泄水管，用于设备检修、清洗或防冻需要时排空池中积水。

为便于观察和检修，喷水室应设防水照明灯和密闭检修门。

喷水室类型较多，除上述喷水室外，尚有双级、立式、高速、带旁通或带填料层等型式的喷水室。

（2）双级喷水室。双级喷水室是用两个喷水室在风路和水路上串联而成，故夏季能重复利用冷水，增大水温升，减少用水量，同时也使空气得到较大焓降。因此，它更宜用于使用深井水等自然冷源或空气焓降要求大的场合。其缺点是设备占地面积大，水系统更趋复杂。

（3）立式喷水室。该喷水室喷水由上向下，空气自下而上，二者直接接触的热湿交换效果更好，同时也显著节省占地面积。一般宜用于处理风量不大且机房层高允许的场合。如图 2-2*b* 所示。

（4）高速喷水室。高速喷水室是引进的国外产品，它能将空气流速提高 1 ~ 2 倍，在节省占地、提高热交换效率及节约运行电耗、水耗等方面多具明显优势。

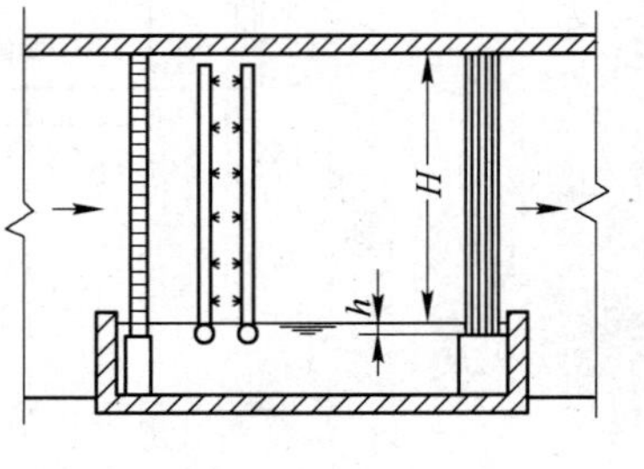

图 2-3　Luwa 公司高速喷水室

图 2-3 所示高速喷水室是我国从瑞士 Luwa 公司引进并已在纺织行业推广应用的高速喷水室，结构上与低速喷水室类似，但空气流速可提高到 3.5 ~ 6.5m/s。它的前挡水板用流线型导流格栅代替，后挡水板采用双波纹型，喷嘴则具有扩散角大、喷水量小和喷水压力低等特点。

（5）带旁通的喷水室。在喷水室的上面或侧面增加一个旁通风道，它可使一部分空气不经喷水处理而与已经喷水处理的空气混合，从而得到所需的空气终参数。

（6）带填料层的喷水室。这是由分层布置的玻璃丝盒所组成。在玻璃丝盒的填料上均匀地喷水，空气穿过玻璃丝层时与各玻璃丝表面上的水膜接触进行热湿交换。这种喷水室对空气的净化作用更好，它适宜用于空气加湿或蒸发式冷却等，也可作为水的冷却处理装置。如图2-4所示。

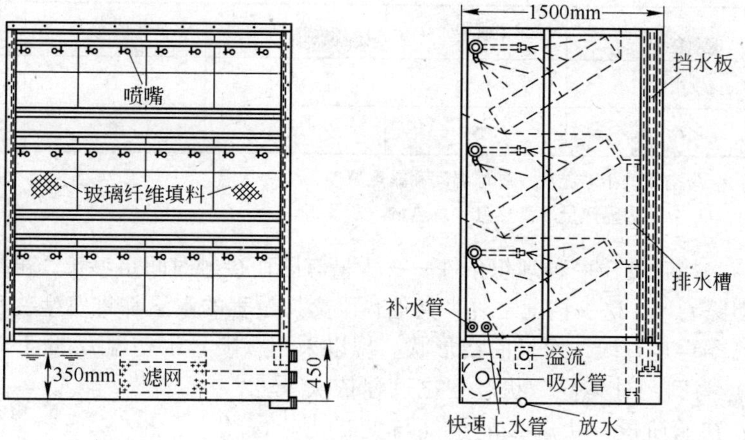

图 2-4　带填料层的喷水室

2.2.2　喷水室处理空气的过程分析

当空气以一定速度流经喷水室时，它与水滴之间通过水滴表面饱和空气边界层不断地进行着对流热交换和对流质交换，其中显热交换取决于二者间的温差，潜热交换和湿（质）交换取决于水蒸气分压力差，而总热交换按照 Lewis 关系则是以焓差为推动力。这一热湿交换过程其实也可看成是一部分与水直接接触的空气与另一部分尚未与水接触的空气不断混合的过程，空气自身状态因之发生相应变化。

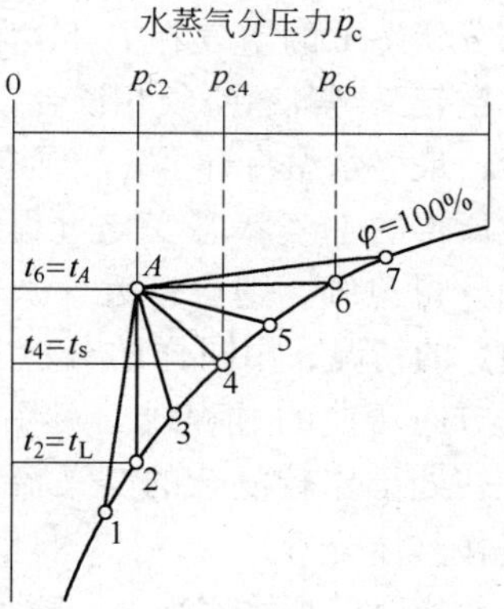

图 2-5　喷水处理空气的典型状态变化过程

假如空气与水接触处于水量无限大、接触时间无限长这一假想条件下，其结果全部空气都将达到具有水温的饱和状态点，就是说空气终状态将处于 *h-d* 图中的饱和曲线上，且终温也将等于水温。显然，一旦给定不同的水温，空气状态变化过程也就有所不同，由此可在 *h-d* 图上得到如图 2-5 所示的 7 种典型空气状态变化过程。这些过程各具特点（见表 2-1），从中不难看出有 3 个过程更具典型意义：A-2 是空气加湿—减湿的分界线；A-4 是空气增焓—减焓的分界线；而 A-6 则是空气升温—降温的分界线。

表 2-1　用喷水室处理空气时几种典型状态变化过程的特点

过程线	水温特点	t 或 Q_x	d 或 Q_q	h 或 Q_z	过程名称
A-1	$t_w < t_L$	减	减	减	减湿冷却
A-2	$t_w = t_L$	减	不变	减	等湿冷却
A-3	$t_L < t_w < t_s$	减	增	减	减焓加湿
A-4	$t_w = t_s$	减	增	不变	等焓加湿
A-5	$t_s < t_w < t_A$	减	增	增	增焓加湿

续表 2-1

过程线	水温特点	t 或 Q_x	d 或 Q_q	h 或 Q_z	过程名称
A-6	$t_w = t_A$	不变	增	增	等温加湿
A-7	$t_w > t_A$	增	增	增	增温加湿

注：1. t_A，t_s，t_L 为空气的干球温度、湿球温度和露点温度，t_w 为水温。
2. Q_x、Q_q、Q_z 分别为显热量、潜热量、总热量。

如果空气与水接触处于一种理想条件——水量有限而接触时间足够长，虽然空气终状态仍能达到饱和，但除 $t_w = t_s$ 这一情况之外，其他热湿交换过程的水温都将发生变化。其时，空气状态变化过程已不再是直线，而呈曲线形状。现以采用顺喷且水初温 t_{w1} 低于空气露点温度的情况（图 2-6a）为例，对其整个状态变化过程依次分段进行考察：初始阶段，状态 A 的空气与具有初温 t_{w1} 的水接触，一小部分空气首先达到饱和，且温度等于 t_{w1}，接着再与其余空气混合，达到状态点 1。在第二阶段，水温已升高到 t'_w，并使与之接触的一小部分状态 1 的空气在 t'_w 下达到饱和，这一小部分饱和空气又与其余空气相混合，达到状态点 2。依此类推，最终水温将升至 t_{w2}，而空气将全部达到饱和。由此所得的空气状态变化过程线将是一条折线，间隔划分得愈细，则愈接近一条曲线。对于逆喷（图 2-6b）的情况，用同样的分析方法亦可得到一条向另一方向弯曲的过程线。实际上，喷水室中空气和水往往处于比较复杂的交叉流动，二者终态的确定尚需作具体分析。

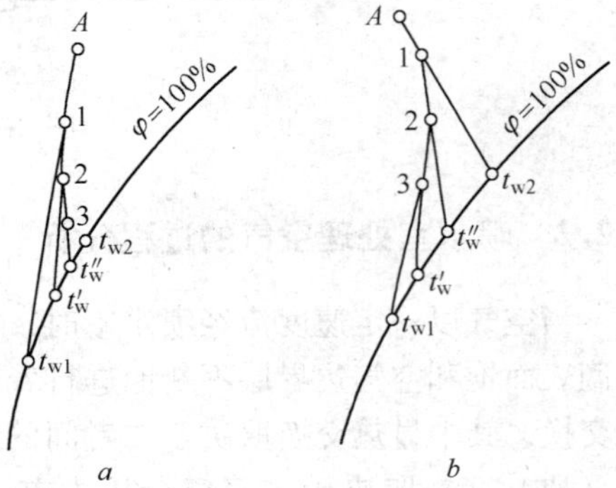

图 2-6　用喷水室处理空气的理想过程
a—顺喷过程；b—逆喷过程

对实际的喷水室来说，喷水量总是有限的，空气与水接触时间也不可能足够长，因而空气终状态很难达到饱和（双级喷水室属例外），水的温度也将不断变化。实践中，人们习惯于将空气经喷水处理后所达到的这一接近饱和但尚未饱和的状态点称为“机器露点”。

尽管喷水室中空气状态变化过程并非直线，但在实际工作中人们着重关注的是空气处理结果，而不在中间过程，所以可用连接空气初、终状态点的直线来近似表示这一过程。

2.2.3　喷水室的热工计算与阻力计算

喷水室的工程计算主要包括热工计算与阻力计算。依据这些计算结果，配置喷水室各功能部件，确定各种工作参数，并结合产品资料完成设备选择与性能校核。

2.2.3.1　喷水室的热工计算

喷水室的热工计算中，通常采用热交换效率系数和接触系数作为喷水室热工性能的评价指标和热工计算的基础。这两个效率都是将喷水室处理空气的实际过程与理想过程做比较，以其对理想过程的接近程度来定义的。

A　喷水室的热交换效率

a　全热交换效率 E

全热交换效率 E 也称第一热交换效率或热交换效率系数。它是在同时考虑空气和水的状态变化这一前提下，通过考察其实际过程接近理想的程度来获得的。

现以常用的冷却除湿过程（图2-7）为例进行分析。将空气状态变化过程沿等焓线投影到饱和曲线上，并将对应的饱和曲线近似看成直线，则全热交换效率 E 可表示为：

$$E = \frac{\overline{1'2'} + \overline{4\ 5}}{\overline{1'5}} = \frac{\overline{1'5} - \overline{2'4}}{\overline{1'5}} = 1 - \frac{\overline{2'4}}{\overline{1'5}} = 1 - \frac{t_{s2} - t_{w2}}{t_{s1} - t_{w1}} \tag{2-1}$$

由此可见，当 $t_{s2} = t_{w2}$ 时，即空气终状态在饱和线上的投影与水的终状态重合时，$E = 1$。t_{s2} 与 t_{w2} 的差值愈大，说明热湿交换愈不完善，因而 E 值愈小。

不难证明，式（2-1）除绝热加湿过程外，也适用于喷水室的其他各处理过程。

对于绝热加湿过程（图2-8），由于空气初、终状态的湿球温度等于水温，所以，在理想条件下，空气终状态可达到点3，而在实际条件下只能达到点2，故绝热加湿过程的全热交换效率可表示为：

$$E = \frac{\overline{1\ 2}}{\overline{1\ 3}} = \frac{t_1 - t_2}{t_1 - t_{s1}} = 1 - \frac{t_2 - t_{s1}}{t_1 - t_{s1}} \tag{2-2}$$

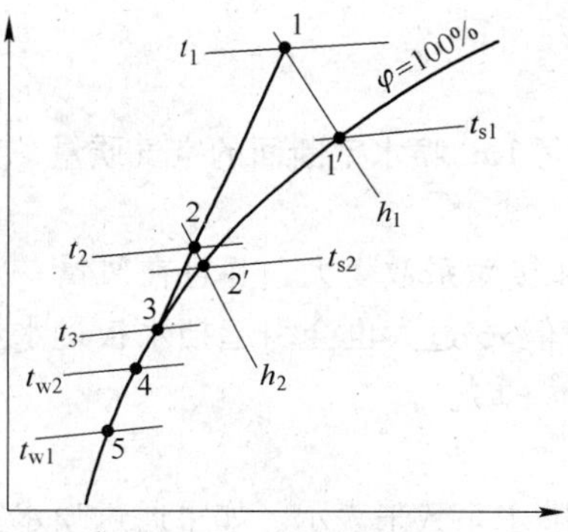

图 2-7　冷却除湿过程空气与水的状态变化

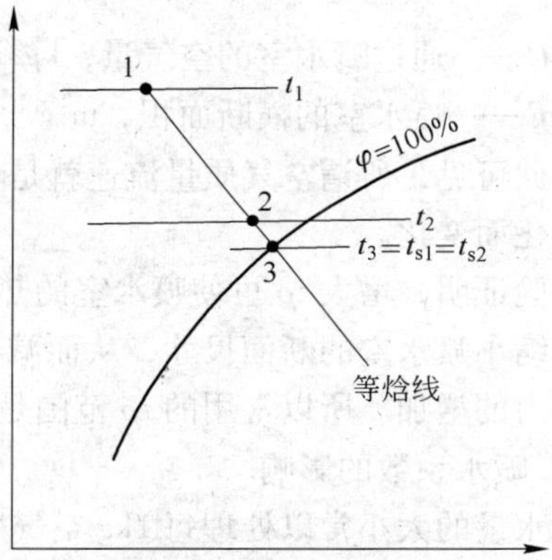

图 2-8　绝热加湿过程空气与水的状态变化

b　通用热交换效率 E'

喷水室的通用热交换效率 E'（也称第二热交换效率或接触系数）只考虑空气状态变化。因此，根据图2-7可知 E' 为：

$$E' = \frac{\overline{1\ 2}}{\overline{1\ 3}} = \frac{t_1 - t_2}{t_1 - t_3}$$

同样如果把图2-7中 h_1 与 h_3 之间一段饱和曲线近似地看成直线，则有

$$E' = \frac{\overline{1\ 2}}{\overline{1\ 3}} = \frac{\overline{1'2'}}{\overline{1'3}} = 1 - \frac{\overline{2'3}}{\overline{1'3}}$$

由于△131′与△232′几何相似，因此

$$\frac{\overline{2'3}}{\overline{1'3}} = \frac{\overline{2\ 2'}}{\overline{1\ 1'}} = \frac{t_2 - t_{s2}}{t_1 - t_{s1}}$$

所以

$$E' = 1 - \frac{t_2 - t_{s2}}{t_1 - t_{s1}} \tag{2-3}$$

可以证明，式（2-3）适用于喷水室的各种处理过程，包括绝热加湿过程。由于绝热加湿过程的 $t_{s2} = t_{s1}$，所以 E' 为：

$$E' = 1 - \frac{t_2 - t_{s2}}{t_1 - t_{s1}} = 1 - \frac{t_2 - t_{s1}}{t_1 - t_{s1}}$$

亦即此时 $E' = E$。

B　影响喷水室热湿交换效果的因素及两个效率的实验值

影响喷水室热湿交换效果的因素很多，诸如空气的质量流速、喷嘴类型与布置密度、喷嘴孔径与喷嘴前水压、空气与水的接触时间、空气与水滴的运动方向以及空气与水的初、终参数等。但是，对一定的空气处理过程而言，可将主要的影响因素归纳为以下四个方面。

a　空气质量流速的影响

喷水室内的热、湿交换首先取决于与水接触的空气流动状况。然而在空气的流动过程中，随着温度变化其流速也将发生变化。为了引进能反映空气流动状况的稳定因素，采用空气质量流速 $v\rho$（v 为空气流速 m/s；ρ 为空气密度 kg/m^3）比较方便。$v\rho$ 的计算式为：

$$v\rho = \frac{G}{3600F} \tag{2-4}$$

式中　G——通过喷水室的空气量，kg/h；

F——喷水室的横断面积，m^2。

由此可见，所谓空气质量流速就是单位时间内通过每1m^2 喷水室断面的空气质量，它不因温度变化而变化。

实验证明，增大 $v\rho$ 可使喷水室的热交换效率系数和接触系数变大，并且在风量一定的情况下可缩小喷水室的断面尺寸，从而减少其占地面积。但 $v\rho$ 过大也会引起挡水板过水量及喷水室阻力的增加。所以常用的 $v\rho$ 范围是2.5～3.5kg/(m^2·s)。

b　喷水系数的影响

喷水量的大小常以处理每1kg空气所用的水量，即喷水系数来表示。如果通过喷水室的风量为 G(kg/h)，总喷水量为 W(kg/h)，则喷水系数 μ[kg(水)/kg(空气)]为：

$$\mu = \frac{W}{G} \tag{2-5}$$

实践证明，在一定的范围内加大喷水系数可增大热交换效率系数和接触系数。此外，对不同的空气处理过程采用的喷水系数也应不同。μ 的具体数值应由喷水室的热工计算决定。

c　喷水室结构特性的影响

喷水室的结构特性主要是指喷嘴排数、喷嘴密度、排管间距、喷嘴形式、喷嘴孔径和喷水方向等，它们对喷水室的热湿交换效果均有影响。空气通过结构特性不同的喷水室时，即使 $v\rho$ 与 μ 值完全相同，也会得到不同的处理效果。

d　空气与水的初参数影响

对于结构一定的喷水室而言，空气与水的初参数决定了喷水室内热湿交换推动力的方向和大小。因此，改变空气与水的初参数，可以导致不同的处理过程和结果。但是对同一空气处理过程而言，空气与水的初参数的变化对两个效率的影响不大，可以忽略不计。

通过以上分析可以看到，影响喷水室热湿交换效果的因素是极其复杂的，不能用纯数学方法确定热交换效率系数和接触系数，而只能用实验的方法，为各种结构特性不同的喷水室提供各种空气处理过程下的热交换效率值。

由于对一定的空气处理过程而言，结构参数一定的喷水室，其两个热交换效率值只取决于 μ 及 $v\rho$，所以可将实验数据整理成 E 或 E' 与 μ 及 $v\rho$ 有关系的图表，也可以将 E 及 E' 整理成以下形式的实验公式：

$$E = A(v\rho)^{m}\mu^{n} \tag{2-6}$$

$$E' = A'(v\rho)^{m'}\mu^{n'} \tag{2-7}$$

式中，A、A'、m、m'、n、n' 均为实验的系数和指数，它们因喷水室结构参数及空气处理过程不同而不同。

C 喷水室热工计算方法与步骤

对结构参数一定的喷水室而言，如果空气处理过程的要求一定，其热工计算的任务就是实现下列 3 个条件：

(1) 空气处理过程需要的 E 应等于该喷水室能达到的 E；

(2) 空气处理过程需要的 E'应等于该喷水室能达到的 E'；

(3) 空气放出（或吸收）的热量应等于该喷水室中水吸收（或放出）的热量。

上述 3 个条件可以用 3 个方程式表示，例如对冷却除湿过程，3 个方程式为：

$$1 - \frac{t_{s2} - t_{w2}}{t_{s1} - t_{w1}} = f(v\rho, \mu) \tag{2-8}$$

$$1 - \frac{t_2 - t_{s2}}{t_1 - t_{s1}} = f(v\rho, \mu) \tag{2-9}$$

$$G(h_1 - h_2) = Wc(t_{w2} - t_{w1}) \tag{2-10}$$

式（2-10）也可以写成：

$$h_1 - h_2 = \mu c(t_{w2} - t_{w1}) \tag{2-11}$$

或

$$\Delta h = \mu c \Delta t_w$$

为了计算方便，有时还利用焓差与湿球温度差的关系 $\Delta i = \psi\Delta t_s$。在 $t_s = 0 \sim 20℃$ 的范围内，由于利用 $\Delta i = 2.86\Delta t_s$ 计算误差不大，上面的方程式也可以用下式代替：

$$2.86\Delta t_s = 4.19\mu\Delta t_w \tag{2-12}$$

或

$$\Delta t_s = 1.46\mu\Delta t_w \tag{2-13}$$

联立求解方程式（2-8）、式（2-9）和式（2-10）或式（2-13）可以解出 3 个未知数。在实际热工计算中，根据未知数特点分为两种主要计算类型，见表 2-2。

表 2-2 喷水室的计算类型

计算类型	已知条件	计算内容	计算类型	已知条件	计算内容
设计性计算	空气量 G 空气的初、终状态 t_1、t_{s1}($h_1\cdots$) t_2、t_{s2}($h_2\cdots$)	喷水室结构(选定后成为已知条件) 喷水量 W(或 μ) 水的初、终温度 t_{w1}、t_{w2}	校核性计算	空气量 G 空气的初状态 t_1、t_{s1}($h_1\cdots$) 喷水室结构 喷水量 W(或 μ) 喷水初温 t_{w1}	空气终状态 t_2、t_{s2}($h_2\cdots$) 水的终温 t_{w2}

需要说明的是，在表 2-2 的设计性计算中喷水室结构一经选定，便成为已知条件。

在设计性计算中，按计算得到的水初温 t_{w1}，决定采用何种冷源。如果自然冷源满足不了要求，则应采用人工冷源，即用制冷机制取冷水。如果喷水初温 t_{w1} 比冷水温度 t_L 高（一般t_L =

5～7℃），则需使用一部分循环水。这时需要的冷水量 W_L、循环水量 W_x和回水量 W_h可以根据图 2-9 的热平衡关系确定。

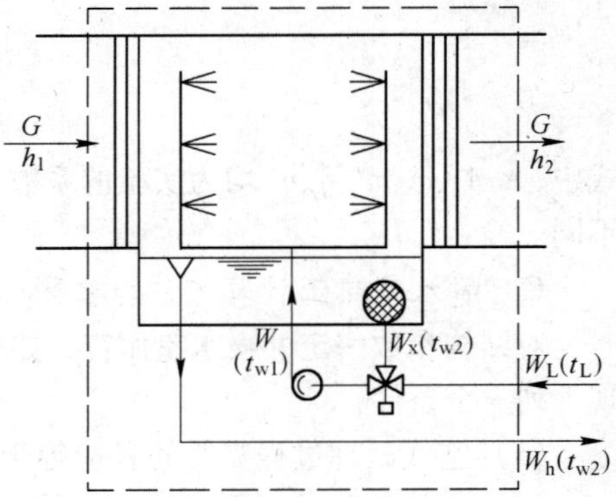

图 2-9　喷水室的热平衡图

由热平衡关系式

$$Gh_1 + W_L c t_L = Gh_2 + W_h c t_{w2}$$

而

$$W_L = W_h$$

所以

$$G(h_1 - h_2) = W_L c(t_{w2} - t_L)$$

即

$$W_L = \frac{G(h_1 - h_2)}{c(t_{w2} - t_L)} \tag{2-14}$$

又由于

$$W = W_L + W_x$$

所以

$$W_x = W - W_L$$

2.2.3.2　喷水室的阻力计算

空气流经喷水室时将遇到阻力，喷水室的阻力 ΔH（Pa）由前后挡水板阻力 ΔH_d、喷嘴管排阻力 ΔH_p和水苗阻力 ΔH_w组成，即

$$\Delta H = \Delta H_d + \Delta H_p + \Delta H_w \tag{2-15}$$

各部分阻力的计算公式如下：

（1）

$$\Delta H_d = \Sigma\zeta_d \frac{\rho v_d^2}{2} \tag{2-16}$$

式中　$\Sigma\zeta_d$——前后挡水板局部阻力系数之和，它的具体数值取决于挡水板结构；

v_d——挡水板处空气迎面风速，由于挡水板有边框，v_d比喷水室断面风速 v 大，一般可取 v_d =（1.1～1.3）v。

（2）

$$\Delta H_p = 0.1z \frac{\rho v^2}{2} \tag{2-17}$$

式中　z——喷嘴管排数目；

v——喷水室断面风速，m/s。

（3）

$$\Delta H_w = 1180 b\mu p \tag{2-18}$$

式中　μ——喷水系数；

p——喷嘴前水压，MPa（工作压力）；

b——系数，取决于空气和水的运动方向及管排数。一般可取：单排顺喷时 $b = -0.22$，单排逆喷时 $b = 0.13$，双排对喷时 $b = 0.075$。

对于定型喷水室，其阻力已由实测数据整理成曲线或图表，根据喷水室的工作条件亦可查取。

2.3　用表面式换热器处理空气[3,4]

目前在舒适性空调工程中广泛使用表面式换热器。表面式换热器因具有构造简单、占地少、水质要求不高、水系统阻力小等优点，已成为常用的空气处理设备。表面式换热器包括空气加热器和表面式冷却器两类。前者用热水或蒸汽做热媒，后者以冷水或制冷剂做冷媒。因此，表面式冷却器又可分为水冷式和直接蒸发式两类。

2.3.1 表面式换热器的构造与安装

2.3.1.1 *表面式换热器的构造*

表面式换热器有光管式和肋管式两种。光管式表面换热器由于传热效率低已很少应用。肋管式表面换热器由管子和肋片构成，如图2-10所示。

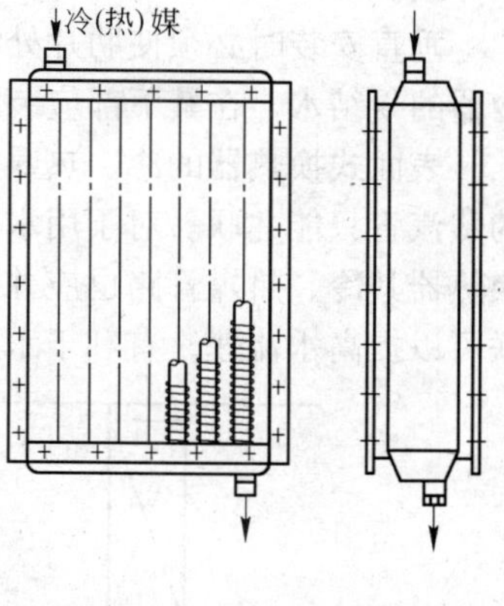

图2-10 肋管式换热器

为了使表面式换热器性能稳定，应力求使管子与肋片间接触紧密，减小接触热阻，并保证长久使用后也不会松动。

根据加工方法不同肋片管又分为绕片管、串片管和轧片管等。

将铜带或钢带用绕片机紧紧地缠绕在管子上可制成皱褶式绕片管。皱褶的存在既增加了肋片与管子间的接触面积，又增加了空气流过时的扰动性，因而能提高传热系数。但是，皱褶的存在也增加了空气阻力，而且容易积灰，不便清理。为了消除肋片与管子接触处的间隙，可将这种换热器浸镀锌、锡。浸镀锌、锡还能防止金属生锈。

有的绕片管不带皱褶，它们是用延展性好的铝带绕在钢管上制成。

将事先冲好管孔的肋片与管束串在一起，经过胀管之后可制成串片管（图2-11*a*）。串片管生产的机械化程度可以很高，现在大批铜管铝片的表面式换热器均用此法生产。

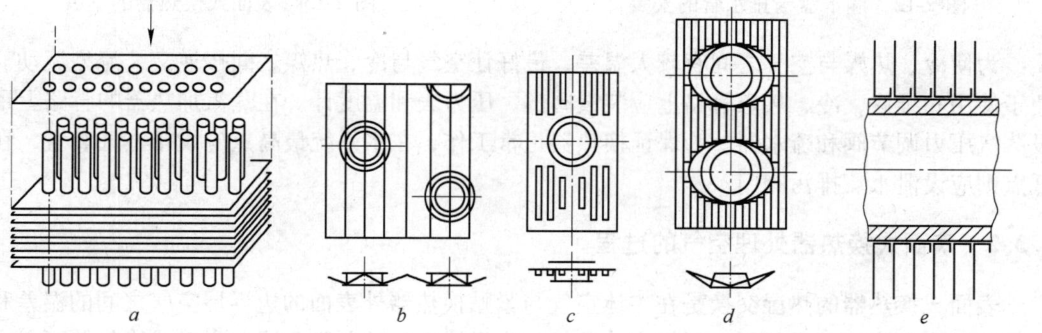

图2-11 换热器的新型肋片

a—串片；*b*—波纹型片；*c*—条缝型片；*d*—波形冲缝片；*e*—二次翻边片

用轧片机在光滑的铜管或铝管外表面上轧出肋片便成了轧片管。由于轧片管的肋片和管子是一个整体，没有缝隙，所以传热性能更好，但是轧片管的肋片不能太高，管壁不能太薄。

提高肋管式换热器传热性能的措施主要有：

（1）设计中优化各种结构，并用亲水性的表面处理技术；

（2）加工中应尽量保证传热管与肋片的紧密接触；

（3）强化管内侧的换热，可采用内螺纹管；

（4）强化管外侧的换热，其措施是：采用铜管穿铝箔的串片结构；采用波纹片、条缝片、波形冲缝片等新型肋片；采用2次翻边片代替1次翻边片等。其结构如图2-11所示。

研究表明，采用上述措施后，表面式换热器的传热系数可提高10%～70%。

2.3.1.2 *表面式换热器的安装*

表面式换热器安装方式可分为并联与串联两种，按其方位也有3种：垂直、水平或倾斜安装方式。

垂直安装时必须使肋片处于垂直位置，否则将因肋片上部积水而增加空气阻力。为排除表冷器的凝结水，在其下部应装滴水盘和排水管，如图2-12所示。

表面式换热器的冷、热媒管路也有并联与串联之分，不过使用蒸汽做热媒时，各台换热器的蒸汽管只能并联。对于用水做冷、热媒的换热器，通常的做法是：相对于空气通路为并联的换热器其冷、热媒管路也应并联；串联的换热器其冷、热媒管路也应串联（图2-13）。管路串联可以提高水流速，有利于水力工况的稳定和增大传热系数，但是系统阻力有所增加。

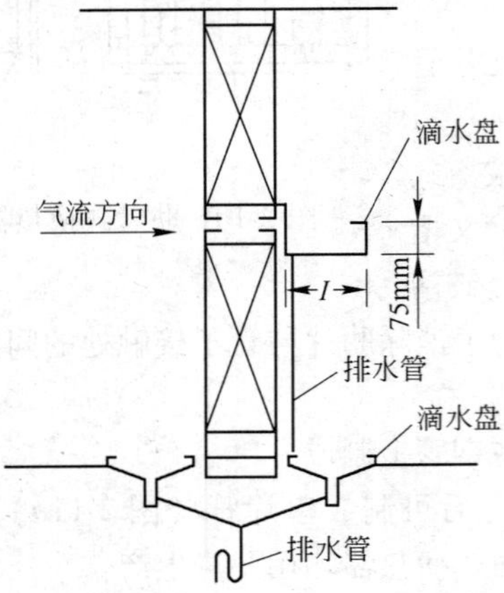

图2-12　滴水盘与排水管的安装

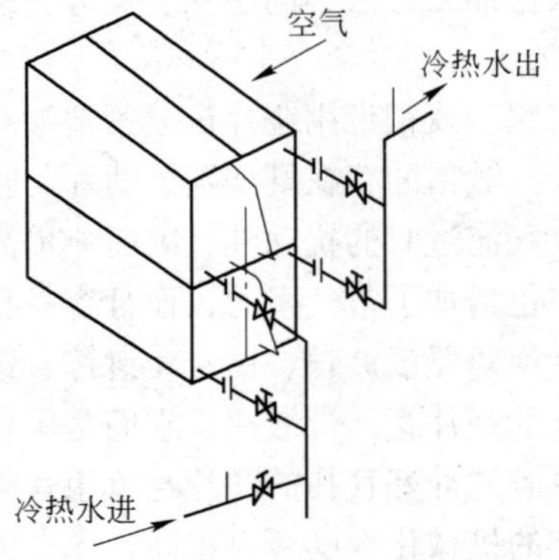

图2-13　表面式换热器的安装

为使冷、热媒与空气之间有较大温差，最好让空气与冷、热媒之间按逆交叉流型流动。为便于使用和维修，冷、热媒管路上应装设阀门、压力表和温度计。在蒸汽加热器的管路上还应设蒸汽压力调节阀和疏水器。为保证换热器正常工作，在水系统最高点应设排空气装置，在最低点则应设泄水、排污阀门。

2.3.2　表面式换热器处理空气的过程

表面式换热器的热湿交换是在主体空气与紧贴换热器外表面的边界层空气之间的温差和水蒸气分压力差作用下进行的。根据主体空气与边界层空气的参数不同，表面式换热器可以实现3种空气处理过程——等湿加热、等湿冷却和除湿冷却过程。

2.3.2.1　等湿加热与等湿冷却

换热器工作时，当边界层空气温度高于主体空气温度时，将发生等湿加热过程；当边界层空气温度虽低于主体空气温度，但尚高于其露点温度时将发生等湿冷却过程或称干冷过程（干工况）。由于等湿加热和冷却过程中，主体空气和边界层空气之间只有温差，并无水蒸气分压力差，所以只有显热交换。

由传热学可知对于只有显热传递的过程，表面式换热器的换热量取决于传热系数、传热面积和两交换介质间的对数平均温差。当其结构、尺寸及交换介质温度给定时，对传热能力起决定作用的则是传热系数K。对于空调工程中常用的肋管式换热器，如果忽略其他附加热阻，K值可按下式计算：

$$K = \left(\frac{1}{\alpha_w \phi_0} + \frac{\tau\delta}{\lambda} + \frac{\tau}{\alpha_n}\right)^{-1} \tag{2-19}$$

式中　α_n、α_w——内、外表面热交换系数，W/(m·℃)；

ϕ_0——肋表面全效率；

δ——管壁厚度，m；

λ——管壁热导率，W/(m·℃)；

τ——肋化系数，$\tau = F_w/F_n$；

F_n、F_w——单位管长肋管内、外表面积，m^2。

由上式可以看出，当换热器结构形式一定时，等湿处理过程的 K 值只与内、外表面热交换系数 α_n，α_w 有关，而它们一般又是水和空气流动状况的函数。

实际工作中，对已定结构形式的表面式换热器，其传热系数 K 往往是通过实验来确定的，并将实验结果整理成以下实验公式形式：

$$K = \left(\frac{1}{Av_y^m} + \frac{1}{Bw^n}\right)^{-1} \tag{2-20}$$

式中 v_y——空气迎面风速，一般为 2 ~ 3m/s；

w——表面式换热器管内水流速，一般为 0.6 ~ 1.8m/s；

A,B,m,n——由实验得出的系数与指数。

2.3.2.2 除湿冷却

换热器工作时，当边界层空气温度低于主体空气的露点温度时，将发生除湿冷却过程或称湿冷过程（湿工况）。在稳定的湿工况下，可以认为在整个换热器外表面上形成一层等厚的冷凝水膜，多余的冷凝水不断从表面流走。冷凝过程放出的凝结热使水膜温度略高于表面温度，但因水膜温升及膜层热阻影响较小，计算时可以忽略水膜存在对其边界层空气参数的影响。

湿工况下，由于边界层空气与主体空气之间不但存在温差，也存在水蒸气分压力差，所以通过换热器表面不但有显热交换，也有伴随湿交换的潜热交换。由此可知，表面式空气冷却器的湿工况比干工况应当具有更大的热交换能力，其换热量的增大程度可用换热扩大系数 ξ 来表示。空气除湿冷却过程（无论终态是否达到饱和）平均换热扩大系数 ξ 被定义为总热交换量与显热交换量之比。在理想条件下空气终状态可达饱和（对应于 h_b，t_b），其时

$$\xi = \frac{h - h_b}{c_p(t - t_b)} \tag{2-21}$$

不难看出，ξ 的大小也反映冷却过程中凝结水析出的多少，故又称为析湿系数。显然，湿工况下 $\xi>1$，而干工况下 $\xi=1$。

根据对空气与水直接接触条件下，热湿交换过程的分析，微元面积 dF 上总热交换的推动力是主体空气与水面边界层空气间的焓差，并可表示为

$$dQ_z = \sigma(h - h_b)dF \tag{2-22}$$

上式中 σ 为空气与水表面间按含湿量差计算的湿交换系数，kg/(m^2·s)。将式（2-21）以及刘伊斯关系式 $\sigma = \frac{\alpha_w}{c_p}$代入这一微分方程式可得

$$dQ_z = \alpha_w\xi(t - t_b)dF \tag{2-23}$$

由此可见，当表冷器上出现凝结水时，可以认为外表面换热系数比干工况增大了 ξ 倍。于是，除湿冷却过程的传热系数 K_s 可按下式计算：

$$K_s = \left(\frac{1}{\alpha_w\xi\phi_0} + \frac{\tau\delta}{\lambda} + \frac{\tau}{\alpha_n}\right)^{-1} \tag{2-24}$$

同样，实际工作中一般多使用通过实验得到的经验公式来计算传热系数 K_s。但应注意，空气减湿冷却过程的 K_s 值不仅与空气和水的流速有关，还与过程的平均析湿系数有关，故其经验公式采用如下形式：

$$K_s = \left(\frac{1}{Av_y^m \xi^p} + \frac{1}{Bw^n}\right)^{-1} \tag{2-25}$$

式中，p 为由实验得出的指数，其余符号意义同前。

部分国产表冷器的传热系数实验公式见附表 1，技术性能见附表 2 和附表 3。

2.4 表面式空气冷却器的热工计算[3,4]

表面式空气冷却器在空调系统中主要用来对空气进行冷却除湿处理，空气的温度、含湿量会同时发生变化，因此热工计算问题比较复杂。迄今，国内外关于表冷器的热工计算已提出了许多计算方法，现只介绍一种基于热交换效率的计算方法。

2.4.1 表冷器的热交换效率

同喷水室类似，表冷器的热交换效率也是通过将空气和水的实际状态变化过程与理想过程进行比较而获得的，如图 2-14 所示。

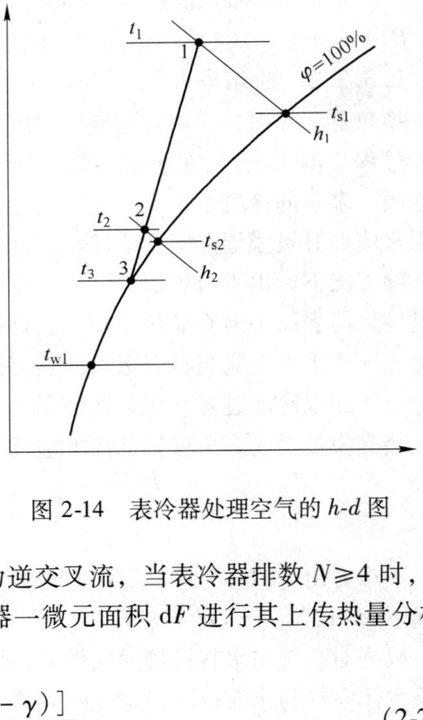

图 2-14　表冷器处理空气的 h-d 图

2.4.1.1　全热交换效率 E_g

表冷器的全热交换效率亦称热交换效率系数，它同时考虑到空气和水的状态变化，其定义式为

$$E_g = \frac{t_1 - t_2}{t_1 - t_{w1}} \tag{2-26}$$

式中　t_1，t_2——处理前、后空气的干球温度，℃；

t_{w1}——冷水初温，℃。

由于 E_g 定义式中只有空气的干球温度，所以又把 E_g 称为表冷器的干球温度效率。

在空调系统用的表冷器中，空气与水的流动主要为逆交叉流，当表冷器排数 $N \geqslant 4$ 时，从总体上甚至可将其视为逆流。在逆流条件下，取表冷器一微元面积 dF 进行其上传热量分析，可以推导出 E_g 的理论计算式为

$$E_g = \frac{1 - \exp[-\beta(1-\gamma)]}{1 - \gamma\exp[-\beta(1-\gamma)]} \tag{2-27}$$

式中　β——传热单元数，$\beta = \dfrac{K_s F}{\xi G c_p}$；

γ——两流体的水当量比，$\gamma = \dfrac{\xi G c_p}{W c}$；

G——处理空气量，kg/s；

W——表冷器管内水流量，kg/s；

c_p、c——空气和水的定压比热容；其他符号意义同前。

由式（2-27）可见，热交换效率 E_g 只与 β 和 γ 有关。为简化计算，可根据该式制成线算图，以便由 β，γ 直接查定 E_g 值。进一步分析有关参数可知，当表冷器结构形式一定且忽略空

气密度变化时，E_g值其实也是只与 v_y、w 和 ξ 有关。因此，也可通过实验得到 $E_g = f(v_y, w, \xi)$ 形式的经验公式。

2.4.1.2　通用热交换效率 E'

表冷器的通用热交换效率又称接触系数，其定义与喷水室通用热交换效率相同，且常表示为：

$$E' = \frac{t_1 - t_2}{t_1 - t_3} = 1 - \frac{t_2 - t_3}{t_1 - t_3} = 1 - \frac{h_2 - h_3}{h_1 - h_3} \tag{2-28}$$

式中　t_3——空气处理的理想终温，℃，它可近似代表表冷器的表面平均温度。

同样，通过对表冷器微元素 dF 上的传热分析，可以推导出 E'的理论计算式为

$$E' = 1 - \exp\left[-\frac{\alpha_w \alpha N}{v_y \rho c_p}\right] \tag{2-29}$$

式中　α——肋通系数，指每排肋管外表面积与迎风面积之比：$\alpha = \frac{F}{NF_y}$；

N——肋管的排数。

对于结构特性一定的表冷器来说，由于 α 值一定，空气密度 ρ 可视为常数，α_w 又与 v_y 有关，所以 E'也就成为 v_y和 N 的函数，即 $E' = f(v_y, N)$。据此也可通过实验获取 E'值。

由式（2-29）可知，N 的增加和 v_y减小均有利于提高表冷器的 E'值。但应注意，N 的增加会引起空气阻力增加，且后几排还会因空气与水之间温差过小而减弱传热作用，所以一般以不超过 8 排为宜。此外，迎风面风速最好控制在 2 ~ 3m/s 范围，因为 v_y过低将导致表冷器规格加大，初投资增加；过大则即使 E'降低，也会增加空气阻力，还可能把冷凝水带入送风系统，影响送风参数。实践中，当 $v_y > 2.5$m/s 时，表冷器后面就应装设挡水板。

部分表冷器的 E'值，请查附表 2。

2.4.2　表冷器热工计算的类型与计算方法

2.4.2.1　表冷器热工计算的类型

表冷器的热工计算也分为设计性计算和校核性计算两种类型。设计性计算多用于选择定型的表冷器以满足已知空气初、终参数的空气处理要求，校核性计算多用于检查一定型号的表冷器能将具有一定初参数的空气处理到什么样的终参数。实际上，每种计算类型按已知条件和计算内容的不同还可以再分为数种。最常见的两种计算类型见表 2-3。

表 2-3　表面冷却器的热工计算类型

计算类型	已 知 条 件	计 算 内 容
设计性计算	空气量 G 空气初参数 t_1、t_{s1}（h_1…） 空气终参数 t_2、t_{s2}（h_2…） 冷水量 W（或冷水初温 t_{w1}）	冷却面积 F（表冷器型号、台数、排数） 冷水初温 t_{w1}（或冷水量 W） 冷水终温 t_{w2} （冷量 Q）
校核性计算	空气量 G 空气初参数 t_1，t_{s1}（h_1…） 冷却面积 F（表冷器型号、台数，排数） 冷水初温 t_{w1} 冷水量 W	空气终参数 t_2，t_{s2}（h_2…） 冷水终温 t_{w2} （冷量 Q）

2.4.2.2　表冷器的热工计算方法

对于型号一定的表冷器而言，热工计算原则就是满足下列3个条件：

（1）空气处理过程需要的E_g应等于该表冷器能够达到的E_g，即

$$\frac{t_1 - t_2}{t_1 - t_{w1}} = f(\beta,\gamma) \tag{2-30}$$

（2）空气处理过程需要的E'应等于该表冷器能够达到的E'，即

$$1 - \frac{t_1 - t_{s2}}{t_1 - t_{s1}} = f(v_y, N) \tag{2-31}$$

（3）空气放出的热量应等于冷水吸收的热量，即

$$G(h_1 - h_2) = Wc(t_{w2} - t_{w1}) \tag{2-32}$$

表冷器的热工计算无论属于何种类型，计算所用的方程数目均应与待定未知数个数保持相同。联立解上述3个方程式可求出3个未知数。然而热平衡式（2-32）中实际上包括$Q = G(h_1 - h_2)$和$Q = Wc(t_{w2} - t_{w1})$两个方程。解题时如需要求冷量Q，即需要增加一个未知数时，则应联解4个方程。

在设计性计算中，先根据已知的空气初参数和要求处理到的空气终参数计算E'，根据E'确定表冷器的排数，继而在假定$v_y = 2.5 \sim 3$m/s范围内确定表冷器的F_y，据此可确定表冷器的型号及台数，然后就可求出该表冷器能够达到的E_g值。根据E_g值遂可确定水初温t_{w1}：

$$t_{w1} = t_1 - \frac{t_1 - t_2}{E_g} \tag{2-33}$$

若已知条件中给定了水初温t_{w1}，则说明空气处理过程需要的E_g已定，热工计算的目的就在于通过调整水量或迎面风速，改变冷水流速或传热面积、传热系数等，使所选择的表冷器能够达到空气处理过程需要的E_g值。

在校核性计算中，因空气终参数未求出，尚不知道过程的析湿系数ξ。为了求解空气终参数和水终温，需要增加辅助方程，使解题程序更为复杂。在这种情况下采用试算方法更为方便。

应予指出，表冷器经长时间使用后，因内外表面结垢、积灰等原因，传热系数会有所降低。为了保证在这种情况下表冷器的使用仍然安全可靠，在选择计算时应考虑一定的安全系数。在工程中有以下两种做法：

（1）在选择计算之初，将求得的E_g乘以安全系数α，对仅做冷却用的表冷器取$\alpha = 0.94$，对冷热两用的表冷器取$\alpha = 0.90$。

（2）计算过程中不考虑安全系数，但在表冷器规格选定之后，应将计算出来的水初温再降低一些。水初温的降低值可按水温升的10%～20%考虑。

2.4.3　表冷器的设计性计算和校核性计算步骤举例

【例2-1】 已知被处理的空气量为30000kg/h（8.33kg/s），当地大气压力为101325Pa，空气的初参数为$t_1 = 25.6$℃，$h_1 = 50.9$ kJ/kg，$t_{s1} = 18$℃；空气的终参数为$t_2 = 11$℃，$h_2 = 30.7$ kJ/kg，$t_{s2} = 10.6$℃，$\varphi_2 = 95\%$。试选择JW型表面冷却器，并确定水温水量。JW型表面冷却器的技术数据见附表3。

解： 首先画出本题的焓湿图，如图2-15所示。

（1）计算需要的 E'，确定表面冷却器的排数。根据 $E' = 1 - \frac{t_2 - t_{s2}}{t_1 - t_{s1}}$ 得：

$$E' = 1 - \frac{(11 - 10.6)℃}{(25.6 - 18)℃} = 0.947$$

根据附表 2 可知，在常用的 v_y 范围内，JW 型 8 排表面冷却器能满足 $E' = 0.947$ 的要求，所以决定选用 8 排。

（2）确定表面冷却器的型号。先确定一个 v'_y，算出所需冷却器的迎风面积 F'_y，再根据 F'_y 选择合适的冷却器型号及并联台数，并算出实际的 v_y 值。

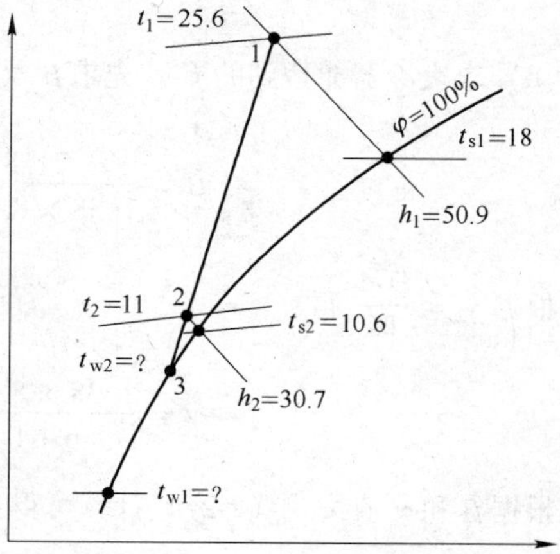

图 2-15 例 2-1 的焓湿图

假定 $v'_y = 2.5\text{m/s}$，并取空气密度 $\rho = 1.2\text{kg/m}^3$，则根据 $F'_y = \frac{G}{v'_y \rho}$ 可得：

$$F'_y = \frac{8.33}{2.5 \times 1.2} = 2.8\text{m}^2$$

根据 $F'_y = 2.8\text{m}^2$，查附表 3 可以选用 JW 30-4 型表面冷却器一台，其 $F_y = 2.57\text{m}^2$，所以实际的 v_y 为：

$$v_y = \frac{G}{F_y \rho} = \frac{8.33}{2.57 \times 1.2} = 2.7\text{m/s}$$

再查附表 2 可知，在 $v_y = 2.7\text{m/s}$ 时，8 排 JW 型表面冷却器实际的 $E' = 0.950$，与需要的 $E' = 0.947$ 差别不大，故可继续计算。如果二者差别较大，则应改选别的型号表面冷却器或在设计允许范围内调整空气的一个终参数，变成已知冷却面积及一个空气终参数，求解另一个空气终参数的计算类型。

由附表 3 还可知道，所选表面冷却器的每排传热面积 $F_d = 33.4\text{m}^2$，通水截面积 $f_w = 0.00553\text{m}^2$。

（3）求析湿系数。根据 $\xi = \frac{h_1 - h_2}{c_p(t_1 - t_2)}$ 得：

$$\xi = \frac{50.9 - 30.7}{1.01 \times (25.6 - 11)} = 1.38$$

（4）求传热系数。由于题中未给出水初温和水量，缺少一个已知条件，故采用假定水流速的办法补充一个已知数。

假定水流速 $w = 1.2\text{m/s}$，根据附表 1 中的相应公式可算出传热系数为：

$$K_s = \left(\frac{1}{35.5 v_y^{0.58} \xi^{1.0}} + \frac{1}{353.6 w^{0.8}}\right)^{-1}$$

$$= \left[\frac{1}{35.5 \times (2.7)^{0.58} \times 1.38} + \frac{1}{353.6 \times (1.2)^{0.8}}\right]^{-1}$$

$$= 71.8\text{W}/(\text{m}^2 \cdot ℃)$$

（5）求冷水量。根据 $W = f_w w \times 10^3$ 得：

$$W = 0.00553 \times 1.2 \times 10^3 = 6.64\text{kg/s}$$

（6）求表冷器能达到的 E_g。先求 β 及 γ 值。根据 $\beta = \frac{K_s F}{\xi G c_p}$ 得：

$$\beta = \frac{71.8 \times 33.4 \times 8}{1.38 \times 8.33 \times 1.01 \times 10^3} = 1.65$$

根据 $\gamma = \frac{\xi G c_p}{Wc}$ 得：

$$\gamma = \frac{1.38 \times 8.33 \times 1.01 \times 10^3}{6.64 \times 4.19 \times 10^3} = 0.42$$

根据 β 和 γ 值按式（2-27）计算可得：

$$E_g = \frac{1 - e^{-1.65(1-0.42)}}{1 - 0.42e^{-1.65(1-0.42)}} = 0.734$$

（7）求水初温。由公式 $t_{w1} = t_1 - \frac{t_1 - t_2}{E_g}$ 可得：

$$t_{w1} = 25.6 - \frac{25.6 - 11}{0.734} = 5.7℃$$

（8）求冷量及水终温。根据公式（2-32）可得：

$$Q = G(h_1 - h_2) = 8.33(50.9 - 30.7) = 168.3\text{kW}$$

$$t_{w2} = t_{w1} + \frac{G(h_1 - h_2)}{Wc} = 5.7 + \frac{8.33(50.9 - 30.7)}{6.64 \times 4.19} = 11.7℃$$

【例2-2】 已知被处理的空气量为16000kg/h（4.44kg/s），当地大气压力为101325Pa，空气的初参数为 $t_1 = 25℃$，$h_1 = 59.1\text{kJ/kg}$，$t_{s1} = 20.5℃$，冷水量为 $W = 23500\text{kg/h}$（6.53 kg/s），冷水初温为 $t_{w1} = 5℃$。

试求用JW 20-4型6排表冷器处理空气所能达到的终状态和水终温。

解： 先绘出本题的焓湿图，如图2-16所示。

（1）求表冷器迎面风速 v_y 及水流速 w。由附表3知，JW 20-4型表面冷却器迎风面积 $F_y = 1.87\text{m}^2$，每排散热面积 $F_d = 24.05\text{m}^2$，通水断面积 $f_w = 0.00407\text{m}^2$，所以

$$v_y = \frac{G}{F_y \rho} = \frac{4.44}{1.87 \times 1.2} = 1.98\text{m/s}$$

$$w = \frac{W}{f_w \times 10^3} = \frac{6.53}{0.00407 \times 10^3} = 1.6\text{m/s}$$

（2）求表冷器可提供的 E'。根据附表2，当 $v_y = 1.98\text{m/s}$，$N = 6$ 排时，$E' = 0.911$。

（3）求空气终状态。先假定 $t_2 = 10.5℃$（一般可按 $t_2 = t_{w1} + (4 \sim 6)℃$ 假设）。

根据 $t_{s2} = t_2 - (t_1 - t_{s1})(1 - E')$ 可得：

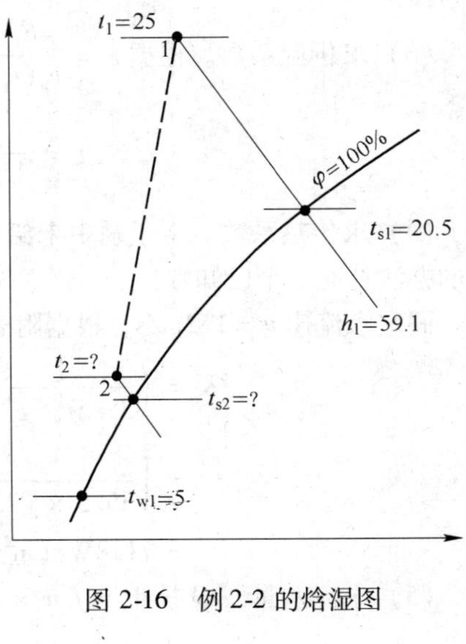

图2-16　例2-2的焓湿图

$$t_{s2} = 10.5 - (25 - 20.5)(1 - 0.911) = 10.1℃$$

查 h-d 图，或根据关系式 $h = 0.0707t_s^2 + 0.6452t_s + 16.18$ 计算，当 $t_{s2} = 10.1℃$ 时，$h_2 = 29.9\text{kJ/kg}$。

（4）求析湿系数。根据 $\xi = \dfrac{h_1 - h_2}{c_p(t_1 - t_2)}$ 可得：

$$\xi = \frac{59.1 - 29.9}{1.01 \times (25 - 10.5)} = 1.99$$

（5）求传热系数。根据附表 1，对于 JW 型 6 排表冷器

$$K_s = \left(\frac{1}{41.5v_y^{0.52}\xi^{1.02}} + \frac{1}{325.6w^{0.8}}\right)^{-1} = \left[\frac{1}{41.5 \times (1.98)^{0.52} \times (1.99)^{1.02}} + \frac{1}{325.6 \times (1.6)^{0.8}}\right]^{-1}$$

$$= 95.4\text{W/(m}^2 \cdot ℃)$$

（6）求表冷器能达到的 E'_g 值。

$$\beta = \frac{K_s F}{\xi G c_p} = \frac{95.4 \times 24.05 \times 6}{1.99 \times 4.44 \times 1.01 \times 10^3} = 1.54$$

$$\gamma = \frac{\xi G c_p}{W c} = \frac{1.99 \times 4.44 \times 1.01 \times 10^3}{6.53 \times 4.19 \times 10^3} = 0.33$$

由 $\beta = 1.54$ 和 $\gamma = 0.33$，按式（2-27）计算可得：

$$E'_g = \frac{1 - e^{-1.54(1-0.33)}}{1 - 0.33e^{-1.54(1-0.33)}} = 0.728$$

（7）求需要的 E_g 并与上面得到的 E'_g 比较：

$$E_g = \frac{t_1 - t_2}{t_1 - t_{w1}} = \frac{25 - 10.5}{25 - 5} = 0.725$$

计算时可取 $\delta = 0.01$。

当 $|E_g - E'_g| \leqslant \delta$ 时，证明所设 $t_2 = 10.5℃$ 合适。如不合适，则应重设 t_2 再算。

于是，在本例题的条件下，得到的空气终参数为 $t_2 = 10.5℃$，$t_{s2} = 10.1℃$，$h_2 = 29.9\text{kJ/kg}$。

（8）求冷量及水终温。根据公式（2-32）可得：

$$Q = 4.44 \times (59.1 - 29.9) = 129.6\text{kW}$$

$$t_{w2} = t_{w1} + \frac{G(h_1 - h_2)}{W c} = 5 + \frac{4.44 \times (59.1 - 29.9)}{6.53 \times 4.19} = 9.7℃$$

2.4.4 表冷器热工计算的计算机计算框图

上述计算步骤也可以用框图表示。如果用计算机计算，可按框图编制程序。这种计算程序对多种方案的比较是非常方便的。

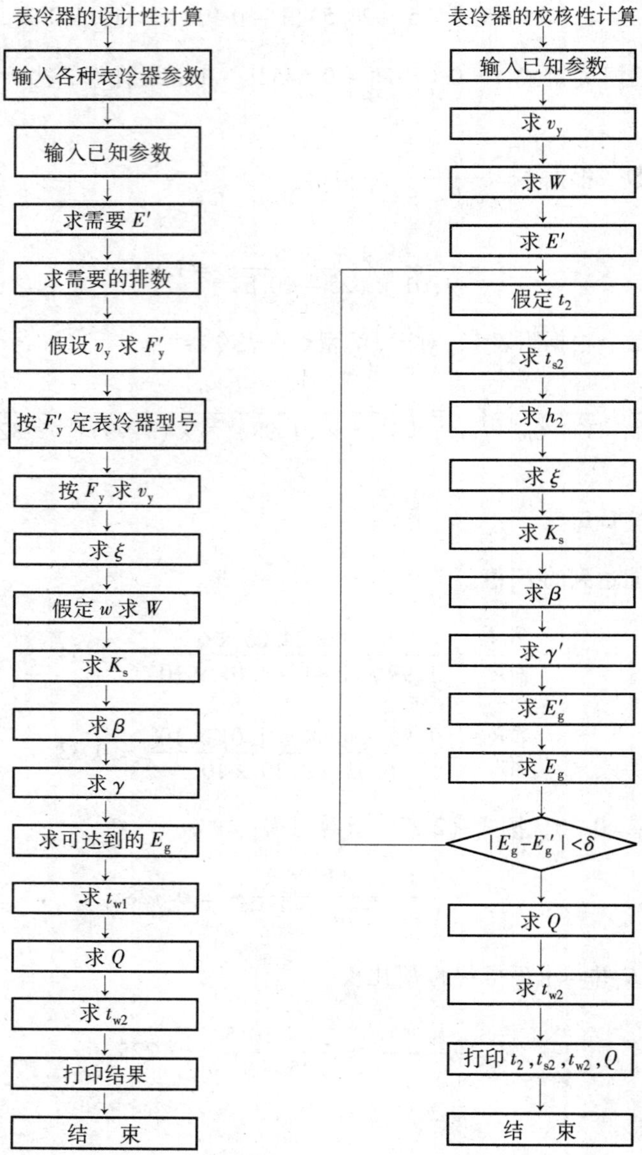

鉴于用湿球温度效率计算表冷器的湿工况，能更好地反映全热交换的推动力为焓差，一些学者还提出一种湿球温度效率法。该方法采用空气湿球温度来定义热交换效率 E_s，结合使用 E'方程及热平衡式对表冷器湿工况进行计算，其优点是可减少或避免一些试算过程。

2.4.5 喷水式表冷器和直接蒸发式表冷器

2.4.5.1 喷水式表冷器

普通表冷器只能冷却或者冷却除湿空气，无法对空气进行加湿，更不容易达到较严格的湿度控制要求，所以在需要时还应另设加湿设备。图 2-17 所示的喷水式表冷器则能弥补这方面的不足，使之兼有表冷器和喷水室的优点。该设备的具体结构是在普通表冷器前设置喷嘴，向表冷器外表面喷循环水。

由于喷水式表冷器要求喷嘴尽可能靠近表冷器设置，所以流过的空气与喷水水苗接触时间很短，更多的时间是与表冷器表面上形成的水膜接触，热湿交换现象更为复杂。测定数据表明，在表冷器上喷水可以提高热交换能力。其原因一方面是由于喷水水苗及沿冷却器表面下流的水膜增加了热交换面积，另一方面喷水对水膜也有扰动作用，利于减少水膜热阻。喷水对表冷器热交换能力的增加程度与表冷器排数多少有关——排数少时传热系数增加较多；排数多时，由于喷水作用达不到后面几排，所以传热系数增加较少。

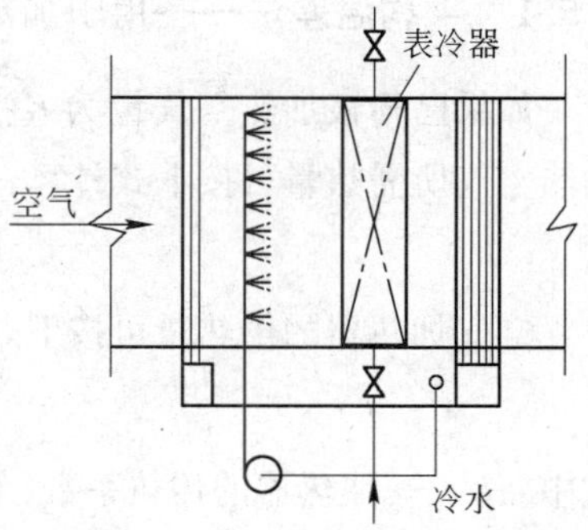

图 2-17 喷水式表面冷却器

用上述表冷器的热工计算方法，也可以计算喷水式表冷器，不过要求用试验方法提供喷水式表冷器能够达到的两个热交换效率。由于在表冷器上喷的是循环水，经过一段时间以后，水温将趋于稳定，并近似地等于表冷器表面平均温度。此外，由于喷水式表冷器后空气终相对湿度较高（一般都能达到95%以上），因此很容易实现露点控制。

尽管喷水式表冷器能加湿空气，又能净化空气，同时传热系数也有不同程度的提高，但是由于增加了喷水系统及其能耗，空气阻力也将变大，所以也影响了喷水式表冷器的推广应用。

2.4.5.2 直接蒸发式表冷器

有时为了减少制冷机房面积，把制冷系统的蒸发器放在空调机组中直接冷却空气，这就是直接蒸发式表冷器。此外，在独立式空调机组中也都采用直接蒸发式表冷器。

直接蒸发式表冷器和水冷式表冷器虽然功能和构造基本相同，但因为它又是制冷系统中的一个部件，因此在选择计算方面也有一些特殊的地方。

进行直接蒸发式表冷器的热工计算也应用到湿球温度效率 E_s 和通用热交换效率 E'。但直接蒸发式表冷器的湿球温度效率定义为：

$$E_s = \frac{t_{s1} - t_{s2}}{t_{s1} - t_0} \tag{2-34}$$

式中，t_0 是制冷系统的蒸发温度；E_s 的大小与蒸发器的结构形式、迎面风速以及制冷剂性质有关，可由试验求得。

如果有了生产厂家提供的产品结构参数及 E_s、E' 值，可进行直接蒸发式表冷器的热工计算，其方法与前述水冷式表冷器计算方法大体相同。不过，由于蒸发器又是制冷系统中的一个部件，所以它能提供的冷量大小一定要和制冷系统的产冷量平衡，即被处理空气从直接蒸发式表冷器得到的冷量应与制冷系统提供的冷量相等。也就是说，应根据空调系统和制冷系统热平衡的概念对蒸发器进行校核计算，以便定出合理的蒸发温度、冷凝温度、冷却水温、冷却水量等。具体计算方法必要时可参考有关文献、资料。

2.5 表面式空气加热器的热工计算[3,4]

如同表冷器的热工计算一样，空气加热器的热工计算也分设计性计算和校核性计算两种类型——设计性计算旨在根据被加热的空气量及加热前后的空气温度，按一定热媒参数选择空气加热器；校核性计算则是依据已有的加热器型号，检查它能否满足预定的空气加热要求。

空气加热器的计算原则是让加热器的供热量等于加热空气需要的热量。计算方法有两种：一般的设计性计算常用平均温差法；表冷器做加热器使用时常用效率法。

2.5.1　平均温差法——用于加热器的一般性设计计算

如果已知被加热空气量为 G(kg/s)，加热前的空气温度为 t_1，加热后的空气温度为 t_2 时，加热空气所需热量可按下式计算：

$$Q = Gc_p(t_2 - t_1) \tag{2-35}$$

空气加热器的供热量可按下式计算：

$$Q' = KF\Delta t_m \tag{2-36}$$

式中　K——加热器的传热系数，W/(m^2·℃)；

F——加热器的传热面积，m^2；

Δt_m——热媒与空气间的对数平均温差，℃。

对于空气加热过程来说，由于冷热流体在进出口端的温差比值常常小于 2，所以可用算术平均温差 Δt_p 代替对数平均温差 Δt_m。

当热媒为热水时

$$\Delta t_p = \frac{t_{w1} + t_{w2}}{2} - \frac{t_1 + t_2}{2} \tag{2-37}$$

当热媒为蒸汽时

$$\Delta t_p = t_q - \frac{t_1 + t_2}{2} \tag{2-38}$$

式中　t_q——蒸汽的温度。

空气加热器的设计性计算可按以下步骤进行：

(1) 初选加热器的型号：一般先从假定通过加热器有效截面 f 的空气质量流速 $v\rho$ 入手，根据 $f = \dfrac{G}{v_\rho}$ 的关系便可求出需要的加热器有效截面面积。

分析空气加热器的传热情况，我们发现随着 v_ρ 的提高，加热器的传热系数可以增大，从而能在保证同样加热量的条件下，减少加热器的传热面积，降低设备初投资。但是随着 v_ρ 的提高，空气阻力也将增加，使运行费提高。兼顾这两方面的办法是采用所谓“经济质量流速”，即采用使运行费和初投资的总和为最小的 v_ρ 值。通常它的范围为 8kg/(m^2·s)左右。

在加热器的型号初步选定之后，就可根据加热器的实际有效截面，算出实际的 v_ρ 值。

(2) 计算加热器的传热系数：有了加热器的型号和空气质量流速后，依据附表 6 中相应的经验公式便可计算传热系数。如果有的产品在整理传热系数经验公式时，用的不是质量流速 v_ρ 而是迎面风速 v_y，则应根据加热器有效截面与迎风面积之比 α 值（此处 α 称为有效截面系数），使用关系式 $v_y = \dfrac{\alpha\ (v_\rho)}{\rho}$ 由 v_ρ 求出 v_y 后，再计算传热系数。

如果热媒为热水，则在传热系数的计算公式中还要用到管内热水流速 w。提高热水流速虽然也能提高传热系数，但是 w 值过大，也会引起水泵电耗的增加，这里同样有技术经济比较问题。目前在低温热水系统中，一般是取 $w = 0.6 \sim 1.8$m/s。如果热媒是高温热水，由于水的温降很大，所以水的流速应取得更小。

选定水流速 w 之后，可依下式确定通过加热器的水量：

$$W = f_w w\rho_w \tag{2-39}$$

式中　W——加热器管子中流动的水量，kg/s；

f_w——加热器的管子通水截面积，m^2；

ρ_w——水的密度，低温热水可取为 $10^3 kg/m^3$。

如果供热系统的热水温降（$t_{w1}-t_{w2}$）一定，按下面热平衡式也可以确定热水流速：

$$Q = f_w wc(t_{w1} - t_{w2}) \times 10^3 \tag{2-40}$$

（3）计算需要的加热面积和加热器台数：由式（2-36）可知，$F = \frac{Q'}{K \cdot \Delta t_m}$，按照 $Q' = Q$ 的原则便可计算出需要的加热面积，然后再根据每台加热器的实际加热面积确定加热器的排数和台数。

（4）检查加热器的安全系数：由于加热器的质量和运行中内外表面结垢积灰等原因，选用时应考虑一定的安全系数。一般取传热面积的安全系数为1.1～1.2。

2.5.2　热交换效率法——用于以表冷器作为加热器的设计计算

空气加热器的计算只用一个干球温度效率 E_g，它的定义是：

$$E_g = \frac{t_2 - t_1}{t_{w1} - t_1} \tag{2-41}$$

式中　t_1，t_2——空气初、终温度，℃；

t_{w1}——热水初温，℃。

干球温度效率 E_g 也可以由 β、γ 值按式（2-27）确定，不过 β、γ 值计算中应取 $\xi = 1$，传热系数则采用表冷器做加热用时的传热系数 K_g。

具体计算可按以下步骤进行：

（1）根据 v_y 及 w（水流速 w 与做表冷器使用时相同或重新设定）求传热系数 K_g；

（2）根据水流速 w 求热水流量：$W = f_w \cdot w \times 10^3$；

（3）求 β、γ 及 E_g；

（4）根据下式求水初温：$t_{w1} = \frac{t_2 - t_1}{E_g} + t_1$；

（5）根据下式求需要的加热量：$Q = Gc_p(t_2 - t_1)$；

（6）根据下式求水终温：$t_{w2} = t_{w1} - \frac{Q}{Wc}$。

2.6　表面式换热器的阻力计算[3,4]

表面式换热器的阻力与换热器形式、构造以及空气流速有关，它构成整个空气系统总阻力的一部分。同样，换热器对冷热媒介质在管内的流动也会产生阻力，这种阻力则成为整个水系统总阻力的一个组成部分。

2.6.1　空气加热器的阻力

对于一定结构特性的空气加热器而言，空气阻力可由以下形式的实验公式求出：

$$\Delta H = B(v_\rho)^p \tag{2-42}$$

式中　B，p——实验的系数和指数；

v_ρ——空气的质量流速，kg/（$m^2 \cdot s$）。

如果热媒是蒸汽，则依靠加热器前保持一定的剩余压力［不小于0.03MPa（工作压力）］来克服蒸汽流经加热器的阻力，不必另行计算。如果热媒是热水，则其水阻力可按以下实验公式计算：

$$\Delta h = Cw^{q} \tag{2-43}$$

式中　C，q——实验的系数和指数。

部分空气加热器的阻力计算公式见附表4。

2.6.2　表冷器的阻力

表面冷却器的阻力计算方法与空气加热器基本相同，也是利用类似形式的实验公式。但是由于表面冷却器有干、湿工况之分，而且湿工况的空气阻力 ΔH_s 比干工况的 ΔH_g 大，并与析湿系数有关，所以应区分干工况与湿工况的空气阻力计算公式。

部分表面冷却器的阻力计算公式见附表1。

【例2-3】　试计算例2-1中选出的JW型8排表面冷却器的空气阻力与水阻力。

解：根据附表1中JW型8排表面冷却器的阻力计算公式可得

空气阻力为　$\Delta H_s = 70.56v_y^{1.21} = 70.56 \times (2.7)^{1.21} = 235\text{Pa}$

水阻力为　$\Delta h = 20.19w^{1.93} = 20.19 \times (1.2)^{1.93} = 28.6\text{kPa}$

2.7　空气的其他加热处理方式与加湿、除湿

2.7.1　空气的其他加热处理方式[4]——散热器、暖风机、辐射供暖、电采暖

除前述喷水室、表面式换热器可以实现对空气的加热处理外，在不同的应用场合，还有其他多种加热设备和方法，诸如散热器、暖风机、辐射供暖、电采暖等。一般的中央空调工程有部分房间只需供暖，采用除中央空调以外的其他加热方法是必要的。

2.7.1.1　散热器

A　散热器类型

散热器属于表面式换热设备，用于供暖系统，其作用是对室内的循环空气进行加热。散热器内部采用热水作为热媒，在工厂车间有时候也用蒸汽作热媒。

散热器的分类方式有：

（1）以传热方式分，当对流方式为主时（占总传热量的60%以上），为对流型散热器。如管型、柱型、翼型、钢串片型等；以辐射方式为主（占总传热量60%以上），为辐射型散热器，如辐射板、红外辐射器等；

（2）以形状分，有管型、翼型、柱型和平板型等；

（3）以材料分，有金属（钢、铁、铝、铜等）和非金属（陶瓷、混凝土、塑料等）。我国目前常用的是金属材料散热器，主要有铸铁、铸钢和钢。近年也出现一些铝、铜合金散热器。

常用散热器如图2-18～图2-23所示，其中图2-18与图2-19为铸铁散热器，图2-20～图2-23为钢制散热器。

B　散热器的布置

（1）房间有外窗时，最好每个外窗下设置一组散热器；

（2）散热器不宜置于内墙；

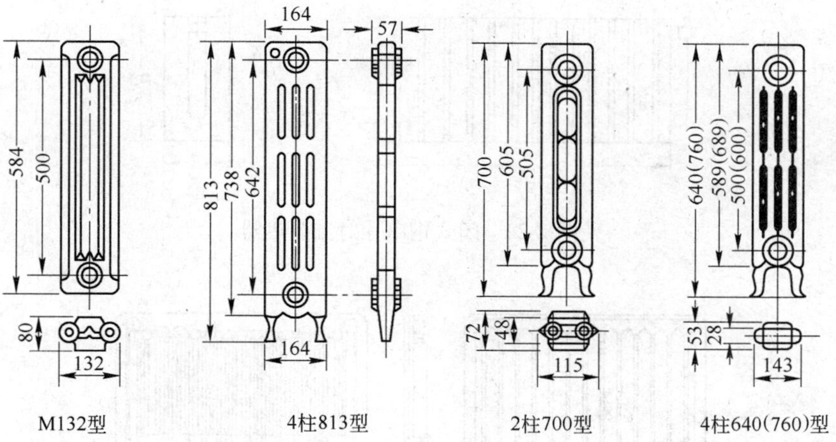

图 2-18　铸铁柱式散热器

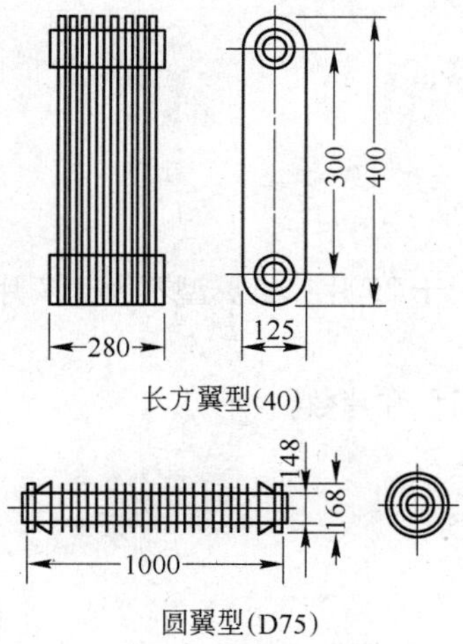

图 2-19　铸铁翼型散热器

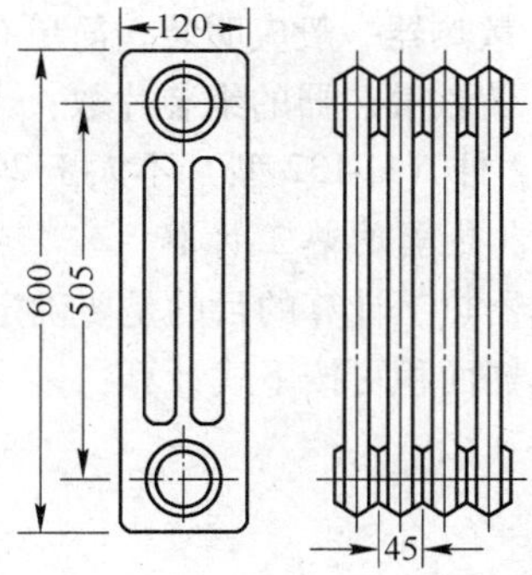

图 2-20　钢制柱式散热器

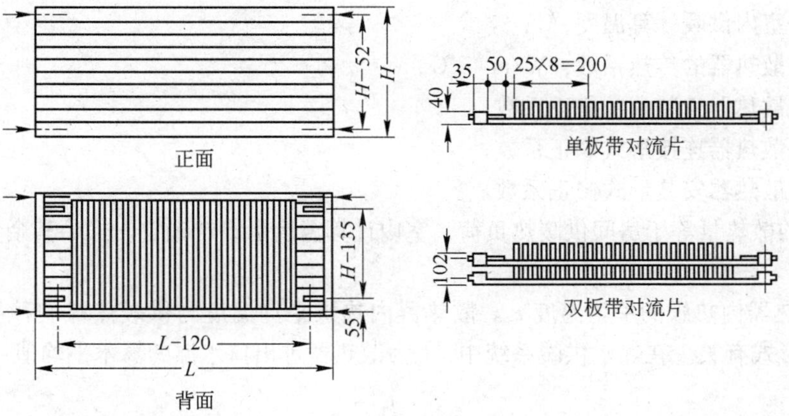

图 2-21　钢制扁管式散热器

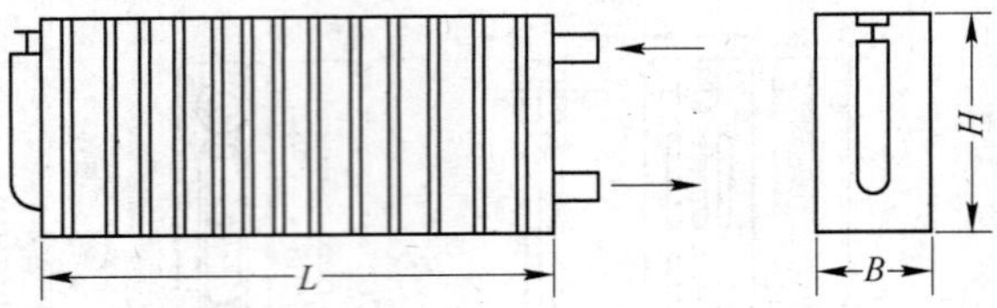

图 2-22 闭式钢串片对流散热器

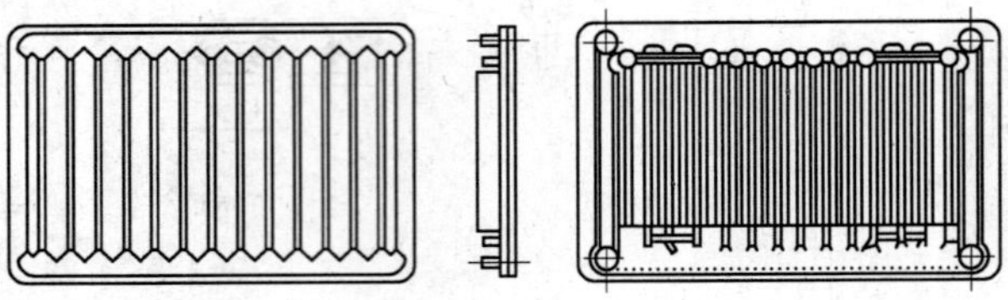

图 2-23 钢制板式散热器

(3) 为防止冻裂散热器，两道外门之间不能设置散热器；

(4) 楼梯间由于热流上升，散热器应尽量布置在底层；

(5) 散热器一般应明装，简单布置；

(6) 铸铁散热器的组装片数：

2柱（M-132型）不大于20片；柱型（4柱）不大于25片；长翼型不大于7片。

C 散热器的热工计算

散热器热工计算的目的是要确定供暖房间所需散热器面积和片数。

散热器面积可按下式计算：

$$F = \frac{Q}{K(t_p - t_n)}\beta_1\beta_2\beta_3 \tag{2-44}$$

式中 F——散热器的散热面积，m^2；

Q——散热器的散热量，W；

t_p——散热器内热媒平均温度，℃；

t_n——室内供暖计算温度，℃；

K——散热器的传热系数，$W/m^2 \cdot ℃$；

β_1——散热器组装片数修正系数；

β_2——散热器连接形式修正系数；

β_3——散热器安装形式修正系数。

散热器的散热量等于房间供暖热负荷，室内计算温度由设计确定。式中其余参数的确定方法如下：

(1) 散热器内热媒的平均温度 t_p。散热器内热媒平均温度与供暖热媒的种类、参数以及供暖系统的形式有关。在热水供暖系统中，t_p为散热器进出口水温的算术平均值：

$$t_p = \frac{t_1 + t_2}{2} \tag{2-45}$$

式中 t_p——散热器内热媒的平均温度，℃；

t_1——散热器进水温度,℃；

t_2——散热器出水温度,℃。

对双管热水供暖系统，散热器的进、出口温度分别按系统的设计供、回水温度计算。

对单管热水供暖系统，热水依次流过各散热器。这种系统形式，散热器的进出水温，各组不同，需逐一计算。

在蒸汽供暖系统中，当蒸汽表压力不大于0.03MPa时，t_{pj}取为100℃；当蒸汽表压力大于0.03MPa时，t_{pj}取与散热器进口蒸汽压力相应的饱和温度。

（2）散热器的传热系数K。散热器的传热系数一般是用实验方法确定：

$$K = A(t_p - t_n)^B \tag{2-46}$$

式中　K——在实验条件下，散热器的传热系数；

A，B——由实验确定的系数。

一些常用国产散热器的实验数据见附表5和附表6。

（3）散热器面积的修正系数。散热器K值的实验是在特定条件下进行的。当实际情况与实验条件不同时，由实验所得K值计算出的散热器面积与实际有误差，因此需要修正。前述影响散热器传热系数的因素很多，实际计算中需要考虑的主要有以下三项：

1）散热器组装片数修正系数β_1：β_1的值可按附表7选用。

2）散热器连接形式修正系数β_2：实验的β_2值，可按附表8选用。

3）散热器安装形式修正系数β_3：β_3的取值，可查附表9。

在蒸汽供暖系统中，蒸汽在散热器内表面凝结放热，散热器表面温度较均匀，在相同的计算热媒平均温度下，蒸汽散热器的传热系数K值要高于热水散热器的K值。蒸汽散热器的传热系数K值可见附表5。

根据式（2-44）计算出所需散热器面积后，由单片或单位长度散热器面积，求出所需的散热器总片数或总长度。

【例2-4】某房间供暖设计热负荷为1600W，室内计算温度为18℃。采用双管上供式热水供暖系统，设计供、回水温度为95℃/70℃，室内供暖管道明装（其向房间的散热量已从房间耗热量中扣除），选M-132型散热器，采用同侧连接，上进下出，求散热器面积及片数。

解：已知散热器的散热量为房间供暖设计热负荷：$Q=1600\text{W}$

热媒平均温度：
$$t_p = \frac{95+70}{2} = 82.5℃$$

散热器传热温差：
$$\Delta t = t_p - t_n = 82.5 - 18 = 64.5℃$$

查附表5，M-132型散热器的传热系数为：

$$K = 2.426\Delta t^{0.286} = 2.426 \times 64.5^{0.286} = 7.99\text{W}/(\text{m}^2 \cdot ℃)$$

修正系数：

假定散热器组装片数修正系数：$\beta_1 = 1.0$；

M-132型散热器同侧连接，上进下出，查附表8，连接形式修正系数$\beta_2 = 1.0$；

散热器明装，无遮挡，安装形式修正系数$\beta_3 = 1.0$；由式（2-44）：

$$F' = \frac{Q}{K\Delta t}\beta_1\beta_2\beta_3 = \frac{1600}{7.99 \times 64.5} \times 1.0 \times 1.0 \times 1.0 = 3.10\text{m}^2$$

查附表5，M-132型散热器每片散热面积为$f=0.24\text{m}^2$，计算片数n'为：

$$n' = \frac{F'}{f} = \frac{3.10}{0.24} = 12.9 \text{片} \approx 13 \text{片}$$

校核片数修正系数 β_1 的值：查附表 7，当散热器片数为 11 ~ 20 片时，$\beta_1 = 1.05$，因此，实际所需散热器面积为：

$$F = F' \cdot \beta_1 = 3.10 \times 1.05 = 3.26\text{m}^2$$

实际选用片数 n 为：

$$n = \frac{F}{f} = \frac{3.26}{0.24} = 13.58 \text{片}$$

取整数，应选用 M-132 型散热器 14 片。

2.7.1.2　暖风机

A　暖风机种类

暖风机是热风供暖系统的换热和送风设备。它是由通风机、电动机及空气加热器组合而成。

暖风机分为轴流式和离心式两种。根据换热介质又可分为蒸汽暖风机、热水暖风机、蒸汽热水两用暖风机以及冷热水两用的冷暖风机等。图2-24为 S 型暖风机，可供冷热水系统两用。图 2-25 为 NBL 型离心式大型暖风机，蒸汽、热水两用。

轴流式暖风机体积小，结构简单，一般悬挂或支架在墙上或柱子上。轴流式暖风机出口风速低，热风直接吹向工作区。轴流式暖风机主要用于加热室内再循环空气。离心式暖风机用于集中输送大量热风，由于它配用离心式通风机，有较大的作用压头和较高的出口速度，比轴流式暖风机的气流射程长，送风量和产热量大，除用于加热室内再循环空气外，也可用来加热一部分室外新鲜空气，常用于集中送风供暖系统。

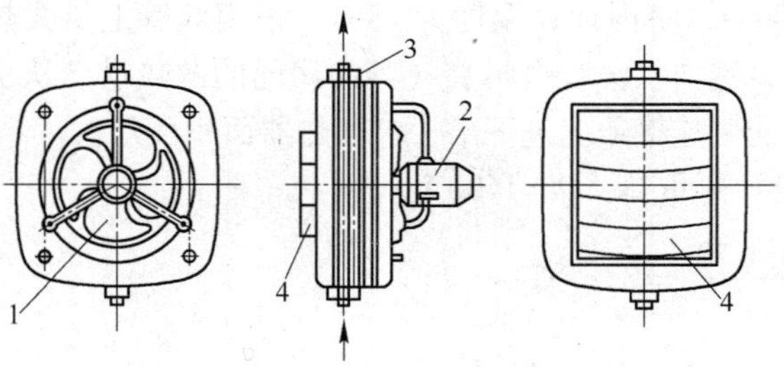

图 2-24　S 型轴流暖风机

1—轴流式风机；2—电动机；3—加热器；4—百叶片

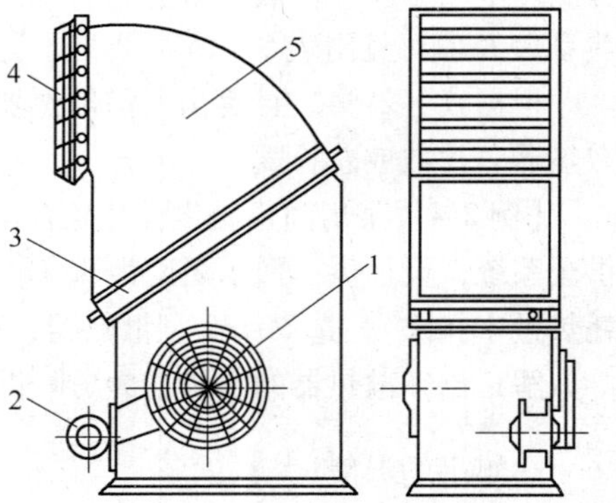

图 2-25　NBL 型离心式暖风机

1—离心式风机；2—电动机；3—加热器；4—导流叶片；5—外壳

对于空气中含有较多灰尘或含有易燃易爆气体、粉尘和纤维而未经处理时，从安全卫生角度考虑，不得采用再循环空气。此外，由于空气的热惰性小，房间内设置暖风机进行热风供暖时，一般还应适当设置一些散热器，以便在非工作班时间，可关闭部分或全部暖风机，并由散热器散热维持生产工艺所需的最低温度（不得低于5℃），称值班供暖。

B　暖风机的选择计算

暖风机热风供暖设计，主要是确定暖风机的型号、台数、平面布置及安装高度等。

暖风机的台数 n 可按下式确定：

$$n = \frac{\alpha Q}{Q_j} \tag{2-47}$$

式中　n——暖风机的台数，台；

Q——建筑物的热负荷，W；

Q_j——单台暖风机的实际散热量，W；

α——暖风机的富裕系数，可取 $\alpha = 1.2 \sim 1.3$。

暖风机的安装台数一般不宜少于2台。

产品样本中给出的暖风机的散热量 Q_0 是指暖风机空气进口温度 t_j 等于15℃时的值，若实际或设计空气进口温度值不等于15℃时，其散热量 Q_j 可按下式换算：

$$Q_j = \frac{t_p - t_j}{t_p - 15} Q_0 \tag{2-48}$$

小型暖风机的射程，可按下式估算：

$$S = 11.3 v_0 D \tag{2-49}$$

式中　S——气流射程，m；

v_0——暖风机出口风速，m/s；

D——暖风机出口的当量直径，m。

2.7.1.3　辐射供暖

A　辐射供暖的特点

习惯上把辐射传热比例占总传热量50%～70%以上的供暖系统称为辐射供暖系统。辐射供暖是一种卫生条件和舒适标准都比较高的供暖方式。它是利用建筑物内部的顶面、墙面、地面或其他表面进行供暖的系统。和对流供暖系统相比，辐射供暖系统具有以下主要优点：

(1) 由于有辐射强度和温度的双重作用，造成了真正符合人体散热要求的热状态，因此，具有最佳的舒适感。

(2) 利用与建筑结构相结合的辐射供暖系统，不需要在室内布置散热器，也不必安装连接散热器的水平支管，所以，不但不占建筑面积，也便于布置家具。

(3) 室内沿高度方向上的温度分布比较均匀，温度梯度很小，无效热损失可大大减少。

(4) 由于提高了室内表面的温度，减少了四周表面对人体的冷辐射，提高了舒适感。

(5) 不会导致室内空气的急剧流动，从而减少了尘埃飞扬的可能，有利于改善卫生条件。

(6) 由于辐射供暖将热量直接投射到人体，在建立同样舒适条件的前提下，室内设计温度可以比对流供暖时降低2～3℃（高温辐射时可以降低5～10℃），从而可降低供暖能耗约10%～20%。

辐射供暖的主要缺点是它的初投资较高，通常约比对流供暖系统高出15%～25%（以低温辐射供暖系统比较）。

另外，辐射供暖系统还有可能在夏季用作辐射供冷，其辐射表面兼作夏季降温的供冷表面。

B　辐射供暖系统的分类

辐射供暖系统有多种分类方式，见表2-4。

较常用的地板辐射供暖，一般在混凝土板内距底面25mm处埋设排管或盘管。

表 2-4 辐射供暖系统分类

分类根据	名　称	特　征
板面温度	低温辐射	板面温度低于80℃
	中温辐射	板面温度等于80～200℃
	高温辐射	板面温度高于500℃
辐射板构造	埋管式	以直径32～15mm的管道埋置于建筑表面内构成辐射表面
	风道式	利用建筑构件的空腔使热空气循环流动其间构成辐射表面
	组合式	利用金属板焊以金属管组成辐射板
辐射板位置	顶面式	以顶棚作为辐射供暖面，辐射热占70%左右
	墙面式	以墙壁作为辐射供暖面，辐射热占65%左右
	地面式	以地面作为辐射供暖面，辐射热占55%左右
	楼面式	以楼板作为辐射供暖面，辐射热占55%左右
热媒种类	低温热水式	热媒水温度低于或等于100℃
	高温热水式	热媒水温度高于100℃
	蒸汽式	以蒸汽（高压或低压）为热媒
	热风式	以加热以后的空气作为热媒
	电热式	以电热元件加热特定表面或直接发热
	燃气式	通过燃烧可燃气体(也可以用液体或液化石油气)经特制的辐射器发射红外线

埋管用的盘管形状，一般为连续弯管，即蛇形管。当然，也可以采用带联箱的排管。埋管的管材，通常为钢管和紫铜管。近年来，国内低温热水地板辐射供暖系统配用的加热管有交联聚乙烯、聚丁烯等塑料管及铝塑管。地板辐射埋管示意图，如图2-26所示。

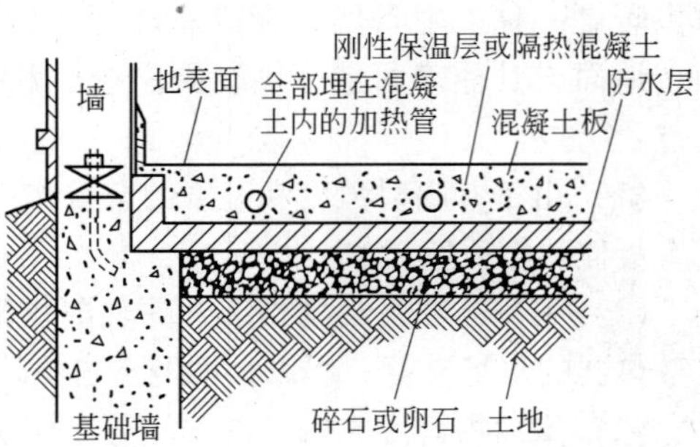

图 2-26 地板辐射埋管示意图

C 辐射供暖系统的设计

a 辐射供暖的热负荷

在辐射供暖中，由于热量的传播主要以辐射形式，同时也伴随有对流形式，所以，衡量供暖效果的标准，应考虑辐射强度和室内空气温度二者的综合影响。实测证明，在人体舒适范围内，辐射供暖时的室内空气温度，可以比对流供暖时低2～3℃。结合我国的具体情况，空气温度以12～15℃，辐射强度为30～60W/m² 比较合适。

对流和辐射的综合作用，使得准确计算供暖热负荷变得十分困难。工程中采用估算的方法。

对于热水辐射供暖系统常用以下两种方法：

（1）修正系数法：

$$Q_f = \varphi Q_d \tag{2-50}$$

式中 Q_f——辐射供暖时的热负荷，W；

Q_d——对流供暖时的热负荷，W；

φ——修正系数，中、高温辐射系统：$\varphi = 0.8 \sim 0.9$；低温辐射系统：$\varphi = 0.9 \sim 0.95$。

（2）降低室内温度法。按对流供暖方式计算供暖热负荷，但室内空气计算温度的取值比对流供暖的温度要求降低2～6℃。低温辐射供暖系统取下限，高温辐射供暖系统宜采用上限数值。

当对大空间内局部区域供暖时，局部辐射供暖的热负荷，可按整个房间全面辐射供暖的热负荷乘以该局部区域面积与所在房间面积的比值和表2-5中的附加系数确定。

表2-5 局部辐射采暖热负荷附加系数

局部供暖区面积与房间总面积比值	0.55	0.40	0.25
附加系数	1.30	1.35	1.50

建筑围护结构预先划定要安装辐射板的部位，其围护结构热损失可不计算。

对于采用燃气红外线辐射器进行全面供暖时，室内温度梯度小，建筑围护结构的耗热量可不计算高度附加，并在此基础上再乘以0.8～0.9的修正系数。燃气红外线辐射器安装高度过高时，会使辐射照度减小，因此应根据辐射器的安装高度，对总耗热量进行必要的高度修正。

b 辐射供暖的热媒温度

辐射供暖的热媒主要有低温水、高温水和蒸汽，此外还有热空气和采用电或燃气热源的形式。热媒的温度需要根据辐射供暖系统的辐射板位置和安装高度确定。

对于地板和墙面式辐射供暖系统，较多的是采用低温水热媒，从人体舒适和安全角度考虑，民用建筑低温热水地板辐射供暖的供水温度不应超过60℃，供、回水温差宜小于或等于10℃。

c 设计步骤及注意事项

辐射供暖系统的设计可按下列步骤进行：

（1）计算各供暖房间的热负荷；

（2）确定辐射板的型式，算出可以安装辐射板的面积；

（3）计算出要求的辐射板单位面积的散热量；

（4）确定辐射板的表面温度；

（5）选定辐射板的加热方式及加热部件的尺寸和位置；

（6）选定辐射板背面的保温材料，并求出辐射板的热损失；

（7）求出辐射板需要的输入热量；

（8）确定其他要求的温度以及所形成的温度；

（9）按常规做法设计辐射板的供热系统。

具体计算方法可见《供暖通风设计手册》。

设计中应注意：

为保证低温热水地板辐射供暖系统管材与配件的强度和使用寿命，系统的工作压力不宜大于0.8MPa，当超过上述压力时，应选择适当的管材并采取相应的措施。

为使加热盘管中的空气能够被水带走，加热管内的水流速不应小于0.25m/s，一般为0.25～0.5m/s。同一集配装置的每个环路加热管长度应尽量接近，每个环路的阻力不宜超过30kPa。热水吊顶辐射供暖系统宜采用同程式。

低温热水地板辐射供暖系统分水器前和集水器后都要设置阀门，分水器前还需设置过滤器。分、集水器上均应设置放气阀，尽可能不要在平顶内装置排气设施。

辐射供暖的加热管板及其覆盖层与外墙、楼板结构层之间应设绝热层。当允许楼板双向传热时，覆盖层与楼板结构层间可不设绝热层。

必须妥善处理管道和辐射板的膨胀问题，管道膨胀时产生的推力，绝对不允许传递给辐射板。

全面供暖的热水吊顶辐射板的布置应使室内作业区辐射照度均匀，安装时宜沿最长的外墙平行布置。设置在墙边的辐射板规格应大于在室内设置的辐射板的规格。高度小于 4m 的建筑物，宜选择较窄的辐射板。长度方向应预留热膨胀余地。

燃气红外线辐射供暖通常有炽热的表面，因此设置燃气红外线辐射供暖时，必须采取相应的防火、防爆措施。

燃烧器工作时，需要一定比例的空气量，并放散二氧化碳和水蒸气等燃烧产物，当燃烧不完全时，还会生成一氧化碳。为保证燃烧所需的足够空气，并将放散到室内的二氧化碳和一氧化碳等燃烧产物稀释到允许浓度以下，以及避免水蒸气在围护结构内表面上凝结，必须具有一定的通风换气量。当燃烧器所需要的空气量超过该房间的换气次数 0.5 次/h 时，应由室外供应空气。

燃气红外线辐射器的安装高度应根据人体舒适度确定，但不得低于 3m。并应在便于操作的位置设置能直接切断供暖系统及燃气供应系统的控制开关。当工作区发出火灾报警信号时，应自动关闭供暖系统，同时还应联锁关闭燃气系统入口处的总阀门，以保证安全。

2.7.1.4　电采暖

电能是高品位的能源，将其转化为低品位的热能进行供暖，一般是不适宜的。但环保有特殊要求，不能设置常规热源或远离集中热源的独立建筑以及其他情况下，当技术经济比较合理时，可采用电供暖。

A　电热电缆和电热膜

电热辐射供暖主要是利用电热电缆、电热膜或电热织物等电热元件与建筑构件组合而成。

图 2-27 所示为低温加热电缆辐射供暖，这种方式常用于地板式。低温电热膜辐射供暖的示意图如图 2-28 所示。

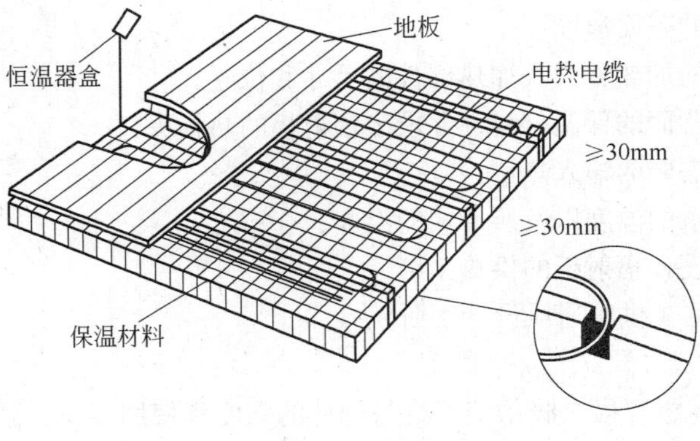

图 2-27　电热电缆加热地面

根据辐射板的长度不同，分为块状和带状两种形式。

B　电气红外线

利用灯丝、电阻丝、石英灯或石英管等通电后在高温下辐射出红外线进行供暖。其中石英管或石英灯红外线辐射器应用较广，它的主要特性见表 2-6。

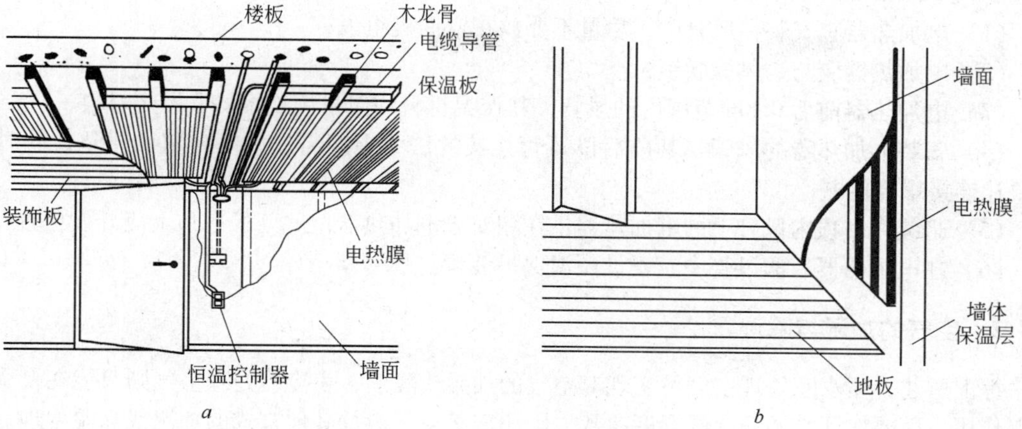

图 2-28　低温电热膜辐射供暖

a—顶棚式；*b*—墙面式

表 2-6　石英红外线辐射器的主要特性

类　型	辐射温度/℃	输出成分比例/%			辐射效率/%
		辐　射	对　流	可见光	
石英管	990	78	22	极少	78
石英灯	2232	80	14	6	80

C　电加热器

a　电加热器的种类

常用的电加热器有两种。

(1) 裸线式。裸线式电加热器热惰性小，加热迅速且结构简单，但安全性差，电阻丝容易断落漏电，所以安装时必须有可靠的接地装置，并应与风机联锁运行，以免发生安全事故。

在定型产品中，常把裸线式电加热器做成抽屉式。

(2) 管式。管式电加热器由管状电热元件组成。这种电热元件是将电阻丝装在特制的金属套管中，中间填充导热性好的电绝缘材料，如结晶氧化镁等。管状电热元件除棒状之外，还有U形、W形等其他形状，具体尺寸和功率可查产品样本。近些年出现的带螺旋翅片的管状电热元件具有尺寸小而加热能力更大的优点。

b　电加热器功率

电加热器的功率可按下式计算：

$$N = \frac{c_p G(t_2 - t_1)}{3600\eta} \qquad (2\text{-}51)$$

式中　N——电加热器的总功率，kW；

G——风量，kg/h；

c_p——空气的比热容，1.0kJ/(kg·℃)；

t_1，t_2——空气进、出口温度，℃；

η——电加热器效率，$\eta = 0.85 \sim 0.9$，一般取0.85。

c　电加热器的设计安装

（1）电加热器宜安装在风管中，尽量不要放在空调机组内；

（2）电加热器应与送风机联锁；

（3）电加热器前后 0.8m 范围内的风管，其保温材料均应采用绝缘的非燃烧材料；

（4）安装电加热器的风管与其前后段风管连接的法兰中间需加绝缘材料的衬垫，同时也不要让连接螺栓传电；

（5）暗装在吊顶内风管上的电加热器，在相对于电加热器位置处的吊顶上应开设检查孔；

（6）在电加热器后的风管中宜安设超温保护装置。

2.7.2　空气的加湿与除湿[7,8]

综上所述，喷水室处理空气可实现对空气的加湿或除湿，表冷器处理空气则只能在夏季起除湿作用。而要保证空调房间的湿度参数，则还需对空气进行其他方式的加湿或除湿处理。

2.7.2.1　空气的加湿

在所有的加湿方法中，按水蒸发的热源不同，可分为等焓加湿和等温加湿两大类。前者水蒸发所需的热量取自空气本身（显热变成潜热），而后者水蒸发需要的热量要由外界热源供给。

在中央空调系统中，常将空气加湿设备布置在空气处理室（空调机组）或送风管道内，通过送风的集中加湿来实现对所服务房间的湿度调控。另一种情况是将加湿器装入系统末端机组或直接布置到房间内，以实现对房间空气的局部补充加湿。这种加湿方法除用于房间温度的局部调整，有时还可用于送风温差不受限制的房间，达到降低其热湿比、节省其送风量的目的。在一些工业建筑中，还可用它进行高温车间的降温或多尘车间的降尘。

空气加湿器品种多样，但就湿介质形态而论，皆可归入“蒸汽”和“水”这两种类型。蒸汽加湿器以集中加湿应用甚广的蒸汽喷管为代表，尚包括透湿膜加湿器以及电热式、电极式、红外式、PTC 蒸汽加湿器等。水加湿器则以集中加湿常用的喷水室为代表，尚包括超声波式、离心式、加压喷雾式、湿面蒸发式加湿器和电动喷雾机等。

从热湿传递过程来考察，蒸汽加湿器大多需借助外部热源使水变成蒸汽，再将蒸汽混入空气中进行加湿，空气的状态变化过程呈近似的等温加湿过程。水加湿器则不同，它们系借助某种动力与构件使水雾化或膜化，在空气与这些微细水滴或薄膜层直接接触条件下，利用水吸收空气显热而蒸发，从而实现对空气的加湿。这类加湿方法正如喷水室使用循环水处理空气一样，空气状态变化可近似看作等焓加湿过程。当然，在某些特定条件下使用这些加湿器也完全可能获得其他一些多变的空气加湿过程。

A　空气的加湿方法

- 空气的加湿方法
  - 等焓加湿
    - （1）喷水室加湿
    - （2）压缩空气喷雾加湿（局部补充加湿）
    - （3）高压喷雾加湿
    - （4）湿膜加湿
    - （5）超声波加湿
    - （6）离心式加湿器加湿
  - 等温加湿
    - （1）干蒸汽加湿器加湿
    - （2）电极式加湿
    - （3）电热式加湿
    - （4）PTC 热电变阻式蒸汽加湿
    - （5）红外线加湿器加湿

B 各种加湿方法的比较

各种加湿方法的比较见表2-7。

表2-7 各种加湿方法的比较

序号	方法	优点	缺点
1	干蒸汽加湿器	加湿迅速、均匀、稳定，效率接近100%；不带水滴、不带细菌；节省电能，运行费低；装置灵活，布置方便；既可设在空调机组内，也可布置在风管里	必须有汽源，并伴有输汽管道；设备结构比较复杂，初投资高
2	电极(热)加湿器	加湿迅速、均匀、稳定；控制方便、灵活；不带水滴、不带细菌；装置简单，无需汽源，无噪声	耗电量大，运行费高；不使用软化水或蒸馏水时，内部易结垢，清洗较困难
3	超声波加湿器	体积小，加湿强度大，加湿迅速，耗电量少；使用灵活，无需汽源；控制性能好；雾粒小而均匀，加湿效率高	可能带菌；单价较高；使用寿命短（振动子寿命约5000h）；加湿后尚需升温
4	喷水室	可以利用循环水，节省能源；不需汽源；装置简单，设备费与运行费低；稳定、可靠	可能带菌；水滴较大；存在冷热抵消
5	板面蒸发加湿器	加湿效果较好，运行可靠，费用低廉；具有一定的加湿速度；板面垫层兼有过滤作用	易产生微生物污染，必须进行水处理
6	红外线加湿器	加湿迅速、不带水滴、不带细菌；使用灵活、控制性能好；装置较简单	耗电量大，运行费高；使用寿命不长（5000~7000h）；价格高
7	湿膜式加湿器	构造简单，运行可靠；具有一定的加湿速度；初投资和运行维修费都低	易产生微生物污染，必须进行水处理

C 各种加湿器的加湿能力

各种加湿器的加湿能力见表2-8。

表2-8 各种加湿器的加湿能力

类型	加湿能力 /kg·h^{-1}	耗电量 /kW·(kg·h)$^{-1}$	类型	加湿能力 /kg·h^{-1}	耗电量 /kW·(kg·h)$^{-1}$
(1) 干蒸汽加湿器	100~300	—	(4) 红外线加湿器	2~20	0.89
(2) 超声波加湿器	1.2~20	0.05	(5) 喷水室	大容量	—
(3) 电极式加湿器	4~20	0.78			

2.7.2.2 空气的除湿

除用前述的喷水室和表冷器对空气进行除湿处理外，还有其他多种除湿方式。

A 空气的除湿方法

空气的除湿方法

- (1) 喷水室除湿
- (2) 表冷器除湿
- (3) 升温通风除湿
- (4) 冷冻除湿（除湿机）
- (5) 液体吸湿剂除湿
  - 1) 用氯化锂溶液除湿
  - 2) 用三甘醇溶液除湿
- (6) 固体吸湿剂除湿
  - 1) 固体吸湿剂除湿
    - ①硅胶
    - ②氯化钙
  - 2) 固体吸湿剂静态吸湿
  - 3) 固体吸湿剂强制通风吸湿
- (7) 转轮式除湿机
  - 1) 氯化锂转轮除湿
  - 2) 硅胶转轮除湿
  - 3) 组合式转轮除湿

B　各种除湿方法的比较

各种除湿方法的比较见表2-9。

表2-9　各种除湿方法的比较

方　法	机　　理	优　　点	缺　　点	备　　注
升温除湿	通过显热交换，在 d = const（恒定）的条件下，使温度升高，相对湿度相应降低	简单易行，投资和运行费用低	空气温度升高，空气不新鲜	适用于对室温无要求的场合
通风除湿	向潮湿空间输入含湿量小的室外空气，同时排出等量潮湿空气	经济、简单	保证率较低	适用于室外空气较干燥的地区
冷冻除湿	让湿空气流经低温表面，空气温度降至露点温度以下，湿空气中的水汽冷凝而析出	性能稳定，工作可靠；能连续工作	设备费和运行费较高；有噪声	适用于空气的露点温度高于4℃的场合
液体除湿	空气通过与蒸汽分压力低、不易结晶、黏性小、无毒、无臭的溶液接触，依靠水汽的分压差吸收空气中的水分	除湿效果好，能连续工作，兼有清洁空气的功能	设备复杂，初投资高；需要有高温热源；冷却水耗量大	适用于室内显热比小于60%，空气出口露点温度低于5℃且除湿量较大的系统
固体除湿	利用某些固体物质表面的毛细管作用或相变时的蒸汽分压力差吸附或吸收空气中的水分	设备较简单，投资与运行费较低	除湿性能不太稳定，并随使用时间的加长而下降；需再生	适用于除湿量小，要求露点温度低于4℃的场合
干式除湿	湿空气通过含吸湿剂的纤维纸制的蜂窝状体（如转轮），在水蒸气分压力差的作用下，水分被吸湿剂吸收或吸附	湿度可调，且能连续除湿，单位除湿量大，可以自动工作	设备较复杂，且需加热再生	特别适合于低温低湿状态应用
混合除湿	综合以上所列方法中的某几种而组成			

2.8 空调的舒适性与热环境评价指标

2.8.1 室内空调的舒适图

影响舒适感的特性环境含有如下内容：（1）干球温度——影响蒸发与对流；（2）相对湿度——影响蒸发；（3）空气流速——影响蒸发与对流；（4）平均辐射温度（MRT）——影响辐射。

2.8.1.1 新有效温度 ET* 与舒适图[1]

美国 ASHRAE 舒适标准中所建议的新舒适区，见图 2-29。其条件是：

（1）干球温度：近似等于平均辐射温度（MRT）；

（2）空气流速：小于 0.23m/s；

（3）衣着：Cl_o = 0.5 ~ 0.7，Cl_o 为保暖程度的单位，其物理值为 0.155m² · ℃/W；

（4）工作性质：坐着工作；

（5）停留时间：1h 左右。

新有效温度舒适区处于图 2-29 阴影线所包围的区域。新有效温度 ET* 如虚线所示。

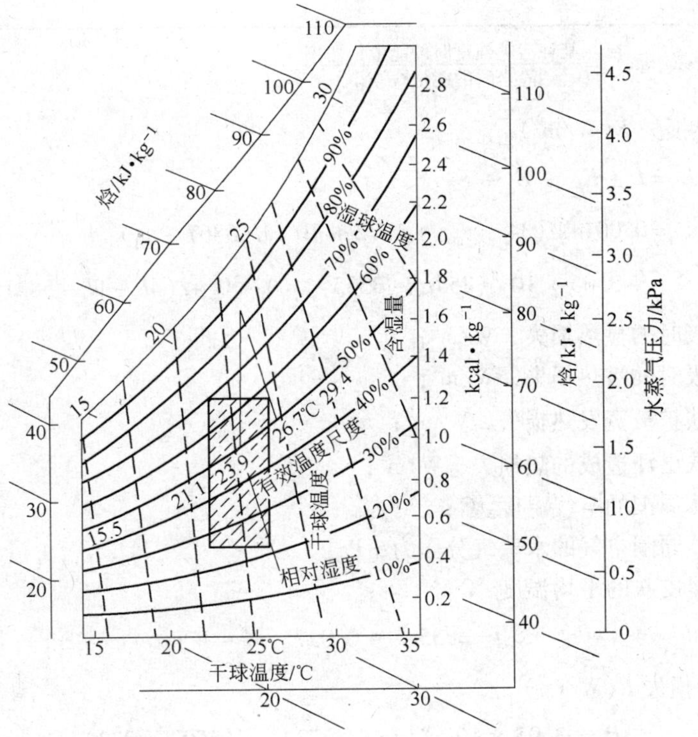

图 2-29 舒适图

2.8.1.2 人体热平衡方程式

$$S = M - W - E - R - C \tag{2-52}$$

式中 S——人体蓄热率，W/m²；

M——人体能量代谢率，W/m^2，见表2-10；

W——人体所作的机械功，W/m^2；

E——蒸发热损失，W/m^2；

R——辐射热损失，W/m^2；

C——对流热损失，W/m^2。

表2-10　能量代谢率 M（ISO 7730）

活动强度	能量代谢率		活动强度	能量代谢率	
	$W \cdot m^{-2}$	met		$W \cdot m^{-2}$	met
躺着	46	0.8	站着活动（实验室、轻劳动、买东西）	93	1.6
坐着休息	58	1.0	站着活动（营业员、机加工人、家务劳动）	116	2.0
站着休息	70	1.2	中等活动（修理汽车、重机械加工）	105	2.8
坐着活动（办公室、学校、实验室、住房）	70	1.2			

注：met（metabolic rate）$=\dfrac{\text{某种活动强度时的能量代谢率}}{\text{静坐时的能量代谢率}}$。

（1）蒸发热损失 $E(W/m^2)$。

$$E = L + E_{hu} + E_p + E_h$$
$$= 0.0014M(34 - t_n) + 1.72 \times 10^{-5}M(5867 - p_f)$$
$$+ 3.05 \times 10^{-3}(254t_p - 3335 - p_f) + 0.42(M - W - 58.15) \tag{2-53}$$

式中　L——呼吸时的显热损失，W/m^2；

E_{hu}——呼吸时的潜热损失，W/m^2；

E_p——皮肤扩散蒸发热损失，W/m^2；

E_h——皮肤出汗造成的热损失，W/m^2；

t_n——人体周围的空气温度，℃；

p_f——人体周围空气的水蒸气分压力，Pa；

t_p——人体皮肤的平均温度，℃。

$$t_p = 35.7 - 0.0275(M - W) \tag{2-54}$$

（2）辐射热损失 $R(W/m^2)$。

$$R = 3.95 \times 10^{-8}f_y[(t_y + 273)^4 - (MRT + 273)^4] \tag{2-55}$$

式中　f_y——穿衣人体的外表面积与裸体时外表面积之比；

t_y——衣着外表面的温度，℃；

MRT——平均辐射温度，℃。

当衣服热阻 $R_y \leqslant 0.078 m^2 \cdot ℃/W$ 时：

$$f_y = 1.00 + 1.29R_y \tag{2-56}$$

当 $R_y > 0.078$ 时：

$$f_y = 1.05 + 0.645R_y \tag{2-57}$$

衣着外表面的温度 t_y，按热平衡关系为：

$$t_y = t_p - R_y(R + C) \tag{2-58}$$

（3）对流热损失 $C(W/m^2)$。

$$C = f_y a_c(t_y - t_n) \tag{2-59}$$

式中 a_c——对流换热系数，$W/m^2 \cdot ℃$。

当 $2.38\ (t_y - t_n)^{0.25} > 12.1\sqrt{v}$ 时：

$$a_c = 2.38(t_y - t_n)^{0.25} \tag{2-60}$$

当 $2.38\ (t_y - t_n)^{0.25} < 12.1\sqrt{v}$ 时：

$$a_c = 12.1\sqrt{v} \tag{2-61}$$

式中 v——空气的相对流速，m/s。

2.8.2 人体舒适方程式[1]

当人体蓄热率 $S = 0$ 时，可得如下热舒适方程：

$$M - W - E - R - C = 0 \tag{2-62}$$

人体能量代谢率 M，与耗氧量 V_{O_2}(L/min)成正比，它们之间的关系如下：

$$M = (0.23RQ + 0.77) \times 5.86 \times V_{O_2} \times \frac{60}{F_d} \tag{2-63}$$

式中 RQ——呼吸商，人体 CO_2 产量与同时间内耗氧量之比（V_{CO_2}/V_{O_2}）；

F_d——人体的表面积，m^2。一般可按 Dubois 公式计算：$F_d = 0.202G^{0.425} \cdot H^{0.725}$（$G$ 为体重，kg；H 为身高，m）。

呼吸商 RQ，与营养成分、活动强度等有关，美国、日本静坐人体一般取 $RQ = 0.83$，我国人体可取 $RQ = 0.85$。

ISO 7730 标准规定了不同活动强度时的能量代谢率，见表 2-10。

2.8.3 热环境评价指标 PMV 和 PPD[1]

在 ISO 7730 标准中，以 PMV（Predicted Mean Vote）-PPD（Predicted Percentage of Dissatisfied）指标来描述和评价热环境。其中 PMV 为预期平均评价，而 PPD 为预期不满意百分率。

2.8.3.1 热舒适指标 PMV

$$\begin{aligned} \text{PMV} = &(0.303e^{-0.036M} + 0.028)\{M - W - 3.05 \times 10^{-3}[5733 - 6.99(M - W) - p_f] \\ &- 0.42[(M - W) - 58.15] - 1.7 \times 10^{-5}M(5867 - p_f) - 0.0014M(34 - t_n) \\ &- 3.96 \times 10^{-8}f_y[(t_y + 273)^4 - (MRT + 273)^4] - f_y a_c(t_y - t_n)\} \end{aligned} \tag{2-64}$$

PMV 指标的判断标准如下：

PMV = +3 热（hot）

PMV = +2 暖和（warm）

PMV = +1　稍暖和（slightly warm）

PMV = 0　适中、舒适（newtral）

PMV = -1　稍凉快（slightly cool）

PMV = -2　凉快（cool）

PMV = -3　冷（cold）

式（2-64）中的 a_c 和 t_y，可用式（2-59）和式（2-60）迭代求解。

2.8.3.2　对 PMV 不满意指标 PPD

表示对热舒适环境不满意百分数的 PPD 指标，可用下式表示：

$$PPD = 100 - 95e^{-(0.03353PMV^4 + 0.2179PMV^2)} \tag{2-65}$$

ISO 7730 对 PMV-PPD 指标的推荐值为：

$$PPD < 10\%$$

因此，PMV 指标为：

$$-0.5 < PMV < +0.5$$

3　中央空调系统的组成及其典型方式

3.1　中央空调系统的组成[7]

一个空调房间内的空气环境，一般要经受来自空间内部产生的热、湿和其他有害物的干扰及来自空间外部气候变化、太阳辐射和外气中有害物的干扰。消除上述干扰的技术手段是通过空气和水等介质，经热、质交换将多余的热、湿和有害物转移、置换或冲淡。一个中央空调系统一般由图3-1所示的各部分组成，其中空气处理装置——空调机组是实现热、湿交换的核心部分。

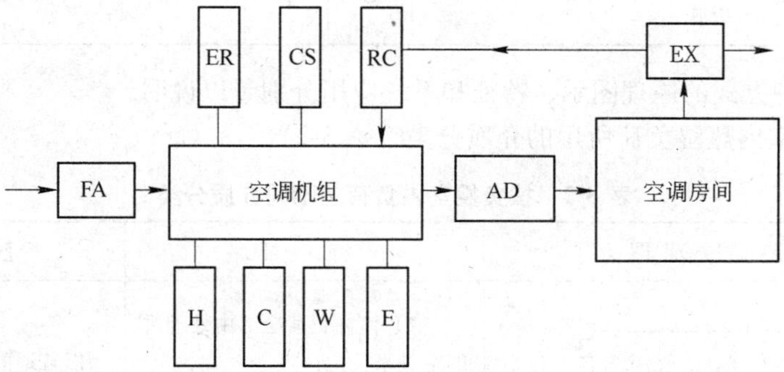

图 3-1　中央空调系统的基本组成

E—供电；W—供排水；C—供冷；H—供热；FA—新风采集；RC—回风；
CS—自动控制；ER—能量回收；AD—送风；EX—排风

3.2　中央空调系统的分类与比较[1,7]

3.2.1　分类

中央空调通常按负担室内热湿负荷所用的介质分为全空气系统、全水系统、空气-水系统和冷剂系统；按空气处理设备的集中程度可分为集中式空调系统、半集中式空调系统和分散式空调系统；按热量移动（传递）的原理来分，可分为对流方式空调和辐射方式空调；按被处理空气的来源来分，又可分为封闭式系统、直流式系统和混合式系统。详见表3-1。

表 3-1　空调系统的分类

主要传热方式	负担热湿负荷的介质	空调方式	分散程度			备注
			集中	半集中	分散	
对流	全空气	单风管定风量方式	○			末端空调机组方式与全空气诱导空调方式。前者为中央空调的主要方式
		单风管变风量方式	○			
		双风管方式	○			
		全空气诱导器空调方式		○		

续表 3-1

主要传热方式	负担热湿负荷的介质	空调方式	分散程度			备注
			集中	半集中	分散	
对流	全水	风机盘管方式		○		(1) 冷热源集中 (2) 因无新风，属封闭式系统
	空气-水	风机盘管＋新风系统方式		○		为中央空调的主要方式之一
		空气－水诱导器空调方式		○		
	冷剂	整体式柜式和窗式空调机 分体式柜式和窗式空调机			○	不设新风系统者属封闭式
		闭路式水环热泵方式			○	不设新风系统者属封闭式
辐射	空气-水	低温辐射空调＋新风系统方式	○			

下面就其各种方式的原理图示、特征和系统应用分别予以说明。

(1) 按负担室内热湿负荷所用的介质分类（表3-2）。

表 3-2　按负担室内负荷的不同介质分类

名称	原理图示	特征	系统应用
全空气系统	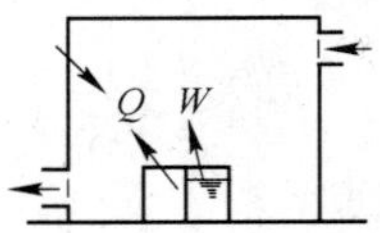 *a*	(1) 室内负荷全部由处理过的空气来负担； (2) 空气比热、密度小，需空气量多，风管断面大，输送耗能大	以普通的低速单风管系统为代表，应用广泛，可分为一次回风及二次回风方式
全水系统	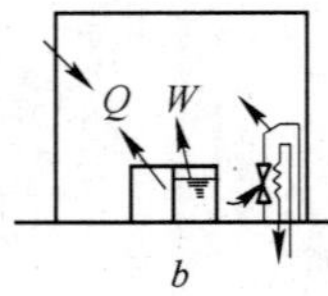 *b*	(1) 室内负荷由一定温度的水来负担； (2) 输送管路断面小； (3) 无通风换气的作用	(1) 风机盘管系统； (2) 辐射板供冷供热系统
空气-水系统	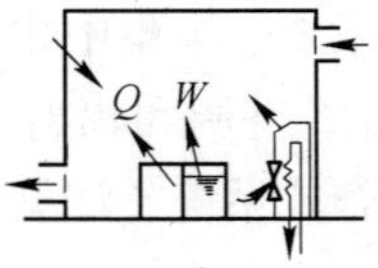 *c*	(1) 由处理过的空气和水共同负担室内负荷； (2) 其特征介于上述二者之间	(1) 风机盘管与新风相结合的系统； (2) 诱导空调系统
冷剂系统	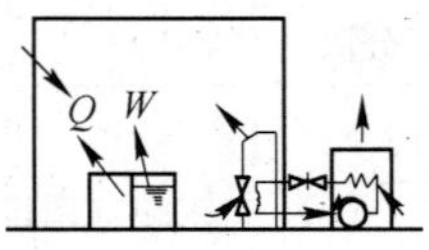 *d*	(1) 制冷系统蒸发器或冷凝器直接向房间吸收（或放出）热量； (2) 冷、热量的输送损失少	(1) 柜式空调机组（整体式或分体式）； (2) 多台室内机的分体式空调机组（多联机）； (3) 闭路式水环热泵机组系统

（2）按空气处理设备的集中程度分类（表3-3）。

表3-3 按集中程度分类

名称		图示	特征	应用
集中式空调系统		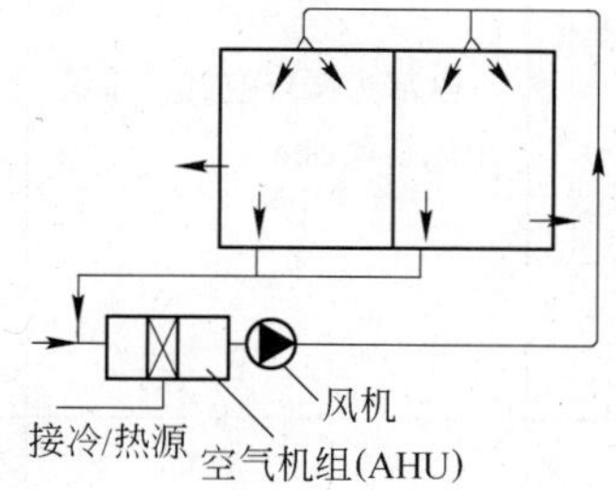	空气的温湿度集中在空调机组（AHU）中进行调节后经风管输送到使用地点，对应负荷变化集中在AHU中不断调整，是空调最基本的方式	普通为单风管定风量（或变风量）系统此外有双风管系统
半集中式系统		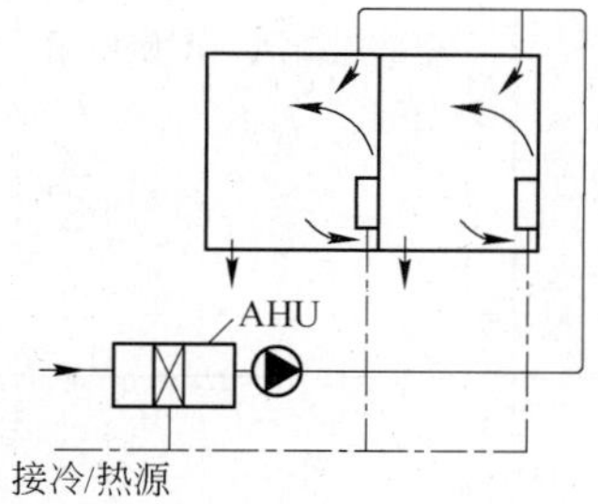	除由集中的AHU处理空气外，在各个空调房间还分别有处理空气的“末端装置”（如风机盘管等）	（1）新风集中处理结合诱导器送风； （2）新风集中处理结合风机盘管送风
分散式系统	个别独立型	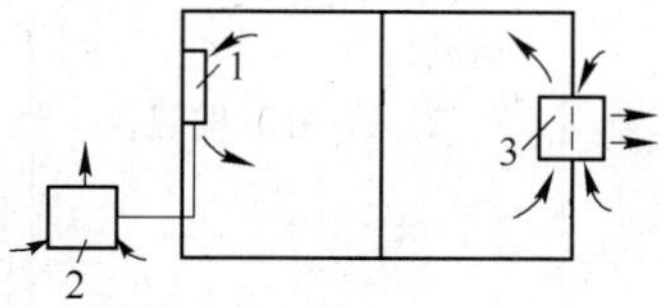 1—分体空调机的室内机； 2—分体空调机的室外机； 3—窗式空调机	各房间的空气处理由独立的带冷热源的空调机组承担	整体或分体的柜式或窗式机组（单元式空调器）
	构成系统型	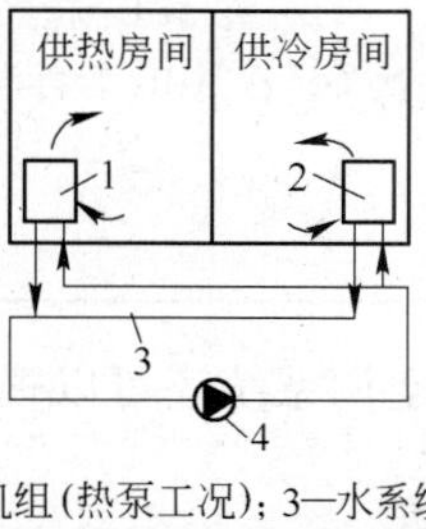 1—空调机组(热泵工况)；3—水系统(闭环)； 2—空调机组(制冷工况)；4—水泵	个别带冷热源的空调机组通过水系统构成环路	有热回收功能的闭路水环热泵机组系统

（3）按被处理空气的来源分类（表3-4为集中式全空气系统）。

表 3-4　集中式全空气系统按被处理空气的来源分类

名　称		图　　示	特　　征	应　　用
封闭式		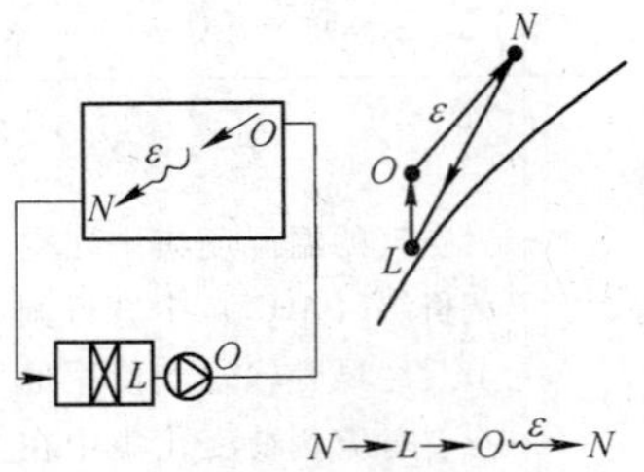 注：L→O表示风机温升	全部为循环空气，系统中无新风加入	无人居留的空调系统
直流式		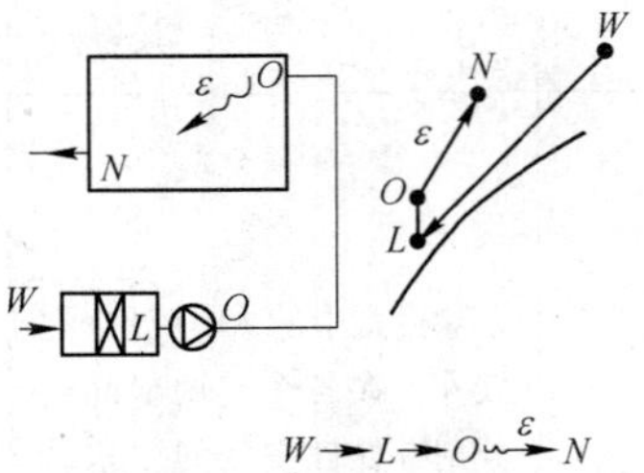	全部用新风，不使用循环空气	室内有有害气体（或病菌）不能循环使用的空调系统
混合式	一次回风	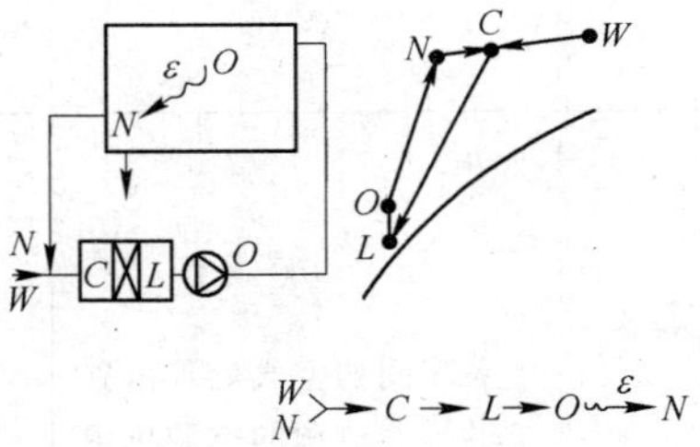	（1）除部分新风外使用相当数量的循环空气（回风）； （2）在AHU前混合	普通应用最多的全空气空调系统
	二次回风	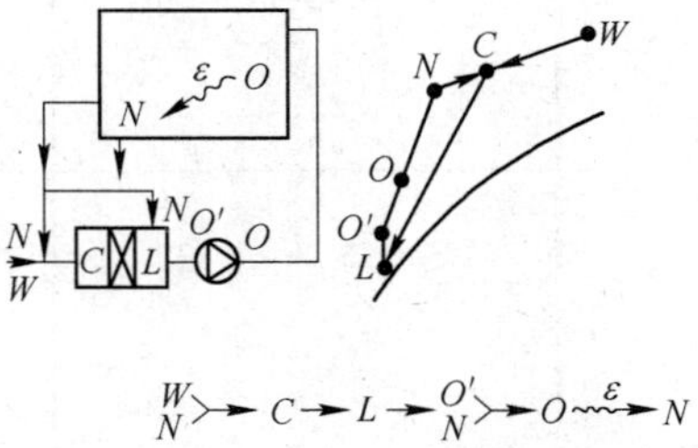	（1）除部分新风外使用相当数量的循环空气（回风）； （2）在AHU前混合一次外，在AHU后再混合一次	为减小送风温差而又不用再热器时的空调方式

上面列举的是3种最主要的分类方法。实际上空调系统还可以根据另外一些原则进行分类。例如：

（1）根据系统的风量固定与否，可分为定风量和变风量空调系统；

（2）根据系统风管内空气流速的高低，可分为低速（$v<8\text{m/s}$）和高速（$v=20\sim30\text{m/s}$）空调系统；

（3）根据系统的用途不同，可分为工艺性和舒适性空调系统；

(4) 根据系统精度不同，可分为一般性空调系统和恒温恒湿空调系统；

(5) 根据系统运行时间不同，可分为全年性空调系统和季节性空调系统；

(6) 根据系统使用场所不同，可分为大型工民建用中央空调、商用中央空调和家用（户式）中央空调系统等。

3.2.2　比较

分别以定风量全空气系统、风机盘管＋新风系统和单元式空调机，作为集中式空调、半集中式空调和分散式空调系统的代表，比较其特征和适用性，见表3-5。

表3-5　典型空调系统的比较

名称		集中式	分散式	半集中式
风管、设备与布置	风管系统	(1) 空调送回风管系统复杂，布置困难； (2) 支风管和风口较多时不易均衡调节风量； (3) 风管要求保温，影响造价	(1) 系统小，风管短，各个风口风量的调节比较容易达到均匀； (2) 直接放室内时，可不接送风管，也没有回风管； (3) 小型机组余压小，有时难于满足风管布置和必需的新风量	(1) 放室内时，不接送、回风管； (2) 当和新风系统联合使用时，新风管较小
	设备布置与机房	(1) 空调与制冷设备可以集中布置在机房； (2) 机房面积较大，层高较高； (3) 有时可以布置在屋顶上或安设在车间柱间平台上	(1) 设备成套，紧凑，可以放在房间内，也可以安装在空调机房内； (2) 机房面积较小，只及集中系统的50%，机房层高较低； (3) 机组分散布置，敷设各种管线较麻烦	(1) 只需要新风空调机房，机房面积小； (2) 风机盘管可以安设在空调房间内； (3) 分散布置，敷设各种管线较麻烦
	风管互相串通	空调房间之间有风管连通，使各房间互相污染。当发生火灾时会通过风管迅速蔓延	各空调房间之间不会互相污染、串声。发生火灾时也不会通过风管蔓延	各空调房间之间不会互相污染
空调控制品质	温湿度控制	可以严格地控制室内温度和室内相对湿度	各房间可以根据各自的负荷变化与参数要求进行温湿度调节。对要求全年须保证室内相对湿度允许波动范围小于±5%或要求室内相对湿度较大时，较难满足。多数机组按17～21kJ/kg的最大焓降设计，对室内温度要求较低、室外湿球温度较高、新风量要求较多时，较难满足	对室内温湿度要求较严时，难于满足
	空气过滤与净化	可以采用初效、中效和高效过滤器，满足室内空气清洁度的不同要求。采用喷水室时，水与空气直接接触，易受污染，须常换水	过滤性能差，室内清洁度要求较高时难于满足	过滤性能差，室内清洁度要求较高时难于满足
	空气分布	可以进行理想的气流分布	气流分布受制约	气流分布受一定制约

续表 3-5

名　称		集　中　式	分　散　式	半　集　中　式
安装与维护	安　装	设备与风管的安装工作量大，周期长	（1）安装投产快； （2）对旧建筑改造和工艺变更的适应性强	安装投产较快，介于集中式空调系统与单元式空调器之间
	消声与隔振	可以有效地采取消声和隔振措施	机组安设在空调房间内时，噪声、振动不好处理	必须采用低噪声风机，才能保证室内要求
	维护运行	空调与制冷设备集中安设在机房，便于管理和维修	机组易积灰与油垢，清理比较麻烦，使用二三年后，风量、冷量将减少；难以做到快速加热（冬天）与快速冷却（夏天）。分散维修与管理较麻烦	布置分散，维护管理不方便。水系统复杂，易漏水
经济性	节能与经济性	（1）可以根据室外气象参数的变化和室内负荷变化实现全年多工况节能运行调节，充分利用室外新风，减少与避免冷热抵消，减少制冷机运行时间； （2）对于热湿负荷变化不一致或室内参数不同的多房间，不经济； （3）部分房间停止工作不需空调时，整个空调系统仍须运行，不经济	（1）不能按室外气象参数的变化和室内负荷变化实现全年多工况节能运行调节，过渡季不能用全新风； （2）灵活性大，各空调房间可根据需要停开； （3）加热大多采用热泵方式，经济性好	（1）灵活性大，节能效果好，可根据各室负荷情况自行调节； （2）盘管冬夏兼用，内壁容易结垢，降低传热效率； （3）无法实现全年多工况节能运行调节
	造　价	除制冷机锅炉设备外，空调机组和风管造价均较高	仅设备造价，单元式空调机价格合理，故造价较低	介于两者之间
	使用寿命	使用寿命长	使用寿命较短	使用寿命较长
适　用　性		（1）建筑空间大，可布置风道； （2）室内温湿度、洁净度控制要求严格的生产车间； （3）空调容量很大的大空间公共建筑，如商场、影剧院、会展中心、高层写字楼	（1）空调房间布置分散； （2）空调使用时间要求灵活； （3）无法设置集中式冷热源	（1）室内温湿度控制要求一般的场合； （2）层高较低的多层或高层建筑场合，如旅馆和一般标准的办公楼

3.3　全空气空调系统（AAA）[7,1]

全空气空调系统（all-air air conditioning system）可简写为AAA，是全空气、单风管、低风速中央空调系统的简称。

3.3.1　全空气空调系统图示和处理过程

全空气、单风管、低风速中央空调系统是最典型、出现最早、至今仍采用最广泛的空调系统。常用的为一次或二次回风方式，一次回风方式的夏冬季空气处理过程和冷热容量的确定方法，见表3-6。

表3-6　一次回风方式的空气处理过程及冷热量计算

系统		一次回风方式	
冷却处理方式		用喷水室处理空气	用表冷器处理空气
h-d 图上的处理过程		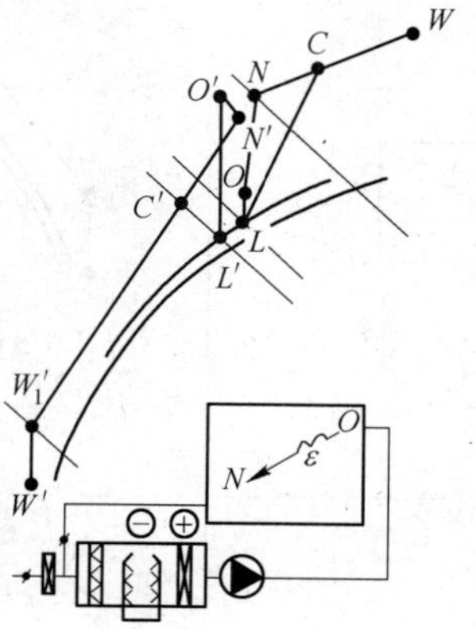	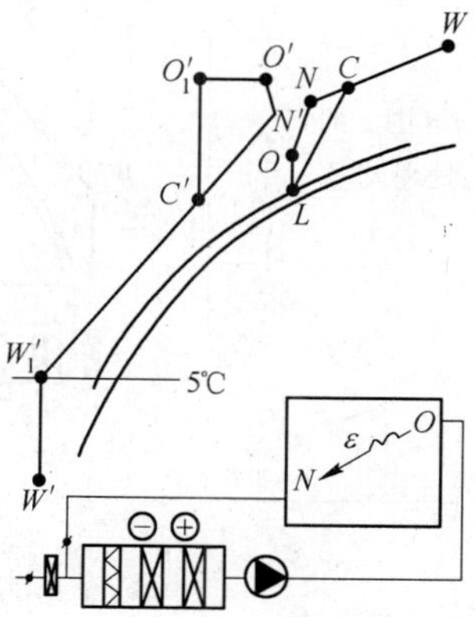
夏季过程与计算	处理过程	$\left.\begin{matrix}W\\N\end{matrix}\right\rangle\xrightarrow{\text{一次混合}}C\xrightarrow{\text{冷却除湿}}L\xrightarrow{\text{二次加热}}O\overset{\varepsilon}{\rightsquigarrow}N$	$\left.\begin{matrix}W\\N\end{matrix}\right\rangle\xrightarrow{\text{一次混合}}C\xrightarrow{\text{冷却除湿}}L\xrightarrow{\text{二次加热}}O\overset{\varepsilon}{\rightsquigarrow}N$
	耗冷量计算 /kW	$Q_0 = G(h_C - h_L)$	$Q_0 = G(h_C - h_L)$
	再加热量计算 /kW	$Q'_2 = G(h_O - h_L)$	$Q'_2 = G(h_O - h_L)$
冬季过程与计算	处理过程	$W'\xrightarrow{\text{一次加热}}\left.\begin{matrix}W'_1\\N'\end{matrix}\right\rangle\xrightarrow{\text{一次混合}}C'\xrightarrow{\text{绝热加湿}}L'\xrightarrow{\text{二次加热}}O'\overset{\varepsilon'}{\rightsquigarrow}N'$	$W'\xrightarrow{\text{一次加热}}\left.\begin{matrix}W'_1\\N'\end{matrix}\right\rangle\xrightarrow{\text{一次混合}}C'\xrightarrow{\text{二次加热}}O'_1\xrightarrow{\text{等温加湿}}O'\overset{\varepsilon'}{\rightsquigarrow}N'$
	一次加热量计算 /kW	$Q_1 = G_{W'}(h_{W'_1} - h_{W'})$	$Q_1 = G_{W'}(h_{W'_1} - h_{W'})$
	二次加热量计算 /kW	$Q_2 = G(h_{O'} - h_{L'})$	$Q_2 = G(h_{O'_1} - h_{C'})$
	加湿量计算 /$g \cdot s^{-1}$	$W = G(d_{L'} - d_{C'})$	$W = G(d_{O'} - d_{O'_1})$
表中符号		$G_{W'}$—新风量，kg/s；G—总送风量，kg/s	

注：根据设计地点的冬季室外参数确定是否采用一次加热的空气预热器，可按下式计算判别：

$h_{W'_1} = h_{N'} - \dfrac{G}{G_{W'}}(h_{N'} - h_{C'_1})$（单位为kJ/kg），当 $h_{W'} < h_{W'_1}$ 时，就要设空气预热器。

二次回风方式的夏、冬季空气处理过程和冷热容量的确定方法见表3-7。

表 3-7　二次回风方式的空气处理过程及冷热量计算

系　统		二次回风方式	
冷却处理方式		用喷水室处理空气	用表冷器处理空气
h-d 图上的处理过程		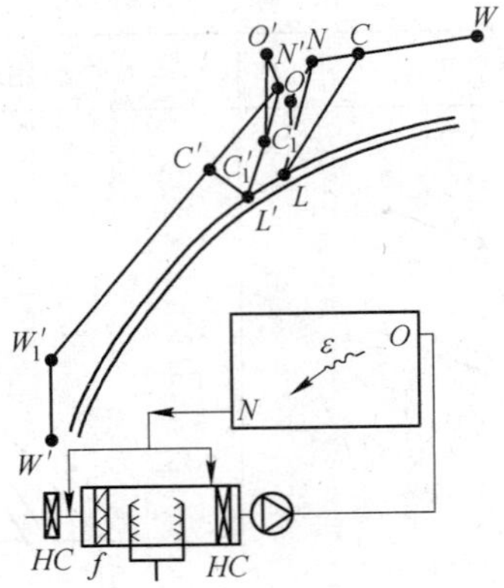	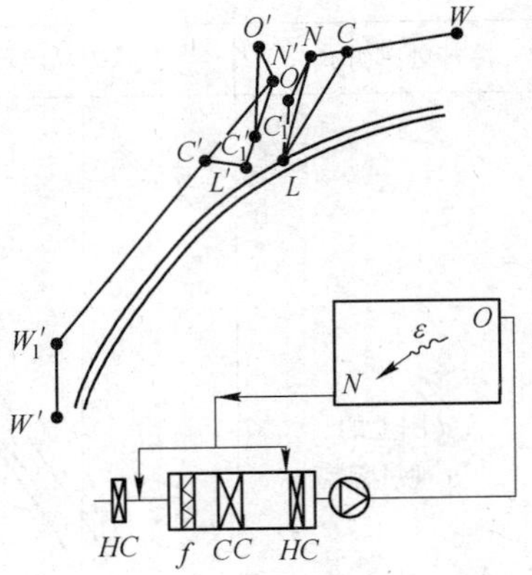
夏季过程与计算	处理过程	W、N —一次混合→ C —冷却除湿→ L；L、N —二次混合→ C_1 —二次加热→ O —ε→ N	W、N —一次混合→ C —冷却除湿→ L；L、N —二次混合→ C_1 —二次加热→ O —ε→ N
	耗冷量计算 /kW	$Q_0 = G_1(h_C - h_L)$	$Q_0 = G_1(h_C - h_L)$
	再热量计算 /kW	$Q'_2 = G(h_O - h_{C_1})$	$Q'_2 = G(h_O - h_{C_1})$
冬季过程与计算	处理过程	W' —一次加热→ W'_1；W'_1、N' —一次混合→ C' —绝热加湿→ L'；L'、N' —二次混合→ C'_1 —二次加热→ O' —ε'→ N'	W' —一次加热→ W'_1；W'_1、N' —一次混合→ C' —等温加湿→ L'；L'、N' —二次混合→ C'_1 —二次加热→ O' —ε'→ N'
	一次加热计算 /kW	$Q_1 = G_{W'}(h_{W'_1} - h_{W'})$	$Q_1 = G_{W'}(h_{W'_1} - h_{W'})$
	二次加热计算 /kW	$Q_2 = G(h_{O'} - h_{C'_1})$	$Q_2 = G(h_{O'} - h_{C'_1})$
	加湿量计算 /$g \cdot s^{-1}$	$W = G(d_{L'} - d_{C'})$	$W = G(d_{L'} - d_{C'})$

注：*h*—焓值，kJ/kg；*d*—含湿量，g/kg；*W*—新风状态点；*N*—室内空气状态点；*C*—新、回风混合状态点；*O*—送风状态点；*L*—机器露点；ε—角系数。

3.3.2　全空气空调系统一次回风和二次回风方式的选定

一次回风和二次回风方式的选择，可根据两种方式的特征和适用性确定，参见表 3-8。

表 3-8　一二次回风方式的比较

方　式	一次回风方式	二次回风方式
特　征	（1）回风仅在热湿处理设备前混合一次； （2）可利用最大送风温差送风，当送风温差受限制时，利用再热满足送风温度	（1）回风在热湿处理设备前后各混合一次、第二次回风量并不负担室内负荷，仅提高送风温度，或增加室内空气循环； （2）相同条件下与一次回风方式相比，可节省再热热量
适用性	（1）可以用最大送风温差送风的公共民用建筑； （2）室内散湿量较大（热湿比小）的场合	（1）送风温差受限制，而不容许利用热源进行再热时； （2）室内散湿量较大（热湿比小），用最大送风温差送风的送风量不满足换气次数时； （3）对室内有恒温要求的场合，可采用固定比例的一、二次回风，辅以调温用的再热器；对室内参数控制不严的场合，可利用变动的一二次回风以调节负荷； （4）高换气次数的洁净车间需采用二次回风

3.3.3　全空气空调系统的风量平衡

在一次或二次回风系统中，冬夏设计工况下采用最小新风量是受经济因素制约的，在春秋季节时应尽可能提高新风比，从而可利用新风的冷量和热量以节约运行能耗。故除某些工业空调全年采用固定的新风比外（如洁净空调），一般民用建筑均可采用全年新风量可变的系统，为保持室内正压的恒定，有些工程应采用双风机系统。

对于空调系统中空气量的平衡可用下列两关系分析：(1)对房间来说，送风量$G=G_{吸}+G_{渗}$（或$G_{局排}$）；（2）对空调机组来说：$G=G_{回}+G_{新}$。式中$G_{吸}$为从房间内回风口吸去的风量；$G_{渗}$为由正压通过门窗缝隙渗出的风量；$G_{局排}$为局部排风设备的排风量；$G_{回}$为空调机组回风总管的风量；$G_{新}$为进入空调机组的新风量。新风量有关数据见第 4 章 4.3 节。

表 3-9 说明了各种条件下风量平衡的原则关系。

表 3-9　空调系统的风量平衡

条　件	全年新风量固定的系统		全年新风量变化的系统	
	室内要求正压	室内不要求正压	室内要求正压	室内不要求正压
	室内靠门窗缝隙排风	室内有局部排风	室内靠门窗缝隙排风	室内无缝隙排风
图　示	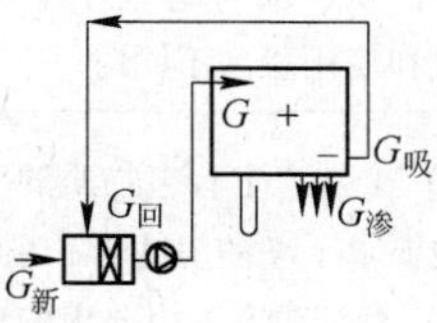	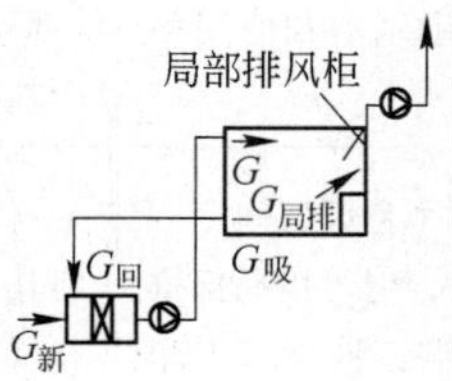	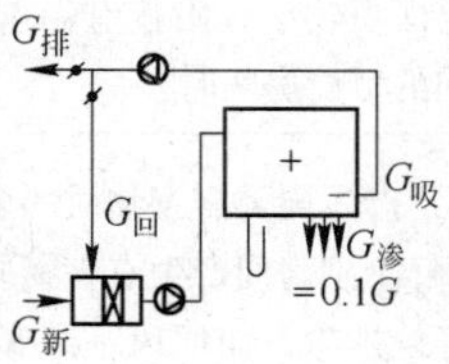	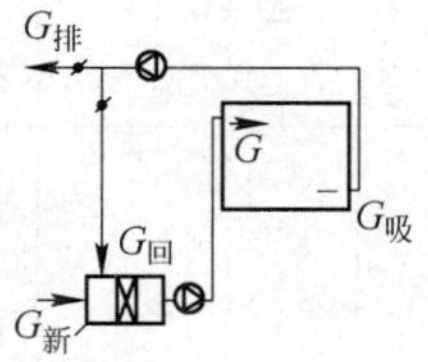

续表 3-9

条　件	全年新风量固定的系统		全年新风量变化的系统	
	室内要求正压	室内不要求正压	室内要求正压	室内不要求正压
	室内靠门窗缝隙排风	室内有局部排风	室内靠门窗缝隙排风	室内无缝隙排风
空气量平衡	基本关系： $\begin{cases} G = G_{吸} + G_{渗} \\ G = G_{回} + G_{新} \end{cases}$ 因为　$G_{吸} = G_{回}$ 所以　$G_{新} = G_{渗}$ 又　　$G_{渗} = G - G_{吸}$ 系统不需排风 即 $G_{排} = 0$	基本关系： $\begin{cases} G = G_{吸} + G_{局排} \\ G = G_{回} + G_{新} \end{cases}$ 因为　$G_{吸} = G_{回}$ 所以　$G_{局排} = G_{新}$ （全年固定） 又 $G_{局排} = G - G_{吸}$ 系统不需排风 即 $G_{排} = 0$	基本关系： $\begin{cases} G = G_{吸} + G_{渗} \\ G = G_{回} + G_{新} \end{cases}$ 因为　$G_{吸} > G_{回}$ 所以　$G_{新} > G_{渗}$ 且 $G_{吸} - G_{回} = G_{排}$ 即系统须排风可设回风机，排风量的多少随新风量的多少而调节，使室内正压保持恒定	基本关系： $\begin{cases} G = G_{吸} + G_{渗} \\ G = G_{回} + G_{新} \end{cases}$ 若　$G_{渗} = 0$ 则　$G = G_{吸}$ 为使　$G_{新} \neq 0$ 必须使　$G_{吸} > G_{回}$ 故得　$G_{排} = G_{吸} - G_{回}$ 即系统须设回风机，排风量的多少随新风量的多少而调节，使室内压力无变化
适用性	大多数空调系统采用这种方式。如果新风量有变化会造成室内压力的变化	室内有局部排风柜的空调房间，为避免有害物对邻室影响，一般不考虑正压（如特殊情况下室内要求正压，则送风量中应加入 $G_{渗}$）	空调设备容量较大的使用对象，为节约冷量要求全年新风可变时，常用这种型式，称"双风机系统"，回风机风量应小于送风机风量	对电台播音、录音室、电视台等建筑，室内要求门窗严密（防止外界声音干扰），回风机风量应与送风机相同

3.3.4　全空气空调的系统划分

按照全空气空调系统所服务建筑物的不同使用要求和特点，可按表 3-10 原则划分为不同的系统。

表 3-10　全空气集中式空调系统的划分原则

序号	项　目	空调系统合并	空调系统分开
1	$\Delta t \geqslant \pm 0.5℃$ 或 $\Delta\varphi \geqslant \pm 5\%$	（1）各室邻近，且室内温湿度基数、单位送风量的热湿扰量、使用班次和运行时间接近时； （2）单位送风量的热湿扰量虽不同，但有室温调节加热器的再热系统	（1）房间分散； （2）室内温湿度基数、单位送风量的热湿扰量、使用班次和运行时间差异较大时
2	$\Delta t \pm 0.1 \sim 0.2℃$	恒温面积较小且附近有温湿度基数和使用班次相同的恒温房间时	恒温面积较大且附近恒温房间温湿度基数和使用班次不同时
3	清洁度	（1）产生同类有害物质的多个空调房间； （2）个别房间产生有害物质，但可用局部排风较好地排除，而回风不致影响其他要求干净的房间时	（1）个别产生有害物质的房间不宜与其他要求干净的房间合一系统； （2）有洁净室等级要求的房间不宜和一般空调房间合一系统

续表 3-10

序号	项　目	空调系统合并	空调系统分开
4	噪声标准	（1）各室噪声标准相近时； （2）各室噪声标准不同，但可作局部消声处理时	各室噪声标准差异较大而难于作局部消声处理时
5	大面积空调	（1）室内温湿度精度要求不严且各区热湿扰量相差不大时； （2）室内温湿度精度要求较严且各区热湿扰量相差较大时，可用按区分别设置再热系统的分区空调	（1）按热湿扰量的不同，分系统分别控制； （2）负荷特性相差较大的内区与周边区，以及同一时间内须分别进行加热和冷却的房间，宜分区设置空调系统
6	防火要求	应与建筑防火分区相对应	

此外，当空调风量特别大时，为了减少与建筑配合上的矛盾，可根据实际情况分成多个系统，如纺织厂、体育馆、展览馆等的空调装置。

3.3.5　全空气空调系统的分区处理

虽然在系统划分时尽可能把室内参数、热湿比等相近的房间组合成一个系统，但仍不免有要求或条件不甚相同的房间需组成共同的系统以减少投资和运行费用。工程上可以采用不同的处理手法，除在集中系统上稍作辅助措施外，也可以用集中（新风处理）和相对集中（分区处理）的处理方法来满足实际需要。这种方法的特征和适用性见表 3-11。

表 3-11　全空气中央空调系统的分区处理

分区处理的图示	h-d 图上的过程表示	使用条件和适用性
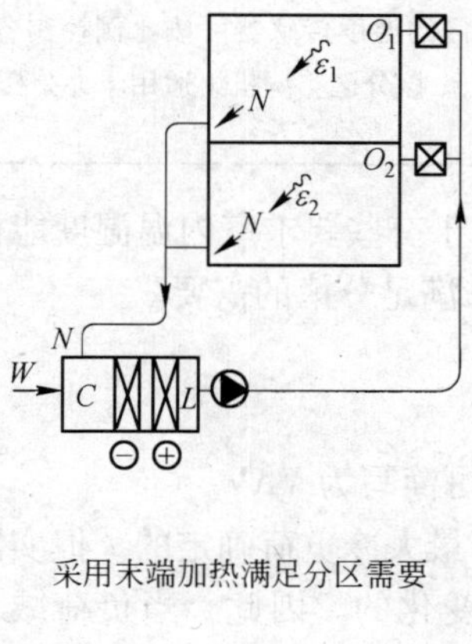 采用末端加热满足分区需要	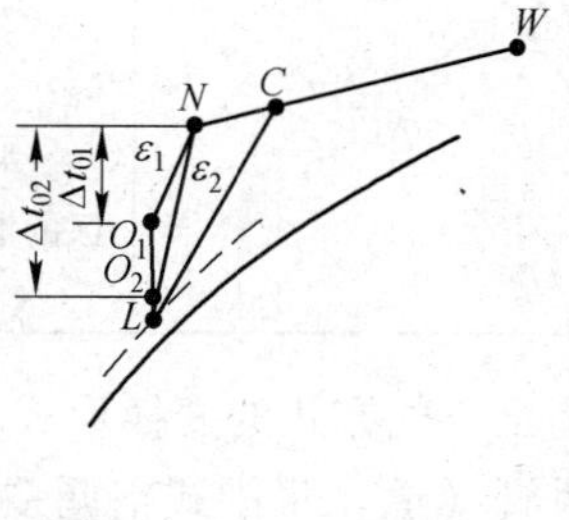	（1）室内参数 N 相同，各室 ε 不同，Δt_0 允许不同，可用同一机器露点 L 而用分室（区）加热的方法； （2）冬季利用 AHU 内的加热器和加湿器处理空气； （3）恒温恒湿车间常用此方式
	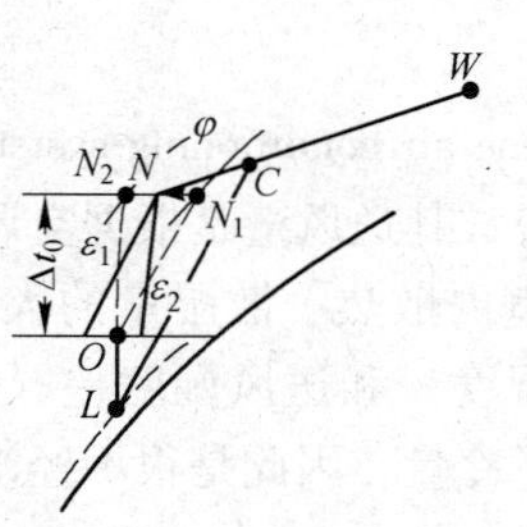	（1）室内参数 t_n 相同，φ_n 允许有偏差，Δt_0 要求相同，可选用一公用的 L 点处理； （2）冬季利用 AHU 内的加热器和加湿器处理空气； （3）恒温恒湿车间常用此方式，用于湿度控制要求不高的车间

续表 3-11

分区处理的图示	h-d 图上的过程表示	使用条件和适用性
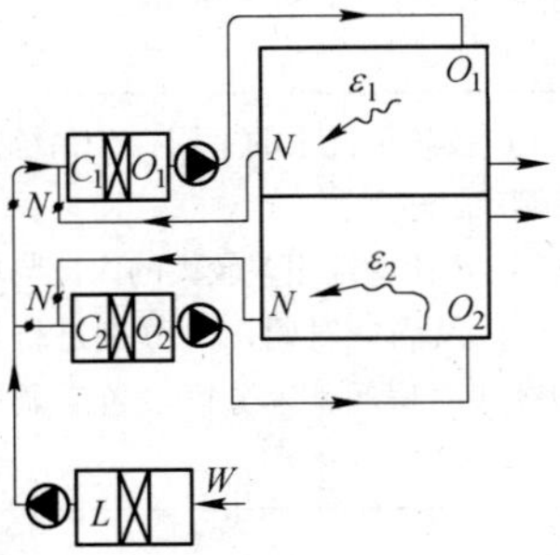 采用新风机组与分区空调机组箱满足分区需要(各层机组方式)	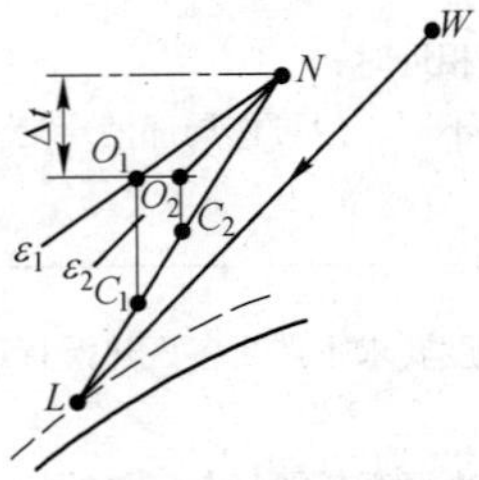	(1) 当要求 N 相同，ε 不相同，若 Δt_0 要求相同，则送风 d_0 值各异，可采用新风集中处理，回风分区处理。对 ε 较小的场合，分区处理以再热为主； (2) 冬季利用新风 AHU 进行加热加湿处理
	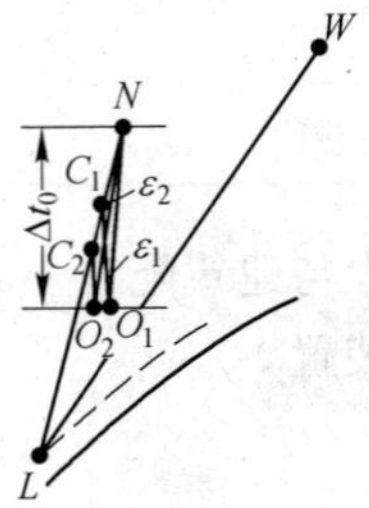	(1) 当要求 N 相同，ε 不相同，若 Δt_0 要求相同，则送风 d_0 值各异，可采用新风集中处理，回风分区处理。对 ε 较小的场合，分区处理以再热为主。当 ε 较大的场合，分区处理以冷却（显热冷却）为主； (2) 冬季利用新风 AHU 进行加热加湿处理； (3) 国外办公楼标准层空调常用此方式（可设排风系统并进行热回收）
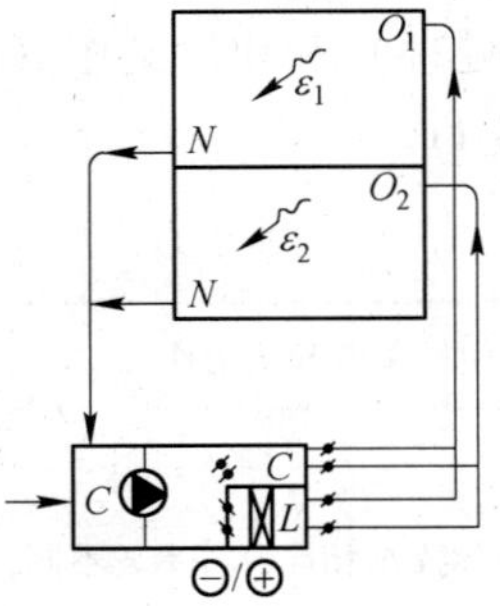 采用多分区空气处理箱满足分区需要	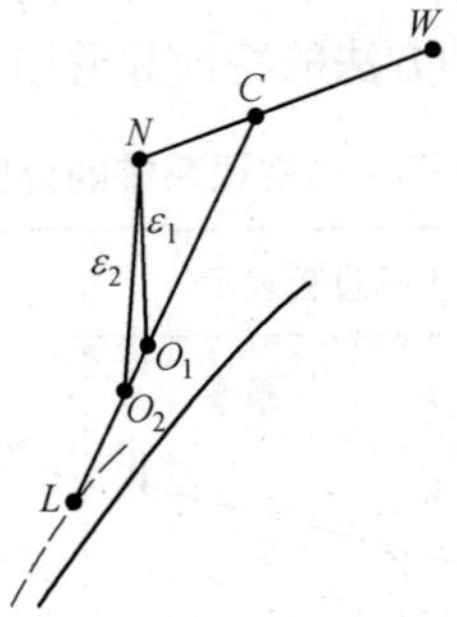	(1) 当室内要求 N 相同，ε 不同，且 Δt_0 可以不等时，采用分区空调机组，通过与一次回风混合的空气（C 点）与冷却处理后的空气相混合，得到适应于各室 ε 的不同的送风状态； (2) 各区室内 φ_n 允许有偏差时亦可用此系统； (3) 冬季利用 AHU 对空气进行加热加湿； (4) 各区的温度传感器可按比例控制各区的混合比。该分区空调机组适用于办公楼

表中空气处理的方式均为中央空调全空气方式的变换形式。对于有些要求室内温湿度能任意调控的高级民用建筑，可以采用双风管（道）集中式空调系统来满足分区的需要。

3.4　变风量空调系统（VAV）[1,7]

变风量空调系统（variable air volume air conditioning system），可简写为 VAV。

前述全空气空调系统是定风量系统，其送风量是根据空调房间最大冷负荷确定的。但实际的空调冷负荷是随室外气温的高低及室内散热、散湿量的大小而变化的。因此，当负荷减小时，就需要减小送风温差（提高送风温度）和送风湿度差（提高送风含湿量）来达到。这就不仅增加了加热量消耗，而且又浪费了冷量，因此是很不经济的。变风量空调的送风量可依下式计算：

$$G = \frac{Q_x}{1.01(t_n - t_0)} \tag{3-1}$$

式中 G——送风量，m^3/h；

Q_x——室内显热负荷，kW；

t_n——室内温度，℃；

t_0——送风温度，℃。

由式（3-1）可以看出，当需要减小负荷时，可以保持 $t_n - t_0$ 不变，而仅改变送风量 G 就可达到要求。风量的变化，是通过专用的变风量空调末端装置来实现的。

3.4.1 变风量与定风量的区别

变风量与定风量系统的主要区别见表 3-12。

表 3-12 变风量与定风量系统的主要区别

名称		定风量	变风量
基本原理	原理图式	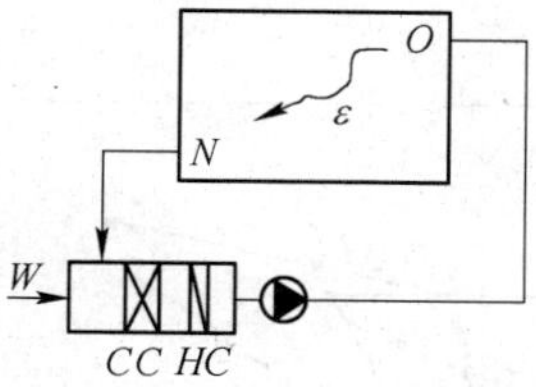	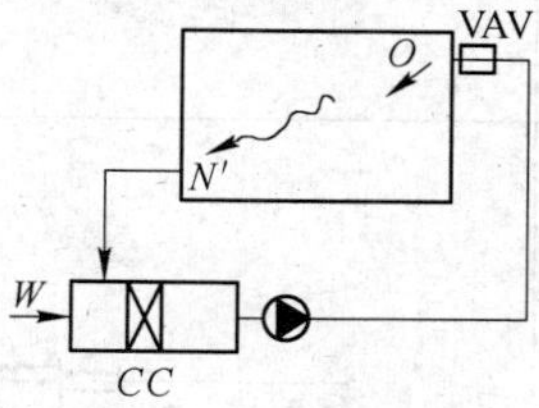
	h-d 图分析	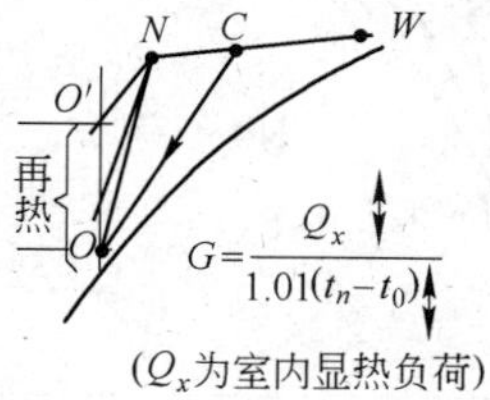	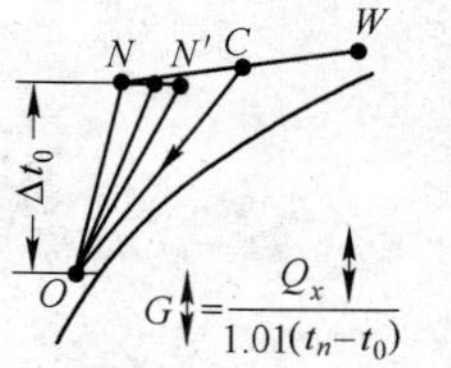
能耗情况	能 耗	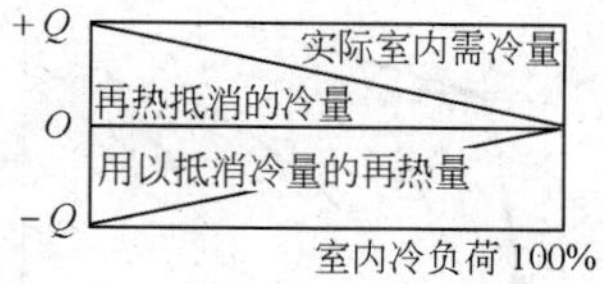	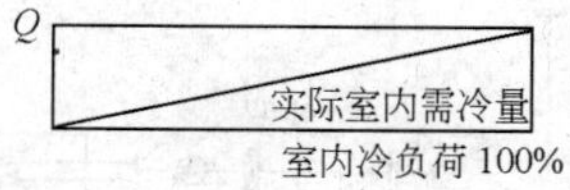
	结 论	建筑物空调负荷大部分时间在部分负荷工况下运行，全风量再热运行能耗大	通过全年变风量运行，大量节约能耗
控制质量		室内相对湿度控制质量高	室内相对湿度控制质量稍差
新风量		新风比不变时，新风量不变	新风比不变时，新风量改变，调小时影响室内空气品质
室内气流		气流分布稳定	风量调小时室内气流分布受影响
造 价		末端设备简单，控制系统比变风量简单，造价较低	末端设备（VAV 风口）价高，控制系统亦较复杂，故造价高

3.4.2　变风量末端装置的形式

变风量末端装置可分为节流型、旁通型和诱导型，见表 3-13。

表 3-13　变风量末端装置

名 称	图 示	h-d 图分析	原 理 说 明
节流型	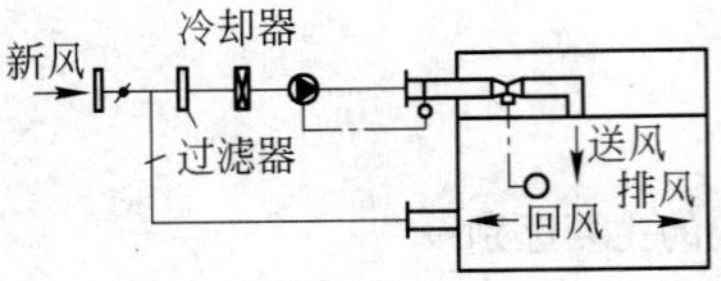	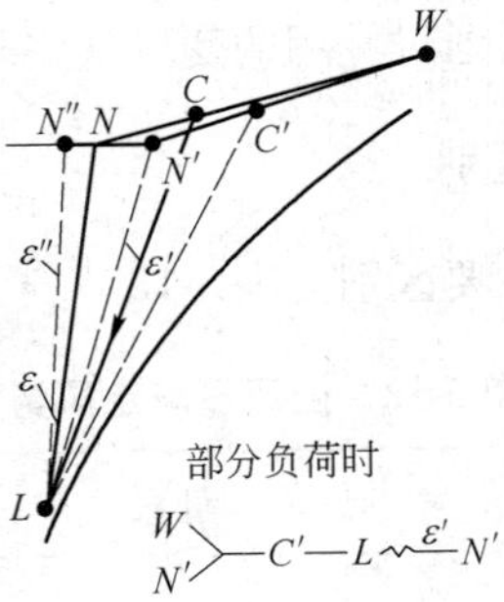	当负荷减少而室温下降时，通过室温传感器调整出风口的风量（VAV）。风量调整采用阀板关小或其他风口节流的装置。一个 VAV 装置可带动一个或多个风口。送风口节流后，风管静压增加，从节能考虑，应用静压控制器调节送风机的风量。这种控制方法有许多新的进展（见后述），节流机构也有许多种
旁通型	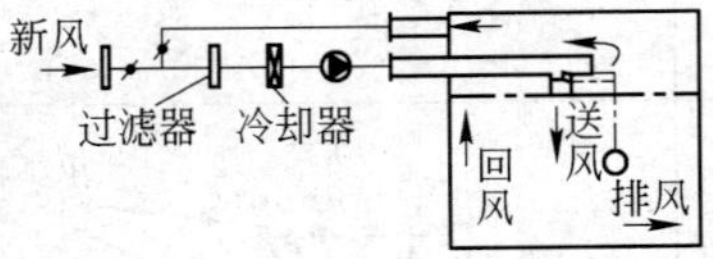	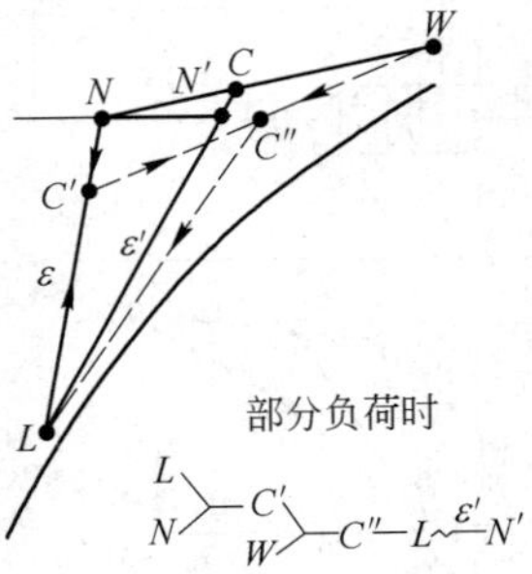	当负荷减少时，部分空气（L）旁流到吊顶内，经回风管回到 AHU，空调系统的压力，风量不变化。一般仅作为简单的控制温度方法。使用在节能要求不高、小规模建筑初投资不大的系统，但不能节省风机动力
诱导型	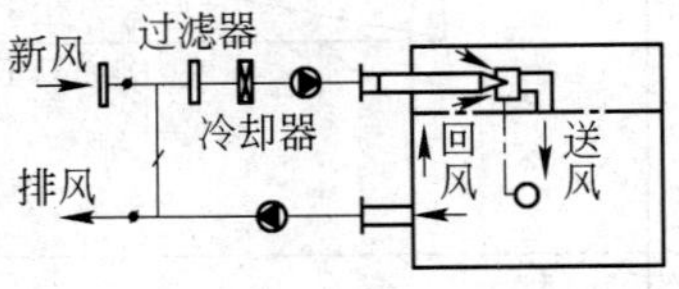	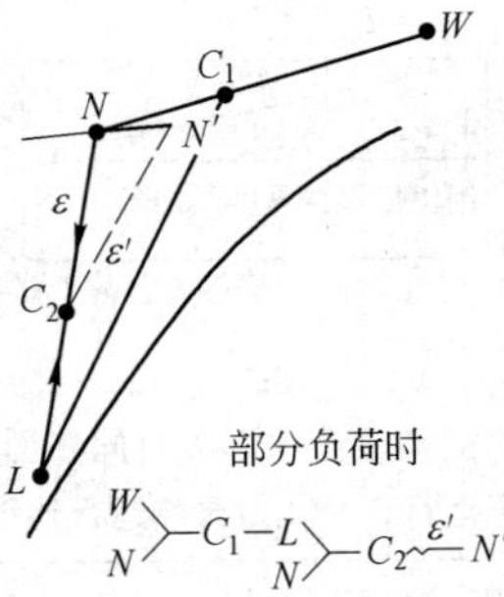	（1）当负荷减少时，可减少一次风量，节约冷热量。通过二次风又可利用灯光作为再热热源。系统可与低温送风方式相结合，可采用较低露点。由于系统内仅为一次风量，故风管道断面小，易于布置； （2）室内空气循环量高于上两种方式； （3）基于这一原理的 FAN POWER UNIT 方式，见后述

3.4.3　节流型变风量空调末端装置[7]

节流型变风量风口应用较为广泛（本部分主要介绍这一方式）。结构种类很多，代表性的有两种。即普通节流型 VAV 与带风速传感器的节流型 VAV 末端装置。

3.4.3.1　普通节流型 VAV 末端装置的结构与系统控制

A　结构

图 3-2a 是文氏管型 VAV 风口（多种结构型式之一例）。它具有两个独立的动作部分：一个是由室内温度传感器通过电动（或气动）执行机构控制 VAV 调节器锥体中心的阀杆，使锥体水平移动从而改变风量，另一个部分是“定风量”机构。用以防止其他风口调节时引起风口的风量再分配。它是在上游静压作用下由锥体构件内弹簧的补偿作用来实现的。这种风口的筒体直径自 ϕ150mm 到 ϕ300mm 多种，上游压力在 75 ~ 750Pa 之间变化都有维持定风量的能力。风口风量的范围在 0.021 ~ 0.56m^3/s（75 ~ 2000m^3/h）。具有定风量能力的节流型末端装置的特性线如图 3-2b 所示。其中 1，2，3，…，n 曲线表示在室温控制下锥体在不同位置时变风量的控制范围。

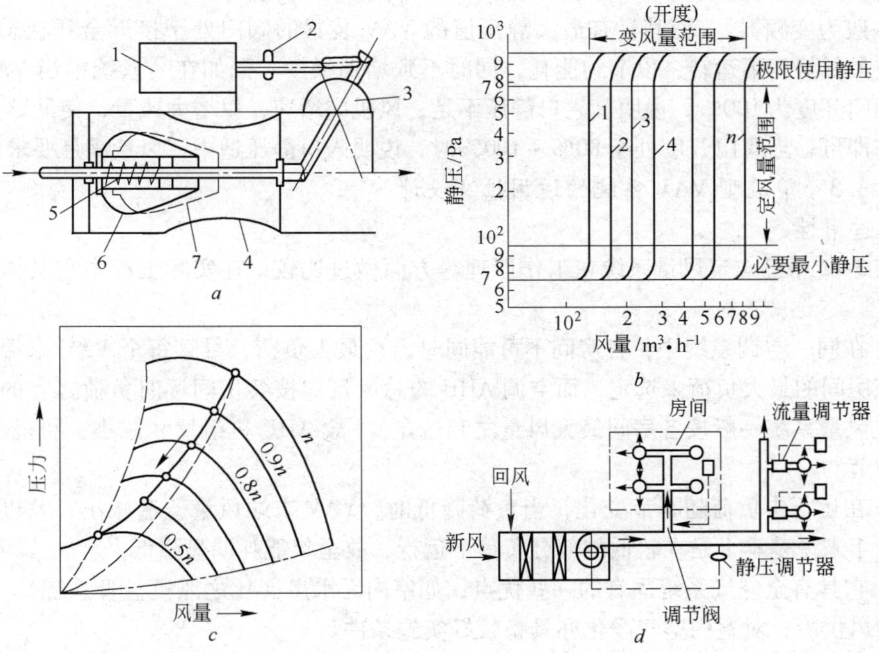

图 3-2　变风量空调末端装置

a—节流型变风量风口（文氏管型）；b—带定风量机构的节流型变风量末端装置的特性；c—变风量调节过程；d—节流型变风量系统的控制

1—执行机构；2—限位器；3—刻度盘；4—文氏管；5—压力补偿弹簧；6—锥体；7—定流量控制和压力补偿时的位置

这种变风量装置调节过程在风机特性曲线上的表示如图 3-2c 所示。

B　系统控制

为了防止 VAV 末端装置关小后导致管道内静压变高而不能获得充分的节能效果，所以管道上设有静压控制器，当末端 VAV 装置关小到一定程度时，应利用静压控制器调低风机的转速以减小风量。避免把能量大量消耗在阀门的节流上。

这种控制系统如图 3-2d 所示。

上述控制方法有的称之为“定静压控制”。

3.4.3.2　带风速传感器的电子式变风量末端装置的结构与控制系统

A　结构

该结构自20世纪80年代中期开发，由于电子控制器件的普及应用使VAV结构有了改进。典型的节流构件为单叶阀（亦有用多叶阀），空气入口有风速传感器（采用超声波流速计、翼式风速计等）用以计测实际进入空气的流量，室内设有温度传感器，根据实际温度和设定室温可以标定应有的送风量，将两个风量进行比较运算后，通过风量控制器调节蝶阀开度。这种VAV风口一般最小与最大压力范围为30～80Pa，最小风量为最大风量的20%，单元风量范围为350～5500m^3/h，具有多种规格尺寸。

B　系统控制

电子式节流型变风量系统是在各VAV末端装置上设阀门开度传感器，各VAV装置间用屏蔽电缆连接到"系统控制器"，综合所有VAV的阀门开度信息并加以运算、判断来调节风机风量（一般为变频器），使其具有最大静压值的VAV装置的阀门处于接近全开状态，即尽量使风机在最低静压下运转，以节约能耗，同时不致增加噪声。例如在一系统中当VAV末端中有一台阀门开度为100%，说明其入口静压不足，风机应增速，以增大风量，使VAV开度接近全开状态即可；当阀门开度处于80%～100%时，说明入口静压适中，风量满足要求。

3.4.3.3　节流型VAV系统的适用性及设计

A　适用性

在表3-12中已与定风量系统在工作原理等方面做过比较，在实际工程中它具体体现出如下特点：

（1）在同一空调系统中，各房间不可能同时出现最大负荷，尽管每个VAV末端的最大风量应按该房间的最大负荷来选定，而空调AHU的总风量应按各房间逐时负荷之和的最大值来选定（定风量系统一般按各房间最大风量之和选定），故AHU机组尺寸减小，装机容量下降，运行费用节约。

（2）在运行中负荷随季节变化，当负荷降低时，VAV末端风量普遍减小，风机风量随之调小，全年来说基本上是在较低的部分负荷下运行，故全年能耗明显降低。

（3）它具有全空气系统固有的一些优点，如室内无水患（比之风机盘管系统）、过渡季可以利用新风供冷，对室内空气净化亦具备较好实施条件。

（4）对房间分隔的灵活性提供了条件，因为VAV末端到风口大多用软管连接，便于建筑物二次装修的施工。

（5）可以根据不同房间的使用要求来独立控制同一系统中各室的温度，而不像定风量系统中只能控制典型房间的室温或总的回风温度，即在每个VAV末端装置控制区内自配温控器以调整该区的温度。

B　设计原则

（1）由于VAV系统的AHU风量将小于各房间的风量之和，相当于考虑了同时使用负荷率。它与朝向、围护结构、室内负荷情况等因素有关，一般为定风量系统风量的70%～80%，系统的最小风量可按最大风量的40%～50%确定（即调节比为2.0～2.5），同时还应该校核实际新风量、换气次数、气流分布是否符合要求。空调AHU新风量设计值最小应取标准最低新风量的一倍以上。

（2）当VAV风口风量变小时，会影响到室内气流分布的均匀性和稳定性，从而影响人的舒适感。因此宜采用扩散性能好的风口，具有贴附作用的条缝形风口较适用于VAV系统。采用射流送风时，射程将随风量降低而改变，最小风量的限制可以制约这一缺陷，当风量过低时，只能以末端再热来代替风量的降低。

（3）国外在高层办公楼和大型建筑物（如商场）中，建筑（平面上）内区全年均需供冷，VAV 系统正适用于内区。而外区受室外气象影响显著，故冬季供热、夏季供冷可采用定风量方式（或空气-水系统）。为了保证室内空气品质，现今也有在送风口前采用两个系统混合后送风，其中，新风供给系统采用定风量装置。

（4）变风量系统风机的风量控制方式对系统经济性至关重要。从图 3-3 所表示的动力消耗比较中看：最佳的选择是变频控制的风机转速调节，而传统的阀门调节会引起系统内静压过高产生噪声、漏风等缺点。

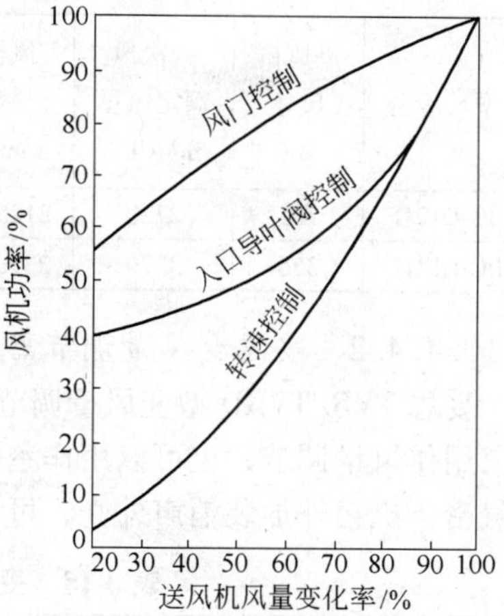

图 3-3　不同风量控制方式的动力消耗比较

（5）变风量系统中如仅考虑送风量的变化而回风量不予控制将造成室内压力的不稳定，甚至出现室内负压，回风机也浪费能量，为此回风量亦应通过室内静压予以控制，使回风与送风同步变化。

（6）变风量系统设计时可适当提高风管风速，由此而产生的噪声可用消声器处理。风管计算可按静压复得法进行，以保证每个 VAV 进口处静压值相接近。

（7）变风量空调控制系统较定风量复杂，末端风口的变风量、空调机组的变风量和热湿处理以及建筑物自动化系统的体系均密切相关。设计时需注意各工种之间的配合。

（8）由于运行中风量可变，在设计时应预先确定其运行工况。例如：

1）全年有恒定冷负荷的房间（建筑物的内区，或当地只有夏季冷负荷时），则仅需利用恒温器调节送风量。

2）系统各房间冷负荷变化较大时（如建筑物的外区），可利用末端再热变风量系统。

3）各房间夏季有冷负荷，冬季有热负荷时，可采用有供冷和供热季节转换的变风量空调系统。

3.4.4　妥思变风量末端装置与变风量调节器[8]

3.4.4.1　FBC 串联式风机动力变风量末端

FBC 串联式风机动力变风量末端技术参数见表 3-14。串联式风机动力变风量末端装置的送风量为设定值。一次风量是按室内实际负荷调节变化。FBC 型末端装置有 6 种型号。一次风量为 850～3910m^3/h。

表 3-14　妥思 FBC 变风量末端技术参数

型　号	进风口尺寸 /mm	一次风额定风量 /m^3·h^{-1}	风机风量范围 /m^3·h^{-1}	风机功率 /W	尺寸 宽 /mm	尺寸 高 /mm	尺寸 长 /mm	出风口尺寸 宽 /mm	出风口尺寸 高 /mm	质量 /kg	NC 级噪声
FBC-A06L	152	850	850～1190	149	610	381	762	305	254	45.36	<25
FBC-B08M	203	1190	1190～1700	186	813	381	762	356	254	61.24	<30
FBC-B10M	254	1530	1360～1870	186	1016	381	762	406	254	61.24	<34
FBC-C10H	254	1700	1700～2380	249	1016	432	762	356	356	79.38	<37

续表 3-14

型 号	进风口尺寸/mm	一次风额定风量/$m^3 \cdot h^{-1}$	风机风量范围/$m^3 \cdot h^{-1}$	风机功率/W	尺寸 宽/mm	尺寸 高/mm	尺寸 长/mm	出风口尺寸 宽/mm	出风口尺寸 高/mm	质量/kg	NC级噪声
FBC-D12H	305	2720	2125 ~ 3060	373	1067	432	762	457	356	83.92	<36
FBC-E14H	356	3570	2890 ~ 3910	559	1168	432	762	559	356	90.72	<40

3.4.4.2 妥思变风量调节器

妥思 TVR/TVRD 型变风量调节器（表 3-15），用于送、排风的风量控制，机箱呈圆筒形，可以用作风量调节，也可以用作室内压力或风管压力的调节。风阀上有密封圈，在关闭时能达到气密。机箱外加装消声外壳，可以减小气流噪声。

表 3-15 妥思 TVR/TVRD 变风量调节器技术参数

名义管径/mm	膜片式压力传感器 风量/$m^3 \cdot h^{-1}$	膜片式压力传感器 最小压力差/Pa	动态压力传感器 风量/$m^3 \cdot h^{-1}$	动态压力传感器 最小压力差/Pa
100	72 ~ 342	20 ~ 70	36 ~ 342	20 ~ 70
125	108 ~ 540	20 ~ 90	54 ~ 540	20 ~ 90
160	180 ~ 900	20 ~ 70	90 ~ 900	20 ~ 70
200	288 ~ 1458	20 ~ 65	144 ~ 1458	20 ~ 65
250	432 ~ 2214	20 ~ 45	216 ~ 2214	20 ~ 45
315	756 ~ 3690	20 ~ 30	378 ~ 3690	20 ~ 30
400	1224 ~ 6048	20 ~ 25	612 ~ 6048	20 ~ 25

3.5 风机盘管 + 空调新风系统（FC + OA）[7,1]

风机盘管（Fan Coil，简写为 FC），在空调工程中的应用大多是和经单独处理的新风系统相结合的，所以将这种中央空调系统称作风机盘管 + 新风系统。而所谓的新风，一般是指采集的室外的风（Open Air，简写为 OA），因此把风机盘管 + 新风系统简写为“FC + OA”系统。

3.5.1 风机盘管的构造、类型与基本参数

风机盘管的构造如图 3-4 所示，由盘管（即表冷器，一般为 2 ~ 3 排）和风机（前向多翼离心风机或贯流风机）组成，其风量在 250 ~ 2500m^3/h 范围内。不同类型的特点和使用范围见表 3-16，常用规格的基本参数见表 3-17。

表 3-16 风机盘管的类型、特点和运用范围

分 类	形 式	特 点	适 用 范 围
风机类型	离心式风机	前向多翼型，效率较高，每台机组风机单独控制，采用单相电容调速低噪声电机，调节电机输入电压改变风机转速，高、中、低三挡变风量	宾馆客房、办公楼等
	贯流式风机	前向多翼型，端面封闭，全压系数较大，效率较低（η = 30% ~ 50%），进、出风口易与建筑物相配合，调节方法同上	为配合建筑布置时用

续表 3-16

分　类	形　式	特　　点	适　用　范　围
结构形式	立式 L	暗装可安设在窗台下，出风口向上或向前；明装可安设在地面上，出风口向上、向前或向斜上方。可省去吊顶	全玻璃结构的建筑物和一些公共场所以及工业建筑，要求地面安装；北方冬季可停开风机作散热器用
	卧式 W	节省建筑面积，可与室内建筑装饰布置相协调，须用吊顶与管道间	宾馆客房、办公楼、商业建筑等
	立柱式 Z	占地面积小；安装、维修、管理方便；冬季可靠机组自然对流散热；可节省管道间与吊顶。造价较贵	宾馆客房、医院等；北方冬季可停开风机作散热器用
	卡式 K（嵌入式）	节省建筑面积，可与室内建筑装饰相协调；维护方便	办公室、商业建筑等
安装形式	明装 M	维护方便；卧式明装机组吊在顶棚下，可作为建筑装饰品；立式明装安装简便，较美观	卧式明装用于客房、酒吧、商业建筑等要求美观的场合；立式明装用于旧建筑改造或要求省投资、施工快的场合
	暗装 A	维护麻烦，卧式机组暗装在顶棚内，送风口在前部，回风口在下部或后部；立式机组暗装在窗台下，占地少，可加装装饰罩板	要求整齐美观的房间

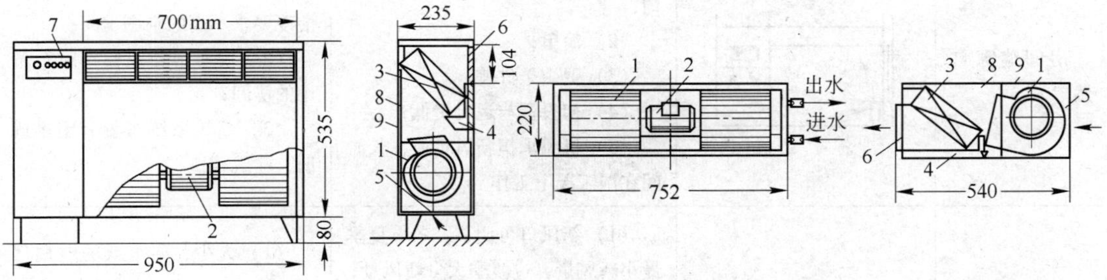

a　　　　*b*

图 3-4　风机盘管构造

a—立式；*b*—卧式

1—风机；2—电机；3—盘管；4—凝水盘；5—循环风进口及过滤器；
6—出风格栅；7—控制器；8—吸声材料；9—箱体

表 3-17　风机盘管基本参数与允许噪声

FP 代号	名义风量 /$m^3 \cdot h^{-1}$	名义供冷量 /W	名义供热量 /W	单位风机功率供冷量 /W	水压力损失 /kPa	允许声级 /dB（A）
FP-2.5	250	1400	2100	40	15	<35
FP-3.5	350	2000	3000	45	20	<37
FP-5	500	2800	4200	50	24	<39

续表 3-17

FP 代号	名义风量 /$m^3 \cdot h^{-1}$	名义供冷量 /W	名义供热量 /W	单位风机功率供冷量 /W	水压力损失 /kPa	允许声级 /dB（A）
FP-6.3	630	3500	5250	55	30	<40
FP-7.1	710	4000	6000	52	40	<42
FP-8	800	4500	6750	50	44	<45
FP-10	1000	5300	7950	45	54	<46
FP-12.5	1250	6600	9900	47	34	<47
FP-14	1400	7400	11100	45	38	<48
FP-16	1600	8500	12750	45	40	<50
FP-20	2000	10600	15900	40	50	<54
FP-25	2500	13300	19950			

3.5.2　风机盘管 + 新风系统中新风的供给方式

风机盘管系统的新风供给方式有多种，见表 3-18[1]。

表 3-18　风机盘管新风供给方式

新风供给方式	示意图	特点	适用范围
房间缝隙自然渗入	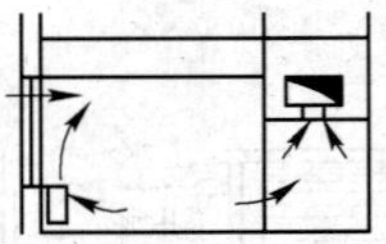	（1）无组织渗透风，室温不均匀； （2）简单； （3）卫生条件差； （4）初投资与运行费低； （5）机组承担新风负荷，长时间在湿工况下工作	（1）人少、无正压要求、清洁度要求不高的空调房间； （2）要求节省投资与运行费用的房间； （3）新风系统布置有困难或旧有建筑改造
机组背面墙洞引入新风	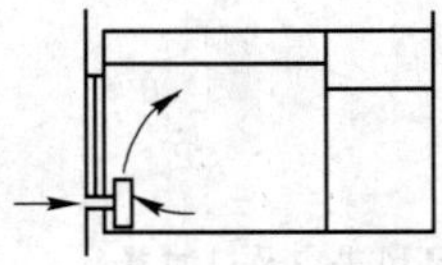	（1）新风口可调节，冬、夏季最小新风量，过渡季大量新风量； （2）随新风负荷的变化，室内直接受到影响； （3）初投资与运行费节省； （4）须作好防尘、防噪声、防雨、防冻措施； （5）机组长时间在湿工况下工作	（1）人少、要求低的空调房间； （2）要求节省投资与运行费用的房间； （3）新风系统布置有困难或旧有建筑改造； （4）房高为 5m 以下的建筑物
单设新风系统，独立供给室内	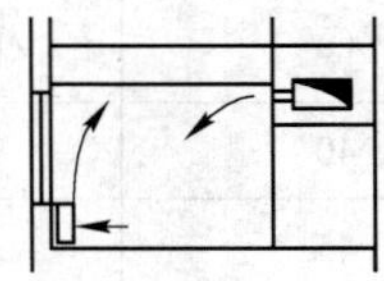	（1）单设新风机组，可随室外气象变化进行调节，保证室内湿度与新风量要求； （2）投资大； （3）占空间多； （4）新风口可紧靠风机盘管，也可不在一处，以前者为佳	要求卫生条件严格和舒适的房间，目前最常用

续表 3-18

新风供给方式	示 意 图	特 点	适 用 范 围
单设新风系统供给风机盘管	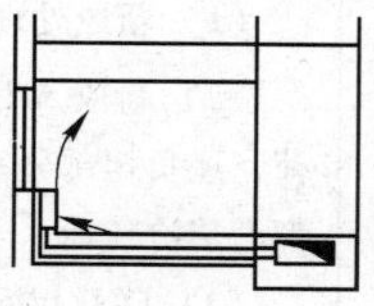	(1) 单设新风机组，可随室外气象变化进行调节，保证室内湿度与新风量要求； (2) 投资大； (3) 新风接至风机盘管，与回风混合后进入室内，加大了风机风量，增加噪声	要求卫生条件严格的房间，目前较少用

3.5.3 风机盘管 + 新风系统中新风终状态的处理方式

由于确定新风处理系统终状态，对于“风机盘管 + 新风系统”的空调方式的运行关系较大，所以应进行多种方式的分析。从原则上讲，新风应负担较大的湿负荷，使室内风机盘管尽可能在析湿量小的工况下运行，则对卫生和运行安全较有利。故新风机组的生产和水系统设计应与之相适应。关于新风终状态的处理方式，见表 3-19。

表 3-19 风机盘管 + 新风系统的不同处理方式

新风处理终态方案	基 本 关 系 式	特点和适用性
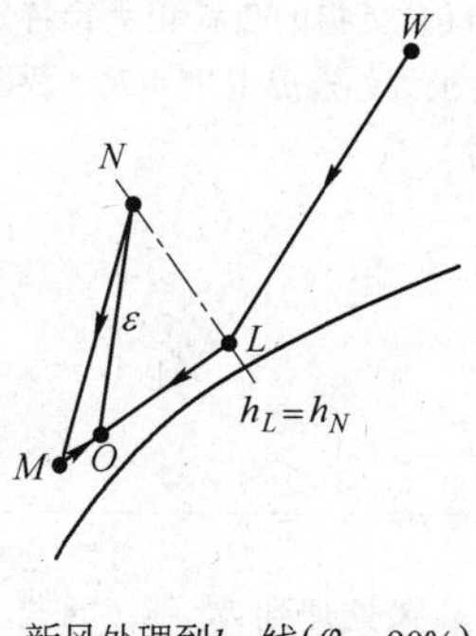 新风处理到h_N线($\varphi_L=90\%$)	(1) 房间空调风量 $G=\dfrac{\Sigma Q}{h_N-h_0}$； (2) FCU 风量 $G_F=G-G_W$； (3) $\dfrac{G_W}{G_F}=\dfrac{h_0-h_m}{h_L-h_0}$； (4) $\begin{cases}h_m=h_0-\dfrac{G_w}{G_F}(h_L-h_0),\\ h_m=h_N-\dfrac{\Sigma Q}{G_F};\end{cases}$ (5) $Q_F=G_F(h_N-h_m)$； (6) $Q_{FS}=G_FC(t_N-t_m)$	(1) 新风处理到室内状态的等焓线 ($h_L=h_N$)； (2) 新风不承担室内冷负荷； (3) 对现有新风 AHU 提供的冷水温约 12.5 ~ 14.5℃； (4) 该方式易于实现，但 FCU 为湿工况，有水患之虞； (5) 可用 FCU 的出水作为新风 AHU 的进水
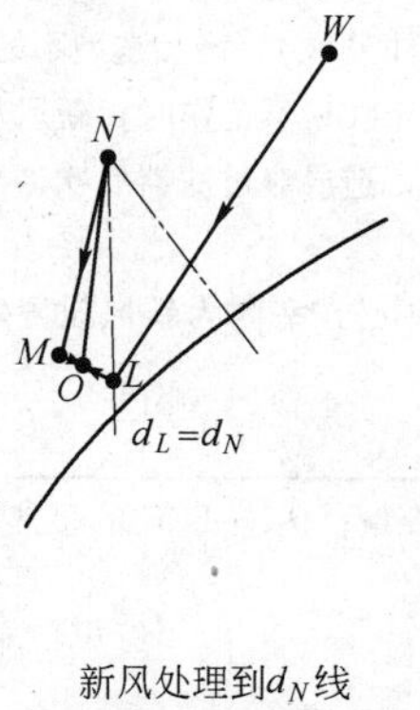 新风处理到d_N线 控制新风AHU出风露点等于设计室内露点温度	(1) 房间空调风量 $G=\dfrac{\Sigma Q}{h_N-h_0}$； (2) FCU 风量 $G_F=G-G_W$； (3) $\dfrac{G_W}{G_F}=\dfrac{h_0-h_m}{h_L-h_0}$； (4) $h_m=h_0-\dfrac{G_W}{G_F}(h_L-h_0)$； (5) FCU 承担的冷量 $Q_F=\Sigma Q-G_W(h_N-h_L)$； (6) 新风 AHU 承担的冷量 $Q_W=G_W(h_W-h_L)$	(1) 新风处理到室内状态的等含湿量线 ($d_L=d_N$)； (2) FCU 仅负担一部分室内冷负荷，新风 AHU 不仅负担新风冷负荷，还负担部分室内冷负荷，其量为 G_w (h_N-h_L)； (3) 对现有新风 AHU 提供的冷水温度约 7 ~ 9℃； (4) 新风 AHU 控制出风露点

续表 3-19

新风处理终态方案	基本关系式	特点和适用性
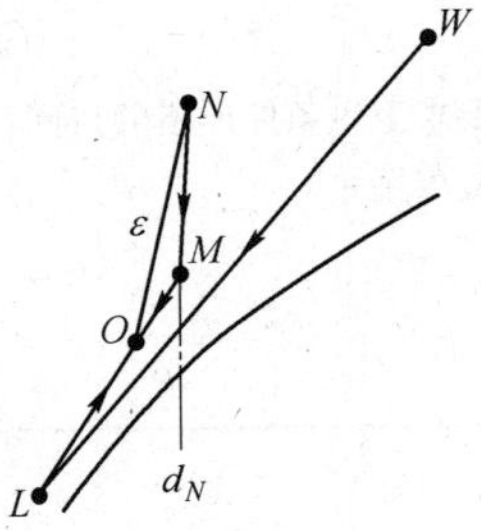 新风处理到$d_L<d_N$	(1) 房间空调风量 $G=\frac{\Sigma Q}{h_N-h_0}$； (2) FCU 风量 $G_F=G-G_W$； (3) $\frac{G_W}{G_F}=\frac{h_m-h_0}{h_L-h_0}$； (4) $\begin{cases}h_m=h_0+\frac{G_W}{G_F}(h_L-h_0),\\ h_m=h_N-\frac{\Sigma Q}{G_F};\end{cases}$ (5) $\begin{cases}h_L=h_0-\frac{G_F}{G_W}(h_m-h_0)\\ d_L=d_N-\frac{\Sigma W}{G_W}\end{cases}$	(1) 新风处理到 $d_L<d_N$； (2) 新风 AHU 不仅负担新风冷负荷，还负担部分室内显热冷负荷和全部潜热冷负荷； (3) FCU 仅负担一部分室内显热冷负荷（人，照明，日射），可实现等湿冷却，可改善室内卫生； (4) 新风 AHU 处理焓差大，水温要求 5℃ 以下，要采用特制的 AHU（排数多，迎面风速小）
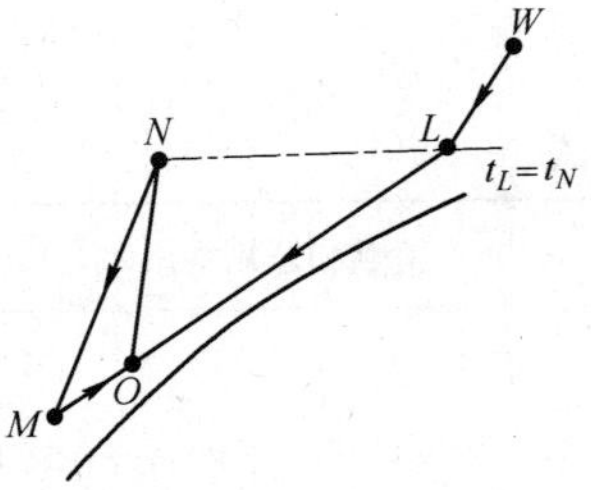 新风处理到t_N线 (φ_L=90%～95%) 控制新风AHU出风干球温度 等于设计室内干球温度	(1) 房间空调风量 $G=\frac{\Sigma Q}{h_N-h_0}$； (2) FCU 风量 $G_F=G-G_W$； (3) $\frac{G_W}{G_F}=\frac{h_0-h_m}{h_L-h_0}$； (4) $Q_F=\Sigma Q_N+G_W(h_L-h_0)$； (5) $\begin{cases}h_m=h_0+\frac{G_W}{G_F}(h_L-h_0),\\ h_m=h_N-\frac{\Sigma Q}{G_F};\end{cases}$ (6) FCU 负担的湿负荷 $D=\Sigma W+G_W(d_L-d_N)$； (7) 新风 AHU 负担的负荷 $Q_W=G_W(h_W-h_L)$	(1) 新风处理到 t_N线（$t_L=t_N$）； (2) FCU 负担的负荷很大，特别是湿负荷很大，造成卫生问题，故不建议采用
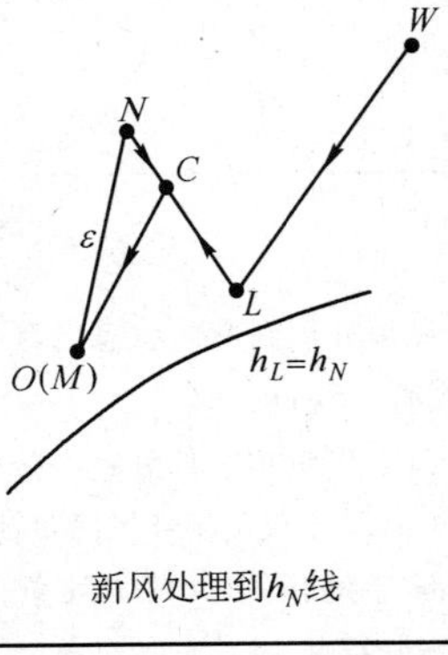 新风处理到h_N线	(1) 房间空调风量 $G=\frac{\Sigma Q}{h_N-h_0}$； (2) FCU 风量 $G_F=G-G_W$； (3) $\frac{G_W}{G_F}=\frac{d_L-d_C}{d_C-d_N}$	(1) 新风处理到 h_N 线，并与 N 直接混合进入 FCU 处理； (2) FCU 处理的风量比其他方式大（包括了新风），产品选型不易； (3) 当 FCU 不工作时，新风从回风口送出，造成对过滤器反吹，于卫生不利； (4) 不必在室内为新风设置单独的送风口

注：G—总空调风量；G_W—新风风量；G_F—风机盘管机组 FCU 风量；Q_F—FCU 的冷量；Q_{FS}—FCU 的显热冷量；Q_W—新风机组 AHU 的冷量；ΣQ—房间的总冷负荷。

3.5.4　风机盘管机组的选择

当按表 3-16 确定新风终态方案，而绘出风机盘管 + 新风系统在 h-d 图上的处理过程图后，风机盘管的夏季供冷量即为 $Q = G_F(h_n - h_m)$，因此风机盘管的选择即实现 $N \rightarrow M$ 的处理过程。检查所选定的风机盘管在要求风量、进风参数和水初温-水量（或水温差）等条件下，能否满足出风参数，即对表冷器进行校核计算。国内外 FCU 产品样本资料完善者，都提供出上述不同条件下表冷器的总冷量和显热冷量，实际上也可推知其出风参数。上述数据大多用表格形式列出，但也可用线解图来求解，如对某一型号 FCU 各种参数（风量、水量、风温、水温等）改变后对空气出口参数以及总冷量和显热冷量等的变化和影响，可进行比较直观的分析。

3.5.5　风机盘管的水系统

3.5.5.1　风机盘管水系统设计原则

风机盘管的水系统与采暖系统相似（双水管时），但因有供冷、供热要求，故又有所差别，其水管分类见表 3-20。

表 3-20　风机盘管水系统分类

分　类	水管体制及接法	特　　点	使　用　范　围
两管制	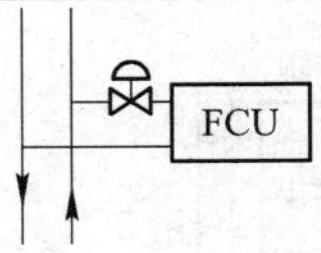	供回水管各一根，夏季供冷水，冬季供热水；简便、省投资；冷热水量相差较大	全年运行的空调系统，仅要求按季节进行冷却或加热转换，目前用得最多
三管制	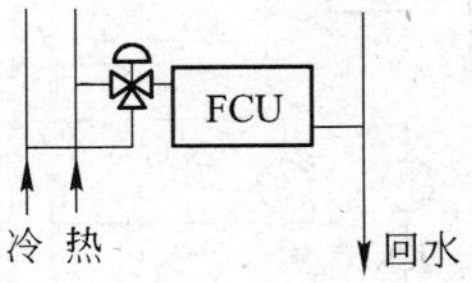	盘管进口处设有三通阀，由室内温度控制装置控制，按需要供应冷水或热水； 使用同一根回水管，存在冷热量混合损失，初投资较高	要求全年空调且建筑物内负荷差别很大的场合，过渡季节有些房间要求供冷有些房间要求供热。目前较少使用
四管制	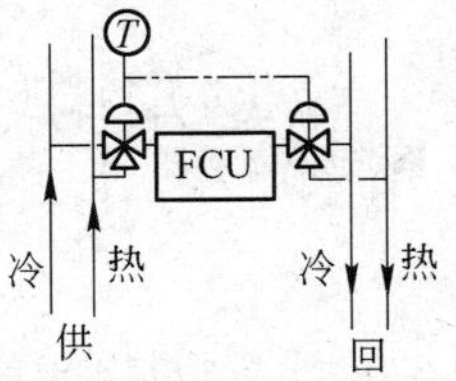 *a* 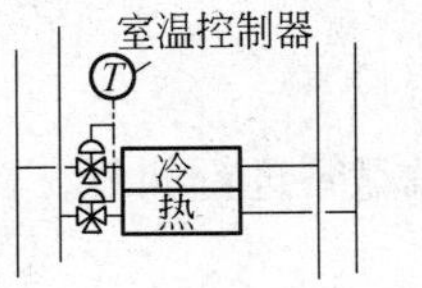 *b*	占空间大，比三管制运行费低；在三管制基础上加一回水管或采用冷却、加热两组盘管，供水系统完全独立；初投资高	全年运行空调系统，建筑物内负荷差别很大的场合；过渡季节有些房间要求供冷有些房间要求供热，或冷却和加热工况交替频繁时，为简化系统和减少投资，亦有把机房总系统设计成四管制，把所有立管设计为二管制，以便按朝向分别供冷或供热

3.5.5.2　风机盘管水系统设计应注意的问题

（1）水系统在高层建筑中，应按承压能力进行竖向分区（每区高度可达 100m），两管制系统还应按朝向作分区布置，以便调节。当管路阻力和盘管阻力之比在 1∶3 左右时可用直接回水方式，否则宜用同程回水方式。对于水环路压差悬殊的场合亦可用平衡阀进行调整。

（2）风机盘管用于高层建筑时，其水系统应采用闭式循环，膨胀水箱的膨胀管应接在回水管上。此外管路应该有坡度，并考虑排气和排污装置。

(3) 风机盘管承担室内和新风湿负荷时，盘管为湿工况，应重视冷凝水管系统的布置。

3.5.5.3　风机盘管水系统的调节方式

风机盘管一般均采用个别的水量调节阀，和空调机组中表冷器的水量调节一样，当在进入盘管处设置二通阀调节进入盘管水量时，则系统水量改变，当设有盘管旁通分路及出口三通阀时，则进入盘管流量虽改变而系统水量不变。

对于风机盘管无局部水量调节装置时，则可采用按朝向分区的区域控制方式，如图 3-5 所示，在各区回水管上装有三通阀（MV_1），根据室温控制器调节进入盘管的水量，这对总的系统来说水量不变，故称为定水量方式。此外，亦可采用二通阀代替三通阀以控制进入盘管的水量（称变水量方式），但当制冷机调节性能欠佳时，因进入制冷机水量过小将导致冷水温度过低而引起机器故障。为使系统回到制冷机的水量不发生变化，可用各种控制方法，例如在供水的分水器和回水的集水器之间设一旁通管道，管间设阀门（MV_2），当负荷减少，使分水器的压力上升时，可由它与集水器间的压差控制器 D 打开旁通阀 MV_2，将水量旁通掉。除控制水量外，还可采用分区控制水温的调节方法（图 3-6），在二次泵与分水器之间设三通阀，利用回水和供水混合得到要求的水温，这种方法多用于高层和规模大的场合。

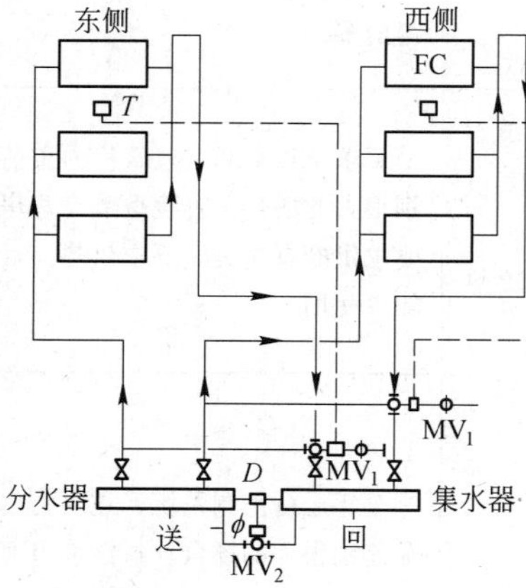

图 3-5　水量调节原理

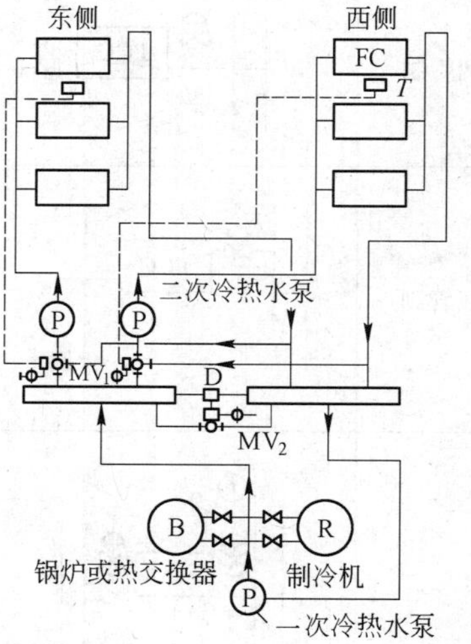

图 3-6　分区控制水温的调节方法

3.5.5.4　风机盘管的调节方法

可采用风量调节、水量调节或风量水量并调等方法对风机盘管进行调节，以适应不同房间的不同要求和负荷的变化，见表 3-21[1]。

表 3-21　风机盘管的调节方法

序　号	调节方法	特　　点	适　用　范　围
1	风量调节	通过三速开关或无级调速装置调节电机输入电压，以调节风机转速来调节风机盘管的冷热量；简单方便；随风量的减小，室内气流分布不理想；选择时宜按中挡转速的风量与冷量选用	用于要求不太高的场所，目前国内用得最广泛

续表 3-21

序 号	调节方法	特 点	适 用 范 围
2	水量调节	通过温度敏感元件、调节器和装在水管上的小型电动直通或三通阀自动调节水量或水温；初投资高	用于要求较高的场所，如将风量水量并调效果更好
3	旁通风门调节	通过敏感元件、调节器和盘管旁通风门自动调节旁通空气混合比；调节负荷范围大（100%～20%）；初投资较高；调节质量好；送风含湿量变化不大；室内相对湿度稳定；总风量不变，气流分布均匀；风机功率并不降低	用于要求高的场合，可使室温允许波动范围达到 ±1℃，相对湿度达到40%～45%；目前国内用得不多

3.6 双风管空调系统[1,7]

双风管空调系统也是一种全空气中央空调系统。与单风管空调系统不同的是，双风管空调系统设有两条送风管道——一条送冷风，另一条送热风，另外还有一条回风管道。

3.6.1 双风管空调系统的构成与种类

3.6.1.1 构成

如图 3-7*a* 所示，它分别设有冷、热风管（管路风速较高，常用 15～25m/s），在每区（或每室）设有混合箱与冷、热风管道联接，由室温传感器控制混合箱调节的比例。混合箱还具有定风量的功能，即当其他房间调节冷热风比时所造成的系统压力变化不应引起本室的风量变化。图 3-7*b* 即双风管混合箱之一例。这种系统一般为一次回风方式，回风管道是集中布置的。为了稳定室内压力以利于混合箱的工作，故采用双风机系统。

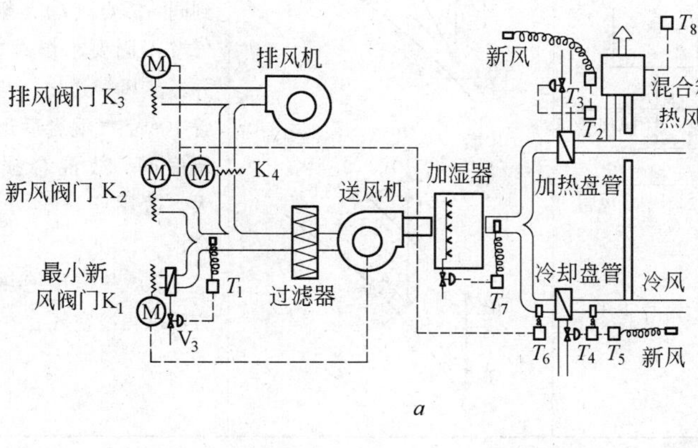

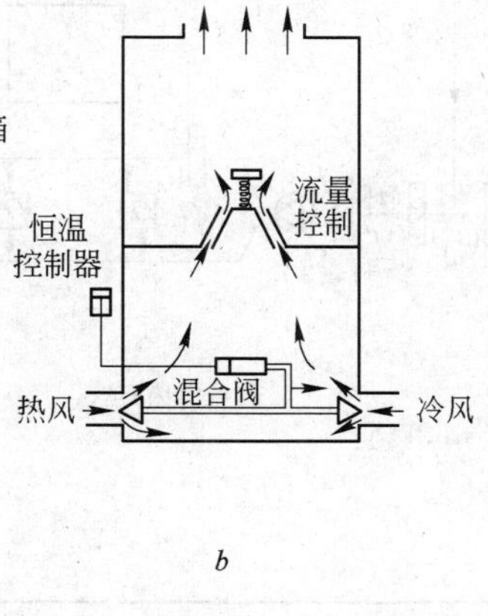

图 3-7 双风管空调系统示意图

a—双风管系统；*b*—混合箱

3.6.1.2 种类

表 3-22 给出了冷热风分别（独立）处理方式和露点再热方式两种双风管系统的工作原理和特点，双风管系统均用高速风管（混合箱送至房间的管道风速可降低），故均有明显的风机温升，为简化起见，*h-d* 图过程表示时未示出。双风管系统各方式均设有热风管，夏季均有混

合损失，这一损失实际是在一次回风集中空调系统中所述及的抵消再热器的冷量。

表 3-22　双风管空调系统的空气处理方式

系 统 图 示	h-d 图过程表示	特　征
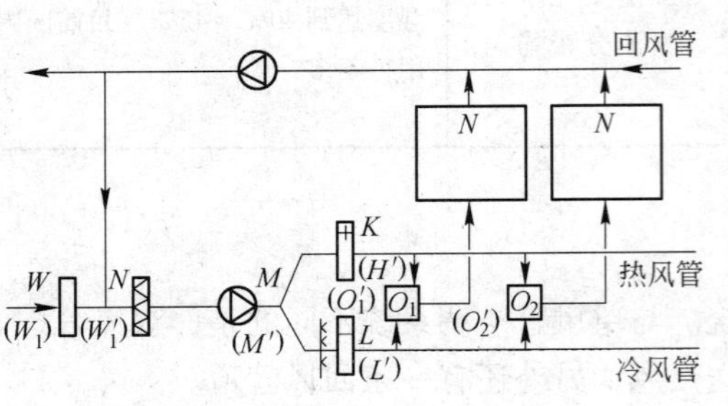 冷热风分别处理方式	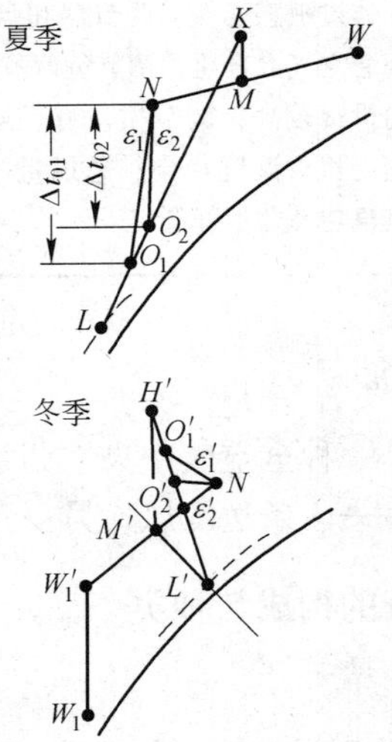	（1）冷热风管独立处理（冷热风管空气含湿量不同），各室送风状态点 t_0、d_0 可按需调节以满足不同 ε 与 Δt_0 的需要。较适用于 ε 大的场合； （2）冬季用绝热加湿冷却空气获得冷风； （3）有条件时，室外空气可先经预处理（预冷/预热）； （4）冷、热风混合有冷热抵消的能量损失。夏季一次混合后不经加热，直接冷却后与旁通空气混合亦可满足要求，即上节表 3-11 中的第三种方式——多分区系统
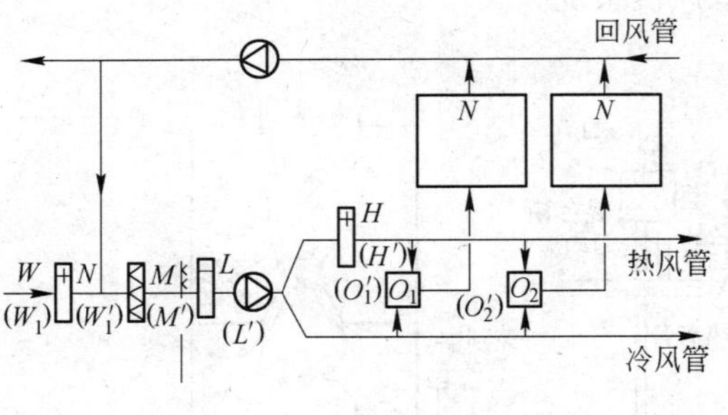 露点再热方式	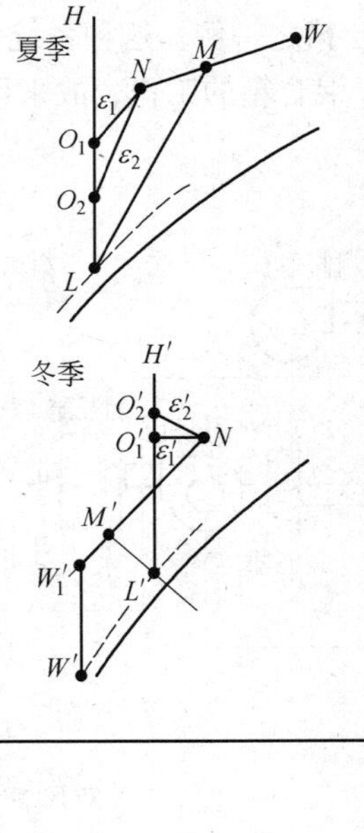	（1）新风、回风混合后，在空调机组内先处理到同一露点（L），然后空气按不同要求继续加热，并经热风管送出，与冷风管中冷空气混合后送入空调房间，故混合损失较大，适用于 ε 较小的场合； （2）冬季用绝热加湿方法获得冷空气

3.6.2　双风管空调系统的特点与应用

双风管系统具有全空气空调方式的一般优点，此外还有（1）房间（或区域）的个别控制性能较好；（2）同一时间内可供冷、供热；（3）因直接用冷、热空气混合，室温调节反应极为迅速；（4）冬季和过渡季的冷源以及夏季的热源可以利用室外新风；（5）因系全空气方式，空调房间内无末端装置，不出现水管、电气附属设备、过滤器等，对使用者无干扰。

其缺点为：（1）冷热风混合调温有能量损失，全年送风动力较高（高速风管），运转费高；(2）设两根风管，材料（含保温)、安装人工等初投资高；（3）两根风管布置难度大；(4）不能精确地控制室内湿度。

双风管系统在20世纪50年代开始使用，到70年代以后直至现今，因石油危机对节能问题的重视而使用渐少。但对使用要求较高的高级办公楼、建筑造型及功能复杂、冷热负荷分布规律性差的建筑以及在供冷的同时，热源可利用热泵回收热量时还是可以使用的。对于小规模的建筑，可用分区空调机组来达到此基本目的。

图3-8表示了一个完整的（包括冷热源）的双风管空调系统的布置情况，通常因混合箱价格较高，所以有时以几个风口或一个区采用一个混合箱，混合箱后采用普通的低速风管和送风口。

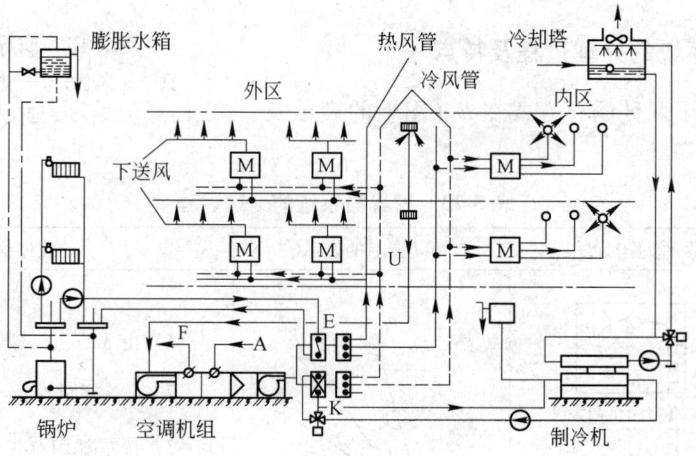

图3-8　双风管系统的布置示例

M—混风器；A—新风；F—排风；U—回风；

E—换热器（加热）；K—换热器（冷却）

当设计双风管空调系统时，通常可用下列数据：冷风温度全年为12～15℃；夏季热风温度仅比室温高3℃；冬季热风温度为35～45℃，过渡季热风温度为25～35℃。图3-9为双风管系统全年运行时冷热风等温度参数控制的一例。设计风管时，冷风量按总风量的100%计算，热风量按总风量的50%～70%考虑。故一般用高速系统送风以减小风管断面尺寸。此外，为了减少双风管系统的运转费用，也已开发了双风管可变风量系统，这不仅要求混合箱具备变风量功能，而且送风机的风量亦应予以控制，初投资将高于定风量系统。

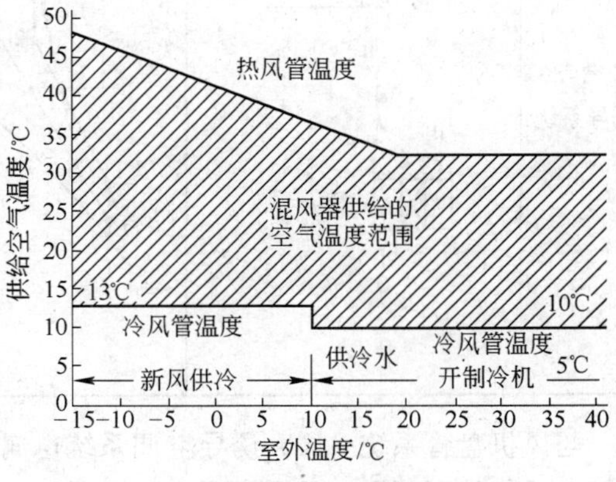

图3-9　双风管系统运行的参数控制

3.7　诱导器空调系统[1,7]

3.7.1　诱导器的构成与诱导比

诱导器空调系统是一种半集中式空调系统，是依靠经过处理的一次空气在诱导器内通过喷嘴高速喷出，使喷嘴周围的箱内形成负压，从而使室内二次风流过装于诱导器内的热交换器被冷却或加热，然后与一次风相混合并进入室内。如果换热器盘管内加热或冷却的介质是水，则诱导器称为空气-水诱导器。若不用换热器盘管换热，而直接诱导室内的二次风相混合后送入室内，就成为“全空气”诱导器（见图 3-10）。

诱导器被诱导的二次风流量 G_2（kg/s）与诱导的一次风流量 G_1（kg/s）之比，称为诱导比 n。

$$n = \frac{G_2}{G_1} \tag{3-2}$$

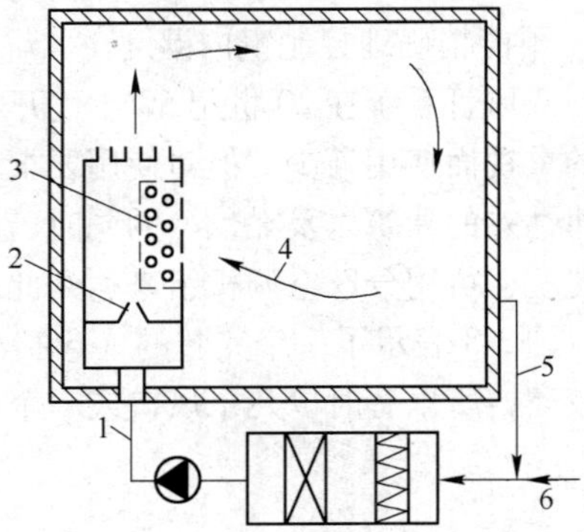

图 3-10　诱导器系统

1—一次风送风管；2—喷嘴；3—热交换器；4—二次风；5—回风管；6—新风管

3.7.2　诱导器系统的处理过程及特点

表 3-23 列出了两种诱导方式在 h-d 图上的表示及基本计算方法。

表 3-23　诱导器系统的处理过程

名　称	系 统 图 示	h-d 图上的表示	处理过程分析
全空气诱导系统	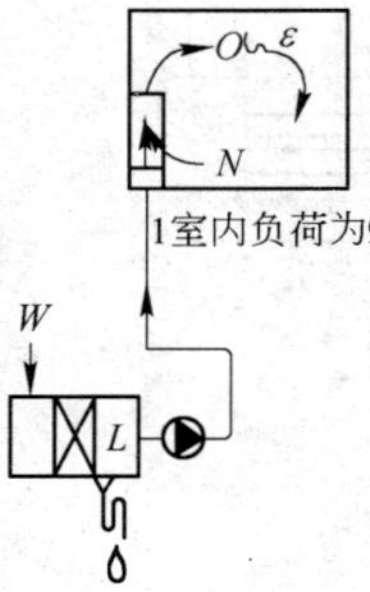	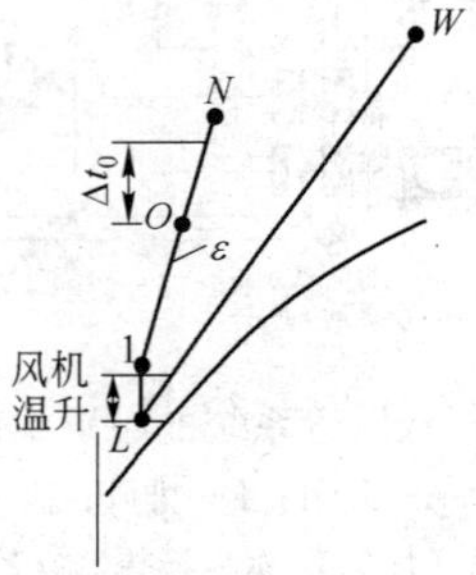	（1）由 Δt_0（送风温差）确定送风量 （2）一次风量 $G_1 = \frac{Q}{h_n - h_1}$ （3）按左图 $\overline{O1}/\overline{ON} = n$ 选定诱导比 （4）诱导器送风量 $G = (1+n)G_1$，当选定的实际 $n' > n$ 时，则 G 偏高，即实际 Δt_0 偏小，对房间无大影响
空气-水诱导系统	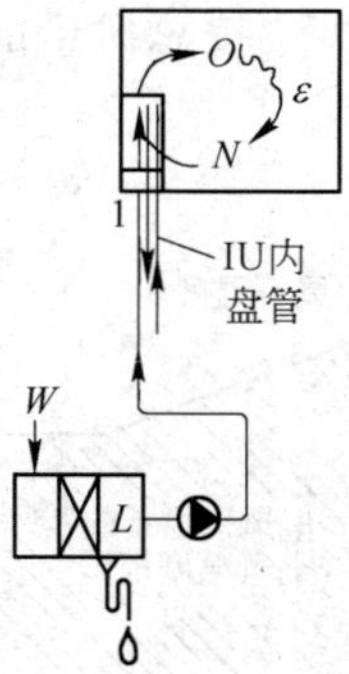	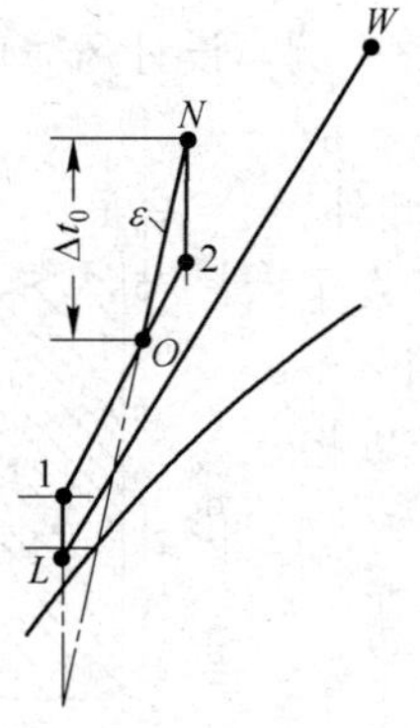	（1）由 Δt_0 确定送风量 （2）处理过程满足：$d_n = d_2$ $n = \overline{O1}/\overline{O2}$ （3）因室内负荷 Q 分别由 G_1，G_2 负担 故　$Q = G_1(h_n - h_1) + q$ $q = G_2(h_n - h_2)$ 所以　$G_1 = \frac{Q - q}{h_n - h_1}$ （4）处理一次空气的空调机组处理冷量为 $Q_1 = G_1(h_W - h_1)$ （5）诱导器内盘管处理冷量为 $Q_2 = G_2(h_n - h_2)$

与风机盘管系统一样，诱导空调系统也属空气-水空调系统，有很多相同的特点。诱导器系统一般仅处理新风，且可应用高速送风，故机房尺寸和管道断面比全空气系统为小（管道

断面仅为全空气的1/3），节约建筑空间，能保证每个房间的新风（否则不能供冷供热），卫生情况好，可用于旧建筑物加设空调或高层建筑以及医院的病房等。全空气诱导器系统特别适用于低温送风方式（如采用冰蓄冷供冷时）。但这种系统亦有一定的缺点，如空气输送动力消耗大，个别调节不灵活，新风（一次风）管道必需跟随诱导器的位置进行布置，不易控制末端装置的噪声，即使二次风为等湿冷却实际上仍需设凝水系统，故从20世纪70年代中期起，大多被FC+OA系统所代替。但随着对室内空气品质（IAQ）问题的重视，欧洲、北美有些国家又有恢复使用的倾向。

3.8　全新风空调系统[1]

前述单、双风管空调系统、变风量空调系统和诱导器空调系统，均为新、回风混合系统。而全新风空调系统则是不混用回风，全部使用室外新风的空调系统，因而也称做直流式空调系统。

全新风空调的系统较简单，空气品质好，但能耗大、不经济。如室内空气含有酸、碱、有菌、有毒、有味气体而不能回用者，则必须采用全新风空调系统。

3.8.1　夏季全新风空调系统的调节过程与冷量计算

3.8.1.1　*夏季全新风空调系统流程及空气处理过程*

夏季全新风空调系统的流程见图3-11，对应的调节过程及状态变化，见图3-12。空气处理的过程为：

$$W \xrightarrow{\text{冷却除湿}} L \xrightarrow{\text{加热}} O \xrightarrow{\varepsilon} N$$

图3-11和图3-12中各状态点为：

N——室内空气状态；

W——室外空气状态；

L——经过喷水室或表冷器除湿冷却后的状态（机器露点）；

O——等湿加热至送风口的状态；

Δt_0——送风温差。

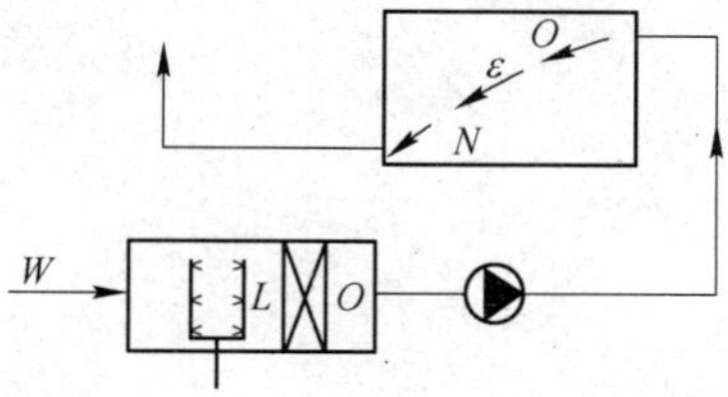

图3-11　夏季全新风空调系统流程

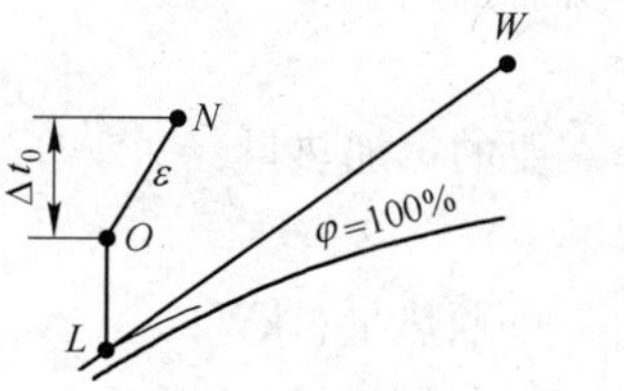

图3-12　夏季全新风空调系统调节过程的焓湿图

3.8.1.2　*夏季全新风空调系统的冷量计算*

系统所需的冷量 Q_0 按下式计算

$$Q_0 = G(h_W - h_L) \tag{3-3}$$

系统所需的再加热量按下式计算

$$Q = G(h_0 - h_L) \tag{3-4}$$

式中　G——空气的循环流量，kg/s；

Q_0——冷量，kW；
Q——再加热量，kW。

3.8.2 冬季全新风空调系统的调节过程与加热量计算

3.8.2.1 冬季全新风空调系统流程及空气处理过程

冬季全新风空调系统的流程见图3-13，对应的调节过程及状态变化见图3-14。而空气处理过程为：

$$W' \xrightarrow{\text{预热}} W_1 \xrightarrow{\text{绝热加湿}} L' \xrightarrow{\text{再加热}} O' \xrightarrow{\varepsilon'} N$$

或

$$W' \xrightarrow{\text{预热}} W_1 \xrightarrow{\text{喷蒸汽加湿}} O_1 \xrightarrow{\text{再加热}} O' \xrightarrow{\varepsilon'} N$$

图3-13和图3-14中各状态点为：

W'——冬季室外空气状态；
W_1——经加热器等湿预热后的状态；
L'——状态为 W_1 的空气在喷水室内绝热加湿至机器露点的状态；
O'——出喷水室状态为 L'的空气经过二次加热器加热后的状态，即出风口的状态；
N——室内冬季状态。

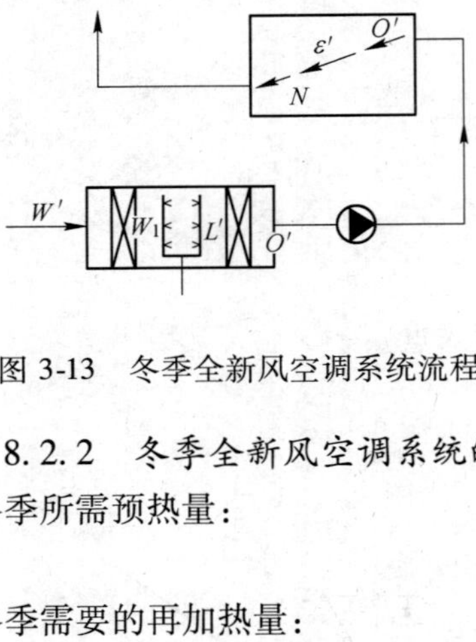

图3-13 冬季全新风空调系统流程

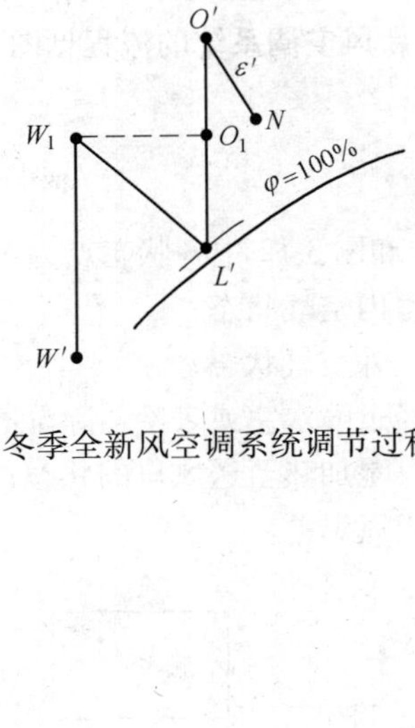

图3-14 冬季全新风空调系统调节过程的焓湿图

3.8.2.2 冬季全新风空调系统的加热量计算

冬季所需预热量：

$$Q_1 = G(h_{W_1} - h_{W'}) \tag{3-5}$$

冬季需要的再加热量：

$$Q_2 = G(h_{O'} - h_{L'}) \tag{3-6}$$

式中 Q_1——预热量，kW；
Q_2——再加热量，kW；
G——空气的循环流量，kg/s。

3.9 商用中央空调、家用（户式）中央空调与变冷剂系统（VRV）

3.9.1 商用中央空调

商用中央空调是新兴的一种空调方式，一般多用于商业建筑、办公楼宇和公寓建筑。其特点是：一般不设制冷机房，而是将制冷主机与冷凝器等安装于一箱体内并设置于室外（即室外机），而将蒸发器设置于室内（即室内机）。

3.9.1.1　商用中央空调的特点

和常规的大型工民建用中央空调相比，商用中央空调有许多特点，二者的系统对比如图3-15所示。

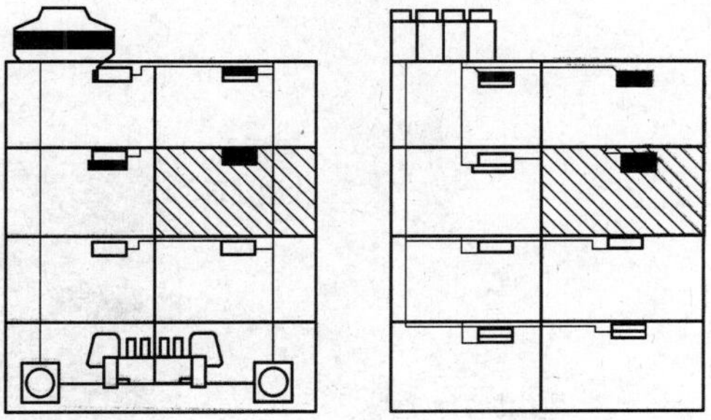

图3-15　两种系统对比示意图
a—大型工民建用常规中央空调系统；
b—商用中央空调系统

商用中央空调的特点(以SKY FREE为例)：

(1) 省空间。无需设置专用机房，可将室外机装于屋顶，更有效地确保空间利用。而大型中央空调则须把冷热源主机装于地上一层或地下1~3层，如图3-15*a*所示。

(2) 分期安装。SKY FREE自身模块化的特性使其在安装、设计中也可以实现模块化，因而它可以配合建筑施工的进度分期进行安装，从而减少一次性投资。与大型中央空调相比，可节约相当的初投资及利息费用。

(3) 节省材料费、施工费。与冷水机组的水管管径相比，SKY FREE的冷媒管管径只有其1/3左右；且SKY FREE无水系统，所以不但省去大量管材费和设置水管的空间，同时导致大量建筑材料的节约，可为投资者和建筑商双方带来一定的利益。

(4) 节省运行电费。SKY FREE可以做到真正意义上的部分运转：部分室内机工作，也只有与之相连的室外机在工作；而中央空调系统中即使只有个别末端处于开启状态，其整个系统仍需处于工作状态，仍然要耗费电力。

SKY FREE全部的传输动力来自于自身高效涡旋式压缩机，无需中央空调系统中必不可少的泵和空调末端等，因而能更进一步做到节电。

(5) 维护保养简便。

1) 无需专业人员日常维护；

2) 无需定期大修；

3) 因是无水系统，故无需清洗水管及水质处理，也不会发生水管漏水问题。

3.9.1.2　商用中央空调室外机、室内机与冷剂管路的布置

适用于各种规模建筑物的模块化商用中央空调VRV。商用中央空调室外机、室内机与冷剂管路的布置见图3-16。

3.9.2　家用（户式）中央空调[9]

3.9.2.1　家用（户式）中央空调的特征

家用中央空调又称户式中央空调、户用中央空调。它是集中处理家庭空调负荷的一种形式，其冷热量通过一定的介质输送到空调房间，以满足居住的舒适性要求。它是介于传统中央空调和家用空调器两者之间的一种空调形式，是类似于商用中央空调，但又比商用中央空调小的一种空调方式，是随着人们住房条件的改善和生活质量的提高而逐渐发展起来的一种空调新潮流、新方式。随着家用中央空调研究和制造技术水平的提高，它正以巨大的潜力和应用优势取得突破性的发展，将成为我国21世纪空调产业发展的方向之一。变频家用中央空调机组及各种房型的家庭中央空调的布置方式，如图3-17、图3-18所示。

3.9.2.2　家用中央空调的布置

家用中央空调的制冷量范围大致为7~80kW，可供给单元住房面积80~600m^{2}的多居室公寓、别墅、小型办公楼及小型商业用房使用，多个家用中央空调系统的组合可供给更大空调面

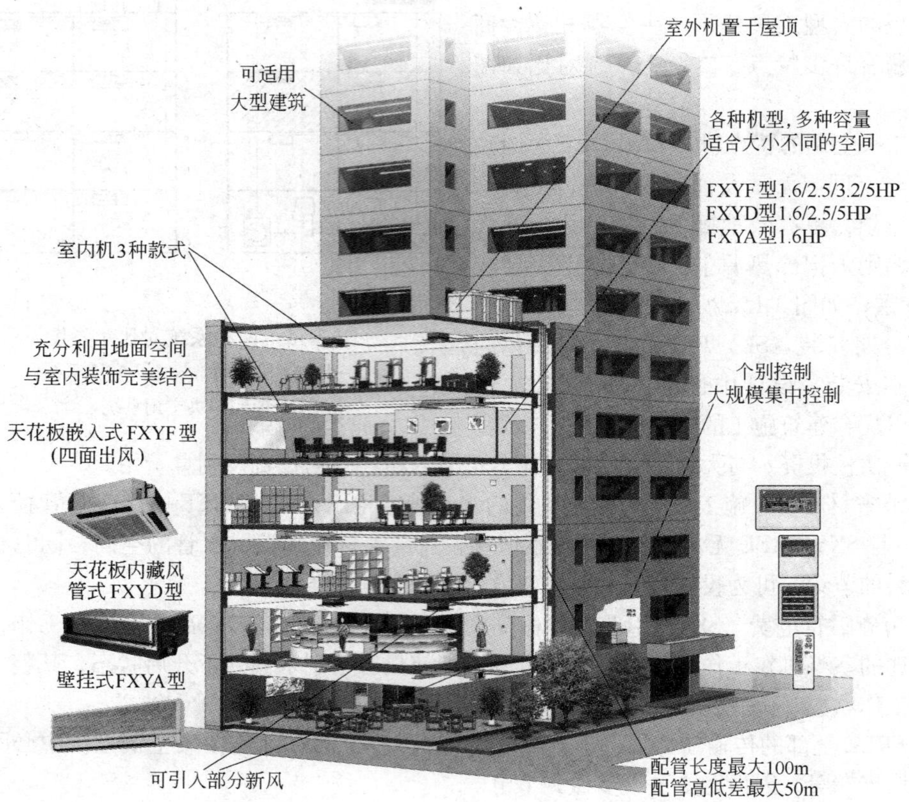

图 3-16　商用中央空调室外机、室内机与冷剂管路的布置（大金）

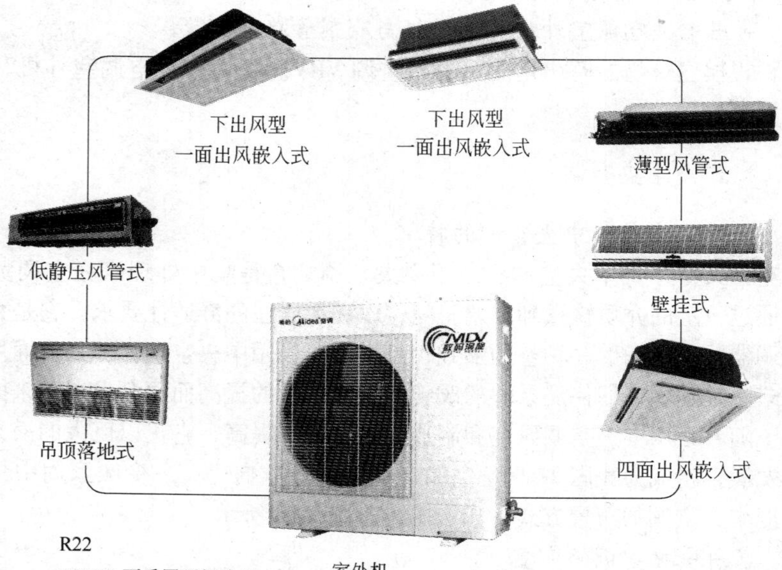

图 3-17　家用中央空调变频机组与末端设备（美的）

积使用。带有全热交换器的多联式家用中央空调的布置，如图 3-19 所示。

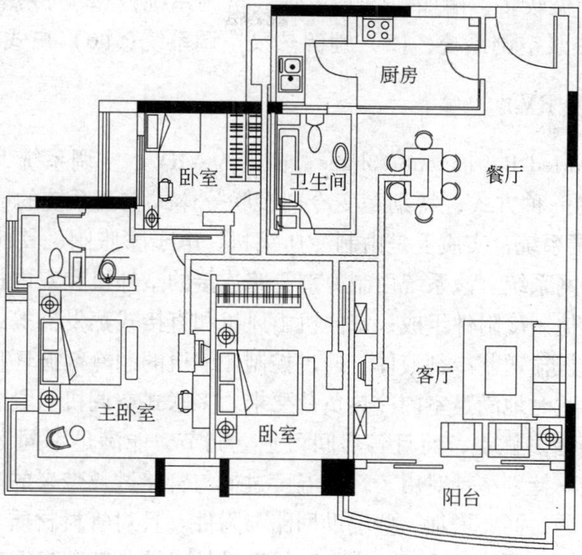

图 3-18　家庭中央空调的布置

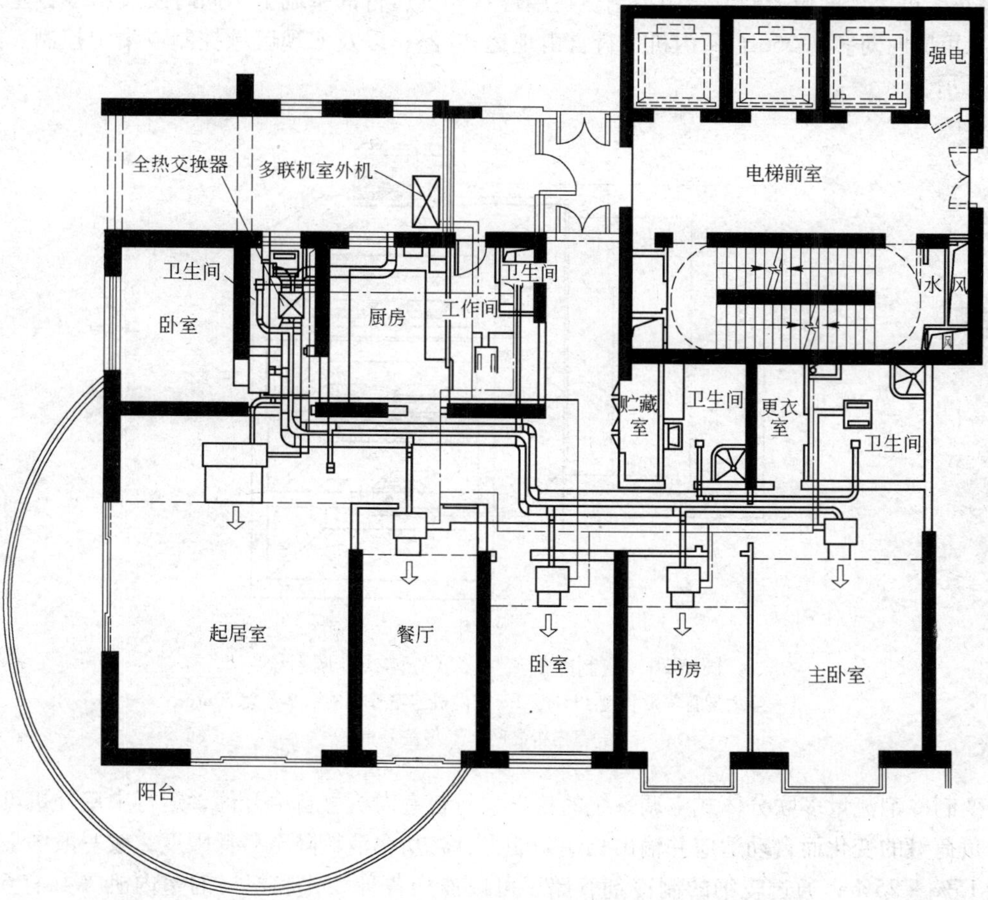

图 3-19　带有全热交换器的多联式家用中央空调

3.9.2.3　家用中央空调的种类

家用中央空调的种类较多，诸如：（1）风管式空调系统；（2）冷热水空调系统；（3）多联机系统；（4）水环热泵空调系统；（5）地源热泵空调系统；（6）户式燃气空调系统。

3.9.3　变冷剂系统（VRV）

变制冷剂流量（Varied Refrigerant Volume，简写为 VRV）空调系统，是广泛用于商用中央空调和家用中央空调的一种方式，特别是变冷剂多联分体式空调系统的应用，越来越广泛。

变冷剂的 VRV 空调系统，实质上是由制冷压缩机、电子膨胀阀、其他阀件（附件）以及一系列管路构成的环状管网系统。该系统由制冷剂管路连接的室外机和室内机组成。室外机由室外侧换热器、压缩机和其他制冷附件组成；室内机由风机和直接式蒸发器等组成。一台室外机通过管路能够向若干个室内机输送制冷剂液体，通过控制压缩机的制冷剂循环量和进入室内各个换热器的制冷剂流量，可以适时地满足室内冷热负荷要求。多联式空调机组具有节约能源、智能化调节和精确的温度控制等诸多优点，而且各房间可独立调节，能满足不同房间不同空调负荷的需求。但该系统控制复杂，特别是针对由于环境温度过低与管路过长带来的液体回流、液态制冷剂再闪发和回油困难等问题，需要增加一些辅助回路与附件。且对管材材质、制造工艺、现场焊接等方面要求非常高，因此多联式机组的生产，初投资及技术储备基础都很高。

VRV 的一台室外机连接 8 台、13 台、16 台，甚至 32 台室内机，每台室内机可以自由地运转/停止，可实现区域控制或集中控制。在单台室外机运行的基础上，同时发展出多台室外机并联，可同时对多达 256 台室内机进行自由地运转/停止以及实现区域控制或集中控制。如图 3-20 所示。

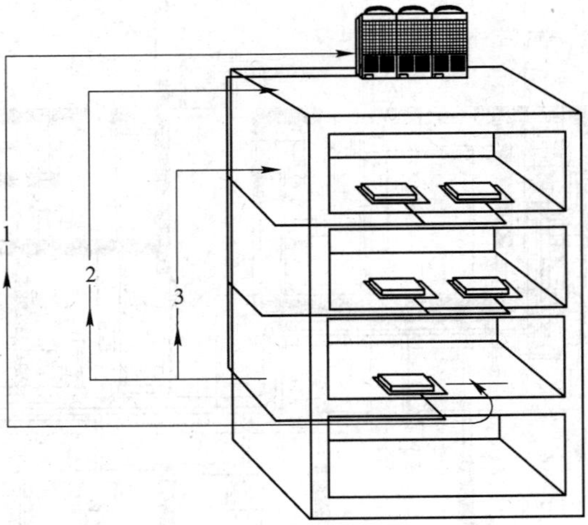

图 3-20　变制冷剂流量多联分体式空调系统

1—最大配管等效长度 135m；2—室内机与室外机的水平落差 50m；3—室内机之间水平落差 18m

变制冷剂流量多联分体式空调系统的特点：每台室内机可自由开停，运行中室外机可根据室内负荷量的变化而自动适应并输出相应的能力，将功率消耗降至最低限度，较一般中央空调节能 15%～25%；通过较细的制冷剂管路，可以连接各种款式和规格的室内机（共有 6～10 种款式和 30～60 种规格），室内机总容量可达室外机容量的 50%～130%，制冷剂管路可达 50

~125m，室内外机落差达30~50m，机组工作范围宽广，一般制冷运行在环境温度为0~43℃，甚至达-5℃，制热运行的环境温度为-15℃，有的可达-20℃；智能控制系统可进行单独控制或分区集中控制，控制主板母线为双芯非极性，并可选用远程控制器、系统控制器、星期周期定时控制器等，形式多样的室内机一般配有3速或4速风机控制，经优化设计的风机噪声低至30~40dB（A），超薄设计占用高度空间少，在卡式机组中还配有冷凝水提升泵（提升约500~850mm），在有限的高度下，冷凝水排出顺畅；大都采用R22或R407C制冷剂；热回收式VRV系统制冷剂管有3种：排气管，液管，吸气管。室外机内装有热交换器和变频压缩机。室外机和室内机之间设控制器，根据各室内发出的信号（或需供冷，或需供热）自动切换分流。需供冷时，3种制冷剂管切换成吸气管和液管，则液体制冷剂节流后蒸发、回气，室内机排管起蒸发器作用，吸取房间内的热量以降低室内温度。需供暖时，制冷剂管切换成排气管和液管，则高压气体在室内侧换热器（作冷凝器）冷凝成液体并散发热量，以提高室内温度。

4　中央空调风系统与风管道

4.1　中央空调送、排风系统设计

中央空调风系统原则上分为空调送风系统和排风系统。

4.1.1　送风系统设计原则[1]

4.1.1.1　送风系统的分类

空调送风系统可分为两类：(1) 低风速全空气单（双）风管送风方式；(2) 风机盘管+新风系统中的送新风方式。

较大面积的公用场所，如商场、交易大厅、宴会厅、影剧院和体育馆等，多采用第一种送风方式，而写字间和宾馆饭店中的一、二、三级客房等较小面积的空调房间，则多采用第二种送新风的方式。

4.1.1.2　全空气空调方式送风系统的划分

公用场所各厅室，如采用全空气单（双）风管空调方式时，送风系统应按空调房间使用时间的不同而划分区域。商场、交易大厅等一般营业时间为9:00～20:00，有些商场可延至22:00；影剧院和体育馆则在放映、演戏或比赛时才使用，而风味餐厅主要在中餐、晚餐时间使用；大宴会厅与多功能厅有可能分隔成小宴会厅使用；门厅、四季厅、休息厅的高峰使用时间是，上午8:00～9:00，下午5:00～6:00。各个空调场所负荷特点也不一样。为了达到经济运行和便于管理的目的，必须根据这些空调房间的使用规律、负荷特点划分系统的服务范围和规模，并尽量使空调机组设置在靠近空调房间的地方。

4.1.1.3　风机盘管+新风空调方式新风系统的划分

无论是写字间、客房新风系统还是公用场所各厅室新风系统，应以楼层和房间使用功能按中小规模划分新风区域。最大系统的新风量不宜超过4000m^3/h。

4.1.1.4　风系统划分区域不宜过大

无论全空气风系统还是新风系统均不宜将区域划分过大，以防止由于风系统区域过大使系统风量过大，输配距离过长所带来的3种弊病：

(1) 主干风管断面过大，需占用较大的建筑空间；

(2) 空气输配用电过大；

(3) 系统风量的沿途漏损增大。

按中小规模划分风系统，可在非旅游季节餐厅、舞厅等公用场所宾客少和在客房出租率低时，便于关停部分楼层或区段的风系统。

4.1.1.5　送风系统应设置风量调节装置

(1) 送风系统宜采用双速电机驱动的风机或并联双风机。因为，无论是公用场所或客房，每天人流量的高峰时间和低谷时间均不同。如商场在午饭、晚饭时间和营业始末时间人流相对较少外，其余时间人流如织；而餐厅人流最多的是午餐和晚餐时间，其余营业时间则人流稀少。在人流量小时不但可减少新风量，而且还可减少循环风量。再如，宾馆饭店的客房中留宿的宾客，白天一般外出进行商事活动或外出游玩，故白天可将客房中的新风量减少到设计风量的1/3～1/4。

（2）新风系统必须设置随季节变化的风量调节装置。非直流式空调机组的设计新风量是根据卫生要求的最少新风量标准确定的。在过渡季，当室外空气状态与室内状态接近时，可适量加大新风比例，改善室内空气质量；当室外空气状态与设计送风状态一致时，可按全新风运行，以便节省空气处理能耗。因此新风系统必须设置可随季节变化而调节新风量的装置。

4.1.1.6　送风温度与送风温差

（1）送风温度。夏季为了防止送风口附近产生结露现象，一般应使送风干球温度高于室内空气的露点温度2～3℃。

（2）送风温差。空调系统夏季的送风温差，应根据送风方式、风口类型、安装高度、气流长度、贴附情况等因素确定。在满足舒适或工艺要求的前提下，送风温差应尽量加大；工艺性空调的送风温差，一般可按表4-1确定。

表4-1　工艺性空调的推荐送风温差　（℃）

室温允许波动范围	送风温差	备　注
> ±1	≤15	生活区或工作区处于下送气流的扩散区时，送风温差应通过计算确定
±1	6～10	
±0.5	3～6	
±0.1～0.2	2～3	

一般舒适性空调的送风温差，宜根据以下原则确定：

送风高度　$H \leqslant 5$m，送风温差　$\Delta t_s \leqslant 10$℃；

送风高度　$H > 5$m，送风温差　$\Delta t_s \leqslant 15$℃。

4.1.2　排风系统设计原则

4.1.2.1　公用场所的排风

商场、影剧院和体育馆等公用场所以及宾馆饭店中的大小会议室、会客室、舞厅、餐厅、四季厅等较大面积的公用场所，宾客集中时人多空气污秽，必须设置较大排风量的排风机或数个小风量排风机，人多时大风量外排，人少时小风量外排，无人时关闭排风机不排。

4.1.2.2　宾馆饭店中客房的排风

一般客房卫生间均由土建或装修单位装设排风机排除污浊空气，当然也可另设系统排风设施。高级豪华套间客房的外间一般作为会客室，有时来访客人多，甚至有人吸烟，如无排风设施势必形成严重空气污染，因此套间客房必须单设排风装置。

4.1.2.3　KTV间的排风

KTV间一般分隔为较小的单间，并要做好隔音防止产生共鸣，避免宾客演唱时互相干扰，因此KTV间的排风设施一般须安装消音排风管道外排，并要设有防止倒风装置以防排风窜入相邻房间。

4.1.2.4　桑拿浴蒸汽浴室和游泳馆的排风

桑拿浴、蒸汽浴室和游泳馆内空气潮湿且温度高，必须设置排风装置定期以较大风量排放室内空气，或长期以小风量排除室内空气，排风机宜选用防潮防爆电机驱动的低噪声排风机。

4.1.2.5　厨房与公用卫生间的排风

宜采用机械排风并通过垂直排风管道排风，排风装置应具备防止回流作用。

4.2　风系统的防火设计与消声设计

A　防火设计

防火设计应符合以下条件：

（1）风管及其保温材料、消声材料及其黏结剂，应采用非燃烧性材料或难燃烧材料。

（2）风系统的送风管和回风管在下列部位应设防火阀：

1）送回风总管穿过机房的隔墙和楼板处；

2）通过火灾危险性大的房间隔墙和楼板处的送、回风管道；

3）多层建筑和高层建筑的每层送、回风水平风管与垂直总管交接处的水平管段上。

B　消声设计

无论是空调送风管道还是新风系统送风管道，无论是空调机组还是新风机组，均应采取消声弯头、消声风管和消声器，使室内噪声级符合表 4-2 的规定。

表 4-2　室内允许噪声级

房间名称	允许噪声级/dB(A)			
	一　级	二　级	三　级	四　级
客　房	≤35	≤40	≤45	≤55
会议室	≤40	≤45	≤50	
多用途大厅	≤40	≤45	≤50	
办公室	≤45	≤50	≤55	
餐厅宴会厅	≤50	≤55	≤60	

为满足室内噪声级的要求，必须控制风管内风速，见表 4-3。

表 4-3　风管内的风速　（m/s）

室内允许噪声级/dB(A)	主管风速	支管风速	室内允许噪声级/dB(A)	主管风速	支管风速
25 ~ 35	3 ~ 4	≤2	50 ~ 65	6 ~ 9	3 ~ 5
35 ~ 50	4 ~ 7	2 ~ 3	65 ~ 85	8 ~ 12	5 ~ 8

注：1. 此规定取自国标 GB 500—19—2003 中 9.1.5 条。

2. 通风机与消声装置之间的风管，其风速可采用 8 ~ 10m/s。

4.3　中央空调的新风系统与回风系统[1,8]

4.3.1　确定新风量的三个条件

在空调系统的送风中，一般情况下既要从室内回风口处引入室内空气，也必须要从室外吸入新鲜空气。引入回风的目的是为了节省能源，特别是在冬季和夏季。合理地规定和选用回风量，是空调节能的有效途径之一。而送风中引入一定量的新风，目的是满足人体生理需氧量和冲淡室内有害气体和气味（例如，人体呼出的二氧化碳、室内装饰材料散发出来的甲醛等）。这也是确定新风量的三个条件中的第一个条件。第二个条件是，引入一定量的新风还须维持空调房间内一定的正压需要，不让室外空气或相邻房间非洁净空气渗入空调房间内，干扰室内的温湿度和破坏洁净度。正压值一般为 5 ~ 10Pa。第三个条件是，如果空调房间内有局部排风系统时，引入新风还须补偿局部的排风量。

人体对氧气的需要量，主要与新陈代谢水平有关。对于从事中等强度作业的人来说，消耗氧气所需的最小新风量约为7～10m^3/(h·人)。按冲淡室内有害气体和气味来确定新风量比较复杂，现就控制室内空气污染源和绿色室内环境加以论述。

4.3.2　室内空气污染源与绿色室内环境

4.3.2.1　室内空气污染源

室内空气的污染源有以下几方面：

(1) 人体散发的热湿气味和呼出的CO_2以及吸烟释放的烟雾中含有大量的CO、CO_2、氮氧化合物、尼古丁等，都是有害气体，当它们的含量超过一定数值时，就会使人感到头痛、恶心、呼吸困难。在室内稳定状态下人体散发的CO_2量一般为0.02m^3/(h·人)，允许浓度应小于0.0025m^3/m^3。

(2) 设备散热和排出的有害物质。随着社会的进步，现代化办公设备大量进入办公室和家庭，电脑、复印机、打印机、传真机等在使用过程中都会产生大量的热，尤其是复印机，会排出大量臭氧，散发在房间内。高效简便的清洁剂、杀虫剂、除臭剂的大量使用，都会使室内空气中增大各种各样挥发性化学污染物的浓度。

(3) 室内装潢。随着室内装潢的广泛流行，各种建筑装饰材料成为最大的污染源。办公大楼的高档次装修和家庭装修中用到的装修材料，如各种复合板、天然石材、油漆、涂料等，均含有挥发性有机气体（VOC）、甲醛、苯、氨、氡等，对人体的危害极大。这些有害物质不能在短时间内排放完毕，而是缓慢地从这些建材中释放出来，可以说是现代社会的“无形杀手”。污染源见表4-4。

表4-4　室内空气因装潢而产生的污染

有害物	污染源	对人体的危害
甲醛	复合板、木工板、高密度板等各种人造板，油漆、涂料等	慢性呼吸道疾病；女性月经紊乱、妊娠综合症；新生儿体质低下，染色体异常；毒害神经系统、免疫系统和肝脏等器官；严重者可导致五官、皮肤和消化道癌症
苯	油漆添加剂、防水材料等建筑材料的有机溶剂	轻度中毒会导致：头痛、恶心、呕吐、胸部紧束感；重度中毒会导致：视物模糊、震颤、心律不齐、抽搐和昏迷，甚至出现呼吸和循环衰竭
氨	各种建筑材料和装修材料	具有腐蚀和刺激作用，可以破坏细胞膜结构，减弱人体对疾病的抵抗力。浓度过高时，能通过三叉神经末梢的反射作用引起心脏停搏和呼吸停止
氡	混凝土中的防冻剂、建筑材料	氡是由镭衰变产生的自然界唯一的天然放射性惰性气体，是导致人类肺癌的第二大“杀手”
镭、钍、钾	天然石材、卫生洁具	含有放射性元素，对人体辐射放射性物质

(4) 微生物污染。各种细菌、浮尘、病毒等，室内潮湿的地方如加热器、卫生间、厨房、空调室内机等都是这些污染源的滋生地。它们能长时间漂浮在空气中且易被人体呼吸系统吸入。空气中的细菌、病毒是大多数呼吸道传染病和过敏性疾病的元凶，许多疾病都是通过它们传播的。

4.3.2.2　绿色室内环境

绿色室内环境要达到五方面的效果：

（1）热环境方面。绿色室内热环境，必需在舒适宜人的同时，还应当考虑到建筑节能的要求，尽量减少能耗。为此，我国出台了适用于各类建筑的《建筑热工设计规范》控制温度为 18 ~24℃。

（2）湿环境方面。也主要是满足人的舒适性要求，即相对湿度一般应保持在 30% ~70%，以 50% 为宜。

（3）室内空气品质方面。与绿色室内环境相关的标准是随着社会的进步，生活水平的提高和科技的发展而不断修订完善的。为规范室内环境评价标准，国家环保局，卫生部和室内装饰协会，室内环境监测中心的专家编制了《室内环境质量评价标准》，标准分三级：一级指高档、舒适、良好的室内空气环境；二级指能保护大众健康，包括老人和儿童的室内环境；三级指保护员工的健康，基本能居住和办公的室内空气环境。另外为控制建筑材料和装饰材料产生的室内污染，建设部已制定国家标准《民用建筑工程室内环境污染控制规范》，由中国建筑科学研究院及有关单位共同制定的国家标准《建筑装饰装修工程质量验收规范》已发布，并于 2003 年 3 月 1 日正式实行。

（4）室内光环境方面。从环保，节能和有利于人的视觉等方面考虑，普遍认为自然光是一种更为绿色的光，人眼经过长期进化早已适应自然光，反过来又对自然光有种渴求，因此，绿色室内光环要尽量多的采用自然光。

一般房间的照度为 100 ~200lx，计算机室的照度为 150 ~300lx。

4.3.3　中央空调的新风量与新风口、新风阀的设置原则

无论是工业建筑还是民用建筑，人员所需新风量都应根据室内空气的卫生要求、人员的活动和工作性质，以及在室内的停留时间等因素确定。卫生要求的最小新风量，民用建筑主要是对 CO_2 的浓度要求（可吸入颗粒物的要求可通过过滤等措施达到），工业建筑和医院等还应考虑室内空气的其他污染物和细菌总数等。

4.3.3.1　民用建筑新风量

表 4-5 所示的民用建筑主要房间人员所需最小新风量，是根据国家现行标准、《公共场所卫生标准》（GB 9663 ~ GB 9673）、《饭馆（餐厅）卫生标准》（GB 16153）、《室内空气质量标准》（GB/T 18883）和《中、小学校教室换气卫生标准》（GB/T 17226）等摘录的。对于图书馆、博物馆、美术馆、展览馆、医院和公共交通等建筑的人员所需最小新风量可按国家现行卫生标准中 CO_2 的容许浓度进行计算确定，设计时尚应满足国家现行专项标准的特殊要求。

表 4-5　民用建筑主要房间人员所需的最小新风量　　[m^3/（h · 人）]

建筑类型			新风量	依据
旅游旅馆	客房	一级	50	GB 50189—1993
		二级	40	GB 50189—1993
		三级	30	GB 50189—1993
	餐厅 宴会厅 多功能厅	一级	30	GB 50189—1993
		二级	25	GB 50189—1993
		三级	20	GB 50189—1993
		四级	15	GB 50189—1993

续表 4-5

建筑类型			新风量	依据
旅游旅馆	商业、服务业	一级～二级	20	GB 50189—1993
		三级～四级	10	GB 50189—1993
	大堂、四季厅	一级～二级	10	GB 50189—1993
	美容美发室、康乐设施		30	GB 50189—1993
宾馆、饭店	客房	3～5 星级	30	GB 9663—1996
		1～2 星级	20	GB 9663—1996
文化娱乐场所	影剧院、音乐厅、录像厅（室）		20	GB 9664—1996
	游艺厅、舞厅（包括卡拉 OK 歌厅）		30	GB 9664—1996
	酒吧、茶座、咖啡厅		10	GB 9664—1996
体育馆			20	GB 9668—1996
商场（店）、书店			20	GB 9670—1996
饭馆（餐厅）			20	GB 16153—1996
办公楼			30	GB/T 18883—2002
住宅			30	GB/T 18883—2002
学校	教室	小学	11	GB/T 17226—1998
		初中	14	GB/T 17226—1998
		高中	17	GB/T 17226—1998

4.3.3.2 工业建筑新风量

工业建筑应保证每人不小于 30m³/h 的新风量。确定新风量数值时，应按补偿排风（包括局部排风和冲淡有害物质的全面排风）、保持室内正压和保证每人不小于 30m³/h 的新风量等三项风量的最大值确定。前两项可按下式计算：

$$L_w \geqslant L_p + L_z \tag{4-1}$$

式中 L_w——新风量，m³/h；

L_p——局部排风量和全面排风量之和，m³/h；

L_z——保持正压所需的新风量，m³/h。

4.3.3.3 新风采风口的设置原则

（1）新风采风口处空气的清洁度应符合《工业企业设计卫生标准》的规定。必要时应进行专门处理。

（2）新风采风口应设在排风口的上风侧。采风口位置应低于排风口，但当新风口与排风口相距 20m 以上时，则可布置在同一高度。

（3）新风采风口应尽量设在北向外墙上。新风口底部距室外地面不宜低于 2m，当处于绿化地带时可不低于 1m。

（4）新风采风口应装设能严密关闭的保温阀门。

4.3.3.4 新风阀的设置原则

（1）当采用手动风阀时，应考虑操作的方便。

（2）一般宜分成最小新风阀和最大新风阀（最大新风阀作为过渡季进入大量新风时使

用)。

(3) 最小新风阀在空调系统运行时可以不加控制。只在空调系统停用时关闭。

(4) 当有回风机时，可以不控制新风阀，仅控制回风和排风阀来调节新、回风比例。

(5) 当固定新、回风比时，只需用一个新风阀，但应有最小开度的限位。

4.3.4　中央空调的回风系统

4.3.4.1　回风系统的选用原则

设置回风系统，是为了节约冷（热）量。可根据不同条件采用一次回风系统或一、二次回风系统。其选用原则，见表 4-6[1]。

表 4-6　回风系统的选用原则

一次回风系统	二次回风系统
(1) 仅作夏季降温用的空调系统，送风温差可取较大值时； (2) 室内散湿量较大时	(1) 室内散湿量较小，且不允许选用较大送风温差时； (2) 在 (1) 的前提下，室温允许波动范围较小或送风相对湿度小于某一值，宜采用固定比例的二次回风； (3) 室内散湿量较小，且全年使用的集中式系统；或室内温湿度允许波动范围较大，可以采用较大送风温差时，宜用变动的二次回风比或采用旁通措施

4.3.4.2　一、二次回风方式的空气处理过程及冷热量计算

关于一次回风方式和二次回风方式空气处理过程及冷热量计算，在第 3 章已有论述，详见表 3-6 与表 3-7。

4.3.4.3　回风机

回风系统如设置回风机，就形成了双风机系统，否则只有送风机则为单风机系统。单、双风机系统的选用原则，见表 4-7。

表 4-7　单、双风机系统的选用原则

系　统	单　风　机　系　统	双　风　机　系　统
选用原则	(1) 全年新风量不变的系统； (2) 当使用大量新风时，室内门窗可以排风，不会形成大于 50Pa 的过高正压； (3) 房间少、系统小、空调房间靠近空调机房，空调系统的排风口必须靠近空调房间	(1) 不同季节的新风量变化较大，其他排风出路不能适应风量变化的要求时会导致室内正压过高； (2) 房间须维持一定的正压，而门窗严密，空气不易渗透，室内又无排气装置； (3) 要求保证空调系统有恒定的回风量或恒定的排风量； (4) 仅有少量回风的系统； (5) 通过技术经济比较，装设回风机合理时

4.4　风管系统设计

通风管道是通风和空调系统重要的组成部分。通风管道系统设计的目的，是要合理组织空气流动，在保证使用效果（即按要求分配风量）的前提下，合理确定风管结构、布置和尺寸，使系统的初投资和运行费用综合最优。通风管道系统的设计，直接影响到通风系统的使用效果和技术经济性能。

4.4.1　风管常用材料

用作通风管道的材料很多，主要有金属薄板、非金属材料和建筑结构材料三大类。

4.4.1.1　金属薄板

金属薄板是制作风管及部件的主要材料。通常用的有普通薄钢板、镀锌钢板、不锈钢板、铝板和塑料复合钢板。它们的优点是易于工业化加工制作、安装方便、能承受较高温度。

（1）普通薄钢板。具有良好的加工性能和结构强度，其表面易生锈，应刷油漆进行防腐。

（2）镀锌钢板。由普通钢板镀锌而成，由于表面镀锌，可起防锈作用，一般用来制作不受酸雾作用的潮湿环境中的风管。

（3）铝及铝合金板。加工性能好、耐腐蚀，摩擦时不易产生火花，常用于通风工程的防爆系统。

（4）不锈钢板。具有耐锈耐酸能力，常用于化工环境中需耐腐蚀的通风系统。

（5）塑料复合钢板。在普通薄钢板表面喷上一层0.2～0.4mm厚的塑料层。常用于防尘要求较高的空调系统和－10～70℃温度下耐腐蚀系统的风管。

通风工程常用的钢板厚度是0.5～4mm。

4.4.1.2　非金属材料

非金属材料有以下几种：

（1）硬聚氯乙烯塑料板，它适用于有酸性腐蚀作用的通风系统，具有表面光滑、制作方便等优点。但不耐高温、不耐寒，只适用于0～60℃的空气环境，在太阳辐射作用下，易脆裂。

（2）玻璃钢。无机玻璃钢风管是以中碱玻璃纤维作为增强材料，用十余种无机材料科学地配成黏结剂作为基体，通过一定的成型工艺制作而成。具有质轻、高强、不燃、耐腐蚀、耐高温、抗冷融等特性。

保温玻璃钢风管可将管壁制成夹层，夹层厚度根据设计而定。夹心材料可采用聚苯乙烯、聚氨酯泡沫塑料、蜂窝纸等。

（3）玻璃纤维复合风管。这是将熔融玻璃纤维化，并施以热固性树脂为主的环保型配方黏合剂加工而成的板材。具有防火、防菌、抗霉和消声的作用。

4.4.1.3　建筑结构材料

此类风管道一般称做风道。多由混凝土浇筑、预制板拼装或砖砌而成。

4.4.2　风管系统的设计[2]

风管系统设计的基本任务是布置合理的管线；确定风管的形状及各段截面的尺寸；通过阻力计算来选择风机。风管是中央空调系统中的重要组成部分，该系统设计正确与否关系到整个空调系统的造价、运行的经济性及运行效果。

4.4.2.1　风管布置

通过风管可将各个送风口或各个回风口连接起来，这为风口提供一个空气流动的渠道，风管的布置应在气流组织及风口位置确定下来以后进行。

布置风管要考虑以下因素：

（1）尽量缩短管线，减少分支管线，避免复杂的局部构件，以节省材料和减小系统阻力。

（2）要便于施工和检修，恰当处理与空调水、消防水管道系统及其他管道系统在布置上可能遇到的矛盾。图4-1所示为相同房间、相同送风口的两种风管布置形式。对比可知，图4-1*a*比图4-1*b*的管线要短，分支管线和局部构件也较少，因此，图4-1*a*优于图4-1*b*。

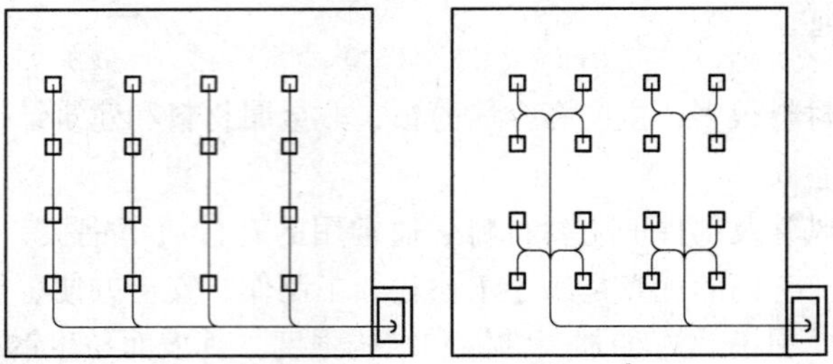

a　　　　b

图 4-1　风管布置形式对照

4.4.2.2　确定风管形状及截面大小

A　风管的形状

常见的风管形状一般为圆形或矩形。圆形风管的强度大，耗材少，但加工工艺复杂，占用空间大，与风口的连接较困难，一般多用于排风系统和室外风干管。矩形风管加工简单，易于与建筑物结构吻合，占用建筑高度小，与风口及支管的连接也比较方便，因此，空调送风管和回风管多采用矩形风管。

B　风管内空气流动阻力的计算

空气流动阻力包括摩擦阻力和局部阻力。摩擦阻力也称沿程阻力。

关于风管流动阻力的计算及工业与民用建筑的通风计算，另有教科书叙述。限于篇幅此书从略。

C　风管系统阻力计算

对风管系统进行阻力计算的目的，就是确定风管截面的尺寸和系统的总阻力。通常采用假定风速法，设计计算步骤如下：

（1）绘制系统轴测图，标注各管段长度和风量。

（2）选定最不利环路，划分管段，选定流速。

选定流速时，要综合考虑建筑空间、初投资、运行费及噪声等因素。如果风速选得大，则风管断面小，消耗管材少，初投资省；但是阻力大，运行费高，而且噪声也可能大。如果风速选得低，则运行费低；但风管断面大，初投资大，占用空间也大。经过经济和技术比较，表4-8中的流速可供设计计算时参考。

表 4-8　空调系统中的空气流速　（m/s）

风速 \ 部位	低速风管						高速风管	
	推荐风速			最大风速			推荐风速	最大风速
	居住	公共	工业	居住	公共	工业	一般建筑	
新风入口	2.5	2.5	2.5	4.0	4.5	6.0	3.0	5.0
风机入口	3.5	4.0	5.0	4.5	5.0	7.0	8.5	16.5
风机出口	5.0～8.0	6.5～10	8.0～12.0	8.5	7.5～11.0	8.5～14.0	12.5	25.0
主风管	3.5～4.5	5.0～6.5	6.0～9.0	4.0～6.0	5.5～8.0	6.5～11.0	12.5	30.0
水平支风管	3.0	3.0～4.5	4.0～5.0	3.5～4.0	4.0～6.5	5.0～9.0	10.0	22.5
垂直支风管	2.5	3.0～3.5	4.0	3.25～4.0	4.0～6.0	5.0～8.0	10.0	22.5
送风口	1.0～2.0	1.5～3.5	3.0～4.0	2.0～3.0	3.0～5.0	3.0～5.0	4.0	

（3）根据给定风量和选定流速，计算管道断面尺寸 $a \times b$，并使其符合表 4-9 中所列通风管道统一规格。再用规格化了的断面尺寸及风量，算出风管内实际流速。

表 4-9　矩形通风管规格　（mm）

<table>
<tr><th rowspan="2">外边长
a×b</th><th colspan="2">钢板制风管</th><th colspan="2">塑料制风管</th><th rowspan="2">外边长
a×b</th><th colspan="2">钢板制风管</th><th colspan="2">塑料制风管</th></tr>
<tr><th>外边长
允许偏差</th><th>壁 厚</th><th>外边长
允许偏差</th><th>壁 厚</th><th>外边长
允许偏差</th><th>壁 厚</th><th>外边长
允许偏差</th><th>壁 厚</th></tr>
<tr><td>120×120</td><td rowspan="10">2.0</td><td rowspan="6">0.5</td><td rowspan="23">-2.0</td><td rowspan="14">3.0</td><td>630×500</td><td rowspan="26">3.0</td><td rowspan="13">1.0</td><td rowspan="26">-3.0</td><td rowspan="26">5.0</td></tr>
<tr><td>160×120</td><td>630×630</td></tr>
<tr><td>160×160</td><td>800×320</td></tr>
<tr><td>200×120</td><td>800×400</td></tr>
<tr><td>200×160</td><td>800×500</td></tr>
<tr><td>200×200</td><td>800×630</td></tr>
<tr><td>250×120</td><td rowspan="17">0.75</td><td>800×800</td></tr>
<tr><td>250×160</td><td>1000×320</td></tr>
<tr><td>250×200</td><td>1000×400</td></tr>
<tr><td>250×250</td><td>1000×500</td></tr>
<tr><td>320×160</td><td rowspan="16">3.0</td><td>1000×630</td></tr>
<tr><td>320×200</td><td>1000×800</td></tr>
<tr><td>320×250</td><td>1000×1000</td></tr>
<tr><td>320×320</td><td>1250×400</td><td rowspan="13">1.2</td></tr>
<tr><td>400×200</td><td rowspan="9">4.0</td><td>1250×500</td></tr>
<tr><td>400×250</td><td>1250×630</td></tr>
<tr><td>400×320</td><td>1250×800</td></tr>
<tr><td>400×400</td><td>1250×1000</td></tr>
<tr><td>500×200</td><td>1600×500</td></tr>
<tr><td>500×250</td><td>1600×630</td></tr>
<tr><td>500×320</td><td>1600×800</td></tr>
<tr><td>500×400</td><td>1600×1000</td></tr>
<tr><td>500×500</td><td>1600×1250</td></tr>
<tr><td>630×250</td><td rowspan="3">1.0</td><td rowspan="3">-3.0</td><td rowspan="3">5.0</td><td>2000×800</td></tr>
<tr><td>630×320</td><td>2000×1000</td></tr>
<tr><td>630×400</td><td>2000×1250</td></tr>
</table>

（4）根据实际流速 v 和断面当量直径 D 查出单位长度摩擦阻力 R_m。

（5）计算各段的局部阻力。

（6）计算各段总阻力。

（7）检查并联管路的阻力平衡情况。如压力能损失差值大于 15%，则可调整管径或调整断面尺寸。

4.4.3　风机的选择与校核[2]

根据风机工作原理的不同，目前通风与空调工程上大量使用的风机可以分为离心风机和轴流风机两大类，每一类又有很多不同的型号和规格。要正确选择风机，首先应对风机有所了解。

4.4.3.1　风机的技术指标和性能曲线

风机的主要性能技术指标有：风量（G）、风压（H）、轴功率（N）和效率（η）。

各项技术指标是相互关联的，由两项指标之间的相互关系可以得到 $G-H$、$G-N$、$G-\eta$ 三条风机在一定转速下的基本性能曲线。其中最重要的是 $G-H$ 曲线，它给出了风机两个最具实用意义的技术指标参数之间的关系。风机的性能曲线，全面反映了风机的性能，是选择风机的最好依据。风机的性能曲线一般都由制造厂家根据实验得出。

4.4.3.2　风机选择或校核的注意事项

在完成风管系统水力计算后，就可以依据系统风量和阻力来选择风机。选择风机应注意以下几点：

（1）考虑到风管漏风、风机出力自然衰减和计算误差等因素，应对已算得的风量 G_{max} 和风压 H_{max} 加上 10% ~20% 的安全量，即：

$$G = 1.1G_{max} \tag{4-2}$$

$$H = (1.1 \sim 1.2)H_{max} \tag{4-3}$$

（2）根据厂家提供的风机性能图（表）选择风机，应使工作点处在高效率区域。所谓高效区域，一般指高效率点的 ±10% 的区间。还要注意风机的工作稳定性，也就是应使工作点位于 $G-H$ 曲线最高点右侧下降段。

（3）如果风机使用地点对噪声要求较高，应考虑选用低转速、低噪声型风机。

（4）空调工程中，使用离心风机比使用轴流风机多。但大风量、低阻力、对噪声无特殊要求的系统，可以选择轴流风机。

（5）当系统中要求的风量很大而一台风机的风量又不够时，可以在系统中并联设置两台风机。同一管网系统中，风机也可以串联使用。但是，通风机的联合工作（并联或串联）只有在不得已的情况下才采用。因为通风机联合工作时，破坏了通风的经济使用条件，在技术上、经济上都难做到合理。

（6）采用风柜送风时，风机已随设备配好，此时的工作是依据加了安全量的 H 和 G 对风机校核。如风机不能满足要求，则必须对风柜重新选型，直到满足要求为止。

（7）要进行初投资、运行管理费用的综合经济和技术比较。

5　中央空调的送、回风口及气流组织

室内气流组织设计的任务是合理地组织室内空气的流动与分布，使室内工作区空气的温度、湿度、速度和洁净度能更好地满足工艺要求及人们舒适感的要求。室内气流组织是否合理，不仅直接影响房间的室内空气质量，而且也影响暖通空调系统的耗能量和初投资。

空调房间内的气流分布与送风口的形式、数量和位置，回(排)风口的位置，送风参数(送风温差 Δt_0，送风口速度 v_0)，风口尺寸，空间的几何尺寸及污染源的位置和性质等有关。由于影响气流分布的因素较多，采用只靠理论计算确定室内空气分布是不够的，一般尚需借助于现场调试，以达到预期的效果。

5.1　送风口与回风口[4,6]

5.1.1　送风口的形式

送风口及其紊流系数大小，对射流的扩散及房间内气流流型的形成有直接影响。因此，在设计气流组织时，应根据空调精度、气流形式和送风口安装位置以及建筑室内装修的艺术配合等要求选择不同形式的送风口。送风口的形式很多，现详述如下。

5.1.1.1　侧送风口

在房间内横向送出气流的风口称作侧送风口。一般以贴附射流形式出现，工作区通常是回流区。具有射程长、射流温度和速度衰减充分的优点。管道布置简单，施工方便。在这类风口中，用得最多的是百叶送风口。百叶送风口中的百叶是成活动可调的，既能调风量，也能调方向。为了满足不同调节性能要求，可将百叶做成多层，每层有各自的调节功能。除百叶送风口外，还有格栅送风口和条缝送风口，这两种送风口可以与建筑装饰协调配合。常用侧送风口形式见表5-1。

表 5-1　常用侧送风口形式

风 口 图 示	射流特点及应用范围
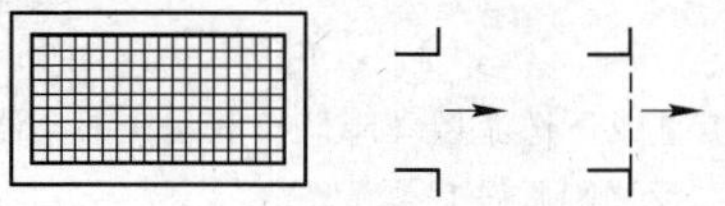	(1) 格栅送风口。叶片或空花图案的格栅用于一般空调工程
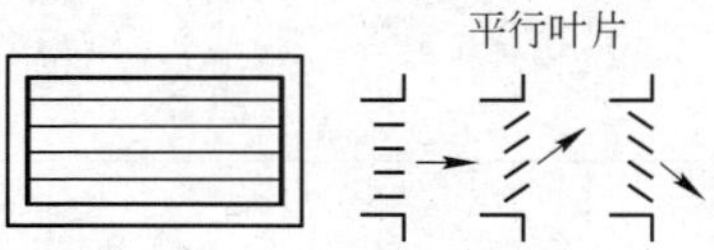	(2) 单层百叶送风口。叶片活动，可根据冷、热射流调节送风的上下倾角，用于一般空调工程
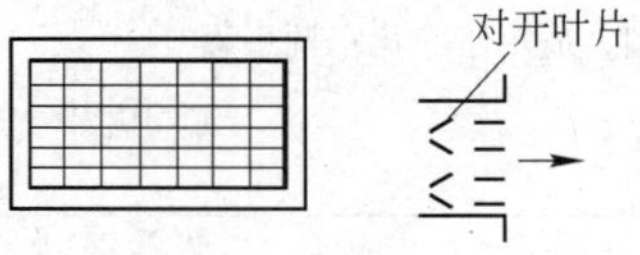	(3) 双层百叶送风口。叶片可活动，内层对开叶片用以调节风量，外侧百叶用以调节送风方向。用于较高精度空调工程
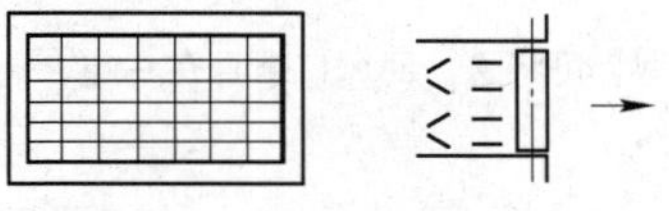	(4) 三层百叶送风口。叶片可活动，有对开叶片可调风量，又有水平、垂直叶片可调上下倾角和射流扩散角，用于高精度空调工程

续表 5-1

风 口 图 示	射流特点及应用范围
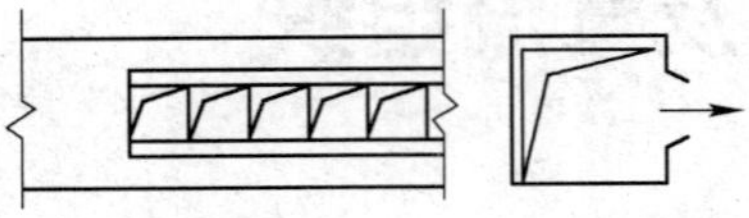	(5) 带出口隔板的条缝形送风口。常设于工业车间的截面变化均匀送风管道上，用于一般精度的空调工程
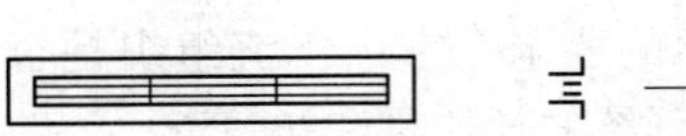	(6) 条缝形送风口。常配合静压箱（兼作吸音箱）使用，可作为风机盘管、诱导器的送风口，适用于一般精度的民用建筑空调工程

5.1.1.2　散流器

散流器是安装在顶棚上的送风口。其送风气流形式有平送和下送两种。由于散流器的诱导性能较侧送风口好，工作区总是处于回流区，只是送风射流和回流的射程均比侧送短。空气由散流器送出时，通常沿着顶棚和墙面形成贴附射流，射流扩散较好，区域温差一般能够满足要求。散流器平送方式在商场、餐厅等大空间中应用广泛。对散流器下送的方式，当采用顶棚密集布置向下送风时，可形成平行流，使工作区风速分布均匀。该方式可用于有洁净度要求的房间，其单位面积送风量一般都比较大。由于下送射流流程短，工作区内有较大的横向区域温差；又由于顶棚密集布置散流器，使管道布置较复杂。因此，仅适用于少数工作区要求保持平行流和建筑层高较高的一些空调房间。常用散流器形式见表 5-2。

表 5-2　常用散流器形式

风 口 图 示	风口名称及气流流型
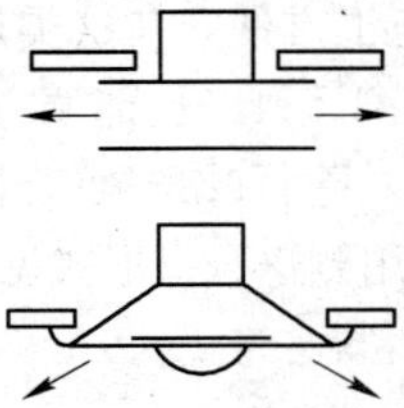	(1) 盘式散流器，属平送流型，用于层高较低的房间，挡板上可贴吸声材料，能起消声作用
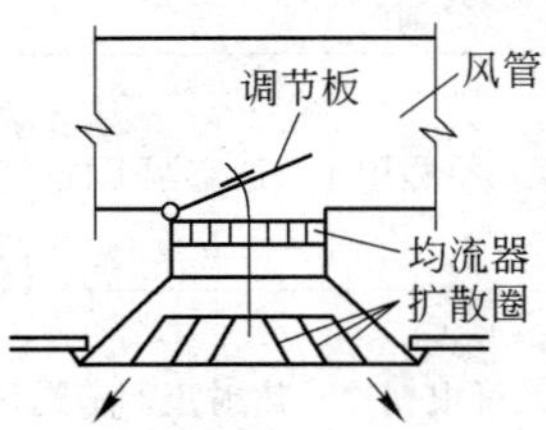	(2) 直片式散流器，属平送流型或下送流型（降低扩散圈在散流器中的相对位置时可得到平送流型，反之则可得下送流型）
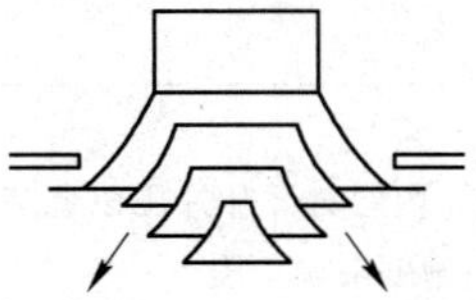	(3) 流线型散流器，属下送流型，适用于净化空调工程
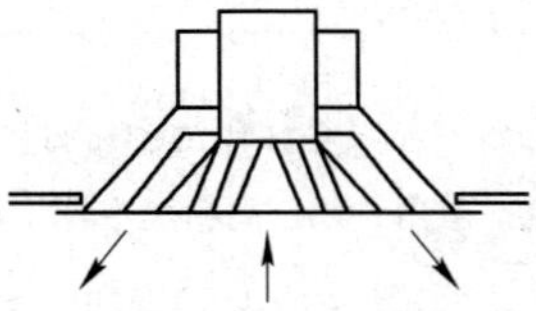	(4) 送吸式散流器，属平送流型，可将送、回风口结合在一起

图5-1为可调式条形散流器，条缝宽19mm，长度500～3000mm，可根据需要选用。调节叶片的位置，可以使散流器的出风方向改变或关闭，如图5-1中所示。也可以多组组合（2组、3组、4组）在一起。条形散流器用作顶送风口，也可以用于侧送。

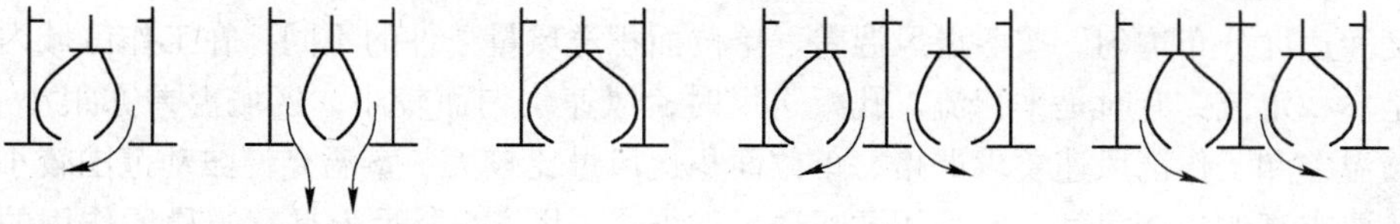

图5-1　可调式条形散流器

a—左出风；*b*—下送风；*c*—关闭；*d*—多组左右出风；*e*—多组右出风

图5-2为固定叶片条形散流器。这种条形散流器的颈宽50～150mm，长度500～3000mm。根据叶片形状可以有3种流型。这种条形散流器可以用作顶送、侧送和地板送风。

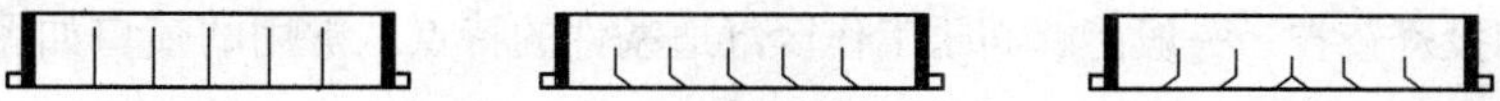

图5-2　固定叶片条形散流器

a—直流式；*b*—单侧流；*c*—双侧流

5.1.1.3　旋流式风口

图5-3为旋流式风口，其中图5-3*a*是顶送式风口。风口中有起旋器，空气通过风口后成为旋转气流，并贴附于顶棚流动。具有诱导室内空气能力大、温度和风速衰减快的特点。适宜在送风温差大、层高低的空间中应用。旋流式风口的起旋器位置可以上下调节，当起旋器下移时，可使气流变为吹出型。图5-3*b*为用于地板送风的旋流式风口，它的工作原理与顶送形式相同。

5.1.1.4　置换送风口

图5-4为置换送风口。风口靠墙置于地上，风口的周边开有条缝，空气以很低的速度送出，诱导室内空气的能力很低，从而形成置换送风的流型。图示的风口在180°范围内送风，另外有

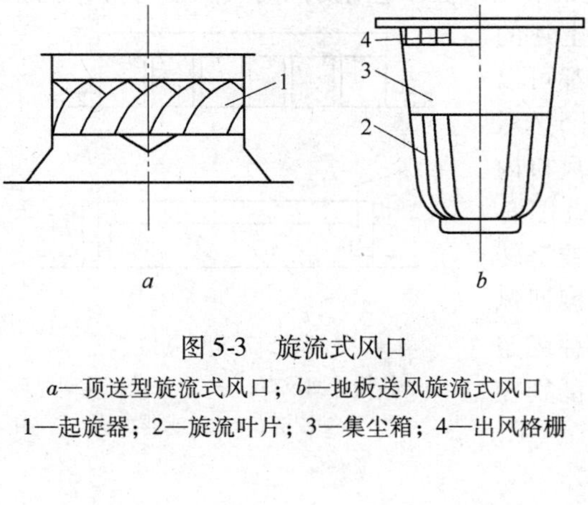

图5-3　旋流式风口

a—顶送型旋流式风口；*b*—地板送风旋流式风口

1—起旋器；2—旋流叶片；3—集尘箱；4—出风格栅

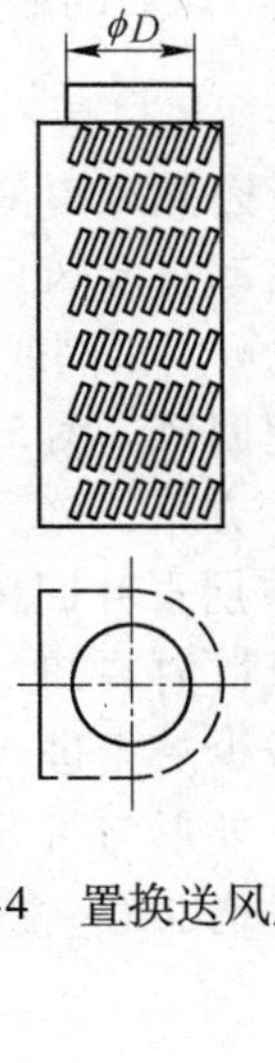

图5-4　置换送风风口

在90°范围内送风(置于墙角处)和360°范围内送风的风口。风口的高度为500～1000mm。

5.1.1.5　孔板送风口

空气经过开有若干圆形或条缝形小孔的孔板进入房间，这种风口形式叫孔板送风口。孔板送风方式的特点是射流的扩散和混合较好，射流的混合过程很短，温差和风速衰减快，因而工作区温度和速度分布均匀。按照送风温差、单位面积送风量条件的不同，在工作区域内气流流型有时是不稳定流，有时是平行流。孔板送风时，风速均匀而较小，区域温差亦很小。因此，对于区域温差和工作区风速要求严格、单位面积送风量比较大、室温允许波动范围较小的有恒温及净化要求高的空调房间，宜采用孔板送风的方式。图5-5所示为具有起稳压作用的送风顶棚的孔板送风口，空气由风管进入稳压层后，再靠稳压层内的静压作用经孔口均匀地送入空调房间。

5.1.1.6　喷射式送风口

这是大型建筑高大空间（如体育馆、剧院、候机大厅、工业厂房等）常用的一种送风口。由高速喷口送出的射流带动室内空气进行强烈混合，使射流流量成倍地增加，射流截面积不断扩大，速度逐渐衰减，室内形成大的回旋气流，工作区一般是回流区。这种送风方式具有射程远、送风系统简单、投资较省、一般能够满足工作区舒适条件的特点。常用的喷口如图5-6所示。

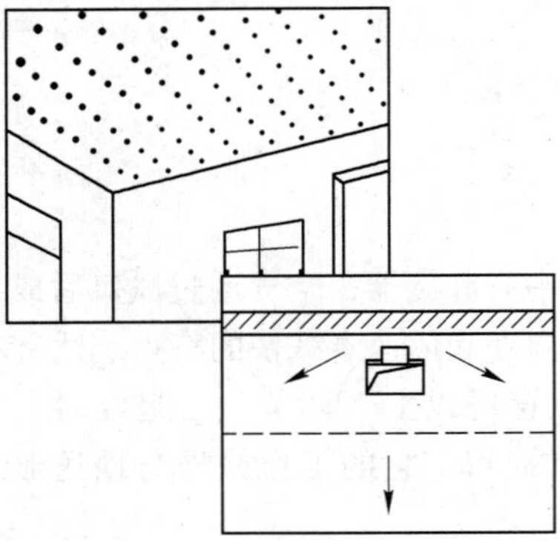

图5-5　孔板送风口

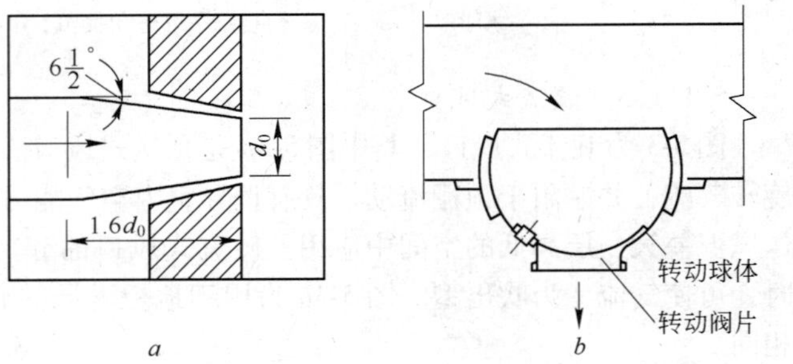

图5-6　喷射式送风口
a—圆形喷口；b—球形转动风口

5.1.2　回(排)风口的形式

房间内的回风口是一个汇流的流场，风速的衰减很快，它对房间的气流影响相对于送风口来说比较小，因此风口的形式也比较简单。上述的送风口中的活动百叶风口、固定叶片风口等都可以做回风口。也可用铝网或钢网做成回风口。图5-7示出了两种专用回风。图5-7*a*为格栅式风口，风口内用薄板隔成小方格，流通面积大，外形美观。图5-7*b*为可开式单层百叶回风口。百叶风口可绕铰链转动，便于在风口内装卸过滤器。适宜用作顶棚回风的风口，以减少灰尘进入回风顶棚。还有一种固定百叶回风口，外形与可开式百叶风口相近，区别在于不可开启，这也是一种常用的回风口。

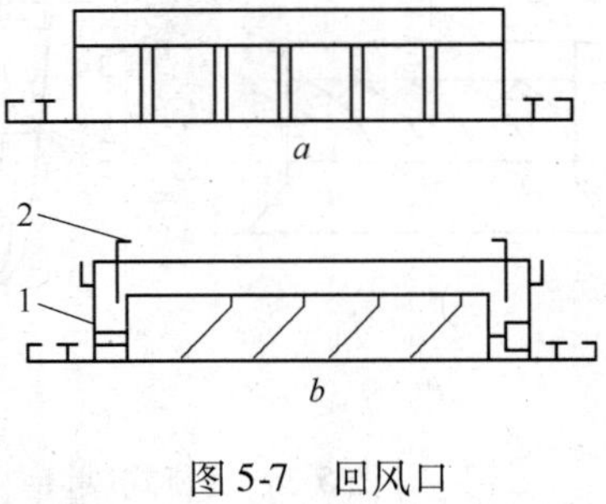

图5-7　回风口
a—格栅式回风口；b—可开式百叶回风口
1—铰链；2—过滤器挂钩

5.2　对气流组织的要求与评价[6]

A　吹风感和气流分布性能指标

吹风感是由于空气温度和风速（房间的湿度和辐射温度假定不变）引起人体的局部地方有冷感，从而导致不舒适的感觉。美国 ASHRAE 用有效吹风温度 EDT（Effective Draft Temperature）来判断是否有吹风感，EDT 可用下式计算：

$$EDT = (t_x - t_m) - 7.8(v_x - 0.15) \tag{5-1}$$

式中　t_x、t_m——室内某地点的温度和室内平均温度，℃；

v_x——室内某地点的风速，m/s。

对于办公室，当 EDT = -1.7 ~ 1℃，v_x < 0.35m/s 时，大多数人感觉是舒适的，小于下限值时有冷吹风感。EDT 只用于判断工作区任何一点是否有吹风感。而对整个工作区的气流分布的评价则用气流分布性能指标 ADPI（Air Diffusion Performance Index）来判断，它定义为工作区内各点满足 EDT 和风速要求的点占总点数的比例。对于已有的房间，ADPI 可以通过实测各点的空气温度和风速来确定。在气流分布设计时，可以利用计算流体力学的办法进行预测；或参考有关文献、手册等提供的数值。

B　温度梯度

温度梯度是指在空调或通风房间内，送入与房间温度不同的空气，以及房间内有热源存在时，在垂直方向出现的温度差异。在舒适的范围内，按照 ISO7730 标准，在工作区内的地面上方 1.1m 和 0.1m 之间的温差不应大于 3℃（这实质上考虑了坐着工作情况）；美国 ASHRAE55-92 标准建议 1.8m 和 0.1m 之间的温差不大于 3℃（这是考虑人站立工作情况）。从可靠性角度，垂直温度梯度宜采用后者的控制指标。

C　工作区风速

工作区的风速也是影响热舒适的一个重要因素。在温度较高的场所通常可以用提高风速来改善热舒适环境。但是大风速通常是令人厌烦的。试验表明，风速在 0.5m/s 以下时，人没有太明显的感觉。各国的规范、标准或手册中对工作区的风速都有规定。我国规范规定：舒适性空调冬季室内风速不应大于 0.2m/s，夏季不应大于 0.3m/s；工艺性空调冬季室内风速不应大于 0.3m/s，夏季宜采用 0.2 ~ 0.5m/s。

D　排污效率（通风效率）

排污效率 E_v 的定义：在稀释通风时，参与工作区内稀释污染物的风量与总送入风量之比，或是污染物排风浓度与工作区浓度之比。由此可见，E_v 也表示通风或空调系统排出污染物的能力。E_v 也称为通风效率。当送入房间空气与污染物混合均匀，排风的污染物浓度等于工作区浓度时，$E_v = 1$。一般的混合通风的气流分布形式，$E_v < 1$。但是，若清洁空气由下部直接送到工作区时，工作区的污染物浓度可能小于排风的浓度，这时 E_v 会大于 1。E_v 不仅与气流分布有着密切关系，而且还与污染物分布有关。污染源位于排风口处，E_v 增大。

排污效率（通风效率）实际上也是一个经济性指标。E_v 愈大，表明排出同样发生量的污染物所需的新鲜空气量愈少，因此相应的空气处理和输送的能耗愈小，设备费用和运行费也就愈低。以转移热量为目的的通风和空调系统，排污效率（通风效率）中浓度可以用温度来取代，并称之为温度效率 E_T，或称为能量利用系数，表达式为

$$E_T = \frac{t_e - t_s}{t - t_s} \tag{5-2}$$

式中，t_e、t、t_s 分别为排风、工作区和送风的温度，℃。

E　空气龄

空气龄（Age of air），是指空气质点自进入房间至到达室内某点所经历的时间。局部平均空气龄定义为某一微小区域中各空气质点的空气龄的平均值。空气龄的概念比较抽象，实际测量很困难，目前都是用测量示踪气体的浓度变化来确定局部平均空气龄。由于测量方法不同，空气龄用示踪气体的浓度表达式也不同。例如用下降法（衰减法）测量，在房间内充以示踪气体，在A点起始时的浓度为 $c(0)$，然后对房间进行送风（示踪气体的浓度为零），每隔一段时间，测量A点的示踪气体浓度，由此获得A点的示踪气体浓度的变化规律 $c(\tau)$，于是A点的平均空气龄（单位为s）为

$$\tau_A = \frac{\int_0^\infty c(\tau)\,d\tau}{c(0)} \tag{5-3}$$

全室平均空气龄定义为全室各点的局部平均空气龄的平均值

$$\bar{\tau} = \frac{1}{V}\int_V \tau\,dV \tag{5-4}$$

式中，V 为房间的容积。如用示踪气体衰减法测量，根据排风口示踪气体浓度的变化规律确定全室平均空气龄，即

$$\bar{\tau} = \frac{\int_0^\infty \tau c_e(\tau)\,d\tau}{\int_0^\infty c_e(\tau)\,d\tau} \tag{5-5}$$

式中，$c_e(\tau)$ 即为排风的示踪气体浓度随时间的变化规律。

到达房间内某点的空气，而后离开某点从排风口排出。把房间内某微小区域内气体离开房间前在室内的滞留时间称为局部平均滞留时间（Residence time），用 τ_r 表示，单位为s。室内某一微小区域平均滞留时间减去空气龄即是该微小区域的空气流出室外的时间。全室平均滞留时间则为全室各点的局部平均滞留时间的平均值，用 $\bar{\tau}_r$ 表示。全室平均滞留时间等于全室平均空气龄的2倍，即

$$\bar{\tau}_r = 2\bar{\tau} \tag{5-6}$$

理论上空气在室内的最短的滞留时间为

$$\tau_n = \frac{V}{\dot{V}} = \frac{1}{N} \tag{5-7}$$

式中　V——房间体积，m^3；

$\dot{V}$——送入房间的空气量，m^3/s；

N——以秒计的换气次数，1/s；

τ_n——名义时间常数（Nominal time constant）。

空气从送风口进入室内后的流动过程中，不断掺混污染物，空气的清洁程度和新鲜程度将不断下降。因此，空气龄短，预示着到达该处的空气可能掺混的污染物少，排除污染物的能力愈强。显然，空气龄评价了空气流动状态的合理性。

F　换气效率

换气效率（Air exchange efficiency）η_a 是评价换气效果优劣的一个指标，它是气流分布的

特性参数，与污染物无关。换气效率的定义为：空气最短的滞留时间τ_n与实际全室平均滞留时间τ_r之比，即

$$\eta_a = \frac{\tau_n}{\overline{\tau}_r} = \frac{\tau_n}{2\overline{\tau}} \tag{5-8}$$

式中，$\overline{\tau}$ 为实际全室平均空气龄，s。由于理论上最短滞留时间的气流分布，其空气龄（理想的、最短的平均空气龄）为 $\tau_n/2$，从式（5-8）可以看到，换气效率也可定义为最理想的平均空气龄（$\tau_n/2$）与全室平均空气龄（$\overline{\tau}$）之比。η_a 是基于空气龄的指标，因此它反映了空气流动状态的合理性。最理想的气流分布 $\eta_a=1$，一般的气流分布 $\eta_a<1$。

5.3 气流组织形式[4,6]

空调房间气流组织形式有多种，如前所述，它主要取决于送风口的形式和送回(排)风口的布置。

（1）上送下回。由房间上部送入空气，房间下部排出空气的上送下回是常见的气流组织形式。在冬季运行时，易使热风送下。图5-8所示的3种不同的上送下回方式中，图 *a* 根据房间的大小可扩大为双侧送风；图 *b* 可根据需要确定散流器的数目；图 *c* 尤其适用于温、湿度和洁净度要求较高的洁净室。

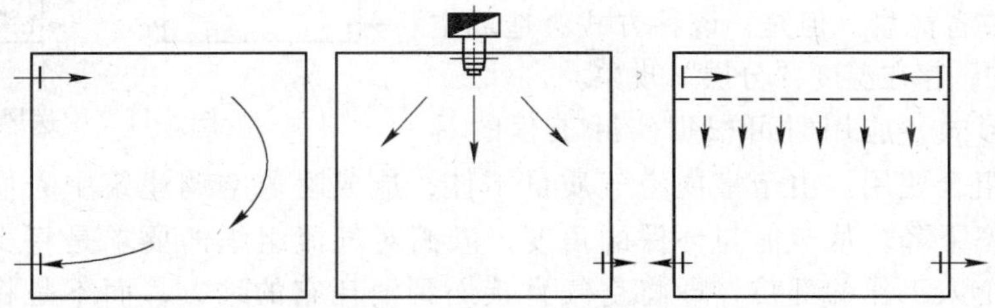

图5-8 上送下回气流分布

a—侧送侧回；*b*—散流器送风；*c*—孔板送风

（2）上送上回。图5-9所示的3种上送上回气流组织形式的特点为可将送回风管道集中布置在上部，且可设置吊顶，使管道暗装。

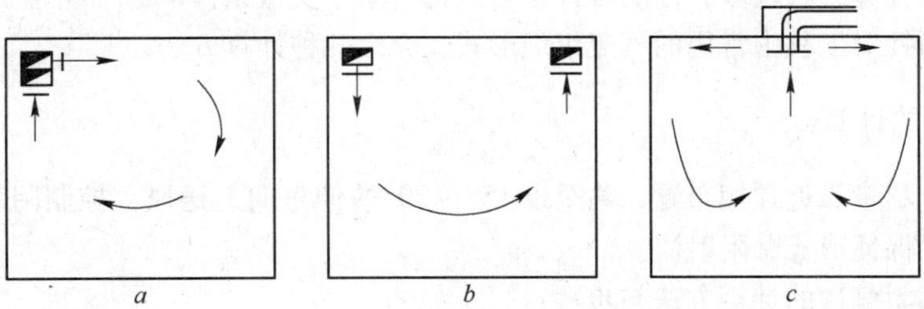

图5-9 上送上回气流分布

a—单侧上送上回；*b*—异侧上送上回；*c*—贴附散流器上送上回

（3）下送上回。图5-10所示3种气流组织形式中，除方式 *b* 外，送风直接进入工作区，故应降低送风温差，控制工作区的风速。在置换通风系统中，新鲜的冷空气由房间底部以极低的速度送入，送风温差小。造成室内温度和污染物浓度呈层状分布，底层即人停留区，空气品

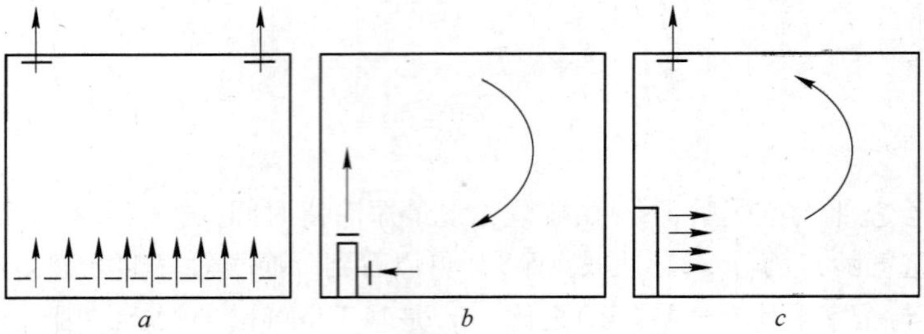

图 5-10　下送上回气流分布

a—地板下送；b—末端装置下送；c—置换式下送

质好；顶层为高温空气区，余热和污染物主要集中于此区内。因其排风温度高于工作区温度，故具有一定的节能效果，近年来国外相当重视，国内也在逐步推广这种下送上回的置换通风技术。

（4）中送风。在某些高大空间内，不需要将整个空间作为空调控制区。可采用如图 5-11 所示的中送风方式，以节省能量。但是，该种方式会造成空间温度分布不均，存在温度“分层”现象。

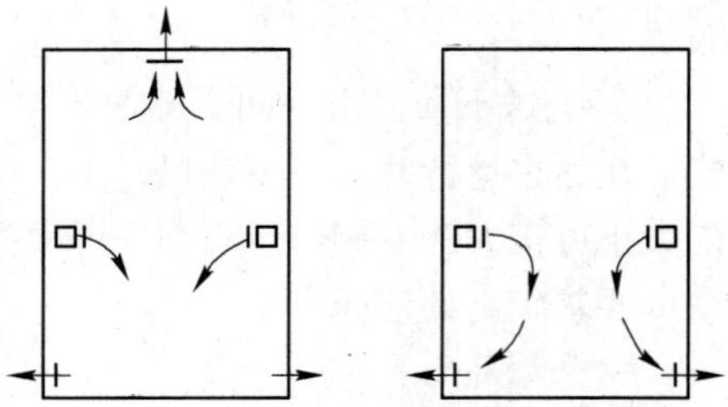

图 5-11　中送风

以上各种形式，应用时可根据实际工程的具体条件单独或组合使用。由于室内空气质量不佳，造成暖通空调建筑中人们的健康状况恶化，使生产率下降。从节能与环保的角度，人们对气流组织的要求是将少量高品质空气直接送到每个人工作的部位，即将空气直接送到消耗它的地方，而不是将大量的不新鲜的空气送到整个房间。

5.4　气流组织设计计算[4,6]

中央空调气流组织设计计算的任务是选择气流分布的形式，确定送、回风口的形式、数量和尺寸，使其工作区的空气参数满足设计要求。

气流组织的计算方法较多，但所有计算公式都是基于实验条件下的半经验公式，都有一定的局限性，下面针对工程中常用的气流组织形式，介绍几种计算方法。

5.4.1　侧送风的计算

侧送风口应尽量靠近顶棚布置，甚至以 15°～20°的仰角向上送风，控制阿基米德数 Ar 小于一定数值，以保证形成贴附射流。

下面介绍贴附侧送的计算方法与步骤：

（1）选定送风口形式，确定紊流系数 a，布置送风口，确定射程 x；

（2）选取送风温差，计算送风量和换气次数。送风温差及换气次数与室温允许波动范围有关；

（3）确定送风口的出风速度 v_0，送风口的出风速度根据以下两条原则确定：

1）应使回流平均速度 v_{hp} 小于工作区的允许速度。工作区允许流速按现行“采暖通风与空调设计规范”GB 50019—2003 规定采用：舒适性空调，室内冬季风速不应大于 0.2m/s，夏季不应大于0.3m/s；工艺性空调工作区风速宜采用0.2～0.5m/s，在一般情况下可按0.25m/s考虑。

2）在空调房间里，为防止风口的噪声，限制送风速度在2～5m/s，在要求较高的房间内应取较低的送风速度；回(排)风口的风速一般限制在4m/s以下，在距人的位置较近时不大于3m/s。考虑噪声因素，在居住建筑内一般取2m/s，而工业建筑内可大于4m/s。当工作区允许风速0.25m/s时，则最大允许送风速度为：

$$v_0 = 0.36 \frac{\sqrt{F_n}}{d_0} \tag{5-9}$$

式中 F_n——垂直于射流的空间断面面积，m^2；

d_0——送风口直径或当量直径，m；

$\frac{\sqrt{F_n}}{d_0}$——射流自由度。

考虑以上两个原则，表5-3中给出了最大允许送风速度和推荐送风速度。

表5-3 风口风速推荐值

射流的自由度	5	6	7	8	9	10	11	12	13	15	20	25	30
最大允许送风速度/$m \cdot s^{-1}$	1.80	2.16	2.52	2.88	3.24	3.60	3.96	4.32	4.68	5.40	9.20	9.00	10.80
推荐送风速度/$m \cdot s^{-1}$	2.0				3.5				5.0				

如果算出的 v_0 能满足房间防止噪声的限速即可视为满足设计要求。在一般情况下可控制在2～5m/s。

为了计算 v_0，必须先求出射流自由度，当已知空调房间的高度 H 和宽度 B 时，则送风口数目为：

$$N = H \cdot B/F_n$$

总送风量

$$L = 3600 v_0 \frac{\pi d_0^2}{4} \cdot N = 3600 v_0 \frac{\pi d_0^2}{4} \cdot \frac{H \cdot B}{F_n}$$

所以

$$\frac{\sqrt{F_n}}{d_0} \approx 53.17 \sqrt{\frac{H \cdot B \cdot v_0}{L}} \tag{5-10}$$

从上式看出，在计算公式中还是包含有未知数 v_0，因而只能用试算法来求，即：

1）假设 v_0，由式（5-10）算出射流自由度。

2）将算出的射流自由度代入式（5-9）中求出 v_0。

3）若算得 v_0=2～5m/s，即认为满足设计要求；否则重新设 v_0，重复计算直至满足设计要求为止。

4）确定送风口数目 N。

由受限射流无因次距离的定义式

$$\bar{x} = \frac{ax}{\sqrt{F_n}} = \frac{ax}{\sqrt{H \cdot B/N}}$$

则得

$$N = \frac{H \cdot B}{\left(\frac{ax}{\bar{x}}\right)^2} \tag{5-11}$$

当非等温射流时，式（5-11）中 $\bar{x}$ 与非等温受限射流轴心温度衰减及射流自由度有关。可表示为如下函数关系：

$$\frac{\Delta t_x}{\Delta t_0} \cdot \frac{\sqrt{F_n}}{d_0} = f(\bar{x}) \tag{5-12}$$

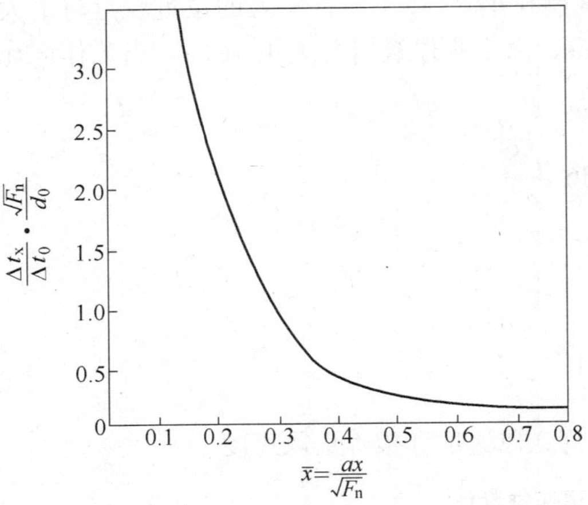

图 5-12　非等温受限射流轴心温度衰减曲线

该式亦可用图 5-12 中的曲线表示，图中，射流自由度和送风温差 Δt_0 均为已知，Δt_x 为射程在 x 处的轴心温差，一般应小于或等于空调精度。例如，空调精度为 ±0.5℃时，取 $\Delta t_x \leqslant 0.5$℃，对于高精度的恒温工程，则取 0.4～0.8 倍的空调精度为宜。

贴附射程取为 $x = A - 0.5$m，A 为房间长度，减去 0.5m 是考虑距墙 0.5m 范围内划分非恒温区。

综上所述，当给定房间尺寸，选定送风口形式，且知设计空调精度时，就可由图 5-12查出无因次距离 $\bar{x}$，再代入式（5-11）中算出送风口数目。

（4）确定送风口尺寸。由下式算出每个风口面积 f:

$$f = \frac{L}{3600 v_0 N} \tag{5-13}$$

根据面积 f，就可确定圆形风口的直径或矩形风口的长和宽。

（5）校核射流的贴附长度。射流贴附长度是否等于或大于射程长度，关系到射流能否过早地进入工作区。因此需对贴附长度进行校核。若算出的贴附长度大于或等于射程长度，即认为满足要求，否则需重新设计计算。

射流贴附长度主要取决于阿基米德数 Ar。阿基米德数 Ar 按照式（5-14）计算，式中的 d_0 可按流量当量直径计算。

阿基米德数 Ar 表征浮升力与惯性力之比，其表达式为：

$$Ar = \frac{g d_0 (T_0 - T_n)}{v_0^2 T_n} \tag{5-14}$$

式中　T_0——射流出口温度，K；

T_n——房间空气温度，K；

g——重力加速度，m²/s。

当 $T_0 > T_n$ 时，射流向上弯；

当 $T_0 < T_n$ 时，射流向下弯。

对于非等温射流，阿基米德数 Ar 是十分重要的无因次准则数。如 $Ar = 0$ 时，显然是等温射流；当 $|Ar| < 0.001$ 时，仍可按等温射流计算；当 $|Ar| > 0.001$ 时，则须另行计算。

由图 5-13 可查得贴附长度 x。

（6）校核房间高度。为了保证工作区处于回流状态，而不受射流的影响，需要有一

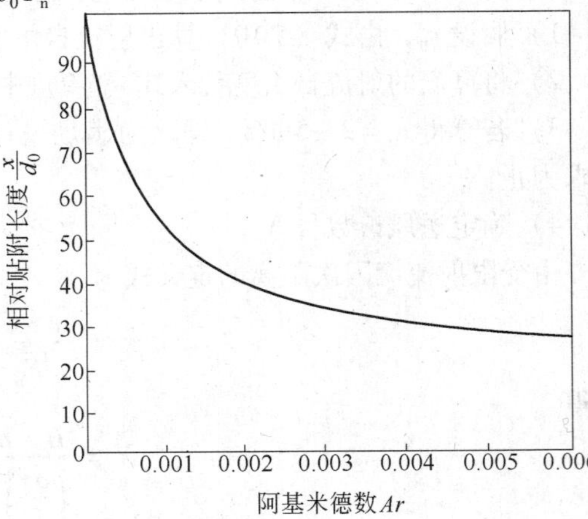

图 5-13　相对贴附长度 x/d_0 和阿基米德数 Ar 的关系曲线

定的射流混合高度，如图 5-14 所示。

因此，空调房间的最小高度 H 为：

$$H = h + s + 0.07x + 0.3 \tag{5-15}$$

式中　h——空调区高度，一般取 $h = 2\text{m}$；

s——送风口底边至顶棚距离，m；

$0.07x$——射流向下扩展的距离，取扩散角 $\theta = 4°$，则 $\tan 4° = 0.07$；

0.3——安全系数。

如果房间高度大于或等于 H，即认为满足要求，否则要调整设计。

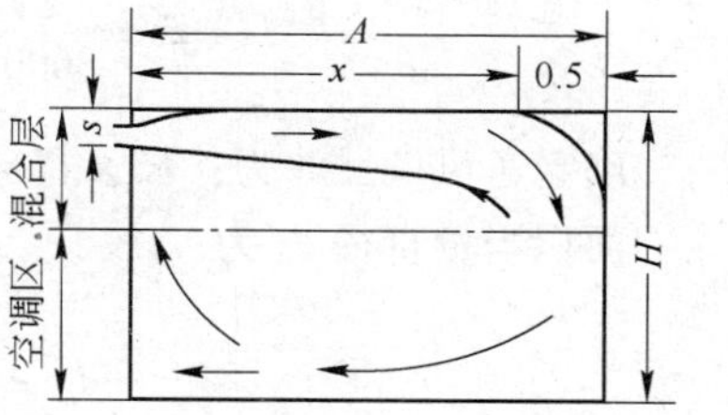

图 5-14　侧上送的贴附射流

【**例 5-1**】有一空调房间要求恒温精度为 20℃ ±0.5℃，房间的长、宽和高分别为：$A = 5.5\text{m}$，$B = 3.6\text{m}$，$H = 3.2\text{m}$，室内的显热冷负荷 $Q = 5690\text{kJ/h}$，试作侧送侧回气流组织的计算。

解：首先绘出侧上送的贴附射流图，如图 5-14 所示。

1）选定送风口形式为三层活动百叶送风口，紊流系数 $a = 0.16$，风口布置在房间宽度方向 B 上，射程 $x = A - 0.5 = 5\text{m}$。

2）选定送风温差 Δt_0，计算送风量并校核换气次数。

选定送风温差 $\Delta t_0 = 5℃$

$$L = \frac{Q}{\rho c \Delta t_0} = \frac{5690}{1.2 \times 1.01 \times 5} = 939(\text{m}^3/\text{h})$$

$$n = \frac{L}{ABH} = \frac{939}{5.5 \times 3.6 \times 3.2} = 14.8(\text{次}/\text{h})$$

3）确定送风速度。假设送风速度 $v_0 = 3.5\text{m/s}$，代入式（5-10），

$$\frac{\sqrt{F_n}}{d_0} \approx 53.17\sqrt{\frac{HBv_0}{L}} = 53.17\sqrt{\frac{3.2 \times 3.6 \times 3.5}{939}} = 11.0$$

将 $\sqrt{F_n}/d_0 = 11.0$ 代入式(5-9)：

$$v_0 = 0.36\frac{\sqrt{F_n}}{d_0} = 0.36 \times 11.0 = 3.96(\text{m/s})$$

可见 $v_0 = 3.5\text{m/s} \leqslant 3.96\text{m/s}$，且在防止风口噪声的流速 2～5m/s 之内，所以满足要求。

4）确定送风口数目 N。考虑到空调精度要求较高，因而轴心温差 Δt_x 取为空调精度的 0.6 倍，即：

$$\Delta t_x = 0.6\Delta t_0 = 0.6 \times 0.5 = 0.3℃$$

$$\frac{\Delta t_x}{\Delta t_0} \cdot \frac{\sqrt{F_n}}{d_0} = \frac{0.3}{5} \times 11.0 = 0.66$$

由图 5-12 查得无因次距离 $\bar{x} = 0.33$，将其代入式(5-11)，得送风口数目为：

$$N = \frac{HB}{\left(\frac{ax}{\bar{x}}\right)^2} = \frac{3.2 \times 3.6}{\left(\frac{0.16 \times 5}{0.33}\right)^2} = 1.96$$

取整数，$N = 2$。

5）确定送风口尺寸。每个送风口面积为：

$$f = \frac{L}{3600v_0N} = \frac{939}{3600 \times 3.5 \times 2} = 0.037(\mathrm{m}^2)$$

确定送风口尺寸为：长×宽=0.2×0.15

面积当量直径 d_0 为：

$$d_0 = \sqrt{\frac{4f}{\pi}} = \sqrt{\frac{4 \times 0.037}{3.14}} = 0.217(\mathrm{m})$$

6）校核贴附长度。由式(5-14)计算 Ar 为：

$$Ar = \frac{gd_0(T_0 - T_n)}{v_0^2T_n} = \frac{9.81 \times 0.217 \times 5}{3.5^2 \times (273 + 20)} = 0.00297$$

由图5-13查得 $x/d_0 = 35.3$。

贴附长度 $x = 35.5d_0 = 35.5 \times 0.217 = 7.7$（m），大于射程5m，所以满足设计要求。

7）校核房间高度。设定风口底边至顶棚距离为0.5m，则代入式（5-15）：

$$H = h + s + 0.07x + 0.3 = 2 + 0.5 + 0.07 \times 5 + 0.3 = 3.15(\mathrm{m})$$

给定房高3.2m大于设计要求房高3.15m，所以满足要求。

为了设计计算方便起见，亦可编制成计算表供设计者使用。《实用供热空调设计手册》中表11.9-4等是以工艺性空调为对象，以工程中常见的建筑尺寸而编制的。使用时，注意计算表的编制条件、使用对象和基本参数等，如与计算表条件不符合时应加以修正。

5.4.2　散流器送风的计算

一般用散流器送风可形成两种不同的气流流型：

（1）散流器平送流型（图5-15）。散流器将空气呈辐射状送出，贴附吊顶扩散。由于其作用范围大，扩散快，因而能与室内空气充分混合，工作区处于回流状态，温度场和速度场都很均匀。通常用盘形散流器或者用扩散角 $\theta > 40°$ 的圆形直片式散流器均能形成平送流型，参见表5-2中（1）、（2）。

（2）散流器下送流型（图5-16）。送风射流自散流器向下送出，扩散角 $\theta = 20° \sim 30°$ 时，在离送风口一段距离后汇合，这之前称为混合层。混合后速度更均匀，形成稳定下送直流流型。

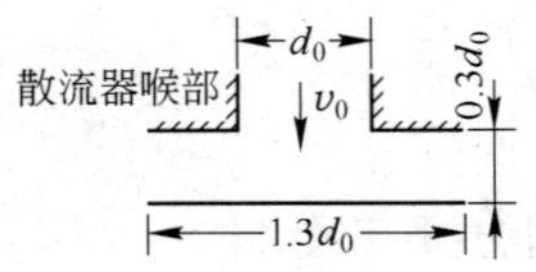

图5-15　散流器平送流型

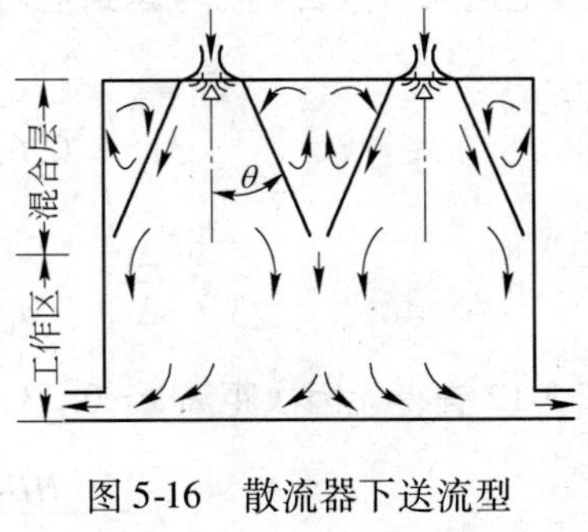

图5-16　散流器下送流型

布置散流器时，按房间的面积大小，可设置一个或多个散流器，并布置成对称形或梅花形。为了使气流分布均匀，每个散流器的送风服务面积的长宽比需在1∶1.5以内，散流器平送

时水平射程 L 与垂直射程 h_x 之比应维持在 0.5～1.5。

风口形式需根据工程需要而定，但应尽可能选择构造简单、投资较省的盘式散流器，从建筑艺术的角度，要求圆盘直径小但又不至于在室内看见风管的洞口。

下面介绍 P. J 杰克曼提出的设计计算方法。

现将散流器计算表与性能表列于表 5-4、表 5-5。

表 5-4　圆形散流器送风计算

空调房间（区域）长度 $A=3.0$m						
H/m	2.75	3.00	3.25	3.50	4.00	5.00
v_{pj}/m·s^{-1}	0.14	0.13	0.12	0.11	0.10	0.08
L_s/m^3·s^{-1}	v_s/m·s^{-1}		F/m^2		D/mm	
0.04～0.05	6.52～5.21		0.006～0.010		100	
0.06～0.07	4.35～3.72		0.014～0.019		150	
0.08～0.10	3.26～2.61		0.025～0.038		200	
0.11～0.12	2.37～2.17		0.046～0.055		250	
0.13	2.01		0.065		300	

空调房间（区域）长度 $A=4.0$m						
H/m	2.75	3.00	3.25	3.50	4.00	5.00
v_{pj}/m·s^{-1}	0.17	0.16	0.15	0.14	0.13	0.11
L_s/m·s^{-1}	v_s/m·s^{-1}		F/m^2		D/mm	
0.05～0.07	9.27～6.62		0.005～0.011		100	
0.08～0.10	5.79～4.64		0.014～0.022		150	
0.11～0.13	4.21～3.57		0.026～0.036		200	
0.14～0.16	3.31～2.90		0.042～0.055		250	
0.17～0.19	2.73～2.44		0.062～0.078		300	
0.21～0.22	2.32～2.11		0.086～0.104		350	
0.23	2.02		0.114		400	

空调房间（区域）长度 $DA=5.0$m						
H/m	2.75	3.00	3.25	3.50	4.00	5.00
v_{pj}/m·s^{-1}	0.19	0.18	0.17	0.17	0.15	0.13
L_s/m^3·s^{-1}	v_s/m·s^{-1}		F/m^2		D/mm	
0.06～0.07	12.07～10.35		0.005～0.007		100	
0.08～0.09	9.05～8.05		0.009～0.011		100	
0.10～0.11	7.24～6.58		0.014～0.017		150	
0.12～0.13	6.04～5.57		0.020～0.023		150	
0.14～0.16	5.17～4.53		0.027～0.035		200	
0.17～0.18	4.26～4.02		0.040～0.045		250	
0.19～0.20	3.81～3.62		0.050～0.055		250	
0.21～0.22	3.45～3.29		0.061～0.067		300	
0.23～0.24	3.15～3.02		0.073～0.080		300	
0.25～0.26	2.90～2.79		0.086～0.093		350	
0.27～0.28	2.68～2.59		0.101～0.108		350	
0.29～0.30	2.50～2.41		0.116～0.124		400	
0.31～0.32	2.34～2.26		0.133～0.141		400	
0.33～0.35	2.19～2.07		0.150～0.169		450	
0.36	2.01		0.179		500	

空调房间（区域）长度 $A=6.0$m						
H/m	2.75	3.00	3.25	3.50	4.00	5.00
v_{pj}/m·s^{-1}	0.21	0.20	0.19	0.19	0.17	0.15
L_s/m^3·s^{-1}	v_s/m·s^{-1}		F/m^2		D/mm	
0.08～0.10	13.04～10.43		0.006～0.010		100	
0.12～0.14	8.69～7.45		0.014～0.019		150	
0.16～0.20	6.52～5.21		0.025～0.038		200	
0.22	4.74		0.046		250	
0.24	4.35		0.055		250	
0.26	4.01		0.065		300	
0.28	3.72		0.075		300	
0.30	3.48		0.086		350	
0.32	3.26		0.098		350	
0.34	3.07		0.111		400	
0.36	2.90		0.124		400	
0.38	2.74		0.138		400	
0.49	2.61		0.153		450	
0.42	2.48		0.169		450	
0.44	2.37		0.186		500	
0.46	2.27		0.203		500	

空调房间（区域）长度 $A=7.0$m						
H/m	2.75	3.00	3.25	3.50	4.00	5.00
v_{pj}/m·s^{-1}	0.22	0.22	0.21	0.20	0.19	0.16
L_s/m^3·s^{-1}	v_s/m·s^{-1}		F/m^2		D/mm	
0.10～0.12	14.19～11.83		0.007～0.010		100	
0.14～0.18	10.14～7.89		0.014～0.023		150	
0.20～0.22	7.10～6.45		0.028～0.034		200	
0.24	5.91		0.041		250	
0.26	5.46		0.048		250	
0.28	5.07		0.055		250	
0.30	4.73		0.063		300	
0.32	4.44		0.072		300	
0.34	4.17		0.081		300	
0.36	3.94		0.091		350	
0.38	3.74		0.102		350	
0.40	3.55		0.113		400	
0.42	3.38		0.124		400	
0.44	3.23		0.136		400	
0.46～0.50	3.09～2.84		0.149～0.176		450	
0.52～0.54	2.73～2.63		0.190～0.205		500	

续表 5-4

空调房间（区域）长度 $A=8.0\text{m}$						
H/m	2.75	3.00	3.25	3.50	4.00	5.00
v_{pj}/m·s^{-1}	0.24	0.23	0.22	0.22	0.20	0.18
L_s/m^3·s^{-1}	v_s/m·s^{-1}		F/m^2		D/mm	
0.14	13.24		0.011		100	
0.16~0.20	11.59~9.27		0.014~0.022		150	
0.22~0.26	8.43~7.13		0.026~0.036		200	
0.28~0.32	6.62~5.79		0.042~0.055		250	
0.34	5.45		0.062		300	
0.36	5.15		0.070		300	
0.38	4.88		0.078		300	
0.40	4.64		0.086		350	
0.42	4.41		0.095		350	
0.44	4.21		0.104		350	
0.46	4.03		0.114		400	
0.48	3.86		0.124		400	
0.50	3.71		0.135		400	
0.52	3.57		0.146		450	
0.54~0.56	3.43~3.31		0.157~0.169		450	
0.58~0.62	3.20~2.99		0.181~0.207		500	

空调房间（区域）长度 $A=9.0\text{m}$						
H/m	2.75	3.00	3.25	3.50	4.00	5.00
v_{pj}/m·s^{-1}	0.24	0.24	0.23	0.23	0.21	0.19
L_s/m^3·s^{-1}	v_s/m·s^{-1}		F/m^2		D/mm	
0.20	11.73		0.017		150	
0.25~0.30	9.39~7.82		0.027~0.038		200	
0.35~0.40	6.70~5.87		0.052~0.068		250~300	
0.45~0.50	5.21~4.69		0.086~0.107		350	
0.55~0.60	4.27~3.91		0.129~0.153		400~450	
0.65~0.70	3.61~3.35		0.180~0.209		500	

空调房间长度 $A=10.0\text{m}$						
H/m	2.75	3.00	3.25	3.50	4.00	5.00
v_{pj}/m·s^{-1}	0.25	0.25	0.24	0.23	0.22	0.20
L_s/m^3·s^{-1}	v_s/m·s^{-1}		F/m^2		D/mm	
0.20~0.25	14.48~11.58		0.014~0.022		150	
0.30	9.66		0.031		200	
0.35~0.40	8.26~7.24		0.042~0.055		250	
0.45~0.55	6.44~5.27		0.070~0.104		300~350	
0.60~0.70	4.83~4.14		0.124~0.169		400~450	
0.75	3.86		0.194		500	

表 5-5　圆形（多层锥面型）散流器性能表

颈部风速/m·s^{-1}	2		3		4		5		6		7	
动压/Pa	2.41		5.42		9.63		15.05		21.07		29.50	
全压损失/Pa	7.28		16.37		28.27		45.45		65.44		89.09	
颈部名义直径 D/mm	风量 L_s /m^3·h^{-1}	射程 x/m	风量 L_s /m^3·h^{-1}	射程 x/m	风量 L_s /m^3·h^{-1}	射程 x/m	风量 L_s /m^3·h^{-1}	射程 x/m	风量 L_s /m^3·h^{-1}	射程 x/m	风量 L_s /m^3·h^{-1}	射程 x/m
120	90	0.58	140	0.81	190	1.17	240	1.46	280	1.73	330	1.88
150	130	0.69	200	0.57	270	1.40	340	1.74	400	2.06	470	2.25
200	240	0.92	360	1.29	480	1.87	590	2.32	710	2.73	830	2.90
250	370	1.16	560	1.62	750	2.34	930	2.90	1120	3.44	1310	3.75
300	540	1.39	800	1.84	1070	2.80	1340	3.48	1610	4.13	1880	4.50
350	720	1.60	1080	2.24	1430	3.24	1790	4.02	2150	4.77	2510	5.20
400	930	1.83	1400	2.56	1860	3.69	2330	4.59	2800	5.44	3260	5.93
450	1180	2.06	1770	2.88	2360	4.16	2950	5.16	3540	6.12	4130	6.67
500	1460	2.29	2190	3.20	2920	4.62	3650	5.72	4380	6.81	5110	7.42

1）在散流器送风计算表（表5-4）中，根据房间长度 A 及高度 H，查出室内平均风速 v_{pj}。该计算表适用于方形或接近方形的房间，适用于等温射流。如果用于矩形房间，其长宽比不得大于1:1.5，当送冷风时，v_{pj}应加大20%，送热风时，v_{pj}应减少20%。

2）根据房间（或分区）的显冷、显热负荷 Q 和送风温差 Δt_s，按下式计算送风量 L_s：

$$L_s = \frac{Q}{\rho c_p \Delta t_s} = \frac{Q}{1.2 \times 1.01 \Delta t_s} = \frac{0.83Q}{\Delta t_s}(\text{m}^3/\text{s}) \tag{5-16}$$

3）确定送风速度和散流器尺寸（表5-6）。

表5-6　送风口颈部最大允许风速

使　用　场　合	颈部最大风速/$m \cdot s^{-1}$
播音室	3.0～3.5
医院门诊、病房、客房、居室、计算机房、接待室	4～5
剧场、剧场休息厅、音乐厅、游乐厅、教室、图书馆、食堂、办公室	5～6
商店、旅馆、大剧场、饭店	6～7.5

在计算表中，查出与L_s相近的风量值，并可在同一行中查得送风速度v_s，散流器的有效面积F和颈部直径D。

4）按送风口最小允许风速（见表5-6），检验噪声。当送风口风速超过最大允许值时，则需增加散流器的个数，并重复计算。

5）按所算的参数与尺寸，选散流器型号，并校核其射程。

【例5-2】 有一中央空调工程，室温要求20℃±1℃，室内长、宽、高分别为$A \times B \times H = 6m \times 3.6m \times 3.2m$，夏季每$1m^2$空调单位面积的显热冷负荷$q = 282kJ/h$，试选择散流器，并确定有关参数。

解： 1）将该房间划分为两个小区，即长度方向分为两等分，则每个小区为$3m \times 3.6m$，将散流器布置在小区中央，如图5-17所示。

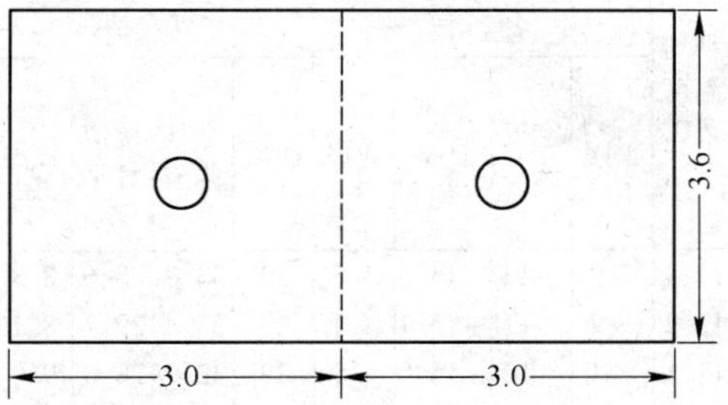

图5-17　例5-2附图

2）查表5-4，在$A = 3.0m$，$H = 3.2m$的栏目内，查得室内平均风速$v_{pj} = 0.12m/s$。按送冷风情况，$v_{pj} = 1.2 \times 0.12m/s = 0.144m/s < 0.3m/s$，满足要求。

3）计算每个小区的送风量L_s。当Δt_s取6℃时，带入式(5-16)中：

$$L_s = \frac{0.83Q}{\Delta t_s} = \frac{0.83 \times 282 \times 3.0 \times 3.6}{6 \times 3600} = 0.117(m^3/s)$$

4）确定送风速度和散流器尺寸。在表5-4中还查得，当$L_s = 0.12m^3/s$时，$v_s = 2.17m/s$，$F = 0.055m^2$，$D = 250mm$。

可见出口风速是允许的，不会产生较大的噪声。

5）选散流器型号并校核射程。查圆形散流器性能表（表5-5），选用颈部名义直径$D = 250mm$的散流器，当$L_s = 560m^3/h$时，射程$x = 1.62m$，相当于小区宽度一半1.8m的0.9倍，符合要求。

空间气流分布的计算理论尚不够完善，需要依赖经验的修正方法来处理一些实际因素的影响。随着计算机的普及及计算流体力学的发展，已有一些房间的气流分布、温度场及浓度场数值可用CFD进行模拟。

第2篇 中央空调冷负荷计算方法与计算软件

6 空调设计参数与冷负荷计算用基础数据

6.1 室内外设计参数

6.1.1 室外气象参数

室外气象参数见表 6-1[1]。

表 6-1 中国各主要城市的室外气象参数

地名	台站位置			平均温度/℃	室外计算（干球）温度/℃								夏季空气调节室外计算湿球温度/℃	最热月平均温度/℃	室外计算相对湿度/%		
					冬季				夏季								
	北纬	东经	海拔/m		采暖	空气调节	最低日平均	通风	通风	空气调节	空气调节日平均	计算日温差			最冷月月平均	最热月月平均	最热月14时平均
北京	39°48′	116°28′	31.2	11.4	−9	−12	−15.9	−5	30	33.2	28.6	8.8	26.4	25.8	45	78	64
天津	39°06′	117°10′	3.3	12.2	−9	−11	−13.1	−4	29	33.4	29.2	8.1	26.9	26.4	53	78	65
唐山	39°88′	118°10′	25.9	11.1	−10	−12	−15.0	−5	29	32.7	28.0	9.0	26.2	25.5	52	79	64
石家庄	38°02′	114°25′	80.5	12.9	−8	−11	−17.1	−3	31	35.1	29.7	10.4	26.6	26.6	52	75	54
太原	37°47′	112°33′	777.9	9.5	−12	−15	−17.8	−7	28	31.2	26.1	9.8	23.4	23.5	51	72	54
呼和浩特	40°49′	111°41′	1063.0	5.8	−19	−22	−25.1	−13	26	29.9	25.0	9.4	20.8	21.9	56	64	49
沈阳	41°46′	123°26′	41.6	7.8	−19	−22	−24.9	−12	28	31.4	27.2	8.1	25.4	24.6	44	73	56
吉林	43°57′	126°58′	183.4	4.4	−25	−28	−33.8	−18	27	30.3	26.1	8.1	24.5	22.9	64	78	64
长春	43°54′	125°13′	236.8	4.9	−23	−26	−29.8	−16	27	30.5	25.9	8.8	24.2	23.0	68	78	64
齐齐哈尔	47°23′	123°55′	145.9	3.2	−25	−28	−32.0	−20	27	30.6	26.1	8.7	22.9	22.8	71	73	54
哈尔滨	45°41′	126°37′	171.7	3.6	−26	−29	−33.0	−20	27	30.3	26.0	8.8	23.4	22.8	74	77	61
上海	31°10′	121°26′	4.5	15.7	−2	−4	−6.9	3	32	34.0	30.4	6.9	28.2	27.8	75	83	67
连云港	34°36′	119°10′	3.0	14.0	−5	−8	−11.4	0	31	33.5	31.0	4.8	27.9	26.8	66	81	67
南京	32°00′	118°48′	8.9	15.3	−3	−6	−9.0	2	32	35.0	31.4	6.9	28.3	28.0	73	81	64
杭州	30°14′	120°10′	41.7	16.2	−1	−4	−6.0	4	33	35.7	31.5	8.3	28.5	28.6	77	80	62
宁波	29°52′	121°34′	4.2	16.2	0	−3	−4.3	4	32	34.5	30.2	7.9	28.5	28.1	78	83	68
温州	28°01′	120°40′	6.0	17.9	3	1	−1.8	8	31	32.8	29.6	6.9	28.7	27.9	75	84	73
蚌埠	32°57′	117°22′	21.0	15.1	−4	−7	−12.3	1	32	35.6	32.0	6.9	28.1	28.1	71	80	60
合肥	31°52′	117°14′	29.8	15.7	−3	−7	−12.5	2	32	35.0	31.7	6.3	28.2	28.3	75	81	63
福州	26°05′	119°17′	84.0	19.6	6	4	1.6	10	33	35.2	30.4	9.2	28.0	28.8	74	78	61
厦门	24°27′	118°04′	63.2	20.9	8	6	4.9	13	31	33.4	29.9	6.7	27.6	28.4	73	81	70
九江	29°44′	116°00′	32.2	17.0	0	−3	−6.8	4	33	36.4	32.4	7.7	28.3	29.4	75	76	60
南昌	28°36′	115°55′	46.7	17.5	0	−3	−5.6	5	33	35.6	32.1	6.7	27.9	29.6	74	75	58

续表 6-1

地名	台站位置			平均温度/℃	室外计算（干球）温度/℃								夏季空气调节室外计算湿球温度/℃	最热月平均温度/℃	室外计算相对湿度/%		
	北纬	东经	海拔/m		冬季				夏季						最冷月月平均	最热月月平均	最热月14时平均
					采暖	空气调节	最低日平均	通风	通风	空气调节	空气调节日平均	计算日温差					
烟台	37°32′	121°24′	46.7	12.4	-6	-9	-11.9	-2	27	30.7	28.2	4.8	25.8	25.2	60	80	74
济南	36°41′	116°59′	51.6	14.2	-7	-10	-13.7	-2	31	34.8	31.3	6.7	26.7	27.4	54	73	54
青岛	36°04′	120°20′	76.0	12.2	-6	-9	-12.5	-1	27	29.0	27.2	3.5	26.0	25.1	64	85	72
洛阳	34°40′	112°25′	154.5	14.6	-5	-7	-11.6	0	32	35.9	30.9	9.6	27.5	27.5	57	75	45
郑州	34°43′	113°39′	110.4	14.2	-5	-7	-11.4	0	32	35.6	30.8	9.2	27.4	27.3	60	76	45
武汉	30°37′	114°08′	23.3	16.3	-2	-5	-11.3	3	33	35.2	31.9	6.3	28.2	28.8	76	79	63
长沙	28°12′	113°05′	44.9	17.2	0	-3	-6.9	5	33	35.8	32.0	7.3	27.7	29.3	81	75	59
汕头	23°24′	116°41′	1.2	21.3	9	6	5.1	13	31	32.8	29.8	5.8	27.7	28.2	79	84	73
广州	23°08′	113°19′	6.6	21.8	7	5	2.9	13	31	33.5	30.1	6.5	27.7	28.4	70	83	67
湛江	21°13′	110°24′	25.3	23.1	10	7	4.2	16	31	33.7	30.5	6.2	27.8	28.9	79	81	70
海口	20°02′	110°21′	14.1	23.8	12	10	6.9	17	32	34.5	29.9	8.8	27.9	28.4	85	83	67
桂林	25°20′	110°18′	161.8	18.8	3	0	-2.9	8	32	33.9	30.5	6.5	27.0	28.3	71	78	61
南宁	22°49′	108°21′	72.2	21.6	7	5	2.4	13	32	34.2	30.3	7.5	27.5	28.3	75	82	66
北海	21°29′	109°06′	14.6	22.6	8	6	2.6	14	31	32.4	30.1	4.4	27.9	28.7	77	83	74
成都	30°40′	104°01′	505.9	16.2	2	1	-1.1	6	29	31.6	28.0	6.9	26.7	25.6	80	85	70
重庆	29°35′	106°28′	259.1	18.3	4	2	0.9	7	33	36.5	32.5	7.7	27.3	28.6	82	75	56
贵阳	26°35′	106°43′	1071.2	15.3	-1	-3	-5.9	5	28	30.0	26.3	7.1	23.0	24.0	78	77	64
昆明	25°01′	102°41′	1891.4	14.7	3	1	-3.5	8	23	25.8	22.2	6.9	19.9	19.8	68	83	64
拉萨	29°40′	91°08′	3658.0	7.5	-6	-8	-10.3	-2	19	22.8	18.1	9.0	13.5	15.1	28	54	44
西安	34°18′	108°56′	396.9	13.3	-5	-8	-12.3	-1	31	35.2	30.7	8.7	26.0	26.6	67	72	55
兰州	36°03′	103°53′	1517.2	9.1	-11	-13	-15.8	-7	26	30.5	25.8	9.0	20.2	22.2	58	61	44
西宁	36°37′	101°46′	2261.2	5.7	-13	-15	-20.3	-9	22	25.9	20.7	10.0	16.4	17.2	48	65	47
银川	38°29′	106°13′	1111.5	8.5	-15	-18	-23.4	-9	27	30.6	25.9	9.0	22.0	23.4	58	64	47
乌鲁木齐	43°47′	87°37′	917.9	5.7	-22	-27	-33.3	-15	29	34.1	29.0	9.8	18.5	23.5	80	44	31
吐鲁番	42°56′	89°12′	34.5	13.9	-15	-21	-23.7	-10	36	40.7	35.5	10.0	23.8	32.7	59	31	24
香港	22°18′	114°10′	32.0	22.8	10	8	6.0	16	31	32.4	30.0	4.6	27.3	28.6	71	81	73
台北	25°02′	121°31′	9.0	22.1	11	9	7.0	15	31	33.6	30.5	6.9	27.3	28.6	82	77	
花莲	24°01′	121°37′	14.0	22.9	13	11	9.8	17	30	32.0	29.5	4.8	26.8	28.5	82	80	

6.1.2 室内空调设计参数

6.1.2.1 舒适性空调设计参数

舒适性空气调节房间的室内空气参数应根据室外空气参数、冷源情况、经济条件和节能要求以及室内参数综合作用下的舒适条件，参考表 6-2 选用。

表6-2 舒适性空气调节房间的室内设计参数

建筑类型	房间类型	夏季 温度/℃	夏季 相对湿度/%	夏季 气流平均速度/m·s⁻¹	冬季 温度/℃	冬季 相对湿度/%	冬季 气流平均速度/m·s⁻¹
住宅	卧室和起居室	26~28	64~65	≤0.3	18~20	—	≤0.2
旅馆	客房	24~27	65~50	≤0.25	18~22	≥30	≤0.15
	宴会厅、餐厅	24~27	65~55	≤0.25	18~22	≥40	≤0.15
	文体娱乐房间	25~27	60~40	≤0.3	18~20	≥40	≤0.2
	大厅、休息厅、服务部门	26~28	65~50	≤0.3	16~18	≥30	≤0.2
医院	病房	25~27	65~45	≤0.3	18~22	55~40	≤0.2
	手术室、产房	25~27	60~40	≤0.2	22~26	60~40	≤0.2
	检查室、诊断室	25~27	60~40	≤0.25	18~22	60~40	≤0.2
办公楼	一般办公室	26~28	<65	≤0.3	18~20		≤0.2
	高级办公室	24~27	60~40	≤0.3	20~22	55~40	≤0.2
	会议室	25~27	<65	≤0.3	16~18		≤0.2
	计算机房	25~27	65~45	≤0.3	16~18		≤0.2
	电话机房	24~28	65~45	≤0.3	18~20		≤0.2
影剧院	观众厅	26~28	≤65	≤0.3	16~18	≥30	≤0.2
	舞台	25~27	≤65	≤0.3	16~20	≥35	≤0.2
	化妆室	25~27	≤60	≤0.3	18~22	≥35	≤0.2
	休息厅	28~30	<65	≤0.5	16~18		≤0.3
学校	教室	26~28	≤65	≤0.3	16~18		≤0.2
	礼堂	26~28	≤65	≤0.3	16~18		≤0.2
	实验室	25~27	≤65	≤0.3	16~20		≤0.2
百货商店	营业厅	26~28	65~50	0.2~0.5	16~18	50~30	0.1~0.3
电视、广播中心	播音室、演播室	25~27	60~40	≤0.3	18~20	50~40	≤0.2
	控制室	24~26	60~40	≤0.3	20~22	55~40	≤0.2
	机房	25~27	60~40	≤0.3	16~18	55~40	≤0.2
广播中心	节目制作室、录音室	25~27	60~40	≤0.3	18~20	50~40	≤0.2
图书馆	阅览室	26~28	65~45	≤0.3	16~18		≤0.2
博物馆	展览厅	26~28	60~45	≤0.3	16~18	50~40	≤0.2
美术馆	善本、舆图、珍藏、档案库和书库	22~24	60~45	≤0.3	12~16	60~45	≤0.2
档案馆	缩微胶片库	20~22	50~30	≤0.3	16~18	50~30	≤0.2
体育馆	观众席	26~28	≤65	0.15~0.3	16~18	50~35	≤0.2
	比赛厅	26~28	≤65	0.2~0.5 乒乓球、羽毛球≤0.2 其余0.2~0.5	16~18		≤0.2
	练习厅	26~28	≤65	乒乓球、羽毛球≤0.2 其余0.2~0.5	16~18		≤0.2
	游泳池大厅	26~29	≤75	≤0.2	26~28	≤75	≤0.2
	休息厅	28~30	≤65	<0.5	16~18		≤0.2

6.1.2.2 工艺性空调设计参数

工艺性空调设计参数见表6-3[7]。

表6-3 生产工艺性空调室内设计参数

工艺过程	夏季		冬季		备注
	温度/℃	相对湿度/%	温度/℃	相对湿度/%	
机械加工：					
一级坐标镗床	20±1	40~65	20±1	40~65	
二级坐标镗床	23±1	40~65	17±1	40~65	
高精度刻线机(机械法)	20±(0.1~0.2)	40~65	20±(0.1~0.2)	40~65	
各种计量：					
标准热电偶	20±(1~2)	<70	20±(1~2)	<70	
检定一、二等标准电池	20±2	<70	20±2	<70	
检定直流高、低阻电位计	20±1	<70	20±1	<70	
检定精密电桥	20±1	<70	20±1	<70	
检定一等量块	20±0.2	50~60	20±0.2	50~60	
检定三等量块	20±1	50~60	20±1	50~60	
光学仪器加工：					
抛光、细磨、镀膜	24±2	<65	22±2	<65	有较高的空气净化要求
光学系统装配					
精密刻划	20±(0.1~0.5)	<65	20±(0.1~0.5)	<65	
电子器件：					
电容器	26~28	40~60	16~18	40~60	
精缩、制版、光刻	22±1	50~60	22±1	50~60	有较高的空气净化要求
扩散、蒸发、纯化	23±5	60~70	23±5	60~70	
外延					
显像管涂屏	25±1	60~70	25±1	60~70	有洁净要求
阴极、热丝涂敷	24±2	50~60	22±2	50~60	
纺织：					
(棉)梳棉	26~28	55~60	22~25	55~60	
细纱	28~30	55~60	24~26	55~60	
织布	28~30	70~75	23~26	70~75	
(羊毛)前纺	26~28	65~75	26~28	65~75	
精纺	28~30	65~80	24~26	65~80	
织布	28~30	75~85	23~26	75~85	
制药：					
(片剂)制片	26±2	50±5	22±2	50±5	
片剂干燥	26~28	50±5	24~26	50±5	有一定的空气净化要求
(针剂)混合	28±2	<60	28±2	<60	
粉剂充装	26±1	10~25	26±1	10~25	有较高空气净化要求

续表 6-3

工艺过程	夏季		冬季		备注
	温度/℃	相对湿度/%	温度/℃	相对湿度/%	
造纸：					
薄型纸完成(分切)	25±1	65±5	20±1	65±5	
高级纸完成	26±2	65±5	26±2	65±5	
实验室	20±(0.5~2)	(60~65)±(2~3)	20±(0.5~2)	(60~65)±(2~3)	
印刷：					
电子制版	(20~23)±1.5	55±5		55±5	冬季可取20℃
照相凹版制版	(20~23)±1	(55~60)±2.5		(55~60)±2.5	冬季可取20℃
胶版印刷	(24~27)±4	(46~48)±2		(46~48)±2	冬季可取24℃
照相凹版印刷	(24~27)±4	(46~48)±2		(46~48)±2	冬季可取24℃
凸版印刷	(24~27)±4	(40~50)±5		(40~50)±5	冬季可取24℃
胶片：					
底片贮存	21~25	55~65		55~65	冬季可取21℃
胶卷生产	22~25	50~60		50~60	冬季可取22℃
卷烟：					
原料加工	27	60~80	20	60~80	
烟丝贮存	26	50~70	20	50~70	
橡胶：					
钢丝锭子室	25±1	<40	25±1	<40	
高压胶管钢丝编织	23±2	62.5±2.5	23±2	62.5±2.5	
实验室	20±1	约60	20±1	约60	

6.2 围护结构温差传热冷负荷计算用基础数据[12]

此方面的数据很多，限于篇幅，本书只列举与第7章冷负荷计算例题有关的一些计算温差传热冷负荷用数据，见表6-4~表6-16（如外墙结构类型及有关数据从序号1~序号36，本书只列出序号21中的一些数据）。详尽数据参见《中央空调常用数据速查手册》及其他资料。

表6-4 外墙结构类型及有关数据

序号	构造	壁厚 δ/mm	保温层 材料	保温层 厚度 l/mm	导热热阻 R /$m^2\cdot℃\cdot W^{-1}$	传热系数 K /$W\cdot(m^2\cdot℃)^{-1}$	质量 w /$kg\cdot m^{-2}$	比热容 c /$kJ\cdot(m^2\cdot℃)^{-1}$	类型
21	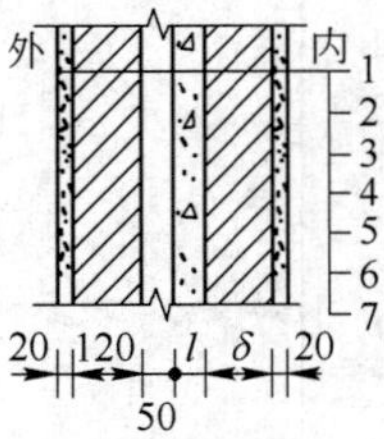 1—水泥砂浆抹灰加浅色喷浆； 2—砖墙； 3—空气层； 4—保温层； 5—隔汽层； 6—砖墙； 7—水泥砂浆、油漆	240	水泥膨胀珍珠岩	160	2.05	0.45	772	666	Ⅰ
				110	1.62	0.56	755	653	Ⅰ
				70	1.27	0.70	741	645	Ⅰ
				50	1.10	0.79	734	636	Ⅰ
				30	0.93	0.92	727	632	Ⅰ
			沥青膨胀珍珠岩	120	1.96	0.47	758	653	Ⅰ
				85	1.58	0.57	746	645	Ⅰ
				60	1.32	0.67	737	641	Ⅰ
				40	1.10	0.79	730	636	Ⅰ
		370	加气混凝土	160	1.59	0.57	1046	913	Ⅰ
				100	1.31	0.67	1010	883	Ⅰ
				50	1.07	0.81	980	858	Ⅰ

表 6-5　屋面结构分类及相关数据

序号	构　造	壁厚 δ/mm	保温层 材料	保温层 厚度 l /mm	导热热阻 R /m²·℃·W⁻¹	传热系数 K /W·(m²·℃)⁻¹	质量 w /kg·m⁻²	比热容 c /kJ·(m²·℃)⁻¹	类型
4	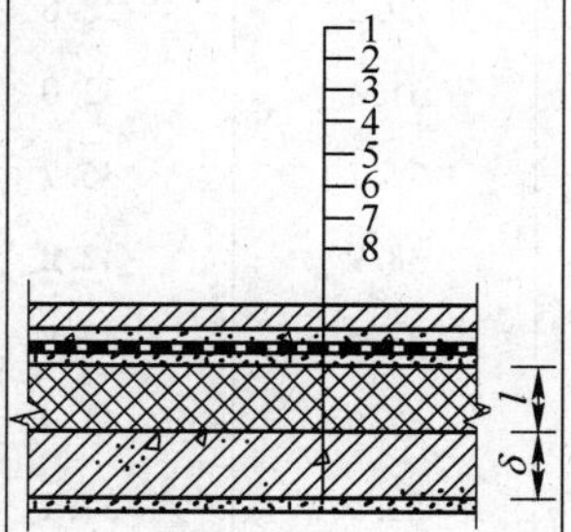 1—200 号水泥面砖（或钢筋混凝土板）30mm； 2—水泥砂浆 20mm； 3—卷材防水层； 4—水泥砂浆找平层 20mm； 5—保温层； 6—隔汽层； 7—现浇钢筋混凝土屋面板； 8—内粉刷	70	水泥膨胀珍珠岩	50	0.63	1.26	362	306	Ⅳ
				100	1.06	0.81	379	314	Ⅲ
				150	1.49	0.60	397	327	Ⅲ
				200	1.92	0.48	414	339	Ⅱ
			沥青膨胀珍珠岩	50	0.82	1.01	359	306	Ⅳ
				100	1.43	0.63	374	318	Ⅲ
				150	2.05	0.45	389	331	Ⅲ
				200	2.66	0.35	404	343	Ⅱ
			加气混凝土泡沫混凝土	50	0.44	1.64	374	318	Ⅳ
				100	0.68	1.19	404	343	Ⅲ
				150	0.92	0.92	434	368	Ⅲ
				200	1.15	0.76	464	394	Ⅱ
			沥青蛭石板	50	0.68	1.19	364	318	Ⅳ
				100	1.15	0.76	384	348	Ⅲ
				150	1.63	0.56	404	373	Ⅱ
				200	2.12	0.44	424	398	Ⅰ

表 6-6　外墙冷负荷计算温度 t_{lo}

Ⅰ型外墙　　（℃）

时刻	S	SW	W	NW	N	NE	E	SE
8	35.2	37.4	37.9	35.5	32.6	35.2	37.3	36.9
9	35.1	37.3	37.8	35.5	32.5	35.1	37.1	36.7
10	34.9	37.1	37.7	35.4	32.5	34.9	36.8	36.5
11	34.8	37.0	37.5	35.2	32.4	34.7	36.6	36.3
12	34.6	36.7	37.3	35.1	32.2	34.6	36.4	36.1
13	34.4	36.5	37.1	34.9	32.1	34.5	36.2	35.9
14	34.2	36.3	36.9	34.7	32.0	34.4	36.1	35.7
15	34.0	36.1	36.6	34.5	31.9	34.4	36.1	35.7
16	33.9	35.9	36.4	34.4	31.8	34.4	36.2	35.6
17	33.8	35.7	36.2	34.2	31.8	34.4	36.3	35.7
18	33.8	35.6	36.1	34.1	31.8	34.5	36.4	35.8
最大值	35.3	37.4	37.9	35.5	32.7	35.5	37.7	37.2
最小值	33.8	35.5	35.9	34.0	31.8	34.4	36.1	35.7

表 6-7 屋面冷负荷计算温度 t_{lo} (℃)

时刻	屋面类型					
	Ⅰ型	Ⅱ型	Ⅲ型	Ⅳ型	Ⅴ型	Ⅵ型
8	43.4	38.1	34.1	31.2	28.4	26.8
9	42.7	37.0	33.1	30.7	29.2	28.6
10	41.9	36.1	32.7	31.0	31.4	32.0
11	41.1	35.6	33.0	32.3	34.7	36.7
12	40.2	35.6	34.0	34.5	38.9	42.2
13	39.5	36.0	35.8	37.5	43.4	47.8
14	38.9	37.0	38.1	41.0	47.9	52.9
15	38.5	38.4	40.7	44.6	51.9	57.1
16	38.3	40.1	43.5	47.9	54.9	59.8
17	38.4	41.9	46.1	50.7	56.8	60.9
18	38.8	43.7	48.3	52.7	57.2	60.2
最大值	45.0	47.8	50.9	53.7	57.2	60.9
最小值	38.3	35.6	32.7	30.7	28.4	26.5

表 6-8 Ⅰ～Ⅳ型结构地点修正值 t_{dl} (℃)

编号	城市	S	SW	W	NW	N	NE	E	SE	水平
1	北京	0.0	0.0	0.0	0.0	0.0	0.0	0.0	0.0	0.0
2	天津	-0.4	-0.3	-0.1	-0.1	-0.2	-0.3	-0.1	-0.3	-0.5
3	石家庄	0.5	0.6	0.8	1.0	1.0	0.9	0.8	0.6	0.4
4	太原	-3.3	-3.0	-2.7	-2.7	-2.8	-2.8	-2.7	-3.0	-2.8
5	呼和浩特	-4.3	-4.3	-4.4	-4.5	-4.6	-4.7	-4.4	-4.3	-4.2
6	沈阳	-1.4	-1.7	-1.9	-1.9	-1.6	-2.0	-1.9	-1.7	-2.7
7	长春	-2.3	-2.7	-3.1	-3.3	-3.1	-3.4	-3.1	-2.7	-3.6
8	哈尔滨	-2.2	-2.8	-3.4	-3.7	-3.4	-3.8	-3.4	-2.8	-4.1
9	上海	-0.8	-0.2	0.5	1.2	1.2	1.0	0.5	-0.2	0.1
⋮										
25	西安	0.5	0.5	0.9	1.5	1.8	1.4	0.9	0.5	0.4
26	兰州	-4.8	-4.4	-4.0	-3.8	-3.9	-4.0	-4.0	-4.4	-4.0
27	西宁	-9.6	-8.9	-8.4	-8.5	-8.9	-8.6	-8.4	-8.9	-7.9
28	银川	-3.8	-3.5	-3.2	-3.3	-3.6	-3.4	-3.2	-3.5	-2.4
29	乌鲁木齐	0.7	0.5	0.2	-0.3	-0.4	-0.4	0.2	0.5	0.1
30	台北	-1.2	-0.7	0.2	2.6	1.9	1.3	0.2	-0.7	-0.2
31	二连	-1.8	-1.9	-2.2	-2.7	-3.0	-2.8	-2.2	-1.9	-2.3
32	汕头	-1.9	-0.9	0.5	1.7	1.8	1.5	0.5	-0.9	0.4
33	海口	-1.5	-0.6	1.0	2.4	2.9	2.3	1.0	-0.6	1.0
34	桂林	-1.9	-1.1	0.0	1.1	1.3	0.9	0.0	-1.1	-0.2
35	重庆	0.4	1.1	2.0	2.7	2.8	2.6	2.0	1.1	1.7
36	敦煌	-1.7	-1.3	-1.1	-1.5	-2.0	-1.6	-1.1	-1.3	-0.7

表 6-9　北京室外（7 月份）综合温度 t_z　（℃）

时刻	ρ	朝向 S	SW	W	NW	N	NE	E	SE	水平	室外空气计算温度
8	0.60	30.9	30.2	30.2	30.2	30.2	43.4	49.6	44.4	41.2	27.1
	0.75	31.8	31.0	31.0	31.0	31.0	47.5	55.3	48.8	45.5	
	0.90	32.8	31.8	31.8	31.8	31.8	51.6	60.9	53.1	49.9	
14	0.60	44.7	51.9	50.8	42.0	37.7	37.7	37.7	37.7	58.1	33.3
	0.75	47.5	56.6	55.2	44.2	38.8	38.8	38.8	38.8	65.2	
	0.90	50.4	61.2	59.6	46.4	39.9	39.9	39.9	39.9	72.3	
15	0.60	41.4	52.6	54.8	46.8	37.3	37.3	37.3	37.3	53.6	33.5
	0.75	43.3	57.4	60.2	50.2	38.3	38.3	38.3	38.3	59.4	
	0.90	45.3	62.1	65.5	53.5	39.2	39.2	39.2	39.2	65.3	
16	0.60	37.0	50.6	55.8	49.6	36.3	36.3	36.3	36.3	47.3	33.3
	0.75	38.0	54.9	61.4	53.7	37.1	37.1	37.1	37.1	51.7	
	0.90	38.9	59.2	67.0	57.7	37.9	37.9	37.9	37.9	56.0	

表 6-10　外表面放热系数修正值

α_w	14	16.3	18.6	20.9	23.3	25.6	27.9	30.2
C_α	1.06	1.03	1.00	0.98	0.97	0.95	0.94	0.93

表 6-11　吸收系数修正值 C_p

颜　色	类　别		颜　色	类　别	
	外　墙	屋　面		外　墙	屋　面
浅　色	0.94	0.88	中　色	0.97	0.94

表 6-12　不同类型窗玻璃的传热系数 K_{ch} 值

玻璃类型	空气层/mm	传热系数/W·(m²·℃)⁻¹	玻璃类型	空气层/mm	传热系数/W·(m²·℃)⁻¹
单层透明玻璃		5.9	三层透明中空玻璃	2×9	2.2
双层透明中空玻璃	6	3.4		2×12	2.1
	9	3.1	双层反射中空玻璃	12	1.6
双层有色玻璃	6	2.5			
	12	1.8			

表 6-13　不同类型窗框的玻璃窗传热系数修正值 C_{k1}

窗框类型	单层窗	双层窗	窗框类型	单层窗	双层窗
全部玻璃	1.0	1.00	木窗框，60%玻璃	0.8	0.85
木窗框，80%玻璃	0.9	0.95	金属窗框，80%玻璃	1.0	1.20

表 6-14　有内遮阳设施玻璃窗的传热系数修正值 C_{k2}

无内遮阳设施	单　层　窗	双　层　窗
1.00	0.75	0.85

表 6-15　玻璃窗的逐时冷负荷计算温度 t_{lc}　　(℃)

时刻	0	1	2	3	4	5	6	7	8	9	10	11
t_{lc}	27.2	26.7	26.2	25.8	25.5	25.3	25.4	26.0	26.9	27.9	29.0	29.9
时刻	12	13	14	15	16	17	18	19	20	21	22	23
t_{lc}	30.8	31.5	31.9	32.2	32.2	32.0	31.6	30.8	29.9	29.1	28.4	27.8

表 6-16　玻璃窗的地点修正值 t_{d2}　　(℃)

序号	城市	t_{d2}	序号	城市	t_{d2}	序号	城市	t_{d2}	序号	城市	t_{d2}
1	北京	0	11	杭州	3	21	成都	-1	31	二连	-2
2	天津	0	12	合肥	3	22	贵阳	-3	32	汕头	1
3	石家庄	1	13	福州	2	23	昆明	-6	33	海口	1
4	太原	-2	14	南昌	3	24	拉萨	-11	34	桂林	1
5	呼和浩特	-4	15	济南	3	25	西安	2	35	重庆	3
6	沈阳	-1	16	郑州	2	26	兰州	-3	36	敦煌	-1
7	长春	-3	17	武汉	3	27	西宁	-8	37	格尔木	-9
8	哈尔滨	-3	18	长沙	3	28	银川	-3	38	和田	-1
9	上海	1	19	广州	1	29	乌鲁木齐	1	39	喀什	0
10	南京	3	20	南宁	1	30	台北	1	40	库车	0

6.3　外窗太阳辐射冷负荷计算用基础数据

外窗太阳辐射冷负荷计算用基础数据[12]见表 6-17 ~ 表 6-21。

表 6-17　窗玻璃的遮挡系数 C_s 值

玻璃类型	层数	厚度/mm	C_s 值	玻璃类型	层数	厚度/mm	C_s 值
透明普通玻璃	单	3	1.00	灰色浮法玻璃 + 透明浮法玻璃	双	4 + 4	0.63
	单	5	0.93		双	6 + 6	0.55
	单	6	0.89		双	10 + 6	0.40
浅蓝色吸热玻璃	单	3	0.96	绿色浮法玻璃 + 透明浮法玻璃	双	6 + 6	0.55
	单	5	0.88				
	单	6	0.83				
透明普通玻璃	双	3 + 3	0.86	透明反射玻璃 + 透明浮法玻璃	双	4 + 4	0.58
					双	5 + 5	0.57
	双	5 + 5	0.78		双	6 + 6	0.55
					双	8 + 8	0.52
	双	6 + 6	0.74		双	10 + 10	0.49
透明浮法玻璃	双	6 + 6	0.84	茶色反射玻璃 + 透明浮法玻璃	双	4 + 4	0.41
茶色浮法玻璃 + 透明浮法玻璃	双	4 + 4	0.66		双	5 + 5	0.38
					双	6 + 6	0.35
	双	6 + 6	0.55		双	8 + 8	0.29
	双	10 + 6	0.40		双	10 + 10	0.26

表 6-18　窗的内遮阳系数 C_n 值

窗的内遮阳类型	颜　色	C_n 值	窗的内遮阳类型	颜　色	C_n 值
布　窗　帘	白　色	0.50	活动百叶（叶片 45°）	白　色	0.60
布　窗　帘	浅蓝色	0.60	活动百叶（叶片 45°）	淡黄色	0.68
布　窗　帘	深黄色	0.65	活动百叶（叶片 45°）	浅灰色	0.75
布　窗　帘	紫红色	0.65	窗上涂白	白　色	0.60
布　窗　帘	深绿色	0.65	毛玻璃	次白色	0.40

表 6-19　窗的有效面积系数 C_a 值

窗的种类	有效面积系数 C_a	窗的种类	有效面积系数 C_a
单层钢窗	0.85	双层钢窗	0.75
单层木窗	0.70	双层木窗	0.60

表 6-20　北纬 40°透过标准玻璃窗的太阳总辐射照度 $J_{ch \cdot zd}$

地域条件	透明度等级		5					
	朝　向		S	SE	E	NE	N	H
	辐射照度		上行——直接辐射 下行——散射辐射					
北纬 40°	时刻（地方太阳时）	6	0（0） 42（36）	117（101） 42（36）	267（230） 42（36）	243（209） 42（36）	51（44） 42（36）	40（34） 58（50）
		7	0（0） 72（62）	229（197） 72（62）	398（342） 72（62）	311（267） 72（62）	42（36） 72（62）	152（131） 91（78）
		8	1（1） 96（83）	306（263） 96（83）	437（376） 96（83）	278（239） 96（83）	0（0） 96（83）	300（258） 109（94）
		9	41（35） 119（102）	337（290） 119（102）	398（342） 119（102）	172（148） 119（102）	0（0） 119（102）	448（385） 124（107）
		10	104（89） 133（114）	302（260） 133（114）	270（232） 133（114）	43（37） 133（114）	0（0） 133（114）	557（479） 131（113）
		11	150（129） 138（119）	213（183） 138（119）	100（86） 138（119）	0（0） 138（119）	0（0） 138（119）	619（532） 130（112）
		12	167（144） 142（122）	94（81） 142（122）	0（0） 142（122）	0（0） 142（122）	0（0） 142（122）	641（551） 133（114）
		13	150（129） 138（119）	5（4） 138（119）	0（0） 138（119）	0（0） 138（119）	0（0） 138（119）	619（532） 130（112）
		14	104（89） 133（114）	0（0） 133（114）	0（0） 133（114）	0（0） 133（114）	0（0） 133（114）	557（479） 131（113）
		15	41（35） 119（102）	0（0） 119（102）	0（0） 119（102）	0（0） 119（102）	0（0） 119（102）	448（385） 124（107）
		16	1（1） 96（83）	0（0） 96（83）	0（0） 96（83）	0（0） 96（83）	0（0） 96（83）	300（258） 109（94）
		17	0（0） 72（62）	0（0） 72（62）	0（0） 72（62）	0（0） 72（62）	42（36） 72（62）	152（131） 91（78）
		18	0（0） 42（36）	0（0） 42（36）	0（0） 42（36）	0（0） 42（36）	51（44） 42（36）	40（34） 58（50）
	朝　向		S	SW	W	NW	N	H

表 6-21 40°N 纬度带有内遮阳冷负荷系数值 $C_{cl.ch}$

时刻 朝向	8	9	10	11	12	13	14	15
S	0.22	0.37	0.57	0.72	0.84	0.80	0.61	0.43
SE	0.71	0.82	0.80	0.62	0.43	0.28	0.26	0.24
E	0.82	0.78	0.58	0.37	0.23	0.23	0.22	0.20
NE	0.76	0.56	0.34	0.27	0.28	0.27	0.26	0.23
N	0.54	0.65	0.75	0.81	0.84	0.83	0.79	0.71
NW	0.17	0.20	0.22	0.23	0.24	0.24	0.31	0.54
W	0.14	0.16	0.17	0.18	0.19	0.32	0.55	0.71
SW	0.16	0.19	0.21	0.23	0.38	0.59	0.73	0.84
水平	0.43	0.57	0.69	0.77	0.85	0.84	0.73	0.63

6.4 人体、照明、设备等散热形成冷负荷计算用基础数据

人体、照明、设备散热形成冷负荷计算用基础数据[12]见表6-22～表6-27。

表 6-22 不同温度条件下的成年男子散热量和散湿量

温度（劳动时）/℃	静坐				极轻劳动				轻度劳动				中等劳动				重度劳动			
	显热/W	潜热/W	全热/W	散湿量/g·h^{-1}	显热/W	潜热/W	全热/W	散湿量/g·h^{-1}	显热/W	潜热/W	全热/W	散湿量/g·h^{-1}	显热/W	潜热/W	全热/W	散湿量/g·h^{-1}	显热/W	潜热/W	全热/W	散湿量/g·h^{-1}
16	99	17	116	26	108	34	142	50	117	71	188	105	150	86	236	128	192	215	407	321
17	93	20	113	30	105	36	141	54	112	74	186	110	142	94	236	141	186	221	407	330
18	90	22	112	33	100	40	140	59	106	79	185	118	134	102	236	153	180	227	407	339
19	87	23	110	35	97	43	140	64	99	84	183	126	126	110	236	165	174	233	407	347
20	84	26	110	38	90	47	137	69	93	90	183	134	117	118	235	175	169	238	407	356
21	81	27	108	40	85	51	136	76	87	94	181	140	112	123	235	184	163	244	407	365
22	78	30	108	45	79	56	135	83	81	100	181	150	104	131	235	196	157	250	407	373
23	74	34	108	50	75	59	134	89	76	106	182	158	97	138	235	207	157	256	407	382
24	71	37	108	56	70	64	134	96	70	112	182	167	88	147	235	219	145	262	407	391
25	67	41	108	61	65	69	134	102	64	117	181	175	83	152	235	227	140	267	407	400
26	63	45	108	68	61	73	134	109	58	123	181	184	74	161	235	240	134	273	407	408
27	58	50	108	75	57	77	134	115	51	130	181	194	67	168	235	250	128	279	407	417
28	53	55	108	82	51	83	134	123	47	135	182	203	61	174	235	260	122	285	407	425
29	48	60	108	90	45	89	134	132	40	142	182	212	52	183	235	273	116	291	407	434
30	43	65	103	97	41	93	134	139	35	147	182	220	45	190	235	283	110	297	407	443

表 6-23　人体显热散热冷负荷系数 $C_{cl.r}$

在室内的总小时数		2	4	6	8	10	12	14	16	18
每个人进入室内后的小时数	1	0.49	0.49	0.50	0.51	0.53	0.55	0.58	0.62	0.66
	2	0.58	0.59	0.60	0.61	0.62	0.64	0.66	0.70	0.74
	3	0.17	0.66	0.67	0.67	0.69	0.70	0.72	0.75	0.79
	4	0.13	0.71	0.72	0.72	0.74	0.75	0.77	0.79	0.82
	5	0.10	0.27	0.76	0.76	0.77	0.79	0.80	0.82	0.85
	6	0.08	0.21	0.79	0.80	0.80	0.81	0.83	0.85	0.87
	7	0.07	0.16	0.34	0.82	0.83	0.84	0.85	0.87	0.89
	8	0.06	0.14	0.26	0.84	0.85	0.86	0.87	0.88	0.90

表 6-24　某些空气调节建筑物内的群集系数 C_r

活动场所	影、剧院	百货商场（售货）	体育馆	旅　馆	图书馆阅览室
群集系数	0.89	0.89	0.92	0.93	0.96

表 6-25　照明散热冷负荷系数 $C_{cl.l}$

灯具类型		明装荧光灯							暗装荧光灯或明装白炽灯		
空调设备运行时数/h		24	24	24	16	16	16	12	24	16	12
开灯时数/h		13	10	8	13	10	8	10	10	10	10
开始使用后的小时数	0	0.37	0.37	0.37	0.60	0.60	0.51	0.63	0.34	0.58	0.69
	1	0.67	0.67	0.67	0.87	0.82	0.79	0.90	0.55	0.75	0.86
	2	0.71	0.71	0.71	0.90	0.83	0.82	0.91	0.61	0.79	0.89
	3	0.74	0.74	0.74	0.91	0.84	0.84	0.93	0.65	0.80	0.90
	4	0.76	0.76	0.76	0.91	0.84	0.85	0.93	0.68	0.80	0.91
	5	0.79	0.79	0.79	0.93	0.84	0.87	0.94	0.71	0.81	0.91
	6	0.81	0.81	0.81	0.93	0.85	0.88	0.95	0.74	0.82	0.92
	7	0.83	0.83	0.83	0.94	0.85	0.89	0.95	0.77	0.83	0.93

表 6-26　有罩设备和用具显热散热冷负荷系数 $C_{cl.M}$

连续使用小时数		2	4	6	8	10	12	14	16	18
开始使用后的小时数	1	0.27	0.28	0.29	0.31	0.33	0.36	0.40	0.45	0.52
	2	0.40	0.41	0.42	0.44	0.46	0.49	0.52	0.57	0.63
	3	0.25	0.51	0.51	0.54	0.55	0.58	0.61	0.65	0.70
	4	0.18	0.59	0.59	0.61	0.62	0.64	0.67	0.70	0.75
	5	0.14	0.39	0.65	0.66	0.68	0.69	0.72	0.75	0.79
	6	0.11	0.30	0.70	0.71	0.72	0.74	0.76	0.78	0.82
	7	0.09	0.24	0.48	0.75	0.76	0.77	0.79	0.81	0.84
	8	0.08	0.19	0.37	0.78	0.79	0.80	0.82	0.84	0.86

表 6-27　无罩设备和用具显热散热冷负荷系数 $C_{cl.M}$

连续使用小时数		2	4	6	8	10	12	14	16	18
开始使用后的小时数	1	0.56	0.57	0.57	0.58	0.60	0.62	0.64	0.67	0.71
	2	0.64	0.65	0.65	0.66	0.68	0.69	0.71	0.74	0.78
	3	0.15	0.71	0.71	0.72	0.73	0.75	0.76	0.79	0.82
	4	0.11	0.75	0.76	0.76	0.77	0.79	0.80	0.82	0.85
	5	0.08	0.23	0.79	0.80	0.81	0.82	0.83	0.85	0.87
	6	0.07	0.18	0.82	0.82	0.83	0.84	0.85	0.87	0.89
	7	0.06	0.14	0.29	0.85	0.85	0.86	0.87	0.89	0.90
	8	0.05	0.12	0.22	0.87	0.87	0.88	0.89	0.90	0.92

7　冷负荷计算方法与散湿量计算方法

7.1　国标对冷负荷计算的技术规定[16]

国标《采暖通风与空气调节设计规范》（GB 50019—2003）对冷负荷计算的有关条文（计算得热量与散湿量的项目、逐时冷负荷的综合最大值、附加冷负荷）：

（1）（原6.2.1）除方案设计或初步设计阶段可使用冷负荷指标进行必要的估算之外，应对空气调节区进行逐项逐时的冷负荷计算。

（2）（原6.2.2）空气调节区的夏季计算得热量，应根据下列各项确定：

1）通过围护结构传入的热量；

2）通过外窗进入的太阳辐射热量；

3）人体散热量；

4）照明散热量；

5）设备、器具、管道及其他内部热源的散热量；

6）食品或物料的散热量；

7）渗透空气带入的热量；

8）伴随各种散湿过程产生的潜热量。

（3）（原6.2.3）空气调节区的夏季冷负荷，应根据各项得热量的种类和性质以及空气调节区的蓄热特性，分别进行计算。

通过围护结构进入的非稳态传热量、透过外窗进入的太阳辐射热量、人体散热量以及非全天使用的设备、照明灯具的散热量等形成的冷负荷，应按非稳态传热方法计算确定，不应将上述得热量的逐时值直接作为各相应时刻冷负荷的即时值。

（4）（原6.2.12）确定人体、照明和设备等散热形成的冷负荷时，应根据空气调节区蓄热特性和不同使用功能，分别选用适宜的人员群体系数、设备功率系数、同时使用系数以及通风保温系数，有条件时宜采用实测数值。

当上述散热形成的冷负荷占空气调节区冷负荷的比率较小时，可不考虑空气调节区蓄热特性的影响。

（5）（原6.2.13）空气调节区的夏季计算散湿量，应根据下列各项确定：

1）人体散湿量；

2）渗透空气带入的湿量；

3）化学反应过程的散湿量；

4）各种潮湿表面、液面或液流的散湿量；

5）食品或其他物料的散湿量；

6）设备散湿量。

（6）（原6.2.14）确定散湿量时，应根据散湿源的种类，分别选用适宜的人员群体系数、同时使用系数以及通风系数，有条件时宜采用实测数值。

（7）（原6.2.15）空气调节区的夏季冷负荷，应按各项逐时冷负荷的综合最大值确定。

空气调节系统的夏季冷负荷，应根据所服务空气调节区的同时使用情况、空气调节系统的类型及调节方式，按各空气调节区逐时冷负荷的综合最大值或各空气调节区夏季冷负荷的累计值确定，并应计入各项有关的附加冷负荷。

（8）（原 7.1.5）电动压缩式机组的总装机容量，应按上述第 7 条（规范原 6.2.15 条）计算的冷负荷选定，不另作附加。

7.2 围护结构温差传热冷负荷计算[1,12]

7.2.1 计算方法

冷负荷的通用计算方法，曾经历过“负荷专刊法”、“四个代表城市法”（北京、上海、广州、西安）和“北京计算基数法”等过程。而“北京计算基数法”是当前最新的一种冷负荷计算方法，这就是全国各地区的冷负荷计算，均以“北京计算基数”为依据进行修正的原因（见《全国民用建筑工程设计技术措施》暖通空调 · 动力—2003，中国建筑标准设计研究所等单位编，建设部发布，于 2003 年 3 月 1 日起执行）。

7.2.2 冷负荷计算方法示例

现举例说明冷负荷计算方法的详细过程，通过这些演算和查表步骤，使读者尽可能多地掌握冷负荷计算的实际方法和计算技巧。

【例 7-1】 天津地区有一座多层楼房的顶层空调房间，面积 16.2m²，层高 2.8m，窗高 2.5m（见图7-1），采用吊顶屋面。屋面保温材料为水泥膨胀珍珠岩，厚度 $\delta = 150$mm，传热系数 $K = 0.60$W/(m² · ℃)。表面为中色($\rho = 0.9$)。外墙为 370 砖墙，保温材料为加气混凝土，厚度 $\delta = 50$，$K = 0.81$。楼板为钢筋混凝土浇制（地面铺设化纤地毯），厚度 $\delta = 80$，$K = 1.44$。该房间为光学仪表装配间，室内设计温度为 $t_n = 24$℃（查表 6-3 得）。试确定该房间建筑结构类型及热工指标数据。

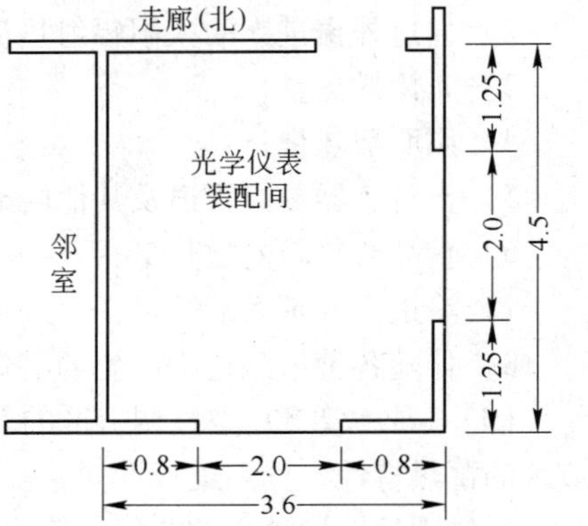

图 7-1 光学仪表间平面图

解： 据题意，查表 6-4、表 6-5，结果见表 7-1。

表 7-1 建筑结构类型及热工指标数据

名 称	类型	K	R	C	W	名 称	类型	K	R	C	W
外 墙	I	0.81	1.07	858	980	屋 面	Ⅲ	0.60	1.49	327	397

【例 7-2】 上例仪表装配间的外窗如图 7-1 所示为：南外窗与东外窗均为宽 2.0m，高 2.5m 的单层玻璃窗。空调方式采用顶部暗装风机盘管加新风系统，室内保持正压，不考虑空气渗透负荷。试计算外墙、屋面和外窗温差传热的冷负荷。

解：（1）计算外墙温差传热冷负荷

外墙和屋顶传热形成的逐时冷负荷，可按下式计算：

$$CL_q = FK(t_w - t_n) \tag{7-1}$$

$$t_w = (t_{lo} - t_{d1})C_\alpha \cdot C_\rho \tag{7-2}$$

式中 CL_q——外墙和屋顶传热形成的逐时冷负荷，W；

F——外墙和屋顶的面积，m^2；

K——传热系数，W/(m^2·℃)，根据外墙和屋顶的不同构造和厚度，可在表6-4、表6-5和表7-1中选用；

t_w——外墙和屋顶的综合冷负荷计算温度的逐时值,℃，根据外墙和屋顶的不同类型可按式（7-2）计算；

t_n——室内设计温度,℃，见表6-2、表6-3；

t_{lo}——外墙和屋顶的冷负荷计算温度的逐时值,℃，根据外墙和屋顶的不同类型可在表6-6和表6-7中选用，表中的质量和热容量均指单位面积而言；

t_{dl}——围护结构的地点修正值,℃，见表6-8；如表中不包括所设计的地点时，可按气象条件与之相近的附近地点修正值采用，或按下式计算：

$$t_{dl} = t'_z - t_z$$

t'_z——设计地点的日平均室外空气综合温度,℃；

t_z——北京的日平均室外空气综合温度,℃，见表6-9；

C_α——外表面放热系数修正值，见表6-10；

C_ρ——围护结构外表面日射吸收系数修正值，见表6-11；如确有把握经久保持围护结构外表面的中、浅色时，可乘以此修正值。

表6-6和表6-7的编制条件如下：以北京夏季7月份的气象数据为依据。室外日平均温度29℃；室外最高温度33.5℃；室外日温波幅9.6℃；外表面放热系数18.6W/(m^2·℃)；内表面放热系数8.7W/(m^2·℃)；外墙和屋顶的吸收系数$\rho=0.9$。

1）南外墙温差传热冷负荷的计算，以上午8:00为例，用式（7-1）进行计算。

① 先列出式(7-1)等式右侧南外墙各数据：

$F=5.08m^2$（见图7-1）；

$K=0.81$W/(m^2·℃)，见表7-1；

$t_n=24$℃(题给条件)，另由式(7-2)可知：

$$t_w = (t_{lo} - t_{dl})\ C_\alpha \cdot C_\rho$$

式中 $t_{lo}=35.2$℃（表6-6）；

$t_{dl}=-0.4$℃（表6-8）；

$C_\alpha=1$（表6-10，当$\alpha_w=18.6$W/(m^2·℃)时）；

$C_\rho=0.94$（表6-11，外墙为浅色）。

代入各数值，则

$$t_w = [35.2-(-0.4)] \times 1 \times 0.94 = 33.46(℃)$$

②计算南外墙8:00的CL_{q1}：

$$CL_{q1} = FK(t_w - t_n) = 5.08 \times 0.81(33.46-24) = 38.93 \approx 39(W)$$

③将南外墙8:00的CL_{q1}值及用相同方式计算出南外墙其他各时刻的CL_{q1}值，一并列入表7-2序号1中。

2）东外墙温差传热冷负荷计算。用与以上相同的计算方法，算出东外墙8:00及其他各时刻的CL_{q2}值，也将算出的数据，填入表7-2序号2中。

(2）计算屋面温差传热冷负荷。仍以上午8:00为例，用式（7-1）进行计算。

1）先列出式（7-1）等式右侧屋面各数据：

$F=16.2m^2$（图7-1）；

$K=0.60\text{W}/(\text{m}^2\cdot℃)$，见表7-1；

$t_n=24℃$（题给条件）。

将式(7-2)等式右侧各数据列出，计算 t_w

$t_{lo}=34.1℃$(表6-7)；

$t_{d1}=-0.5℃$(表6-8)；

$C_\alpha=1$（表6-10，当 $\alpha_w=18.6\text{W}/(\text{m}^2\cdot℃)$时)；

$C_\rho=0.94$（表6-11，屋面为中色）。

代入各数值，则

$$t_w=(t_{lo}-t_{d1})C_\alpha\cdot C_\rho=[34.1-(-0.5)]\times1\times0.94=32.52(℃)$$

2）计算屋面8:00的 CL_{q3}

$$CL_{q3}=FK(t_w-t_n)=16.2\times0.60(32.52-24)=82.8\approx83(\text{W})$$

3）将屋面8:00的 CL_{q3} 值及用相同方法计算出屋面其他各时刻的 CL_{q3} 值，一并填入表7-2序号3中。

（3）计算外窗温差传热冷负荷。仍以上午8:00为例，按下式计算：

$$CL_{ch.1}=F_{ch}K_{ch}C_{k1}C_{k2}[(t_{1c}+t_{d2})-t_n] \tag{7-3}$$

式中　$CL_{ch.1}$——外窗温差传热形成的逐时冷负荷，W；

F_{ch}——外窗窗口面积，m^2；

K_{ch}——外窗传热系数，$\text{W}/(\text{m}^2\cdot℃)$，见表6-12；

C_{k1}——不同类型窗框的外窗传热系数修正值，见表6-13；

C_{k2}——有内遮阳设施外窗传热系数修正值，见表6-14；

t_{1c}——外窗的逐时冷负荷计算温度，℃，见表6-15（此表以北京的气象参数数据编制）；

t_{d2}——外窗逐时冷负荷计算温度的地点修正值，℃，见表6-16，如设计地点不在表中，可按气象条件与之接近的附近地点修正值采用；

t_n——室内设计温度，℃。

1）南外窗温差传热冷负荷的计算

①先列出式（7-3）等式右侧各数据

$F_{ch}=5\text{m}^2$（见图7-1与例7-2)；

$K_{ch}=5.9\text{W}/(\text{m}^2\cdot℃)$，查表6-12（单层透明玻璃)；

$C_{k1}=1.0$，查表6-13（钢窗框，80%玻璃，单层窗)；

$C_{k2}=0.75$，查表6-14（单层窗)；

$t_{1c}=26.9℃$，查表6-15（8:00)；

$t_{d2}=0$，查表6-16（天津)；

$t_n=24℃$（题给条件)。

②计算南外窗8:00温差传热的 $CL_{ch\cdot1a}$

$$CL_{ch.1a}=F_{ch}K_{ch}C_{k1}C_{k2}[(t_{1c}+t_{d2})-t_n]$$
$$=5\times5.9\times1.0\times0.75[(26.9+0)-24]=64.15\approx64(\text{W})$$

③将南外窗8:00温差传热冷负荷 $CL_{ch.1}$ 值及以相同方法算出的其他各时刻南外窗的 $CL_{ch.1}$ 值，一并填入表7-2序号4中。

2）东外窗温差传热冷负荷的计算。用相同方法算出东外窗8:00及其他各时刻的 $CL_{ch.1b}$

值，并将其填入表7-2序号5中。

表7-2　各项温差传热的逐时冷负荷计算数据表

序号	项目		计算时刻 τ											备注
			8	9	10	11	12	13	14	15	16	17	18	
1	南外墙	t_{lo}	35.2	35.1	34.9	34.8	34.6	34.4	34.2	34.0	33.9	33.8	33.8	
	$K=0.81$	t_{d1}	−0.4	−0.4	−0.4	−0.4	−0.4	−0.4	−0.4	−0.4	−0.4	−0.4	−0.4	
	$F=5.08$	CL_{q1}	39											
2	东外墙	t_{lo}	37.3	37.1	36.8	36.6	36.4	36.2	36.1	36.1	36.2	36.3	36.4	
	$K=0.81$	t_{d1}	−0.4	−0.4	−0.4	−0.4	−0.4	−0.4	−0.4	−0.4	−0.4	−0.4	−0.4	
	$F=7.6$	CL_{q2}												
3	屋面	t_{lo}	34.1	33.1	32.7	33.0	34.0	35.8	38.1	40.7	43.5	46.1	48.3	
	$K=0.60$	t_{d1}	−0.5	−0.5	−0.5	−0.5	−0.5	−0.5	−0.5	−0.5	−0.5	−0.5	−0.5	
	$F=16.2$	CL_{q3}	83											
4	南外窗	t_{lc}	26.9	27.9	29.0	29.9	30.8	31.5	31.9	32.2	32.2	32.0	31.6	
	$K=5.9$	t_{d2}	0	0	0	0	0	0	0	0	0	0	0	
	$F=5$	$CL_{ch.1a}$	64											
5	东外窗	t_{lc}	26.9	27.9	29.0	29.9	30.8	31.5	31.9	32.2	32.2	32.0	31.6	
	$K=5.9$	t_{d2}	0	0	0	0	0	0	0	0	0	0	0	
	$F=5$	$CL_{ch.1b}$												
6	传热冷负荷合计 ΣCL													

7.3　外窗太阳辐射冷负荷计算[1,12]

透过玻璃窗进入空调房间或区域的太阳辐射热形成的逐时冷负荷，可按下式计算：

$$CL_{ch.2} = C_s C_n C_a [F_1 J_{ch.zd} C_{cl.ch} + (F_{ch} - F_1) J_{sh.zd} C_{(cl.ch)N}] \tag{7-4}$$

式中　$CL_{ch.2}$——透过玻璃窗进入空调房间或区域的太阳辐射热形成的逐时冷负荷，W；

C_s——窗玻璃的遮挡系数，见表6-17；

C_n——窗内遮阳设施的遮阳系数，见表6-18；

C_a——窗的有效面积系数，见表6-19；

$J_{ch.zd}$——透过标准窗玻璃的太阳总辐射照度，见表6-20，取表中直接辐射和散射辐射之和，W/m^2；

$J_{sh.zd}$——透过标准窗玻璃的太阳散射辐射照度，见表6-20；

F_{ch}——外窗面积（包括窗框，即窗的墙洞面积），m^2；

$C_{cl.ch}$、$C_{(cl.ch)N}$——冷负荷系数（$C_{(cl.ch)N}$为北向冷负荷系数），无因次，按纬度取值，并考虑“有内遮阳和无遮阳”因素，见表6-21；

F_1——窗上受太阳直接照射的面积，m^2，按图7-2和下述方法计算：

（1）当 $m \cdot M \leqslant g$ 且 $l \cdot L \leqslant f$ 时，$F_1 = B \cdot H$；

（2）当 $m \cdot M \leqslant g$ 但 $f < l \cdot L < H + f$ 时，$F_1 = B \cdot (H + f - l \cdot L)$；

（3）当 $l \cdot L \leqslant f$ 但 $g < m \cdot M < B + g$ 时，$F_1 = (B + g - m \cdot M) \cdot H$；

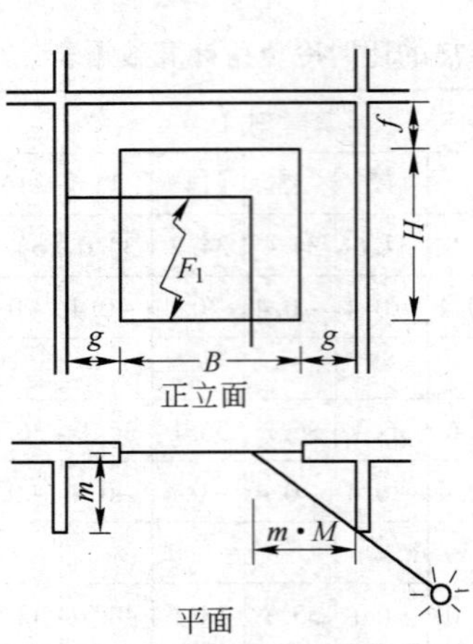

图7-2　窗口及遮阳板尺寸关系

（4）当 $f<l\cdot L<H+f$ 且 $g<m\cdot M<B+g$ 时，$F_1=(B+g-m\cdot M)\cdot(H+f-l\cdot L)$；

（5）当 $m\cdot M\geqslant B+g$ 或 $l\cdot L\geqslant H+f$ 时，$F_1=0$。

图7-2中　B——窗洞宽度，m；

H——窗洞长度，m；

l——水平遮阳板对于窗面的突出长度，m；

m——垂直遮阳板对于窗面的突出长度，m；

f——水平遮阳板到窗口边的距离，m；

g——垂直遮阳板到窗口边的距离，m；

L——水平遮阳板单位影长，m；

M——垂直遮阳板单位影长，m。

【例7-3】 上例仪表装配间外窗构造及遮阳设施如下：有一5mm普通玻璃的单层钢框式外窗，内挂浅黄色活动百叶窗帘，窗外无遮阳板，试计算外窗太阳辐射冷负荷。

解：（1）东外窗太阳辐射逐时冷负荷计算。以上午8:00为例进行计算。

1）确定东外窗相关尺寸（图7-1、图7-2）

$B=2\text{m}$；

$H=2.5\text{m}$；

$f=0.3\text{m}$；

$g=1.25\text{m}$；

$l=0$；

$m=0$。

2）列出式（7-4）中等式右侧各数据

$C_s=0.93$（查表6-17，单层窗，普通玻璃5mm）；

$C_n=0.68$（查表6-18，浅黄色活动百叶窗帘）；

$C_a=0.85$（查表6-19，单层钢窗）；

$J_{ch.zd}=533$（查表6-20，北纬40°，E，8:00直射。天津北纬39°06′，大气透明度等级为5）；

$J_{sh.zd}=96$（查表6-20，散射，其他条件同上）；

$F_{ch}=5\text{m}^2$（见图7-1与例7-2）；

$C_{cl.ch}=0.82$（查表6-21，北纬40°，E，8:00）；

$C_{(cl.ch)N}=0.54$（查表6-21，北纬40°，E，8:00）；

$F_1=5m^2$（图7-2，因为 $mM\leqslant g$，且 $lL\leqslant f$，所以 $F_1=B\times H$）。

3）计算东外窗太阳辐射8:00的 $CL_{ch.za}$

$$\begin{aligned}CL_{ch.za}&=C_sC_nC_a[F_1J_{ch.zd}C_{cl.ch}+(F_{ch}-F_1)J_{sh.zd}C_{(cl.ch)N}]\\&=0.93\times0.68\times0.85[5\times533\times0.82+(5-5)\times96\times0.54]\\&=1174.55\approx1175(W)\end{aligned}$$

4）将8:00的东外窗 $CL_{ch.z}$ 值及以相同方法算出的其他各时刻的 $CL_{ch.z}$ 值填入表7-3序号1中。

（2）南外窗太阳辐射逐时冷负荷计算。以与计算东外窗太阳辐射冷负荷相同的方法，算出南外窗8:00及各时刻的逐时 $CL_{ch.zb}$，并将数据填入表7-3序号2中。

表7-3　外窗太阳辐射逐时冷负荷计算数据表

序号	项目			计算时刻 τ											备注
				8	9	10	11	12	13	14	15	16	17	18	
1	东外窗	$F=5$	$J_{ch.zd}$	533	517	403	238	142	138	133	119	96	72	42	
		$l=0$	$J_{sh.zd}$	96	119	133	138	142	138	133	119	96	72	42	
		$m=0$	$CL_{ch.za}$	1175											
2	南外窗	$F=5$	$J_{ch.zd}$	97	160	237	288	309	288	237	160	97	72	42	
		$l=0$	$J_{sh.zd}$	96	119	133	138	142	138	133	119	96	72	42	
		$m=0$	$CL_{ch.zb}$												
3	太阳辐射冷负荷合计 $CL_{ch.z}$														

7.4　人体、照明、设备散热冷负荷计算[1,12]

7.4.1　人体散热冷负荷计算

人体散热形成的冷负荷和散湿量按下式计算：

$$CL_r=n\cdot(q_1\cdot C_{cl.r}+q_2)\cdot C_r \tag{7-5}$$

$$W_r=n\cdot W\cdot C_r \tag{7-6}$$

式中　CL_r——人体散热引起的冷负荷，W；

W_r——人体的散湿量，g/h；

n——空气调节房间内的人数，人；

q_1——每个人散发的显热量，W，见表6-22；

q_2——每个人散发的潜热量，W，见表6-22；

$C_{cl.r}$——人体显热散热冷负荷系数，见表6-23。该系数取决于人员在室内停留的时间及由进入室内时算起至计算时刻的时间。对于人员密集的场所，如电影院、剧场、会堂、体育馆等，由于人体对围护结构和室内家具的辐射量相应减小，可取 $C_{cl.r}=1$；若在全天24h内室温不能保持恒定（如夜间停止使用供冷系统），可取 $C_{cl.r}=1$；

C_r——群集系数，见表6-24；

W——每个人的散湿量，g/h。

表6-22所列数值适用于成年男子，成年女子的散热量和散湿量为成年男子对应数值的85%；儿童为成年男子的75%；保龄球按一球道一人掷球，以重度劳动计算，其余人按坐着或站着计算。

【例7-4】 上例仪表装配间内有两名女子工作，100W荧光灯照明，同时使用系数 $n_1=0.8$，500W用电设备，按电热设备考虑，同时使用系数 $n_1=0.7$，利用系数 $n_2=0.8$，负荷系数 $n_3=0.5$，通风保温系数 $n_4=1$。人员、设备与灯具的工作时间为：上午8:00~12:00，下午2:00~6:00。试求室内人体散热量形成的逐时冷负荷。

解：(1) 计算人体散热冷负荷时，先列出式(7-5)中等式右侧各数据

$n=2$ 人（题给条件）；

$q_1=70\times0.85=59.5$W（查表6-22，24℃下，轻度劳动）；

$q_2=112\times0.85=95.2$W（查表6-22）；

$C_{cl.r}=0.71$（查表6-23，上下午各工作4h，此为12:00的 $C_{cl.r}$）；

$C_r=1$（参考表6-24）。

(2) 计算人体散热 CL_r

$$CL_r = n\cdot(q_1C_{cl.r}+q_2)\cdot C_r = 2\times(59.5\times0.71+95.2)\times1 = 274.89\approx275(\text{W})$$

(3) 列表用符号：τ 为计算时刻；T 为人员进入空调房间的时刻；$\tau-T$ 为每个人进入室内后的小时数；$C_{cl.r}$ 为 $\tau-T$ 时间人体显热散热冷负荷系数。

(4) 将12:00的 CL_r 值及用相同方法算出的上午其他各时刻的 $CL_{r上}$ 数据填入表7-4序号3中，将下午各时刻的 $CL_{r下}$ 数据列入表7-4序号6中，将上下午各时刻合计数值列入表7-4序号7中。

表7-4　人体散热量形成的逐时冷负荷计算数据表

序号	项目			计算时刻 τ 10	12	14	16	18	20	22	24	备注
1	人体 $C_r=1$ $n=2$ $q_1=59.5$	上午 $T=8$ 连续工作小时数=4	$\tau-T$	2	4	6	8	10	12	14	16	
2			$C_{cl.r}$	0.58	0.71	0.79	0.84	—	—	—	—	
3			$CL_{r上}$		275							
4		下午 $T=14$ 连续工作小时数=4	$\tau-T$	—	—	0	2	4	6	8	10	
5			$C_{cl.r}$	—	—	—	0.68	0.71	0.79	0.84		
6			$CL_{r下}$									
7		$CL_r=CL_{r上}+CL_{r下}$										

7.4.2　照明散热冷负荷计算

照明散热形成的冷负荷可根据照明器材的类型及安装方式的不同按下式计算：

(1) 白炽灯：

$$CL_1 = N\cdot n_1\cdot C_{cl.1} \tag{7-7}$$

(2) 明装荧光灯（镇流器安装在空气调节房间内）：

$$CL_1 = (N_1+N_2)\cdot n_1\cdot C_{cl.1} \tag{7-8}$$

(3) 暗装荧光灯（灯管安装在顶棚的玻璃罩内）

$$CL_1 = N_1\cdot n_1\cdot n_2\cdot C_{cl.1} \tag{7-9}$$

式中　CL_1——照明散热形成的冷负荷，W；

N——白炽灯的功率，W；

N_1——荧光灯的功率，W；

N_2——镇流器的功率，W，一般取荧光灯功率的 20%；

n_1——灯具的同时使用系数，即逐时使用功率与安装功率的比例；

n_2——考虑灯罩玻璃反射、顶棚内通风情况等的系数，当荧光灯罩上部穿有小孔时，取 $n_2=0.5\sim0.6$；暗装，灯罩上无孔时，视顶棚内通风情况，取 $n_2=0.6\sim0.8$；

$C_{cl.1}$——照明散热形成的冷负荷系数，见表 6-25，根据灯具类型和安装情况，按照不同的空调设备运行时间和开灯时间及开灯后的小时数取用。

【例 7-5】 请计算上例光学仪表间的照明散热冷负荷（设同时使用系数 $n_1=0.8$）。

解：（1）以计算 18:00 照明冷负荷为例，先列出式(7-10)等式右侧数据

$N_1=100\text{W}$（题给条件）；

$n_1=0.8$（题给条件）；

$n_2=0.7$（荧光灯暗装于顶棚内）；

$C_{cl.1}=0.83$（查表 6-25，下午 14:00 上班，过 4h 后于 18:00 下班）。

（2）计算 18:00 的照明冷负荷 CL_1

$$CL_1 = N_1 \cdot n_1 \cdot n_2 \cdot C_{cl.1} = 100 \times 0.8 \times 0.7 \times 0.83 = 46.5 \approx 47(\text{W})$$

（3）将 18:00 的照明冷负荷及下午其他各时刻的 $CL_{1下}$ 值填入表 7-5 序号 6 中，将以同样方法算出的上午各时刻的 $CL_{1上}$ 值列入表 7-5 序号 3 中。

（4）将上、下午各时刻照明冷负荷 $CL_{1上}$、$CL_{1下}$ 相加后数字列入序号 7 中。

表 7-5 灯光照明及设备散热形成的逐时冷负荷计算数据表

序号	项目			计算时刻 τ								备注
				10	12	14	16	18	20	22	24	
1	灯光 $n_1=0.8$ $n_2=0.7$ $N_1=0.1$	上午 $T=8$ 连续工作小时数=4	$\tau-T$	2	4	6	8	10	12	14	16	
2			$C_{cl.1}$	0.71	0.76	—	—	—				
3			$CL_{1上}$			—	—	—				
4		下午 $T=14$ 连续工作小时数=4	$\tau-T$	—	—	—	2	4	6	8	10	
5			$C_{cl.1}$	—	—	—	0.71	0.76				
6			$CL_{1下}$	—	—	—		47				
7		$CL_1=CL_{1上}+CL_{1下}$										
8	设备 $n_1=0.8$ $n_2=0.7$ $n_3=0.5$ $N_M=0.5$	上午 $T=8$ 连续工作小时数=4	$\tau-T$	2	4	6	8	10	12	14	16	
9			$C_{cl.M}$	0.40	0.59	—	—	—				
10			$CL_{M上}$			—	—	—				
11		下午 $T=14$ 连续工作小时数=4	$\tau-T$	—	—	—	2	4	6	8	10	
12			$C_{cl.M}$	—	—	—	0.40	0.59				
13			$CL_{M下}$	—	—	—		92				
14		$CL_M=CL_{M上}+CL_{M下}$										
15	照明与设备散热的冷负荷合计 $\Sigma CL=CL_1+CL_M$											

7.4.3 电动设备散热冷负荷计算

电动设备散热形成的冷负荷按下式计算：

（1）电动机和驱动设备均在房间或区域内时：

$$CL_{M} = 1000 \cdot n_{1} \cdot n_{2} \cdot n_{3} \frac{N_{M}}{\eta} \cdot C_{cl.M} \tag{7-10}$$

（2）电动机在房间或区域内，而驱动设备不在房间或区域内时：

$$CL_{M} = 1000 \cdot n_{1} \cdot n_{2} \cdot n_{3} \cdot N_{M} \cdot \frac{1-\eta}{\eta} \cdot C_{cl.M} \tag{7-11}$$

（3）电动机不在房间或区域内，而驱动设备在房间或区域内时：

$$CL_{M} = 1000 \cdot n_{1} \cdot n_{2} \cdot n_{3} \cdot N_{M} \cdot C_{cl.M} \tag{7-12}$$

式中 CL_M——电动设备散热形成的冷负荷，W；

N_M——电动设备的安装功率，kW；

n_1——同时使用系数，一般可取 0.8；

n_2——安装系数，电动机最大实耗功率与安装功率之比，一般可取 0.7 ~ 0.9；

n_3——电动机的负荷系数，即电动机每小时平均实耗功率与最大实耗功率之比，按实际测定，一般为 0.4 ~ 0.5；

η——电动机效率，可由产品样本查得，一般可取 0.8 ~ 0.9；

$C_{cl.M}$——电动设备和用具散热的冷负荷系数，可分别由表 6-26 和表 6-27 中查出有罩和无罩情况下的逐时值，如果空气调节供冷系统不连续运行，则 $C_{CL.M}=1.0$。

【例 7-6】请计算上例光学仪表间的设备散热冷负荷。

解：（1）先列出式（7-10）中等式右侧的各数据

$$\left.\begin{aligned} n_1 &= 0.8 \\ n_2 &= 0.7 \\ n_3 &= 0.5 \\ \eta &= 0.9 \end{aligned}\right\}\text{选定}$$

$$N_M = 0.5\text{kW}(\text{见例 7-4})$$

$C_{cl.M}=0.59$（查表 6-26，下午上班 14:00，4h 连续工作后于 18:00 关机下班，故计算 18:00 的 CL_M）。

（2）计算电动设备散热 CL_M

$$CL_{M} = 1000 \cdot n_{1} \cdot n_{2} \cdot n_{3} \frac{N_{M}}{\eta} \cdot C_{cl.M} = 1000 \times 0.8 \times 0.7 \times 0.5 \times \frac{0.5}{0.9} \times 0.59$$

$$= 91.77 \approx 92(\text{W})$$

（3）将 18:00 的电动设备冷负荷 CL_M 值和其他时刻用相同方法算出下午的 $CL_{M下}$ 值，填入表 7-5 序号 13 中。

（4）将以同样方法算出的上午各时刻的 $CL_{M上}$ 值，填入表 7-5 序号 10 中。

（5）将上、下午各时刻设备散热冷负荷 $CL_{M上}$ 和 $CL_{M下}$ 相加后的数字列入表 7-5 序号 14 中。

（6）将全天各时刻照明与设备散热的冷负荷合计 $\Sigma CL = CL_1 + CL_M$ 所得数字列入表 7-5 序号 15 中。

7.5　冷负荷计算值的确定[1]

冷负荷计算值可分为空调房间、空调建筑物及空调系统的计算冷负荷值三种。

7.5.1　空调房间计算冷负荷值的确定

空调房间计算冷负荷值的确定方法是：将上述分项冷负荷按其不同的计算时刻累加，得出房间冷负荷的逐时值，然后取其中的最大值。

按上述计算方法可计算出房间最大冷负荷出现的时间。但一般常规往往是下午2~4时为冷负荷高峰时期，故应进行核对。

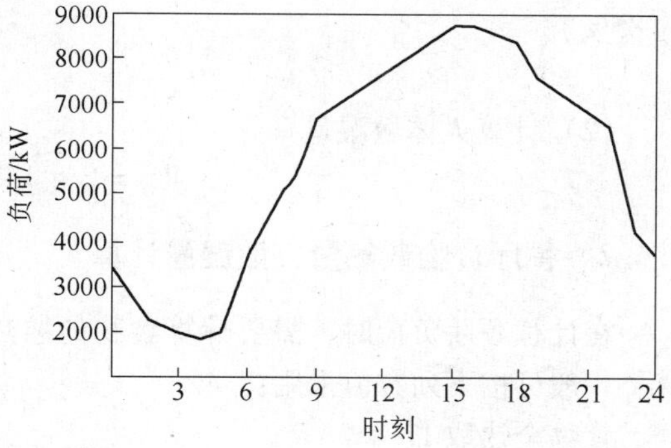

图7-3　旅馆全天负荷曲线

图7-3为一高层建筑负荷图。图示为楼高170m的高层旅馆按逐时算法，用电子计算机计算出负荷数据，按负荷数据绘制的全天冷负荷曲线图。该旅馆地下3层、地上47层，总建筑面积116000m²，设有2000个宾客床位、1057间客房（其中单人间60间、双人间935间、套间58间、日式客房4间）、24个大小风格各异的宴会厅、11个餐厅、9个酒吧间，并设有游泳池、蒸汽浴室和美容沙龙等。

由图7-3可见，负荷高峰段出现在中午12:00至下午19:00，而高峰点为下午16:00；负荷低谷段出现在午夜零时至次晨6:00，而低谷点为凌晨4:00。

7.5.2　空调建筑物计算冷负荷值的确定

空调建筑物计算冷负荷值，应按下列情况分别确定：

（1）如空调系统末端装置不能随负荷变化而进行自控时，应采用同时使用的所有房间是最大冷负荷的累加值；

（2）如空调系统末端装置能随负荷变化而实现自控时，应将同时使用的所有房间各计算时刻冷负荷累加，得出建筑物冷负荷的时间序列，然后取其中的最大值。

7.5.3　空调系统计算冷负荷值的确定

空调系统的计算冷负荷值，应由下列各项累加而确定：

（1）建筑物的计算冷负荷值；

（2）新风计算冷负荷值；

（3）风系统通过送回风管和送回风风机产生温升引起的附加冷负荷值；

（4）供冷装置的附加冷负荷值；

（5）通过水泵、水管和水箱等水系统产生的附加冷负荷值。

7.6　各种散湿量计算及化学反应散热量、散湿量计算

7.6.1　人体散湿量计算

人体散湿量的计算式见式（7-6），即

$$W_r = n \cdot W \cdot C_r$$

【例 7-7】试计算上例中人体的散湿量

解：(1) 先列出等式右侧各数据

$n = 2$ 人（题给条件）；

$W = 167 \times 0.85 = 141.95 \approx 142\text{g/h}$（查表 6-22，24℃强度劳动，女子散湿量取男子散湿量的 85%）；

$C_r = 1$。

(2) 计算人体散湿量 W_r

$$W_r = 2 \times 142 \times 1 = 284\text{g/h}$$

7.6.2 餐厅食物散热量、散湿量计算[12]

在计算餐厅负荷时，需要计算食物的散热量和散湿量，其中包括显热和潜热，要分别计算，一般可按下列数值采用：

食物全热取 17.4W/人；

食物显热取 8.7W/人；

食物潜热取 8.7W/人；

食物散湿量取 11.5g/h 人。

7.6.3 水面蒸发水分计算

(1) 在常压下，由暴露水面或潮湿表面蒸发出来的水蒸气量按下式计算：

$$G = (\alpha + 0.00013v) \cdot (p_{q \cdot b} - p_q) \cdot A \cdot \frac{B}{B'} \tag{7-13}$$

式中 G——散湿量，kg/h；

A——敞露水面的面积，m^2；

$p_{q \cdot b}$——相应于水表面温度下的饱和空气的水蒸气分压力，Pa；

p_q——室内空气的水蒸气分压力，Pa；

B——标准大气压，1.01325MPa；

B'——当地实际大气压，Pa；

v——蒸发表面的空气流速，m/s；

α——周围空气温度为 15 ~ 30℃时，在不同水温下的扩散系数，kg/(m^2 · h · Pa)，见表 7-6。

表 7-6　水蒸气扩散系数

水温/℃	<30	40	50	60	70	80	90	100
α	0.00017	0.00021	0.00025	0.00028	0.00030	0.00035	0.00038	0.00045

(2) 有水流动的地面，其表面的蒸发水分应按下式计算：

$$G = \frac{G_1 \cdot c \cdot (t_1 - t_2)}{\gamma} \tag{7-14}$$

式中 G——水分蒸发量，kg/h；

G_1——流动的水量，kg/h；

c——水的比热容，4.1868kJ/(kg · K)；

t_1——水的初温，℃；

t_2——水的终温（排入下水管网时的水温），℃；

γ——水的汽化潜热，平均取2450kJ/kg。

7.6.4 化学反应的散热量、散湿量计算

化学反应的散热量和散湿量，是指空气调节房间或区域内的某些工艺过程，需要用煤气、氢气等加热、焊接，在燃烧过程中散发的热量和湿量，可按下式计算：

$$Q = n_1 \cdot n_2 \cdot G \cdot \frac{q}{3600} \tag{7-15}$$

$$W = n_1 \cdot n_2 \cdot G \cdot w \tag{7-16}$$

$$Q_q = 628W \tag{7-17}$$

式中 Q——化学反应的全热散热量，W；

n_1——考虑不完全燃烧的系数，可取0.95；

n_2——负荷系数，即每个燃烧点实际燃料消耗量与其最大燃料消耗量之比，根据工艺使用情况确定；

G——每小时燃料最大消耗量，m^3/h；

q——燃料的热值，kJ/m^3；见表7-7；

w——燃料的单位散湿量，kg/m^3；见表7-7；

W——化学反应的散湿量，kg/h；

Q_q——化学反应的潜热散热量，W。

表7-7 气体燃料的热值和单位散湿量

燃料名称	热值 $q/kJ \cdot m^{-3}$	单位散湿量 $w/kg \cdot m^{-3}$	燃料名称	热值 $q/kJ \cdot m^{-3}$	单位散湿量 $w/kg \cdot m^{-3}$
乙 炔	57.778	0.7	水煤气	10.048 ~ 10.467	0.4
氢 气	12.778	0.7	干馏煤气	16.747 ~ 23.027	0.65

7.6.5 低温建筑结构的传湿量计算

在空调房间或区域有低温要求时，要考虑由于内外水蒸气分压力差形成的通过围护结构的传湿量及由此引起的潜热负荷，舒适性空调可不计算该项。

8　冷负荷计算软件与冷指标估算

8.1　冷负荷计算软件

冷负荷计算软件有很多种，这里介绍设计院使用较多的两种计算软件：鸿业负荷计算软件和 PKPM 系列暖通空调软件。

8.1.1　鸿业负荷计算软件

8.1.1.1　鸿业软件的特点

为了迎接新的空调规范发布，鸿业科技经过长期准备，推出一款新的负荷计算程序——鸿业负荷计算 V2.0。该程序在 Windows 下运行，主要有如下功能：

（1）采用谐波法计算空调冷负荷，可以计算任意围护结构的逐时冷负荷。

（2）计算空调冷、热负荷和采暖热负荷。

（3）冷、热负荷计算数据共享。对同一建筑物的计算避免重复的数据输入。

（4）生成 Excel 计算书。

（5）显示逐时负荷曲线。

（6）内含丰富的墙体材质数据库，并可扩充。由此可组建符合工程实际的围护结构。

（7）内含传热系数计算器，可计算任意围护结构的传热系数。

8.1.1.2　鸿业软件的冷负荷计算程序

A　程序主界面

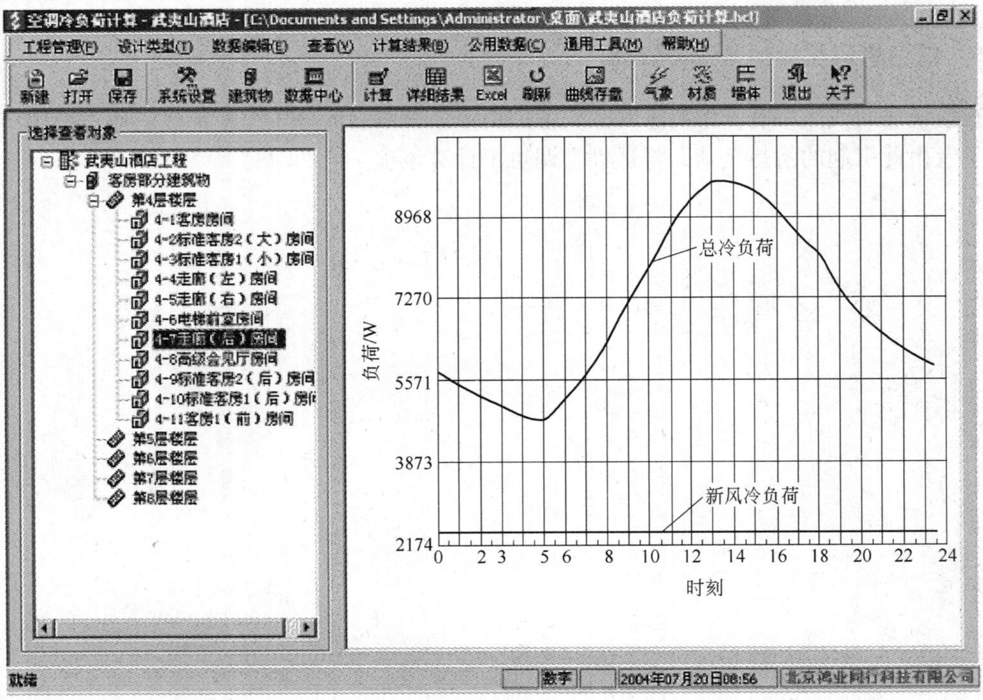

B 菜单

（1）工程管理。提供了工程相关的功能，根据工程设计的需要，软件中以“工程项目”和“建筑物”的概念对数据进行管理，符合设计人员的习惯，便于对原始输入数据的保存、修改和归档。负荷计算支持同时管理多个工程，设置一个当前工程，工程相互之间可以进行拷贝复制，方便数据的共享。

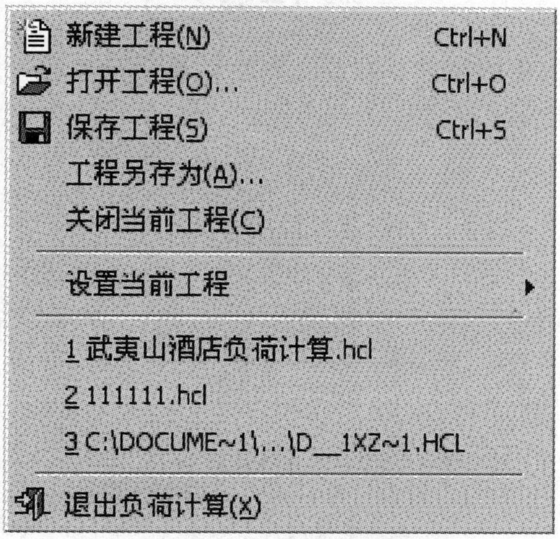

（2）设计类型。可以设置当前计算的类型，主要是谐波法空调设计（冷负荷计算）和采暖设计（热负荷计算）这两种设计类型，其中采暖设计类型又可分为采暖热负荷计算和空调热负荷计算（参见系统设置对话框）。

（3）数据编辑。提供了数据初始值设置、添加、修改、删除、复制等功能，进一步方便数据的共享。

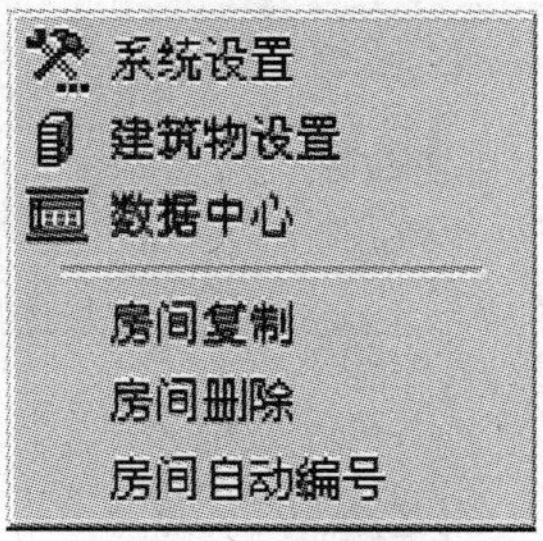

（4）查看。可以显示和隐藏工具栏和状态栏。

（5）计算结果。提供了对于计算结果查看的不同途径，还可以将曲线保存为 BMP 图形，方便打印。

（6）公用数据。可以方便的添加、修改、删除计算所依赖的公用数据，可以满足不同用户的不同需求，还提供了数据库导入、导出、备份工具。

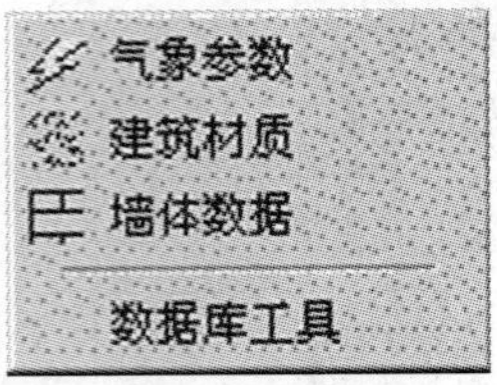

（7）通用工具。可以方便快捷的使用一些常用的工具。

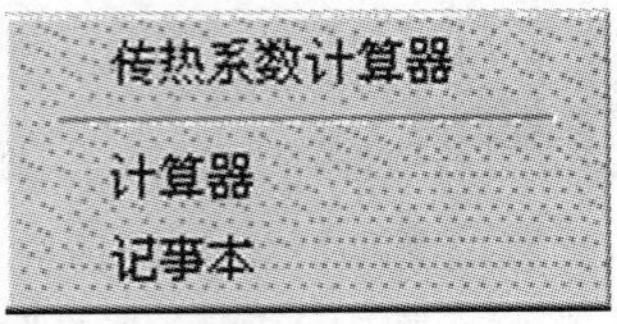

（8）帮助。可以查看当前程序版本。

C　工程流程

（1）新建工程。选择工程所在地址，确定即刻新建一个工程。

选择“查看”可以了解该工程所在城市的气象资料。

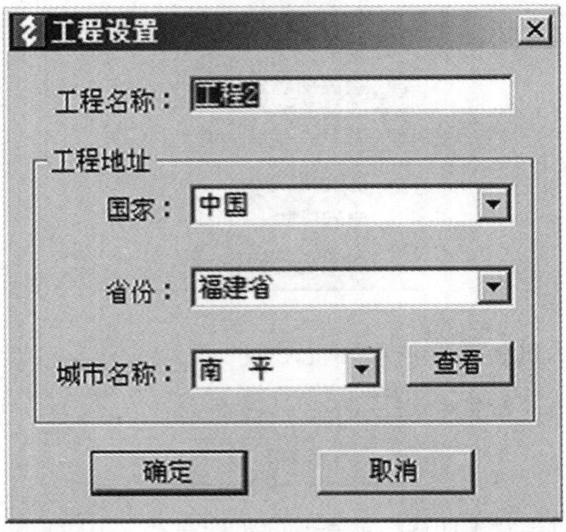

（2）选择合适的设计类型。

（3）进行系统设置。可以设置系统的默认值等参数。

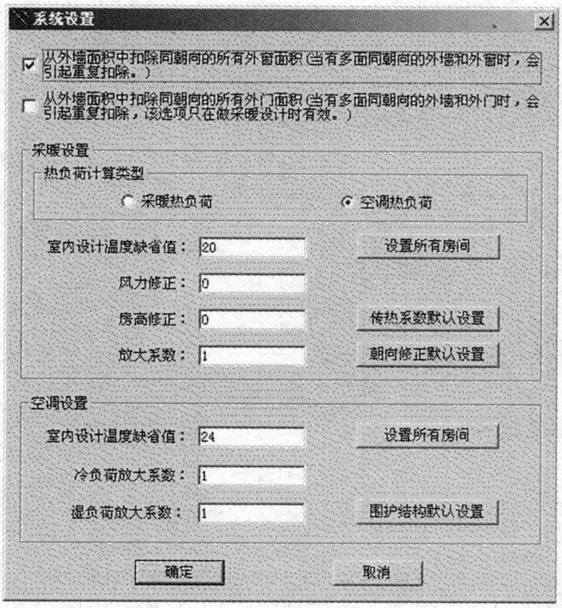

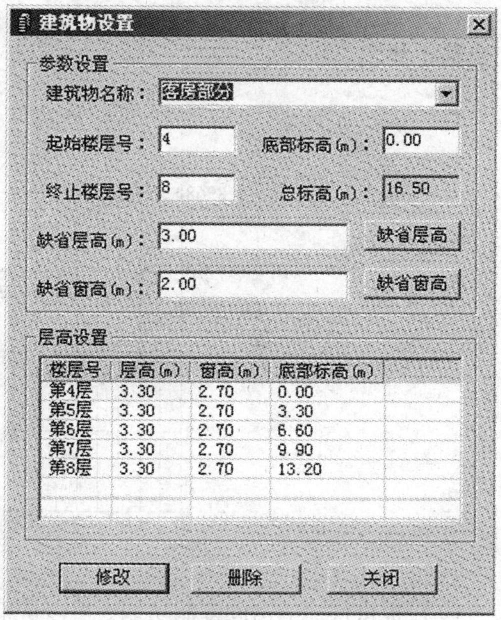

（4）向当前工程中添加建筑物。可以添加建筑物到当前工程中去，设置建筑的基本参数：层数、层高、窗高等参数。可以同时添加多个建筑物。

（5）数据中心。可以添加，修改、删除各种数据，包括房间、房间里面的围护结构等等。提供了集成的数据输入环境，用户可以在此完成所有的数据输入工作，程序会自动保存数据。

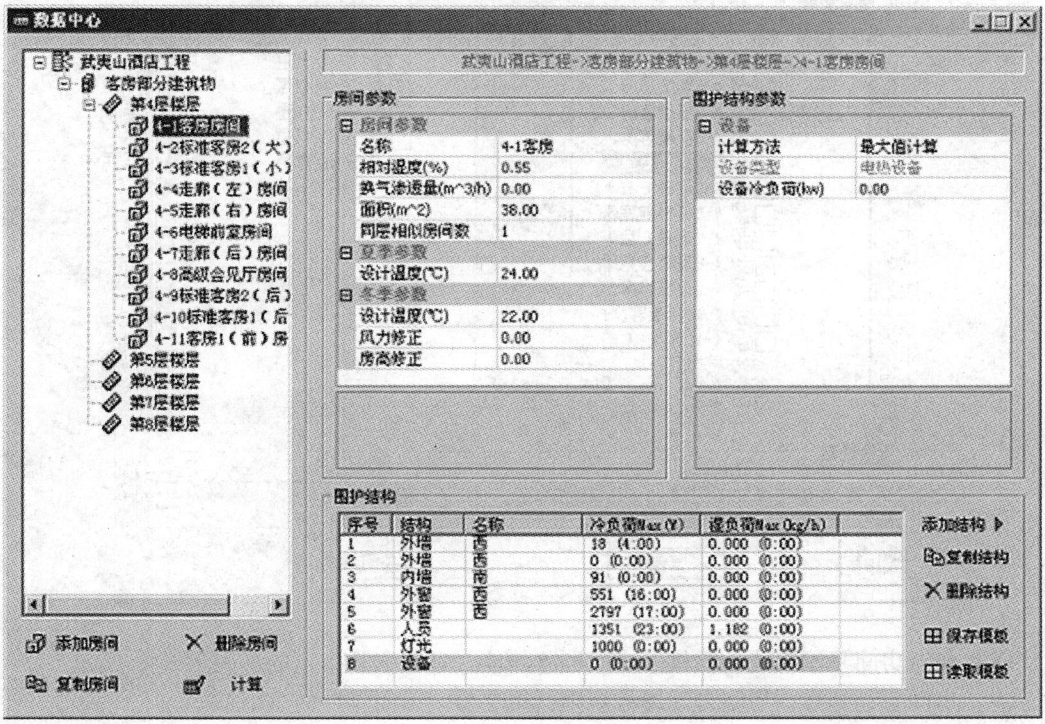

（6）数据输入完成后，点刷新按钮，程序会自动刷新界面上的数据，然后进行计算，绘出负荷走势图。

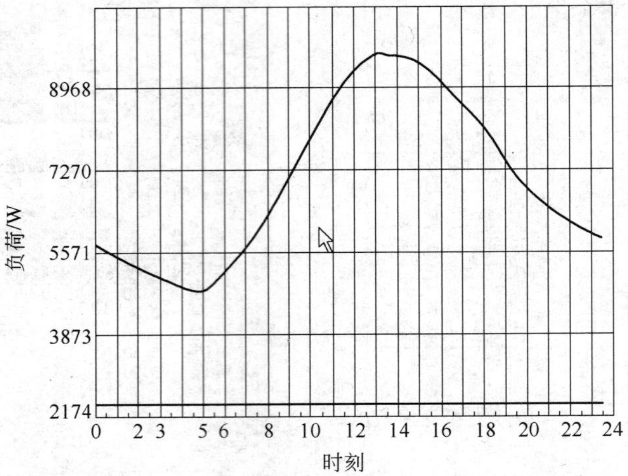

（7）提供快捷的房间复制功能。可以从不同的工程中复制所需要的房间到目的工程中，可以借用以往工程设计中的数据，新加的变换复制功能，能够解决相同房间结构不同朝向房间之间的复制，而且还提供了“覆盖同名房间”的功能，最大限度的减轻用户的手工输入数据的劳动量。

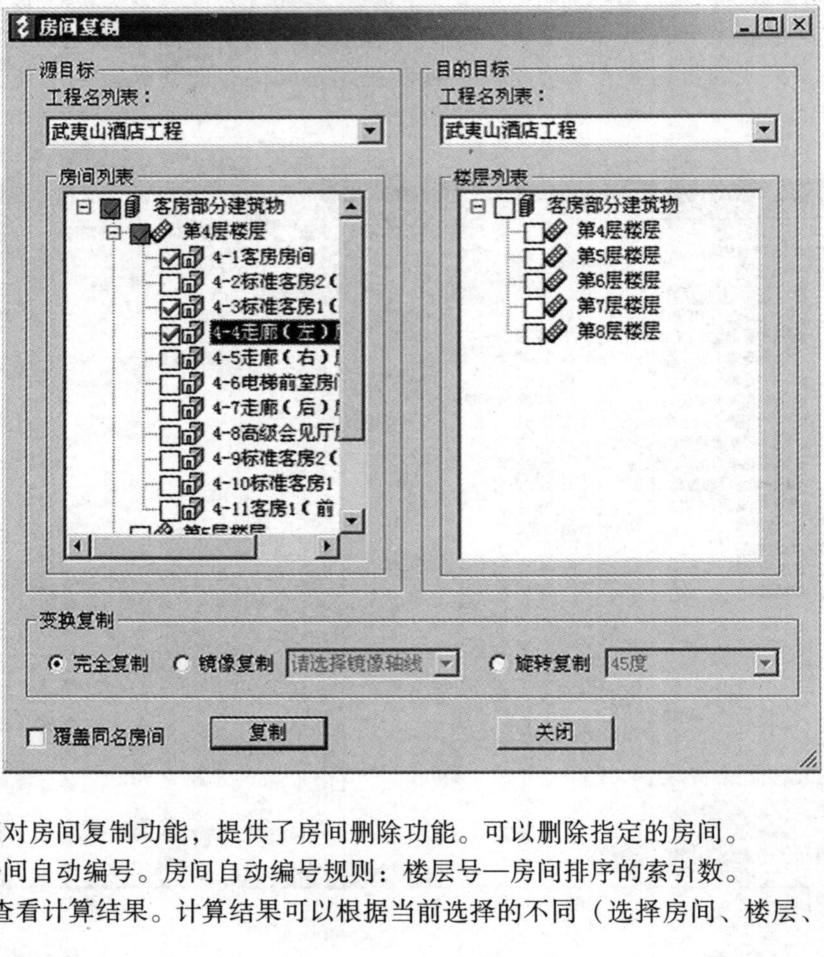

（8）相对房间复制功能，提供了房间删除功能。可以删除指定的房间。

（9）房间自动编号。房间自动编号规则：楼层号—房间排序的索引数。

（10）查看计算结果。计算结果可以根据当前选择的不同（选择房间、楼层、建筑物、工

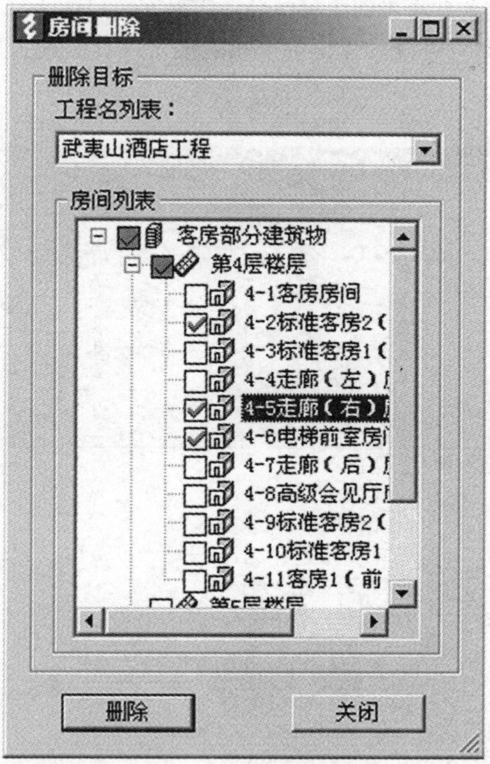

程)，分别显示出计算数据或者统计数据，新增的全屏查看，方便用户不用滚动屏幕可以看清全部数据。

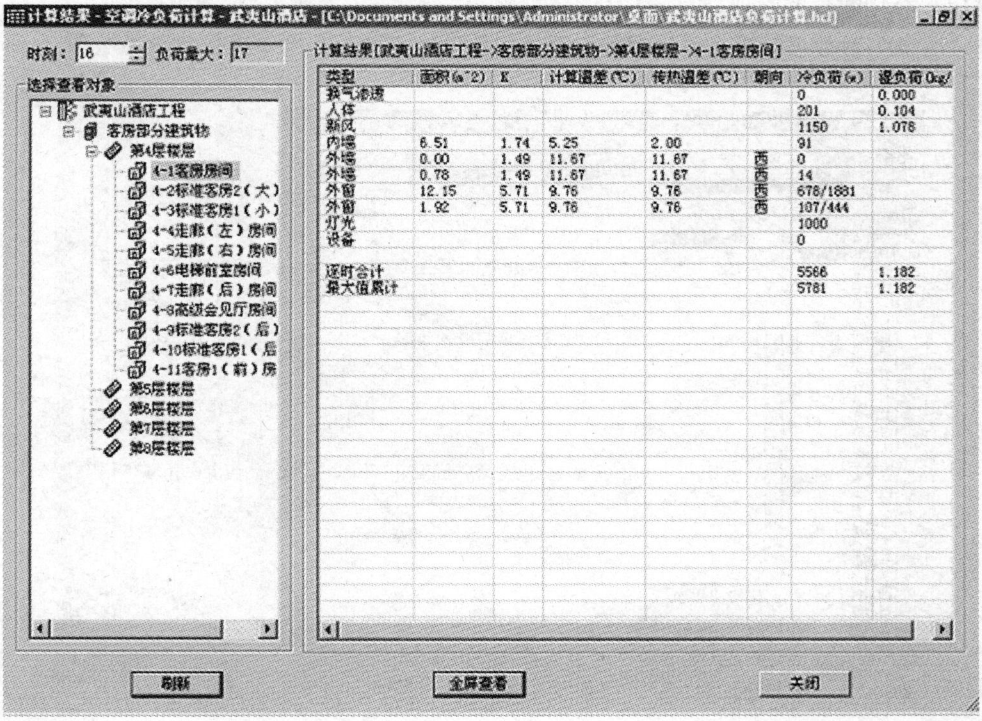

“刷新”按钮功能：重新计算当前工程，刷新当前界面数据。

(11) 出 EXCEL 计算书。可以选择指定要出表的房间，出冷负荷计算书时还可以指定出表的时间段和出表的内容。

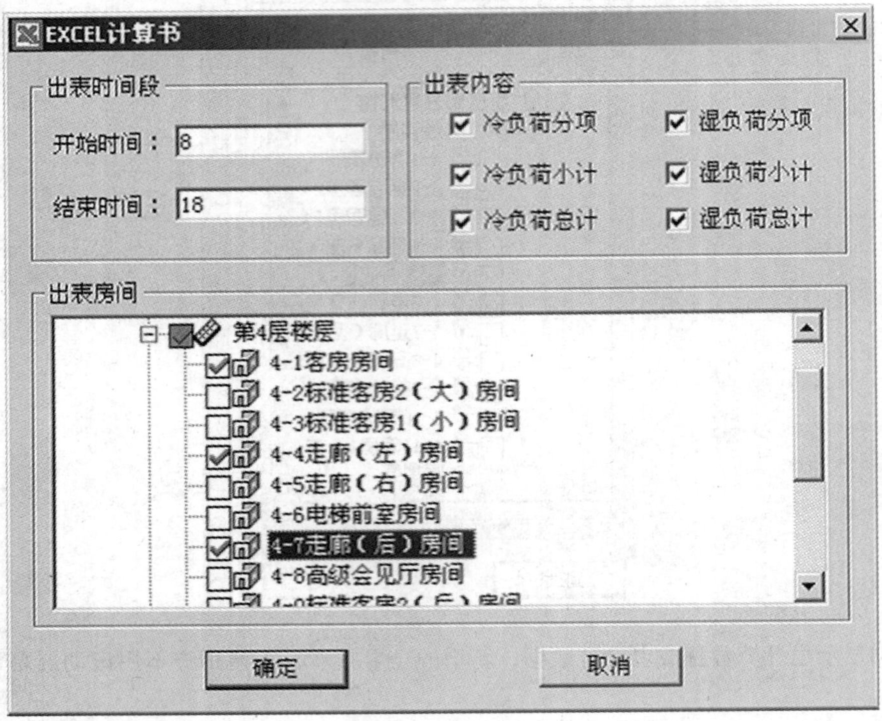

(12) 公用数据的管理。

1) 气象参数数据管理。可以添加、修改、删除城市的夏季和冬季的气象参数值。

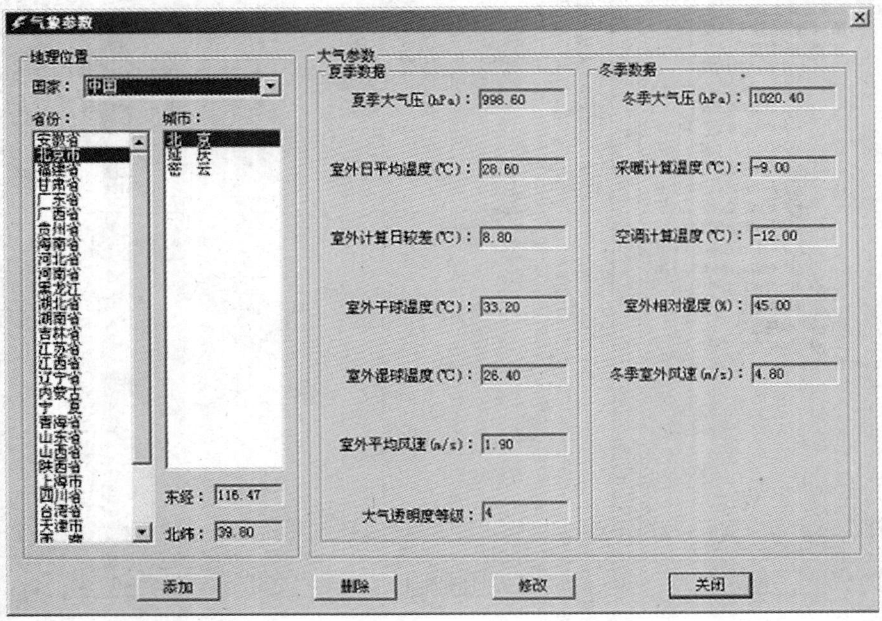

2）建筑材质数据管理。建筑材质是构成墙体的材料，所以只有添加对应的材质才能够构成所需要的墙体，建筑材质也可以添加、修改和删除。

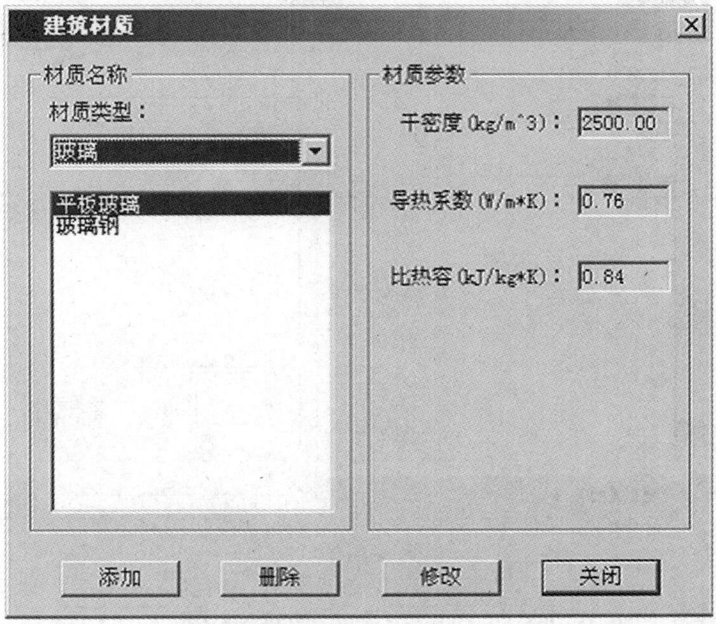

3）墙体数据的管理。由建筑材质构成不同的建筑墙体，并可以附上墙体形象图片，可以方便的得到该墙体的传热系数（参见传热系数计算工具）。墙体也可以进行添加、修改和删除操作。

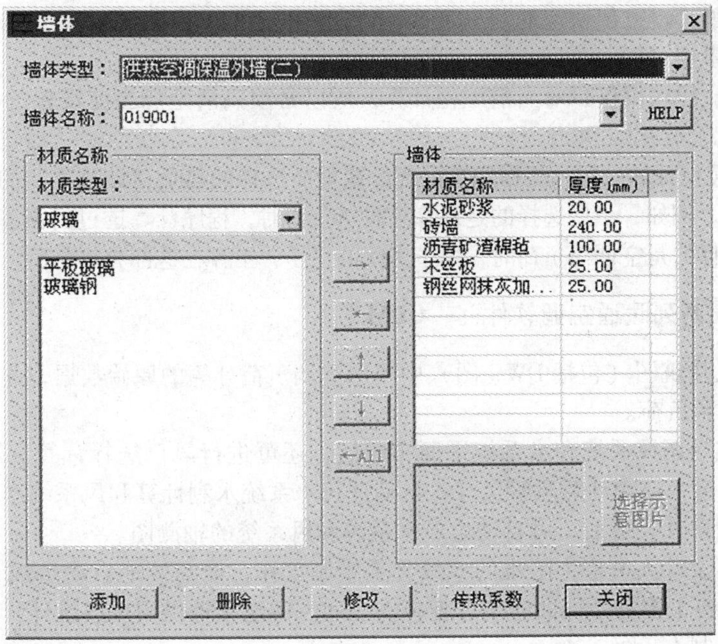

（13）常用工具。

1）传热系数的计算。可以方便的计算出您所构造的墙体的传热系数，而且可以将您构造的墙体添加进墙体数据库中。

2）计算器工具。方便快速调出 Windows 自带的计算器工具。

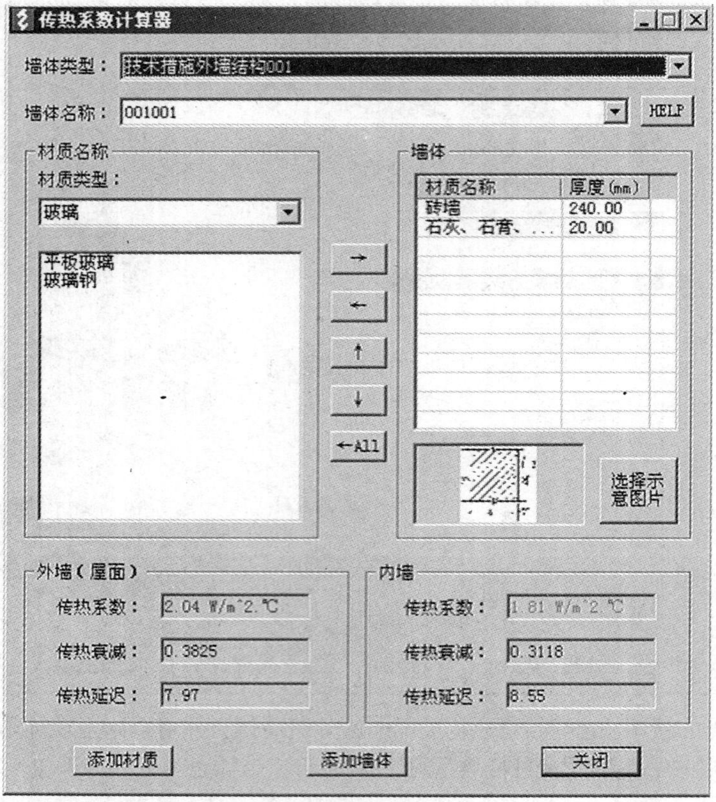

3）记事本工具。方便快速的调出 Windows 自带的记事本程序。

（14）注意事项：

1）计算时，程序仅仅只对当前工程计算，所以必须搞清楚您当前设置的工程是不是您需要计算的工程。

2）在做采暖设计的时候，根据您在系统设置里面选择的热负荷计算类型的不同，程序计算的结果是不同的，例如，当您选择的是计算采暖热负荷时，程序计算透过门窗缝隙的冷风渗透热负荷，而当您选择的是空调热负荷时，由于房间的正压，不存在这部分热负荷，不需要计算。

8.1.2 PKPM®系列暖通空调软件——CPM

（1）自动从建筑图（包括 DWG 图）中提取空调负荷计算的原始数据，并计算每个房间的夏季和冬季的空调负荷。

（2）在完成空调风系统和水系统平面布置后，还可进行风口选择计算、风机盘管选择计算，自动统计风量，自动计算风管尺寸，自动进行水系统水利计算和风系统水利计算。

（3）平面图设计完成后，可自动生成水系统和风系统的轴测图。

（4）解决了设计人员最为困难的双线管道绘制工作，能高效地自动生成设计人员所需的双线图。同时准备了多种不同的弯头、变径、三通、四通部件供用户按设计习惯选择。

（5）动态绘制 h-d 图。

（6）配套概预算软件，可自动统计工作量，按各地定额生成报表。

8.2 冷负荷估算方法[8]

计算冷负荷虽然考虑因素较多，但计算过程复杂而繁琐，所以一般常以经验指标或简化计算得出的估算指标进行估算，则是简单可行的方法。另外，设计工程时还可根据已建成运行的典型工程所配置的制冷量作参考予以估算。

下面是冷负荷的两种估算方法。

A　按空调冷负荷的估算指标进行估算

民用建筑空调冷负荷的估算指标，列于表 8-1。其总负荷为瞬时最大负荷。

表 8-1　民用建筑空调冷负荷的估算指标　(W/m^2)

序号	建筑类型及房间名称	$1m^2$ 人数 /人·m^{-2}	建筑负荷	人体负荷	照明负荷	新风量 /m^3·(人·h)$^{-1}$	新风负荷	总负荷
1	旅游旅馆：客房	0.063	60	7	20	50	27	114
2	酒吧、咖啡厅	0.50	35	70	15	25	136	256
3	西餐厅	0.50	40	84	17	25	136	277
4	中餐厅	0.67	35	116	20	25	190	360
5	宴会厅	0.80	30	134	30	25	216	410
6	中厅、接待室	0.13	90	17	60	18	24	191
7	小会议室	0.33	60	43	40	25	92	235
8	大会议室	0.67	40	88	40	25	190	358
9	美发、美容室	0.25	50	41	50	25	67	208
10	健身房、保龄球馆	0.20	35	87	20	60	130	272
11	弹子房	0.20	35	46	30	30	65	176
12	棋牌室	0.05	35	63	40	25	136	274
13	舞　厅	0.33	20	97	20	33	119	256
14	办公室	0.10	40	14	50	25	27	131
15	商店、小卖部	0.20	40	31	40	18	40	151
16	科研、办公楼	0.20	40	28	40	20	43	151
17	商场：底层	1.00	35	160	40	12	130	365
18	二层	0.83	35	128	40	12	104	307
19	三层及三层以上	0.50	40	80	40	12	65	225
20	影剧院：观众席	2.00	30	228	15	8	174	447
21	休息厅	0.50	70	64	20	40	216	370
22	化妆室	0.25	40	35	50	20	55	180
23	体育馆：比赛馆（看台）	0.40	35	65	40	15	65	205
24	观众休息厅	0.50	70	27.5	20	40	86	203
25	贵宾室	0.13	58	17	30	50	68	173
26	图书馆：阅览室	0.10	50	14	30	25	27	121
27	展览厅：陈列室	0.25	58	31	20	25	68	177
28	会堂：报告厅	0.50	35	58	40	25	136	269
29	公寓、住宅	0.10	70	14	20	50	54	158
30	医院：高级病房							110
31	一般手术室							150
32	洁净手术室							300
33	X 光、CT、B 超室							150
34	餐馆							300

注：1. 中庭层高按 4.5m 计，若层高不同，可按每增高 2m，总负荷增加 20% 估计。

2. 本表序号 1～29 系按简化计算法求得，所以与有关《手册》的统计值略有偏差。

B　按经验公式估算空调冷负荷

$$Q_0 = 1.5(Q_Z + 116.3n) \tag{8-1}$$

式中　Q_Z——整个建筑物围护结构形成的总冷负荷，W；

n——空调场所内人员数。

8.3　中、美、日、英 4 国冷指标值[8]

（1）中国已建成宾馆饭店的制冷机装机容量，见表 8-2。

表 8-2　中国已建成宾馆饭店的制冷机装机容量

序号	宾馆名称	建筑面积/m^2	客房数/间	冷水机组型号	冷水机组数/台	装机容量/kW		单位装机容量	
						单机	总计	建筑面积装机容量/$W \cdot m^{-2}$	客房装机容量/$W \cdot 间^{-1}$
1	北京民族饭店	46400	689	离心式	3	2110	6330	136.4	9187
2	北京国际饭店	115000	1100		5	1745	8725	75.9	7932
3	北京饭店(东楼)	88500	695	FLZ-1000A	6	872	5232	59.1	7528
4	北京燕莎中心	160000	旅馆＋办公	离心式	5	2600	13000	81.3	
5	北京京广中心	145091	客房＋办公公寓	双效吸收式	6	1920×3 2688×3	13824	92.3 101.6	8291
6	河北外宾饭店	16650	196	6AW-12.5A	4	465	1860	111.7	9490
7	陕西西安宾馆	19000	287	FLZ-1000A	2	1163	2326	122.4	8105
8	大连富丽华大酒店	40031	500		3	1221	3663	91.5	7326
9	天津水晶宫饭店(8 层)	24000		双效吸收式			2814	117.3	
10	天津国际大厦(37 层)	51100		离心式			5626	111.0	
11	天津信达广场(51 层)	181000	商场＋公寓	离心式	8	2813	22504	124.3	
12	香港中国银行(70 层)	130000					12377	95	
13	香港新世界中心(19 层)	360000					43953	122	
14	香港奔达中心(46 层)	110000					11602	105	
15	香港信德中心(38 层)	245000					37270	152	
16	香港夏懿大厦(28 层)	47000					3692	78	
17	香港交易广场(52 层)	170000					34633	204	
18	香港置地广场(47 层)	185000					28128	152	
19	香港汇丰银行(46 层)	100000					12482	125	
20	深圳南海酒店	42000		GA039	3	1186	3558	84.7	
21	中山长江宾馆	15098	150	离心式	2	775	1550	102.7	10333
22	中山国际酒店	37600	400	离心式	3	1233	3699	98.4	9248
23	福建闽江宾馆	19480	385	FLZ-500	4	581	2324	119.3	6036
24	福州外贸旅馆	11964	172	FLZ-30A	3	349	1047	87.5	6087
25	南宁邕州饭店	18931	292	FLZ-1000A FLZ-500	1 2	1163 581	2325	122.8	7962

续表 8-2

序号	宾馆名称	建筑面积/m²	客房数/间	冷水机组型号	冷水机组数/台	装机容量/kW		单位装机容量	
						单机	总计	建筑面积装机容量/W·m⁻²	客房装机容量/W·间⁻¹
26	南京金陵饭店	50000	804	CTE-55	3	1853	5559	111.2	6914
27	南京钟山饭店	34920	533	FLZ-1000A	3	1163	3489	99.9	6546
28	南京丁山宾馆	6700	100	LS-270	2	314	628	93.7	6280
29	苏州饭店	16156	150	TLZ-500	3	581	1743	107.9	11620
30	无锡湖滨饭店	9332	189	8S-12.5A	2	581	1162	124.5	6148
31	上海宾馆	44570	600	FLZ-1000A	4	1163	4652	104.4	7753
32	上海华亭宾馆	100000	1230	JS16880	3	2337	7011	70.1	5700
33	湖北武钢外招	23021	228	3AS-170 4AV-170	2 2	1116 558	3348	145.4	14684
34	四川岷山饭店	28000	357	MDE383	3	942	2826	100.9	7916
35	郑州国际饭店	20345	264	FLZ-1000A	2	1163	2326	114.3	8811
36	洛阳友谊宾馆(新楼)	12380	158	FLZ-40A	3	465	1395	112.7	8829
37	新疆大酒店	28309.4		离心式	2	872	1744	61.6	
38	山东齐鲁饭店	18290	254	FLZ-1000A	2	1163	2326	127.1	9157

(2) 美国、日本建筑物的制冷量指标，见表 8-3。

表 8-3 美国、日本建筑物实际制冷量指标

建筑名称	建筑面积(空调面积)/m²	主机制冷量/RT	单位面积指标/RT·m⁻²
纽约世界贸易中心(空调)	1000000	4900	0.049
美国银行大厦(空调)	167000	5250	0.0314
大阪车站前第三大厦(建筑)	110342	5950	0.054
大阪车站前第四大厦(建筑)	98808	3720	0.038
神户人工岛饭店(建筑)	62355	1700	0.027
仙台娱乐饭店(建筑)	30617	710	0.023
名古屋观光旅馆(建筑)	48238	1050	0.022
大阪帝人大厦(建筑)	30301	540	0.018
东京世界贸易大厦(建筑)	154000	3800	0.0247

(3) 英国建筑物的制冷量指标，见表 8-4。

表 8-4 英国建筑物空调制冷量概算指标

房间用途			单位面积指标/RT·m⁻²	送风量/m³·(h·m²)⁻¹
办公室	外部区	0.25 玻璃窗	0.02782	18~32
		0.50 玻璃窗	0.038	18~32
		1.0 玻璃窗	0.043	18~32
	内部区		0.024	15~18
会议室			0.043~0.054	

续表 8-4

房间用途		单位面积指标/RT · m^{-2}	送风量/$m^3 \cdot (h \cdot m^2)^{-1}$
计算机房		0.054 ~ 0.108	36 ~ 72
旅馆卧室	单人	每间 0.5	每间 85 ~ 120
	双人	每间 0.7	每间 120 ~ 200
公用室		0.032 ~ 0.054	27 ~ 45
餐厅		0.043 ~ 0.075	45 ~ 63
小酒店		0.043 ~ 0.054	45 ~ 63
地下室一层		0.038 ~ 0.043	27 ~ 36
百货大楼（二层或以上）		0.027 ~ 0.038	27 ~ 36
商店		0.043 ~ 0.054	27 ~ 36
银行大厅		0.038 ~ 0.048	36
公寓和套间		0.022 ~ 0.027	
剧院和会堂		每人 0.05	每人 34
保龄球场		每条球道 1 ~ 1.5	
超级市场		0.027 ~ 0.038	

第3篇　中央空调主机设备与末端设备

空调工程的任务，就是要在任何环境下，将室内空气控制在一定的温度、湿度、气流速度和一定的洁净度范围内。为实现上述要求，夏季必须要有充足的冷源，而冬季又必须要有充足的热源。中央空调的主机设备主要指冷源和热源设备。冷源设备按其工作原理可分为电动压缩式制冷系统和吸收式制冷系统等。其热源则有燃煤、燃气锅炉和电锅炉以及热电厂供热管网等；而热泵则兼具冷源与热源两种作用。

中央空调的末端设备，主要指空调机组、新风机组和风机盘管等。

9　中央空调冷源设备

9.1　电动压缩式制冷原理及其制冷剂、载冷剂、润滑油[1]

9.1.1　压缩式制冷机的制冷原理

压缩式制冷机组的制冷原理是：制冷压缩机将蒸发器内的低压低温的制冷剂气体1(氨或氟利昂)吸入压缩机体内，经过压缩机的压缩做功，使成为压力和温度都较高的气体2排入冷凝器。在冷凝器内，高压高温的制冷剂气体与冷却水或与空气进行热交换，把热量传给冷却水(水冷方式)或空气(风冷方式)，而使制冷剂气体凝结为液体3。高压液体再经节流阀降压为低压液体4后进入蒸发器。在蒸发器内，低压制冷剂液体立即汽化，而汽化时必须吸取周围介质(载冷剂)的热量,从而使冷媒水因失热而降低了温度,这就是所需制取的低温冷水。蒸发器中气化形成的低压低温制冷剂气体1又被制冷压缩机吸入压缩,这样周而复始,不断循环,便能连续制出冷水。图9-1为压缩式冷水机组的制冷原理图。

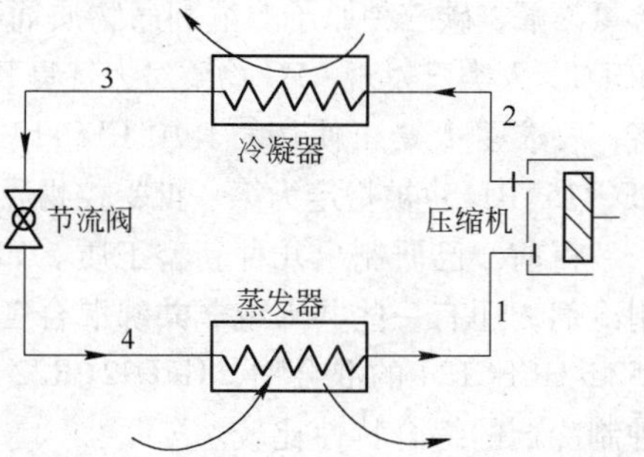

图9-1　压缩制冷原理

9.1.2　制冷剂

9.1.2.1　制冷剂的作用

制冷剂的作用是在制冷系统中担当气化吸热和冷凝放热的热力循环而达到制冷的目的。具体地说，制冷剂就是一种能够在制冷系统的蒸发器内蒸发并从被冷却物体中吸取热量而气化，然后在冷凝器内将热量传递给周围的介质（水或空气）而本身液化的工作物质。因此制冷剂又被称作制冷工质，简称工质。常用制冷剂有氨和氟利昂。

9.1.2.2　制冷剂应具备的基本条件

A 热力学性质方面的条件

(1) 在标准大气压力下制冷剂的蒸发温度要低，一般不应高于 -10℃。在标准蒸发温度下的压力应高于或接近大气压力，以免空气渗入制冷系统。

(2) 在工作温度范围内制冷剂的冷凝压力不宜过高，一般不超过 1176 ~ 1470kPa，冷凝压力太高，对制冷设备的强度要求也相应要提高，而且还会导致压缩机功耗增加。

(3) 制冷剂的单位容积制冷量 q_v 要大，因为 q_v 值大，表明在压缩机缸径和行程相同的情况下，可以取得较大的制冷量。

(4) 制冷剂的临界温度要高些，即在常温或普通低温下能够液化，制冷剂的凝固温度要低些，以便取得较低的蒸发温度。

B 物理化学性质方面的条件

(1) 制冷剂的黏度和密度尽可能要小，以减少制冷剂在系统中的流动阻力。

(2) 制冷剂应有较强的换热性能，以提高制冷换热器的效率。

(3) 应有一定的吸水性，这样当制冷系统中进入少量水分时，不致形成“冰塞”，影响正常运行。

(4) 应具有化学稳定性，在工作压力、温度范围内不燃烧、不爆炸，高温下不分解，不腐蚀制冷机的材料，对密封材料的熔解，膨胀作用小，与润滑油不起化学反应。

(5) 要求制冷剂对人体的健康无害，无刺激作用。

C 经济性方面的条件

要求制冷剂的价格便宜，容易采购。

9.1.2.3 常用制冷剂 CFC_S 的替代问题

A CFC_S 制冷剂的替代物质

氟利昂(FREON)是一种氯氟化碳化合物，有的氟利昂物质中还含有氢原子，如 R22。对于只含氯、氟、碳三种原子的氟利昂物质简称为 CFC；对于另外还含有氢原子的氟利昂物质简称为 HCFC。人类已发现 CFC 物质对大气臭氧层有破坏作用，其结果将对人类及生态环境造成严重危害，要求逐步禁止使用。其中 CFC11(R11)、CFC12(R12)、CFC113(R113)、CFC114(R114)、CFC115(R115)被指定为第一批受控物质，要尽快采用替代物质（蒙特利尔议定书规定）。

目前，已研制出几种新型工质。如 HFC134a(R134a)、HCFC123(R123)等可以替代原有的制冷剂，还有一些共沸或非共沸混合工质也可用来作为新工质的过渡物质。如 HCFC22/HFC—152a/HCFC124 的混合物，HFC22(R22)也可作为过渡工质替代 CFC12(R12)。表 9-1 为常用各种制冷剂的综合特性比较。

表 9-1 中央空调常用各种制冷剂的综合特性比较

序 号	环境保护等综合特性	R11 (CFC-11)	R12 (CFC-12)	R134a (HFC-134a)	R123 (HCFC-123)	R22 (HCFC-22)
1	臭氧层破坏指数(ODP)	1.0	0.9 ~ 1.0	0	0.013 ~ 0.022	0.04 ~ 0.06
2	温室效应系数(GWP)	1.0	2.8 ~ 3.4	0.24 ~ 0.29	0.017 ~ 0.02	0.32 ~ 0.37
3	在大气中存在寿命/a	70	144	20	1.9	19
4	冷媒泄漏率(以 R123 为基数)	1.0	>10	>10	1.0	>10
5	冷媒泄漏(或空气渗入)的影响	冷凝压力高	冷量下降	冷量下降	冷凝压力高	冷量下降
6	生物安全性(慢性毒性反应)	不致癌	不致癌	出现良性肿瘤	出现良性肿瘤	轻微致癌
7	可燃性	否	否	否	否	否
8	工作压力等级(制冷剂)	低(负)压	中 压	中 压	低(负)压	高 压

续表 9-1

序 号	环境保护等综合特性	R11 (CFC-11)	R12 (CFC-12)	R134a (HFC-134a)	R123 (HCFC-123)	R22 (HCFC-22)
9	理论制冷效率(以 R11 为基数)	基 数	-8.0%	-7.0%	-1.5%	-7.5%
10	发展中国家国际禁用年限	2010 年	2010 年	无	2040 年	2040 年
11	完成生物毒性试验否	完 成	完 成	完 成	完 成	完 成
12	制冷剂受控或过渡	受 控	受 控	不受控	过 渡	过 渡

CFC11(R11)、CFC12(R12)等 CFC 工质对大气臭氧层破坏及使地球变暖的影响比 HFC 工质及 HCFC 工质要大得多。目前，一致认为 R134a(HFC134a)是 R12(CFC12)和 R11(CFC11)最好的替代物，在房间空调上可用 R22(HCFC22)作为过渡工质替代 R12(CFC12)。

若采用 HFC134a 替代 CFC12，由于 HFC134a 分子更小，渗透性更强，对一般橡胶有腐蚀作用，因而要采用氢化丁腈橡胶(HNBR)等材料替代原来的丁腈橡胶(NBR)，润滑油要采用 PAG 或 ester(酯类合成油)，因为 HFC134a 与原来的矿物冷冻油不相溶；干燥剂也要改用 XH-7 型分子筛，因为 HFC134a 及新型冷冻油的吸水性比 CFC12 强。采用 HFC134a 后，压缩机的结构、材料也应做部分改动，因为高温时，HFC134a 的饱和压力比 CFC12 高。

目前，R407C 和 R410A 也已作为环保工作应用在制冷机中。

B 使用原有制冷剂和替代制冷剂应注意的事项

(1) 对于空调用制冷剂来说，R22 是目前主要的替代制冷剂。目前，国外已生产和使用 R22 封闭式和开启式离心式冷水机组，其能效比达 5.0 ~ 5.6W/W，而且结构紧凑，与相同容量的离心式冷水机组相比，约小 30%。

(2) 制冷剂 R717(氨)将被重新评价，很可能要扩大使用范围。

9.1.3 载冷剂

载冷剂是在间接制冷系统中用来传送冷量的中间介质，又称冷媒。空调制冷中常用的载冷剂有水、盐水溶液和乙二醇水溶液等。

9.1.3.1 水

水是一种理想的载冷剂。其物理性能是具有比热大、密度小，对设备和管道腐蚀性小，化学稳定性好等优点。在空调制冷系统中又称冷水。但是，由于其凝固点高，一般用于蒸发温度大于 0℃，冷水水温不小于 5℃ 的制冷系统，如空气调节装置等。

9.1.3.2 盐水

盐水溶液一般是用氯化钠(NaCl)、即食盐溶解于水配制而成。其凝固点、密度、比热容等物理特性，随盐水浓度变化而不同。因此，应当以系统的工作温度来确定盐水的浓度。一般选择盐水的浓度应使凝固点比制冷剂的蒸发温度低 5 ~ 8℃(采用敞开式蒸发器时取 5 ~ 6℃；采用管壳式蒸发器时取 6 ~ 8℃)。因盐水冰点低，有较大的热容量，且购取方便，目前应用较多，如冷库、冷藏车、冷藏船等制冷装置。

由于盐水对金属有腐蚀作用，因此在盐水系统中加入一定量的防腐剂，又称缓蚀剂。常用含氢氧化钠(NaOH)的重铬酸钠($Na_2Cr_2O_7$)为防腐剂。在 1m^3 的氯化钠盐水中加入 3.2kg 的重铬酸钠和 0.89kg 氢氧化钠，使盐水略呈碱性(pH = 7 ~ 8.5)。

9.1.3.3 乙二醇($CH_2OH \cdot CH_2OH$)水溶液

乙二醇水溶液是一种腐蚀性较小的载冷剂。具有无色、无味、无电解性、无燃烧性等优点。但对镀锌材料有腐蚀性，应加缓蚀剂以减弱其腐蚀性。乙二醇0℃不结冰（共晶温度低，使用范围大，一般用于低温制冷系统）。

9.1.4　冷冻机油(润滑油)

9.1.4.1　冷冻机油(润滑油)的作用

在制冷系统中使用的润滑油，一般称作冷冻机油，其主要作用有：

（1）润滑作用。润滑油对制冷压缩机中相互摩擦的零件进行润滑，在其表面形成一层油膜，从而可减少机械零件的磨损，延长设备使用寿命。

（2）密封作用。润滑油对机械进行润滑的同时，还对零件之间的间隙起着密封作用，从而防止或减少气体的泄漏，确保制冷机的制冷能力。

（3）冷却作用。润滑油对机械进行润滑的同时，还能起到带走摩擦热量及气体在压缩过程中所产生的部分热量，从而使摩擦零件的温度保持在允许范围之内，同时也可降低排气温度，确保机器的正常运行，并提高机器的效率。

（4）消声作用。润滑油能阻挡声音的传递，在起到上述3种作用的同时，还可起到降低机器在运行中噪声的作用。有利于环境保护。

（5）动力作用。在多缸制冷压缩机中，利用油压作为能量调节机构的能力，以控制其卸载装置，从而达到控制气缸投入运行的数量，以节省一部分能量消耗的目的。

9.1.4.2　冷冻机油的牌号

目前，国产冷冻机有13号（多用于R717）、18号（多用于R12）和25号（多用于R22）；国外冷冻机油则有嘉士多公司的SW、ICI公司的RL系列（多用于R134a）。

9.2　电动压缩式冷水机组

电动压缩式冷水机组根据所用压缩机的种类不同可分为活塞式、螺杆式、离心式和涡旋式冷水机组，根据其冷凝器的冷却方式不同又分为水冷式、风冷式和蒸发冷却式冷水机组，根据使用的制冷剂种类不同，压缩式冷水机组又可分为氟利昂冷水机组和氨冷水机组。多机头冷水机组通常采用活塞式或螺杆式制冷压缩机，所以也属于活塞式或螺杆式冷水机组，但具有结构设计独特，系统构成方便的特点。

9.2.1　活塞式冷水机组[1]

9.2.1.1　活塞式冷水机组的特点

活塞式冷水机组就是把实现制冷循环所需的活塞式制冷压缩机、辅助设备及附件紧凑地组装在一起的专供空调用冷目的使用的整体式制冷装置。

冷水机组具有结构紧凑、外形美观、配件齐全、制冷系统的流程简单等特点。机组运到现场后只需简单安装，接上水、电即可投入运转。与将制冷系统的各个设备分散安装于机房之间，再用很长的管道连接在一起的布置方式相比，不仅选型设计和安装调试大为简捷，节省占地面积，而且操作管理也方便，在很大程度上提高了设备运行的可靠性、安全性和经济性。

水冷活塞式冷水机组，如图9-2所示。

9.2.1.2　活塞式制冷压缩机

在活塞式冷水机组中，活塞式制冷压缩机是主机，现将其构造和分类分别加以介绍。

A　活塞式制冷压缩机的构造

活塞式制冷压缩机是用活塞在汽缸中的往复运动来压缩制冷剂气体的。制冷剂一般多用氨(NH_3)、氟利昂 12（R12，现已禁用）和氟利昂 22（R22）。活塞式制冷机的制冷量较小（小于 100kW)，而且部件易磨损，阀片寿命较低。图 9-3 为活塞式压缩机结构原理图。

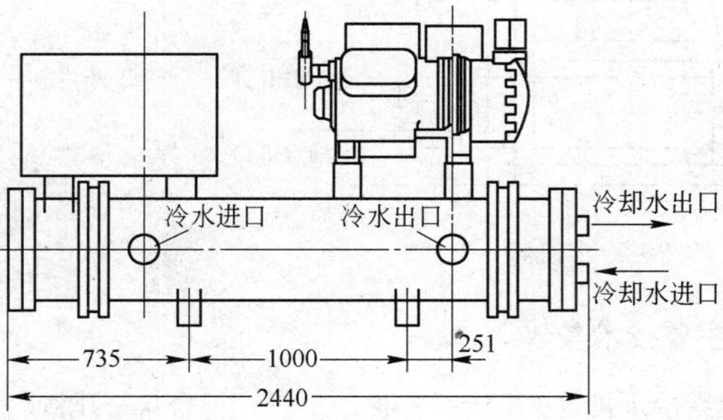

图 9-2　水冷活塞式冷水机组

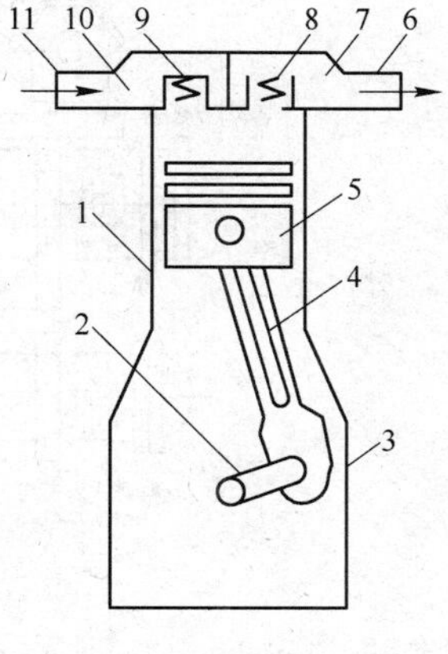

图 9-3　活塞式压缩机结构原理

1—气缸；2—曲轴；3—曲轴箱；4—连杆；5—活塞；6—排气管；7—排气腔；8—排气阀；9—吸气阀；10—吸气腔；11—吸气管

B　活塞式制冷压缩机的分类

空调用活塞式制冷机为中小型活塞式单级制冷压缩机和压缩机组。中型机组适用于 R22、R502、R717 等制冷剂，气缸直径为 70～170mm；小型机组适用于 R407C、R22、R502 等制冷剂，配用功率不小于 0.37kW。

C　中型活塞式单级制冷压缩机的基本参数

中型活塞式单级制冷压缩机的基本参数见表9-2。

表 9-2　中型活塞式单级制冷压缩机型式

气　缸　数		2	3	4	6	8
气缸布置形式		Z、V	W	V、S	W	S
压缩机结构		单作用逆流式，配冷量调节机构和卸载机构				
传动方式	开启式	直联或 V 形皮带传动				
	半封闭式	直　　联				

注：Z 表示直立式；S 表示扇形角度式；V 表示 V 形角度式；W 表示 W 形角度式。

9.2.1.3　活塞式多机头冷水机组

目前，活塞式冷水机组配用压缩机的台数大多数为 1 台，少数为 2 台或 2 台以上，配 2 台以上压缩机的称为多机头冷水机组。多机头冷水机组最多可配 8 台压缩机。

配置多台压缩机的冷水机组具有明显的节能效果，因为这样的机组在部分负荷时仍有较高的效率。而且，机组启动时，可以实现顺序起动各台压缩机，每台压缩机的功率小，对电网的冲击小，能量损失小。此外，可以任意改变各台压缩机的启动顺序，使各台压缩机的磨损均衡，延长使用寿命。配置多台压缩机的机组的另一个特点是整个机组分设两个独立的制冷剂回路，这两个独立回路可以同时运行，也可单独运行，这样可以起到互为备用的作用，提高了机组运行的可靠性。

活塞式多机头冷水机组结构，如图 9-4 所示

目前生产多机头冷水机组的厂家很多，如上海合众—开利公司、烟台冰轮集团公司、南京冷冻机总厂和沈阳第一冷冻机厂等。

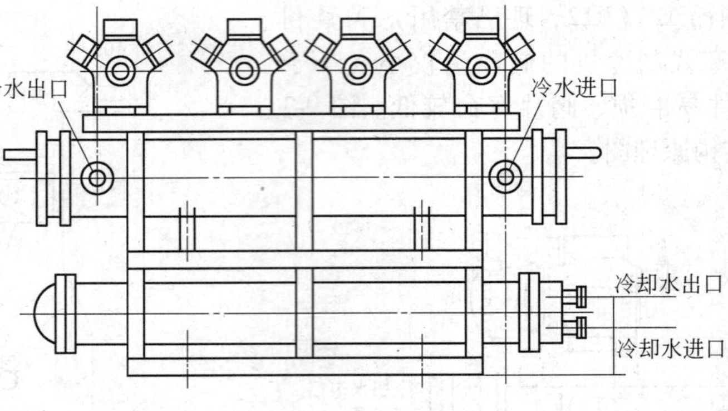

图 9-4　多机头冷水机组

表 9-3 列出了活塞式多机头冷水机组的主要技术参数。

表 9-3　30HR 多机头冷水机组主要技术参数　　（合众—开利）

机组型号		30HR-161	30HR-195	30HR-225	30HR-250	30HR-280
名义制冷量	kW	464	580	698	813	930
	万 kcal · h^{-1}	40	50	60	70	80
工　质		R22	R22	R22	R22	R22
压缩机台数及型号①	第一回路	2 台 06E6	2 台 06EF	3 台 06EF	4 台 06EF	4 台 06EF
	第二回路	2 台 06EF	3 台 06EF	3 台 06EF	3 台 06EF	4 台 06EF
冷量调节范围/%		16/25/41/50/67/75/91/100	20/40/60/80/100	16/33/50/67/83/100	14/28/43/57/71/86/100	12/25/37/50/62/75/87/100
压缩机总加油量/L		36	45	54	63	72
电源（V-Ph-Hz）		380-3-50				
运行控制方式		全　自　动				
安全保护装置		冷水断水、冷水低温、油加热及排温控制				
额定工况下机组输入功率/kW		120	150	180	210	240
电机冷却方式		氟利昂气体冷却				
质量	R22 加入量/kg	78	110	126	126	136
	机组质量/kg	2770	3710	3930	4675	4995
	机组运行质量/kg	3120	4175	4440	5260	5620
冷水	进水温度/℃	12	12	12	12	12
	出水温度/℃	7	7	7	7	7
	流量/m^3 · h^{-1}	80	100	120	140	160
	压头损失/kPa	30	36	51	63	80
	污垢系数/m^2 · ℃ · kW^{-1}	0.086	0.086	0.086	0.086	0.086
	进出口径	*DN*150 法兰	*DN*175 法兰	*DN*175 法兰	*DN*175 法兰	*DN*175 法兰
冷却水	进水温度/℃	32	32	32	32	32
	出水温度/℃	37	37	37	37	37
	流量/m^3 · h^{-1}	100	125	150	175	200
	压头损失/kPa	38	80	80	60	60
	污垢系数/m^2 · ℃ · kW^{-1}	0.086	0.086	0.086	0.086	0.086
	进出口径	*DN*70 法兰	*DN*70 法兰	*DN*70 法兰	*DN*100 法兰	*DN*100 法兰
外形尺寸	长度/mm	3125	4255	4255	4070	4070
	宽度/mm	940	912	912	1275	1275
	高度/mm	1929	1956	1956	2000	2000

①压缩机型号中 6 表示有一只卸载；7 表示有两只卸载；F 表示无卸载。详细资料见企业样本。

9.2.2 螺杆式冷水机组[2,14]

9.2.2.1 螺杆式冷水机组的特点

1963 年，荷兰一家肉类冷藏库首先使用世界上第一台双螺杆式制冷压缩机，双螺杆式制冷压缩机至今仍广泛用于冷冻工业和中央空调系统之中。20 世纪 70 年代以后，法国、英国、美国、日本、荷兰等国开发和使用新型的单螺杆式制冷压缩机，其结构大为简化，极大地提高了运行可靠性。

目前，用于中央空调系统中、小冷量段采用的螺杆式冷水机组，以其结构紧凑、尺寸小、运行可靠性高、易损零件较少、技术性能稳定及管理维护简单等优势，因此在中央空调系统的冷水机组产品中备受重视。据粗略统计，国内用于舒适性空调和工业性空调工况的螺杆式冷水机组产品产量约占螺杆式制冷机组产品总产量的 20% ~30% 。

近年，采用进口原装半封闭式螺杆式制冷压缩机配套而成的水冷式和风冷式半封闭式螺杆式冷水机组以及冷热水机组投入市场后，以其高可靠性、高性能系数(EER)、先进的电脑控制和紧凑美观的组装外形等优点，成为中央空调产品中的一枝新秀。

目前在螺杆式冷水机组中常用的螺杆转子名义直径为 100mm、125mm、160mm、200mm、250mm 五种，高温空调工况的制冷量范围为 116 ~2326kW，制冷剂多用 R22。

螺杆式冷水机组根据其所用的螺杆式制冷压缩机不同，可分为双螺杆式和单螺杆式两种，根据电机与螺杆的连接方式可分为开启式、半封闭式和封闭式，根据螺杆的放置位置又可分为卧式和立式。

9.2.2.2 双螺杆冷水机组

双螺杆制冷压缩机具有一对互相啮合、相反旋向的螺旋形齿的转子。20 世纪 60 年代开发的第一代双螺杆压缩机为对称型，线齿数之比为 4∶6；20 世纪 80 年代开发的第二代为非对称型，其齿数仍为 4∶6；另外，还有齿数比为 5∶6、5∶7、6∶7 和 7∶8 等多种。

图 9-5 为双螺杆制冷压缩机，图 9-6 为带经济器螺杆制冷系统。

表 9-4 为水冷式双螺杆冷水机组技术参数。另外，尚有风冷式双螺杆冷水机组。

表 9-4 YCWS 系列水冷式双螺杆冷水机组技术参数 （约克，R22、R407c）

机组型号	制冷剂	制冷量/TR	输入功率/kW	满负荷耗电指标/kW·TR^{-1}	满载电流/A	启动电流/A	蒸发器			冷凝器			机组外形尺寸		
							水流量/L·s^{-1}	水阻/kPa	进出水管尺寸/mm	水流量/L·s^{-1}	水阻/kPa	进出水管尺寸/mm	长/mm	宽/mm	高/mm
YCWS120SC50	22	105	80	0.762	148	293	18	25	125	21	29	100	3220	994	1808
YCWS140SC50		125	94.5	0.756	167	312	21	33	125	25	28	100	3270	1040	1860
YCWS160SC50		145	109	0.752	186	360	24	42	125	29	37	100	3270	1040	1860
YCWS180SC50		162	122	0.753	215	360	27	34	125	33	28	125	3320	1060	1980
YCWS200SC50		180	136	0.756	244	389	30	42	125	36	35	125	3320	1060	1980
YCWS120SB50	407c	100	95	0.950	182	293	17	16	125	21	30	100	3220	994	1808
YCWS140SB50		120	110	0.917	215	312	20	22	125	25	28	100	3270	1040	1860
YCWS160SB50		140	128	0.914	248	360	22	26	125	29	35	100	3270	1040	1860
YCWS180SB50		155	140	0.903	276	360	24	28	125	31	25	125	3320	1060	1980
YCWS200SB50		165	152	0.921	303	389	25	32	125	34	29	125	3320	1060	1980

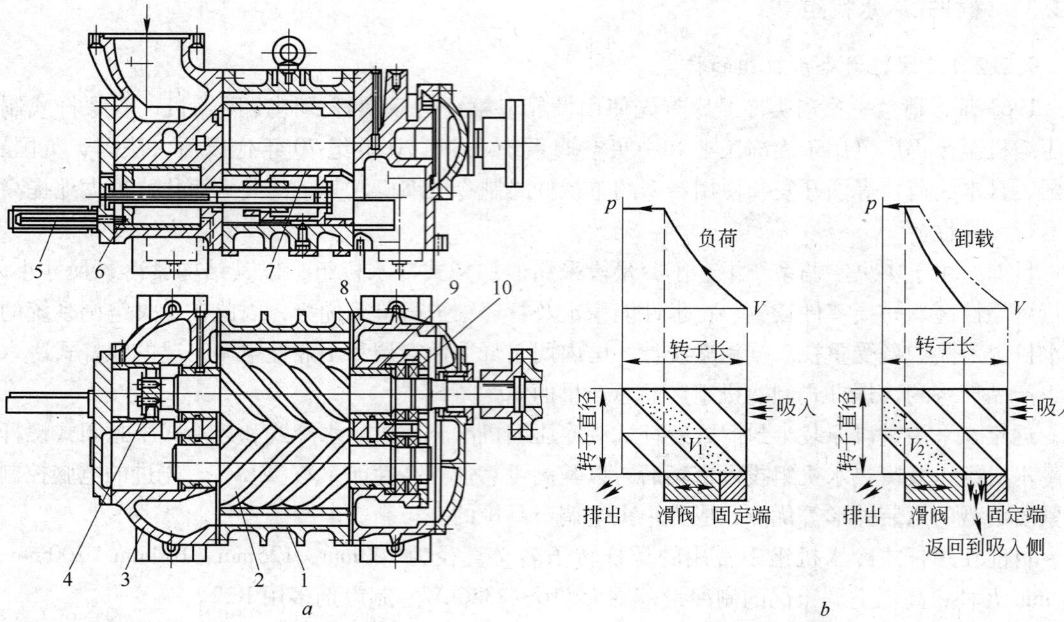

图 9-5　双螺杆制冷压缩机

a—结构剖面图；*b*—滑阀工作示意图

1—机壳；2—转子；3—吸气端盖；4—平衡轴向力活塞；5—调节滑阀位置标尺；6—滑阀驱动活塞；7—调节活阀；8—排气端盖；9—主轴承；10—径向止推轴承

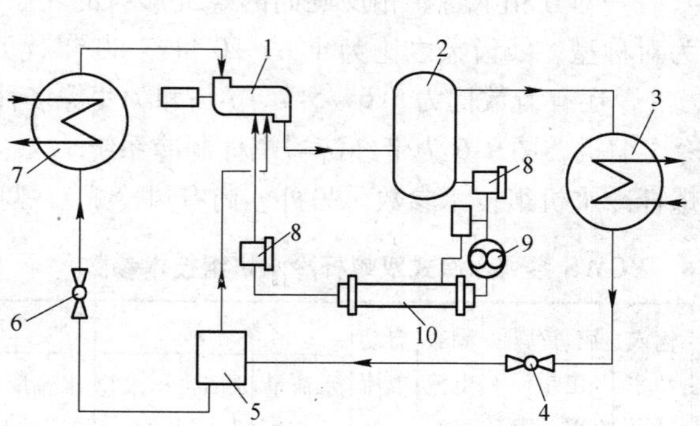

图 9-6　单级带经济器的螺杆制冷系统

1—螺杆压缩机；2—油汽分离器；3—冷凝器；4——次节流阀；5—经济器；6—二次节流阀；7—蒸发器；8—油过滤器；9—油泵；10—油冷却器

9.2.2.3　单螺杆冷水机组

双螺杆压缩机中，除了采用滑动轴承(现大多已采用滚柱轴承)来承受强大径向力以外，还要有平衡油活塞和两对滚珠轴承来承受轴向力，结构复杂。而单螺杆压缩机由于螺杆上每相邻三个齿槽总是在上、下对称位置上同时吸气、压缩和排气，因此单螺杆上的径向力的合力总等于零。此外，单螺杆只有径向排气而没有轴向排气，所以没有轴向推力。单螺杆不用滑动轴承，也不用平衡油活塞来抵消轴向力。一般单螺杆在排气端的轴颈上装有一对背靠安装的单列向心球轴承，吸气端装有一个滚珠轴承。

单螺杆压缩机的能量调节机构和双螺杆相似，都是通过油活塞来推动滑阀的，而油活塞是由冷水出水温度控制的四通电磁阀来调节的。所不同的是单螺杆有两个行星齿轮，所以配有两个卸载滑阀，如图 9-7 所示。表 9-5 为水冷式单螺杆冷水机组技术参数。

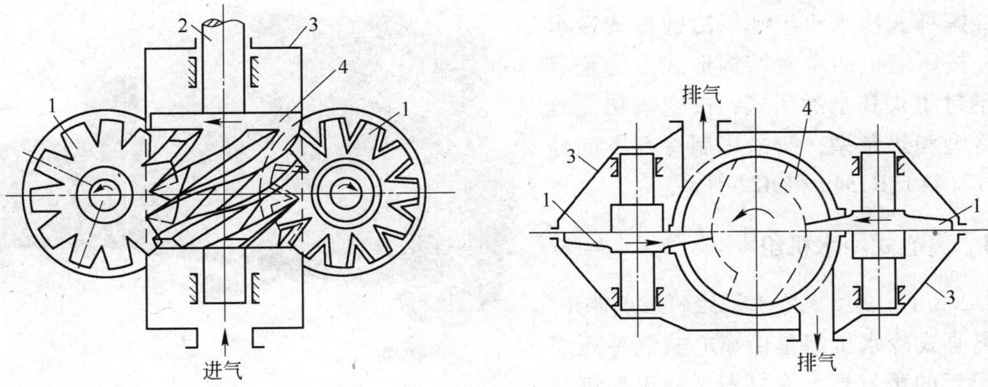

图 9-7　单螺杆制冷压缩机

1—星轮；2—主轴；3—壳体；4—螺杆

表 9-5　水冷式单螺杆冷水机组技术参数　　（大金，R134a）

型　　号		ZUW280A5	ZUW300A5	ZUW350A5	ZUW400A5
制冷量/USRT		284	317	358	412
制冷量/kW		1000	1114	1260	1450
制　冷　剂		R134a	R134a	R134a	R134a
润　滑　油		FVC68D	FVC68D	FVC68D	FVC68D
cop		5.3	5.5	5.6	5.6
冷　水	流量/$m^3 \cdot h^{-1}$	172.0	191.6	216.7	249.7
冷却水	流量/$m^3 \cdot h^{-1}$	203.2	226.4	256.1	294.7
连接尺寸	冷却水	8（in）法兰		8（in）法兰	
	冷　水	8（in）法兰	6（in）法兰	8（in）法兰	
	安全阀	2（in）×1		2（in）×1	
冷量调节范围		25%～100%无级调节		25%～100%无级调节	
压缩机	类　型	半封闭单螺杆压缩机		半封闭单螺杆压缩机	
	单台额定功率		110	110	130
	数　量		2	2	2
冷凝器类型				壳管式冷凝器	
蒸发器类型				满液壳管式蒸发器	
质量/kg			7250	8100	9000
长/mm			4550	4250	4250
宽/mm			1680	1900	1900
高/mm			2060	2300	2300
噪声/dB(A)			84	87	88

单螺杆压缩机的两个行星齿轮由于是由工程塑料制成的，其热膨胀系数比金属材料大，因此，单螺杆压缩机的排气温度受到严格的限制。行星齿轮易磨损，一般规定运行5年后更换一次。

螺杆式冷水机组根据其冷凝方式可分为水冷螺杆式冷水机组和风冷螺杆式冷水机组；按压缩机的密封结构形式分为开启式、半封闭式和全封闭式；按空调功能分为单冷型和热泵型；按采用制冷剂不同分为R717(氨)、R134a和R22等。

9.2.3　离心式冷水机组[1,2]

9.2.3.1　离心式冷水机组的组成部件

离心式冷水机组是由离心式制冷压缩机和配套的蒸发器、冷凝器、节流控制装置以及电气仪表组成整台的冷水机组。

图9-8　离心式冷水机组(上海合众—开利)

图9-8为离心式冷水机组的结构图，表9-6为其技术参数。

表9-6　水冷离心式冷水机组技术参数　　(特灵)

制冷机组型号		制冷剂	制冷量/kW	电机功率/kW
CVGD(双级)	CVGD230～800	R134a	879～3516	211～723
CVHE(三级)	CVHE300～1040	R123	1055～4747	可选择
CVAD(双级风冷)	CVAD013～032	R134a	513～1244	211～373

9.2.3.2　离心式冷水机组的特点

(1) 单机制冷量大。国产空调用离心式制冷机组的制冷量在580～2800kW，国外最大机组的制冷量为28000kW。

(2) 结构紧凑、质量轻、尺寸小，因而占地面积小。相同的制冷工况及制冷量，活塞式制冷压缩机比离心式制冷压缩机(包括齿轮增速器)重5～8倍，占地面积多一倍左右。

(3) 没有气阀、填料、活塞环等易损件，因而工作可靠，操作方便。维护费用低，为活塞式压缩机的1/5。

(4) 运转平稳、振动小、噪声低。运转时制冷剂中不混有润滑油，因此蒸发器和冷凝器的传热性能好。

(5) 能够经济地进行调节。当采用入口导流叶片调节器和改变扩压器宽度调节装置时，可使机组的负荷在30%～100%范围内进行高效率的调节。

(6) 能够经济合理地使用能源，即可用电及其他多种类型的驱动机来带动。石油化工厂中的大型离心式制冷机，可用工业装置中自身产生的蒸汽或余热为能源，应用蒸汽轮机或燃气轮机直接驱动，使全厂的能源得到综合利用。

(7) 易于实现多级压缩和节流，达到同一台制冷机多种蒸发温度的操作运行。

离心式制冷机的缺点是：单机制冷量不宜过小；不宜采用较高的冷凝压力；变工况适应能力不强以及制造加工精度要求较高。

9.2.3.3 离心式制冷压缩机

离心式制冷压缩机是借助叶轮旋转运动产生的离心力来压缩制冷剂气体的。制冷剂已往多用氟利昂11(R11)，现在则以R134a或R123所替代。离心压缩机由于是连续运转，就可通过提高转速增大对制冷剂气体的压缩，所以制冷量较大($Q>1054$kW的机组多用离心式冷水机组)。离心式制冷压缩机的叶轮构造，如图9-9所示。

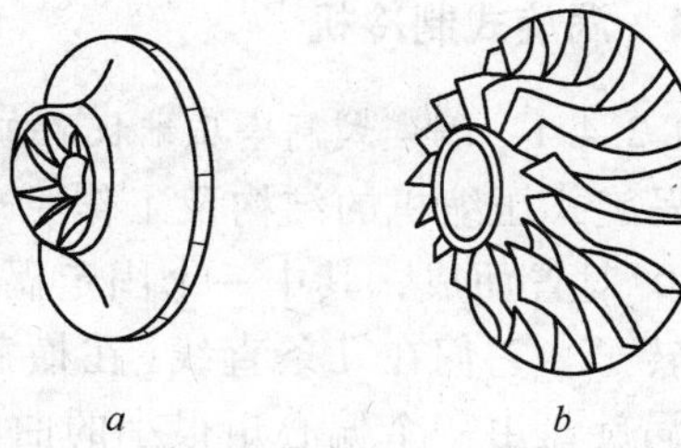

图9-9 离心式压缩机叶轮
a—封闭式；*b*—半开式

9.2.3.4 离心式冷水机组的循环系统

离心式冷水机组的单级循环系统见图9-10。制冷剂液体在较低的饱和温度(2~5℃)状态下吸收进入蒸发器传热管内冷水的热量(汽化潜热)而沸腾汽化，使管内冷水出水温度下降为7℃(标准工况)，冷水提供给中央空调系统中的气-水热交换器(空调机组和风机盘管中的表冷器)冷却送风，通过风管道将冷却的空气输送给空调对象，使其内部气温维持在工作室所要求的工况范围之内，达到中央空调的目的。

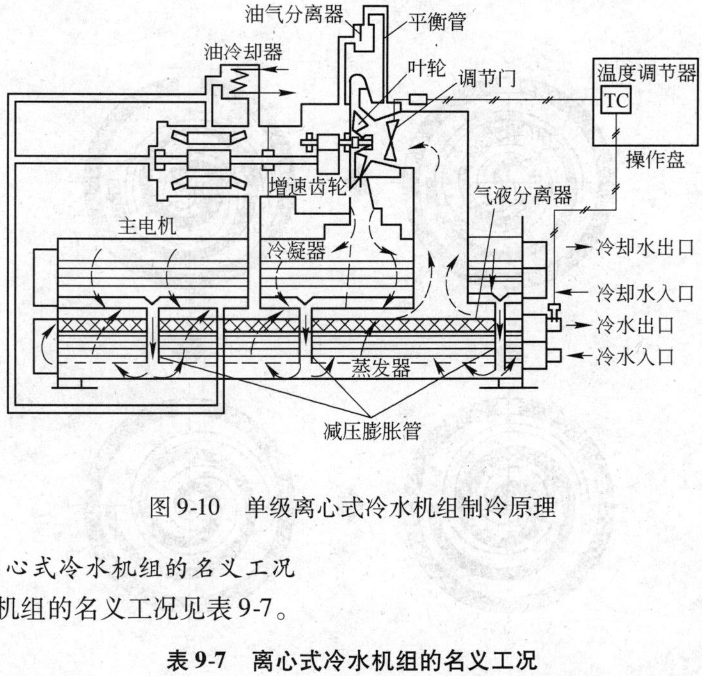

图9-10 单级离心式冷水机组制冷原理

9.2.3.5 离心式冷水机组的名义工况

离心式冷水机组的名义工况见表9-7。

表9-7 离心式冷水机组的名义工况

名称	蒸发器侧		冷凝器侧					
	冷水		水冷式		风冷式		蒸发冷却式	
	出口温度/℃	水量/$m^3\cdot(h\cdot kW)^{-1}$	进口温度/℃	水量/$m^3\cdot(h\cdot kW)^{-1}$	进口干球温度/℃	进口湿球温度/℃	进口干球温度/℃	进口湿球温度/℃
标准名义工况	7	0.172	30	0.224	35	—	—	24
应用名义工况	6.7	0.155	29.4	0.195	35	—	—	23.9

9.2.4　涡旋式制冷机[13,1]

9.2.4.1　涡旋式制冷压缩机的工作原理

涡旋式压缩机的结构及工作原理如图9-11所示。涡旋式压缩机主要由两个涡旋盘相错180°对置而成，其中一个固定涡旋盘，称为涡旋定子；而另一个是旋转涡旋盘，称为涡旋转子。它们在几条直线(在横截面上则是几个点)上接触并形成一系列月牙形容积。旋转涡旋盘由一个偏心矩很小的曲柄轴驱动，绕固定涡旋盘平动，两者的接触线在运转中沿涡旋曲面移动，它们之间的相对位置借安装在旋转涡旋盘与固定部件间的十字滑环来保证。

涡旋式制冷压缩机的吸气口设在固定涡旋盘的外侧面，由于曲轴的转动(顺时针)，气体由边缘吸入，并被封闭在月牙形容积内，随着接触线沿涡旋面向中心推进，月牙形容积逐渐缩小而压缩气体。而高压气体通过固定涡旋盘上的轴向中心孔排出。图9-11*a*表示正好吸入完了的位置；图9-11*b*表示涡旋外围为吸入过程，中间为压缩过程，中心处为排气过程；图9-11*c*、图9-11*d*表示连续而同时进行着吸入和压缩过程。在曲面的每一转中都形成一个新的吸气容积，所以上述过程不断重复，依次完成。

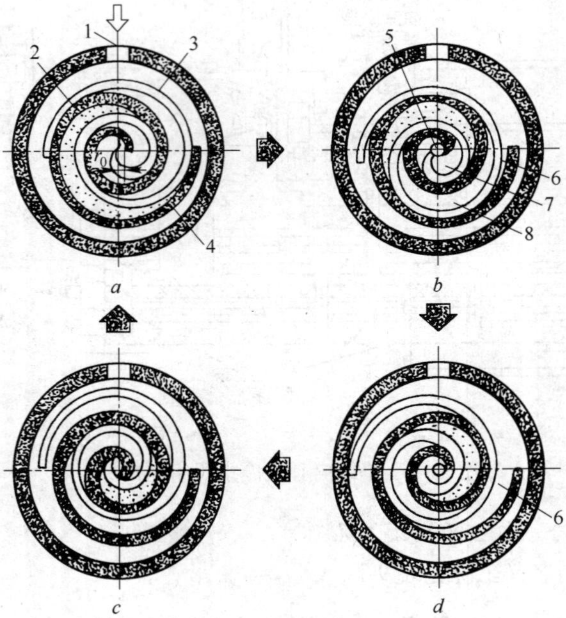

图9-11　涡旋压缩机工作过程

1—吸气口；2—气腔；3—旋转涡旋盘；4—固定涡旋盘；
5—排气口；6—吸气；7—排气；8—压缩过程

9.2.4.2　涡旋式制冷压缩机的总体结构

目前涡旋式制冷压缩机仅有小型全封闭及开启式两种机型。都以氟利昂为工质，主要应用在汽车空调及2.2～4.4kW的家用热泵型空调器中。

图9-12所示为3.75kW全封闭涡旋式制冷压缩机剖面图。压缩机主要由涡旋定子、涡旋转子、十字滑环、曲轴、支架、机壳、电机等组成。涡旋定子和电动机定子安装在

机壳内壁上。十字滑环18是上、下两面设置互相垂直的两对凸键的圆环，上面凸键装在涡旋盘7背面的键槽内，下面的凸键装在支架10的键槽内。十字滑环的作用是防止涡旋转子倾斜及自转。在涡旋盘7下设有一个背压腔8，背压腔由涡旋转子底盘上的小孔引入中压气流自动充气，使气腔压力支撑着涡旋转子，同时在涡旋转子顶部装有可调轴向密封，使得涡旋转子可以轴向移动，这样便可补偿运行中的逐渐磨损，并且也能防止液击或压缩腔中润滑油过多时引起的过载。

在曲柄销轴承处和曲轴通过支架的地方，装有转动密封，以保持背压腔与机壳之间的气密性。轴承的润滑油是利用排气压力和中间压力的压差，由密封壳体的底部经曲轴上加工的油道来供给的，并最终由背压腔流向压缩腔以润滑涡旋面，然后同压缩气体一起排出，在机壳中将油分离，然后流至底部。再者，在涡旋转子外有油流，由这里给涡旋盘摩擦部位供油。涡旋压缩机停止运转后会逆转，为此在涡旋定子上的吸气管内装有止逆阀。

吸入气体从腔上部被直接导入涡旋板的四周，封在月牙形容器中，然后被压缩，并由涡旋定子的中心排入机壳内，最后由排气管19排出。

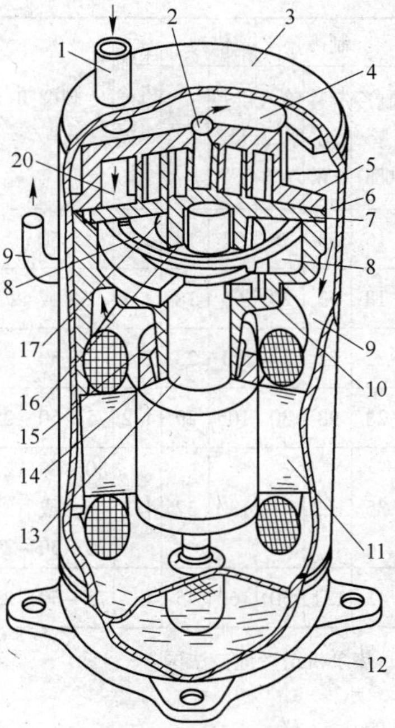

图9-12　全封闭涡旋式制冷压缩机剖面
1、20—吸气管；2—排气口；3—密封外壳；4—排气管腔；5—固定涡旋盘；6—排气通道；7—旋转涡旋盘；8、17—背压腔；9—电动机腔；10—支架；11—电动机；12—油；13—曲轴；14、15—密封；16—轴承；18—十字滑环；19—排气管

9.2.4.3　涡旋式制冷压缩机的特点

涡旋式制冷压缩机的效率高、运行平稳、外形尺寸小、质量轻、噪声低、且零件较少。与往复活塞式压缩机相比，其体积要减小40%，质量减轻15%，效率提高10%，噪声却降低了5dB(A)。

除此之外，涡旋式制冷压缩机还有以下特点：

(1) 没有吸气阀和排气阀。

(2) 没有余隙容积。从吸气到排气由月牙形密封空腔分隔，相邻空腔的压差小，故不易泄漏。

(3) 吸、排气过程时间长，而且没有阀门。所以，吸、排气压力损失小。

(4) 滑动速度比其他形式的压缩机小。

(5) 气体几乎是连续流动的，脉动小，转矩变化量小。

涡旋式制冷压缩机是采用电子计算机程序控制进行精密加工而成的。它是效率高、振动最小的压缩机，是一般往复活塞式压缩机所无法相比的。但正是由于其制造需高精度的加工设备及精确的装配技术，这就限制了它的制造及应用。

9.2.4.4　涡旋式热泵机组

表9-8所列为风冷涡旋式热泵机组(CXAE型)的技术参数。

表 9-8　风冷涡旋式热泵机组技术参数　　（特灵，R22）

型号 CXAE	制冷		供热		压缩机冷媒循环	制冷量调节/%	电流/A		蒸发器			冷凝器			冷媒质量/kg	机组质量/kg	尺寸/mm			蒸发器接管尺寸/mm
	制冷量/USRT	制冷量/kW	输入功率/kW	供热量/kW	功率/kW			运转	起动	数量	功率/kW	转速/$r \cdot min^{-1}$	存水量/L	水流量/$L \cdot s^{-1}$	压力降/kPa			长	宽	高	
102	15	53	16	52	14	2/1	50	35	111	2	0.53	648	45	2.52	17	18	880	2530	950	1800	50
103	18	63	20	65	18	2/1	58 或 42	44	155	2	0.53	726	45	3.03	23	20	930	2530	950	1800	50
104	22	77	24	80	23	2/1	50	53	164	2	1.30	780	40	3.70	28	22	980	2530	950	1800	65
205	28	98	30	105	29	4/2	75 ~ 50 ~ 25	70	186	2	1.30	726	62	4.71	24	32	1210	2630	1850	1870	65
206	35	123	41	130	37	4/2	80 ~ 50 ~ 20 或 70 ~ 50 ~ 29	88	199	4	0.53	726	66	5.89	35	36	1560	2630	1850	2070	65
207	43	151	50	160	45	4/2	75 ~ 50 ~ 25	106	217	4	1.30	780	95	7.23	28	40	1830	2630	1850	2070	80

注：热泵机组产地：法国。

9.3　蓄冷技术与设备[8,11]

空调是用电大户，也是造成电网峰谷负荷差的主要原因之一。而采用蓄冷和蓄热的空调系统是解决这一矛盾的主要方法。所谓蓄冷蓄热空调，就是将电网负荷低谷时段的电力用于制冷和制热，利用诸如水或共晶盐等介质的显热和潜热，将冷量和热量储存起来，而在电网负荷高峰的时段，再将冷量和热量放出，作为空调的冷、热源。它可承担用电高峰段全部或部分空调的冷、热负荷。蓄冷和蓄热空调的使用，可使空调系统由原来高峰期 8h 或 12h 的运行，改为 24h 全日蓄能和放能的运行，从而可使制冷机组的装机容量、供电设备的容量减少 30% ~ 50%。在当地实行峰谷电价差的情况下，能够节约大量的运行费用。

电力供应紧张由来已久。“八五”期间，全国发电量平均年增长率为 10.1%，但用电峰谷差也以每年 9.6% 的速度迅速增大。至 1996 年底，全国总装机容量超过 2 亿 kW，居世界第三位。至 2000 年，全国发电装机容量达 3.19 亿 kW，发电量达 13684 亿 kW · h，居世界第二位。但由于用电峰谷差的增大，仍不能满足国民经济迅速发展和空调急剧增加的需要。在“九五”期间，年发电量的增长率分别为 7.1%、5.1%、2.1%、6.5% 和 11%，看上去电力供应有所缓和。但是由于峰谷差的拉大，峰时段的用电仍然非常紧张。在“十五”期间电力更趋紧张，因而“十一五”期间节电是建设节约型社会的重头戏。

蓄能技术在中国 20 世纪 90 年代通过引进和发展，已成为电力需求管理的一项成熟的技术，在大型商场、办公室、商住楼、饭店、宾馆、娱乐场所、体育场馆、金融大楼、医院、学校等场所得到了广泛的应用，并取得了显著的效果。

通过对大量蓄冰工程的实践总结，移 1kW 的低谷电至高峰时段，耗资 2300 元左右。而造 1kW 的电厂，供电至用户变压器耗资 9000 元。高峰时段的缺电可能只有几天，而且可能只是一天中的一个或几个小时。所以发电装机容量的发展和蓄能技术同步发展是最终合理解决用电供需矛盾的有效方法。因此，蓄冷技术具有广阔的发展前景，同时也是解决电网用电峰谷差的主要手段之一。

9.3.1 蓄冷介质种类与蓄冷设备类型

9.3.1.1 蓄冷介质种类

蓄冷介质种类见表 9-9。

表 9-9 蓄冷介质种类

项 目	蓄 冷 介 质		
	水	冰	低温共融盐
蓄冷方式	显热蓄冷	显热 + 潜热	潜 热
相变温度	—	0℃	4 ~ 12℃
温度变化范围	12 ~ 7℃	12℃水 ~ 0℃冰	8℃液体 ~ 8℃固体
单位质量蓄冷容量/$kJ \cdot kg^{-1}$	20.9	384	96
单位体积蓄冷容量/$MJ \cdot m^{-3}$	20.9	355	153
$kW \cdot h \cdot m^{-3}$	5.81	98.61	42.5
$RTH \cdot m^{-3}$	1.65	28.08	12.10
每 1000RTH 需蓄冷介质多少体积	$606m^3$	$35.3m^3$	$82.6m^3$

注：1RTH = 12670kJ = 3.516kW · h = 3024kcal。

对于水蓄冷来说，如果加大蓄冷温度（如 12 ~ 4℃水，$\Delta t = 8$℃），就提高了蓄冷密度，则蓄冷水池的体积就可减少（这时每 1000RTH 需 $360m^3$）。

对于冰蓄冷来说，占有空间的大小，与蓄冰设备的构造和蓄冰率（IPF）的大小有密切关系，考虑桶和热交换设备占有的空间，每 1000RTH 需占有空间体积比全部是冰占有 $35.3m^3$ 的体积要大得多。

9.3.1.2 蓄冷设备类型

蓄冷设备类型见表 9-10。

表 9-10 蓄冷设备类型

蓄冷方式	蓄冷类型	蓄冷介质	蓄冷流体	放冷流体
显 热 式	水蓄冷	水	水	水
潜 热 式	冰盘管（外融冰）	冰或其他共晶盐	制冷剂	水或载冷剂
			制冷剂	
	冰盘管（内融冰）	冰或其他共晶盐	载冷剂	载冷剂
			制冷剂	制冷剂
	封装式	冰或其他共晶盐	水	水
			载冷剂	载冷剂
	片冰滑落式	冰	制冷剂	水
	冰晶式	冰	制冷剂	载冷剂
			载冷剂	

注：载冷剂一般为乙烯乙二醇水溶液。

9.3.2 冰蓄冷

在自然界中，物质通常有三态，从一种状态变到另一种状态称为物质的相变。相变是物质集态或组成的变化。

相变的形式有四种：固相⟷液相；液相⟷气相；固相⟷气相；固相⟷固相。

相变过程一般是等温和近似等温的过程。相变过程中伴有能量的吸收或释放，这部分能量称为相变潜热。相变潜热一般较大，以水为例：

固相⟷液相　溶解热：335kJ/kg（101.325kPa，即一个大气压，0℃）

液相⟷气相　汽化热：2257kJ/kg（101.325kPa，即一个大气压，0℃）

正由于相变过程是一伴随有较大吸收或释放热量的等温或近似等温的过程，因此它有广泛的应用价值。例如：制冷机就是利用制冷剂的液⟷气相变来达到制冷目的，而冰蓄冷空调技术是利用水的固⟷液相变来达到最大限度蓄冷的。

9.3.2.1　蓄冰率

在冰蓄冷空调系统中，蓄冰槽中的水并不一定全部结成冰，常采用蓄冰率 IPF（Ice packing factor）来衡量蓄冰槽内冰所占有的体积份额，定义为：

$$\mathrm{IPF} = \frac{V_1}{V_2} \times 100\% \tag{9-1}$$

式中　V_1——蓄冰槽内冰占用的容积，m^3；

V_2——蓄冰槽的有效容积，m^3。

工程上一般用 IPF 来决定蓄冰槽的大小。目前，各种蓄冰设备，其 IPF 值约在 20%～70% 范围内。

9.3.2.2　融冰效率

融冰效率是指用于空调负荷的融冰冷量的份额。其定义为

$$DE = \frac{Q_1}{Q_2} \times 100\% \tag{9-2}$$

式中　DE——融冰效率，%；

Q_1——用于空调负荷的融冰冷量，kJ；

Q_2——总蓄冰冷量，kJ。

9.3.2.3　蓄冷效率

实际可用于应付空调负荷的融冰能量除以用于制冰蓄冷的能量的值。其定义为：

$$SE = \frac{E_1}{E_2} \times 100\% \tag{9-3}$$

式中　SE——蓄冷效率，%；

E_1——用于应付空调负荷的融冰能量，kJ；

E_2——用以制冰蓄冷的能量，kJ。

蓄冰效率和融冰效率有些不同，但有时蓄冷效率也定义为融冰效率。

9.3.2.4　冰蓄冷工程实例

现举某商贸大厦冰蓄冷空调工程一实例，供参考与研究讨论，以取长补短，提高冰蓄冷空调的设计水平。

该工程各数据，见表 9-11～表 9-19。

A　工程概况

工程名称：某商贸大厦

建筑总面积：86000m²

使用功能：商场、写字楼

蓄冰空调设计要求：

（1）8:00～10:00 不开主机，仅靠融冰避早峰供冷。

（2）转移高峰用电不低于30%。

B　冷负荷

根据冷负荷计算软件，得到以下冷负荷（表9-11）。

表9-11　某商贸大厦蓄冰空调逐时负荷表　　（kW·h）

时　间	总冷负荷	时　间	总冷负荷
8:00～9:00	3513	15:00～16:00	12049
9:00～10:00	10947	16:00～17:00	11478
10:00～11:00	11091	17:00～18:00	10411
11:00～12:00	11091	18:00～19:00	8603
12:00～13:00	11650	19:00～20:00	8518
13:00～14:00	12066	20:00～21:00	8434
14:00～15:00	12651（最大）	合　计	132502

C　蓄冷空调设备选型

（1）制冷机　选用4台550RT螺杆式双工况冷水机组（YORK的YSFCFAS55CMC）（表9-12）。

表9-12　制冷机选型

制冷量/kW	电机功率/kW	尺寸/mm×mm×mm	质量/kg
1934(550RT)	329	3924×2060×2445	14390

（2）冷却塔　选BLSSJ-500冷却塔4台（表9-13）。

表9-13　冷却塔选型

冷水量/$m^3 \cdot h^{-1}$	500	进塔水压/kPa	49.0
电机功率/kW	15	运转质量/kg	10160
风机风量/$m^3 \cdot h^{-1}$	320000		

（3）冷却水泵　选IS200-150-315冷却水泵4台（表9-14）。

表9-14　冷却水泵选型

流量/$m^3 \cdot h^{-1}$	扬程/m	转速/$r \cdot min^{-1}$	功率/kW
500	27	1450	55

（4）不冻液泵　不冻液(25%乙二醇水溶液)的密度 $\rho = 1.037 \times 10^3 kg/m^3$，比热容 $c_p = 0.915kcal/(kg \cdot ℃)$。

选用双吸型10sh-9水泵4台（表9-15）。

表 9-15 不冻液水泵选型

流量/$m^3 \cdot h^{-1}$	扬程/m	转速/$r \cdot min^{-1}$	功率/kW
612	32.5	1450	75

（5）冷水泵 选双吸型 12sh-13 水泵 4 台（表 9-16）。

表 9-16 冷水泵选型

流量/$m^3 \cdot h^{-1}$	扬程/m	转速/$r \cdot min^{-1}$	功率/kW
612	38	1450	90

（6）板式换热器 换热量 $Q=12651$kW，选用瑞典 SWEP 公司 G342 板式换热器 3 台，每台换热量 4220kW（表 9-17）。

表 9-17 板式换热器选型

换热量/kW	换热面积/m^2	对数平均温差/℃	传热系数/$W \cdot (m^2 \cdot ℃)^{-1}$	压力降/kPa	质量/kg
4220	426.87	2	3748	90	7087

（7）蓄冰量与蓄冰筒 首先计算蓄冰量 Q 与储冰容积 V：以 4 台制冷主机在制冰工况时工作 10h 作为蓄冰量（蓄冰率为 0.71）：

$$Q=2200RT\times0.71\times10h$$
$$=15620RT\cdot h=54935(kW\cdot h)$$

储冰容积

$$V=54935\times0.020\times1.1$$
$$=1209(m^3)$$

蓄冰钢筒选型见表 9-18。

表 9-18 蓄冰钢筒选型

蓄冰量/kW·h	蓄冰筒容积/m^3	内径×壁厚/m×mm	长度/m
6867（1952.5RT·h）	146.4	ϕ3.5×8	15.7

注：每桶蓄冰量=54935/8=6867kW·h。

选蓄冰筒：取 8 个蓄冰钢筒，每个容积为 $1209/8=151m^3$。使用内径 $d_i=3500$mm、壁厚 $\delta=8$mm 的钢筒。长度 $L=V/S=151/(3.14\times3.5^2/4)=15.7$（m）。

（8）乙二醇量 乙二醇量 $M=1209m^3\times(1-70\%)\times25\%\times1.037t/m^3=94$（t）。

（9）蓄冰制冷站系统配制 蓄冰制冷站配制及概算见表 9-19。

9.3.3 水蓄冷[8,11]

9.3.3.1 水蓄冷方式与特点

A 水蓄冷方式

水蓄冷方式主要有四种方式：自然分层蓄冷、多罐式蓄冷、迷宫式蓄冷和隔膜式蓄冷。

B 水蓄冷的特点

（1）可以使用常规的冷水机组，也可以使用吸收式制冷机组，并使其在经济状态下运行。

表 9-19　制冷站配制及概算（蓄冰空调方案）

项　目	规　格	数　量	单　位	功率/kW	单价/万元	合　计	
						功率/kW	总价/万元
螺杆式冷水机组	YSFCFAS55CMC	4	台	329	517.0	1316	2068.0
冷却塔	BLSSJ-500	4	台	15	15.0	60	60.0
冷却水泵	IS200-150-315	4	台	55	1.29	220	5.16
不冻液泵	10sh-9	4	台	75	2.01	300	8.04
冷水泵	12sh-13	4	台	90	2.84	360	11.36
蓄冰筒	BK150	8	个		12.0		96.0
冰球	双金属芯	15620	个		0.038		593.56
板式换热器	G342	3	台		56.3		168.9
乙二醇	工业用	94	吨		0.5		47.0
电气控制	PLC	1	套				40.0
合　计						940	3098.02

注：进口设备为 CIF 价。

（2）适用于常规供冷系统的扩容和改造，可以通过不增加制冷机组容量而达到增加供冷容量的目的。

（3）可以利用消防水池、原有的蓄水设施或建筑物地下室等作为蓄冷容器来降低初投资。

（4）可以实现蓄热和蓄冷的双重用途。

（5）技术要求低，维修方便，无需特殊的技术培训。

（6）水蓄冷系统是一种较为经济的储存大量冷量的方式。蓄冷罐体积越大，单位蓄冷量的投资越低。当蓄冷量大于 7000kW·h(602 万 kcal/h) 或蓄冷容积大于 $760m^3$ 时，水蓄冷是最为经济的。

9.3.3.2　水蓄冷设计规定

水蓄冷系统设计，应符合下列规定：

（1）蓄水温度不宜低于 4℃；

（2）蓄冷水池的容积不宜小于 $100m^3$；

（3）蓄冷和蓄热双重用途的蓄水池不应与消防水池合用；

（4）水管管路设计时，应采取防止系统中水倒灌的措施；

（5）水池蓄冷系统的设计，关键是要尽量提高水池的蓄冷效率，减少水池内冷热水的渗混（如水池内壁的处理，进出水口的布置等），一般蓄冷水池可利用的温差约为 6～7℃，条件好的情况其利用温差可达 8～10℃。

9.3.3.3　水蓄冷设备及系统

A　自然分层水蓄冷系统

自然分层水蓄冷系统是在蓄冷槽中，上、下设置了两个均匀分配水流的散流器。为了达到自然分层的要求，必须在蓄冷和释冷过程中，温水始终是从上部散流器流入或流出，而冷水是从下部散流器流入或流出，以尽可能形成上、下分层水的各自平移动，避免温水和冷水的混合。

B　蓄冷槽组水蓄冷系统

蓄冷槽组实际上是以垂直的间隔方式将一个大的蓄水槽分成多个小槽。这种水蓄冷空调系统在美国和日本都有很多实例。大多将建筑物地下室用作蓄水槽。将一个大的蓄水槽用隔板分隔成多个相互连串的小槽，形成多个蓄水槽的串联形式。

C　空槽式水蓄冷系统

空槽式水蓄冷系统如图 9-13 所示。系统有 4 个蓄水槽，开始蓄冷时，槽 1 是空的，温水从槽 2 中抽出，通过阀门 F18、F14、F15、F16、F3 后，再经冷水机组蒸发器(降温)、水泵 A、F5、F9、进入槽 1。当槽 1 被冷水充满时，槽 2 中的温水正好被抽光。接着通过阀门的开关控制，槽 3 中的温水按上述的流程降温后再进入槽 2。依此类推，直到槽 4 中温水抽光为止，蓄冷结束。释冷开始时，槽 4 中无水，从槽 3 抽出的冷水流经阀门 F19、F14、F13、F4、F1，空调机组(升温)、水泵 B、F12 进入槽 4。当槽 3 中冷水被抽光，正好槽 4 中充满温水。接着通过阀门开关控制，槽 2 中的冷水流经空调机组升温后，进入槽 3，这样依此类推，直至槽 1 中的冷水全部被用光为止，释冷结束。槽的数量和容量可根据当地用电情况和空调负荷大小决定。

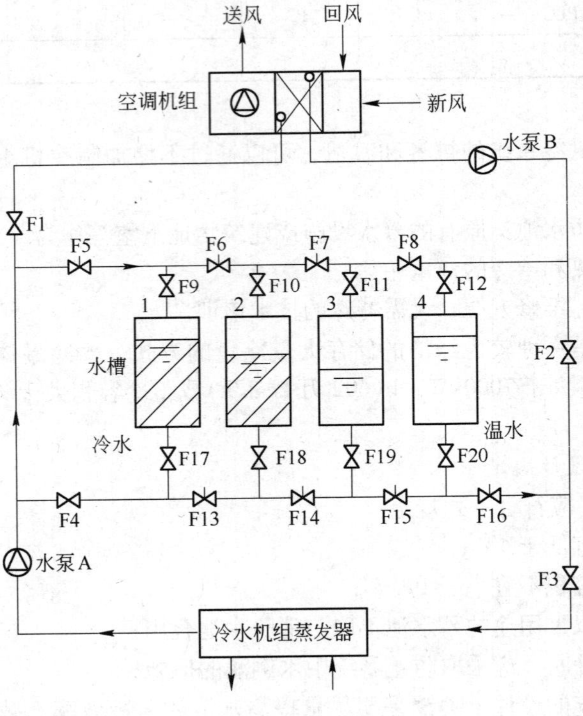

图 9-13　空槽式水蓄冷原理

这种蓄冷方式避免了温、冷水混合造成的冷量损失，可以达到较高的蓄冷效率。这种系统可用于冬天蓄热、夏天蓄冷，能显示出其较好的经济效益。但从系统可以看出，管道布置复杂，阀门多，自控系统复杂，因而增加了初投资。以槽体为例，4 个小槽的外表面积等于一个同容积大槽的 2 倍，如果是 16 个小槽，其外表面积达到同容积大槽的 4 倍。所以，槽体的制造、保温、阀门、管道、控制以及保养费用都将成倍地增加。

D　隔膜式水蓄冷系统

所谓隔膜式水蓄冷，是在蓄冷槽中加一层隔膜，将蓄水槽中的温回水与存储的冷水隔开。隔膜可垂直放置也可水平放置，则相应构成了垂直隔膜式水蓄冷空调系统和水平隔膜式水蓄冷空调系统。

9.4　吸收式冷水机组[1,15]

吸收式冷水机组根据热源方式不同又分为蒸汽型、热水型和直燃型冷水机组，根据所用工质不同又分为氨水吸收式和溴化锂吸收式冷水机组，根据热能利用程度不同又分为单效和双效吸收式冷水机组，根据各换热器的布置情况又分为单筒型、双筒型和三筒型吸收式冷水机组，根据应用范围又分为单冷型和冷热水型吸收式冷水机组，通常按习惯将上述分类加以综合，如蒸汽型单、双效溴化锂吸收式冷水机组、直燃型溴化锂冷热水机组等等。

9.4.1　蒸汽型双效溴化锂吸收式冷水机组[1,16]

9.4.1.1　双筒双效溴冷机的结构

双效溴冷机是在单效溴冷机的基础上,增加了一个发生器并单设一筒体,称为高压发生器,而其余布置如同单筒单效机。另外,为提高热交换效果,又增加了一个溶液热交换器。所配备的发生泵和吸收泵是输送溴化锂溶液的屏蔽泵,而蒸发泵则是输送冷剂水的。其结构见图9-14。

9.4.1.2　三筒双效溴冷机的结构

(1) 三筒双效冷却水串联溴冷机。三筒双效机与双筒双效机的不同点是：三筒双效机除将高压发生器单设一筒体外，还将冷凝器与低压发生器设在同一筒体中，而将蒸发器与吸收器合设在另一筒体中，从而构成三筒体的双效溴冷机，见图9-15。为充分利用蒸汽凝结水的余热预热进入低压发生器的稀溶液，还往往在低压发生器与低温热交换器之间增设了凝水热回收器。

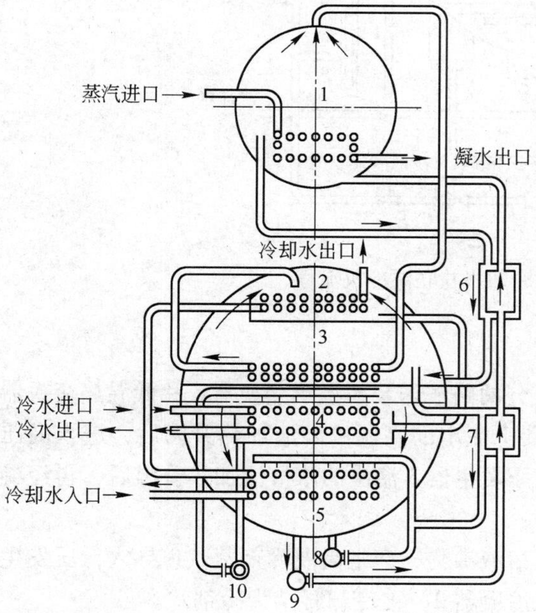

图9-14　蒸汽型双筒双效溴冷机结构
1—高压发生器；2—冷凝器；3—低压发生器；
4—蒸发器；5—吸收器；6—高温热交换器；
7—低温热交换器；8—吸收泵；
9—发生泵；10—蒸发泵

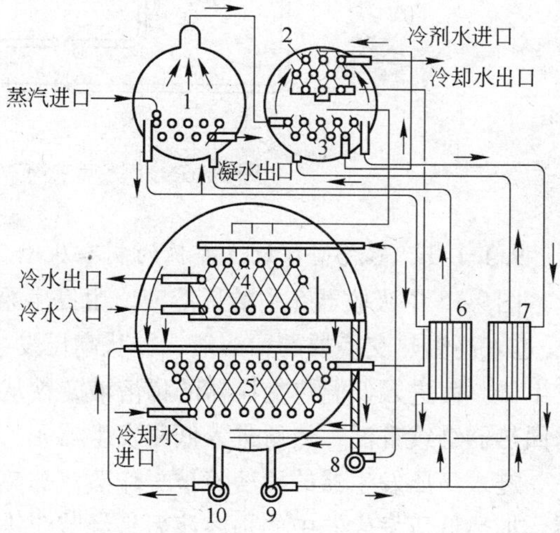

图9-15　蒸汽型三筒双效溴冷机结构
1—高压发生器；2—冷凝器；3—低压发生器；
4—蒸发器；5—吸收器；6—高温热交换器；
7—低温热交换器；8—蒸发泵；
9—发生泵；10—吸收泵

（2）三筒双效冷却水并联溴冷机。图 9-15 为冷却水串联，冷凝器与低压发生器上下排列于上筒，蒸发器与吸收器上下排列于下筒的溴冷机。而图 9-16 所示则为冷却水并联的溴冷机（冷却水分二路通过吸收器与冷凝器），冷凝器与低压发生器左右排列于上筒、吸收器与蒸发器左中右排列于下筒。

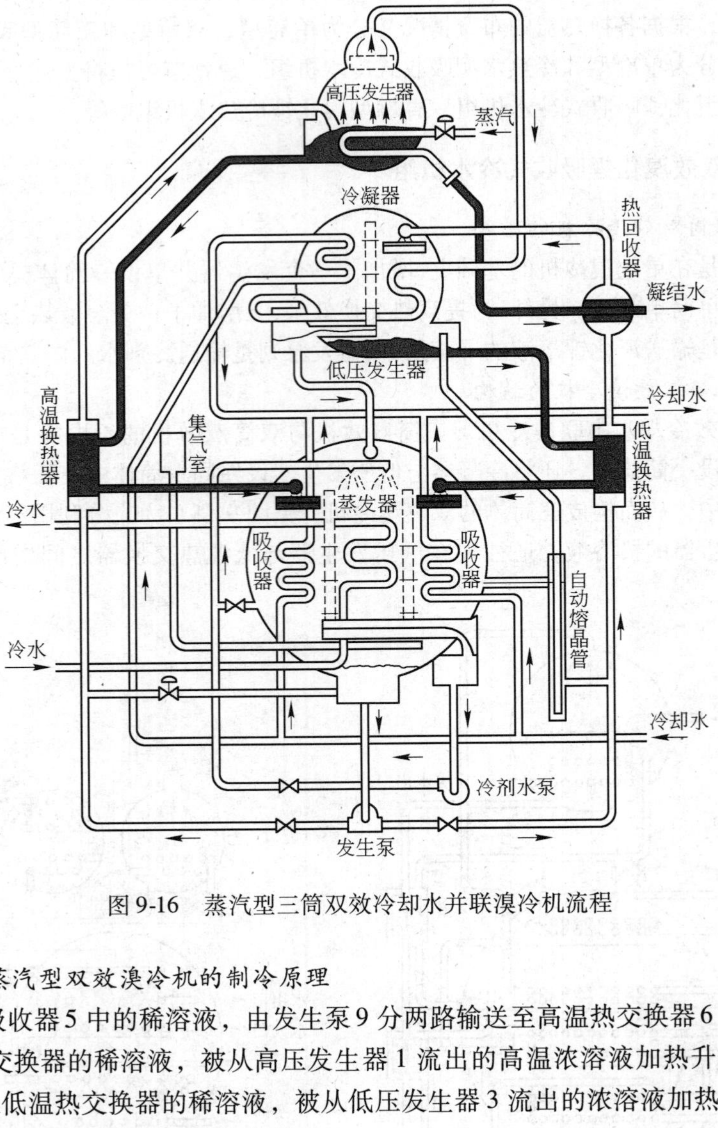

图 9-16　蒸汽型三筒双效冷却水并联溴冷机流程

9.4.1.3　*蒸汽型双效溴冷机的制冷原理*

图 9-15 中吸收器 5 中的稀溶液，由发生泵 9 分两路输送至高温热交换器 6 和低温热交换器 7。进入高温热交换器的稀溶液，被从高压发生器 1 流出的高温浓溶液加热升温后，进入高压发生器。而进入低温热交换器的稀溶液，被从低压发生器 3 流出的浓溶液加热升温后，再经凝水回热器继续升温，然后进入低压发生器 3。

进入高压发生器的稀溶液被工作蒸汽加热，溶液沸腾，产生高温冷剂蒸汽，导入低压发生器，加热低压发生器中的稀溶液后，经节流进入冷凝器 2，被冷却凝结为冷剂水。

进入低压发生器的稀溶液被高压发生器产生出的高温冷剂蒸汽所加热，产生低温冷剂蒸汽直接进入冷凝器，也被冷却凝结为冷剂水。高、低压发生器产生的冷剂水汇合于冷凝器集水盘中，混合后导入蒸发器 4 中。

加热高压发生器中稀溶液的工作蒸汽的凝结水，经凝水回热器进入凝水管路（参见图 9-16）。而高压发生器中的稀溶液因被加热蒸发出了冷剂蒸汽，使浓度升高成浓溶液，又经高温热交换器6导入吸收器5。低压发生器中的稀溶液，被加热升温放出冷剂蒸汽也成为浓溶液，再经低温热交换器7进入吸收器。浓溶液与吸收器中原有溶液混合成中间浓度溶液，由吸收器泵10吸取混合溶液，输送至喷淋系统，喷洒在吸收器管簇外表面，吸收来自蒸发器4蒸发出来的冷剂蒸汽，再次变为稀溶液进入下一个循环。吸收过程所产生的吸收热被冷却水带到制冷系统外，完成溴化锂溶液从稀溶液到浓溶液，再回到稀溶液的溶液循环过程。即热压缩循环过程。

高、低压发生器所产生的冷剂蒸汽，聚集在冷凝器管簇外表面上，被流经管簇里面的冷却水冷凝成冷剂水。而冷却水将吸收凝结过程产生的凝结热，带到制冷系统外。凝结后的冷剂水汇集起来经节流装置，淋洒在蒸发器管簇外表面上，因蒸发器内压力低，部分冷剂水闪发吸收冷水的热量，产生部分制冷效应。尚未蒸发的大部分冷剂水，由蒸发器泵8喷淋在蒸发器管簇外表面，吸收通过管簇内流经的冷水热量，蒸发成冷剂蒸汽，进入吸收器。

冷水的热量被吸收使水温降低（如从12℃降为7℃），从而达到制冷目的，完成制冷循环。吸收器中喷淋中间浓度的混合溶液吸收由蒸发器来的制冷剂蒸汽，溶液吸收冷剂蒸汽后又变成稀溶液，靠热压缩系统再产生制冷剂蒸汽，保证了制冷过程的周而复始的循环。

9.4.1.4　*蒸汽型溴冷机型号与规格表示方法*

SXZ　4　—　115　D

D:7℃(冷水出口温度)
Z:10℃
G:13℃
F:16℃

115:1150kW(制冷量:100 × 10^4kcal/h)
36:360kW(30 × 10^4kcal/h)
60:600kW(50 × 10^4kcal/h)
175:1750kW(150 × 10^4kcal/h)
230:2300kW(200 × 10^4kcal/h)
290:2900kW(250 × 10^4kcal/h)
360:3600kW(300 × 10^4kcal/h)

4:0.4MPa(工作蒸汽压力即4kgf/cm^2)
6:0.6MPa(6kgf/cm^2)
2.5:0.25MPa(2.5kgf/cm^2)
8:0.8MPa(8kgf/cm^2)

SXZ:双效溴化锂吸收式冷水机组
XZ:单效溴化锂吸收式冷水机组

举例：SXZ6-175D：双效溴化锂吸收式冷水机组

制冷量：1750kW（150×10^4kcal/h），冷水出口温度：7℃

工作蒸汽压力：0.6MPa（6kgf/cm^2）

SXZ4-115z：双效溴化锂吸收式冷水机组

制冷量:1150kW(100×10^4kcal/h),冷水出口温度:10℃,工作蒸汽压力:0.4MPa(4kgf/cm^2)

9.4.1.5　*蒸汽型双效溴冷机技术参数*

蒸汽型双效溴冷机的技术参数见表9-20。

表 9-20　蒸汽型双效溴冷机技术参数　（0.6MPa，双良）

型　号		SXZ6-35DH	SXZ6-47DH	SXZ6-58DH	SXZ6-70DH	SXZ6-81DH	SXZ6-93DH	SXZ6-116DH	SXZ6-145DH	SXZ6-174DH
制冷量	kW	350	470	580	700	810	930	1160	1450	1740
	万 kcal/h	30	40	50	60	70	80	100	125	150
	USRt	99	132	165	198	231	265	331	413	496
冷水	进出口温度/℃	12～7								
	流量/$m^3 \cdot h^{-1}$	60	80	100	120	140	160	200	250	300
	压力降/kPa	24.5	24.5	24.5	24.5	24.5	29.4	29.4	48.0	58.8
	接管直径(*DN*)/mm	100	100	125	125	150	150	150	200	200
冷却水	进出口温度/℃	32～38								
	流量/$m^3 \cdot h^{-1}$	88	118	147	176	206	235	294	367	441
	压力降/kPa	67.6	67.6	67.6	67.6	67.6	44.1	44.1	61.7	64.7
	接管直径(*DN*)/mm	100	125	150	150	150	200	200	200	250
蒸汽	耗量/$kg \cdot h^{-1}$	402	536	670	804	938	1072	1340	1675	2010
	凝水温度/℃	≤90								
	凝水背压/MPa	≤0.05								
	汽管直径(*DN*)/mm	40	50	50	65	65	65	80	80	80
	凝水管直径(*DN*)/mm	25	25	25	25	32	32	32	40	40
电气	电　源	三相　380V　50Hz								
	总电流/A	13.6	14.7	14.7	17.8	17.8	18.4	20.2	20.8	20.8
	电功率/kW	3.15	3.55	3.55	4.35	4.35	4.55	4.85	5.25	5.25

9.4.2　直燃型溴化锂吸收式冷(热)水机组

9.4.2.1　直燃型溴冷(热)水机的特点

直燃机的工作是采用燃油或燃气产生的热量为热源，利用吸收式制冷原理，生产空调用冷热水和洗浴用卫生热水。它的发展是在蒸汽型溴化锂冷水机组的基础上，增加热源设备发展而来的，因此除了蒸汽型溴冷机固有的特点之外，还具有以下特点：

(1) 自身具备热源，无需另建锅炉房或依赖城市热网，节省占地及热源购置费用。

(2) 采用燃油或燃气的直燃机由于燃烧完全，对大气环境无污染，即使在有严格环境保护限制的地区也可应用。

(3) 主机负压运转(无爆炸隐患)，机房可设在建筑物内任何位置。

(4) 制冷主机与燃烧设备一体化，可根据负荷变化实现燃料耗量的调节，并避免了能量的输送损失，提高了能量利用率。

(5) 具有生产卫生热水的功能，可满足诸如宾馆、高级写字楼或公寓等各类用户的要求。

(6) 可平衡城市煤气和电力的季节耗量，有利于城市季节能源的合理使用。如夏季是城市用电高峰及用气低谷的季节，空调冷源的燃气化可起到削用电高峰填用气低谷的作用。

（7）热源稳定，制冷机出力容易保证，且可实现自动化控制。

（8）主机安装简单，操作简便。

9.4.2.2 直燃型溴冷(热)水机的结构与制冷原理

直燃型溴化锂冷(热)水机和蒸汽型溴冷机一样，也是由各种换热器组成的，现将各部分的结构及工作流程(见图9-17)分别加以介绍。

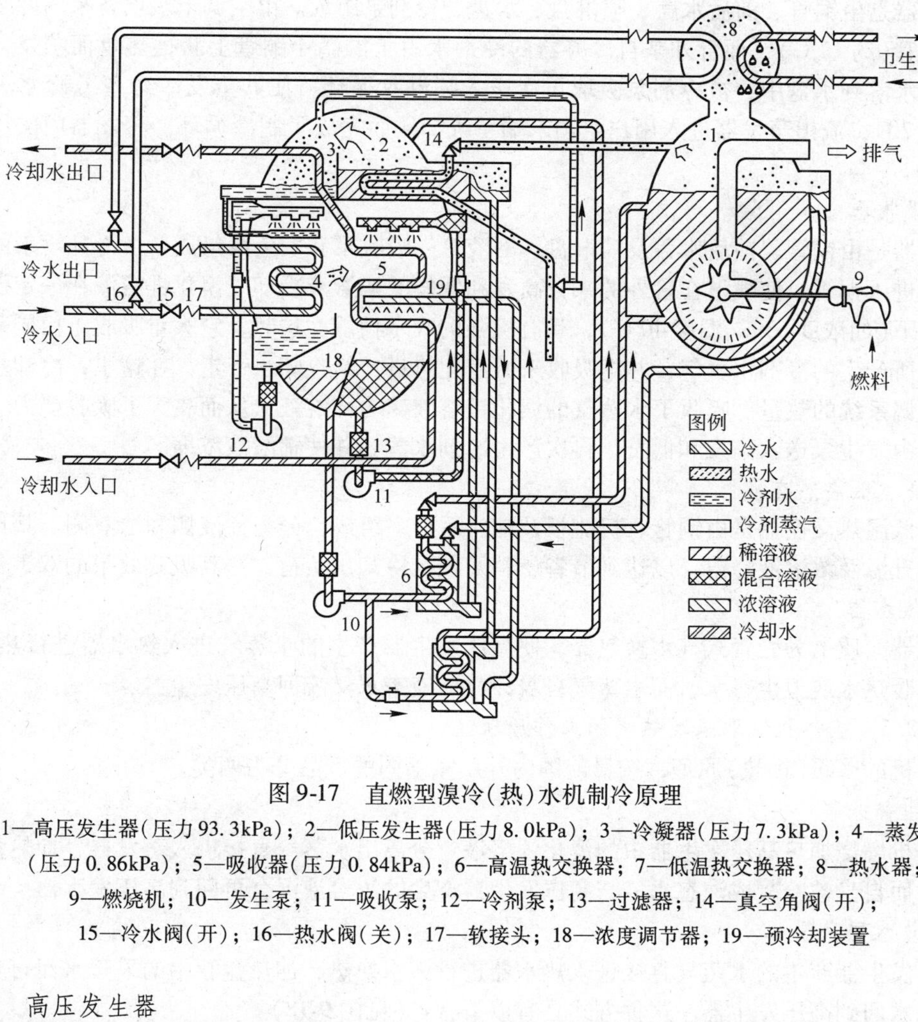

图9-17 直燃型溴冷(热)水机制冷原理

1—高压发生器(压力93.3kPa)；2—低压发生器(压力8.0kPa)；3—冷凝器(压力7.3kPa)；4—蒸发器(压力0.86kPa)；5—吸收器(压力0.84kPa)；6—高温热交换器；7—低温热交换器；8—热水器；9—燃烧机；10—发生泵；11—吸收泵；12—冷剂泵；13—过滤器；14—真空角阀(开)；15—冷水阀(开)；16—热水阀(关)；17—软接头；18—浓度调节器；19—预冷却装置

A 高压发生器

高压发生器(简称高发)是由内筒体、外筒体、前管板、后管板、螺纹烟管及前、后烟箱组成。燃烧机从前管板插入内筒体，喷出火焰(约1400℃)，使内筒体及烟管周围的溴化锂稀溶液沸腾，产生水蒸气，同时使溶液浓缩，产生的水蒸气进入低压发生器；而浓溶液经高温热交换器吸入吸收器。高发内压力约93.3kPa(表压：-0.01MPa)。

B 低压发生器

低压发生器(简称低发)是由折流板及前后水室组成。高发产生的水蒸气进入前水室，将铜管外侧的溴化锂稀溶液加热，使之沸腾产生水蒸气，同时使溶液浓缩。水蒸气进入冷凝器，而浓缩后的溶液经低温热交换器进入吸收器。同时铜管内的水蒸气被管外溶液冷凝后，经过一内节流阀(针阀)流进冷凝器。低压发生器内压力为7.5~8.0kPa。

C　冷凝器

冷凝器是由铜管及前后水盖组成，冷却水从后水盖流进铜管内，使管外侧来自高发的冷剂水冷却和来自低发的冷剂水蒸气冷凝；而冷却水从铜管流经前水盖进入冷却塔。在这里，冷却水带走了高压发生器、低压发生器的热量(即燃烧热量)。冷凝器与低压发生器同在一个空间(上筒体)，其压力相当。

D　蒸发器

蒸发器是由铜管、前后水盖、喷淋盘、水盘、冷剂泵组成。由空调末端设备来的冷水从水盖进入铜管(约12℃)，而管外来自冷凝器的冷剂水由于淋滴于铜管上获得热量而蒸发，部分未蒸发的水落到水盘中，被冷剂泵吸取再次送入喷淋盘循环，使其蒸发；约12℃冷水失去热量后降为7℃，流出蒸发器进入用户空调末端系统，从而完成了制冷循环。蒸发器内的压力约为0.8kPa。

E　吸收器

吸收器是由铜管、前后水盖及喷淋盘、溶液箱、吸收泵和发生泵组成。由冷却塔来的冷却水从水盖进入铜管，使喷淋在管外的来自高发和低发的浓溶液冷却。溴化锂溶液在一定温度和浓度条件下(如浓度63%、温度40℃)，具有极强的吸水性能，这时，它大量吸收了由同一空间的蒸发器所产生的冷剂水蒸气，并把吸收来的汽化热量传给冷却水带走。在这里，冷却水带走了用户空调系统的热量。吸收了水蒸气的溴化锂溶液变为稀溶液，从而丧失了吸收能力。这时稀溶液又由发生泵送入高发和低发，再次产生冷剂水蒸气并使稀溶液浓缩。

F　高、低温热交换器

高、低温热交换器是由铜管、折流板及前、后液室组成，分为稀液侧和浓液侧。其作用是使稀溶液升温及浓溶液降温，以达到节省燃料及减少冷却水负荷、提高吸收效果的双重目的。

G　热水器

热水器实质上为壳管式气水换热器，使高压发生器产生的水蒸气进入热水器进行热交换，以加热采暖热水或卫生热水，而水蒸气自身冷凝成液态水又流回高压发生器。

9.4.2.3　直燃机制取采暖热水的工作原理

直燃机的采暖(供热)原理，按目前国内外厂家不同的产品分为两类。

A　主体采暖

燃烧机燃烧加热高压发生器中的溴化锂溶液，分离出水蒸气直接进入蒸发器，加热盘管中的采暖水而自身被冷凝成液态水，与高压发生器产生的浓溶液混合再回到高压发生器。

B　热水器采暖

高压发生器产生的水蒸气直接进入热水器进行汽水换热，加热盘管中的采暖水而自身被冷凝成液态水回到高压发生器。这种方式具有以下特点(见图9-18)：

(1) 减少主体磨损与腐蚀。冬季采暖运行时可以向机内充入氮气，使外界空气无法进入，因而寿命可延长一倍以上。

(2) 减少运转部件。整台主机只有一台燃烧机在运转，因而可靠性更高。

(3) 可以提高热水品位，使温度达到95℃，可用于暖气片采暖。

(4) 减少机组散热损失。由于主体为冷态，散热面积大为减少。

(5) 降低排烟温度，减少排烟热损失。

(6) 直燃机设有多级温度控制、压力控制及安全阀保护，高压发生器在任何时候均为负压，安全性好。

9.4.2.4　直燃机制取卫生热水的工作原理

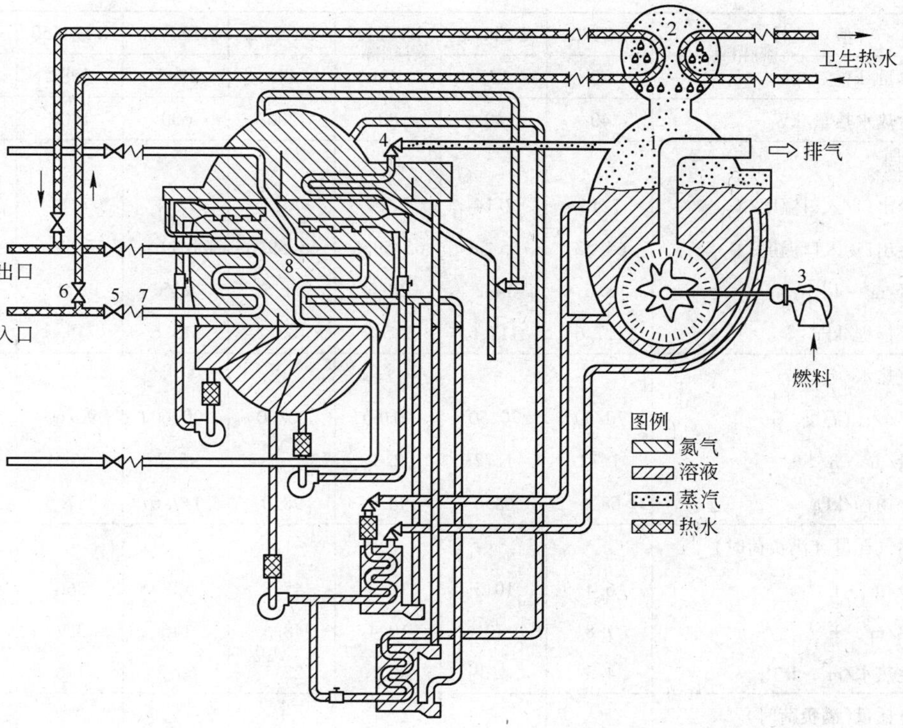

图 9-18　直燃机热水器采暖工作原理

1—高压发生器；2—热水器；3—燃烧机；4—真空角阀(关)；5—冷水阀(关)；6—热水阀(开)；7—软接头；8—主体（停止运转，充氮封存）

直燃机制取卫生热水必须通过热水器，单独制取卫生热水必须使主体与高压发生器完全隔离。工作时，高压发生器产生的水蒸气进入热水器进行汽水换热，在加热盘管中的卫生热水后，自身凝结成液态水回到高压发生器，如此循环不已。其主要特点有：

（1）节省设备购置费用，节省设备占地。

（2）提高直燃机利用率，而不增加运转费用。

（3）运转安全，这是因为高压发生器在任何时候均为负压运转。

（4）抗结垢设计的热水器，长期使用未软化的水，也不易结垢且容易清理。

（5）减少排烟及主体散热损失，可提高能量利用率。

（6）可以在制冷或采暖的同时制取卫生热水，亦可单独提供卫生热水。

（7）操作简单，控制灵活。

9.4.2.5　*直燃机的技术参数*

现将一体化直燃机的主要技术参数列于表 9-21。

表 9-21　一体化直燃机组主要技术参数　（远大）

型　号		BCT70	BCT115	BYZ233	BYZ582	BYZ1750	BYZ4650	BYZ11630
制冷量	kW （万 kcal/h）	70 （6）	115 （10）	233 （20）	582 （50）	1750 （150）	4650 （400）	11630 （1000）

续表 9-21

型　号	BCT70	BCT115	BYZ233	BYZ582	BYZ1750	BYZ4650	BYZ11630
制热量/kW	70	115	179	449	1349	3582	8967
卫生热水热量/kW	40	40	80	200	600	1600	
空调水							
制冷出口/入口温度/℃	7/14	7/14	7/14	7/14	7/14	7/14	7/14
制热出口/入口温度/℃	65/58	65/58	65/59.6	65/59.6	65/59.6	65/59.6	65/59.6
流量/$m^3 \cdot h^{-1}$	8.6	14.3	28.6	71.5	215	571	1429
机外扬程/kPa	117.6	117.6	186.2	186.2	215.6	215.6	215.6
卫生热水							
出口/入口温度/℃	70/50	70/50	90/60	90/60	90/60	90/60	
流量/$m^3 \cdot h^{-1}$	1.72	1.72	2.3	5.7	17.2	45.9	
机外扬程/kPa	68.6	68.6	98.0	98.0	117.6	117.6	
天然气耗量（满负荷时）							
制冷/$m^3 \cdot h^{-1}$	6.4	10.5	18.3	45.8	138	366	916
制热/$m^3 \cdot h^{-1}$	7.8	13	19.4	48.5	146	387	970
卫生热水/$m^3 \cdot h^{-1}$	4.3	4.3	8.8	22.1	66.2	176	
水电耗量(满负荷时)							
制冷耗电/kW	4.8	6.1	13.4	25.9	68	180	551
制热耗电/kW	1.6	2.2	6.2	10.1	24.7	72.5	208
卫生热水耗电/kW	0.7	0.8	1.1	1.6	5.7	16.9	
制冷耗水/$t \cdot h^{-1}$	0.18	0.3	0.6	1.5	4.5	12	30
整机(大件)运输质量/t	1.55	2.34	7.8	(10)	(22)	(25)	(55)

一体化直燃机，是将直燃机、水泵、冷却塔总装在一起而形成的一体化机组。

9.4.3　热水型溴化锂吸收式冷水机组[8,15]

9.4.3.1　热水型溴化锂冷水机组的特点

热水型溴化锂冷水机组是以工作热水为热源，利用吸收式制冷原理，制取低温冷水的制冷机组。热水型溴冷机除具有耗电少、无环境污染、运行范围宽、振动小、噪声低等一般溴化锂冷水机的特点外，还具有下列显著的特点：即可利用余热、废热、地热能及太阳能等低品位热能，节能效果极大，因而运行费用可大为降低；热水采暖比蒸汽采暖具有明显的优越性，热水型溴化锂冷水机与之配套可使其优越性得到进一步发挥，且可提高设备的利用率；可减少废热排放对环境造成的热污染，为能源的综合利用创造条件；当采用低温热源时，由于不像压力能转换为动能(含逆向转换)时会产生较大的能量转换损失，故即使在小温度降及输出功率较小的情况下，其效率不仅不降低反而会增加；冷量调节简单方便，变工况范围大，可利用20℃左右的海水或河水作为冷却水，除可作为房间空调降温和工艺过程降温外，还可以作为船用空调。

9.4.3.2　热水型溴化锂冷水机组技术参数

热水型溴冷机技术参数见表9-22。

表 9-22 热水型溴冷机技术参数 (88℃/98℃，远大)

机型代号		BDH15	BDH20	BDH25	BDH30	BDH40	BDH50	BDH65	BDH75	BDH85	BDH100	BDH125	BDH150
制冷量	kW	151	209	256	302	407	512	663	768	872	1023	1279	1535
	(万 kcal/h)	(13)	(18)	(22)	(26)	(35)	(44)	(57)	(66)	(75)	(88)	(110)	(132)
	(Rt)	(43)	(60)	(73)	(86)	(116)	(145)	(188)	(218)	(248)	(291)	(364)	(436)
冷水		7℃/12℃高流量型(A)											
流量/$m^3 \cdot h^{-1}$		26	36	44	52	70	88	114	132	150	176	220	264
压力损失/kPa		5	5	8	8	16	16	20	20	20	36	36	
冷水		7℃/14℃低流量型(B)											
流量/$m^3 \cdot h^{-1}$		19	26	31	37	50	63	81	94	107	126	157	189
压力损失/kPa		3	3	4	4	4	9	9	11	11	11	20	20
冷却水		37℃/30℃											
流量/$m^3 \cdot h^{-1}$		43	60	73	87	117	147	190	220	250	293	367	440
压力损失/kPa		21	31	66	66	66	66	41	54	54	54	54	54
最大能耗和重量		88℃/98℃热源水											
热源水流量/$m^3 \cdot h^{-1}$		18.1	25.0	30.6	36.1	48.6	61.1	79.2	91.7	104	122	153	183
配电量/kW		1.8	1.8	2.2	2.2	2.2	2.2	4.8	4.8	5.0	5.0	6.9	6.9
溶液量/t		0.6	0.7	0.8	1.0	1.1	1.4	1.7	1.9	2.1	2.3	2.9	3.7
运输质量/t		3.7	4.0	4.3	4.7	6.1	6.8	7.9	8.5	10.2	11.9	13.5	17.2
运转质量/t		3.9	4.3	4.7	5.1	6.7	7.4	8.7	9.8	11.5	13.4	16.0	19.8

9.4.4 氨水吸收式制冷机(特点、技术参数)

9.4.4.1 氨水吸收式制冷机的特点

(1) 氨水吸收式制冷系统内的液体为氨水溶液，其中水是吸收剂，而氨是制冷剂。

(2) 制冷/制热并同时制取卫生热水的 GA 型氨水吸收式制冷机。该机组也可以配装加热装置，安装了加热装置的机组在产生冷水的同时，还可以产生高达 80℃的热水，因而机组可以满足空气调节、制热及卫生热水的需要。

(3) 在加热过程中，由风机强制排出的废气从安装在机组后面特制的管道口排出，必要时可连接排烟管道。

(4) 所有的机组均采用可燃气体(天然气或液化石油气)工作，其电源电压为单相 220V/50Hz。

9.4.4.2 氨水吸收式制冷机技术参数

氨水吸收式制冷机技术参数见表 9-23。

表 9-23 氨水吸收式制冷机技术参数

型号		ACD 36-00	ACC 60-00	PACC 120-00	RTCB 180-00	RTCB 240-00	RTCB 300-00
热输入功率/kW		19.6	32.7	65.4	98.1	130.8	163.5
制冷量	kW	10.5	17.6	35.2	52.8	70.4	87.9
	$kJ \cdot h^{-1}$	37681.2	62802	125604	188406	251208	314010

续表 9-23

型　号		ACD 36-00	ACC 60-00	PACC 120-00	RTCB 180-00	RTCB 240-00	RTCB 300-00
冷水流量 $/m^3 \cdot h^{-1}$	一　般	1.6	2.7	5.5	8.2	11.0	13.7
	最　大	2.7	3.6	7.3	10.3	14.0	17.5
	最　小			4.6	6.8	9.1	11.4
循环泵有效水压头/kPa		80.36	74.48	88.2			
机组内部摩擦损失/kPa		9.8	10.78		34.30	29.40	34.30
最大高度差/m		7.6					
燃气消耗量	天然气 $/m^3 \cdot h^{-1}$	1.97	3.28	6.56	9.84	13.12	16.40
	LPG $/kg \cdot h^{-1}$	1.53	2.55	5.10	7.65	10.20	12.75
风量 $/m^3 \cdot h^{-1}$		6800	10200	20400	30600	40800	51000
噪声/dB(A)		56	56	59	61	62	63
电　压		220V50Hz					
额定功率/W		875	1275	2800	3375	4500	5625
连　管	供水管和回水管/mm(*DN*)	20	25	40	40	50	50
	气管/mm(*DN*)	15	15	20	25	32	32
制冷液	H_2O/m^3	7.2	13.1	13.1	13.1	13.1	13.1
	NH_3/kg	3.8	6.35	6.35	6.35	6.35	6.35
工作质量/kg		250	350	844	1340	1900	2250
外形尺寸	长/mm	760	850	2150	3610	4905	6200
	宽/mm	1020	1230	1365	1350	1400	1400
	高/mm	960	1190	1370	1395	1395	1395

10　中央空调热源设备与热泵

中央空调的热源设备主要是各种锅炉——燃煤、燃气、燃油蒸汽锅炉和常压热水锅炉等。有关锅炉的燃烧原理、锅炉构造、锅炉房设计和锅炉运行管理与自控等，均有大量教科书和技术著作，故本书不予重复。

近年来，真空锅炉与电热锅炉发展较快，现就这两种锅炉和与之配套的换热机组予以详述。另外，热泵是当前中央空调冷热源的生力军，夏季作为冷源、冬季作为热源，实现了夏、冬季共用一套设备，应引起人们特别的关注。

10.1　真空锅炉、电热锅炉与换热机组

10.1.1　真空锅炉

10.1.1.1　*真空锅炉的起源和发展*

1972年瑞士苏黎世理工大学发表了真空锅炉基本原理的资料。1974年日本的一个理工研究所据此原理开发出了真空热水锅炉，并获发明专利权。其后，此技术很快风靡欧美国家成为供暖文化时代的新产品。

韩国是从20世纪70年代开始研制热水锅炉的，但当时所普及的热水锅炉因效率低、寿命短、对水的污染大等致命缺点而逐渐由80年代的间接加热方式(蒸汽锅炉＋热交换器)来代替。

韩国富士特从日本引进技术后，于1993年大规模生产真空锅炉，在国内普及并远销俄国、中国、东南亚、欧美等40多个国家和地区。目前真空锅炉在韩国替代常压热水锅炉，替代率为43%，日本达85%以上。

我国从20世纪90年代初开始研制真空锅炉，并出现一些专利技术，90年代中期也有一些直燃机生产厂家将高压发生器当做真空锅炉销售，但由于真空不易保持，成本高，宣传推广力度不够，出水温度低，所以未能在国内广泛使用。

进入21世纪，随着注重环保、安全、节能、节省人力、降低金属耗材等社会发展的潮流以及真空锅炉技术的日益成熟、完善，真空锅炉成为继常压热水锅炉、承压热水锅炉之后热水供热设备一颗璀璨的明星。

10.1.1.2　*真空锅炉工作原理*

真空锅炉以高纯净脱氧水做工质。水在不同的压力下沸腾温度不同。在一个大气压(98066.5Pa)下，水的沸腾温度是99.63℃，而在绝对压力678Pa的压力下，水的沸腾温度则是4℃。而真空锅炉可以在绝对压力400.43～94301Pa的压力范围内工作，即在真空下运行，对应的工质温度也很低，因此，真空锅炉可以提供的热水出水温度是15～90℃。即是说，所提供的热水出水温度可以十分方便的在大范围内调节，适应用户的各种需求，调节燃料消耗量，用户就可以“按需支出”，节约运行费用。

真空锅炉在运行时，燃料燃烧放出热能，使工质温度上升至设定的温度，并在水面产生相同温度的饱和蒸汽，蒸汽压力低于大气压，常称为负压蒸汽。炉内装有热交换器，向热交换器内通入冷水。管内的冷水被管外的负压蒸汽加热成热水后，被输送到用水点；管外的水蒸气则

被冷却凝结成水滴返回水面再被加热，从而完成整个循环过程(见图 10-1)。真空锅炉内的工质，只作为传热媒体，在整个循环过程中不增量，不减量。锅炉内的工质经过特殊处理，可保证真空锅炉长期运行。真空锅炉的技术参数见表 10-1。

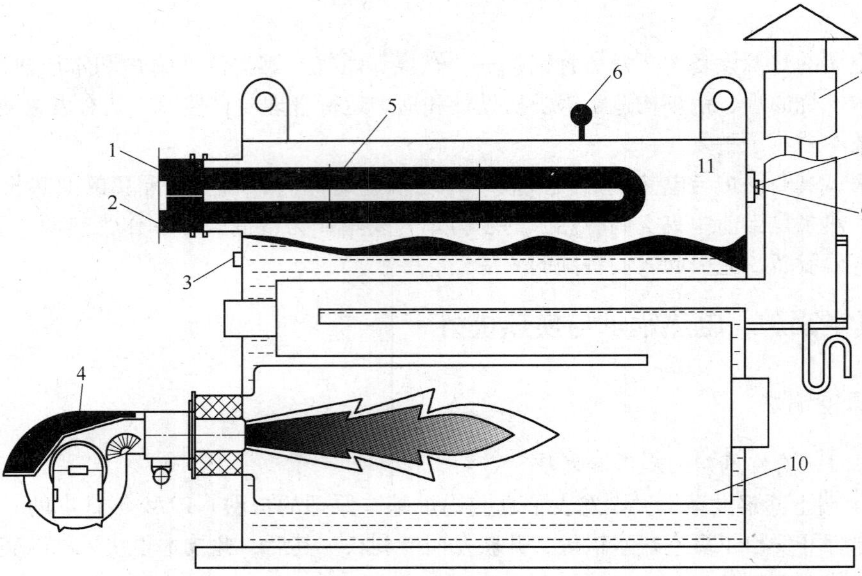

图 10-1 真空锅炉工作原理

1—出水；2—进水；3—温度传感器；4—燃烧器；5—换热器；6—压力表；7—烟道；8—压力保护开关；9—液位保护开关；10—炉胆；11—负压蒸汽室

表 10-1 真空锅炉技术参数

产品型号		VH-11B	VH-17B	VH-23B	VH-29B	VH-35B	VH-46B	VH-70B	VH-93B	VH-116B	VH-140B	VH-175B	VH-209B	VH-233B	VH-279B	VH-349B	VH-419B
主机容量	/kW	116	174	233	291	349	465	698	930	1163	1396	1745	2093	2326	2791	3489	4187
	(万 kcal/h)	(10)	(15)	(20)	(25)	(30)	(40)	(60)	(80)	(100)	(120)	(150)	(180)	(200)	(240)	(300)	(360)
燃料耗量	燃油/kg · h^{-1}	10.3	15.4	20.6	25.7	30.9	41.2	61.7	82.3	102.8	123.4	154.2	185.1	205.7	246.8	308.5	370.2
	燃气/m^3 · h^{-1}	10.7	16.0	21.4	26.7	32.1	42.8	64.2	85.6	106.7	128.4	160.4	192.5	213.9	256.7	320.9	385.1
排烟温度/℃		140 ± 10															
排烟口尺寸/mm		150 × 110	180 × 110	250 × 140	250 × 140	300 × 170	310 × 200	380 × 250	380 × 250	420 × 300	480 × 340	530 × 420	540 × 420	580 × 440	640 × 480	700 × 540	750 × 590
真空锅炉配电量/kW		0.35	0.35	0.47	0.47	0.66	0.85	1.5	1.9	2.7	2.7	5.6	5.6	6.5	6.5	9.5	9.5
电 源		二相 220V 50Hz				三相 380V 50Hz											
外形尺寸	长/mm	1800	1860	2210	2210	2550	2700	2850	2900	3510	3700	3800	3950	4100	4100	4770	5400
	宽/mm	1050	1100	1200	1200	1120	1300	1400	1600	1600	1600	1600	1700	1800	1900	1900	2040
	高/mm	1400	1600	1600	1600	1600	1650	1840	2050	2100	2145	2145	2300	2500	2550	2620	2865
真空锅炉净重/t		1.2	1.3	1.5	1.8	1.9	2.0	2.8	3.5	3.9	4.6	5.0	5.4	6.2	6.4	8.3	10.4

注：1. 表中主机容量为真空锅炉可提供的最大热量，能分配给锅炉所带的各种换热器。

2. 燃油为低位热值：43.54MJ/kg(10400kcal/kg)的 0 号柴油。

3. 燃气为高位热值：41.87MJ/m^3(10000kcal/m^3)的天然气。

10.1.1.3　现代真空锅炉的技术特征

真空锅炉虽然在国外已有三十多年的历史，在国内也有十多年的发展，但在起步时仍然有一些关键技术需要解决，才能充分发挥其优势，实现产业化，成为能满足市场需求的现代化产品。现代真空锅炉应当具备如下技术特征：

（1）四高特征。高真空度、高效率、高寿命、高温出水。

（2）两低特征。低排放、低维护。

（3）三化特征。智能化、网络化和模块化。

10.1.1.4　现代真空锅炉比常压热水锅炉所具备的技术优势

现代真空锅炉比常压热水锅炉具备的技术优势有如下几方面：

（1）负压运行，绝对安全。现在应用的热水锅炉大部分是有压热水锅炉，由于产品质量或者不规范的操作、维修、保养，会导致一些爆炸事故的发生。

真空热水锅炉因为在负压状态下工作，内部工作压力永远低于外界大气压力，不属于压力容器范畴。而且有压力、温度、液位等电气安全保护措施和防爆门机械安全保护装置，在锅炉内部压力趋于外界大气压时(此时仍为负压)就已保护。同时，若机内压力达到0.1MPa(表压)时，防爆门自动开启泄压。而且内部热媒水经过特殊工艺处理，处于无氧、无二氧化碳的真空环境，不会造成腐蚀、结垢现象，不会有爆炸的危险，因此也不需要劳动部门的年审、报批等程序。

（2）高效运转，总效率可达到93.5%以上。一般对燃油、燃气热水锅炉来说，影响效率的原因主要是排烟热损失及散热损失。而对于真空热水锅炉来说，烟气与热媒水温差增大，换热效果更好，降低了排烟温度及排烟热损失，保证了锅炉的效率。真空热水锅炉出厂之前都进行保温处理。使锅炉的散热损失大大降低，确保了真空热水锅炉的高效运转。由于锅炉内部装有汽-水热交换器，与锅炉结合为一体，效率高于常压热水锅炉采用的外设水-水热交换器，减少了水泵、管路、换热器等周边设备散热损失，并且无需另设水泵使水循环，加强换热，所以降低了电能消耗。

（3）炉内真空无氧，永不结垢，寿命更长。对常压热水锅炉寿命影响最大的两个因素就是结垢及氧腐蚀，水垢通常结在炉胆或烟管的内侧或外侧。而水垢的阻热能力很强，使燃烧产生的热量不能很好的传递给工作介质(一般为水)，使大部分的热量积聚在热水锅炉的钢板上，或随烟气排入大气。前者导致常压热水锅炉过烧情况的发生，后者导致大气热污染，增加燃料消耗。

氧腐蚀主要是在常压热水锅炉内部的氧气与水及钢板发生强烈的腐蚀，使钢板变薄最终使锅炉报废或发生事故，而腐蚀也是热水锅炉出水品质比较差的原因。

真空热水锅炉由于机组内部是真空的，所用热媒水又经过特殊脱气、去除杂质处理，所以氧腐蚀基本消除。化学、电化学腐蚀也降低到最低程度。而且热媒水在炉内闭式循环，所以不会因为给水、补水或浓缩而产生水垢，这样就保证了真空热水锅炉的长时间运转。

（4）结构紧凑、节省空间。

如前所述，真空热水锅炉采用三回程结构，热效率高，且换热温差大，与汽-水热交换器同为一体，用户无需另外购置热交换器、循环水泵，安装管路，合理地利用了空间，使锅炉的占地面积比常压锅炉大为减少，节省了用户的机房面积。

（5）铜管换热效率高，而且卫生，热水更加清洁。

（6）一机多用，一台真空锅炉可实现双路或三路输出，可同时供采暖热水和卫生热水。

（7）微机自动控制，自动化程度高。

（8）维修简单方便。

10. 1. 1. 5　真空锅炉系统工艺流程

真空锅炉系统工艺流程如图 10-2 所示。

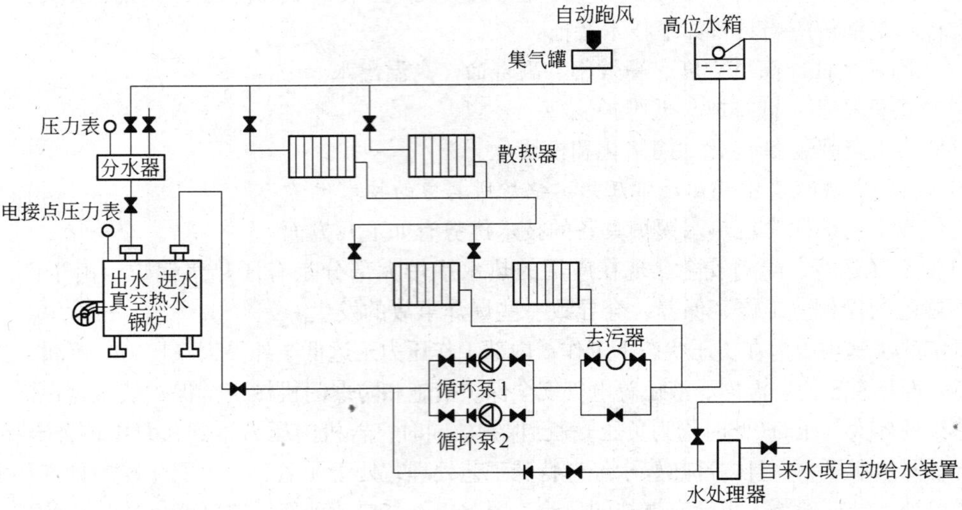

图 10-2　真空锅炉系统工艺流程

10. 1. 2　电热锅炉[19]

10. 1. 2. 1　电热锅炉的应用和发展

20 世纪 50 ~ 60 年代，电热锅炉在国外已得到普遍应用。除了这些国家具有较充沛的发电能力这一基础条件外，电热锅炉具有其他能源的热能设备所无法比拟的优点，诸如对环境绝对无污染、无三废排放、无噪声、自动化程度高、操作简单、维修方便等，从而得以迅速发展。

新中国成立后，生产力的迅速发展对用电量的需求与日俱增，在电力供需矛盾比较大的情况下，不可能把宝贵的电力——这种高品位的二次能源用于热能转换设备。经过几十年的努力，我国电力工业得到长足发展，特别是改革开放以来，供电设备的持续发展，使电力供需矛盾逐步得到缓解。20 世纪 90 年代初期，在我国开始出现电热锅炉。但由于运行成本昂贵，这些产品只能用于特殊需要的场合，或水电资源丰富、电价相对便宜的地区。随着我国产业结构变化和人民生活质量的提高，白天高峰用电量不断增加，夜间低谷时段用电量大幅降低，供电峰谷差逐年加大，给电网运行带来较大的困难和较高的经济损失，必须采取有效措施来“削峰填谷”。大力推广电热锅炉在低谷时段蓄热运行，不失为“削峰填谷”的有效方法。即在夜间低谷时段自动开启电热锅炉，将产生的热量储存在保温水箱中，在白天高峰用电时段供热，这样既达到了“削峰填谷”的目的，又充分发挥电热锅炉保护环境、操作简便等诸多优点。

随着市场经济的稳步发展，要鼓励多用低谷电，有关部门推出了一系列采用低谷电的优惠政策，降低低谷用电电价。近几年来，蓄热运行的电锅炉迅速增加，电锅炉产品也得到了完善和发展。电锅炉蓄热运行系统已开始从企业单位走进居民用户，预示着这一技术有着广阔的发展前景。

10. 1. 2. 2　电热锅炉的原理

电热锅炉是将电能转换成热能，并将热能传递给介质的热能装置。将电能转换成热能通常有三种方式。

A 电阻式

电流通过电热器中电热丝产生热量(其结构如图 10-3 所示)。电阻丝放置在紫铜或镍基合金套管中，套管中充满氧化镁绝缘层。冷态绝缘电阻要求不小于 10MΩ，热态泄漏电流不大于 1mA/kW，绝缘强度应能承受 50Hz、1500V 交流电压，1min 不被击穿。为保证金属套管有足够的散热面积，单位表面积的功率一般控制在 3 ~ 8W/cm²。因此单头式电热管的功率受到尺寸上的限制。一般较大容量电热管做成多头形式，即一根电热管上装有三根单头电热管，这样既扩大了容量，又有利于在电源为 3 × 380V 情况下的接线。多头单根电热管的功率可以达到 30kW。

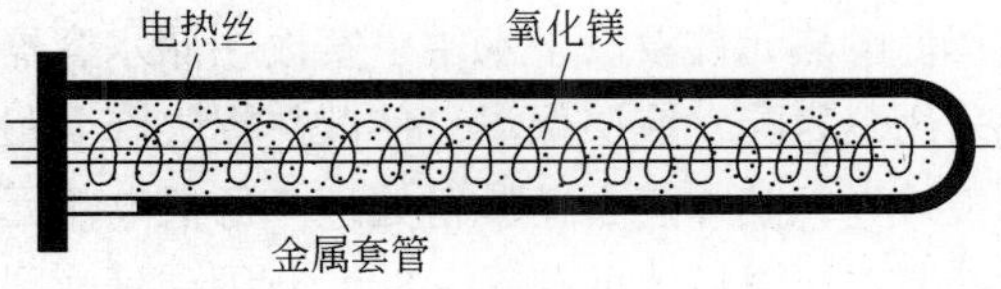

图 10-3 电热元件结构示意图

电阻式电热转换元件的优点是结构简单，同时由于是纯电阻型的，在转换过程中没有损失。所以，这种形式的电热管被普遍用于电热锅炉中。

B 电磁感应式

当电流流过带有铁芯的线圈产生交变磁场时，在不同的材料中会产生涡流电磁感应而产生热量。这种转换方式由于存在感抗，转换中产生无功功率，功率因素小于 1，一般只用于较小容量的电热设备。

C 电极式

利用电极之间的介质的导电电阻，在电极通电时直接加热介质本身。这种形式多用于冶炼金属行业，在电热锅炉中较少采用。

电热元件通电后，源源不断地产生出热量，必须被水不断地吸收、带走，才能保持热量平衡，否则电热元件的温度会无限制地升高，直至烧毁。在电热锅炉中，用户一般需用热水或蒸汽，所以绝大多数电热锅炉中的介质是水。电热元件直接浸没在水中，水被加热后直接取用，或水被加热后变成蒸汽，送到需要蒸汽的场合。也有采用导热油作为电热锅炉介质的。由于导热油的沸点高，可用于需要高温液体加热的地方；也可利用高温导热油再将热量传递给水，这样可以避免电热元件表面结水垢的问题。

10.1.2.3 电热锅炉的性能与结构

电热锅炉产品容量从 15kW 到 3000kW，品种规格繁多，这里选择具有代表性的 SNDC 型产品系列（上海上能节能技术发展公司生产）作介绍。

A SNDC 型储水式电热水炉的规格与性能参数

SNDC 型系列产品输入功率 15 ~ 45kW，热效率 97%，因此输出功率约为 14 ~ 43kW(相当于 $1.2 \times 10^4 \sim 3.7 \times 10^4$kcal/h 热功率)。按功率和储水量组合成 6 种规格，见表 10-2。

表 10-2 SNDC 型储水式电热水炉规格及性能参数

型号规格		SNDC15 ~ 80		SNDC30 ~ 80		SNDC45 ~ 80	
热功率/kW (万 kcal/h)		14 (1.2)		29 (2.5)		43 (3.7)	
最高出水温度/℃		80		80		80	
外形尺寸/mm	直径 D	600		700		700	
	高度 H	860	1060	1060	1460	1460	1960
储水量/L		140	180	250	370	370	500
进出水管尺寸/mm		32					
电热管/根数 × kW		3 × 5		6 × 5		9 × 5	

B　SNDC 型储水式电热水炉的结构

SNDC 型系列产品结构如图 10-4 所示。储水式电热水炉，顾名思义，有一个较大的储水容器，一般用不锈钢材料制作。电热元件浸没于水中，安放在储水容器的下部。内胆外采用聚氨酯发泡层保温，使散热损失降到最小。保温层外包覆外壳，其外表面经喷粉处理。每根电热元件配置一只温度控制器，温控器可在 60～80℃范围内任意设定，以控制各自的电热元件。电热水炉的进水口和出水口接口尺寸均为 32mm，分别设置在热水炉的上方和下方。在出水口附近还装有温度-压力安全阀，在介质超温或超压情况下自动打开放水泄压。此外，电热水炉还装有温度表，指示水温。

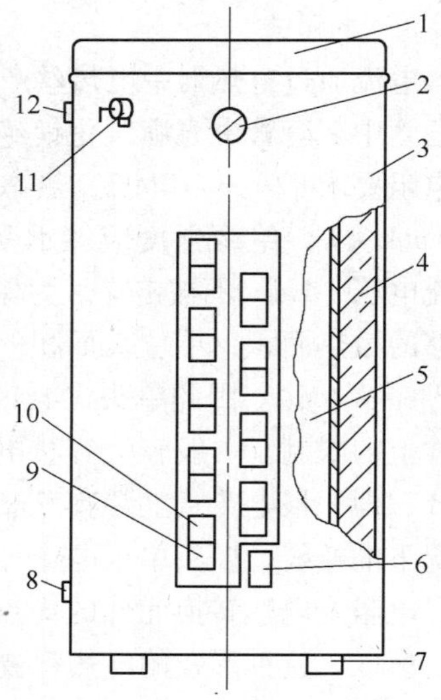

图 10-4　SNDC 型电热炉结构示意图

1—顶盖；2—温度表；3—外壳；4—保温层；5—内胆；6—接线槽；7—底脚；8—进水口（DN32）；9—电热元件；10—温控器；11—温度-压力安全阀；12—出水口

SNDC 型系列电热水炉可采用储水方式或即热方式运行。所谓储水方式，是指电热水炉在加热升温过程中不取用热水，待热水炉中水加热到设定温度后，自动停止加热，再取用热水。当热水用完，水温变冷后再重新加热。这种周期性的供热方式即为储水式。所谓即热式运行，是指在控制进水流量的前提下，冷水进入电热水炉的同时也随即连续取用热水。无论在何种方式下运行，炉水温度达到设定值时，电热元件即断开，停止加热，而当每根电热元件所处位置的水温下降到下限值时又自动接通，重新加热。由于炉水在热水炉中的温度不是均匀分布的，所以即使当每只温控器的设定值相同时，电热元件也不会同时动作，因而不会对电源造成过度波动。温控器还具有极限温度切断功能，即当炉水温度由于某种原因超过设定值并继续上升至极限值时，温控器动作，自动断电。在这种情况下，即使温度回落至正常水温，温控器也不能自动接通。遇此情况，必须查明原因，并手动复位，以保证安全。

10.1.2.4　蓄热电锅炉系统流程

蓄热电锅炉系统流程见图 10-5。

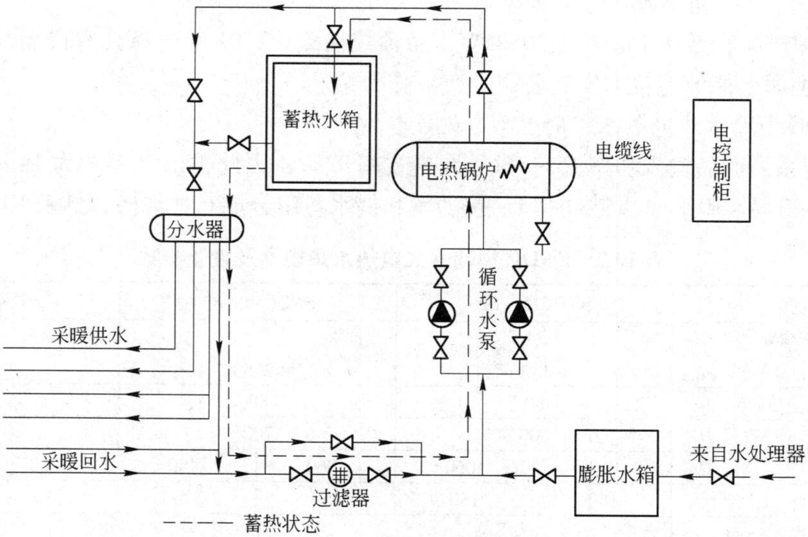

图 10-5　蓄热电锅炉系统流程

10.1.2.5　电热水炉的直接供热与蓄热供热系统

A　直接供热系统

直接供热系统为非蓄热供热系统，故在较大容量电热水炉情况下不推荐使用；但在容量较小、周期性供热场合——如餐饮业需用热水等单位，地处闹市，环保要求高，使用又要方便，就可采用这种供热系统。如图 10-6 所示。

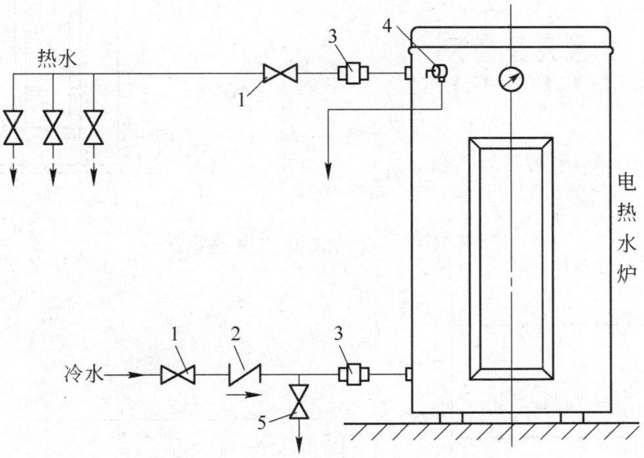

图 10-6　直接供热系统

1—截止阀；2—止回阀；3—活接头；4—温度-压力安全阀；5—放水阀

该系统的特点是简单，冷水可直接取自自来水，亦可从高位水箱供水。电热水炉注满水后，接通电源即可加热，待炉水被加热到设定温度时，自动停运，此时即可取用热水。到出水温度不能符合要求时，应等待一段时间重新加热后再使用。在这种系统中，若需要连续供应热水时，则应当控制好热水的流量。例如功率为 43kW 的热水炉，可连续供应 50℃温升的热水流量约为 740kg/h。

B　直供式蓄热供热系统

直供式蓄热供热系统一般适用于功率较小的储水式电热水炉。该系统配备一只蓄热水箱，其容积需与电热水炉容量和用户白天热水需要量相匹配。冷水管直接接入热水炉进水口，待炉水达到一定温度后，将热水连续送入蓄热水箱，但需控制好进水流量，使出水温度控制在一定的范围内。蓄热水箱充满后，电热炉会自动停运。当用户取用热水时，蓄热水箱水位下降，浮球阀打开，补充注入热水，同时电热水炉会自动启动。该系统可采用低谷电蓄热方式运行，但需加定时装置和必要的电磁阀。该系统的优点：（1）系统管路简单，一般不需安装给水泵；（2）用蓄热水箱供热水，其水温和水压稳定；（3）瞬时供热水量不受电热炉功率的限制，可满足多点供水。如图 10-7 所示。

C　循环式蓄热供热系统

循环式蓄热供热系统一般适用于较大功率的快热式电热水炉。系统中同样配置一只与电热水炉功率相匹配的蓄热水箱，将水从蓄热水箱注入，并充满整个系统。蓄热水箱与电热水炉之间形成循环回路，通过热水泵循环用电热水炉发出的热量来加热蓄热水箱的水，直至设定温度。因为该系统适合于功率较大的热水炉，所以推荐采用低谷电蓄热运行方式。一般蓄热运行时间设计为 4～8h 为宜，蓄热时间愈短，要求电热水炉功率愈大，初投资就愈高。以能充分利用夜间 8h 低谷电为原则。其系统流程如图 10-8 所示。

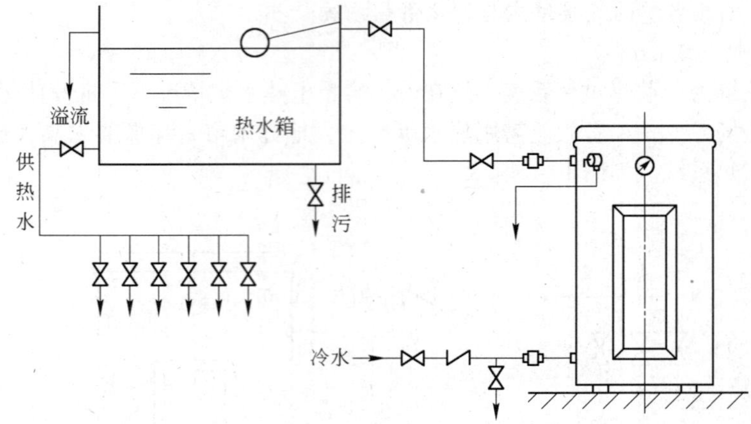

图 10-7　直供式蓄热供热系统

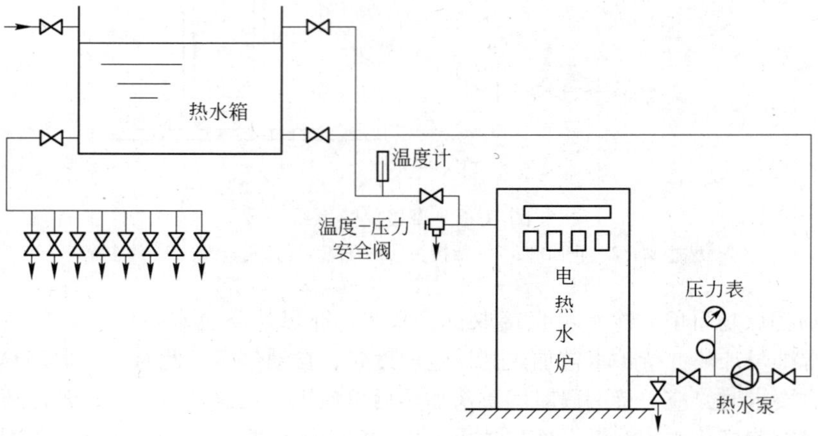

图 10-8　循环式蓄热供热系统

循环式蓄热供热系统除如上所述带有蓄热水箱供热的各项优点外，采用大流量循环加热有利于电热元件散热和防止气泡停滞，系统更显安全可靠。

D　间接加热式蓄热供热系统

间接加热式蓄热供热系统为双循环加热系统。在蓄热水箱与电热水炉中间设置一台热交换器，将放热过程和吸热过程分隔成两个独立循环回路。电热炉产生的热量通过热交换器间接传递给蓄热水箱的水。该系统也推荐用于蓄热运行，而且更适合给水硬度较高的地方。因为在电热水炉放热侧形成闭式循环，其中热媒水除微量泄漏需补充外，基本上没有消耗。只要在初始启动前将该循环回路中充满软化水，则电热炉中电热元件表面就不会积垢。同时由于表面温度愈高的地方愈容易积垢，这样就避开了最易积垢的放热循环中的结垢问题。在吸热循环中，一方面由于设备表面温度低，不易积垢，另一方面，即使有一点积垢亦无关紧要。其系统流程如图 10-9 所示。

上述各种系统只是典型的、常规的系统，实际中的情况是多种多样的，应根据上述系统中的原则，因地制宜地进行设计与应用。

10.1.3　换热机组

换热机组由换热器、水泵、管路、仪表和机架等组成。其核心部件是换热器。中央空调最

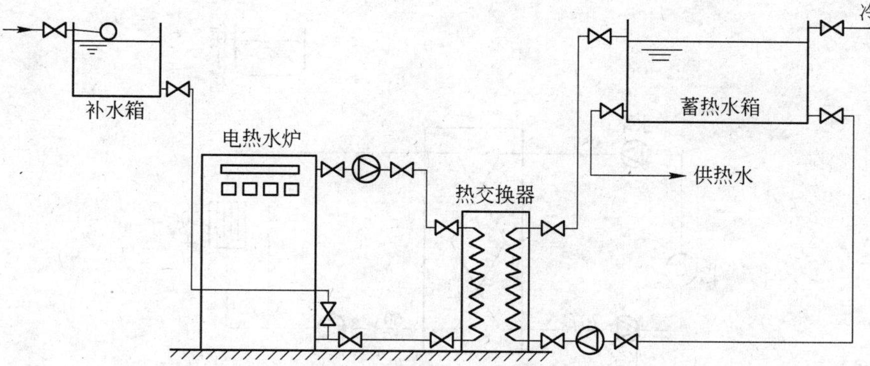

图 10-9　间接加热式蓄热供热系统

常用的是钎焊板式换热器。

10.1.3.1　板式换热器工作原理

铝钎焊板式换热器是由若干片带有人字形凹凸波纹，并带有可靠钎焊密封型面的高抗蚀铝合金板片真空钎焊而成的。相邻板片上的波纹夹角装配相反，从而使相邻板片上的波纹脊线彼此交叉，构成若干个网状接触点，当把板片进行真空钎焊后，此网状接触点将被钎焊在一起，构成具有高强度支撑、可耐高压、截面为蜂窝状的高效、节能板式换热器(破坏压力可达到8MPa以上)。两种换热介质间壁式地交叉流动在各自钎焊密封的波纹流道内，由于网状波纹的作用，将使换热介质产生强烈的扰动，湍流度十分充分。可以在很小的雷诺数下($50 < Re < 200$)进入湍流状态，水-水换热器在水流速为0.2～0.5m/s时就已具有很高的换热系数(3000～5000 W/(m·K))。具有巨大的高效换热能力。

板式换热器的工作原理如图10-10所示，用于供热工程的流程如图10-11所示。

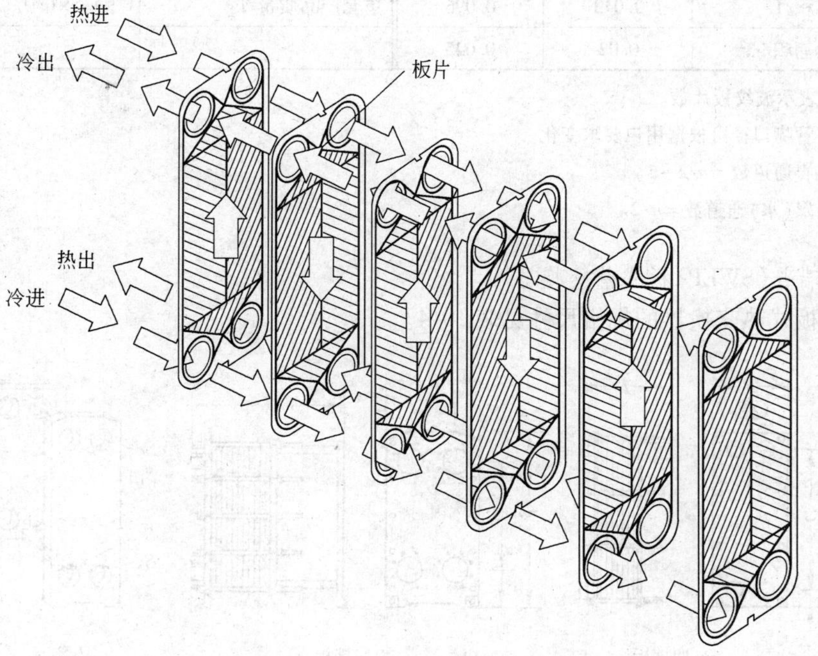

图 10-10　板式换热器工作原理

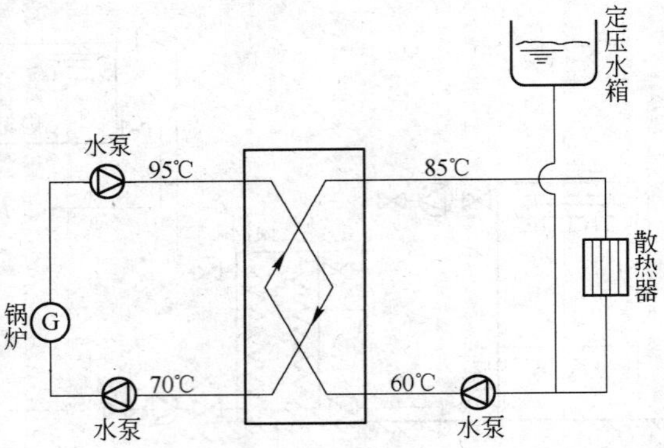

图10-11　板式换热器用于供热工程的流程

10.1.3.2　板式换热器的技术性能与规格尺寸

A　板式换热器的技术性能

板式换热器的技术性能见表10-3。

表10-3　板式换热器技术性能　（天换总厂）

产品型号	H-20	H-50	产品型号	H-20	H-50
外形尺寸/mm×mm	329×88	494×119	热负荷/kW	4～12	6～70
管嘴中心距尺寸/mm×mm	278×37	432×57	冷媒管嘴进出口径	ϕ12～ϕ16	ϕ16～ϕ28
工作温度/℃	±200	±200	最大水通道管嘴直径/mm	20	40
工作压力/MPa	3	3	产品最大水流量/t·h^{-1}	3	10
测试压力/MPa	4	4	单套最多片数/片	40	100
单片波纹板容积/L	0.043	0.096	单套产品质量/kg	1+n×0.07	2+n×0.16
单片有效换热面积/m^2	0.02	0.045			

注：1. n表示波纹板片数。

2. 各管嘴口径可根据用户要求变化。

3. 热媒通道数=n/2－1。

4. 传媒（水）通道数=n/2。

B　舒瑞普（SWEP）板式热交换器

SWEP板式热交换器的规格尺寸见表10-4。

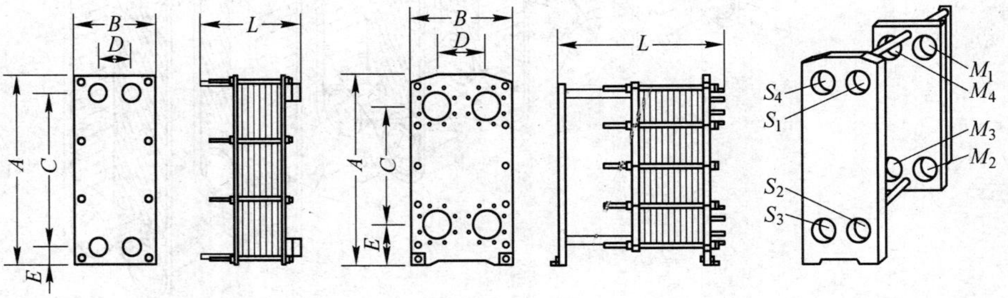

N型挡板　　P型挡板　　连接

表 10-4　板式换热器规格尺寸

型　号	*A*	*B*	*C*	*D*	*E*	*L*(max)	最大传热面积/m^2	最大可使用片数	最大流量/$m^3\cdot h^{-1}$	接口尺寸/mm
	mm									
M4	188	72	154	40	17	140	0.36	30	4	12
M10	287	115	243	72	22	205	1.92	60	12	25
G12	480	180	357	60	62	335	1.60	50	20	32
G25N	745	160	640	60	52	520	7	100	12	25
G28	789	175	675	65	71	848	16	200	12	25
G30P	675	240	555	100	60	556	8.50	100	30	40
G48P	834	455	446	231	190	1554	24	200	200	100
G50N	765	330	590	135	88	1302	25	200	50	50
G50P	983	330	590	135	210	1299	25	200	50	50
G52N	830	320	592	135	140	400	6	50	50	50
G52P	830	320	592	135	140	1050	18	150	50	50
G55N	1000	330	825	135	88	1302	36	200	50	50
G55P	1218	330	825	135	210	1299	36	200	50	50
G58N	1060	320	822	135	140	400	9	50	50	50
G58P	1060	320	822	135	140	1050	27	150	50	50
G65P	1120	455	732	231	190	2104	90	360	200	100
G75P	1490	455	1100	231	190	2104	144	360	200	100
G78P	1405	725	876	377	300	2774	221	450	800	200
G85P	1650	640	1103	301	250	2114	220	400	450	150
G95P	1881	725	1352	377	300	2774	391	460	800	200
G102P	1266	460	779	226	221	2770	110	400	200	100
G108P	1675	460	1188	226	221	2770	180	400	200	100
G153P	1730	620	1143	300	300	2800	220	400	450	150
G155P	1425	620	840	285	300	2800	150	400	450	150
G157P	1905	620	1320	285	300	2800	260	400	450	150
G158P	2385	620	1800	285	300	2800	360	400	450	150
G159P	2865	620	2280	285	300	2800	470	400	450	150
G214P	1605	830	910	420	350	3600	220	400	800	200
G234P	2185	830	1490	420	350	3600	400	400	800	200
G254P	2765	830	2070	420	350	3600	580	400	800	200
G274P	3345	830	2650	420	350	3600	760	400	800	200
G322P	1910	1060	1140	570	360	3700	340	400	1800	300
G342P	2490	1060	1720	570	360	3700	580	400	1800	300
G362P	3070	1060	2300	570	360	3700	820	400	1800	300
G372P	3650	1060	2880	570	360	3700	1060	400	1800	300
G392P	4390	1060	3460	570	360	3700	1300	400	1800	300

10.2 空气源热泵[8]

热泵是近年来发展和应用速度较快的一种设备。热泵是夏季能供冷的制冷设备，而冬天又能将低品位热源提高温度成高品位热源，用以供热的设备。由于其节能性和环保性等诸方面的优势，很快成为中央空调的重要冷、热源设备。

热泵的种类很多，诸如：空气源热泵、水源热泵、地源热泵、水环热泵、燃气热泵、蓄热式热泵和高温相变式热泵等。

10.2.1 空气源热泵(风冷热泵)机组的技术参数

10.2.1.1 标准型与高效型空气源热泵机组

标准型与高效型空气源热泵机组的技术参数见表10-5和表10-6。

表10-5 AWHC-L空气源热泵机组(标准型)主要技术参数 (约克)

型号	制冷		制热		压缩机	冷凝器		蒸发器		机组尺寸			运输重量	运行重量
	制冷量/kW	输入功率(压缩机)/kW	制热量/kW	输入功率(压缩机)/kW	容量控制级	风机数目	720r/min每台功率/kW	水容量/L	水管接口/mm	长/mm	宽/mm	高(到风机顶部)/mm	铝翅片/kg	铝翅片/kg
AWHC-L75	276	77	255	76	3	4	2.2	90	150	3055	2275	2280	3130	3245
AWHC-L100	342	110	312	102	4	4	2.2	90	150	3055	2275	2280	3270	3380
AWHC-L150	552	155	511	152	6	8	2.2	177	200	5808	2260	2310	6510	6690
AWHC-L200	683	219	624	203	8	8	2.2	177	200	5808	2260	2310	6670	6850
AWHC-L300	1104	309	1022	304	12	16	2.2	354	200	12564	2260	2310	13020	13370
AWHC-L400	1367	438	1248	407	16	16	2.2	354	200	12564	2260	2310	13340	13690

表10-6 AWHC-LHE空气源热泵机组(高效型)主要技术参数 (约克)

型号	制冷		制热		压缩机	冷凝器		蒸发器		机组尺寸			运输重量	运行重量
	制冷量/kW	输入功率(压缩机)/kW	制热量/kW	输入功率(压缩机)/kW	容量控制级	风机数目	720r/min每台功率/kW	水容量/L	水管接口/mm	长/mm	宽/mm	高(到风机顶部)/mm	铝翅片/kg	铝翅片/kg
AWHC-LHE65	249	59	221	59	3	4	2.2	90	150	3055	2275	2280	3110	3225
AWHC-LHE90	315	82	274	79	4	4	2.2	90	150	3055	2275	2280	3240	3360
AWHC-LHE130	498	118	443	117	6	8	2.2	177	200	5808	2260	2310	6470	6650
AWHC-LHE180	629	165	548	158	8	8	2.2	177	200	5808	2260	2310	6530	6710
AWHC-LHE260	997	235	885	235	12	16	2.2	354	200	12564	2260	2310	12940	13290
AWHC-LHE360	1258	330	1097	316	16	16	2.2	354	200	12564	2260	2310	13060	13410

注：1. 标准工况为夏季冷水出水温度7℃，盘管进风温度35℃；冬季热水出水温度45℃，盘管进风温度7℃。

2. 低噪声型机组制冷量、制热量修正系数为0.96，输入功率修正系数为1.03。

10.2.1.2 螺杆式风冷热泵机组

螺杆式风冷(单/双机)热泵机组的技术参数见表10-7。

表10-7 螺杆式风冷(单/双机)热泵机组技术参数 (劳特斯,R22)

型号		LAWS400H	LAWS1000H	LAWS1200H	LAWS800H/2	LAWS2200H/2	LAWS2400H/2
电源		三相 380V 50Hz					
制冷量/kW (kcal/h)		125 (107.550)	316 (271.800)	381 (327.700)	250 (215.100)	697 (599.500)	762 (655.400)
制热量/kW (kcal/h)		138 (118.700)	373 (320.500)	445 (382.500)	276 (237.400)	817 (703.000)	890 (765.000)
消耗电力/kW		43.2	115.4	132.7	85.4	247.1	265.4
运转电流/A		79.0	185.8	216.8	158.0	402.6	433.6
启动电流/A		165.9	390.2	455.3	165.9	455.3	455.3
容量控制/%		100, 75, 50, 25, 0					
压缩机	型式	半封闭螺杆式					
	数量	1					
	启动方式	Y-△					
	回转数	2950					
冷冻油	油加热器/W	150					
	种类	SUNISO GS4					
	填充量/L	9	13	13	18	26	26
制冷剂	种类	R-22					
	填充量/kg	37	71	88	74	169	184
	控制方式	感温式外部均压膨胀阀					
蒸发器	型式	壳管式					
	管径	DN80	DN100	DN100	DN100	DN150	DN150
	水量/$m^3 \cdot h^{-1}$	21.5	54.4	65.6	43	119.9	131.1
	水头损失/kPa	48	62	65	59	64	66
风机	出风方向	上吹型					
	型式	轴流式					
	出力×台数/W	850×4	850×12	850×12	850×8	850×20	850×20
	风量/$m^3 \cdot min^{-1}$	1000	3000	3000	2000	4900	4900
机组质量/kg		1550	3800	3100	3050	7100	7380
运转质量/kg		1615	3910	3250	3180	7450	7770
运转噪声/dB(A)		68	72	72	70	76	76

10.2.1.3 涡旋式模块型风冷热泵机组

LAWM系列涡旋式模块型风冷热泵技术参数见表10-8。

表 10-8　LAWM 系列涡旋式模块型风冷热泵技术参数　　（劳特斯，R22）

型　号		LAWM200-Hs/2	LAWM300-Hs/3	LAWM200-Hs/2×2	LAWM300-Hs/3×2	LAWM200-Hs/2×4	LAWM-1000/T.5	LAWM-1200/TH.4	LAWM-1500/TH.5	LAWM-1800/TH.6	LAWM-2100/TH.7
额定制冷量/kW		60	96	128	128	256	320	384	480	576	672
制热量/kW		64	102	136	136	272	340	408	510	612	714
电　源		380V　3PH　50Hz									
压缩机	型式	全封闭涡旋压缩机									
	功率/kW	20.64	30.96	41.28	41.28	82.56	103.2	123.84	154.8	185.76	216.72
风机功率/kW		0.55×2	0.55×3	0.55×4	0.55×4	0.55×8	0.55×10	0.55×12	0.55×15	0.55×18	0.55×21
蒸发器类型		壳管式换热器/板式换热器									
水流量/$m^3 \cdot h^{-1}$		11.7	17.5	23.47	23.47	46.8	58.5	70.2	87.75	105.3	122.85
水阻/kPa		46	46	48	48	50	52	52	56	60	64
管　径		DN125									
制冷剂类型		R22									
制冷剂量/kg		19	28.5	38	38	76	95	114	142.5	171	199.5
机组质量/kg		820	1200	1640	1640	3280	4100	4920	6150	7380	8610
外形尺寸	长/mm	1240	1240	2320	2320	4480	5560	6640	8640	10560	12400
	宽/mm	2110	2910	2110	2110	2110	2110	2910	2910	2910	2910
	高/mm	1900	1900	1900	1900	1900	1900	1900	1900	1900	1900

10.2.2　空气源热泵的能量平衡点与辅助冷热源

我国最适合使用空气源热泵的地区在东经 105°～125°，北纬 27°50′～32°50′的范围内，该地区大致包括上海、南京、武汉、重庆、长沙、合肥、南昌等地。但是，随着空气源热泵机组本身性能的提高，作为全年空调冷热源的空气源热泵冷热水机组，已应用于北京、天津等北方地区。以北京地区为例进行分析，通常认为，对旅馆、办公楼、商场，其冷负荷指标分别为 130W/m²，110W/m²，190W/m²，在此，取热负荷指标为 65W/m²。北京地区的冬季空调计算温度为 -12℃，夏季空调设计温度为 33.2℃，令冬季空调室内设计温度为 21℃，以最佳能量平衡点温度 -11℃来选择空气源热泵机组，则这些热泵机组在夏季空调设计工况下所提供的冷量比宾馆的空调设计负荷高 5.9%，比办公楼的空调设计负荷高 15%，而比商场的空调设计负荷低 36% 左右。这说明，以最佳能量平衡点来选择热泵机组，就北京地区来说，比较适合于宾馆类建筑；对办公楼来说，所选择的热泵机组提供的冷量有点偏大，但也可以接受；而对于商场类建筑物来说，所选择的热泵机组提供的冷量比空调设计负荷低很多，必须加辅助冷源才能满足室内热舒适性要求。对于北京以南地区，其冷负荷指标比北京稍大，而热负荷指标比北京稍低，最佳能量平衡点与最佳经济平衡点比北京地区高，以供热最佳平衡点温度来选择热泵机组，根本不会出现夏季空调设计工况下热泵机组所提供的冷量远大于空调设计冷负荷的情况。

表 10-9～表 10-14 是在统计各地区冬夏空调计算温度、冷热负荷指标和分析空气源热泵机组、风冷单冷机组特性的基础上，给出的宾馆、办公楼、商场类建筑中辅助热源、热泵机组、辅助冷源在设计工况下的配比情况。表中，以最佳经济平衡点来选择空气源热泵机组，辅助热

源为电锅炉。在计算最佳经济平衡点时，各地区电价和电力增容费为：上海，电价0.6元/(kW·h)，电力增容费900元/kW；北京，电价0.462元/(kW·h)，电力增容费5800元/kW；其他地区，电价0.55元/(kW·h)，电力增容费为1000元/kW。空气源热泵机组价格：3000元/kW，电锅炉价格：450元/kW(均包括安装费和运输费)。

表10-9 宾馆类建筑在冬季空调设计温度下辅助热源和空气源热泵机组的容量配比情况

城　市	北京	济南	郑州	南京	武汉	上海	长沙	南昌	成都	重庆	广州
设计温度/℃	-12	-10	-7	-6	-5	-4	-3	-3	1	2	6
最佳经济平衡点温度/℃	-7	-4	-4	-1	2	1	6	6	2	6	6
热泵提供热量所占比例/%	67.1	62.1	64.5	67.5	57.1	67.1	56.9	66.9	92	70.2	0
辅助加热量所占比例/%	32.9	37.9	35.5	32.5	42.9	32.9	43.1	33.1	8	29.8	100

表10-10 宾馆类建筑在夏季空调设计温度下辅助冷源和空气源热泵机组的容量配比情况

城　市	北京	济南	郑州	南京	武汉	上海	长沙	南昌	成都	重庆	广州
设计温度/℃	33.2	34.8	35.6	35	35.2	36.4	35.8	35.6	31.6	36.5	32.8
最佳经济平衡点温度/℃	-7	-4	-4	-1	2	1	6	6	2	6	6
热泵提供冷量所占比例/%	76.2	60.7	63.2	53.2	41.3	46.6	40.4	30.3	54.1	36.2	0
辅助供冷量所占比例/%	23.8	39.3	36.8	46.8	58.7	53.4	59.6	69.7	45.9	63.8	100

表10-11 商场类建筑在冬季空调设计温度下辅助热源和空气源热泵机组的容量配比情况

城　市	北京	济南	郑州	南京	武汉	上海	长沙	南昌	成都	重庆	广州
设计温度/℃	-12	-10	-7	-6	-5	-4	-3	-3	1	2	6
最佳经济平衡点温度/℃	4	0	-1	2	3	4	6	7	4	7	6
热泵提供热量所占比例/%	52.5	45.2	48.9	52.8	52.5	52	46.9	42.6	77.5	63.7	0
辅助加热量所占比例/%	47.5	54.8	51.1	47.2	47.5	48	53.1	57.4	22.5	36.3	100

表10-12 商场类建筑在夏季空调设计温度下辅助冷源和空气源热泵机组的容量配比情况

城　市	北京	济南	郑州	南京	武汉	上海	长沙	南昌	成都	重庆	广州
设计温度/℃	33.2	34.8	35.6	35	35.2	36.4	35.8	35.6	31.6	36.5	32.8
最佳经济平衡点温度/℃	4	0	-1	2	3	4	6	7	4	7	6
热泵提供冷量所占比例/%	40.9	30.5	36	29.1	26.2	23.5	21.7	19.3	33.6	23.1	0
辅助供冷量所占比例/%	59.1	69.5	64	70.9	73.8	76.5	78.3	80.7	66.4	76.9	100

表10-13 办公楼类建筑在冬季空调设计温度下辅助热源和空气源热泵机组的容量配比情况

城　市	北京	济南	郑州	南京	武汉	上海	长沙	南昌	成都	重庆	广州
设计温度/℃	-12	-10	-7	-6	-5	-4	-3	-3	1	2	6
最佳经济平衡点温度/℃	4	0	-1	2	3	4	6	7	4	7	6
热泵提供热量所占比例/%	52.5	45.2	62.3	52.8	52.5	52	46.9	42.6	75	63.7	0
辅助加热量所占比例/%	47.5	54.8	37.7	47.2	47.5	48	53.1	57.4	25	36.3	100

表10-14 办公楼类建筑在夏季空调设计温度下辅助冷源和空气源热泵机组的容量配比情况

城　市	北京	济南	郑州	南京	武汉	上海	长沙	南昌	成都	重庆	广州
设计温度/℃	33.2	34.8	35.6	35	35.2	36.4	35.8	35.6	31.6	36.5	32.8
最佳经济平衡点温度/℃	4	0	-1	2	3	4	6	7	4	7	6
热泵提供冷量所占比例/%	41.9	55.8	64.7	45	47.6	41.9	40.2	35	60.9	41.2	0
辅助供冷量所占比例/%	58.1	44.2	35.3	55	52.4	58.1	59.8	65	39.1	58.8	100

10.3 水源热泵[8]

A 水源热泵的特点与分类

a 特点

水源热泵是以水为热源的可进行制冷/制热循环的一种热泵型整体式水-空气空调装置，它在制热时以水为热源而在制冷时以水为排热源。以水作为热源的优点是：水的质量热容大，传热性能好，传递一定热量所需的水量较少，换热器的尺寸可较小。所以在易于获得温度较为稳定的大量水的地方，水是理想的热源。如地下水以及江河湖海的地表水在一年内温度变化较小，都可作为热源的水源。用水作为热源也不存在蒸发器表面上结霜的问题。但用水作为热源时，不仅水系统比较复杂，还需要消耗水泵的功率，如水质硬度较大，还会造成换热器表面结垢，使设备的传热性能下降，如水中含氯离子量大，还会造成设备的腐蚀。

b 分类

水源热泵可分为以下三类：

(1) 地下水源热泵系统。地下水源热泵系统是将建筑物附近井内的地下水抽出，并通过水源热泵机组中的换热器进行加热或冷却后供空调用户。然后，将地下水重新回灌地下(1抽1灌或1抽2灌)。

(2) 地表水源热泵系统。地表水源热泵系统使用建筑物附近的湖泊、河流或渠道中的地表水。将地表水汲出并使之通过水源热泵机组中的换热器后供空调用户，然后再将升高或降低几度的地表水排入水源中去。

(3) 闭式环路地表水源热泵系统。闭式环路地表水源热泵系统是使用1个闭式的水或盐水环路，包括浸没在地表水(河、湖或池)中的管道，作为换热器，加热或冷却后的水再进入水源热泵机组，作为水源。

B GEHA水源热泵空调机组特点与性能参数

a 特点

GEHA水源热泵空调机组的特点有以下几方面：

(1) 独特的压缩机和热交换器设计，高转速时，噪声低于NC45；

(2) 6种回风和送风组合，灵活安装；

(3) 可靠的倾斜式滴水盘，符合ASHRAE62室内空气质量要求；

(4) 先进的热力膨胀阀，更好控制冷媒；

(5) 同心螺旋冷凝器，加强热交换，减少管道污垢和压力损失；

(6) 前板设计简单，维护简便；

(7) 控制盒采用插座式连接，简化控制维护；

(8) 已配好吊装支座，减少安装空间和时间。

b 性能参数

水源热泵空调机组 GEHA 系列性能参数见表 10-15。

表 10-15　水源热泵空调机组 GEHA 系列性能参数　　（特灵）

型　号	制冷量			供热量			送风量/$m^3 \cdot h^{-1}$	压缩机类型	水流量/$L \cdot s^{-1}$	风机壳轮尺寸/mm		送风口尺寸/mm		回风口尺寸/mm		空气过滤器尺寸/mm		外形尺寸/mm			质量/kg		系统水管/mm	凝结水管/mm
	kW	耗电/kW	COP	kW	耗电/kW	COP				高	宽	长	宽	长	宽	长	宽	长	宽	高	带木座	不带木座		
GEHA006	2.1	0.55	3.8	2.8	0.16	4.6	411	转子	0.11	229	102	292	292	508	508	517	375	1016	508	381	85	72	13	19
GEHA009	3.0	0.77	3.9	3.4	0.77	4.4	549	转子	0.15	229	102	292	292	508	508	517	375	1016	508	381	85	72	13	19
GEHA012	3.4	0.83	4.1	4.3	0.90	4.8	665	转子	0.19	229	102	292	292	508	508	517	375	1016	508	381	85	72	13	19
GEHA015	4.6	1.15	4.0	5.5	1.25	4.4	825	转子	0.23	229	102	292	292	508	508	517	375	1168	584	432	85	72	19	19
GEHA018	6.3	1.70	3.7	7.7	1.75	4.4	970	转子	0.31	229	102	343	343	584	584	603	425	1168	584	432	126	113	19	19
GEHA024	7.0	1.89	3.7	8.3	1.93	4.3	1300	往复	0.31	254	102	343	343	584	584	603	425	1270	635	483	126	113	19	19
GEHA030	8.9	2.12	4.2	10.7	2.28	4.7	1647	往复	0.45	254	102	343	343	584	584	603	425	1270	635	483	126	113	19	19
GEHA036	9.8	2.80	3.5	12.0	2.86	4.2	1921	往复	0.53	305	203	416	416	635	635	647	476	1270	635	483	144	131	19	19
GEHA042	11.7	3.08	3.8	14.1	3.28	4.3	2196	往复	0.61	305	203	416	416	635	635	647	476	1422	737	533	144	131	25	19
GEHA048	14.4	3.79	3.8	18.3	4.07	4.5	2746	漩涡	0.80	305	279	457	457	749	749	759	527	1422	737	533	194	181	25	19
GEHA060	17.0	4.25	4.0	18.3	4.07	4.5	2746	漩涡	0.80	305	279	457	457	749	749	759	527	1422	737	533	194	181	25	19

C　单螺杆水源热泵机组技术参数

单螺杆水源热泵机组的技术参数见表 10-16。

表 10-16　单螺杆水源热泵机组技术参数　　（麦克维尔，R22）

型　号		WPS-075.1	WPS-095.1	WPS-110.1	WPS-145.2	WPS-165.2	WPS-185.2	WPS-200.2
制热工况	制热量/kW	289.0	369.5	441.0	578.0	658.5	739.0	810.5
	输入功率/kW	71.0	89.0	105.1	142.0	160.0	178.0	194.1
	热水流量/$m^3 \cdot h^{-1}$	49.78	63.65	75.96	99.56	113.43	127.29	139.61
	热水压降/kPa	62.0	58.0	70.0	62.0	62.0	68.0	68.0
	水源头流量/$m^3 \cdot h^{-1}$	23.47	30.20	36.16	46.94	53.67	60.39	66.36
	水源头压降/kPa	33.5	38.0	42.0	38.5	42.0	42.5	41.0
制冷工况	制冷量/kW	267.2	340.5	405.1	534.4	607.7	681.0	745.6
	输入功率/kW	51.5	64.5	76.2	103.0	116.0	129.0	140.7
	冷水流量/$m^3 \cdot h^{-1}$	46.02	58.65	69.78	92.05	104.68	117.30	128.43
	冷水压降/kPa	70.0	80.0	87.0	81.0	86.0	88.0	83.0
	水源头流量/$m^3 \cdot h^{-1}$	34.31	43.60	51.81	68.62	77.91	87.20	95.42
	水源头压降/kPa	26.0	25.0	29.5	27.0	27.5	28.0	29.0
压缩机	型　式	半封闭单螺杆式压缩机						
	数　量	1	1	1	2	2	2	2
启动方式		Y-△						

续表 10-16

型　号		WPS-075. 1	WPS-095. 1	WPS-110. 1	WPS-145. 2	WPS-165. 2	WPS-185. 2	WPS-200. 2
能量控制/%		100-70-40-0			100-85-70-50-35-20-0			
冷凝器	型　式	水冷壳管式						
	数　量	1	1	1	2	2	2	2
蒸发器	型　式	直接膨胀壳管式						
	数　量	1	1	1	1	1	1	1
制冷剂	制冷剂牌号	R-22						
	循环管路数	1	1	1	2	2	2	2
	充灌量×回路/kg	55×1	60×1	75×1	55×2	55×1+60×1	60×2	60×1+75×1
润滑油	牌　号	SUNISO 4GS						
	加注量	12	12	12	12×2	12×2	12×2	12×2
温度控制		冷水温控制（制冷工况）/热水温控制（制热工况）						
冷水进出水管外径/mm		ϕ133	ϕ133	ϕ133	ϕ168	ϕ168	ϕ168	ϕ168
冷却水进出水管外径/mm		ϕ108	ϕ108	ϕ108	ϕ108	ϕ108	ϕ108	ϕ108
保温材料		闭泡型聚乙烯保温材料						
运输质量/kg		1909	2036	2255	3477	3606	3733	4081
运行质量/kg		2139	2258	2470	3791	3911	4030	4465
额定电流（制热工况）/A		123. 1	157. 0	186. 4	246. 2	280. 1	313. 9	343. 3
额定电流（制冷工况）/A		89. 3	111. 8	132. 1	178. 6	201. 2	223. 7	244. 0
启动电流/A		249. 0	317. 3	400. 7	249. 0	317. 3	317. 3	400. 7
最大启动电流/A		249. 0	317. 3	400. 7	372. 1	440. 4	474. 3	557. 7
长×宽×高/mm×mm×mm		3574×793×1740			3574×1200×1996			

10.4　地源热泵[8]

A　地源热泵的优势

地源热泵（又称大地耦合热泵、土壤源热泵、地下换热器地温热泵等），是一种具有发展潜力的空调冷热源方式，无论在环保方面，还是在运行能耗方面，都具有很大的发展潜力。地源热泵与井水源热泵的区别是：前者从浅层土壤中通过竖向垂直埋管或水平埋管取热或向其排热，而后者是通过打井下泵从地下水中取热或向其排热，并分别经过热泵机组转换成热水或冷水。

地源热泵的优势，在于不用打井开采地下水，而是从土壤中的垂直埋管或水平埋管中直接换热，因而不受地质条件、井水量多少、地面沉降和地下水污染以及井水回灌、修井、修泵等诸多因素影响，使其更灵活，推广使用范围更大。

当前，在美国、加拿大和北欧国家，地源热泵技术已得到广泛的应用，推广速度以每年15%递增，形成了从制造商、工程商到培训机构、技术开发机构、专业管理机构等一整套完整的产业体系。国际地源热泵协会（IGSHPA）、美国地源热泵协会（GHPC）已建立，并已完全实现了商业化。在我国，地源热泵工程已有上百项之多，发展速度极快，而以用 U 形垂直埋管的地源热泵居多。

B　U 形垂直埋管的热作用半径

在夏季制冷工况下，随着热泵机组的运行，埋管向地下放热而使其周围土壤温度不断升高并向远处传热，必然存在一个区分土壤温度是否受扰动的界面，即在不稳定传热中，必然存在土壤温度尚未受到影响而即将受到影响的一个界面，定义此界面到等价圆管轴线的水平距离为热作用半径。夏季 U 形垂直埋管放热的热作用半径 r 见表 10-17。

表 10-17　夏季 U 形垂直埋管放热的热作用半径　(r/m)

L/m	Q/kW									
	1.0	2.0	3.0	4.0	5.0	6.0	7.0	8.0	9.0	10.0
30	3.2	4.4	5.4	6.2	7.0	7.6	8.2	8.8	9.3	9.8
40	3.0	3.9	5.0	5.7	6.4	7.0	7.4	8.0	8.4	8.9
50	2.9	3.8	4.6	5.2	5.8	6.3	6.7	7.1	7.6	8.0
60	2.8	3.6	4.2	4.9	5.4	5.8	6.4	6.6	7.0	7.2
70	2.6	3.4	3.8	4.3	4.8	5.2	5.6	5.9	6.2	6.5
80	2.5	3.0	3.6	4.0	4.4	4.7	5.0	5.4	5.6	5.9
90	2.5	2.8	3.3	3.7	4.0	4.3	4.6	4.8	5.0	5.3
100	2.4	2.7	3.1	3.4	3.7	4.0	4.2	4.4	4.6	4.8

注：运行时间 t = 90 天。

以青岛地区为例，通过改变已知条件中的 U 形垂直埋管单位时间的放热量 Q、埋深 L、径向研究区域 R 和机组连续运行时间 t，可得出在青岛地区的气候条件和土壤结构下，外径为 40mm，壁厚为 4mm 的聚乙烯制 U 形埋管在不同的放热量、埋深时的热作用半径 r。

可见当放热量小于 1kW 时，热作用半径为 2.4 ~ 3.2。青岛的试验数据可供其他地区参考。设计时将垂直埋管的孔距选为 3 ~ 5m，是可取的。

10.5　水环热泵[8]

A　水环热泵特点、冬季加热装置与夏季冷却装置

a　特点

水环路热泵（Water Loop Heat Pump）系统用一个循环水环路作为加热源和排热源。当环路中水的温度由于水环热泵空调机的放热（制冷运行时）使其温度超过一定值时，环路中的水将通过冷却塔将热量放给大气。当环路中水的温度由于水环热泵空调机的吸热（制热运行时）而使其温度低于一定值时，通常使用加热装置对循环水进行加热。在装有多台水环热泵空调机的建筑物中，有的以制冷工况运行，有的以制热工况运行，而控制系统的作用就是保持环路中的循环水温在一定范围以内。

b　水环热泵空调系统的加热装置

当水环热泵空调机在冬季使用时，尤其在气温较低而要求有一定供暖时间的地区，当水系统热量不足以维持水源热泵所规定的最低温度（一般为 13 ~ 15℃左右）时，必须将加热装置投入，以补充热量而使水温升高。加热装置的容量大小应视具体工程、具体地区而定。一般应先计算出建筑物的热负荷，然后减去总的水源热泵空调机的压缩热和回收冷凝热（冬季制冷的空调机），最后乘以适当的同时使用系数，即可得出加热装置容量。通常使用加热

装置的型式有电加热器、燃气加热器、燃油加热器、蒸汽加热器和太阳能集热器等等(加热循环水箱中的水)。

c　水环热泵空调系统的冷却装置

当水环热泵空调机在夏季使用时，要将冷凝热量排入循环水系统，根据标准，当水温超过32℃时，要开动水系统中的冷却装置将热量排入大气，现有两种冷却装置，一种是封闭式冷却塔，另一种是开启式冷却塔。

B　水环热泵机组

水环热泵机组与水源热泵机组基本相近，见表 10-15、表 10-16。

C　水环热泵运行耗电量

现以北京市一座办公楼(建筑面积 1500m^2)为例，进行三种空调方案的分析与比较。

该工程采用开式水环路水环热泵空调系统，由热泵空调机组夏季供冷，冬季通过电加热水箱补偿热量来供热。过渡季可根据房间的冷热程度进行供冷或供热，机房内设有两台循环水泵(一用一备)，电加热水箱功率 60kW，屋顶设有超低噪声冷却塔一台，空调系统运行的总功率为 23. 5kW。

a　三种空调方案

(1) 水环热泵中央空调方案(本工程采用方案)，总冷负荷 103kW。

SHR-250 3 台,SHR-400 6 台,SHR-500 4 台,SHR-700 4 台,SHFR-300 4 台,SHFR-400 3 台。

(2) 风冷冷水机组中央空调方案(比较方案之一)。

总冷负荷 103. 3kW，选用风冷热泵冷水机组 YCAC75(H)，冷量 63kW 2 台。风机盘管选 03H 3 台，04H 4 台，06H 9 台，08H 4 台，10H 4 台（这里未包括冬季采暖用燃油锅炉及其安装费用)。

(3) 分体空调方案(比较方案之二)。

总冷负荷 103. 3kW，选用挂机 KFR-26GW(制冷量 2600W)3 台，KFR-35GW(制冷量 3500W)4 台，KFR-41GW(制冷量 4100W)9 台，KFR-50LW(制冷量 5000W)4 台，KFR-70LW(制冷量 7000W)4 台。

b　三种空调系统方案初投资比较

三种空调系统方案初投资比较见表 10-18。

表 10-18　三种空调系统方案初投资比较（2005 年价格）

项　目	风冷冷水机组空调系统	水环式中央空调系统	家用分体空调
空调设备总计/万元	24	21	9. 6
安装费/万元	25	10	0
空调工程总造价/万元	49	31	9. 6

c　夏季耗电量分析比较

空调系统在夏季运行中，95% 时间是在部分负荷下运转，所以部分负荷用电特性，决定耗电量即电费开支。夏季通常供冷为 5 个月，每月按 30 天计算，每天空调使用时间为 10h。每年 5 月下旬，6 月 ~9 月，10 月上旬，这几个月中，环境温度不一样，室外负荷也不一样。根据每月每天环境温度的变化情况，认为夏季空调运行时间的 5% 为满负荷时间段，冷量 80% 部分负荷运行时间为 25%，冷量 60% 部分负荷运行时间为 40%，冷量 40% 部分负荷运行时间为 20%，冷量 30% 以下部分负荷(按 20%)运行时间为 10%。

水环式空调机组和家用分体空调的运行要考虑机器运转率：

$$机器运转率 = \frac{压缩机工作时间}{压缩机工作时间 + 压缩机停机时间} \times 100\%$$

在耗电量分析中，空调用压缩机运转率为70%。

（1）夏季满负荷时耗电量见表10-19。

表10-19　夏季满负荷时耗电量　（kW）

设 备 名 称	风冷冷水机组中央空调系统	水环热泵中央空调系统	家用分体空调
主设备满负荷的耗电量	46	23.5	41.9
水　泵	2.2	2.2	0
冷却塔	0	1.5	0
风机盘管	2.72	0	0
满负荷每小时耗电量	50.9	27.2	41.9
75h 耗电量	3819	2040	3142.5

注：夏季运行时间为75h。

（2）冷量80%部分负荷时耗电量，见表10-20。

表10-20　夏季80%负荷时耗电量　（kW）

设 备 名 称	风冷型中央空调系统	水环式空调系统	家用分体空调
主设备耗电量	36.8	13.2	23.5
水　泵	2.2	2.2	0
冷却塔	0	0.8	0
风机盘管	2.2	0	0
每小时耗电量	41.2	16.2	23.5
375h 耗电量	15450	6075	8812.5

注：夏季运行时间为375h。

（3）冷量60%部分负荷时耗电量，见表10-21。

表10-21　夏季60%负荷时耗电量　（kW）

设备名称	风冷型中央空调系统	水环式空调系统	家用分体空调
主设备耗电量	27.6	9.87	17.6
水　泵	2.2	2.2	0
冷却塔	0	0.8	0
风机盘管	1.63	0	0
每小时耗电量	31.43	12.87	17.6
600h 耗电量	18858	7722	10560

注：夏季运行时间为600h。

10.6　燃气热泵、蓄热式热泵和高温相变式热泵[8]

A　燃气热泵

前4种热泵均为电动式热泵。燃气热泵是新研制出的热泵，性价比较好。

a 燃气热泵技术参数

燃气热泵的技术参数见表10-22。

表 10-22 燃气热泵技术参数 （大连三洋，R407C）

性 能		制冷能力/kW	28.0	35.5	45.0	56.0
		制热能力/kW	33.5	42.5	53.0	67.0
外形尺寸		高/mm	2208			
		宽/mm	1290	1735		
		长/mm	1000（+106）			
质 量/kg			720	950		
电气特性	制冷	运转电流/A	3.1	5.3		
		消费电力/kW	0.63	1.07		
	制热	运转电流/A	3.4	5.6		
		消费电力/kW	0.70	1.15		
	启动电流/A		25	30		
燃气消费量（高位）		制冷/kW	22.6	27.3	35.8	43.5
		制热/kW	24.7	29.6	39.0	46.0
压缩机		冷冻机油封入量/L	2.7（HP-9）	4.0（HP-9）		
发动机		润滑油封入量/L	32（三洋纯正 GHP10TH）	50（三洋纯正 AP. GHP D-125）		
		额定能力/kW	7.5	15.0		
		启动方式	AC/DC 转换 DC 启动电机			
发动机冷却水		封入量/L	23	27		
		浓度、冻结温度	50V/V% -35℃			
冷媒×封入量/kg			R407C×10	R407C×12		R407C×17
空气吸入口			正面·背面			
空气吹出口			上 面			
相关配管		冷媒气相管	ϕ28.58（钎焊）	ϕ31.75（钎焊）		ϕ38.1（钎焊）
		冷媒液相管	ϕ12.7（钎焊）	ϕ15.88（钎焊）	ϕ19.05（钎焊）	
		燃料燃气配管	R3/4（外螺纹）			
		排气凝结水配管	ϕ27（橡胶软管连接）			
运转噪声/dB（A）			56	57		58
送风机		送风机形式	螺旋式风机×1	螺旋式风机×2		
		额定风量/$m^3\cdot min^{-1}$	150	300		
外装色（芒塞尔）			半光（1Y8.5/0.5）			

注：1. 制冷时：室内侧吸入空气温度27℃DB·19℃WB，室外侧吸入空气温度35℃DB。

制热时：室内侧吸入空气温度20℃DB，室外侧吸入空气温度7℃DB·6℃WB。

2. 燃气种类为天然气、液化石油气。燃气压力为低压，燃气压力供给须符合表10-23所列参数。订货时请提供燃气成分、热值、压力、密度等参数，以确认安全使用性问题。

3. $实际燃气耗量(m^3/h)=\dfrac{表列燃气消费量(kW)\times 3600\ [kJ/(h\cdot kW)]}{实际燃气高位热值(kJ/m^3)}$。

b 燃气热泵用燃气压力范围

燃气压力范围见表 10-23。

表 10-23 燃气压力范围 (kPa)

燃气压力	最 高	标 准	最 低	燃气压力	最 高	标 准	最 低
液化石油气	3.3	2.8	2.0	天然气	2.5	2.0	1.0

B 蓄热式热泵系统

(1) 蓄热式热泵系统的特点。可利用夜间(指 22:00 ~ 8:00)比较便宜的低谷电力蓄存冷(热)水，白天通过空调机进行热交换，将冷(热)风(水)送到用户的各个部分进行空气调节。例如，夏季供冷时，夜间开动热泵，在蓄热槽中蓄存冷水，白天用于空调；而冬季供暖时，在夜间蓄存热水，白天用于供热。蓄热槽利用温度见表 10-24。

表 10-24 蓄热槽利用温度 (℃)

部 位	一次侧（热源机器）	二次侧（空调机器）	蓄热槽平均利用温度差
冷水入口	11	7	
出口	6	14	
温度差	5	7	7
热水入口	41	45	
出口	46	38	
温度差	5	7	7

(2) 蓄热式热泵的应用。蓄热式地板供暖系统为进一步拓宽蓄热式热泵的适用范围而诞生的系统，有效利用空调机返回的低温水(35 ~ 45℃)进行地板供暖。以前的地板供暖系统通过的热水温度是 55 ~ 65℃。现在日本等国有不少 45℃以下低温热水地板供暖的实例。

C 高温相变蓄热式热泵系统

利用高温相变材料制成的蓄冷(热)的板和球，进行蓄冷和蓄热。这样采用传统的风冷热泵冷热水机组就可实现。这种系统需要两个槽，系统较复杂，占地较大，造价较贵，如果能得到可靠的相变材料，对改造现有的热泵式冷热水机组为蓄热型，起移峰填谷的作用，克服用电高峰中央空调系统不允许开的困难是很有效的。高温相变材料型号与相变温度见表 10-25。

表 10-25 高温相变材料的型号与相变温度

型 号	相变温度/℃	国家，公司	型 号	相变温度/℃	国家，公司
优态盐 5	5	美国，TRANSPHASE	47	47	日本，三菱油化
优态盐 8.3	8.3	美国，TRANSPHASE	55	55	日本，三菱油化
S.27	27	法国，CIAT			

我国不少中、小型建筑物采用风冷热泵机组，如果进一步开发和应用蓄热式和冰蓄热式热泵机组，这对移峰填谷、调荷节电是有益的。

11　中央空调末端设备——型号规格、安装维修与运行调节

中央空调末端设备包括空调机组、新风机组、风机盘管及商用与家用（户式）中央空调设备等。本章主要介绍各种末端设备的型号、规格、安装、维修与运行调节技术。

11.1　空调机组、新风机组的结构、性能及其安装与维修技术[1,8]

当前使用的空调机组以组合式空调机组为最多。

11.1.1　组合式空调机组的结构与性能

组合式空调机组是将各种空气处理设备（加热、冷却、加湿、净化、喷水、挡水、消声和隔热等）和风机、阀门等组合成一个整体的箱形设备。箱内的各种设备可以根据空气调节系统的组合顺序排列在一起，以便能实现各种空气的处理功能。图 11-1 为一种组合式空调机组的系统图。全功能的组合式空调机组由新风回风混合段、消声段、回风机段、热回收段、初效过滤段、中间段、表冷器冷却段(含挡水板段)、再加热段、二次回风段、送风机段、消声段、中间段、中效过滤段和送风段等组成。

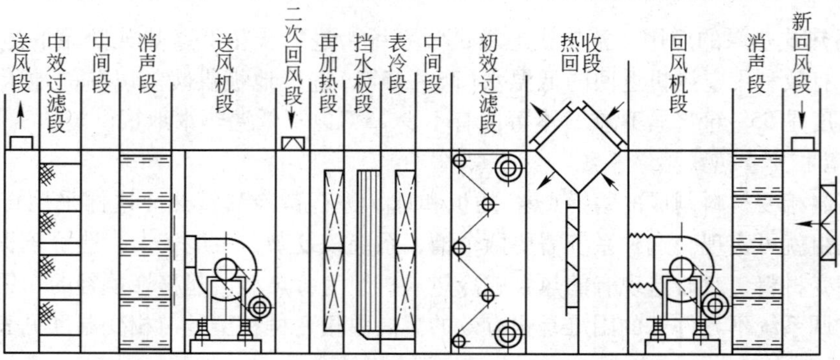

图 11-1　组合式空调机组全功能系统组合图

图 11-1 所示的全功能系统组合机组实际应用中并不多见，选用时应根据工程需要和业主的要求，有选择地仅选用其中所需要的功能段即可。图 11-2 所示即为仅选用一部分功能段组合而成的机组结构。

组合式空调机组中除图 11-1 和图 11-2 所示采用表面式冷却段(冬季则成为加热段)的空气热交换方式外，还常采用淋水式的冷热交换装置，前者简称表冷段；后者则称淋水段（或喷水段）。

组合式空调机组的型号很多。如 39G 型与 TWH 型是空调机组的两种不同型号，其技术性能分别见表 11-1 与表 11-2。

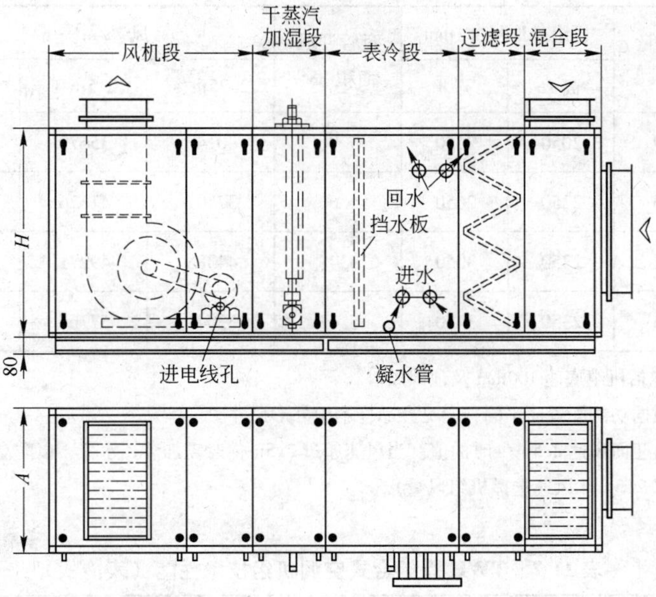

图 11-2　组合式空调机组结构图

表 11-1　39G 型系列空调机组技术性能　（上海开利）

机组规格	机组风量 /$m^3 \cdot h^{-1}$	机组外形尺寸/mm		盘管迎风面积/m^2	风量/$m^3 \cdot h^{-1}$			出口余压 /Pa
		高 H	宽 W		2.25m/s	2.5m/s	2.75m/s	
39G0609	2209	650	950	0.24	2008	2209	2430	200～800
39G0610	3058	650	1050	0.34	2755	3058	3364	200～800
39G0712	4417	750	1250	0.49	3979	4417	4859	200～800
39G0813	6286	850	1350	0.70	5663	6286	6915	200～800
39G0914	7306	950	1450	0.81	6582	7306	8037	200～800
39G1015	9429	1050	1550	1.05	8495	9429	10372	200～800
39G1016	10364	1050	1650	1.15	9337	10364	11400	200～800
39G1117	12912	1150	1750	1.44	11632	12912	14703	200～800
39G1317	15121	1350	1750	1.68	13623	15121	16633	200～800
39G1518	18689	1550	1850	2.07	16837	18689	20558	200～800
39G1522	21238	1550	2250	2.36	19133	21238	23362	200～800
39G1622	22937	1650	2250	2.55	20664	22937	25231	200～800
39G1822	26335	1850	2250	2.93	23725	26335	28968	200～800
39G1824	29733	1850	2450	3.30	26786	29733	32706	200～800
39G1825	32281	1850	2550	3.59	29082	32281	35509	200～800

续表 11-1

机组规格	机组风量 /$m^3 \cdot h^{-1}$	机组外形尺寸/mm		盘管迎风面积/m^2	风量/$m^3 \cdot h^{-1}$			出口余压 /Pa
		高 H	宽 W		2.25m/s	2.5m/s	2.75m/s	
39G2025	35679	2050	2550	3.96	30143	35679	39247	200～800
39G2226	41626	2250	2650	4.63	37501	41626	45789	200～800
39G2330	49271	2350	3050	5.48	44388	49271	54198	200～800
39G2334	57766	2350	3450	6.42	52041	57766	63543	200～800

注：1. 高度 H 不包括机组底座 100mm 及顶部风口。

2. 机组长度根据功能配置而不同，参见产品样本中外形尺寸图。

3. 机组风量为迎面风速 2.5m/s 时的值。当风速超过 2.5m/s 时需加装挡水板，以防湿空气被带入后面的功能段（推荐以 2.5m/s 风速选择机组风量）。

表 11-2　TWH 型组合式空调机组技术性能（表冷式）　　（天津北方）

型　号	额定风量 /$m^3 \cdot h^{-1}$	迎面风速 /$m \cdot s^{-1}$	外形尺寸/mm		配用风机				电动机型号
			宽 B	高 H	风机类型		全压 /Pa	功率 /kW	
TWH-10	10000	2.3～2.9	1300	1700	高效节能型双面进风离心风机 4×85-2	5 号	1194	5.5	Y132S-4，$A\times3$ 条
TWH-15	15000	2.3～2.9	1700	1700		5 号	1022	7.5	Y132M-4，$A\times3$ 条
TWH-20	20000	2.3～2.9	1700	2100		6 号	1157	11.0	Y160M-4，$B\times3$ 条
TWH-30	30000	2.3～2.9	2100	2500		7 号	1110	15	Y160L-4，$B\times4$ 条
TWH-40	40000	2.3～2.9	2500	2500		8 号	1250	18.5	Y180M-4，$B\times4$ 条
TWH-50	50000	2.3～2.9	2900	2900		10 号	1200	30	Y225M-4，$C\times4$ 条
TWH-60	60000	2.3～2.9	3700	2900	高效节能型双面进风离心风机 4-79，2-10E		1000	30	Y200L-4，$C\times4$ 条
TWH-70	70000	2.3～2.9	4100	3300			1200	37	Y225S-4，$D\times5$ 条
TWH-80	80000	2.3～2.9	4100	3700			1190	37	Y225S-4，$D\times5$ 条
TWH-90	90000	2.3～2.9	4500	3700			1190	55	Y250M-4，$D\times5$ 条
TWH-100	100000	2.3～2.9	4900	3700			1060	55	Y250M-4，$D\times5$ 条

注：恒温恒湿型 10000～100000m^3/h。

11.1.2　组合式空调机组的安装、运行与维修

各种型号的组合式空调机组的安装方法和运行维修方法基本相近，但因结构不同，也略有差异。现将 TW 型组合式空调机组的安装使用和维修方法作一简要说明。

11.1.2.1　安装

（1）组合式空调机组按左、右式安装，无需以膨胀螺栓紧固在基础上。

（2）表冷段或喷淋段的平台基础高于地面100mm。

（3）各功能段的冷热水进出管、蒸汽进出管和密闭检查门均应安装在操作一侧。

（4）凝水管或溢水管通常设在背面（如用户要求，也可设在正面）。还须将机组凝水管或溢水管与地面地漏或排水管相衔接。

11.1.2.2　运行

空调机组开车前，应做好以下各项准备工作：

（1）清整调节窗的叶片，校正加热器和表冷器由于运输和安装中碰歪的翅片。

（2）检查各控制阀门、调节窗、密闭门的可靠性，启闭要灵活，关闭要严密。

（3）检查所有安全设施要齐全有效。

（4）检查各箱体、各构件和风机的紧固情况，并做好单机试运转工作。

（5）水表冷段供水温度7~10℃，加热段供水温度不大于65℃。

11.1.2.3　维修

空调机组日常使用中，应做好如下维护工作：

（1）定期检查风机、电动机及各电器设备处于正常状态，并定期给轴承注油，定期检查调紧风机三角带。

（2）定期清除挡水板、加热器和表冷器上的积垢。定期检查或更换已堵塞损坏的喷淋段的喷嘴（半年一次）。定期清洗喷淋段水池和水过滤器，并换新水（1~2周一次）。

（3）当过滤器终阻力达到0.15kPa（15mmH_2O）以上时，应清扫或更换新滤料。

（4）在使用加热器和表冷器前，应排除管内积水，为清除管子内壁的积垢，每2~3年应采用化学除垢法清洗一次。

（5）壁板框架和所有易生锈的金属部件应定期除锈涂漆（一年一次）。

11.1.3　新风机组

较大的卧式新风机组的结构与小型组合式空调机组相近，而小型新风机组（风量 $L<7000m^3/h$）多为吊顶式，便于安装在天花板的顶棚内，而不占用建筑面积做新风机房。吊顶式新风机组外形见图11-3，吊顶式新风机组性能见表11-3、表11-4。另外，较大的落地式新风机组（立式、卧式）技术性能见表11-5。

图11-3　吊顶式新风机组

表 11-3 LWHA 型吊顶式新风机组技术性能

（特灵）

型号 LWHA	送风量		盘管		离心风机			电动机		外接管/mm		过滤器			外形尺寸			质量 /kg
	/m³·s⁻¹	/m³·h⁻¹	面积 /m²	铜管管径 /mm	数量	标准风量 /m³·h⁻¹	风机型号	数量	转速 /r·min⁻¹	盘管进出水管尺寸	排水出口尺寸	数量	宽 /mm	高 /mm	长 /mm	宽 /mm	高 /mm	
013	0.31~0.47	1100~1700	0.16	9.5	1	1300	SYT7-7L	1	1430	38	25	1	610	305	1294	943	375	160
023	0.50~0.78	1800~2800	0.28	9.5	1	2300	SYT9-9L	1	1430	38	25	2	508	406	1344	1070	475	200
033	0.75~0.97	2700~3500	0.33	9.5	1	3300	SYT9-9L	1	1430	38	25	2	508	406	1344	1223	475	240
043	1.00~1.25	3600~4500	0.42	9.5	2	4300	SYT9-9L2	1	1430	38	25	3	508	406	1344	1528	475	260
053	1.25~1.67	4500~6000	0.56	9.5	2	5300	SYT10-10L2	1	1430	38	25	3	508	406	1444	1528	538	300
063	1.69~2.00	6100~7200	0.67	9.5	2	6300	SYT10-10L2	1	1430	38	25	2/1	508/635	406	1444	1807	538	340

型号 LWHA	送风量		夏季进风干湿球温度 34℃/28℃							
			4 排				6 排			
	/m³·s⁻¹	/m³·h⁻¹	总热/kW	显热/kW	水流量/L·s⁻¹	水压降/kPa	总热/kW	显热/kW	水流量/L·s⁻¹	水压降/kPa
013	0.36	1300	19.8	8.3	0.95	34.3	24.0	9.9	1.10	63.6
023	0.64	2300	35.4	14.8	1.69	48.1	42.2	17.5	1.78	74.5
033	0.92	3300	45.8	19.3	1.78	57.8	55.2	22.9	1.77	81.2
043	1.19	4300	59.2	24.9	2.25	68.4	71.4	29.7	2.25	97.5
053	1.47	5300	76.3	32.0	3.20	70.4	91.5	37.9	3.20	99.4
063	1.75	6300	90.3	37.9	3.50	80.1	108.2	44.9	3.50	113.4

型号 LWHA	送风量		冬季热水进出水温度 60℃/50℃											
			进风温度 5℃				进风温度 -4℃				进风温度 -12℃			
			2 排		1 排		2 排		1 排		2 排		1 排	
	/m³·s⁻¹	/m³·h⁻¹	总热/kW	水流量/L·s⁻¹	总热/kW	水流量/L·s⁻¹	总热/kW	水流量/L·s⁻¹	总热/kW	水流量/L·s⁻¹	总热/kW	水流量/L·s⁻¹	总热/kW	水流量/L·s⁻¹
013	0.36	1300	12.6	0.30	6.3	0.15	15.1	0.36	8.0	0.19	17.4	0.42	9.4	0.23
023	0.64	2300	22.5	0.54	11.6	0.28	26.9	0.65	14.4	0.35	30.9	0.74	16.9	0.40
033	0.92	3300	30.2	0.72	15.6	0.37	36.1	0.87	19.1	0.46	41.4	0.99	22.2	0.53
043	1.19	4300	40.1	0.96	21.3	0.51	47.8	1.15	25.9	0.62	54.7	1.31	29.9	0.72
053	1.47	5300	51.0	1.22	27.3	0.66	60.8	1.46	33.2	0.80	69.5	1.66	38.4	0.92
063	1.75	6300	61.8	1.48	33.8	0.81	73.5	1.76	40.8	0.98	83.9	2.01	47.0	1.13

注：冷水进水温度为7℃。

表 11-4 YAH 型吊顶式新风机组技术性能

（约克）

型号	风量/$m^3 \cdot h^{-1}$	机外全压/Pa				机外静压/Pa				盘管迎风面积/m^2	电机				风机				质量/kg				整机噪声/dB(A)
		4排		6排		4排		6排			型式	台数	功率/kW		台数		型式		4排		6排		
		A型	B型	A型	B型	A型	B型	A型	B型				A型	B型	A型	B型	A型	B型	A型	B型	A型	B型	
YAH02	2000	195	302	164	252	131	250	100	200	0.28	B极绝缘IP54闭式三相异步电机	1	0.32	0.75	1	1	直联离心式风机	双进风离心前曲多翼风机	153	148	165	160	57
YAH03	3000	183	279	136	229	147	250	100	200	0.40		2	0.32×2	1.1	2	1			203	176	218	191	55
YAH04	4000	200	302	156	252	136	250	92	200	0.54		2	0.32×2	1.1	2	1			240	203	258	221	57
YAH05	5000	249	297	205	247	184	250	140	200	0.66		2	0.45×2	1.5	2	1			262	223	283	243	59
YAH06	6000	311	317	267	267	187	250	143	200	0.78		2	0.8×2	2.2	2	1			303	248	328	273	61
YAH08	8000	359		309		230		180		1.01		1	3.00		1		双进风离心前曲多翼风机		415		448		63
YAH10	10000	406		366		280		240		1.28		1	3.00		1				480		523		65
YAH12	12000	468		408		320		260		1.46		1	5.50		1				547		593		68
YAH15	15000	515		445		400		330		1.61		1	7.50		1				668		718		70

注：1. 表中所列机组质量为不含灌水时质量，机组的运行质量可在此基础上加 20%。

2. 标准制冷工况：进风干球温度 27℃，进风湿球温度 19.5℃，进水温度 7℃。

3. 标准制热工况：进风温度 20℃DB，热水进水温度 60℃。

4. 全新风制冷工况：进风干/湿球温度 34℃/28℃，进水温度 7℃。

5. 全新风制热工况：进风温度 -4℃DB，热水进水温度 60℃。

本系列机组是在海拔 5m 高的情况下得出的机组性能参数，海拔高度变化会影响机组运行情况。下表为海拔高度修正系数：

海拔高度/m	300	600	900	1200	1500	1800
全热量	0.99	0.98	0.97	0.96	0.94	0.93
显热量	0.96	0.93	0.9	0.86	0.83	0.8

表 11-5 GLX、GWX 型落地式新风机组技术性能

（6 排表冷器） （天大胜远）

型号	风量 /$m^3 \cdot h^{-1}$	冷量 /kW	热量 /kW	水量 /$kg \cdot h^{-1}$	水阻 /kPa	机组余压 /Pa	电机功率 /kW	噪声 /dB（A）	参考质量 /kg
GLX4 ×6 GWX4 ×6	4000	64. 2	88. 3	11040	9	250	1. 5	≤54	249
GLX4. 5 ×6 GWX4. 5 ×6	4500	71. 4	97. 5	12280	13	280	1. 5	≤54	273
GLX5 ×6 GWX5 ×6	5000	79. 9	110. 4	13740	14	280	1. 5	≤55	276
GLX5. 5 ×6 GWX5. 5 ×6	5500	87. 3	120. 0	15008	16	300	1. 5	≤55	290
GLX6 ×6 GWX6 ×6	6000	96. 2	124. 8	16546	20	300	2. 2	≤56	323
GLX7 ×6 GWX7 ×6	7000	112. 3	145. 6	19320	21	300	2. 2	≤57	354
GLX8 ×6 GWX8 ×6	8000	127. 8	165. 1	21984	24	300	2. 2	≤57	401
GLX9 ×6 GWX9 ×6	9000	144. 0	187. 2	24775	25	350	3. 0	≤59	402
GLX10 ×6 GWX10 ×6	10000	158. 4	197. 5	27240	30	350	3. 0	≤59	437
GLX11 ×6 GWX11 ×6	11000	175. 7	218. 7	30228	32	350	4. 0	≤60	490
GLX12. 5 ×6 GWX12. 5 ×6	12500	200. 6	256. 0	34500	40	400	4. 0	≤61	506
GLX14 ×6 GWX14 ×6	14000	223. 7	267. 7	38472	42	400	5. 5	≤62	561
GLX16 ×6 GWX16 ×6	16000	254. 3	304. 8	43738	45	400	5. 5	≤62	604
GLX18 ×6 GWX18 ×6	18000	286. 1	343. 2	49205	45	400	2 ×3. 0	≤62	680
GLX20 ×6 GWX20 ×6	20000	319. 5	382. 8	54960	50	400	2 ×4. 0	≤63	697
GLX22. 5 ×6 GWX22. 5 ×6	22500	356. 3	427. 2	61290	50	450	2 ×4. 0	≤63	771
GLX25 ×6 GWX25 ×6	25000	395. 9	474. 0	68100	45	450	2 ×4. 0	≤63	856
GLX30 ×6 GWX30 ×6	30000	476. 8	571. 2	82008	53	500	2 ×5. 5	≤65	1035

续表 11-5

型 号	风 量 /$m^3 \cdot h^{-1}$	冷 量 /kW	热 量 /kW	水 量 /$kg \cdot h^{-1}$	水 阻 /kPa	机组余压 /Pa	电机功率 /kW	噪 声 /dB (A)	参考质量 /kg
GLX35×6 GWX35×6	35000	553.3	663.6	95172	56	500	2×5.5	≤65	1195
GLX40×6 GWX40×6	40000	631.3	757.2	108576	58	500	2×7.5	≤67	1361
GLX45×6 GWX45×6	45000	715.2	858.0	123012	56	550	2×11.0	≤68	1553
GLX50×6 GWX50×6	50000	798.8	957.6	137400	53	550	2×11.0	≤68	1744
GLX55×6 GWX55×6	55000	881.8	1057.2	151668	58	550	2×11.0	≤68	1931
GLX60×6 GWX60×6	60000	958.6	1149.6	164880	58	600	2×15.0	≤68	2093

注：1. 表中为标准工况下所测参数。标准新风工况：供冷 DB34℃/WB28℃、TW_1 = 7℃、TW_2 = 12℃；供热 DB = -12℃、TW = 60℃。

2. 表中机组余压为参考值，用户如提出不同要求，则可选配适宜全压的风机。

3. 表中噪声值为在参考余压下距机组各表面 1m 处测定的声压级噪声值。

11.2 风机盘管结构、性能及其安装、运行与维修技术[1,8]

11.2.1 风机盘管的结构与性能

风机盘管＋新风系统是中央空调的主要方式之一，因此风机盘管是空调设备的主要组成部分。风机盘管是一种将风机和表面式换热盘管组装在一起的装置。风机盘管的形式有卧式、立式和嵌入式等数种。风机盘管通常与冷水机组(夏)或热水机组(冬)组成一个供冷或供热系统。风机盘管是分散安装在每一个需要空调的房间内（如宾馆的客房、医院的病房、写字楼的各写字间等）。为了缩小外形和体积以及降低气流噪声，多采用贯流式风机并用多级电机驱动，以便对风量进行调节。风机盘管的构造已如图 3-4 所示，而图 11-4 为卧式暗装风机盘管和立式明装风机盘管结构图的另一种图示方式。表 11-6 ~ 表 11-8 为风机盘管系列产品的性能参数。

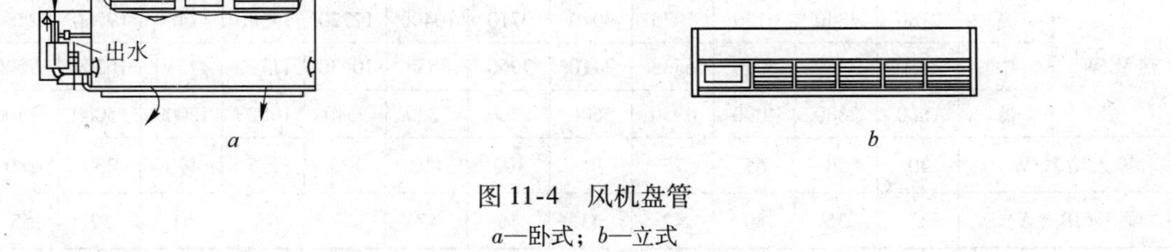

图 11-4 风机盘管

a—卧式；b—立式

表 11-6　FW 系列风机盘管机组技术性能　（大金）

天花板嵌入风管连接型（FWMF/FWMP）			2 型	3 型	4 型	6 型	8 型	12 型
额定风量 /$m^3 \cdot h^{-1}$	FWMF	高 速	340	510	680	1020	1360	2040
		中 速	254	383	425	698	803	1397
		低 速	186	284	323	528	599	1056
	FWMP	高 速	340	510	680	1020	1360	2040
		中 速	283	461	566	892	803	1397
		低 速	209	357	356	626	695	1253
冷量/W	全 热	高 速	2050	2870	4080	5710	8060	10080
	显 热		1540	2300	3160	4480	6220	8080
热量/W			3380	4600	6600	9500	13100	17100
耗电量/W	FWMF		33.5	53.5	66.0	95.0	131.5	191.0
	FWMP		44.0	61.5	83.5	108.5	165.5	217.0
水量/$L \cdot min^{-1}$			5.9	8.2	11.7	16.4	23.1	28.9
水压降/kPa			3.92	7.84	17.64	38.22	16.66	26.46
噪 声 /dB（A）	FWMF	高 速	34.0	39.0	36.5	41.5	40.5	44.0
		中 速	28.5	31.5	24.5	31.5	28.5	34.0
		低 速	20.0	25.0	19.5	24.0	23.0	25.5
	FWMP	高 速	38.5	40.0	40.0	44.0	41.5	46.0
		中 速	32.0	34.0	37.0	38.0	37.5	41.0
		低 速	24.0	28.5	26.5	30.0	27.5	33.0
净 重/kg			23.5	26.5	32.0	38.0	56.5	63.0

表 11-7　FP 系列风机盘管机组（高静压型）技术性能　（天大胜远）

性能 \ 型号		FP-2.5	FP-3.5	FP-5	FP-6.3	FP-7.1	FP-8	FP-10	FP-12.5	FP-14	FP-16	FP-20	FP-25
风量 /$m^3 \cdot h^{-1}$	高	320	420	580	700	780	880	1100	1350	1510	1750	2200	2750
	中	250	350	500	630	710	800	1000	1250	1400	1600	2000	2500
	低	200	250	450	530	550	600	900	1100	1200	1400	1800	2100
冷量/W	高	1820	2600	3780	4700	5200	5850	7300	8800	9650	10900	13750	18750
	中	1550	1980	3100	4200	4350	4900	5850	7600	8250	8800	11300	16000
	低	1210	1650	2450	3500	3700	4500	5200	5850	7000	7500	10000	14500
热量/W	高	2780	4340	6150	7970	9040	9710	10400	12720	14380	17480	19760	22500
	中	2280	3560	5040	6535	7410	7960	8530	10430	11790	14330	16200	19500
	低	1880	2880	4090	4950	5600	6300	7280	9510	10520	12000	15000	17500
输入功率/W		40	50	65	75	90	100	110	135	155	170	230	280
噪声/dB（A）		35	35	40	42	43	46	47	47	49	51	52	55

续表 11-7

性能 \ 型号		FP-2.5	FP-3.5	FP-5	FP-6.3	FP-7.1	FP-8	FP-10	FP-12.5	FP-14	FP-16	FP-20	FP-25
机组余压/Pa		40											
电源		单相 220V 50HzAC											
换热器	结构形式	铜管串套高效二次翻边铝翅片，机械胀紧											
	工作压力/MPa	1.0											
	进出水接管	ZG3/4″（内螺纹）											
	水量/kg·h⁻¹	310	430	630	810	890	1000	1100	1450	1559	1870	2365	2850
	水阻力/kPa	12	16	18	20	26	30	34	39	45	55	62	80
净重/kg		14	16	18	20	21	23	25	30	32	37	40	45

注：1. 供冷量测试工况：干球温度 t_g = 27℃，湿球温度 t_s = 19.5℃，进口水温 7℃，出口水温 12℃。

2. 供热量测试工况：干球温度 t_g = 21℃，热水进口温度 60℃。

3. 噪声值是在消声室内，离机组各表面 1m 位置测定的值。

表 11-8 SCR 风机盘管机组技术性能 （新晃）

规格型号		SCR-200	SCR-300	SCR-400	SCR-600	SCR-800	SCR-1200
风量/m³·h⁻¹	高	350	530	700	1000	1340	1600
	中	260	330	480	630	970	1060
	低	150	200	280	410	600	670
冷量/W	高	2035	2965	3950	5300	6975	8545
	中	1750	2300	3180	4130	5930	6840
	低	1220	1630	2330	3180	4530	5130
热量/W	高	3560	5430	6800	9225	12420	16200
	中	2850	3800	5100	6730	10060	11990
	低	1890	2500	3530	4890	6950	8420
噪声 /dB（A）	高	37	36	40	47	47	47
	中						
	低						
水量/kg·h⁻¹		356	522	691	925	1244	1498
水阻/kPa		3.4	7.2	13.7	29	9.2	15.2
热交换器	构造	铜管、槽型铝片					
	工作压力	试验压力 1.25MPa 或 2.25MPa（高压型）					
风机	形式	铝制多叶片风机					
	个数	1	1	2	2	4	4
电机	型号	电容式电动机					
	电源	单相 220V 4 级					
	输入功率/W	35	60	68	87	143	168
空气过滤器		纤维制过滤器					
进出水管		盘管接管 1/2″管螺纹，800 型以上 3/4″管螺纹					
凝水管径		凝结水盘接管 3/4″管螺纹					

注：1. 噪声是在消声室，离机组表面 1m 位置(JIS 测定条件)测定值。

2. 冷却、加热能力是在 JIS 测定条件下（t_{DB} = 27℃，t_{WB} = 19.5℃，t_W = 7℃，Δt_W = 5℃ 及 t_{DB} = 21℃，t_W = 60℃ 与制冷时同样水量）的值。

3. 额定风量是当机外余压为零时的值，但 ECR 是机外余压为 29Pa 时的值。

4. 未具体注明分高、中、低的值，均为高档运转时的值。

11.2.2　风机盘管的安装与运行

11.2.2.1　风机盘管的安装

(1) 机组进、出水管安装时应加保温层，以免夏季使用时产生凝结水。螺纹连接处应采取密封措施(最好选用聚四氟乙烯生料带)，进出水管与外接管路连接时必须对准，建议采用挠性接管或铜管连接。连接时切忌用力过猛或扭着劲(因是薄壁管的铜焊件，以免造成盘管弯扭而漏水)。

(2) 机组凝水盘的排水软管不得压扁、折弯，以保证凝水畅通。

(3) 机组安装时应保持其相对的垂直和水平位置，并保证凝水盘的排水畅通。

(4) 机组电源额定电压为220V ± 10%，50Hz，线路连接按“电气连接线路图”。要求连接导线颜色与接线标牌一致。

(5) 机组的壳体上备有接地螺栓，供安装时与保护接地系统连接。

11.2.2.2　风机盘管的运行

(1) 机组夏季供给冷水温度应不低于7℃，冬季供给热水温度应不高于65℃。要求供给清洁且经水质稳定处理过的水。

(2) 机组回水管备有手动放气阀，运行前需将放气阀打开，待盘管及管路内空气排净后再关闭放气阀。

(3) 电机轴承因用双面防尘盖滚珠轴承，轴承已加好润滑脂，故不用定期加润滑脂。

(4) 换热器应定期吹扫，保持清洁，保证良好的传热性能。装有过滤网的机组应经常清洗过滤网，以保证回风畅通。

(5) 带温度控制器的机组夏季使用时，需将冬夏转换开关置于夏季，冬季使用时则置于冬季。

11.2.3　风机盘管的维修

风机盘管常见故障与维修方法，见表11-9。

表11-9　风机盘管的故障与维修方法

序号	故障	原因	维修方法
1	风机不转	(1) 停电； (2) 忘记插电源； (3) 电压低； (4) 配线错误或接线端子松脱； (5) 电动机故障； (6) 电容器不良； (7) 开关接触不良	(1) 查明原因或等待复电； (2) 将插头插入； (3) 查明原因； (4) 用万用表查线路，修复； (5) 用万用表检查后修复或更换； (6) 更换； (7) 修复或更换
2	风机转但不出风或风量少	(1) 电源电压异常； (2) 反转； (3) 风口有障碍物； (4) 空气过滤器堵塞	(1) 查明原因； (2) 改变接线； (3) 去除； (4) 清洗
3	风不冷（或不热）	(1) 盘管内有空气； (2) 供水循环停止； (3) 调节阀关闭； (4) 阀被异物堵塞	(1) 从排气阀排出空气； (2) 检查水泵； (3) 将调节阀开启； (4) 取出异物

续表 11-9

序号	故　障	原　　因	维 修 方 法
4	机壳外面结露	（1）内部保温破损； （2）机壳在装配时与火焰接触保温层烧毁； （3）冷风有泄漏； （4）室内有造成结露的条件	（1）修补； （2）不要接触火焰,将保温层重新包好； （3）修补； （4）去除结露的条件
5	有异物吹出	（1）由于腐蚀造成风机叶片表面有锈蚀物； （2）过滤器破损、劣化； （3）保温材料破损、劣化； （4）机组内灰尘太多	（1）更换风机； （2）更换空气过滤器； （3）更换保温材料； （4）清扫内部
6	漏　电	电线有破损、漏电	修复线路
7	漏　水	（1）安装不良； （2）接水盘倾斜； （3）排水口堵塞； （4）水管有漏水处； （5）冷凝水从管子上滴下； （6）接头处安装不良； （7）排气阀忘记关闭	（1）机组水平安装； （2）调整； （3）清除堵塞物； （4）检查更换水管； （5）检查后重新保温； （6）检查后紧固； （7）将阀关闭
8	关机后风机不停	（1）开关失灵； （2）控制线路短路	（1）修复或更换开关； （2）检查线路，排除短路
9	有震动与杂音	（1）机组安装不良； （2）外壳安装不良； （3）固定风机的部件松动； （4）风的通路上有异物； （5）风机电机故障； （6）风机叶片破损； （7）送风口百叶松动； （8）盘管内有空气； （9）冷水(热水)流速太快； （10）水内有大量空气进入； （11）使用定量阀时，差压太大	（1）重新安装调整； （2）重新安装； （3）紧固； （4）去除异物； （5）修复或更换电机； （6）更换； （7）紧固； （8）排空气； （9）检查水的流速； （10）去除水中空气； （11）更换合适的阀
10	冷风(热风)效果不良	（1）调节阀开度不够； （2）盘管堵塞、通风不良； （3）盘管内部有空气； （4）电源电压下降； （5）空气过滤器堵塞； （6）供水（冷热水）不足； （7）供水温度异常； （8）风机反转； （9）送风口、回风口有障碍； （10）前板安装不正规； （11）气流短路； （12）室内风分布不均匀； （13）设备选用不当； （14）天花板吊顶式机组的连接处漏气； （15）温度调节不当； （16）房间日照或开窗	（1）重新调节开度； （2）清扫盘管； （3）排空气； （4）查明原因； （5）清洗空气过滤器； （6）调节供水阀； （7）检查冷冻水(或热水)温度； （8）重新接线； （9）去除障碍物； （10）安装正规； （11）检查风口有无障碍； （12）检查调整风口； （13）重新设计选用； （14）修理； （15）重新调整送风档次； （16）关窗，挂窗帘

11.3　单元式空调机组与屋顶式空调机组的结构与性能

11.3.1　水冷单元式空调机组与恒温恒湿机组[1]

11.3.1.1　水冷单元式空调机组

水冷单元式空调机组也称柜式空调机组，它是将制冷、通风、加湿或去湿、供热、净化和消声等组装成一个柜形整体的设备。它可以用风管将处理后的空气送入需要调节的房间内，也可以不用风管，而将柜式空调机直接安装在被调节的房间内。图 11-5 为柜式空调机安装在被调节房间外，通过风管将处理后的空气送入被调节房间内的示意图。

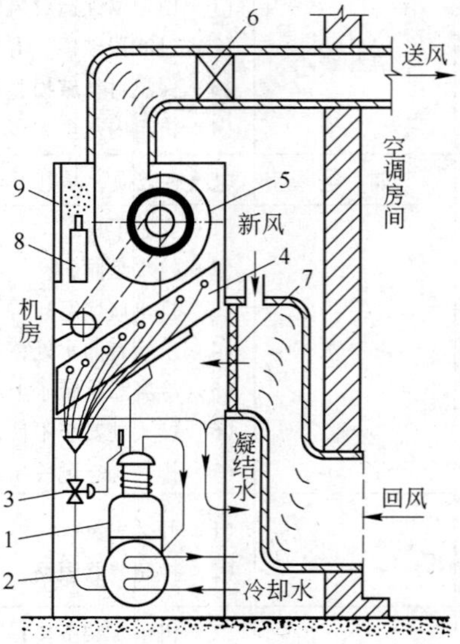

图 11-5　水冷单元式空调机示意图

1—制冷压缩机；2—冷凝器；3—热力膨胀阀；4—蒸发器；5—离心式通风机；6—电加热器；7—空气过滤器；8—电加湿器；9—自控电器屏

柜式空调机的冷凝器，除水冷式外，还有风冷式的。水冷式冷凝器体积小、噪声小、运转时耗电较省。但安装的场所必须有进水管和出水管，且安装固定后不易轻易移动。风冷式冷凝器不需进、出水管，安装方便，但噪声较大，故不能直接安装在被调节的房间内。

11.3.1.2　恒温恒湿机组

柜式空调机组按其是否具有湿度控制功能分为带湿度控制和不带湿度控制两类。带加湿器并能控制出风湿度的柜式空调机称为恒温恒湿机。

11.3.2　风冷分体式空调机组与热泵机组

11.3.2.1　风冷分体式空调机组

风冷分体式空调机组是将柜式机组分成室内机和室外机两部分。室内机是立式柜式箱体，内部安装蒸发器、空调风机和控制设备。室外机一般制成立方体形或圆形，内部安装冷凝器、冷却风机和压缩机。图 11-6 为风冷分体式空调机组的安装图。

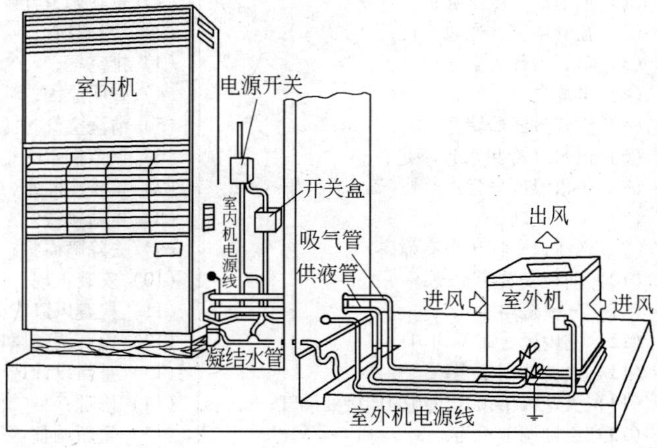

图 11-6　风冷分体式空调机组安装图

11.3.2.2 热泵式空调机组

风冷式单元空调机组一般根据是否具有供热功能分为热泵型、电热型和单冷型3种。前两种兼有供热和制冷功能。后者只有供冷风的功能，没有供热风和调节湿度的功能。热泵机组是利用制冷机组冬季运行时，调整换向阀而实现供热循环的，应用于冬季室外气温－15℃左右的地区较好。

11.3.3 屋顶式空调机组

11.3.3.1 屋顶式空调机组的结构与特点

屋顶式空调机组是近年来国际上迅速发展起来的单元整体式、自带冷源、风冷冷凝器和送风风机的安装于屋顶上或室外其他场所的大中型空调设备。其制冷、加热、送风、空气过滤和电气设施等均组装于卧式箱体中，因而具有结构紧凑、体积小和重量轻的特点。

屋顶式空调机组具有如下特点：(1) 采用高性能制冷压缩机和高导热效率的换热器，因此效率高；(2) 电气控制采用程序控制或微机控制，并采用两个以上的能量控制方式，可根据环境温度选择，既节能又可省去专职值班人员；(3) 该机安装于屋顶或室外，无需建制冷站和机房，节省占地面积；(4) 无需冷却水系统；(5) 对原建筑加装空调及冷（热）负荷时间不一致的多功能场合尤为适宜。

11.3.3.2 屋顶式空调机组的性能参数

屋顶式空调机组的性能参数，见表11-10。

表11-10 屋顶式空调机组性能参数

型号		LF-28	LF-56	LF-77	LF-116	LF-138	LF-160	LF-201	LF-233	LF-278	LF-320
机组特性	制冷量/kW	27.8	55.8	76.7	116.7	138.4	160.5	201.1	233	279	319.8
	(万 kcal/h)	(2.4)	(4.8)	(6.6)	(10)	(11.9)	(13.8)	(17.3)	(20)	(23.9)	(27.5)
	(Btu/h)	(95300)	(190500)	(262000)	(397000)	(472400)	(547800)	(686500)	(794000)	(948400)	(1090000)
	制热量/kW	33.4	67	92	130.3	155	179.8	225	260	312.5	358
	(万 kcal/h)	(2.9)	(5.8)	(7.9)	(11.2)	(13.3)	(15.5)	(19.4)	(22.4)	(26.9)	(30.8)
	(Btu/h)	(114360)	(228600)	(313500)	(444640)	(527800)	(615100)	(769800)	(888900)	(1068000)	(1200000)
	机外余压/Pa	320	400	520	520	550	550	600	600	650	650
	(mmH_2O)	(32.1)	(40.8)	(52.7)	(52.7)	(56)	(56)	(61)	(61)	(66)	(66)
	风量/$m^3 \cdot h^{-1}$	5000	10000	16000	21000	24000	25000	30000	36000	41500	48000
	能量控制/%	100.0	100,50,0								
	温控范围/℃	(18～30)±1									
	噪声/dB(A)	<70			<75		<80			<85	
	使用电源	380V 50Hz 三相四线制									
	机组功率/kW	10.4	20.0	29.4	39.8	49.5	63.9	71.3	83.7	105.2	123.4

续表 11-10

型号			LF-28	LF-56	LF-77	LF-116	LF-138	LF-160	LF-201	LF-233	LF-278	LF-320
制冷系统	压缩机	型式	全封闭压缩机					半封闭压缩机				
		HP	1×10	2×10	2×15	2×20/1×40	2×25/1×50	2×30/1×60	1×70	2×40/1×80	2×50/1×100	2×60/1×120
		kW	7.4	14.8	22	29.4	36.8	44.1	51.5	58.8	73.5	88.2
	蒸发器、冷凝器		铜管百叶窗铝翅片									
	冷凝风机(台数×功率)/kW		2×0.55	2×0.75	4×0.55	4×1.1	4×1.5	4×2.2	4×2.2	2×1.1 4×2.2	6×2.2	2×4 4×2.2
	使用工质		R 22									
送风系统	送风机(台数×功率)/kW		离心式双进风风机									
			1×1.5	1×3	2×2.2	2×3	2×3.5	2×5.5	2×5.5	1×15	1×18.5	1×22
	过滤装置		初效或初效+中效									
外形尺寸	长/mm		1800	2400	2800	3200	3200	7200	7200	8300	8300	94500
	宽/mm		1600	1800	2000	2000	2000	2000	2000	2000	2000	2000
	高/mm		1600	1800	1800	2300	2600	2300	2400	2500	2600	2700
质量/kg			950	1100	1300	1650	1900	3800	3900	4300	4500	5000
加热系统	电加热	制热量/kW	13.5	27.0	41.8	47.6	60.4	72.0	81.3	90.6	119.7	144.1
		组数×功率/kW	2×6.5	2×13.5	2×21	2×24	2×30	3×24	3×27	3×30	3×40	3×48
	蒸气加热	散热面积/m^2	24.7	42	53	74	84	根据设计				

11.4　商用中央空调与家用（户式）中央空调系统的设备选型与工程设计[8,9]

11.4.1　商用、家用（户式）中央空调系统的特点

商用、家用（户式）中央空调是新兴的一种空调方式，一般多用于商业建筑、办公楼宇和公寓建筑。其特点是：一般不设制冷机房，而是将制冷主机与冷凝器等安装于一箱体内并设置于室外(即室外机)，而将蒸发器设置于室内(即室内机)。

商用、家用（户式）空调分类方法很多。可按使用功能分，也可按控制方式分。

11.4.2　商用、家用（户式）中央空调机技术参数

11.4.2.1　VRVⅡ型系列商用空调机技术参数

VRVⅡ冷暖型室外机技术参数见表11-11，VRVⅡ冷暖型室内机—天花板嵌入式/FXYF系列技术参数见表11-12。

表 11-11　VRVⅡ冷暖型室外机技术参数　（大金）

型　号		RHXY8MY1	RHXY10MY1	RHXY12MY1	RHXY14MY1	RHXY16MY1
电　源		Y1:3 相，380-415V，50Hz				
制冷能力/kW		25.2	28.0	33.5	40.0	45.0
供暖能力	/kW (kcal/h) (Btu/h)	25.0 (21500) (85400)	31.5 (27000) (108000)	34.7 (30000) (118000)	41.5 (35500) (142000)	45.0 (40000) (154000)
容量控制/%		14～100	14～100	14～100	10～100	10～100
外壳颜色		象牙白（5Y7.5/1）				
压缩机		全密封涡旋式				
电机输出/kW		(1.2+4.5)×1	(2.8+4.5)×1	(4.2+4.5)×1	(2.0+4.5+4.5)×1	(3.0+4.5+4.5)×1
空气流量/$m^3\cdot min^{-1}$		175	180	210		
尺寸($H\times W\times D$)/mm×mm×mm		1.600×930×765		1.600×1.240×765		
机　重/kg		235	235	290	331	333
噪声级（380V）/dB（A）		57	58	60	60	60
冷　媒		R22				
冷媒充填量/kg		13.1	13.9	15.6	17.1	18.6
冷冻机油		SUNISO 4GSDiD-K				
冷冻机油充填量		1.9+1.6			1.9+1.6+1.6	
连接管道	液管/mm 气管/mm 等效油管/mm	ϕ12.7（焊接） ϕ28.6（焊接） —	ϕ12.7（焊接） ϕ28.6（焊接） —	ϕ15.9（焊接） ϕ34.9（焊接） —	ϕ15.9（焊接） ϕ34.9（焊接） —	ϕ15.9（焊接） ϕ34.9（焊接） —

表 11-12　VRVⅡ冷暖型室内机—天花板嵌入式
（四向气流）/FXYF 系列技术参数　（大金）

型　号	FXYF25-KBMVL	FXYF32-KBMVL	FXYF40-KBMVL	FXYF50-KBMVL	FXYF63-KBMVL	FXYF80-KBMVL	FXYF100-KBMVL	FXYF125-KBMVL
电　源	单相　50Hz　220V							
制冷量/kW (kcal/h)	2.8 (2400)	3.6 (3100)	4.5 (3870)	5.6 (4820)	7.1 (6110)	9.0 (7740)	11.2 (9630)	14.0 (12040)
制热量/kW (kcal/h)	3.2 (2750)	4.0 (3400)	5.0 (4300)	6.3 (5420)	8.0 (6880)	10.0 (8600)	12.5 (10750)	16.0 (13760)
消耗电力（冷/暖）/W	90/75	97/82	97/82	106/90	118/101	173/159	184/169	213/198
尺寸（$H\times W\times D$）/mm×mm×mm	230×849×840					288×840×840		
送风量(强/弱)/$m^3\cdot min^{-1}$	13/10	13/10	14/10	16/11	18/14	28/20		31/24
噪声级(强/弱)/dB(A)	30/27		31/27	32/27	33/28	37/31		42/35
质量/kg	24					28		

续表 11-12

型　号		FXYF25-KBMVL	FXYF32-KBMVL	FXYF40-KBMVL	FXYF50-KBMVL	FXYF63-KBMVL	FXYF80-KBMVL	FXYF100-KBMVL	FXYF125-KBMVL
装饰面板	型　号	BYC125B-W18							
	尺寸（$H \times W \times D$）/mm × mm × mm	40 × 950 × 950							
	质量/kg	5.0							
配管	液管/气管/mm	ϕ6.4/ϕ12.7			ϕ9.5/ϕ15.9			ϕ9.5/ϕ19.1	
	排水管/mm	PVC32（I.D. ϕ25，O.D. ϕ32）							

11.4.2.2　RAS-FS 系列商用空调机技术参数

RAS-FS 系列商用空调机技术参数见表 11-13、表 11-14。

表 11-13　RAS-FS 变频多联商用空调室外机制冷量　（日立海信）

类　型	型　号	制冷量/kW				
		5.0HP	8.0HP	10.0HP	16.0HP	20.0HP
FS3 系列（R22）	RAS-FS3Q	14.0	22.4	28.0	45.0	56.0
FSG 系列（R407C）	RAS-FSGQ		22.4	28.0		

表 11-14　RAS-FS 室外机与室内机系统组合　（日立海信）

室外机型号	室　内　机				
	最小的名义制冷量组合/kW（HP）	最大的名义制冷量组合/kW（HP）	室内机最少组合台数	室内机最多组合台数	仅有一个室内机运行时的最小机型
RAS-140FS3Q	6.8（2.5）	18.2（6.5）	1	8	28 型
RAS-224FS3Q，RAS-224FSGQ	10.8（4.0）	29.7（10.4）	2	12	28 型
RAS-280FS3Q，RAS-280FSGQ	13.6（5.0）	36.8（13.0）	2	12	28 型
RAS-450FS3Q	21.6（8.0）	59.0（20.8）	2	16	28 型
RAS-560FS3Q	26.8（10.0）	73.8（26.0）	2	16	28 型

注：应用变频控制技术，一台室外机可以连接多至 16 台不同组合的室内机。其最小配置率为 50%，最大配置率为 130%，可以满足多数办公室楼宇建筑的使用。

11.4.2.3　MCC-M 系列商用(家用)空调机技术参数

MCC-M 系列商用(家用)空调机技术参数见表 11-15、表 11-16。

表 11-15　MCC-M 系列商用（家用）吊顶式分体空调机技术参数　（麦克维尔）

型　号		电源	制冷量/制热量/W	输入功率/W 制冷/制热	电流/A 制冷/制热	风量 /$m^3 \cdot h^{-1}$	静压 /Pa	质量/kg 室内机/室外机	外形尺寸 /mm × mm × mm 室内机/室外机
室内机	室外机								
MCC030M	MLC30L	单相 220V 50Hz	7500	2800	12.7	1300	50	48/82	1675 × 570 × 250/840 × 408 × 900
MCC030MR	MLC030LRC	单相 220V 50Hz	7500/8000	2800/2550	12.7/11.6	1300		48/85	1675 × 570 × 250/840 × 408 × 900
MCC050M	MMC050L	三相 380V 50Hz	12500	4400	8.3	2040		59/108	1935 × 570 × 250/1005 × 430 × 1044
MCC050MR	MMC050LRC	三相 380V 50Hz	12500/13500	4400/4450	8.3/8.3	2040		59/115	1935 × 570 × 250/1005 × 430 × 1044

注：1. 表中制冷量测定工况：室内回风温度干/湿球温度 27/19℃、室外干/湿球温度为 35/24℃。

2. 表中制热量测定工况：室内回风温度干/湿球温度 20/15℃、室外干/湿球温度为 7/6℃。

表 11-16　MCC 一拖二商用（家用）吊顶式空调机技术参数　　（麦克维尔）

型号		电源	制冷量/制热量/W	输入功率/W 制冷/制热	运行电流/A 制冷/制热	风量 $/m^3 \cdot h^{-1}$	机外静压 /Pa	质量/kg 室内机/室外机	外形尺寸 /mm×mm×mm (L×W×H) 室内机/室外机
室内机	室外机								
MCC010-M(R)×2	MMSD1010-M(R)	单相 220V 50Hz	2500×2 /2600×2	940×2 /860×2	4.3×2 /4.0×2	510×2	30	17×2 /81	830×566×224 /839×410×1042
MCC010M(R) MCC015M(R)	MMSD1015-M(R)		2500+3400 /2600+3400	940+1270 /860+1150	4.3+5.9 /4.0+5.4	510+680		17+22 /83	830×566×224 930×566×224 /839×410×1042
MCC015-M(R)×2	MMSD1515-M(R)		3400×2 /3400×2	1270×2 /1150×2	5.9×2 /5.4×2	680×2		22×2 /85	930×566×224 /839×410×1042
MCC020-M(R)×2	MMSD2020-M(R)		5800×2 /6000×2	2170×2 /2040×2	10.38×2 /9.76×2	1020×2		34.5×2 /136	1130×566×224 /1058×430×1247
MCC020M(R) MCC030M(R)	MMSD2030-M(R)		5800+7000 /6000+7300	2170+2760 /2040+2650	10.38+13.06 /9.76+12.55	1020+1530		34.5+34.5 /140	1130×566×224 1130×566×224 /1058×430×1247
MCC030-M(R)×2	MMSD3030-M(R)		7000×2 /7300×2	2760×2 /2650×2	13.06×2 /12.55×2	1530×2		34.5×2 /140	1130×566×224 /1058×430×1247

注：1. 表中制冷量测定工况：室内回风温度干/湿球温度 27/19℃、室外干/湿球温度为 35/24℃。
2. 表中制热量测定工况：室内回风温度干/湿球温度 20/15℃、室外干/湿球温度为 7/6℃。

11.4.2.4　C-MRV 系列商用空调机技术参数（表 11-17、表 11-18）

C-MRV 系列商用空调机技术参数见表 11-17、表 11-18。

表 11-17　C-MRV 商用空调室外机技术参数　　（海尔）

C-MRV-网络变频中央空调系统			KTR-280W/A(BP)	KTR-160W/A(BP)
电源形式			3PH 380V 50Hz	
额定制冷能力/kW			28.0	16.0
额定制热能力/kW			31.5	18.0
电气特性	额定制冷	运行电流/A	17.0	9.2
		消耗功率/kW	12.0	5.5
		功率因数/%	96（97）	91（96）
	额定制热	运行电流/A	16	9.1
		消耗功率/kW	10.0	5.4
		功率因数/%	97（98）	91（95）
外观颜色			象牙白	
外形尺寸（宽×深×高）/mm×mm×mm			1290×750×1580	640×750×1580
总质量/kg			304	181
压缩机	形式		全封闭型	全封闭型
	电机输出功率/kW		7.5	4.1
冷却方式			风冷式	
送风装置	送风机		轴流风机	
	风量 $/m^3 \cdot h^{-1}$		10000	5000
	电动机输出功率/kW		0.15×2	0.15
冷媒及其封入量/kg			R22（18.0）	R22（10.0）

续表 11-17

C-MRV-网络变频中央空调系统		KTR-280W/A(BP)	KTR-160W/A(BP)
室内机最大连接台数		16	9
曲轴箱加热功率/W		74	40
配　管　尺　寸	气侧/mm	ϕ28.58	ϕ22.2
	液侧/mm	ϕ12.7	ϕ9.52
	连接方式	液侧扩口连接，气侧焊接	
	最大相当长/m	125	125
	最大实长/m	100	100
	室内室外机间最大落差/m	50	50
	最大配管总长/m	250	220
噪声值/ dB（A）		≤60	≤58
保护装置		压缩机排气，回气温度传感器，高、低压压力传感器，高压压力开关，过电流传感器，过载保护器，可熔栓，热敏开关	
控制方式		线　控	

表 11-18　C-MRV 高静压风管式室内机技术参数　　（海尔）

C-MRV-网络变频中央空调系统		KTR-56E/(H)	KTR-71E/(H)	KTR-80E/(H)	KTR-90E/(H)	KTR-112E/(H)	KTR-140E/(H)
适用面积/m^2		24~38	32~49	36~53	40~62	50~77	63~93
电源形式		1PH　220V　50Hz					
制冷能力/kW		5.6	7.1	8.0	9.0	11.2	14.0
制热能力/kW		6.3	8.0	9.0	10.0	12.5	16.0
电气特性	运行电流/A	1.47	1.47	1.47	1.32	1.48	1.64
	消耗功率/kW	0.23	0.23	0.23	0.3	0.32	0.36
	功率因数/%	99	96	96	98	98	98
	启动电流/A	1.3	3.5	3.5	4.1	4.1	4.8
外　观	机　体	带保温材料的镀锌钢板					
外观尺寸（宽×深×高）	/mm×mm×mm	820×830×360			1200×830×360		
总质量/kg		48	48	48	62	62	62
送风方式		管道送风					
热交换器		翅片管					
送风装置	送风机	双面进风离心风机					
	风量/$m^3 \cdot h^{-1}$	900~1500	900~1500	900~1500	1560	1600	2100
	电动机输出功率/kW	160	160	160	260	260	260
配管尺寸	气侧/mm	ϕ15.88	ϕ15.88	ϕ15.88	ϕ15.88	ϕ19.05	ϕ19.05
	液侧/mm	ϕ9.52	ϕ9.52	ϕ9.52	ϕ9.52	ϕ9.52	ϕ9.52
	排水口/mm	ϕ32	ϕ32	ϕ32	ϕ32	ϕ32	ϕ32
噪声值/dB（A）		40/42	40/42	40/42	≤40	≤40	≤40
除 湿 量		2.4×10^{-3}	3.0×10^{-3}	3.0×10^{-3}	3.8×10^{-3}	4.0×10^{-3}	5.5×10^{-3}
控制方式		线　控					

11.4.2.5　MDV 系列商用空调机技术参数

MDV 系列商用空调机技术参数见表 11-19、表 11-20。

表 11-19　MDV 系列室外机技术参数　（美的）

型　号	制冷量/制热量 /kW	电源规格	电器特性 制冷 额定电流 /A	电器特性 制冷 额定功率 /kW	电器特性 制热 额定电流 /A	电器特性 制热 额定功率 /kW	能效比 （制冷）	性能系数 （制热）	噪声 /dB(A)	外形尺寸 （宽×高×深） /mm×mm×mm	质量 /kg	冷媒配管 气侧 /mm	冷媒配管 液侧 /mm	冷媒配管 最长长度/m	冷媒配管 室内外机落差 /m	控制方式	搭配方式
MDV-240W/dPS	24.0/26.0	3N 380V 50Hz	17.5	10.0	17.4	9.8	2.4	2.7	60	1290×1540×750	320	2×ϕ12.7 2×ϕ15.9	2×ϕ6.35 2×ϕ9.53	70	20	遥控、线控或集控	一拖四
MDV-250(260)W/dPS	25(26.0)/26.0(28.0)		16.6	9.3	17.0	9.5	2.5	2.7			300	2×ϕ19.0	2×ϕ9.53				一拖二
MDV-240W/BdPS	24.0/26.0		17.5	10.0	17.4	9.8	2.4	2.7			320	4×ϕ15.9	2×ϕ6.35 2×ϕ9.53				一拖五～八
MDV-280W/BdPS	28.0/29.0		18.0	10.3	17.4	9.8	2.5	2.8			320	2×ϕ19.0	2×ϕ9.53				一拖三～四

表 11-20　MDV 四面出风嵌入式室内机技术参数　（美的）

室内机型号	制冷量 /kW	制热量 /kW	电气特性 电源	电气特性 额定电流 /A	电气特性 额定功率 /kW	外观 机体	外观 面板	外形尺寸(长×宽×高) /mm×mm×mm 机体	外形尺寸 面板	质量/kg 机体	质量/kg 面板	标准风量 /m³·h⁻¹	出风静压 /Pa	噪声值 /dB(A)	连接管口规格/mm 气侧	连接管口规格/mm 液侧	连接管口规格/mm 排水管	控制方式
MDV-50Q4/dPY	5.0	6.0	220V 50Hz	0.44	0.09	乳白色	乳白色	840×840×230	950×950×46	36	7.0	1000	—	42	ϕ12.7	ϕ6.35	ϕ32	遥控、线控或集控
MDV-50Q4/dPDY		6.0+1.5		0.44+6.8	0.09+1.5													
MDV-70Q4/dPY	7.0	8.0		0.46	0.10							1140		42	ϕ15.9	ϕ9.53		
MDV-70Q4/dPDY		8.0+2.1		0.46+9.6	0.10+2.1													
MDV-70Q4/dPSDY	7.0	8.0+2.1	3N 380V 50Hz	0.46+3.2	0.10+2.1													
MDV-125Q4/dPY	12.5	13.0		1.1	0.25			840×840×300		40		1680		46	ϕ19.0	ϕ9.53		
MDV-125Q4/dPSDY	12.5	13.0+3.0		1.1+5.3	0.25+3.0													

11.4.2.6　商用、家用（户式）燃气空调系统

商用、家用（户式）燃气空调系统主机是由直燃型溴化锂冷热水机组、冷却塔、冷热水循环泵组合而成，三用机还能提供生活热水。目前已有 4 种规格的机组，相应的制冷量为 16kW、23kW、70kW 和 115kW。典型的系统见图 11-7。

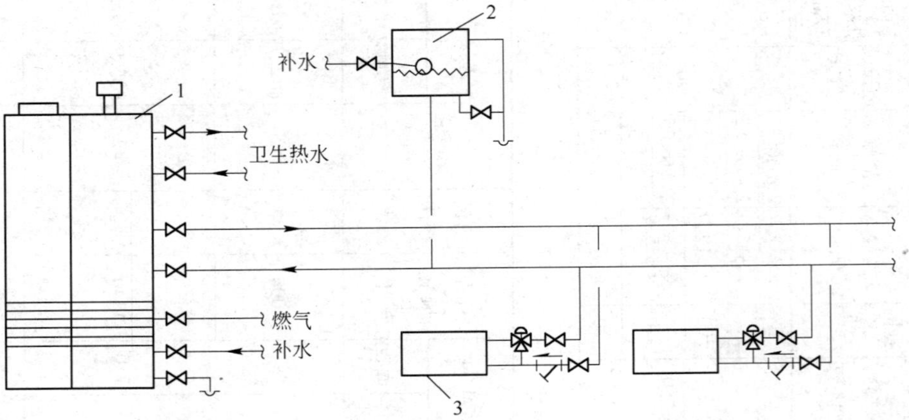

图 11-7　家用（户式）燃气空调系统简图

1—商用、家用（户式）燃气空调机组；2—高位膨胀水箱；3—空调末端设备

11.4.2.7　制冷剂直接膨胀式一拖多热泵机组

制冷剂直接膨胀式一拖多热泵型空调系统是一种以吸收空气中的一部分热源、制冷剂直接膨胀的制冷和制热空调系统，由一台或一组室外机和多台室内机，通过制冷剂管道及专用管道配件连接而成。它通常有两种形式，一种为定频机组，它的室外机内设置了多台压缩机，根据系统负荷自动调整压缩机的开启台数，并设置了制冷剂热气旁通调节。另一种为变制冷剂流量的机组，系统制冷剂流量可随室内负荷的变化而变化，部分负荷下的机组负荷效率 COP 值高达 4.0 以上，室外机按额定功率分为 3750W、6000W、7500W（即 5 匹、8 匹、10 匹）3 种，制冷量分别约为 14.5kW、23kW、28.8kW。通过组合，室外机的最大额定功率目前可达 48 匹。一台额定功率为 3750W 的室外机，最多可拖 8 台室内机。6000W 的室外机可拖 13 台室内机。7500W 的室外机，可拖 16 台室内机。每台室内机均可以单独运行和进行室温控制。变制冷剂流量空调系统的压缩机往往也由多台组成，每台室外机组中至少有一台压缩机可以实现变制冷剂流量运行，与定频压缩机运行的配合可以实现负荷段全程控制。压缩机变制冷剂流量运行可以是通过调节压缩机转速或压缩机数码控制间歇运行实现。典型的系统见图 11-8 ~ 图 11-10

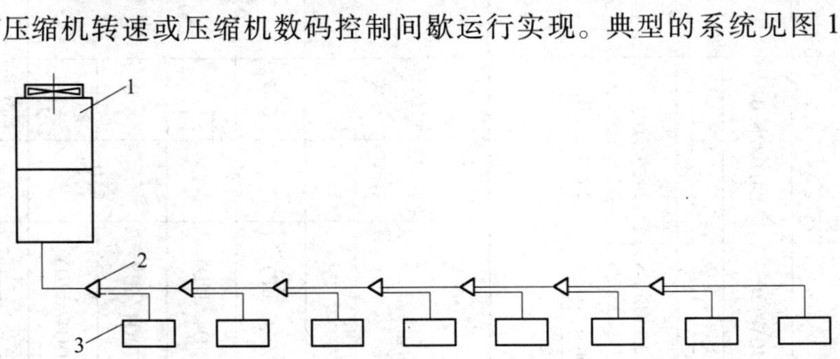

图 11-8　变制冷剂流量的空调系统简图（线形分流方式）

1—变制冷剂流量的空调系统室外机组；2—接头；3—室内机组

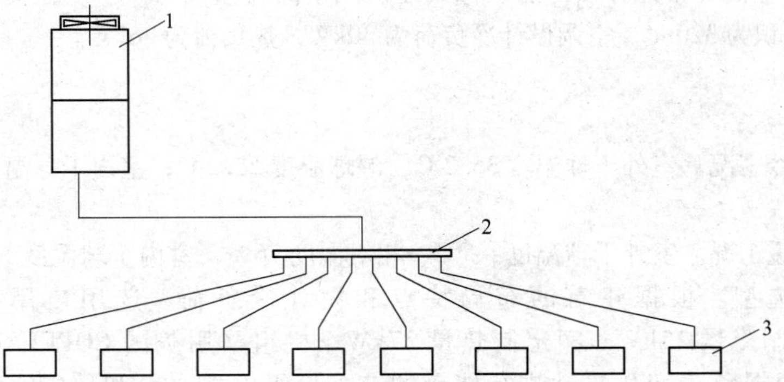

图 11-9　变制冷剂流量的空调系统简图（端管分流方式）
1—变制冷剂的空调系统室外机组；2—端管；3—室内机组

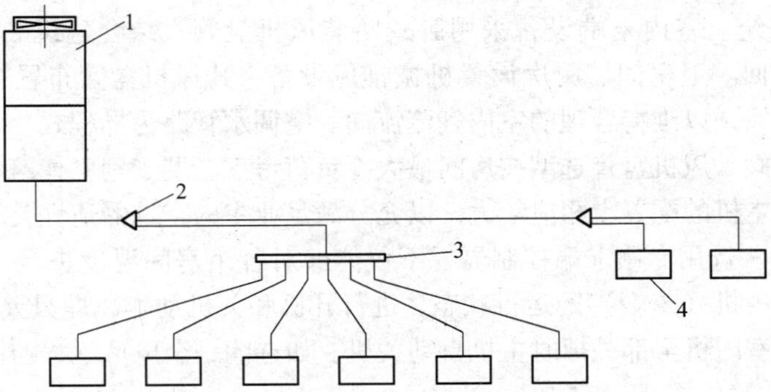

图 11-10　变制冷剂流量的空调系统简图（组合分流方式）
1—变制冷剂的空调系统室外机组；2—接头；3—端管；4—室内机组

（室外机额定功率为 3750W）。

11.4.3　商用、家用（户式）中央空调系统设计

11.4.3.1　系统特点

整体式机组冷量范围一般为 9～69kW，机组常常安装于屋顶，风管式系统室内仅布置送回风管，采用集中回风方式，不需要布置冷凝水管路，不需要专用机房，噪声处理很容易，过渡季节可送全新风。分体式机组冷量范围一般为 8.5～60kW，室外机可安装于屋顶、阳台、墙面或地面上。室内机可以水平吊装，亦可立式落地安装。室内、外机冷剂管长度一般为 30m，最长可达 70m。

风管式的商用、家用（户式）中央空调系统的冷、热负荷计算、风管系统设计方法及风管阻力计算方法均与常规中央空调系统相近，故不赘述。

除风管式商用、家用（户式）中央空调系统之外，尚有水管式商用、家用（户式）中央空调，其水管系统设计方法及水管阻力计算方法等，也无异于常规中央空调。

商用、家用（户式）空调的多联机系统的设计可参见图 11-8～图 11-10。

11.4.3.2　商用、家用（户式）中央空调系统设计实例——仅举武汉梅南山居工程为例

A　工程概况

武汉梅南山居为 25 万 m^2 大型山水别墅社区，5500 亩汤逊湖环绕四周，为超低建筑密度、

高绿化率、超低容积率和具有独特的现代式建筑风格的高档社区。本工程实例为梅南山居 A 型别墅，建筑面积为 320m^2，空调设计冷负荷为 30kW，热负荷为 26kW。

B　空调设计

（1）设计参数：

1）夏季制冷工况。室外干球温度 35.2℃，湿球温度 28.2℃；室内干球温度 24～26℃，相对湿度 60%；

2）冬季供暖工况。室外干球温度 -5℃，相对湿度 76%。室内干球温度 18～20℃。

（2）设备选型。根据建筑的布局特点和设计冷负荷，选用户用中央空调机组 HLRS25，额定制冷量 25kW，额定制热量 27kW。机组采用美国 COPELAND 全封闭涡旋式压缩机，能根据负荷变化自动进行能量调节，机组内置水泵和储能水箱，自动补水，自动卸载。机组采用微电脑智能控制，智能化霜并具备冬季自动防冻功能。室外机设置于别墅的一层室外地面上。

C　空调系统设计

（1）空调水系统。室内末端设备采用卧式暗装风机盘管，结合建筑装修采用局部吊顶，送风方式为上送下回。卫生间、厨房设置机械排风设备，其风机盘管布置在走道内，仅向厨房、卫生间进行送风，以维持合理的室内气流流向。空调水管路为异程式，每台风机盘管回水管均设置电动二通阀。风机盘管选型按房间最大冷负荷考虑，鉴于别墅建筑水容量较大和舒适性要求较高，因此主机的配置也相应较大，以充分满足业主的空调舒适性要求。

（2）自动控制。选用专用末端控制器，不仅能够对各个房间温度进行分别控制，而且主机能够自动根据室内机（末端）的运行状态，进行开机和关机动作，即只要开启一台室内机，主机就开始运转，室内机全部关掉时主机自动关机。如选购一个电话远程控制模块，还可以实现电话远程控制。

（3）注意事项。空调供回水管路设计，应选择合适的管内流速，并对水管路进行阻力计算，校核主机所配水泵扬程能否满足要求，为避免空气滞留于管内，水管的最高处应装设自动排气阀。对冷凝水系统，水平管道应按水流方向保持不小于 0.5% 的坡度，冷凝水管采用UPVC管，并采用 10mm 厚的难燃型橡塑材料保温。户式空调水系统容量均较小，机组应考虑一定的储能措施，以增加系统水容量，尽量减少部分负荷时压缩机的频繁起停，系统的水温波动也较小。

空调系统平面见图 11-11。

11.5　中央空调系统的运行调节技术[5,1]

本节主要论述 4 个方面的运行调节技术——全年运行调节、冷湿负荷变化的运行调节、变风量系统的运行调节和风机盘管系统的运行调节。

11.5.1　中央空调系统的全年运行调节技术

空调房间一般允许室内参数有一定的波动范围，如图 11-12 所示，图中的阴影面积称为“室内空气温湿度允许波动区”。只要室内空气参数落在这一阴影面积的范围内，就可以认为满足要求，允许波动区（阴影面积）的大小，则根据空调工程的性质或冬、夏季的变化而不同。

对于一个空调工程来说，室外空气状态变化和室内负荷变化一般是同时发生的，但为了分析问题方便起见，下面把室外空气状态变化和室内负荷变化这两方面的运行调节问题分开来加以讨论。

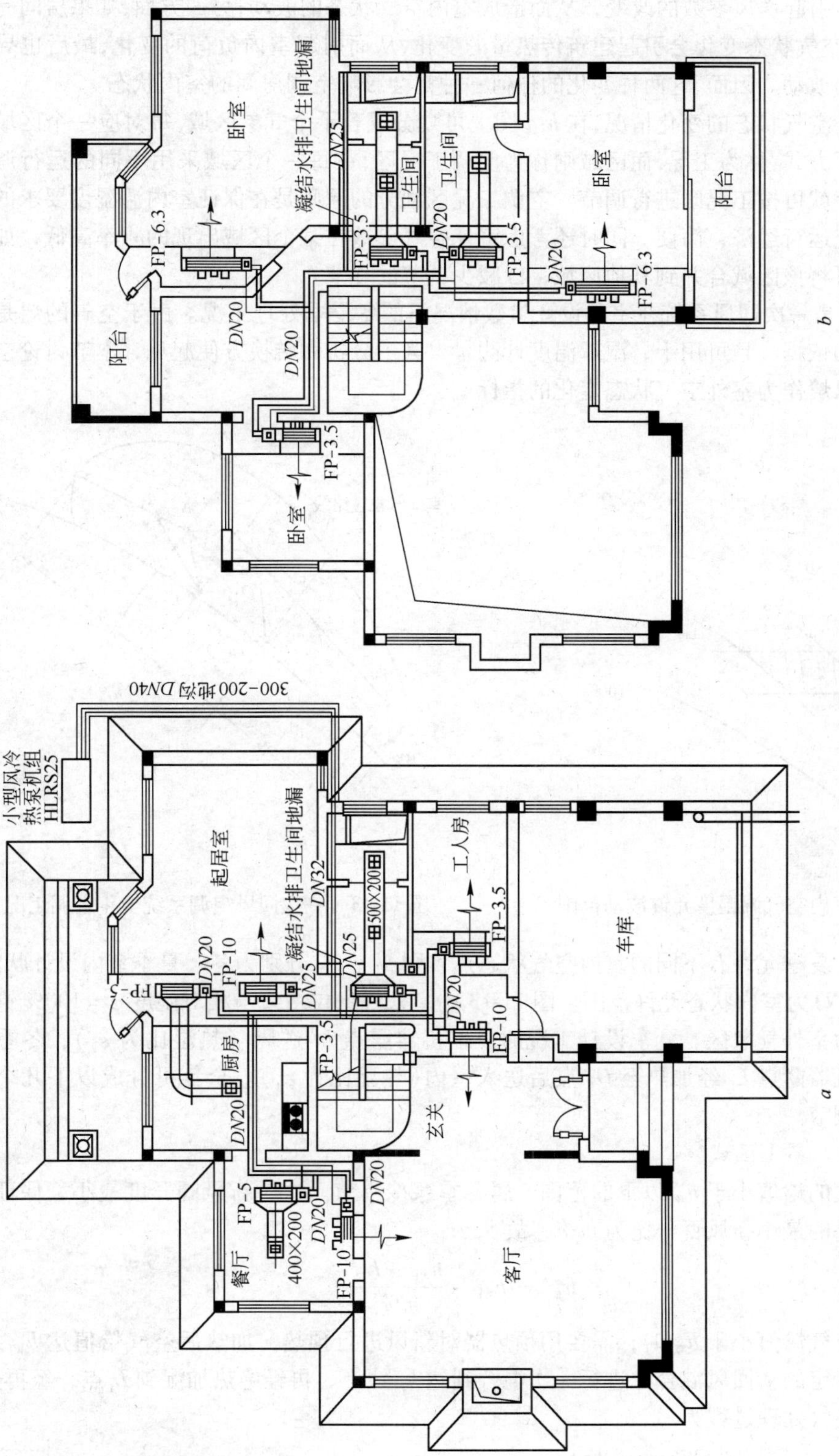

图 11-11 空调系统平面图

a—一层；*b*—二层

室外空气状态的变化，主要从两个方面来影响室内空气状态：一方面当空气处理设备不作相应调节时，引起送风参数的改变，从而造成室内空气状态的波动；另一方面，如果房间有外围护结构，室外空气状态变化会引起建筑传热量的变化，从而引起室内负荷的变化，最后也导致室内空气状态的波动。因而，这两种变化的任何一种都会影响空调房间的室内状态。

根据室外空气状态的变化情况，在 h-d 图上可划分成若干个气象区域，每对应一个区域就有一种空气处理方式，称为工况，而区域则称为空调工况区，在每一个区域采用不同的运行调节方法，这样，全年就可按工况区进行调节。空调工况区划分的原则是在保证室内温湿度要求的前提下，力求系统运行经济，简便。同时还考虑室外空气参数在某个区域出现的频率高低，如果频率很低，则可将该区域合并到其他区域，以减少调节的环节。

图 11-13 是一次回风系统在室外设计参数情况下的冬夏季处理工况。由于空气的焓是衡量冷量和热量的依据，且可用干、湿球温度计测量，为了分析和转换方便起见，本节讨论空调工况区时，暂以焓作为室外空气状态变化的指标。

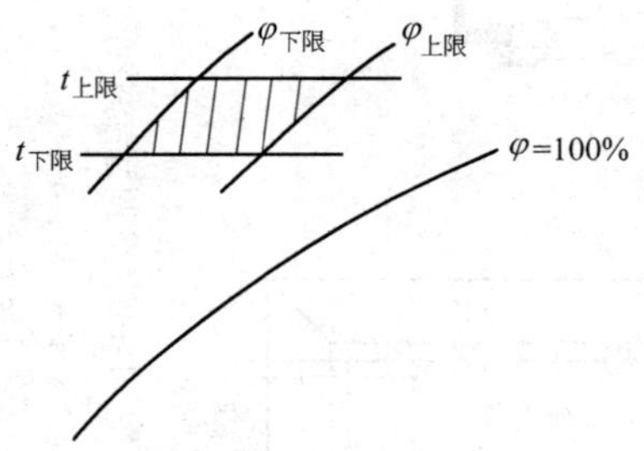

图 11-12 室内空气温湿度允许波动范围

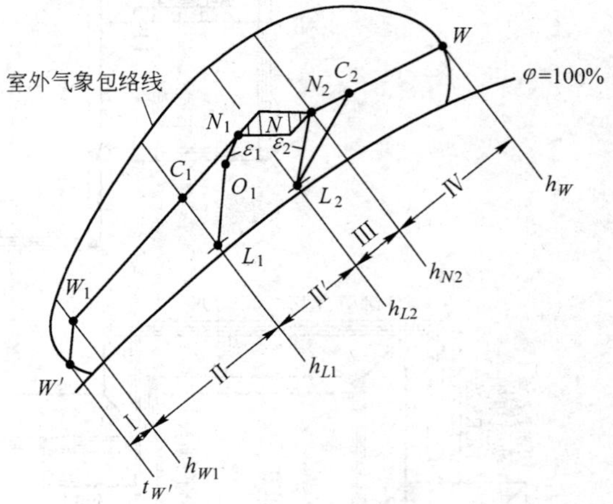

图 11-13 一次回风空调系统全年空调工况分区

如果冬、夏季允许有不同的室内空气状态点，则 N_1、N_2 分别为冬、夏季室内设计状态点，近似菱形区(N)为室内状态允许范围。图 11-13 中室外气象包络线与相对湿度 $\varphi=100\%$ 饱和曲线所围区域为室外气象区。夏季设计工况时，以机器露点 L_2 送风（热湿比为 ε_2）；冬季设计工况时，以机器露点 L_1 经加热至 O_1 点后送入室内(热湿比为 ε_1)。全年可分成以下几个空调工况区进行调节。

11.5.1.1 第Ⅰ区域

室外空气的焓值小于 h_{W1} 以下的范围，属冬季寒冷季节。这时新风阀开度最小，保证满足室内卫生条件的最小新风百分比为 $m\%$，故

$$h_{W1} = h_{N1} - \frac{h_{N1} - h_{L1}}{m\%}$$

当室外空气焓值小于 h_{W1} 时，需要用预热器对新风进行预热，加热后空气焓值达 h_{W1} 线后，就可以根据给定的新回风混合比进行一次混合到达 h_{L1} 线上，再经绝热加湿到 L_1 点，经再热后，送入室内。空气处理过程为

$$\left.\begin{matrix} W' \longrightarrow W_1 \\ N_1 \end{matrix}\right\} \longrightarrow C_1 \longrightarrow L_1 \longrightarrow O_1 \xrightarrow{\varepsilon_1} N_1$$

随着室内空气焓值的增加，可逐步减小预热量，当室外空气焓值等于 h_{W1} 时，室外新风和一次回风的混合点也就自然落在 h_{L1} 上，此时，预热器关闭。一次加热过程，也可在室外空气和室内空气混合后进行。如图11-14 所示。

调节预热器加热量的方法有两种：一是通过控制预热器的供、回水阀门以改变热媒流量来进行调节，多用于热媒是热水时，调节的缺点是温度波动大，稳定性差；另一种方法是控制预热器处的旁通联动风阀以调节通过预热器和不通过预热器风量的比例来进行调节，多用于热媒为蒸汽时，调节的优点是温度波动小，稳定性好。当调节质量要求高时，还须两种方法结合起来使用。

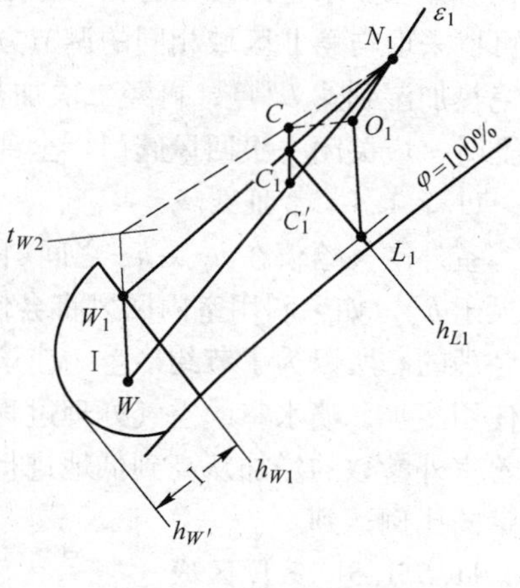

图 11-14　第Ⅰ区域

11.5.1.2　第Ⅱ区域

室外空气焓值在 $h_{W1} \sim h_{L1}$ 之间为第Ⅱ区域，如图 11-15 所示。从 h-d 图上看出，当室外空气状态达到该阶段时(如 W'点)如果仍按最小新风比 $m\%$ 混合，则混合点必然落在 h_{L1} 线以上，如果要维持 L_1 不变，就不能再用喷循环水的方法，而要启动制冷设备，用一定温度的低温水处理空气才行，这显然是不经济的。如果改变新回风混合比(增加新风量 G_W，减小回风量 G_h)，可使一次混合状态点 C 仍然落在 h_{L1} 线上，然后再用循环水喷淋，使被处理空气达到 L_1 点，经二次加热后送入室内。显然，此方法不但符合卫生要求，而且由于充分利用新风冷量，可以推迟启动制冷设备的时间，从而达到节约能量的目的。

当室外空气焓值正好等于 h_{L1} 时，可全部采用室外新风，一次回风阀门完全关闭，此时第Ⅱ区域的新回风混合比调节阶段结束。

调节新、回风混合比，可以采用新回风联动调节阀，这种阀的特点是在其中的一个阀关小(开大)的同时，另一个阀开大(关小)。因而，随着室外空气状态点的升高，可以逐渐开大新风阀，同时逐渐关小回风阀。

11.5.1.3　第Ⅱ′区域

Ⅱ′区域是冬季和夏季室内参数要求不同时才有的区域，即室外空气的焓值在冬、夏季送风状态的“露点”焓值之间的区域(图 11-16)。该区域采用改变室内参数整定值，并改变新回风混合比的调节方法。

如果室内参数允许在波动范围内浮动，则新回风阀不用调节，这时室内状态随新风状态而

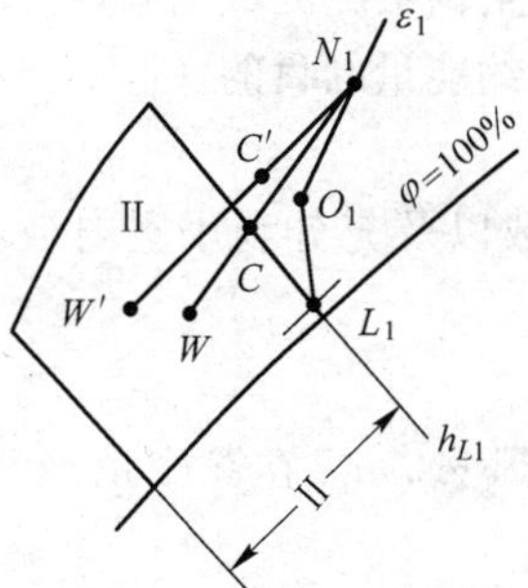

图 11-15　第Ⅱ区域

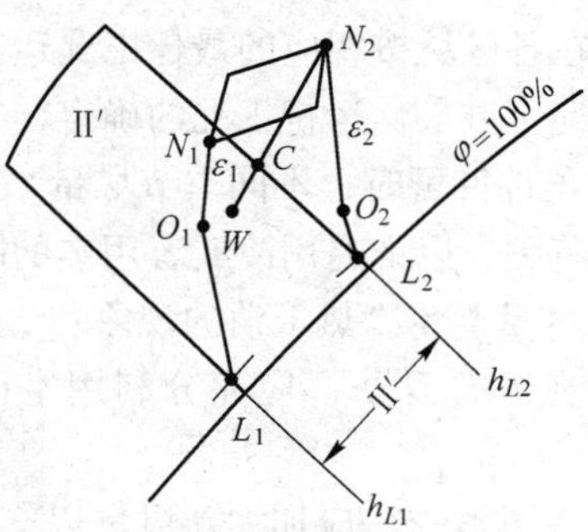

图 11-16　第Ⅱ′区域

变化。如果要求室内参数有相对稳定性，则可将室内控制点的整定值调整到夏季的参数，这样就可以采取与第Ⅱ区域相同的调节方法，即调节新回风混合比，使混合后空气状态落在 h_{L2} 上，经绝热加湿到达 L_2 点，再经二次加热至 O_2 点送入室内。同理，当室外空气状态正好落在 h_{L2} 线上时，应关闭一次回风阀门，全部采用新风。

11.5.1.4　第Ⅲ区域

室外空气焓值在 $h_{L2} \sim h_{N2}$ 之间（图 11-17），这时开始进入夏季。从图 11-17 中看出，h_{N2} 总是大于 h_W，如果利用室内回风将会使混合点 C 的焓值比原有室外空气的焓值更高，显然这是不合理的。所以为了节约冷量，应该全部关掉一次回风，用 100% 新风。从这一阶段开始，需要使用冷水，喷水室的空气处理过程将从降温加湿（$W \to L_2$）到降温减湿（$W' \to L_2$），喷水温度应随着室外参数的增加从高到低地进行调节。喷水温度的调节，可通过三通阀调节冷水量和循环水量的比例达到。

11.5.1.5　第Ⅳ区域

室外空气焓值在 h_{N2} 以上（图 11-18），这时已属盛夏季节。在这一阶段内，由于室外空气焓值高于室内空气焓值，如继续全部使用室外新风，将增加冷量的消耗，为了节约冷量，可用最小新风比 $m\%$，这一阶段中喷水室的空气处理过程是降焓减湿，当室外空气焓值增高到室外设计参数时，水温必须降低到设计工况时的喷水温度。

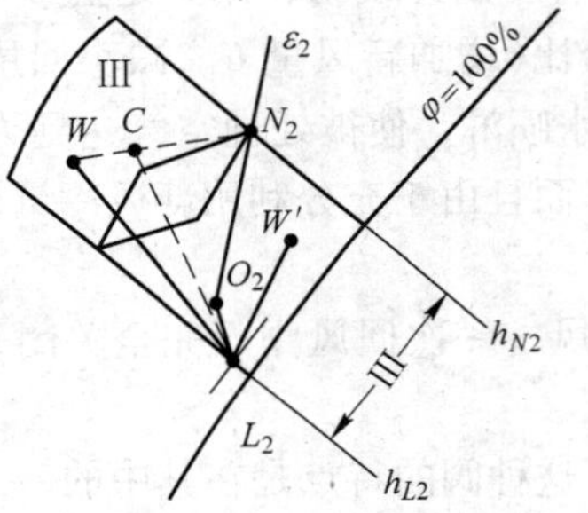

图 11-17　第Ⅲ区域

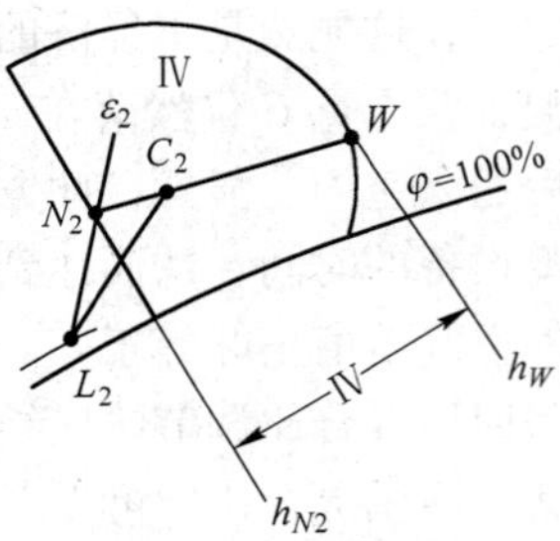

图 11-18　第Ⅳ区域

由以上分析可见，露点控制法虽然控制简单、性能可靠、应用广泛，但由于全年各区域经常出现须把空气先冷却到露点，然后再加热的现象，这样就造成冷热量相互抵消，浪费了能量，所以，它并不是最经济的运行调节法。为节约能量起见，可采用无露点控制调节法，即把空气直接处理到要求的送风状态，以避免冷热量的抵消。

随着空调节能问题的逐渐重视，以及自动控制理论和设备的不断完善，有可能在确定空调设计方案和组织空调全年运行调节时，根据当地气象特点，将空调工况区域划分得更合理，使空调系统在各区域按相应的最佳工况运行，以达到最大限度节约能量的目的。

各工况区域最佳运行工况的确定，主要考虑以下原则：

（1）条件许可时，不同季节尽量采用不同的室内设定参数以及充分利用室内被调参数的允许波动范围，以推迟用冷或者用热的时间。

（2）尽量避免冷热抵消的现象。

（3）在冬、夏季，应充分利用室内回风，保持最小新风量，以节省冷量或热量的消耗。

（4）在过渡季，应加大新风量以充分利用室外空气的自然调节能力，并设法尽量推迟使用制冷机的时间。

11.5.2　室内冷(热)、湿负荷变化时的运行调节技术

室内的热湿环境随时都可能发生变化。例如，由于室内外空气温度差和太阳辐射强度的改变，而使通过围护结构的传热量发生变化；人体、照明以及室内生产设备的散热量和散湿量也会随着生产过程和人员的出入而变化。因此，需要对空调系统进行相应的调节来适应室内负荷的这种变化，以保证室内的温湿度处在给定的允许波动范围内。

11.5.2.1　送风状态的分析

A　室内余热量变化、余湿量不变

工程上比较常见的是室内余热量变化而余湿量不变，使得热湿比发生变化。如图11-19中，在设计工况下，机器露点为L，热湿比为ε，室内空气状态为N。在夏季，当偏离了极限的设计状态，即室外气温下降时，由于围护结构的得热量减少，室内负荷也相应减少，而余湿量保持不变，此时热湿比将随之减小，由ε变为ε'。一般空调恒温系统的送风量是全年不变的，如果仍以原送风状态L送风，由于d_L、W、G均未变化，所以虽然Q和ε有变化，d_N却不会发生变化，新的状态点必然仍在d_N线上。因此过L点作ε'与线d_N相交，就可以很容易确定出新的室内状态点N'。

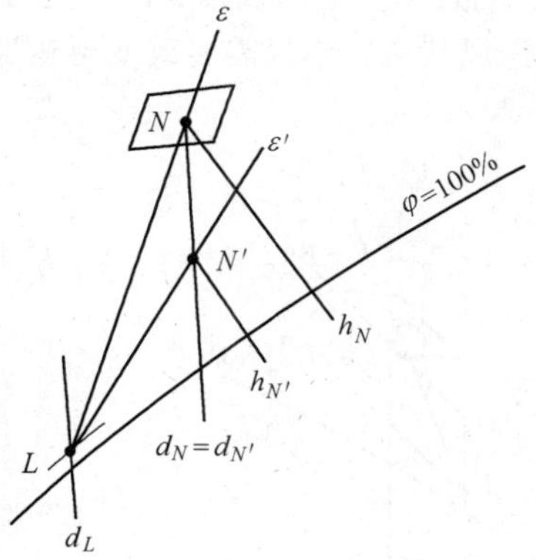

图11-19　室内余热量变、余湿量不变时室内状态点

由于$Q'<Q$，所以$h'_N<h_N$，故点N'低于N点，若N'点仍在室内温湿度允许范围内，则不必进行调节，如果室内显热负荷减少得很多，使N'点落在N点允许范围之外，为了满足设定的室内空气参数要求，就必须相应地沿着等d_L线提高送风状态的温度。

B　室内余热量和余湿量均变化

当室内余热量和余湿量同时发生变化时，室内热湿比ε也随之变化，如果余热量和余湿量均减少，则根据两者变化程度的不同，变化后的热湿比可能减小，也可能增大。如图11-20所示，$\varepsilon'<\varepsilon$或$\varepsilon''>\varepsilon$。当送风量不变时，如果不改变送风状态$L$，则根据变化后的$\varepsilon'$和$\varepsilon''$，最终会达到室内状态点$N'$和$N''$，由于余热量和余湿量均减小，则必然$h_{N'}<h_N$，$d_{N'}<d_N$；$h_{N''}<h_N$，$d_{N''}<d_N$，亦即室内状态将按焓及含湿量都减少的方向改变。如果室内热湿负荷变化不大，或室内精度要求不高，N'和N''点仍落在允许精度范围内，则不必进行调节。当室内参数允许在一定范围变化，但N'、N''却落在了允许精度范围之外，为了满足设定的室内空气参数要求，就必须相应地增加送风状态的焓和含湿量。

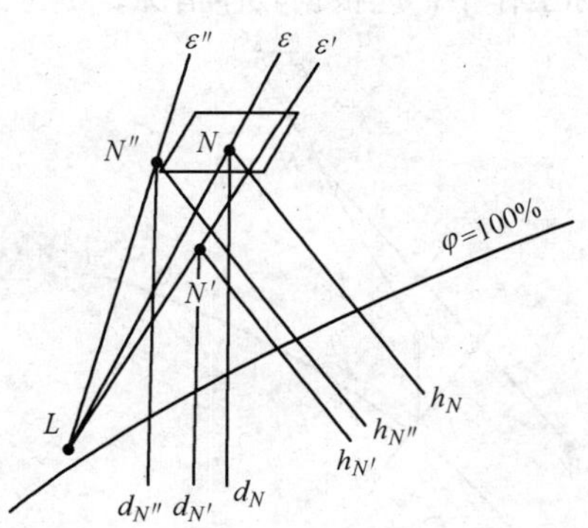

图11-20　室内余热量、余湿量均变化时室内状态点

11.5.2.2　调节方法

A　调节再热量

（1）室内余热量变化，余湿量不变。采用定露点调节再热量的方法。如图11-21所示，将只要调节再热器的加热量，将送风状态由L加热到O之后，送入室内，就能使室内状态点保持在温湿度允许范围内(N'')。再热器的加热量调节，可以集中在空调机组内进行，也可在通向各个房间的送风支风管上，设加热器进行调节。

如果空调房间余湿量很小或等于零，则热湿比等于

或接近于∞，此时室内状态点 N 将落在通过 L 点所引的 d_O 线上，这时，随着余热量的减少，可采用逐渐增大再热器加热量的调节方法，使送风状态温度沿着等 d_O 线逐渐提高，即可满足室内温湿度要求（如图 11-22 所示）。

（2）室内余热量和余湿量均变化。当室内余热量和余湿量均变化，且变化的程度不一样时，就使热湿比发生了变化，这时可采用变露点调节再热量的方法，如图 11-23 所示。当热湿比由 ε 变成 ε'后，若仍然按原送风状态 L 送风，则室内状态将变为 N'，要使室内状态仍满足 N，则必须使送风状态点由 L 变为 O'，显然，$h_{O'} > h_L$，$d_{O'} > d_L$。由此可见，为了处理得到这样的送风状态，不仅需要改变再热量，而且还须改变露点（L'）。

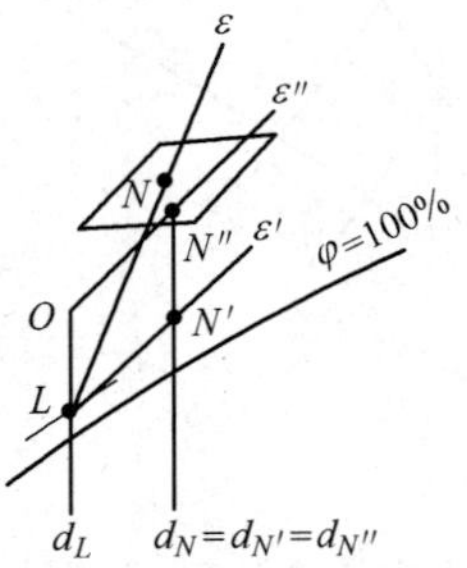

图 11-21　调节再热量（余热量变、余湿量不变时）

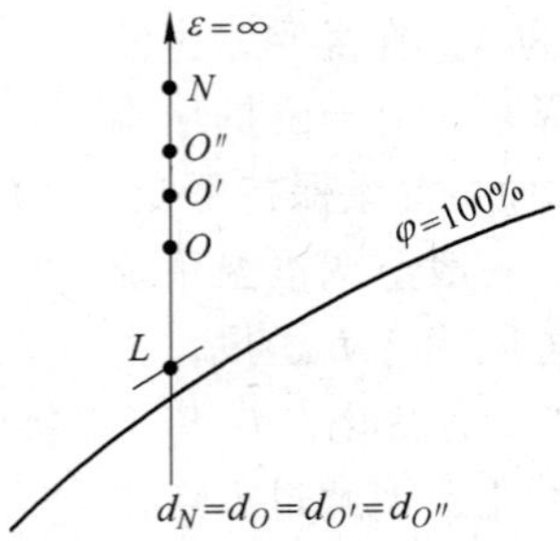

图 11-22　调节再热量（余热量变、余湿量等于零或极小时）

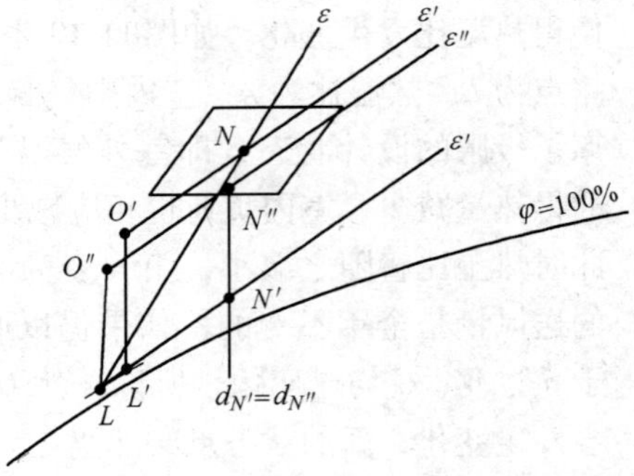

图 11-23　调节再热量（余热量、余湿量均变时）

改变露点的方法有以下几种（以一次回风系统为例）：

1）调节预热器加热量。在预热量调节阶段，可改变预热器的加热量，将新、回风混合点 C 状态的空气，由原来加热到 M 改变为加热到过新露点 L'的等 $h_{L'}$线上（M'），然后绝热加湿到新露点状态 L'（图 11-24）；

2）调节新、回风混合比。在新、回风混合比调节阶段可改变新、回风阀的开度以改变混合比，使混合点的位置由原来的 C 点改变为位于过新露点 L'的等 $h_{L'}$线上（C'点）。然后绝热加湿到新露点状态 L'（图 11-25）；

3）调节喷水温度。在喷水温度调节阶段，可改变喷水温度将空气处理到所要求的新露点状态。

由于露点的改变会使调节工作变得复杂，因此，在实际工作中，应根据具体情况，尽量采

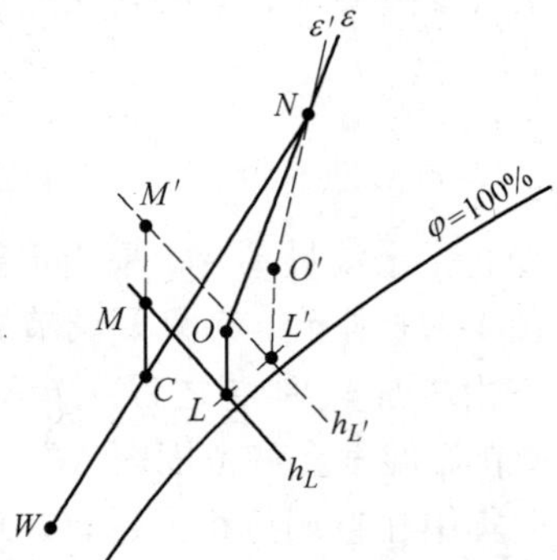

图 11-24　改变预热器加热量的变露点法

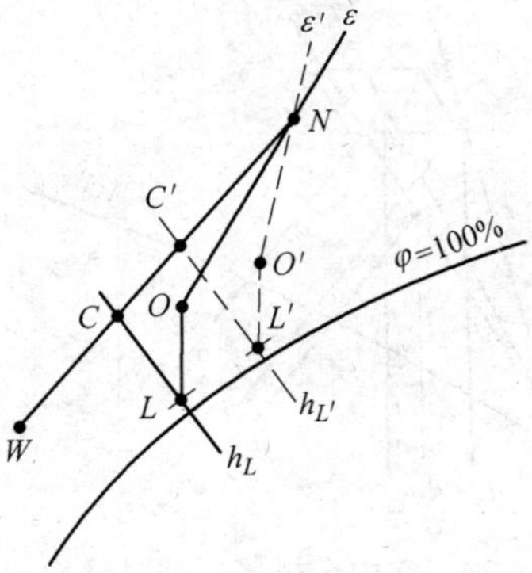

图 11-25　改变新、回风比的变露点法

用较简单的定露点、调节再热量的方法。只有当室内空气温湿度精度要求很高，且室内余湿量变化较大时，才须采用既变露点又变再热量的变露点控制法。

B　调节一、二次回风比

对于室内温、湿度变化很小，或有一定送风温差的空调房间来说，随着室内显热(冷)负荷的减少，可以充分利用室内回风的热量来代替再热量，二次回风系统就采用这种调节方案。

假定室内仅有余热量变化而余湿量不变，如图11-26所示，在设计工况时，空气调节过程为

$$\left.\begin{matrix}\left.\begin{matrix}W\\N\end{matrix}\right\}\longrightarrow C\longrightarrow L\\N\end{matrix}\right\}\longrightarrow O\overset{\varepsilon}{\leadsto}N$$

当室内冷负荷减少时，室内热湿比从ε变成ε'，这时可调节一、二次回风联动阀门，改变一、二次回风的比例，即减少一次回风量，增大二次回风量，使总风量保持不变。送风状态点由O变到O'，送入室内达到N'，空气处理过程为

$$\left.\begin{matrix}\left.\begin{matrix}W\\N\end{matrix}\right\}\longrightarrow C'\longrightarrow L'\\N\end{matrix}\right\}\longrightarrow O'\overset{\varepsilon'}{\leadsto}N'$$

露点由L下降到L'，这是由于通过喷水室(或表冷器)的风量减少，降低了空气流动速度，提高了冷却效率，引起了露点降低。

由于二次回风不经喷水室处理，在有余湿的房间，湿度会偏高(如图11-26所示)。N'点在室内温湿度允许范围内，就可认为达到了调节的目的。如果室内温、湿度精度要求很高，则可在调节二次风的同时，调节喷水温度或进表冷器冷水温度，降低机器露点，使送风状态的含湿量降低，从而使室内状态点N恒定(如图11-27所示)，这是变露点的调节方法。变露点调节一、二次回风混合比的方法，既可节省再热量，又能使室内空气参数调节精度提高，在室内恒温恒湿精度要求很高的地方，常采用这种调节方法。

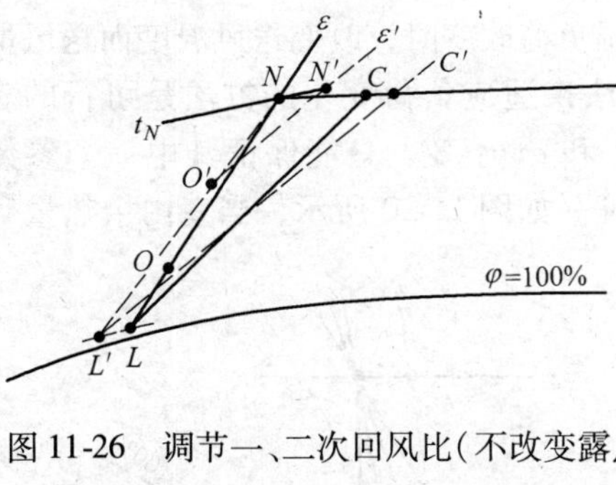

图11-26　调节一、二次回风比(不改变露点)

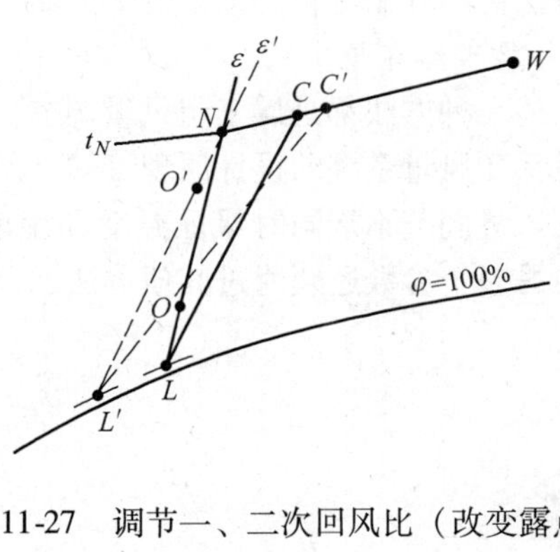

图11-27　调节一、二次回风比（改变露点）

同理，当室内余热余湿量都变化时，同样可调节二次回风量和机器露点来保持所需要的室内参数。

由于调节一、二次回风比的方法可省去再热量，因此，该方法得到了广泛的应用。

C　调节旁通风与处理风的混合比

在工程实践中，还有一种设有旁通风阀的空调机组，这种空调机组与上述二次回风空调机组不同之处在于，室内回风与新风混合后，除部分经过喷水室或表面冷却器处理外，其余部分

流经旁通风阀，然后再与处理后的空气混合后送入室内，该旁通风阀同样能起到调节室温的作用(图 11-28)。如在设计负荷时，旁通风阀全闭，空气处理过程为

$$\left.\begin{matrix}W\\N\end{matrix}\right\}\longrightarrow C\longrightarrow L\overset{\varepsilon}{\leadsto}N$$

当室内冷负荷减少时，室内 ε 变为 ε'，这时可开启旁通风阀，使混合后的送风状态点提高到 O 点，然后送入室内达到 N'点(N'点在室内温湿度允许范围内)，空气处理过程为

$$\left.\begin{matrix}\left.\begin{matrix}W\\N\end{matrix}\right\}\longrightarrow C\longrightarrow L'\\C\end{matrix}\right\}\longrightarrow O\overset{\varepsilon'}{\leadsto}N'$$

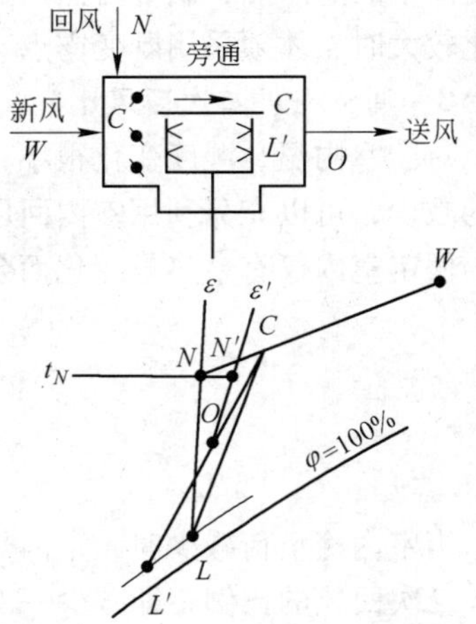

图 11-28　调节旁通风与处理风混合比

从图 11-28 可看出，该调节方法要求处理风的露点较低，因此，会由于要求冷水温度低而影响制冷机的效率。此外，由于部分室外空气未经降温减湿处理就经旁通风阀进入室内，所以，室外空气参数对室内空气参数影响较大。

但是，该调节方法类似于一、二次回风比调节方法，也可避免减少冷、热量的抵消，因而可节省能量，尤其在过渡季，则更为显著，如图 11-29 所示。该调节方法是部分空气经绝热加湿到 L，再与经旁通的部分混合到 O，送入室内到 N，空气调节过程为

$$\left.\begin{matrix}W\longrightarrow L\\W\end{matrix}\right\}\longrightarrow O\overset{\varepsilon}{\leadsto}N$$

它与空气调节过程 $W\rightarrow W_1\rightarrow O\overset{\varepsilon}{\leadsto}N$（无露点控制调节）和空气调节过程 $W\rightarrow W_2\rightarrow L'\rightarrow O\overset{\varepsilon}{\leadsto}N$（露点控制调节）相比，均可省去冷却和再加热。显然，改变旁通风与处理风混合比的调节方法可不开制冷机和加热器，因而节约了能量。

D　调节送风量

上述几种方法都是属于定风量调节，即当室内热湿负荷改变时，改变送风温度而送风量不变，另从变风量系统的设计原理可知，用变风量的方法来适应负荷变化的方法是可行的。但是，变风量调节不能同时保证温度和湿度两个参数 t_N 和 d_N 不变，只能保证其中一个参数不变，而另一个参数还须通过其他方法加以调节才能保证。如图 11-30 所示，当室内余热量和余

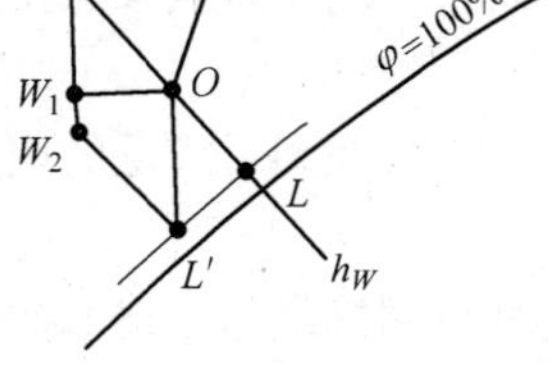

图 11-29　过渡季调节方法

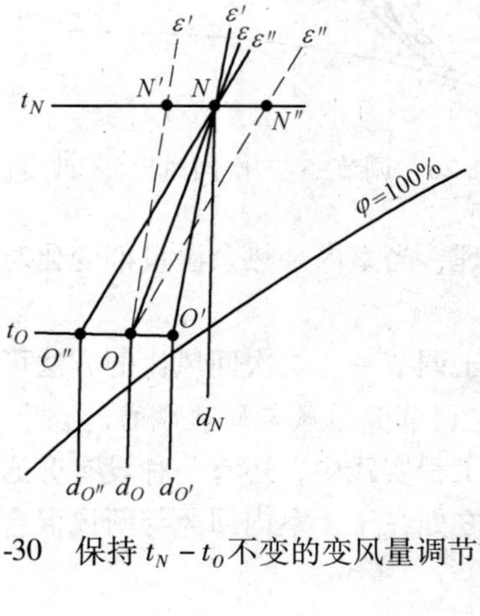

图 11-30　保持 t_N-t_O 不变的变风量调节方法

湿量均变化时，热湿比也发生了变化，由 ε 变为 ε' 或 ε''，如果用变风量的调节方法保持 $t_N - t_O$ 不变，则为保证状态 N 不变，必然要求一个新的 $d_N - d_{O'}$ 或 $d_N - d_{O''}$，即要求一个新的 $d_{O'}$ 或 $d_{O''}$，而这样就必须配合以改变露点的调节方法才能达到。当然，如果不改变露点，仍按送风状态 O 送风，室内状态变成 N' 和 N''。此时，虽室内相对湿度有所增减，但若在室内相对湿度允许范围内，亦认为满足要求，否则，就必须配合以改变露点的调节方法。同理，如果保持 $d_N - d_O$ 不变，则为保证 N 状态不变，必然要求一个新的 $t_N - t_{O'}$ 或 $t_N - t_{O''}$，即要求一个新的 $t_{O'}$ 或 $t_{O''}$，而这就必须配合以改变再加热量的调节方法才能达到（如图 11-31 所示）。由此可见，只是在仅有恒温或仅有恒湿要求的场合，才能使用单一的变风量调节方法。

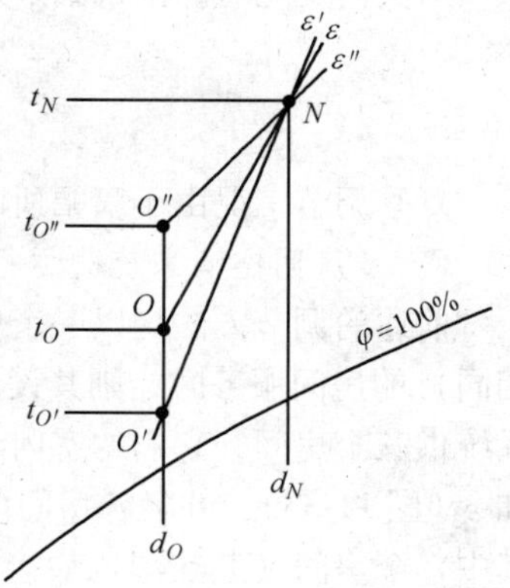

图 11-31 保持 $d_N - d_O$ 不变的变风量调节方法

要注意的是在使用变风量调节方法时，风量不能被调得过小，以免处理设备处理不出所需要的过干的 d_O 和过冷的 t_O。同时，风量过小还会导致室内气流组织恶化和正压降低，影响空调效果。

改变风量的方法可在房间送风支管上安装节流型的末端装置，同时在送、回风支管上安装静压控制器。调节风量的方法有变速电机，调节风机入口导叶阀门或更换皮带轮等。

E 直接调节送风状态含湿量

直接改变送风状态的含湿量，冬、夏季可有不同的方法。冬季可采用喷蒸汽加湿法，夏季除采用前面叙述的调节喷水室（或表面冷却器）旁通风量的方法以及调节喷水（或进水）的水温或水量的方法外，还可采用吸湿剂（固体或液体）减湿。

在冬季，以一次回风系统为例，采用喷蒸汽加湿法时，为达到新的送风状态，除喷蒸汽外，还需用加热器配合以改变加热量。这里可以有两种情况，即先加热后喷蒸汽（图 11-32a）和先喷蒸汽后加热（图 11-32b）。它们均不必把空气先处理到露点状态，然后再加热到送风状态，而只要相应地改变加热量和喷蒸汽量，就能得到所需的送风状态，以满足室内空气参数的要求。

图 11-32 中，设计工况时空气调节过程为

$$\left.\begin{matrix}W\\N\end{matrix}\right\}\longrightarrow C\longrightarrow C'\longrightarrow O\stackrel{\varepsilon}{\leadsto} N$$

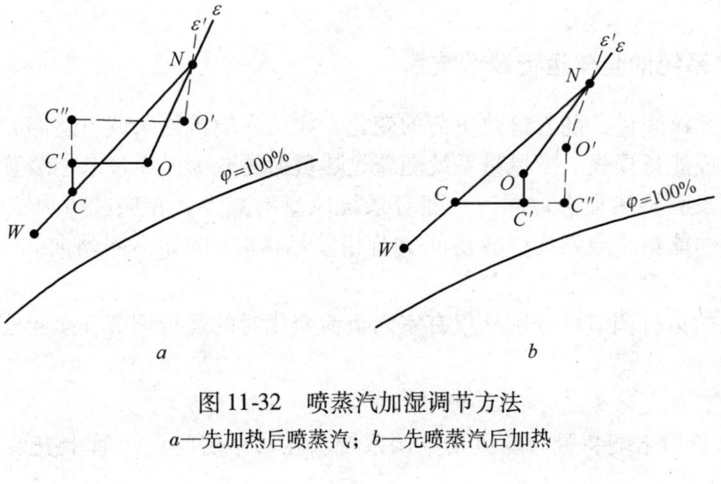

图 11-32 喷蒸汽加湿调节方法

a—先加热后喷蒸汽；b—先喷蒸汽后加热

当负荷变化时，空气调节过程为

$$\left.\begin{matrix} W \\ N \end{matrix}\right\} \longrightarrow C \longrightarrow C'' \longrightarrow O' \overset{\varepsilon'}{\rightsquigarrow} N$$

夏季调节工况由于篇幅所限，此处从略。

F 多房间空调系统的运行调节

前述的调节方法均以一个房间而言，如果一个空调系统为多个负荷不相同（热湿比也不相同）的房间服务时，则其设计工况和运行工况可根据实际需要灵活考虑。例如，一个空调系统供三个房间，它们的室内参数要求相同，但是各房间的负荷不同，热湿比分别为 ε_1、ε_2 和 ε_3(图 11-33)，并且各房间取相等的送风温差。如果 ε_1、ε_2 和 ε_3 彼此相差不大，则可选择其中一个房间（其热湿比最接近这些房间的平均热湿比）的送风状态作为标准。(例如，第二个房间热湿比 ε_2，送风状态 O_2)。给三个房间统一送这种“标准空气”。则第一和第三房间的室内参数将为 N_1、N_3 点，它虽然偏离了 N 点，但仍在参数的允许范围之内。

在系统运行过程中，当各房间负荷发生变化时，可采用定露点和改变局部房间再热量的方法进行调节，使各房间满足参数要求。如果采用该法满足不了要求，就须在系统划分上采取措施，或者在通向各房间的支风管上分别加设局部再热器，以系统同一露点(L)不同送风温差(送风点 O_1、O_2、O_3)送风(图 11-34)。此时的送风量应按各自不同的送风温差分别确定。

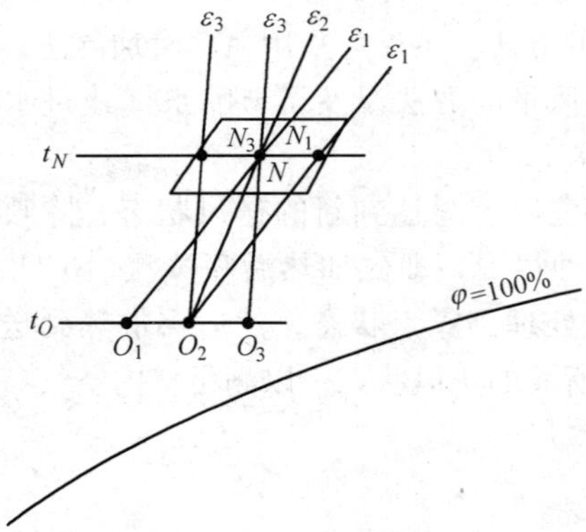

图 11-33 多房间的运行调节方法（同一送风状态）

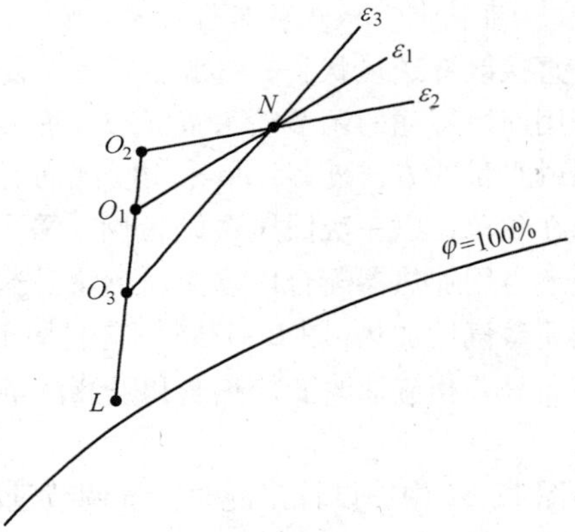

图 11-34 多房间的运行调节方法（不同送风状态）

11.5.3 变风量系统的全年运行调节技术

对于定风量系统来说，随着显热负荷的变化，如用末端再热来调节室温，将会使部分冷热量相互抵消，造成能量损失。变风量系统随着显热负荷的减少，通过末端装置减少送风量调节室温，故基本上没有再热损失；同时，随着系统风量的减少，相应减少风机的消耗电能，所以，可进一步节约能量。当系统中各房间负荷相差悬殊时(例如不同朝向)，具有更大的优越性。

变风量系统的运行调节可分别从仅有室内负荷变化时的运行调节和全年运行调节两个方面进行讨论。

11.5.3.1 室内负荷变化时的运行调节

(1) 使用节流型末端装置的变风量空调系统。在每个房间送风管上安装有变风量末端装置，每个末端装置都根据室内恒温器的指令使装置的节流阀动作，改变通路面积来调节风量。当送风量减少时，则干管静压升高，通过装在干管上的静压控制器调节风机的电机转速，使总风量相应减少。送风温度敏感元件通过调节器，控制冷水盘管三通阀，保持送风温度一定，即随着室内显热负荷的减少，送风量减少，室内状态点发生变化。

（2）使用旁通型末端装置的变风量空调系统。在顶棚内安装旁通型末端装置，根据室内恒温器的指令使装置执行机构动作。在室内冷负荷减少时，部分空气旁流至顶棚，并由回风风管返回空调器，整个空调系统的风量不变。

（3）使用诱导型末端装置的变风量空调系统。在顶棚内安装诱导型末端装置，根据室内恒温器的指令调节二次空气侧阀门，诱导室内或顶棚内的高温二次空气，然后送入室内。

11.5.3.2　全年运行调节

根据不同的室内负荷变化情况，变风量空调系统有以下三种全年运行调节方法。

（1）全年各房间有恒定冷负荷或冷负荷变化小（如建筑物的内部区）。可采用无末端再热的变风量空调系统，全年送冷风。由室内温度调节器调节送风量，风量随冷负荷的减少而减少（如图 11-35 所示）。由于冷负荷变化小，因此送风量变化小，则相对湿度变化也小，对于相对湿度无严格要求的房间，可通过这种运行调节法来满足室内参数的要求。

（2）全年各房间无恒定冷负荷或冷负荷变化大（例如建筑物的外部区）。可以采用有末端再热的变风量空调系统，全年送冷风。由于室内冷负荷变化大，因此，当室内送风量随冷负荷的减少而已减至最小值时，就不可能再通过减小送风量来补偿室内继续减少的冷负荷，此时，就需要使用末端再热器加热空气向室内补充热量来保持室温不变，如图 11-36 所示。所谓的最小送风量是这样确定的：为避免因风量过少而造成室内换气量不足，新风量过少，温度分布不均匀和相对湿度过高而所需的最小送风量。最小送风量一般应不小于 4 次换气次数。

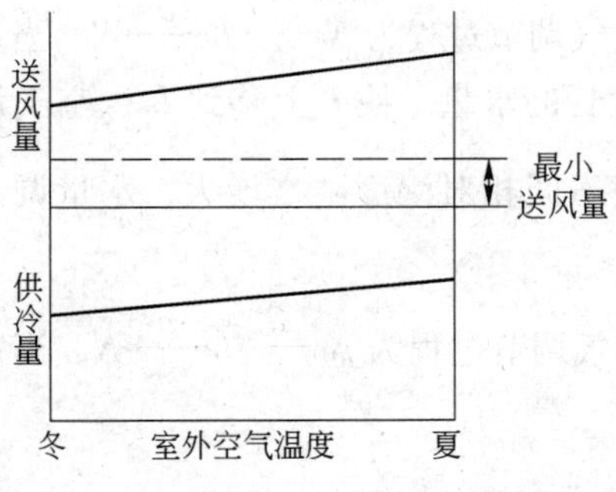

图 11-35　无末端再热的变风量空调系统全年运行工况

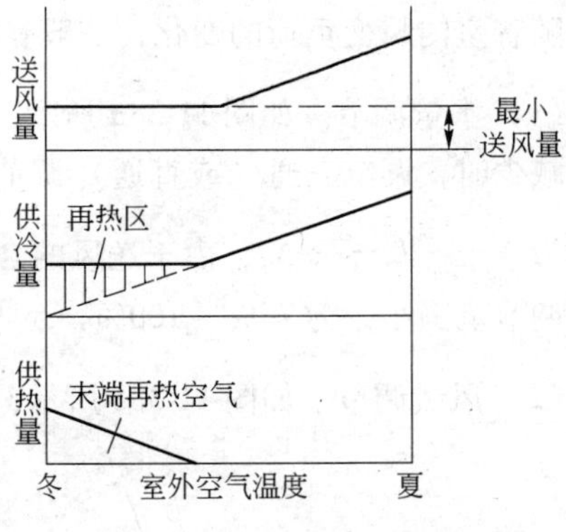

图 11-36　有末端再热的变风量空调系统全年运行工况

（3）各房间夏季有冷负荷、冬季有热负荷。可以采用有供冷和供热季节转换的变风量空调系统。由于冬、夏室内负荷性质不同，冬季需供热风，夏季需供冷风，因此，在全年运行过程中必有一个季节转换，如图 11-37 所示。夏季运行时，随着室内负荷的减少，先减少送风量，当减至最小送风量时，风量不再减少，而开始利用末端再热以补偿室内冷负荷的减少，当利用末端再热也不够补偿室内冷负荷变化时，就应作由夏到冬的季节转换，即系统由送冷风转换为送热风，此时，为了节省能量，可先使用一段定风量变送风温度的调节方法，即保持最小送风量而随室外空气状态的变化不断改变送风温度，当供热负荷继续增加时，再改为变风量调节方法，即随着室内热负荷的增加而增大送风量。

11.5.4 风机盘管系统的全年运行调节技术

11.5.4.1 全年运行调节

A 非独立新风系统

就地取用新风的系统，房间的冷(热)负荷以及新风负荷全部由通入二次盘管的冷（热）水负担，因此，要求风机盘管能随时适应新风负荷的变化，这种调节是很难实现的。

B 独立新风系统

独立新风系统的调节方法如下：

(1) 新风系统不负担室内显冷（热）负荷。这时，只需将新风处理到设定的室温，而由盘管承担全部室内冷（热）负荷，通过对盘管的局部调节来满足室内空气参数的要求。

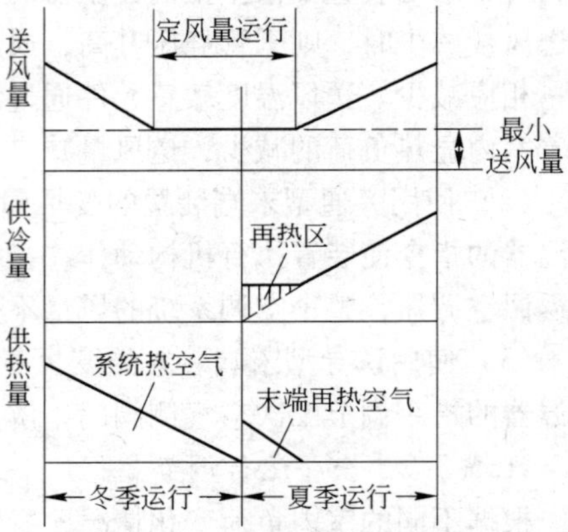

图 11-37 季节转换的变风量空调系统全年运行调节

(2) 新风系统只承担室内渐变负荷，盘管承担其他瞬变负荷。渐变负荷是指通过围护结构（外墙、外门、窗、屋顶）的室内外温差传热，这部分热负荷的变化对所有房间来说都是大致相同的。虽然室外空气温度在几天内也有不规律变化，但对室内影响较小，该负荷主要随季节发生较大变化，这种对所有空间都比较一致的，缓慢的传热负荷变化，可以靠集中调节新风的温度来适应。瞬变负荷是指室内照明、设备和人员散热和太阳辐射等。这些瞬时发生的变化使各个房间产生大小不一的瞬变负荷，它可以靠风机盘管中盘管来负担。盘管的调节可以根据室内恒温器调节水温或水量，或者调节盘管旁通风阀的开启度。

11.5.4.2 局部调节

随着室内瞬变负荷的变化，一般有以下3种运行调节方法。

(1) 水量调节。如图11-38a所示，设计负荷时，空气调节过程为$N \longrightarrow L \xrightarrow{\varepsilon} N$。当室内负荷减少时，调节三通（或直通）调节阀以减少进入盘管的水量。使L上移到L_1，空气调节过程为$N \longrightarrow L_1 \xrightarrow{\varepsilon'} N_1$，由于送风的含湿量增大，故使房间相对湿度随之增大，水量调节法负荷调节范围小，为75%~100%。

(2) 风量调节。如图11-38b所示，设计负荷时，空气调节过程为$N \longrightarrow L \xrightarrow{\varepsilon} N$。当室内

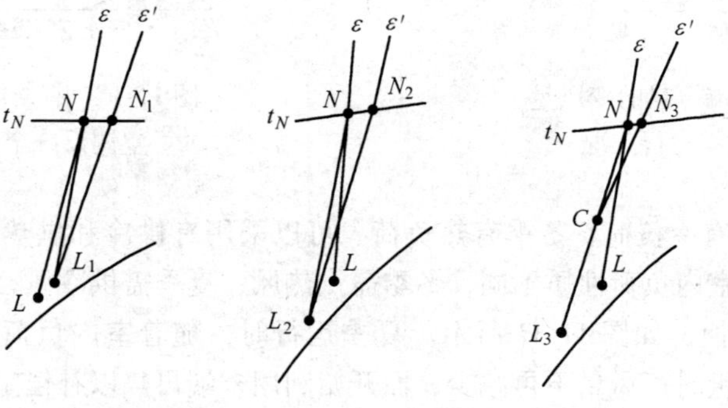

图 11-38 风机盘管的调节方式

a—水量调节；b—风量调节；c—旁通风阀调节

负荷减小时，通常分高、中、低三档（或无极）调节风机转速以改变通过盘管的风量。由于风量减少，使 L 下移到 L_2，空气调节过程为 $N \rightarrow L_2 \xrightarrow{\varepsilon'} N_2$，调节过程中，室内相对湿度不会变化太大，但风量减少，会不利于室内气流的分布。负荷调节范围小，为70%～100%。风量调节法应用较为广泛。

（3）旁通风阀调节。如图11-38c所示，对有旁通风阀的风机盘管，设计负荷时，空气调节过程为 $N \rightarrow L \xrightarrow{\varepsilon} N$，当室内负荷减少时，旁通风阀开启。流经盘管的风量减少，使 L 降到 L_3，空气调节过程为 $\left.\begin{matrix} N \longrightarrow L_3 \\ N \end{matrix}\right\} \longrightarrow C \xrightarrow{\varepsilon'} N_3$。调节过程中，室内相对湿度较为稳定，气流分布也较均匀，负荷调节范围大，为100%～20%，旁通风阀调节法初投资低，调节性能好，但调节过程中由于总风量不变，风机消耗功率不减，因此，仅用于室内参数控制要求高的房间。

第4篇　中央空调水系统与水管道

水系统管网是中央空调工程的重要组成部分，是连接空调冷、热源主机设备与空调末端设备的“桥梁”。

12　空调水系统的类型、管网承压及常用管材、管件与阀门

12.1　空调水系统的划分原则与类型[1,8]

12.1.1　空调水系统划分原则

空调水系统划分的原则见表12-1。

表12-1　空调水系统划分的原则

序　号	依　据	划　分　原　则
1	负荷特性	根据不同朝向划分为不同的系统； 根据室内发热量的大小分成不同的区域，分别设置系统； 根据室内热湿比大小，将相同或相近的房间划分为一个系统
2	使用功能	按房间的功能、用途、性质，将基本相同的划分为一个区域或组成一个系统； 按使用时间的不同进行划分，将使用时间相同或相近的对象划分为一个系统
3	空调房间的平面布置	将临外墙的房间和不临外墙的房间区分为“外区”与“内区”，分别配置空调系统
4	建筑层数	在高层建筑中，根据设备、管道、配件等的承压能力，沿建筑高度方向上划分为低区、中区、高区，分别配置空调系统； 有时，为了使用灵活，也可按高度方向将若干层组合成一个系统，分别设置空调系统
5	空调基数	将室内温、湿度基数，洁净度和噪声等要求相同或相近的房间划分为一个系统
6	空调精度	根据空调控制精度，将室内温、湿度允许波动范围相同或相近者划分为一个系统； 室温允许波动范围为±0.1～0.2℃的房间，宜设单独系统

注：室内有消声要求的房间，不宜和产生噪声的房间划分为同一系统。

12.1.2　空调水系统的类型、特征和优缺点

空调水系统的类型、特征和优缺点见表12-2。

表 12-2　空调水系统的类型、特征和优缺点

类　型	特　征	优　点	缺　点
闭　式	管路系统不与大气相接触，可在系统最高点设置膨胀水箱，或在机房内设置定压补水装置	（1）管道与设备的腐蚀机会少； （2）不需克服静水压力，水泵压力、功率均低； （3）系统简单	与蓄热水池连接比较复杂
开　式	管路系统与大气相通	与蓄热水池连接比较简单	（1）水中含氧量高，管路与设备的腐蚀机会多； （2）需要增加克服静水压力的额外能量； （3）输送能耗大
同程式	供、回水干管中的水流方向相同；经过每一环路的管路长度相等	（1）水量分配、调节方便； （2）便于水力平衡	（1）需设回程管，管道长度增加； （2）初投资稍高
异程式	供、回水干管中的水流方向相反；每一环路的管路长度不等	（1）不需回程管，管道长度较短，管路简单； （2）初投资稍低	（1）水量分配、调节较难； （2）水力平衡较麻烦
两管制	供冷、供热合用同一管路系统	（1）管路系统简单； （2）初投资省	无法同时满足供冷、供热的要求
三管制	分别设置供冷、供热管路与换热器，但冷、热回水的管路共用	（1）能满足同时供冷、供热的要求； （2）管路系统较四管制简单	（1）有冷、热混合损失； （2）投资高于两管制； （3）管路布置较复杂
四管制	供冷、供热的供、回水管均分开设置，具有冷、热两套独立的系统	（1）能灵活实现同时供冷和供热； （2）没有冷、热混合损失	（1）管路系统复杂； （2）初投资高； （3）占用建筑空间较多
定流量	系统中的循环水量保持定值，负荷变化时，通过改变供水或回水温度来匹配	（1）系统简单，操作方便； （2）不需要复杂的自控设备	（1）配管设计时，不能考虑同时使用系数； （2）输送能耗始终处于设计的最大值
变流量	系统中的供、回水温度保持定值，负荷改变时，通过供水量的变化来适应	（1）输送能耗随负荷的减少而降低； （2）配管设计时，可以考虑同时使用系数，管径相应减小； （3）水泵容量、电耗也相应减少	（1）系统较复杂； （2）必须配备自控设备
单式泵	冷、热源侧与负荷侧合用一组循环水泵（一次泵系统）	（1）系统简单； （2）初投资省	（1）只能用阀门调节水泵流量； （2）难以节省输送能耗； （3）不能适应供水分区压降较悬殊的情况
复式泵	冷、热源侧与负荷侧分别配备循环水泵（一、二次泵系统）	（1）可以实现水泵变流量； （2）能节省输送能耗； （3）能适应供水分区不同压降； （4）系统总压力低	（1）系统较复杂； （2）初投资稍高

12.2　水系统管网的承压与典型形式（附工程实例）

12.2.1　水系统管网的承压[1]

制冷水管路、管件、水泵和冷水机组的承压能力，是水系统设计必须考虑的重大问题。高层、超高层建筑的空调水系统之所以要分高区、中区、低区，就是因为系统承压条件所限而划分的。图 12-1 所示为水系统的静水压力图。

12.2.1.1　水系统的最高压力

水系统的最高压力点通常是在水泵出口的“A”点，或是与水系统最高压力有关的 3 种情况，它们分别是出现在系统开始运行的瞬间、正常运行时和停止运行时。

（1）系统停止运行时，最高压力 p_A(Pa) 等于系统的静水压力，即

$$p_A = \rho g h \tag{12-1}$$

（2）系统开始运行的瞬间，动压尚未形成，出口压力等于静水压力与水泵全压 p(Pa) 之和，即

$$p_A = \rho g h + p \tag{12-2}$$

（3）系统正常运行时，出口压力等于该点静水压力与水泵静压之和，即

$$p_A = \rho g h + p - p_d \tag{12-3}$$

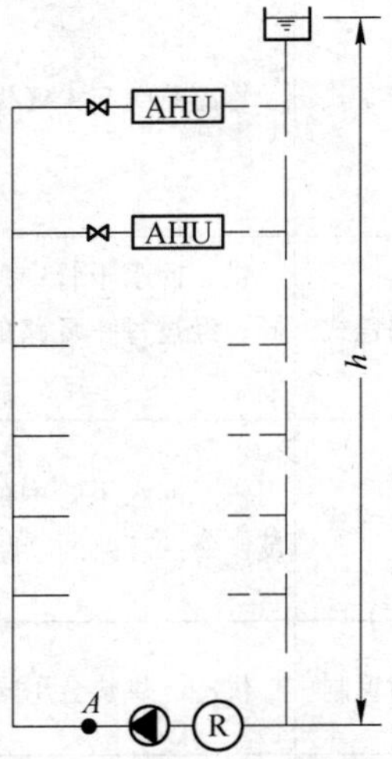

图 12-1　水系统的静水压力

式中　ρ——水的密度，kg/m³；

g——重力加速度，m/s²；

h——水箱液面至水泵中心的垂直距离，m；

p_d——水泵出口处的动压，$p_d = \dfrac{v^2\rho}{2}$，Pa；

v——水泵出口处的流速，m/s。

12.2.1.2　冷水机组蒸发器与冷凝器的工作压力 p_g

（1）国产冷水机组：一般 $p_g = 1.0$MPa。

（2）国外的离心式冷水机组：

普通型	$p_g = 1.0$MPa
加强型	$p_g = 1.7$MPa
特加强型	$p_g = 2.0$MPa

12.2.1.3　管材和管件的公称压力（GB 1048—1970）

（1）管道：	低压管道	$p_g \leqslant 2.5$MPa
	中压管道	$p_g = 4 \sim 6.4$MPa
	高压管道	$p_g = 10 \sim 100$MPa
（2）阀门：	低压阀门	$p_g = 1.6$MPa
	中压阀门	$p_g = 2.5 \sim 6.4$MPa
	高压阀门	$p_g = 10 \sim 100$MPa

12.2.2　水系统管网的典型形式[1]

空调水系统管网常见的几种典型形式有以下几种。

12.2.2.1　二管制单式泵定流量系统

（1）二管制不分区的单式泵定流量的典型系统，见图 12-2。

（2）二管制分区的单式泵定流量的典型系统，见图 12-3。

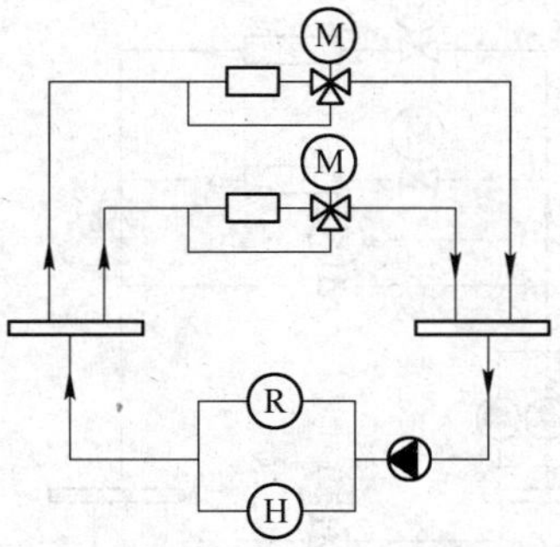

图 12-2　二管制不分区单式泵定流量系统

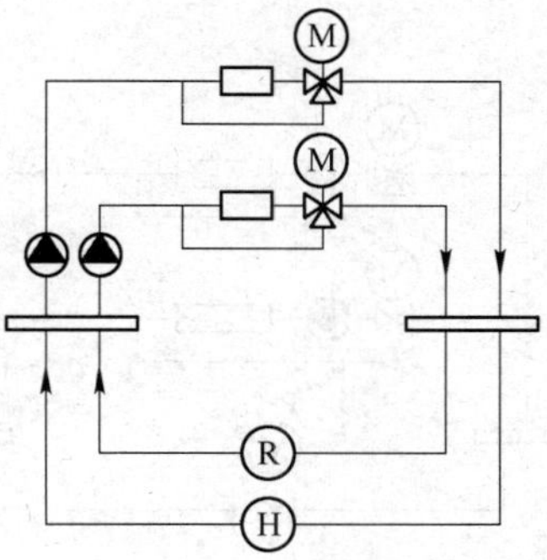

图 12-3　二管制分区单式泵定流量系统

12.2.2.2　二管制单式泵变流量系统

图 12-4 和图 12-5 所示为两种不同的二管制单式泵变流量的典型系统。

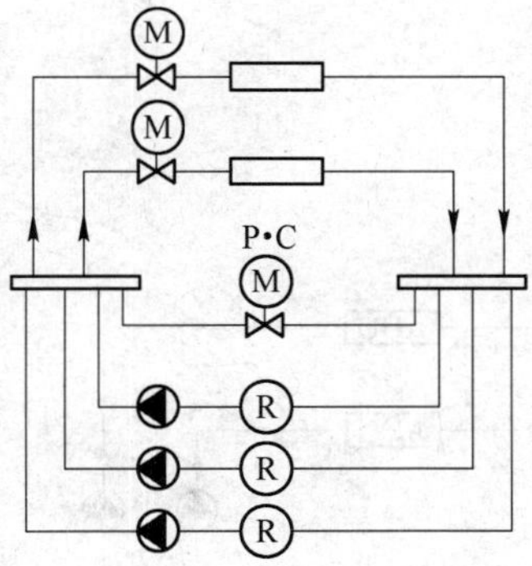

图 12-4　二管制单式泵变流量系统（一）

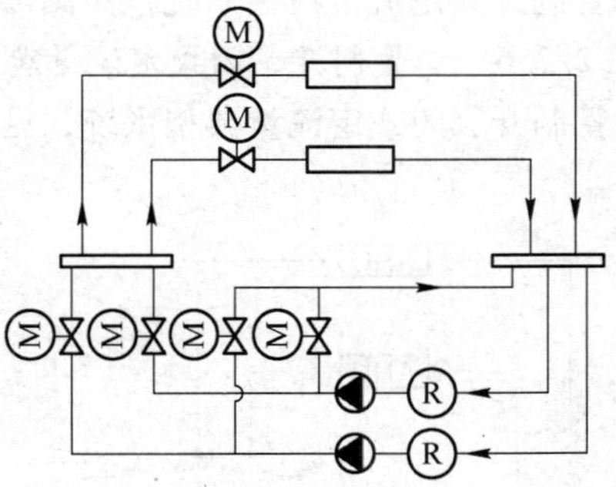

图 12-5　二管制单式泵变流量系统（二）

12.2.2.3　二管制复式泵定流量系统

（1）二管制复式泵定流量的典型系统，见图 12-6。

（2）二管制复式泵共集管式定流量系统，见图 12-7。

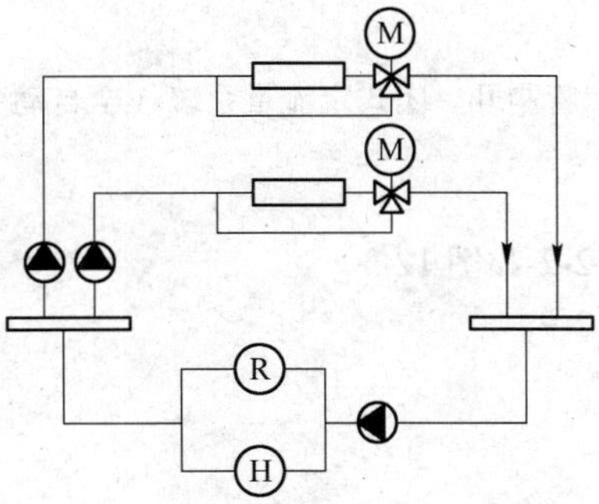

图 12-6　二管制复式泵定流量系统

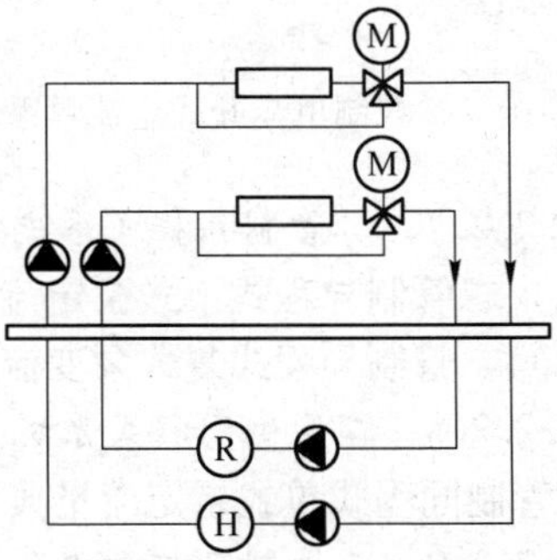

图 12-7　二管制复式泵共集管定流量系统

12.2.2.4 二管制复式泵变流量系统

（1）二管制复式泵分区增压变流量典型系统，见图12-8。

（2）二管制异程式复式泵台数控制式变流量典型系统，见图12-9。

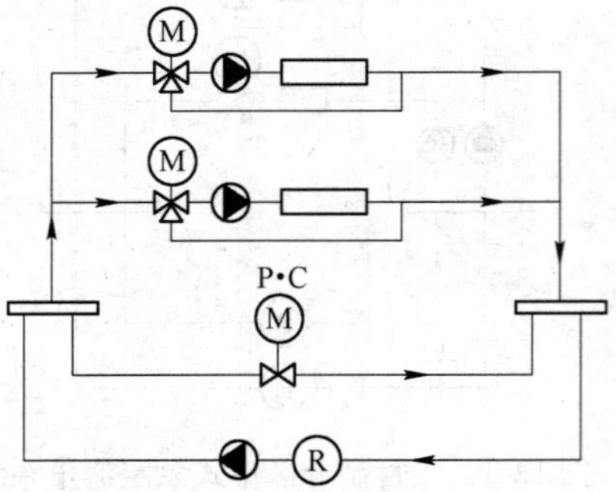

图12-8 二管制复式泵分区增压变流量系统

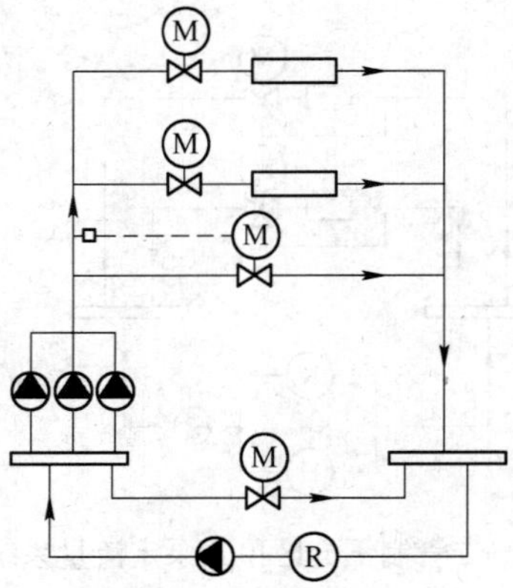

图12-9 二管制异程式复式泵台数控制式变流量系统

12.2.2.5 二管制开式定流量典型系统

二管制开式定流量典型系统，见图12-10。

12.2.2.6 二管制开、闭式定流量典型系统

二管制开、闭式定流量典型系统，见图12-11。

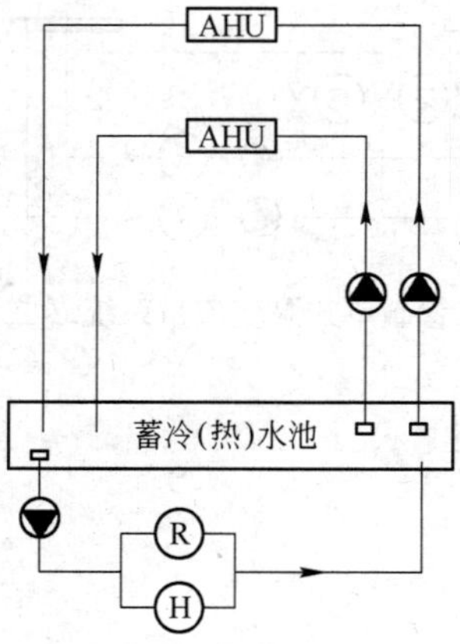

图12-10 二管制单池开式定流量系统

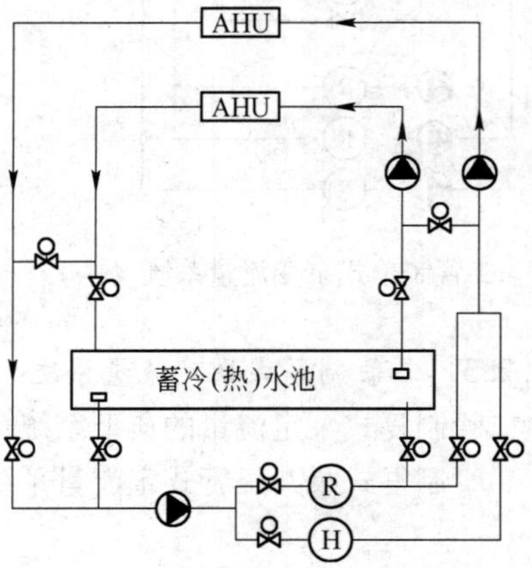

图12-11 二管制开、闭式定流量系统（全自动变换）

12.2.2.7 二管制异程式系统

（1）二管制异程式单式泵定流量典型系统，见图12-2和图12-3。

（2）二管制异程式复式泵变流量典型系统，见图12-9。

12.2.2.8 二管制同程式系统

二管制同程式单式泵定流量典型系统，见图12-12。

12.2.2.9 三管制定流量典型系统

三管制定流量典型系统，见图12-13。

12.2.2.10　四管制变流量典型系统

四管制变流量典型系统，见图 12-14。

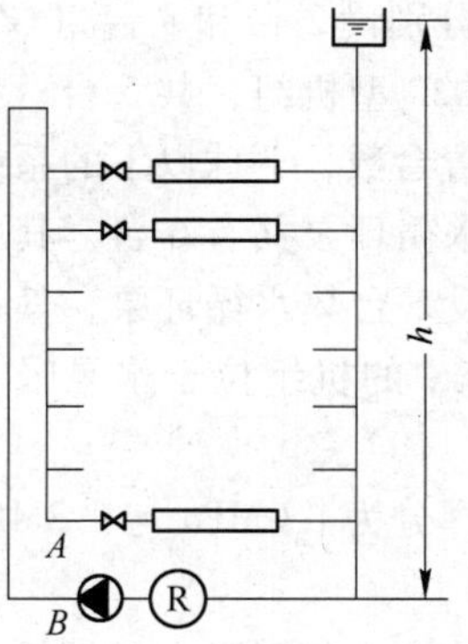

图 12-12　二管制同程式单式泵定流量系统

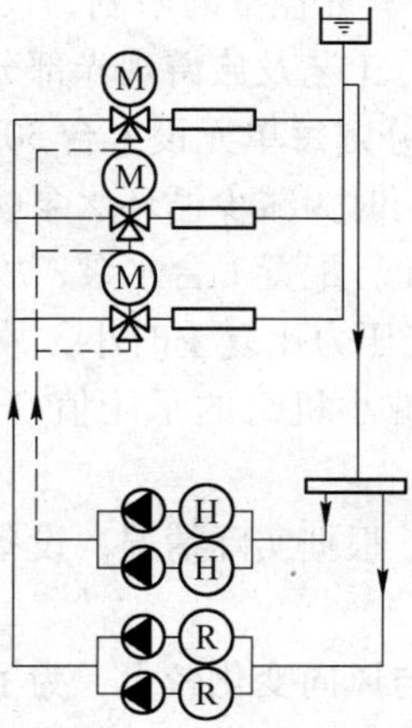

图 12-13　三管制定流量系统

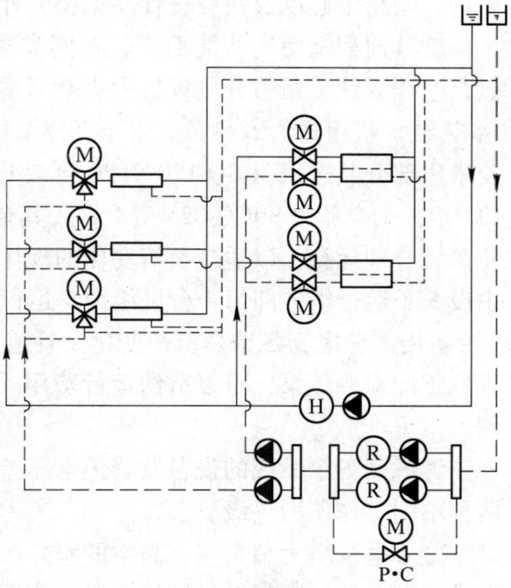

图 12-14　四管制变流量系统

12.2.3　水系统管网的设计安装工程实例[22]

12.2.3.1　水系统管网设计安装工程实例之一——东方明珠广播电视塔空调设计

图 12-15 为东方明珠广播电视塔水系统。

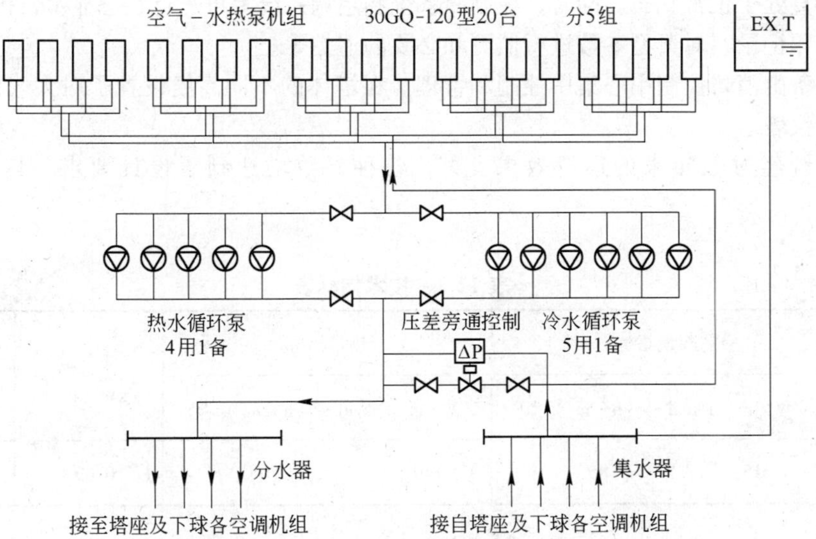

图 12-15　“东方明珠”塔座及下球部分空调水系统示意图

东方明珠广播电视塔是上海的标志性建筑，高度468.8m，居亚洲第一，世界第三，建筑面积达63000m^2，包括：（1）太空舱…贵宾观光；（2）上球…发射机房、微波、调频、调幅以及空中KTV旋转餐厅、空中茶室等；（3）下球…空中娱乐及旅游设施；（4）塔座部分…大型商场、购物中心以及快餐、食品；（5）小球…空中旅馆。

就其面积及使用功能而言，在同类建筑中属世界之最。根据电视塔多层次，超高度的特点，空调设计采用了分段设置中央空调系统，共9套大小不同的系统均采用了风冷热泵（空气-水热泵）机组作为冷热源。由于受热泵机组单机容量的限制，设计选用了多台机组，如下球及塔座部分共选用30GQ-120型20台，上球分工艺及旅游观光部分，分别设2台和3台30GQ-120型，太空舱设30GQ-025型1台，其余部分则每单元设1台30GQ-020型机组，共5台。为使系统合理运行，以适应负荷变化的规律，同时为减少循环水泵的设置台数，下球以下的系统中设5个运行组，即每4台机组为一运行单元，配置1台水泵，故冷水循环泵共有6台，其中1台备用。考虑到冬季热负荷变化及管道系统压力比夏季时小，故另设5台热水循环泵，其扬程低于冷水循环泵，可以节约运行费用。为减小机组的承压值，系统中的机组位于水泵吸入侧。

考虑到各个系统的设备及管道承压差异，根据实际情况，设备选择分为1.0MPa与1.2MPa两种不同工作压力等级。

鉴于电视塔为超高层，高空的室外风速与风向变化较大，为了解决高空新风引入及排风的困难，在上球的冷却设备层特设置了均压环。主塔电梯间、楼梯间及其前室设置了机械加压送风系统。上、下分开设置，共6套。根据塔座、地下层以及上、下球、太空舱等不同部位的使用要求及其特点，分别设置了机械排烟系统，共37套。

电视塔设计了大楼自动化管理BAS系统。在空调水系统的供、回水管道之间设置压差旁通控制器、实现按空调负荷大小控制空气-水热泵机组运行的组数和台数；在空调机组上设置了温度控制，由回风温度控制空调回水电动调节阀，同时设置随室外温度而变化的新回风比例调节装置，以利于节能和经济运行。

在空气过滤器前后设置压差报警，在高空部位空调机组的内部设置低温防冻结措施等，使空调设备一直处于正常状态。同时，在制冷系统和空调系统上可进行状态显示，按时间程序巡回检测和打印记录，对典型参数进行监测和必要的遥控等。

消防设备由消防控制中心集中控制和管理。在塔体的不同高度设置了对大气温度、风速、风向的测定仪表。

空调系统经过数年来的运行效果良好，各种参数均达到了设计要求。其技术指标见表12-3。

表12-3　技术指标表

房间性质	冷量指标		热量指标		耗电量 /kW·m^{-2}	空调总面积 /m^2
	/W·m^{-2}	[kcal·(h·m^2)$^{-1}$]	/W·m^{-2}	[kcal·(h·m^2)$^{-1}$]		
裙　房	215	[185]	140	[120]	0.093	53550

东方明珠主要空调设备见表12-4。

表 12-4　东方明珠主要空调设备

	序号	形式	台数	单台制冷量/kW (kcal·h^{-1})	制冷量总计/kW (kcal·h^{-1})	单台电机功率 /kW	电机功率总计 /kW	冷媒	生产厂家
制冷机组	1	风冷热泵	25	314 (270000)	8174.5 (7030000)	125	3350	R-22	开　利
	2	风冷热泵	1	63 (54000)		25		R-22	开　利
	3	风冷热泵	5	52.3 (45000)		20		R-22	开　利
水系统	空调水泵	额定负荷冷水泵	型号名称	IS150-125-400 IS100-65-315		生产厂家	国　产	台数	5用1备 5用1备
			流量/m^3·h^{-1}	240，60		扬程/m	40，32	电机功率	45（kW/台） 11（kW/台）
		额定负荷热水泵	型号名称	IS150-125-315		生产厂家	国　产	台数	5用1备
			流量/m^3·h^{-1}	240		扬程/m	32	电机功率	30（kW/台）
		部分负荷冷水泵	型号名称	50SG15-15		生产厂家	国　产	台数	6用1备
			流量/m^3·h^{-1}	10		扬程/m	28	电机功率	1.5（kW/台）
	冷却水系统	冷却水泵	型号名称			生产厂家		台数	
			流量/m^3·h^{-1}			扬程/m		电机功率	（kW/台）
		冷却塔	型号名称			生产厂家		台数	
			性能规格					风机功率	（kW/台）
风系统	末端装置	形式		全空气系统	耗电量/kW	风机盘管＋新风系统	耗电量/kW	其　他	耗电量/kW
		主要服务房间		商场，餐厅等	601	KTV房，贵宾房	13	控制室	15
	通风系统	主要服务房间		调频，观光，空中旋转餐厅					
		耗电量/kW		555（排烟用），90（加压送风用）					
防排烟设计				上、下球，太空舱等设机械排烟					
空调自控设计				热泵机组运行台数控制，室温控制，供回水压差旁通控制					
备　注									

12.2.3.2　水系统管网设计安装工程实例之二——上海建设大厦空调设计

图 12-16 为上海建设大厦空调水系统。

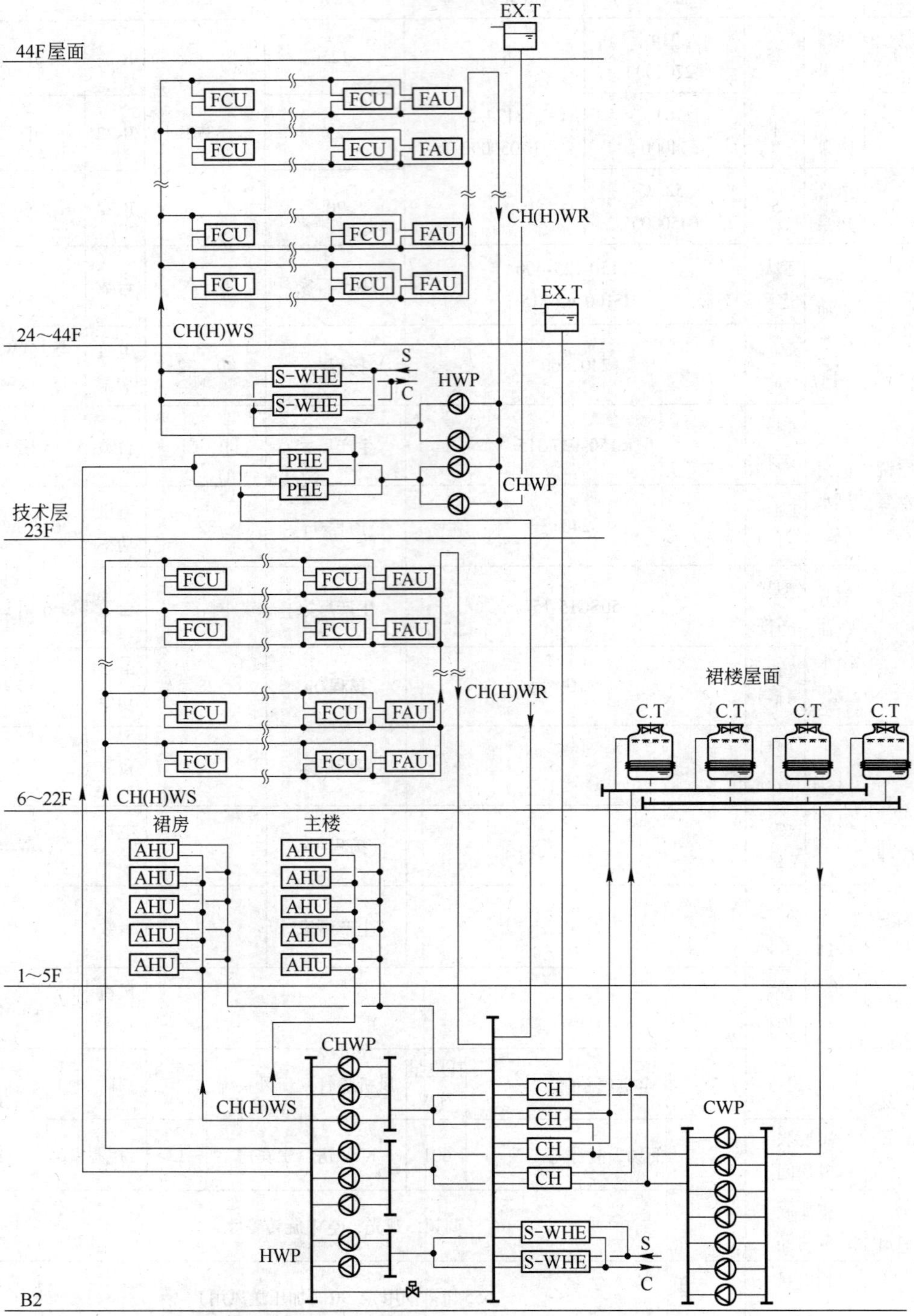

图 12-16　建设大厦空调水系统示意图

CH—冷水机组；C. T—冷却塔；CHWP—冷水泵；CHWS—冷水送水管；CWP—冷却水泵；S-WHE—汽水换热器；CHWR—冷水回水管；HWP—热水泵；PHE—板式换热器；S—蒸汽管；EX. T—膨胀水箱；C—凝结水管；AHU—空调机组；FAU—新风机组；FCU—风机盘管

A 工程概况

建设大厦地处上海浦东陆家嘴路与浦东南路交叉口，是金融开发区中的黄金地段。大厦地上44层，高173m，地下2层，深10.3m，建筑面积7.7万m^2。

B 空调设计

(1) 冷、热源。初步设计时因受区域性环保要求的限制，曾选用了13台×200RT/台空气-水热泵型机组，但在能耗、初投资以及对自身环境的影响方面都不理想，后在做施工图时，最终采用了电动冷水机组加蒸汽锅炉的方案。尤其是锅炉上楼问题，得到了有关部门的支持。

冷水机组的配置是：离心机3140kW（900RT）×2台，1200kW（350RT）×2台。此方案使大小机组的容量匹配较合理，能适应负荷变化，并有较高效率。

蒸汽锅炉的配置是：燃煤气蒸汽锅炉5t/台×3台。

(2) 空调水系统。由于大厦为超高层建筑，如设一个空调水系统将使系统承受很大的静压力，难以保证接口处的严密，并会增加设备和配件的投资。故采用的是由板式换热器分隔成高、低两区的常规系统。

冷水系统的供/回水温度：低区5.5/10.5℃，高区7/12℃。冬季空调用热水由蒸汽与汽-水换热器提供。低区选用壳管式换热器，凝结水先进入回收器，待水位到一定高度时，由高压蒸汽自动将凝结水压回锅炉房。高区选用浮管式换热器，凝结水出水温度小于80℃，它依靠重力流回锅炉房。

(3) 空调末端系统。裙房公用部分采用全空气系统，散流器或条缝形风口顶送，回风口将与室内装饰密切配合，会有多种形式。设计时非常重视空调机组回风侧的噪声处理，故都配有消声器。

裙房中的空调机房均在内区，难以直接从室外摄入新风，故新风经设备层内的风机加压后经竖井送到机房。

标准办公室的空调采用二管制风机盘管+新风系统，每层有排风，确定排风量时考虑了与新风量的平衡。

C 空调自控

(1) 办公室温度控制是通过墙上的温控器控制风机盘管水路上的电动二通阀来实现。

(2) 新风机组配有送风温度和冬季蒸汽加湿控制。它们都是由水路和汽路上的电动阀来完成。

(3) 全空气系统的其他空调机组也通过水路上的电动阀控制室温。

(4) 冷水机组由机组供应商提供的专用控制箱进行优化控制。

(5) 大厦设有BAS系统，鉴于BAS系统普遍存在开通率不高的状况，故在首先确保就地控制可靠的基础上再要求它具有与BAS系统接口的功能。中央监控系统仅对设备进行启动、停运控制、状态显示以及必要的报警。

12.3 水系统常用管材与管件[8]

12.3.1 钢管

12.3.1.1 普通碳钢管（黑管）与镀锌钢管（白管）

普通碳钢管（黑管）与镀锌钢管（白管）的质量系数见表12-5、表12-6。

表 12-5　普通碳钢管规格（黑管）和理论质量

公称直径①		外　径		普通钢管			加厚钢管		
				壁　厚			壁　厚		
/mm	/in	公称尺寸 /mm	允许偏差	公称尺寸 /mm	允许偏差 /%	理论质量 /kg · m^{-1}	公称尺寸 /mm	允许偏差 /%	理论质量 /kg · m^{-1}
6	$\frac{1}{8}$	10.0		2.00		0.39	2.50		0.46
8	$\frac{1}{4}$	13.5		2.25		0.62	2.75		0.73
10	$\frac{3}{8}$	17.0		2.25		0.82	2.75		0.97
15	$\frac{1}{2}$	21.3	±0.50mm	2.75		1.26	3.25		1.45
20	$\frac{3}{4}$	26.8		2.75		1.63	3.50		2.01
25	1	33.5		3.25		2.42	4.00		2.91
32	$1\frac{1}{4}$	42.3		3.25	+12	3.13	4.00	+12	3.78
40	$1\frac{1}{2}$	48.0		3.50	−15	3.84	4.25	−15	4.58
50	2	60.0		3.50		4.88	4.50		6.16
65	$2\frac{1}{2}$	75.5		3.75		6.64	4.50		7.88
80	3	88.5		4.00		8.34	4.75		9.81
100	4	114.0	±1%	4.00		10.85	5.00		13.44
125	5	140.0		4.00		13.42	5.50		18.24
150	6	165.0		4.50		17.81	5.50		21.63

① 公称直径表示近似内径的参考尺寸。每种规格的实际内径随着管壁厚度而变化。公称直径不等于外径减2倍壁厚之差。

表 12-6　镀锌钢管比黑管增加的质量系数

公　称　直　径		外　径/mm	镀锌钢管比黑管增加的质量系数 C	
/mm	/in		普通钢管	加厚钢管
6	$\frac{1}{8}$	10.0	1.064	1.059
8	$\frac{1}{4}$	13.5	1.056	1.046
10	$\frac{3}{8}$	17.0	1.056	1.046
15	$\frac{1}{2}$	21.3	1.047	1.039
20	$\frac{3}{4}$	26.8	1.046	1.039
25	1	33.5	1.039	1.032
32	$1\frac{1}{4}$	42.3	1.039	1.032
40	$1\frac{1}{2}$	48.0	1.036	1.030
50	2	60.0	1.036	1.028

续表 12-6

公称直径		外径/mm	镀锌钢管比黑管增加的质量系数 C	
/mm	/in		普通钢管	加厚钢管
65	$2\frac{1}{2}$	75.5	1.034	1.028
80	3	88.5	1.032	1.027
100	4	114.0	1.032	1.026
125	5	140.0	1.028	1.023
150	6	165.0	1.028	1.023

12.3.1.2　电焊钢管（水、煤气管）

电焊钢管（水、煤气管）的规格见表 12-7～表 12-9。

表 12-7　直缝电焊钢管规格

外径/mm	壁厚				
	3.0mm	3.5mm	4.0mm	4.5mm	5.0mm
	理论质量/kg·m^{-1}				
57	4.00	4.62			
76	5.40	6.26	7.10	7.93	
89	6.36	7.38	8.38	9.38	
108	7.77	9.02	10.26		
114	8.21	9.54	10.85	12.15	13.44
133		11.18	12.73	14.62	15.78
140		11.78	13.42	15.04	16.65

表 12-8　螺旋缝电焊钢管常用规格

外径/mm	壁厚			
	7mm	8mm	9mm	10mm
	理论质量/kg·m^{-1}			
219	36.60			
245	41.09			
273	45.92	52.23		
325	54.90	62.54		
377	63.87		81.67	
426	72.33	82.47	92.55	
478	81.31	92.73	104.07	
529	90.11	102.90	115.40	
630	107.50	122.70	137.80	152.90
720	123.50	140.50	157.80	175.10

表 12-9　直缝卷制电焊钢管常用规格

公称通径 DN /mm	外径 /mm	壁厚 /mm	每米质量/kg	公称通径 DN /mm	外径 /mm	壁厚 /mm	每米质量/kg
150	159	4.5	17.15	500	530	6	77.30
		6	22.64			9	115.60
200	219	6	31.51	600	630	9	137.80
225	245	7	41.09			10	152.90
250	273	6	39.50	700	720	9	157.80
		8	52.30			10	175.09
300	325	6	47.20	800	820	9	180.00
		8	62.60			10	199.75
350	377	6	54.90	900	920	9	202.20
		9	81.60			10	224.41
400	426	6	62.10	1000	1020	9	224.40
		9	92.60			10	249.07
450	480	6	70.14	1200	1220	10	298.39
		9	104.50			12	357.47

12.3.1.3　无缝钢管

无缝钢管有热轧和冷拔两种。热轧无缝钢管的规格和理论质量见表 12-10。

表 12-10　热轧无缝钢管规格和理论质量

外径 /mm	壁厚/mm																	
	2.5	3	3.5	4	4.5	5	5.5	6	6.5	7	7.5	8	8.5	9	9.5	10	11	12
	钢管理论质量/kg · m^{-1}																	
32	1.82	2.15	2.46	2.76	3.05	3.33	3.59	3.85	4.09	4.32	4.53	4.73						
38	2.19	2.59	2.98	3.35	3.72	4.07	4.41	4.73	5.05	5.35	5.64	5.92						
42	2.44	2.89	3.32	3.75	4.16	4.56	4.95	5.33	5.69	6.04	6.38	6.71	7.02	7.32	7.60	7.89		
45	2.62	3.11	3.58	4.04	4.49	4.93	5.36	5.77	6.17	6.56	6.94	7.30	7.65	7.99	8.32	8.63		
50	2.93	3.48	4.01	4.54	5.05	5.55	6.04	6.51	6.97	7.42	7.86	8.29	8.70	9.10	9.49	9.86		
54		3.77	4.36	4.93	5.49	6.04	6.58	7.10	7.61	8.11	8.60	9.07	9.54	9.99	10.43	10.85	11.67	
57		3.99	4.62	5.23	5.83	6.41	6.98	7.55	8.09	8.63	9.16	9.67	10.17	10.65	11.13	11.59	12.48	13.32
60		4.22	4.88	5.52	6.16	6.78	7.39	7.99	8.58	9.15	9.71	10.26	10.79	11.32	11.83	12.33	13.29	14.21
63.5		4.48	5.18	5.87	6.55	7.21	7.87	8.51	9.14	9.75	10.36	10.95	11.53	12.10	12.65	13.19	14.24	15.24
68		4.81	5.57	6.31	7.05	7.77	8.48	9.17	9.86	10.53	11.19	11.84	12.47	13.09	13.71	14.30	15.46	16.57
70		4.96	5.74	6.51	7.27	8.01	8.75	9.47	10.18	10.88	11.56	12.23	12.89	13.54	14.17	14.80	16.01	17.16
73		5.18	6.00	6.81	7.60	8.38	9.16	9.91	10.66	11.39	12.11	12.82	13.52	14.20	14.88	15.54	16.82	18.05
76		5.40	6.26	7.10	7.93	8.75	9.56	10.36	11.14	11.91	12.67	13.42	14.15	14.87	15.58	16.28	17.63	18.94
83			6.86	7.79	8.71	9.62	10.51	11.39	12.26	13.12	13.96	14.80	15.62	16.42	17.22	18.00	19.53	21.01
89			7.38	8.38	9.38	10.36	11.33	12.23	13.22	14.15	15.07	15.98	16.87	17.76	18.63	19.48	21.16	22.79
95			7.90	8.98	10.04	11.10	12.14	13.17	14.19	15.19	16.18	17.16	18.13	19.09	20.03	20.96	22.79	24.56
102			8.50	9.67	10.82	11.96	13.09	14.20	15.31	16.40	17.48	18.54	19.60	20.64	21.67	22.69	24.69	26.63
108				10.26	11.49	12.70	13.90	15.09	16.27	17.43	18.59	19.73	20.86	21.97	23.08	24.17	26.31	28.41
114				10.85	12.15	13.44	14.72	15.98	17.23	18.47	19.70	20.91	22.11	23.30	24.48	25.65	27.94	30.19
121				11.54	12.93	14.30	15.67	17.02	18.35	19.68	20.99	22.29	23.58	24.86	26.12	27.37	29.84	32.26
127				12.13	13.59	15.04	16.48	17.90	19.31	20.71	22.10	23.48	24.84	26.19	27.53	28.85	31.47	34.03

续表 12-10

外径/mm	壁厚/mm																	
	2.5	3	3.5	4	4.5	5	5.5	6	6.5	7	7.5	8	8.5	9	9.5	10	11	12
	钢管理论质量/kg·m⁻¹																	
133				12.72	14.26	15.78	17.29	18.79	20.28	21.75	23.21	24.66	26.10	27.52	28.93	30.33	33.10	35.81
140					15.04	16.65	18.24	19.83	21.40	22.96	24.51	26.04	27.56	29.07	30.57	32.06	34.99	37.88
146					15.70	17.39	19.06	20.72	22.36	23.99	25.62	27.22	28.82	30.41	31.98	33.54	36.62	39.66
152					16.37	18.13	19.87	21.60	23.32	25.03	26.73	28.41	30.08	31.74	33.39	35.02	38.25	41.43

外径/mm	壁厚/mm														
	4	4.5	5	5.5	6	6.5	7	7.5	8	8.5	9	9.5	10	11	12
	钢管理论质量/kg·m⁻¹														
159		17.14	18.99	20.82	22.64	24.44	26.24	28.02	29.79	31.55	33.29	35.02	36.75	40.15	43.50
168			20.10	22.04	23.97	25.89	27.79	29.68	31.56	33.43	35.29	37.13	38.97	42.59	46.17
180			21.58	23.67	25.74	27.81	29.86	31.90	33.93	35.95	37.95	39.94	41.92	45.84	49.72
194			23.30	25.60	27.82	30.05	32.28	34.49	36.69	38.88	41.06	43.22	45.38	49.64	53.86
203					29.15	31.50	33.83	36.16	38.47	40.77	43.06	45.33	47.59	52.08	56.52
219					31.52	34.06	36.60	39.12	41.63	44.12	46.61	49.08	51.54	56.42	61.26
245						38.23	41.08	43.93	46.76	49.57	52.38	55.17	57.95	63.48	68.95
273						42.72	45.92	49.10	52.28	55.44	58.59	61.73	64.86	71.07	77.24
299								53.91	57.41	60.89	64.36	67.82	71.27	78.13	84.93
325								58.72	62.54	66.34	70.13	73.02	77.68	85.18	92.63
351									67.67	71.79	75.90	80.01	84.10	92.23	100.32
377											81.67	86.10	90.51	99.28	108.02
402											87.22	91.85	96.67	106.06	115.41
426											92.55	97.57	102.59	112.58	122.52
450											97.88	103.20	108.50	119.08	130.61
(465)											101.20	106.71	112.20	123.15	134.05
480											104.53	110.22	115.90	127.22	139.49
500											108.97	114.91	120.83	132.65	145.41
530											115.63	121.94	128.23	140.78	153.29
(550)											120.07	126.62	133.16	146.21	159.20
560											122.29	128.97	135.63	148.92	163.16
600											131.17	138.34	145.50	159.77	174.00
630											137.82	145.36	152.89	167.91	183.88

12.3.2　塑料管

12.3.2.1　热塑性塑料管

塑料管用于中央空调水系统的种类也较多。塑料管一般分为热塑性和热固性两种。常用的热塑性管有硬聚氯乙烯管（UPVC）、聚乙烯管（PE）、聚丙烯管（PP）、聚丁烯管（PB）、苯乙烯管（ABS 工程塑料）等。热固性塑料管即玻璃纤维增强树脂管。热塑性塑料管的规格见表 12-11 ~ 表 12-13。

表 12-11　硬聚氯乙烯（UPVC）管材规格及其偏差　　（mm）

公称外径	平均外径极限偏差	任何部位外径极限偏差	公称压力/MPa									
			*PN*0.4		*PN*0.6		*PN*0.8		*PN*1.0		*PN*1.6	
			管系列									
			S-16.0		S-10.5		S-8.0		S-6.3		S-4.0	
			壁厚									
			公称值	极限偏差	公称值	极限偏差	公称值	极限偏差	公称值	极限偏差	公称值	极限偏差
20	+0.3 0	0.5							2.0	+0.4 0	2.3	+0.5 0
25	+0.3 0	0.5							2.0	+0.4 0	2.8	+0.5 0
32	+0.3 0	0.5					2.0	+0.4 0	2.4	+0.5 0	3.6	+0.6 0
40	+0.3 0	0.5	2.0	+0.4 0	2.0	+0.4 0	2.4	+0.5 0	3.0	+0.5 0	4.5	+0.7 0
50	+0.3 0	0.6	2.0	+0.4 0	2.4	+0.5 0	3.0	+0.5 0	3.7	+0.5 0	5.6	+0.8 0
63	+0.3 0	0.8	2.0	+0.4 0	3.0	+0.5 0	3.8	+0.6 0	4.7	+0.7 0	7.1	+1.0 0
75	+0.3 0	0.9	2.3	+0.5 0	3.6	+0.6 0	4.5	+0.7 0	5.5	+0.8 0	8.4	+1.1 0
90	+0.3 0	1.1	2.8	+0.5 0	4.3	+0.7 0	5.4	+0.8 0	6.6	+0.9 0	10.1	+1.3 0
110	+0.4 0	1.4	3.4	+0.6 0	5.3	+0.8 0	6.6	+0.9 0	8.1	+1.1 0	12.3	+1.5 0
125	+0.4 0	1.5	3.9	+0.6 0	6.0	+0.8 0	7.4	+1.0 0	9.2	+1.2 0	14.0	+1.6 0
140	+0.5 0	1.7	4.3	+0.7 0	6.7	+0.9 0	8.3	+1.1 0	10.3	+1.3 0	15.7	+1.8 0
160	+0.5 0	2.0	4.9	+0.7 0	7.7	+1.0 0	9.5	+1.2 0	11.8	+1.4 0	17.9	+2.0 0
180	+0.6 0	2.2	5.5	+0.8 0	8.5	+1.1 0	10.7	+1.3 0	13.3	+1.6 0	20.1	+2.3 0
200	+0.6 0	2.4	6.2	+0.9 0	9.6	+1.2 0	11.9	+1.4 0	14.7	+1.7 0	22.4	+2.5 0
225	+0.7 0	2.7	6.9	+0.9 0	10.8	+1.3 0	13.4	+1.6 0	16.6	+1.9 0	25.1	+2.8 0
250	+0.8 0	3.0	7.7	+1.0 0	11.9	+1.4 0	14.8	+1.7 0	18.4	+2.1 0	27.9	+3.0 0
280	+0.9 0	3.4	8.6	+1.1 0	13.4	+1.6 0	16.6	+1.9 0	20.6	+2.3 0		
315	+1.0 0	3.8	9.7	+1.2 0	15.0	+1.7 0	18.7	+2.1 0	23.2	+2.6 0		
355	+1.1 0	4.3	10.9	+1.3 0	16.9	+1.9 0	21.1	+2.4 0	26.1	+2.9 0		
400	+1.2 0	4.8	12.3	+1.5 0	19.1	+2.2 0	23.7	+2.6 0	29.4	+3.2 0		
450	+1.4 0	5.4	13.8	+1.6 0	21.5	+2.4 0	26.7	+2.9 0				
500	+1.5 0	6.0	15.3	+1.8 0	23.9	+2.6 0	29.6	+3.2 0				

表 12-12 聚乙烯（PE）管规格 （mm）

公称外径	平均外径极限偏差	公称压力/MPa					
		*PN*0.4		*PN*0.6		*PN*1.0	
		管材系列					
		S-6.3		S-4		S-2.5	
		壁 厚*e*		壁 厚*e*		壁 厚*e*	
		公称值	极限偏差	公称值	极限偏差	公称值	极限偏差
16	+0.3 0			2.3	+0.5 0	2.7	+0.5 0
20	+0.3 0	2.3	+0.5 0	2.3	+0.5 0	3.4	+0.6 0
25	+0.3 0	2.3	+0.5 0	2.8	+0.5 0	4.2	+0.7 0
32	+0.3 0	2.4	+0.5 0	3.6	+0.6 0	5.4	+0.8 0
40	+0.4 0	3.0	+0.5 0	4.5	+0.7 0	6.7	+0.9 0
50	+0.5 0	3.7	+0.6 0	5.6	+0.8 0	8.3	+1.1 0
63	+0.6 0	4.7	+0.7 0	7.1	+1.0 0	10.5	+1.3 0
75	+0.7 0	5.5	+0.8 0	8.4	+1.1 0	12.5	+1.5 0
90	+0.9 0	6.6	+0.9 0	10.1	+1.3 0	15.0	+1.7 0
110	+1.0 0	8.1	+1.1 0	12.3	+1.5 0	18.3	+2.1 0

注：1. 公称压力为管材在20℃时的工作压力，水温不宜超过40℃。

2. 作为计算使用公称压力0.63MPa。

3. 管材系列（S）由δ/p之比得出，其中δ为20℃时建议的设计应力2.5MPa。p为管材在20℃时的公称压力额定值。

4. PE管一般为黑色。给水用低密度聚乙烯管代号为：LDPE、LLDPE。

表 12-13　聚丙烯（PP）管规格　（mm）

公称外径	外径偏差	公称压力/MPa											
		*PN*0.25		*PN*0.4		*PN*0.6		*PN*1.0		*PN*1.6		*PN*2.0	
		管材系列											
		S-20		S-12.5		S-8.0		S-5.0		S-3.2		S-2.5	
		壁厚 *e*		壁厚 *e*		壁厚 *e*		壁厚 *e*		壁厚 *e*		壁厚 *e*	
		公称值	极限偏差	公称值	极限偏差	公称值	极限偏差	公称值	极限偏差	公称值	极限偏差	公称值	极限偏差
16	+0.3 0							1.8	+0.4 0	2.2	+0.5 0	2.7	+0.5 0
20	+0.3 0					1.8	+0.4 0	1.9	+0.4 0	2.8	+0.5 0	3.4	+0.6 0
25	+0.3 0					1.8	+0.4 0	2.3	+0.5 0	3.5	+0.6 0	4.2	+0.7 0
32	+0.3 0					1.9	+0.4 0	2.9	+0.5 0	4.4	0.7 0	5.4	+0.8 0
40	+0.4 0			1.8	0.4 0	2.4	+0.5 0	3.7	+0.6 0	5.5	+0.8 0	6.7	+0.9 0
50	+0.5 0	1.8	+0.4 0	2.0	+0.4 0	3.0	+0.5 0	4.6	+0.7 0	6.9	+0.9 0	8.3	+1.1 0
63	+0.6 0	1.8	+0.4 0	2.4	+0.5 0	3.8	+0.6 0	5.8	+0.8 0	8.6	+1.1 0	10.5	+1.3 0
75	+0.7 0	1.9	+0.4 0	2.9	+0.5 0	4.5	+0.7 0	6.8	+0.9 0	10.3	+1.3 0	12.5	+1.5 0
90	+0.9 0	2.2	+0.5 0	3.5	+0.6 0	5.4	+0.8 0	8.2	+1.1 0	12.3	+1.5 0	15.0	+1.7 0
110	+1.0 0	2.7	+0.5 0	4.2	+0.7 0	6.6	+0.9 0	10.0	+1.2 0	15.1	+1.8 0	18.3	+2.1 0
125	+1.2 0	3.1	+0.6 0	4.8	+0.7 0	7.4	+1.0 0	11.4	+1.4 0	17.1	+2.0 0	20.8	+2.3 0
140	+1.3 0	3.5	+0.6 0	5.4	+0.8 0	8.3	+1.1 0	12.7	+1.5 0	19.2	+2.2 0	23.3	+2.6 0
160	+1.5 0	4.0	+0.6 0	6.2	+0.9 0	9.5	+1.2 0	14.6	+1.7 0	21.9	+2.4 0	26.6	+2.9 0
180	+1.7 0	4.4	+0.7 0	6.9	+0.9 0	10.7	+1.3 0	16.4	+1.9 0	24.6	+2.7 0	29.9	+3.2 0
200	+1.8 0	4.9	+0.7 0	7.7	+1.0 0	11.9	+1.4 0	18.2	+2.1 0	27.3	+3.0 0		
225	+2.1 0	5.5	+0.8 0	8.6	+1.1 0	13.4	+1.6 0	20.5	+2.3 0				
250	+2.3 0	6.2	+0.9 0	9.6	+1.2 0	14.8	+1.7 0	22.7	+2.5 0				
280	+2.6 0	6.9	+0.9 0	10.7	+1.3 0	16.6	+1.9 0	25.4	+2.8 0				

续表 12-13

公称外径	外径偏差	公称压力/MPa											
		*PN*0.25		*PN*0.4		*PN*0.6		*PN*1.0		*PN*1.6		*PN*2.0	
		管材系列											
		S-20		S-12.5		S-8.0		S-5.0		S-3.2		S-2.5	
		壁厚 *e*		壁厚 *e*		壁厚 *e*		壁厚 *e*		壁厚 *e*		壁厚 *e*	
		公称值	极限偏差	公称值	极限偏差	公称值	极限偏差	公称值	极限偏差	公称值	极限偏差	公称值	极限偏差
315	+2.9 0	7.7	+1.0 0	12.1	+1.5 0	18.7	+2.1 0	28.6	+3.1 0				
355	+3.2 0	8.7	+1.1 0	13.6	+1.6 0	21.1	+2.4 0						
400	+3.6 0	9.8	+1.7 0	15.3	+2.5 0	23.7	+3.8 0						
450	+4.1 0	11.0	+1.9 0	17.2	+2.8 0	26.7	+4.3 0						
500	+4.5 0	12.3	+2.1 0	19.1	+3.1 0	29.6	+4.7 0						
560	+5.1 0	13.7	+2.3 0	21.4	+3.4 0								
630	+5.7 0	15.4	+2.6 0	24.1	+3.9 0								

注：1. 公称压力（*PN*）为管材在20℃时的工作压力。最大连续工作压力是在20℃情况下，以水为介质并以推算寿命为50年作为基础确定的。

2. 管材系列（S）由 δ/p 之比得出，其中 δ 为20℃时建议的设计应力为5.0MPa。p 为管材在20℃时的公称压力额定值。

3. PP管一般为黑色。可用于埋地输送95℃以下的水。

12.3.2.2 衬塑铝合金管

衬塑铝合金管由聚丙烯塑料与铝合金复合而成，是一种新型管材。它质轻、无毒、内壁光滑、不结垢，适用于输送自来水、生活热水以及在采暖空调上使用，我国已有多个厂家生产这种管材（如成都豪威实业有限公司、武汉源通制管有限公司、金立特铝塑制品有限公司等）。

A HW/CL 衬塑铝合金管

HW/CL 衬塑铝合金管规格见表 12-14。

表 12-14 HW/CL 衬塑铝合金管规格

型号	内径/mm	外径/mm	铝管壁厚/mm	塑料壁厚/mm	管材壁厚/mm	相当于镀锌管 *DN*
HW/CL1520	15	20	0.75	1.5	≥2.3	15
HW/CL2025	20	25	0.80	2.0	≥2.8	20
HW/CL2632	26	32	0.85	2.3	≥3.0	25
HW/CL3542	35	42	1.00	2.5	≥3.5	32
HW/CL4150	41	50	1.20	3.0	≥4.2	40
HW/CL5163	51	63	1.50	3.5	≥5	50

注：型号中的 HW 表示生产厂家代号，CL 表示衬塑铝合金代号。

B　安居铝塑复合管

安居铝塑复合管由工程塑料（PE 食品卫生级）、铝合金及热熔胶复合而成。安居管分为 A 型（白色）—冷水管，B 型（橘红色）—热水管，C 型（黄色）—煤气管三种类型，每种类型均有五种规格。安居铝塑复合管的规格见表 12-15。

表 12-15　安居铝塑复合管规格

类型 A、B、C	外径/mm	内径/mm	壁厚/mm	卷长/m	流量相当于镀锌管/in
12 16	16	12	2	100、200	$\frac{1}{2}$
14 18	18	14	2	100、200	$\frac{5}{8}$
16 20	20	16	2	100、200	$\frac{3}{4}$
20 25	25	20	2. 5	50、100	1
26 32	32	26	3	25、50	$1\frac{1}{4}$

C　塑钢复合压力管

塑钢复合压力管是以对焊钢管为增强体，由内外双面复合交联聚乙烯塑料而制作的新型复合压力管材。其强度、刚度、抗压性能均高于衬塑铝合金管，但质量较铝塑管大，多用于大、中直径主干供水管和立管。

12. 3. 3　塑料管、塑钢管的性能比较

12. 3. 3. 1　塑料管的综合性能比较

塑料管的综合性能比较见表 12-16。

表 12-16　塑料管的综合性能比较

比较内容＼品　种	交联聚乙烯管	耐高温聚乙烯管	聚丙烯管	聚丁烯管	铝塑复合管
代　号	PEX_a	PE-RT	PP-H	PB	PE-AL-PEX PEX-AL-PEX
	PEX_b		PP-B		
	PEX_c		PP-R		
110℃/8760h 试验	通　过	通　过	通　过	通　过	
输送热水时的壁厚	较　薄	较　薄	较　厚	较　薄	较　薄
低温下的韧性	很　好	极　好	PP-H 极差 PP-B 很好 PP-C 较差	很　好	很　好
热 强 度	很　高	较　高	低	很　高	极　高
加工性能	不　便	方　便	方　便	方　便	不　便
回收利用的可能性	不　可	可	可	不　可	不　可
卫生性能	PEX_a 优	优	优	优	差
	PEX_b 差				
	PEX_c 优				
热熔连接	不　可	可	可	不　可	不　可
气　味	有	无	无	有	有
施工方便程度	方　便	最方便	很方便	不方便	方　便
综合成本	较　高	最　低	较　低	很　高	最　高

注：1999 年 1 月，欧共体已禁止 PEX_b 在饮用水上应用（包括以 PEX_b 作为内壁的铝塑复合管）。

12.3.3.2　ABS 塑钢管与各种管材的性能比较

ABS 塑钢管与各种管材的性能比较见表 12-17。

表 12-17　ABS 塑钢管与各种管材的性能比较

特性	ABS 塑钢管	PVC 管	PVC 内衬钢管	PE 管	水泥管	FRP 管	GIP 镀锌钢管	铸铁管	不锈钢管
接头	容易	处理简单	处理不易	使用电焊成本高	处理困难,多少会外漏	不易	焊接接头需特殊处理	处理不易	压接容易绞牙不易
使用年限	长	短	中等	长	短	长	长	长	长
内部特性	光滑,摩擦系数小	光滑,摩擦系数小	PVC 与钢管热膨胀系数不同,长久于温度变化大范围之场合使用,易使两者剥离	高压使用时外径因受压而膨胀,不适用于 RC 结构内之埋入管	水泥制成,不耐撞击	FRP 表面不光滑,摩擦系数大	不良,表面不光滑,摩擦系数大	表面不光滑,只能用于排水	良
耐化学	良(需依照使用表)	耐强酸	耐碱不耐酸	耐酸碱	不耐酸碱	耐酸碱	差	不耐酸碱	良
保温	中等	中等	中等	中等	—	中等	差	差	差
耐温	-40~80℃	5~55℃	5~55℃	-40~50℃	—	-40~50℃	-40~200℃	—	-40~200℃,但接头的 SEAL 不耐高温
耐震	上等	中等	中等	上等	差	上等	中等	差	中
耐撞击性	上等	不耐撞击	耐撞击	耐撞击	不耐撞击	耐撞击	耐撞击	差	依管壁厚度而定
耐压性	工作压力 10BAR 以下	低	高	中	—	中	高	高	依管壁厚度而定
耐紫外线	优	低	低	耐紫外线	耐紫外线	耐紫外线	优	良	优
维护	易	易	不易	容易	不易	易	差	不易	易
材质	工程塑胶	硬质 PVC	PVC + 镀锌钢管	H、D、P、E	水泥钢筋	FRP + EPOXY	钢管外加热浸镀锌	铸铁	不锈钢
施工	易	易	中等	需以特殊器具热熔接合,施工不易	不易	中等	中等	不易	压接容易,绞牙中等,气焊不易
成本	中低	低	高	中等	低	中等	中等	中	高

12.3.4　水系统常用管件

水系统常用管件有钢制管件、可锻铸铁管件、铸铁管件和塑料管件等。

12.3.4.1　钢制管接头

钢制管接头规格和质量见表 12-18。

表 12-18　钢制管接头规格和质量

公称直径/mm	管螺纹 d/in	钢制管接头		
		L/mm	δ/mm	质量/kg · 个$^{-1}$
15	$\frac{1}{2}$	35	5	0.066
20	$\frac{3}{4}$	40	5	0.11
25	1	45	6	0.21
32	$1\frac{1}{4}$	50	6	0.27
40	$1\frac{1}{2}$	50	7	0.45
50	2	60	7	0.63
70	$2\frac{1}{2}$	65	8	1.1
80	3	70	8	1.3
100	4	85	10	2.2
120	5	90	10	3.2
150	6	100	12	5.7

12.3.4.2　钢压制弯头

钢压制弯头规格见表 12-19。

表 12-19　钢压制弯头规格　　　　(mm)

公称直径	外　径	弯曲半径		结构长度		壁　厚		
		1.5*DN*	1*DN*	1.5*DN*	1*DN*	*PN*4.0 级	*PN*6.4 级	*PN*10.0 级
25	32	38	25	38	25	3	—	4.5
32	38	48	32	48	32	3	—	4.5
40	45	60	40	60	40	3.5	—	5
50	57	75	50	75	50	3.5	—	5
65	76	100	65	100	65	4	—	6
80	89	120	80	125	80	4	—	6
100	108	150	100	150	100	4	6	8
125	133	190	125	190	125	4.5	7	10
150	159	225	150	225	150	5	8	12
200	219	300	200	300	200	7	10	14

12.3.4.3　可锻铸铁管件

可锻铸铁管件规格见表12-20。

表12-20　可锻铸铁管件规格

公称直径/mm	管件长度或高度/mm								
	管箍	活接头	对丝	丝堵	管堵头	弯头	45°弯头	根母	三通
6	22	40	29	15	14	18	16	6	18
8	26	40	36	18	15	19	17	8	19
10	29	44	38	20	17	23	19	9	23
15	34	48	44	24	19	27	21	9	27
20	38	53	48	27	22	32	25	10	32
25	44	60	54	30	25	38	29	11	38
32	50	65	60	34	28	46	34	12	46
40	54	69	62	37	31	48	37	13	48
50	60	78	68	40	35	57	42	15	57
65	70	86	78	46	38	69	49	17	69
80	75	95	84	48	40	78	54	18	78
100	85	116	99	57	50	97	65	22	97
125	95	132	107	62	55	113	74	25	113
150	105	146	119	71	62	132	82	33	132

12.3.4.4　可锻铸铁中大异径三通

可锻铸铁中大异径三通规格见表12-21。

表12-21　可锻铸铁中大异径三通规格

公称直径/mm×mm	主要尺寸/mm		公称直径/mm×mm	主要尺寸/mm	
	a	*b*		*a*	*b*
15×20	30	29	25×40	45	41
15×25	33	32	32×40	48	45
20×25	35	34	32×50	54	46
20×32	40	38	40×50	55	52
25×32	42	40	50×65	65	60

注：*a*表示大端轴线至小端轴线的距离；*b*表示小端轴线至大端端面的距离。

12.4　水系统常用阀门[8]

12.4.1　闸阀

闸阀的阀体内有一平板与介质流动方向垂直，平板升起时阀即开启。该种阀门由于阀杆的结构形式不同可分为明杆式和暗杆式两类。一般情况下明杆式适用于腐蚀性介质及室内管道上；暗杆式适用于非腐蚀性介质及安装操作位置受限制的地方。又根据阀芯的结构形式分为楔式、平行式和弹性闸板。一般楔式大多制造成单闸板，平行式闸阀两密封面是平行的，大多制造成双闸板，从结构上讲平行式比楔式闸阀易制造，好修理，不易变形，但不适用于输送含有杂质的介质，只能用于输送一般的清水。最近又发明一种弹性闸板，闸板是一整块的，由于密封面制造、研磨要求较高，适用在较高温度下，多用于黏性较大的介质，在石油、化工行业应用较多。

选用特点：闸阀密封性能较好，流体阻力小，开启、关闭力较小，用途比较广泛。闸阀也具有一定的调节流量的性能，并可从阀杆的升降高低看出阀的开度大小。闸阀一般适用于大口径的管道上。

内螺纹暗杆楔式闸阀尺寸、零件材料见表 12-22、表 12-23，闸阀剖面见图 12-17。

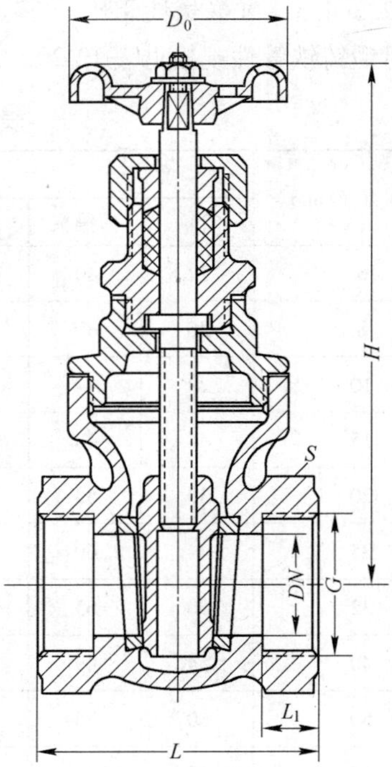

图 12-17　闸阀

表 12-22　内螺纹暗杆楔式闸阀尺寸及质量

公称通径 DN/mm	管螺纹 G	尺寸/mm					质量/kg
		L	L_1	S	H	D_0	
15	$\frac{1}{2}''$	60	12	32	108	55	0.7
20	$\frac{3}{4}''$	65	13	36	120	55	0.9
25	1″	75	15	46	135	65	1.4
32	$1\frac{1}{4}''$	85	17	55	153	65	2
40	$1\frac{1}{2}''$	95	19	65	177	80	3
50	2″	110	22	80	214	100	5
65	$2\frac{1}{2}''$	120	25	95	237	120	6.8

表 12-23　内螺纹暗杆楔式闸阀主要零件材料

零件名称	材　料	零件名称	材　料	零件名称	材　料
阀体、阀盖	灰铸铁	闸板、密封圈	黄　铜	垫片	橡胶石棉板
阀　杆	碳　钢	填　料	油浸石棉盘根		

12.4.2 截止阀

利用装在阀杆下面的阀盘与阀体的突缘部分来控制阀启闭，称为截止阀。是使用最为广泛的一种阀门。与闸阀比较，能够较快地开启和关闭，结构简单，但流体阻力较大。截止阀常用于全启全开操作的管路，也可以用于调节介质的压力流量，但不宜作疏水阀及真空管道系统的阀门。截止阀主要有三种形式：直通式、直角式、直流式，与管道连接可以是法兰也可以是螺纹。由于截止阀的阀体腔两侧不对称，所以安装时必须注意流向，管路中的流体应是由下而上流过阀盘，这样阻力小，开启阻力也小，阀杆不易损坏。

12.4.2.1 螺纹截止阀

螺纹截止阀的尺寸、零件材料见表 12-24、表 12-25，螺纹截止阀剖面见图 12-18。

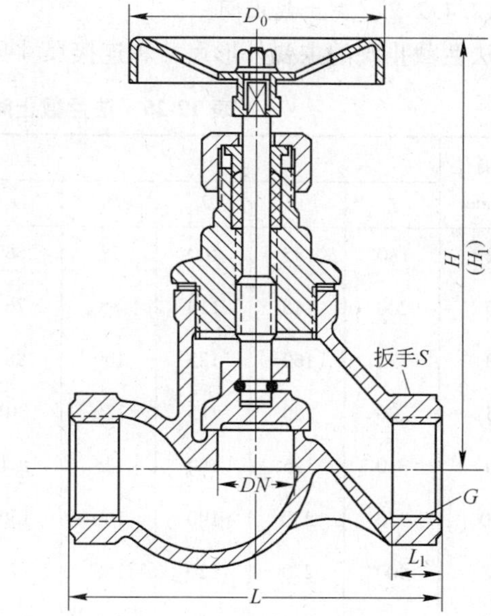

图 12-18 螺纹截止阀示意图

表 12-24 螺纹截止阀的尺寸及质量

公称通径 DN/mm	管螺纹 G	尺 寸/mm						质量/kg
		L	L_1	S	H	H_1	D_0	
15	$\frac{1}{2}''$	90	14	32	109	117	55	0.9
20	$\frac{3}{4}''$	100	16	36	109	117	55	1.1
25	1″	120	18	46	132	142	80	1.8
32	$1\frac{1}{4}''$	140	20	55	156	168	100	2.5
40	$1\frac{1}{2}''$	170	22	65	167	182	100	3.7
50	2″	200	24	80	182	200	120	5.5
65	$2\frac{1}{2}''$	260	26	95	200	223	140	9.3

表 12-25 螺纹截止阀的主要零件材料

零件名称	材 料	零件名称	材 料
阀体、阀盖、阀瓣	灰铸铁	填 料	油浸石棉盘根
阀 杆	碳 钢	垫 片	橡胶石棉板

12.4.2.2　法兰截止阀

法兰截止阀的主要外形尺寸和连接尺寸见表 12-26，法兰截止阀剖面见图 12-19。

表 12-26　法兰截止阀主要外形尺寸和连接尺寸

公称通径 DN/mm	尺寸/mm										
	L	D	D_1	D_2	D_6	b	Z-ϕd	D_3	H	H_1	D_0
32	180	135	100	78	66	18	4-18	ϕ105	270	290	160
40	200	145	110	85	76	18	4-18	ϕ120	300	325	200
50	230	160	125	100	88	20	4-18	ϕ125	335	367	240
65	290	180	145	120	110	22	8-18	ϕ180	380	420	280
80	310	195	160	135	121	22	8-18	ϕ200	415	465	280
100	350	230	190	160	150	24	8-23	ϕ240	465	525	320
125	400	270	220	188	176	28	8-25	ϕ275	520	595	360
150	480	300	250	218	204	30	8-25	ϕ305	575	665	400

12.4.3　球阀

球阀是利用一个中间开孔的球体作阀芯，靠旋转球体来控制阀的开启和关闭。它的结构较闸阀、截止阀简单，体积小，流体阻力小，可代替闸阀、截止阀使用。

12.4.3.1　螺纹球阀

螺纹球阀的主要外形尺寸、连接尺寸及质量见表 12-27，螺纹球阀剖面见图 12-20。

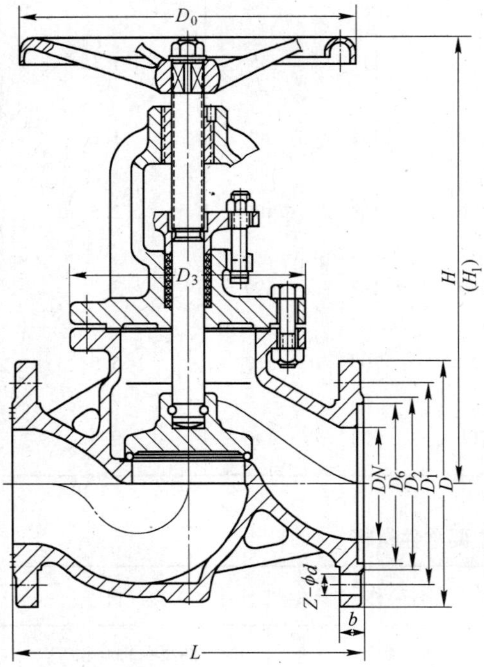

图 12-19　法兰截止阀

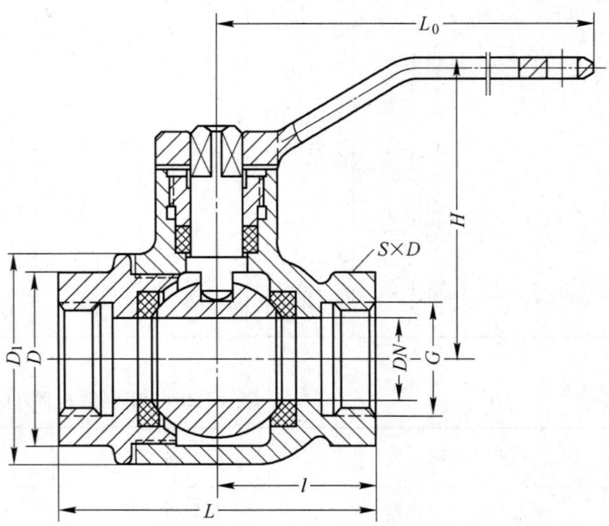

图 12-20　螺纹球阀

表 12-27　螺纹球阀主要外形尺寸、连接尺寸及质量

公称通径 DN/mm	管螺纹 G	尺寸/mm							质量/kg
		L	l	S	D	D_1	M	L_0	
15	$\frac{1}{2}$″	90	46	32	34.6	48	76	140	1.5
20	$\frac{3}{4}$″	100	50	36	41.6	56	81	160	2
25	1″	115	58	46	53.1	66	92	200	4
32	$1\frac{1}{4}$″	130	66	55	63.5	80	112	250	5
40	$1\frac{1}{2}$″	150	77	61	69.3	92	121	300	7.5
50	2″	180	91	75	86.6	114	137	350	10
65	$2\frac{1}{2}$″	190		90	104	136	147	350	12

12.4.3.2　法兰球阀

法兰球阀的主要外形尺寸、连接尺寸和质量见表 12-28，法兰球阀见图 12-21。

表 12-28　法兰球阀主要外形尺寸、连接尺寸和质量

公称通径 DN/mm	尺寸/mm							质量/kg
	L	D	D_1	D_2	Z-ϕd	H	L_0	
15	95	方 65	55	40	4-10	50	80	1.5
20	105	方 70	68	48	4-10	60	90	2
25	120	方 75	73	56	4-12	75	100	2.5
32	130	方 80	83	64	4-12	100	140	3
40	150	方 90	93	74	4-12	115	140	4
50	165	方 98	103	84	4-14	135	155	6
65	185	方 112	123	104	4-14	152	155	10
80	210	170	138	118	4-16	170	175	
100	235	190	158	138	4-16	185	200	

12.4.4　旋塞阀

利用阀件内所插的中央穿孔的锥形栓塞以控制启闭的阀件，称为旋塞。由于密封面的形式不同，又分填料旋塞、油密封式旋塞和无填料旋塞。

选用特点：结构简单，外形尺寸小，启闭迅速，操作方便，流体阻力小，便于制作成三通路或四通路阀门，可作分配换向用。但密封面易磨损，开关力较大。该种阀门不适用于输送高温、高压介质（如蒸汽），只适用于一般低温、低压流体，做开闭用，不宜做调节流量用。

12.4.4.1　旋塞阀的产品名称、型号、技术数据

各种旋塞阀产品名称、型号、技术数据见表 12-29。

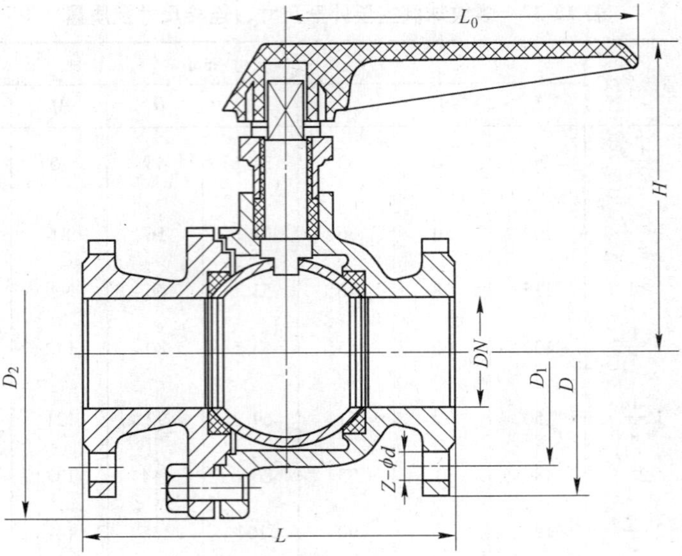

图 12-21　法兰球阀

表 12-29　旋塞阀产品名称、型号、技术数据

名　　称	型　号	公称压力/MPa	最高介质温度/℃	阀体材料	介　质	公称直径范围/mm
内螺纹三通旋塞阀	X14W-6T	60	200	灰铸铁	水、蒸汽、油品	15 ~ 50
内螺纹旋塞阀	X13T-10	100	200	灰铸铁	水、蒸汽、油品	15 ~ 50
内螺纹旋塞阀	X13W-10	100	100	灰铸铁	油品、煤气	15 ~ 50
旋塞阀	X43W-6	60	100	灰铸铁	油品、煤气	100 ~ 150
旋塞阀	X43T-10	100	200	灰铸铁	水、蒸汽、油品	25 ~ 150
旋塞阀	X43W-10	100	100	灰铸铁	油品、煤气	25 ~ 150

12.4.4.2　内螺纹旋塞阀

内螺纹旋塞阀的主要外形尺寸、连接尺寸及质量见表 12-30，内螺纹旋塞阀外形见图 12-22。

表 12-30　内螺纹旋塞阀主要外形尺寸、连接尺寸及质量

公称通径 DN/mm	管螺纹 G	尺　寸/mm						质量/kg
		L	L_1	S	H	h	S_1	
15	$\frac{1}{2}''$	80	16	30	99	26	11	0.8
20	$\frac{3}{4}''$	90	16	36	114	32	14	1.2
25	1″	110	18	46	131	36	17	2
32	$1\frac{1}{4}''$	130	20	55	152	45	19	3.2
40	$1\frac{1}{2}''$	150	22	60	202	75	22	5.2
50	2″	170	24	75	260	98	27	8.2
65	$2\frac{1}{2}''$	220	26	90	295	113	32	12
80	3″	250	30	105	327	125	36	19
100	4″	300	35	140	425	135	46	28

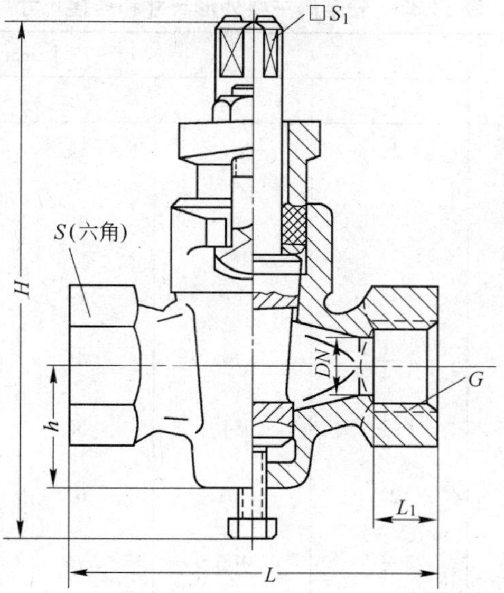

图 12-22 内螺纹旋塞阀

12.4.5 蝶阀

蝶阀的开闭件为一圆盘形、绕阀体内一固定轴旋转的阀门，称为蝶阀。该阀结构简单，外形尺寸小，质量轻，适合制造较大直径的阀，由于密封结构及材料尚有问题，所以该种阀门只适用于低压，用于输送水、空气、煤气等介质。蝶阀的主要外形尺寸、连接尺寸及质量见表12-31，蝶阀见图12-23。

表 12-31 蝶阀主要外形尺寸、连接尺寸及质量

公称通径 DN/mm	尺寸/mm								质量/kg
	L	D	D_1	b	Z-ϕd	H	H_0	D_0	
150	92	210	195	10	7-7	170	338	172	9
200	118	270	250	10	8-9	241	485	200	22
300	145	385	360	12	9-11	290	585	240	37
400	175	515	490	12	12-12	368	731	360	55
500	225	650	622	16	12-14	488	875	524	112
600	275	750	720	10	12-13	593	1076	373	130
800	260	950	920	10	16-17	685	1276	373	170
1000	300	1205	1160	12	20-18	1205	1500		250

12.4.6 安全阀

安全阀又称保险阀。用于锅炉、管道和各种压力容器中，控制压力不超过允许数值，防止事故发生。安全阀的主要外形尺寸和连接尺寸见表12-32，安全阀剖面见图12-24。

表 12-32　安全阀主要外形尺寸和连接尺寸

公称通径 DN/mm	管螺纹 ZG	尺　寸/mm				
		G	h	L	S	H
15	$\frac{1}{2}''$	$\frac{1}{2}''$	52	35	30	175
20	$\frac{3}{4}''$	$\frac{3}{4}''$	55	37	34	185
25	1″	1″	67	42	40	221
32	$1\frac{1}{4}''$	$1\frac{1}{4}''$	79	45	48	247
40	$1\frac{1}{2}''$	$1\frac{1}{2}''$	84	55	56	270
50	2″	2″	101	67	66	305
65	$2\frac{1}{2}''$	$2\frac{1}{2}''$	106	76	86	362

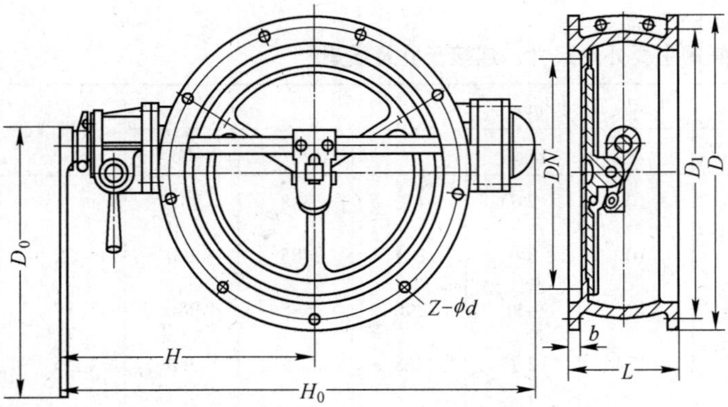

图 12-23　蝶阀

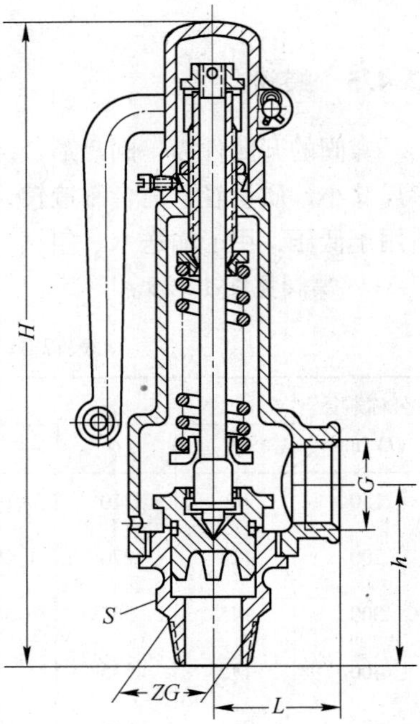

图 12-24　安全阀

13 水系统管网的设计与安装

13.1 水系统管网设计原则[1]

空调水系统设计应坚持的设计原则是：（1）力求水力平衡；（2）防止大流量小温差；（3）水输送系数要符合规范要求；（4）变流量系统宜采用变频调节；（5）要处理好水系统的膨胀与排气；（6）解决好水处理与水过滤；（7）切勿忽视管网的保冷与保温效果。

13.1.1 水系统设计应力求各环路的水力平衡

13.1.1.1 *技术要求*

空调供冷、供暖水系统的设计，应符合各个环路之间的水力平衡要求。对压差相差悬殊的高阻力环路，应设置二次循环泵。各环路应设置平衡阀或分流三通等平衡装置。如管道竖井面积允许时，应尽量采用管道竖向同程式。

13.1.1.2 *存在的问题*

据统计，空调水系统的输配用电，在冬季供暖期约占动力用电的20%～25%；在夏季供冷期约占动力用电的12%～24%。因此，降低空调系统的输配用电是目前宾馆饭店及各公用建筑物节约用电的一个重要环节。

据对一些高层宾馆、饭店空调水系统的测试资料数据表明，普遍存在着不合理的大流量小温差问题。冬季供暖水系统的供回水温差：较好者为6～8℃，较差者只有3℃；夏季供冷水系统的供回水温差：较好者为3～4℃左右，最差者只有1～1.5℃。而循环水量一般是设计水量（或水泵额定流量）的1.5倍。

13.1.2 防止大流量小温差

13.1.2.1 *造成大流量小温差的原因*

造成大流量小温差的原因有以下几方面：

（1）设计水流量一般是根据最大的设计冷负荷（或热负荷）再按5℃（10℃）供回水温差确定的，而实际上出现最大设计冷负荷（或热负荷）的时间，即按满负荷运行的时间，每年不超过10～20h，绝大部分时间是在部分负荷条件下运行。

（2）水泵扬程一般是根据最远环路、最大阻力，再乘以一定的安全系数后确定的，然后结合上述的设计水流量，查找与其一致的水泵铭牌参数而确定水泵型号，而不是根据水泵特性曲线确定水泵型号。因此，在实际水泵系统运行中，水泵实际工作点是在铭牌工作点的右下侧，故实际水流量要比设计水流量大20%～50%。

（3）在较大的水系统设计中，设计计算时常常没有对每个环路进行水力平衡校核，对于压差相差悬殊的环路，多数也不设置平衡阀等平衡装置，施工安装完毕之后一般又不进行认真的调试，环路之间阻力不平衡所引起的水力工况、热力工况失调现象只好靠大流量来掩盖。

13.1.2.2 *扭转大流量小温差的方法*

扭转大流量小温差的方法如下：

（1）对空调供冷、供暖水系统，不论是建筑物内的管路，还是建筑物之外的室外管网，均需按设计规范要求进行认真计算，使各个环路之间符合水力平衡要求。现已有计算机软件，可使阻力计算和水力平衡计算快捷而准确。

（2）当遇到某个或某几个支环路比其余环路压差相差悬殊（如阻力差10kPa以上）时，就应在这些环路增设二次循环水泵，以避免整个系统为满足这些少数高阻力环路需要，而选用高扬程的总循环水泵。

（3）考虑到设计时难以做到各环路之间的严格水力平衡，以及施工安装过程中存在的种种不确定因素，在各环路中应设置平衡阀等平衡装置，以确保在实际运行中，各环路之间达到较好的水力平衡。在系统投入运行之前，必须要进行调试。

13.1.3　供冷与供暖的水输送系数必须符合规范指标

13.1.3.1　水输送系数及相关因素

供冷的水输送系数，是供冷的水循环所输送的显热交换量（kW）与所选配循环水泵电机额定功率（kW）的比值。供暖的水输送系数，是供暖的水循环所输送的显热交换量（kW）与所选配循环水泵电机额定功率（kW）的比值。水输送系数是衡量空调供冷与供暖水系统设计是否节能的一项综合指标。它的数值不但与管径确定时的水力摩阻值选取有关，而且还与各种换热设备、阀门、管路布置方案以及水泵选择等诸因素密切相关。

13.1.3.2　水输送系数指标

空调供冷的水输送系数，不应小于30。供暖的水输送系数：对两管制系统，严寒地区不应小于190，寒冷地区和夏热冬冷地区不应小于150，夏热冬暖地区不应小于130；对四管制系统中的供暖水输送系数，各地区均不得小于90。

13.1.3.3　供冷水管路比摩阻与水输送系数

空调供冷水系统循环水泵多数设置在本座建筑内，输送距离较短，供回水温差取值又较小，故循环水量较大。对最远环路全长计为60～200m的系统，一般按200～500Pa/m的比摩阻确定管径，以使水管管径不至于过大和限制循环水泵扬程不至于过高。

专家们对某些工程的空调供冷水系统进行了实测，在部分负荷条件下的实际水输送系数，见表13-1。

表13-1　实测平均供冷水输送系数

工程项目代号	A	B	C	D	E	F
平均水输送系数	25.6	28.6	26.4	14.6	28.2	21.5
平均供回水温差/℃	2～3	2.5～3.5	3～3.5	3.5左右	3.5～3.7	1.5～1.9
备　注	一、二次泵系统	一次泵系统	客房区一、二次泵、公共区一次泵	一、二次泵系统	一次泵系统	一次泵系统

从表13-1所列数据可见，只要把大流量小温差问题解决好，供冷的水输送系数就不会小于30。

13.1.3.4　供暖水管路比摩阻与水输送系数

空调供暖水系统由于锅炉离空调建筑的距离一般都较大，再加上空调建筑内部的输送管路，其总长度一般为 $L=200\sim800$m，将水流速限制在2m/s以下，供回水温差取15℃时的 R 值：

当 $\Sigma L\leqslant300$m时，比摩阻 R 取200Pa/m；

当 300m≤ΣL≤500m 时，R 取 140Pa/m；

当 500m≤ΣL≤700m 时，R 取 100Pa/m；

当 700m≤ΣL≤900m 时，R 取 80Pa/m。

可见管路阻力一般为 60kPa 左右，但还应考虑到末端装置、控制调节阀、除污器、热交换器等附加局部阻力，故其总阻力一般在 190～250kPa 范围内。因此对严寒地区、寒冷与夏热冬冷地区、夏热冬暖地区两管制系统的空调供暖水输送系数分别规定为不小于 190、150 和 130。关于四管制，北京地区有少量旅游旅馆设计安装过，但实际使用中很少按四管制运行，因此，从节能和节省初投资出发，对四管制系统严格限制在一级旅馆中采用，而且供暖水输送系数各地区均不得小于 90。

13.1.4　二次泵系统宜设置变频调速装置或选用自带调节装置的水泵

13.1.4.1　台数控制节电不明显

目前，在二次泵的空调供冷、供暖水系统设计中，一般是通过压差信号对二次泵进行台数控制，以实现变流量调节。但二次泵空调工程较难调试出来。这是因为压差信号对实际水系统中的流量变化并不敏感，而且并联水泵越多，敏感度也越低。再说台数控制只能实现有级的流量调节，另外由于水泵实际工作点往往不能处于效率最高点，即使流量减小了，实际用电量减少并不多。

从表 13-1 可见，设置一、二次水泵系统的 A、D 工程的供冷水输送系数的实测值均小于一次泵系统的 B、E 工程（因为 F 工程水泵开启台数过多，实测水输送系数最小，应除外）。故在一、二次泵水系统中，如单纯靠台数控制实现变流量调节，当其水泵选配不当时，反而会比一次泵系统更费电。

13.1.4.2　变频调速节电效果好

变流量调节采用变频调速装置效果好，许多工程证明采用变频调速装置已获得了显著的节电效益。如某饭店共选用 3 台变频调速装置，分别对冷水泵、冷却水泵和供暖水泵进行变流量调节，投入运行一年就节电 50 万 kW·h，而三套变频调速装置的投资费仅为 13 万元，投资回收期不足两年。

13.1.5　水系统的膨胀、补水、排水与排气

13.1.5.1　水系统的膨胀与定压

许多公用建筑的空调设计大多采用风机盘管 + 新风系统或全空气空调系统，实现向各空调房间的夏季供冷和冬季供暖。因而在水系统中必须解决因水温变化而引起的水膨胀问题。故应在高于回水管路最高点 1～2m 处设膨胀水箱。膨胀水箱容积按系统大小而定，一般可选标准膨胀水箱，其容积范围为 0.2～4.0m^3，外廓尺寸为长×宽×高 = 700mm×600mm×800mm～2500mm×1800mm×1200mm。膨胀水箱设有膨胀管、补水管、溢水管和泄水管，并应设有水位控制仪表或浮球阀。

大中型工程的水系统，可用定压补水装置取代膨胀水箱，效果更好。

13.1.5.2　水系统的补水与排水

水系统的注水与补水均应通过膨胀水箱或定压补水装置来实现。因此，应将膨胀管单独与制冷机房中的集水器或水泵入口处相接，这样在系统安装调试时的新注水或在平时运转中的补充水，均可通过膨胀水箱或定压补水装置注水，使全套水管路系统从位置较低的集水器由低向高进行，从而将管路系统中的空气由下向上通过排气阀和膨胀水箱

而排除。许多工程安装为图省工省料，将膨胀水箱的膨胀管就近与较高处的回水管相接，致使系统中的空气难以排除而招致供水压力长时间不稳定。

水系统的排水阀应设在系统的最低点（集水器或制冷机与水泵水管路最低点），以便检修或改装时能将系统管路中的水全部排除。

13.1.5.3 水系统的排气

安装在每层建筑物的风机盘管回水管路和新风机组或空调机组回水管路的末端最高点，均应装设自动排气阀。如支环路较长而使管路转弯较多时，或某些水管路为躲避消防管、新风管和装设在吊顶内的较大断面电缆等而有上下转弯时，均应在转弯的最高点设置自动排气阀。中央空调水系统常见弊病之一就是水中带气，而气又难以排除，究其原因就是自动排气阀设置过少或设置不当而造成的。

13.1.6 水系统的水处理与水过滤

民用建筑空调水系统的水质稳定处理，尚未引起一些设计人员的重视。而长时间循环使用的冷水和冷却水往往由于重碳酸盐、细菌和藻类杂物等因素，使冷水机组中的蒸发器和冷凝器等热交换设备结垢或腐蚀，从而增大设备热阻、降低制冷量和机组寿命。

目前水质稳定处理使用较多的有药物水处理法和电子水处理法。药物水处理多用于冷却水系统的水质处理，有通用型、缓蚀型和阻垢型。而电子水处理仪有用于冷却水系统的，也有用于冷水（冷媒水）系统的。不同规格的电子水处理仪可安装在管径为 *DN*12 ~ *DN*300 的管路上，但电子水处理仪水处理效果不太明显，目前在一些工程上已不再应用，而自动加药水处理装置的应用日渐增多。

水过滤也是水系统设计中必须注意的一个重要问题。在水系统中设置水过滤器滤除循环水中粉尘纤维、砂石砖块、植物性碎屑等极为重要。常用的过滤装置有金属网、尼龙网状过滤器，Y 形管道式过滤器和角通式、直通式除污器等。在水系统运转期间过滤器要定期清洁，以保证水路畅通无阻。而 ZPG 型自动排污过滤器则具有自动冲洗排污功能（可正常冲洗，也可反冲洗）。

13.2 水系统的设计计算

13.2.1 水管的流速、温升、冷损失、容水量

水管的流速、温升、冷损失、容水量见表 13-2 ~ 表 13-5。

表 13-2 空调冷（热）水在管道中的流速 (m/s)

水泵吸水管	1.2 ~ 2.1	室内供水立管	0.9 ~ 3.0
水泵出水管	2.4 ~ 3.6	集管（分水器和集水器）	1.2 ~ 4.5
一般供水干管	1.5 ~ 3.0		

注：室内要求安静时，宜取下限；直径大的管道，宜取上限。

表 13-3 每 100m 保温冷水管的沿途温升值 (℃/100m)

保温后的外径/mm	50	70 ~ 80	100	150	200 以上
近似的温升值/℃	0.15	0.1	0.07	0.05	0.03

表 13-4　每米长冷水管道的冷损失 q_{sg} 值　　(W/m)

保温后管道外径 D/mm	管内外温差 ($t_{pw}-t_{pn}$) /℃					
	15	20	25	30	35	40
60	2.4	3.1	3.9	4.6	5.5	6.3
80	3.1	4.2	5.2	6.3	7.3	8.4
100	3.9	5.2	6.5	7.1	9.2	10.4
150	5.9	7.1	9.7	11.7	13.7	15.7
200	7.1	10.4	13.0	15.7	18.2	19.3
250	9.7	13.0	16.2	19.6	22.7	26.0
300	11.6	15.5	19.6	23.3	27.4	31.3

表 13-5　空调冷（热）水系统的估算容水量　　(L/m^2 建筑面积)

系　统	全空气系统	空气-水系统	系　统	全空气系统	空气-水系统
供热：热水锅炉	1.25 ~ 2.00	1.20 ~ 1.90	供　冷	0.40 ~ 0.55	0.70 ~ 1.30
热交换器	0.40 ~ 0.55	0.70 ~ 1.30			

13.2.2　水管管径、冷却塔水量与水泵扬程计算

13.2.2.1　冷却水及冷(热)水管道的管径计算

$$d = \sqrt{\frac{4v}{3600\pi w}} \tag{13-1}$$

式中　v——冷却水、冷(热)水流量，m^3/h；因水 $v = 1m^3/kg$，故 $v = G$；

w——冷却水，冷(热)水流速，m/s；当 $d > 200mm$ 时，$w = 2 \sim 2.5m/s$；当 $d < 200mm$ 时，$w = 1.5 \sim 2m/s$。

13.2.2.2　冷却塔冷却水量计算

$$W = \frac{Q}{c(t_{W_1} - t_{W_2})} \tag{13-2}$$

式中　Q——冷却塔排走热量，kW；压缩式制冷机，取制冷机负荷的 1.3 倍左右；吸收式制冷机，取制冷机负荷的 2.5 倍左右；

c——水的比热容，kJ/(kg·℃)，常温时 $c = 4.1868$kJ/(kg·℃)；

$t_{W_1} - t_{W_2}$——冷却塔的进出水温差，℃；压缩式制冷机，取 4 ~ 5℃；吸收式制冷机，取 6 ~ 9℃。

13.2.2.3　水泵扬程计算

（1）冷却水泵所需扬程：

$$H_{p_1} = h_{f_1} + h_{d_1} + h_m + h_s + h_0 \tag{13-3}$$

式中　h_{f_1}，h_{d_1}——冷却水管路系统总的沿程阻力和局部阻力，kPa；

h_m——冷凝器阻力，kPa；

h_s——冷却塔中水的提升高度（从冷却塔接水盘到喷嘴的高差），10^2kPa；

h_0——冷却塔喷嘴喷雾压力，kPa，约等于 50kPa。

（2）冷水泵所需扬程：

$$H_{P_2} = h_{f_2} + h_{d_2} + h_n \tag{13-4}$$

式中　h_{f_2}，h_{d_2}——冷水管路系统总的沿程阻力和局部阻力，kPa；

h_n——蒸发器阻力，kPa。

13.2.3　设备阻力损失与管网阻力损失

冷凝器与蒸发器等设备的阻力损失见表 13-6。管网阻力损失计算另有教科书讲解，限于篇幅，此处从略。

表 13-6　设备阻力损失

设备名称	阻力/kPa	备　注	设备名称	阻力/kPa	备　注
离心式制冷机			冷却塔	20～80	不同喷雾压力
蒸发器	30～80	按不同产品而定	冷热水盘管	20～50	水流速度为 0.8～1.5m/s 左右
冷凝器	50～80	按不同产品而定	热交换器	20～50	
吸收式制冷机			风机盘管机组	10～20	风机盘管容量愈大，阻力愈大，最大 30kPa 左右
蒸发器	40～100	按不同产品而定			
冷凝器	50～140	按不同产品而定	自动控制阀	30～50	

13.2.4　凝结水管路系统的设计

各种空调设备（例如风机盘管机组、柜式空调机组、新风机组、组合式空调机组等）在运行过程中产生的冷凝水，必须及时排走。排放凝结水的管路系统设计，应注意以下各要点：

（1）风机盘管凝结水盘的泄水支管坡度，不宜小于 0.01。其他水平支干管，沿水流方向，应保持不小于 0.002 的坡度，且不允许有积水部位。如受条件限制，无坡度敷设时，管内流速不得小于 0.25m/s。

（2）当冷凝水盘位于机组内的负压区段时，凝水盘的出水口处必须设置水封，水封的高度应比凝水盘处的负压（相当于水柱高度）大 50% 左右。水封的出口，应与大气相通。

（3）冷凝水管道宜采用聚氯乙烯塑料管或镀锌钢管，不宜采用焊接钢管。

采用聚氯乙烯塑料管时，一般可以不加防二次结露的保温层；采用镀锌钢管时，应设置保温层。

（4）冷凝水立管的顶部，应设计通向大气的透气管。

（5）设计和布置冷凝水管路时，必须认真考虑定期冲洗的可能性。

（6）冷凝水管的公称直径 DN（mm），应根据通过冷凝水的流量计算确定。

一般情况下，每 1kW 的冷负荷每小时产生约 0.4kg 左右的冷凝水；在潜热负荷较高时，每 1kW 冷负荷每小时产生约 0.8kg 冷凝水。

通常，可以根据机组的冷负荷 Q（kW）近似选定冷凝水管的公称直径，见表 13-7。

表 13-7　冷凝水管道的直径

机组冷负荷 Q/kW	冷凝水管径 DN/mm	机组冷负荷 Q/kW	冷凝水管径 DN/mm
≤7	20	599～1055	80
7.1～17.6	25	1056～1512	100
17.7～100	32	1513～12462	125
101～176	40	>12462	150
177～598	50		

（7）闭式系统的热水和冷水管路的每个最高点，应设排气装置。为了拆装检修，在排气装置前应加装一个阀门。为避免排气装置漏水，排气管最好接至水池或室外。

（8）系统最低点和需要单独放水的设备（如表冷器或加热器等）的下部应设带阀门的排水管，并接入地漏。

13.2.5　同程式、异程式和水力平衡

13.2.5.1　同程式和异程式

在大型中央空调系统中，水管布置方式对空气调节效果的影响不能忽视。目前水管布置方式可分为两大类：即同程式和异程式。图 12-12 所示为同程式布置方式，当各个空气处理设备的水阻力大致相等时，由于各并联环路的管路总长度基本上相等，所以系统的水力稳定性能好，流量分配均匀。而图 12-9 所示为异程式布置方式，它的优点是水管配置简单，管材省，但缺点是各并联环路的管路总长度不相等，存在着各环路间阻力不平衡状况，从而导致了流量分配不均的可能性。如果在管路设计和施工安装时采取适当措施，使公共管路阻力小一些，或者在各并联支管上安装流量平衡调节装置，异程式的管路布置也是可以达到满意效果的。

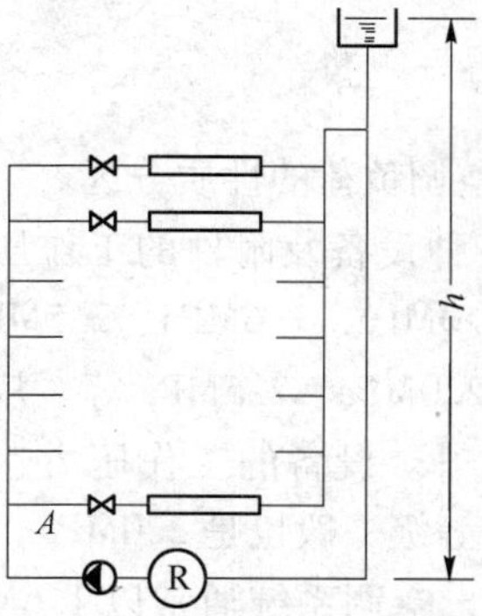

图 13-1　同程式水系统

图 13-1 为同程式的另一种布置方式。对比图 12-12 和图13-1两种不同的同程式布置方式，可明显看出图 12-12 的布置优于图 13-1 的布置。因为图 12-12 布置方式对降低系统承压有利，当系统运行时，图 12-12 中 A 点的承压力为：

$$p_A = \rho gh + p - p_d - \Delta p_{B-A} \tag{13-5}$$

而图 13-1 中 A 点的承压则较大，如式（12-3）所示，为：

$$p_A = \rho gh + p - p_d$$

式中　Δp_{B-A}——水泵出口至 A 点的压力损失，Pa。

设法降低管网系统水力的不平衡和防止管网系统承受过大的压力是至关重要的，除应采用同程式系统外，其他技术措施有：在管路系统中安装平衡阀、引流三通和减压稳压阀等。

13.2.5.2　平衡阀

A　平衡阀的功能

（1）流量调节和水力平衡。通过旋转手轮，可以读出阀门的开度，因此能解决各分支管路间的流量分配和水力平衡。

（2）流量测量。可通过测压孔测出压降值，按性能曲线图，即可得出对应的流量；流量值也可由智能式电子压差流量计直接读出。

（3）隔断。当阀门处于全关位置时，则可截断水流。

（4）排污。利用排污口，可以排除管段中的存水。

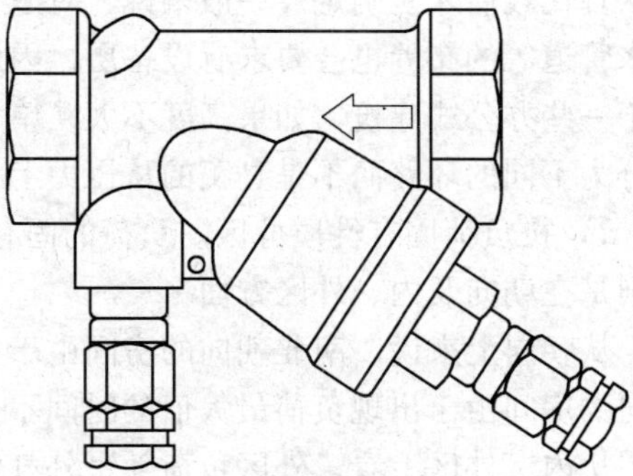
图 13-2　平衡阀

B　平衡阀的构造

平衡阀的构造，见图 13-2。在旋转手轮下部带有旋转圈数的指示环。

C 利用平衡阀平衡水系统的方法[1]

首先要分析确认管网系统。

(1) 分析已安装好的管网，确认干管、立管、支管及末端装置。

(2) 将管路系统中全部平衡阀、蝶阀、自动调节阀等所有阀门（除旁通阀外）一律打开。

(3) 当末端装置采用三通调节阀时，应保持旁通管路中平衡阀的压降与末端装置的压降相同。

(4) 准备 1～2 台智能式电子压差流量计（或压差计），由 2 名以上的工作人员配备步话机，以便按平衡阀的技术说明书进行平衡工作时的联系。

13.3 水系统的分区及高层、超高层建筑水系统的承压[20～22]

13.3.1 水系统的分区

水系统的分区通常有两种方式，即按水系统压力分区和按承担空调负荷的性质分区。

(1) 按压力分区。在空调水系统中，由于机械制造的原因，各种设备及附件的工作压力是有一定限制的，国产附件如阀门等的压力等级一般有 0.6MPa、1.0MPa、1.6MPa、2.5MPa、4.0MPa 等，设备的压力等级一般分为 0.8MPa、1.2MPa、1.6MPa、2.0MPa、2.5MPa 等。从附件的制造来看，当工作压力达到 2.5MPa 以上时，其造价将成倍上升。设备的工作压力达到 2.0MPa 以上时，也会出现类似的情况。另外，普通焊接钢管的压力等级一般也是 2.0MPa。

从这一实际情况出发，为了减少投资及减少对建筑本身的影响，空调系统通常以 1.6MPa 作为工作压力划分的界限，即在设计时，使水系统内所有设备和附件的工作压力都处于 1.6MPa 之下。考虑到水泵扬程大约 40m 左右，因此，水系统的静压应在 120m 以下，对于目前的建筑来说，这相当于大约室外高度 100m 左右的建筑（地下室 -10m 左右）。当建筑高度较高，使得水静压大于 1.2MPa 时，水系统宜按竖向进行分区以减少系统内的设备承压。

(2) 按负荷性质分区。负荷性质本身包括两个主要方面，即使用特性和固有特性。

1) 按使用性质分区。从使用性质上看，主要是各区域在使用时间、使用方式上有较大的区别，这一点在综合性建筑中较为明显，如酒店建筑中的客房与公共部分，办公建筑中的办公室与公共部分等等。公共部分本身像餐饮、商场、娱乐等在使用时间上也存在一定的区别。

按使用性质分区的好处是可以各区独立管理，不用时可以最大限度的节省能源，灵活方便。从高层建筑来看，通常在公共部分与标准层之间都有明显的建筑形式转换，以此转换处分区既对竖向分区有利，也对使用方式上的分区有利，是一种较好的方式。但这一分区通常要求设一个分区转换建筑层（有时也称为设备层），它将对建筑形式尤其是投资产生较大的影响，应认真比较后才能确定。一般来说，对于上部为客房，下部为公共区域的高层酒店而言，由于排水管道等的布置也会要求有设备层，因此这时空调水系统的分区是可以与之一起考虑的。但对于一些办公式建筑，如果高度不大，单为空调专业设置设备层是不经济的，因此，此时通常是分为不同的环路而不是真正的从压力上分开。

2) 按负荷固有性质分区。负荷的固有特性当然与房间使用性质有一定关系，但影响更多的则是在朝向及内、外区方面。

从朝向上来说，南北朝向的房间由于日照不同，在过渡季节时的要求有可能不一致；东西朝向的房间由于出现负荷最大值的时间不一致，在同一时刻也会有不同的要求。

从内、外区上看，外区负荷随室外气候的变化较为明显；而内区负荷相对比较稳定，全年以供冷的时间较多。

因此，水系统可以考虑到上述不同的要求，进行合理的分区或分环路设置。同时，水系统的分区也应和空调风系统的划分相结合来考虑才是合理的。在某些建筑中，可能既有竖向分区，又有水平分区。

13.3.2　国内外超高层建筑概况

13.3.2.1　国内超高层建筑

自20世纪90年代以来，国内超高层建筑像雨后春笋般的拔地而起。据不完全统计，仅上海新建100m以上的超高层建筑达数十座之多。表13-8列举了上海部分超高层建筑的有关资料。

表13-8　上海新建超高层建筑（100m以上）

序号	名称	建筑总面积/m^2	层数（地上/地下）	建筑总高度/m
1	上海广播电视大厦	3000	17/1	约100
2	静华大厦	28750	27/1	100
3	中创静安商厦	32300	24/2	100
4	建银大厦	70000	26/1	100
5	强生大厦	33584	27/1	100
6	港务大厦	61000	28/2	102
7	交大高科技大厦	27400	24/1	104.4
8	海贸中心大厦	53418	26/2	108.7
9	光明大厦	30000	32/2	121
10	解放日报新闻大厦	29500	27/1	121.4
11	华山路高级住宅	33000	40/2	126.1
12	银东大厦	51388	30/2	130
13	世界贸易商城	282432	33/2	140
14	银冠大厦	95500	34/3	141.9
15	华能联合大厦	73000	38/3	142
16	希尔顿饭店	—	—	143
17	中国煤炭大厦	69000	34/2	152
18	久事大厦	61000	40/3	160
19	中国保险大厦	66991	39/3	166.7
20	建设大厦	77402	44/2	173
21	新世界商城	115000	44/2	185
22	恒隆广场2号楼	—	—	185
23	国际航运大厦	114900	50/3	200
24	新金桥大厦	59793	41/2	213
25	徐家汇港汇广场	352000	53/2	225
26	恒隆广场1号楼	—	—	250
27	金茂大厦	300000	88/3	420.5
28	环球金融中心	335420	94/3	460

13.3.2.2　世界超高层建筑

世界超高层建筑排列图如图13-3所示。

图 13-3　世界超高层建筑排列

13.3.3　高层、超高层建筑水系统设备、管件、管材的承压

随着建筑高度增高，空调水路系统承受水压就愈大，对于100m 高建筑来说静水压力就达到1.0MPa 左右。目前我国超高层建筑中，上海静安希尔顿饭店（143m），中间不设设备层，膨胀水箱设在146m 处，水泵扬程为367.5kPa（37.5mH_2O，水泵对于蒸发器是压出式安装），系统内最大压力约1.9MPa。选用管材、部件、设备（蒸发器、末端装置）需要承压2.1MPa。上海金茂大厦（420.5m）高区水系统承压达2.8MPa（不包括制冷机）。提高空调水系统承压能力，有着巨大的经济效益和社会效益。超高层建筑盖在城市黄金地段，地价和楼价是当地最贵的，中间设置设备层经济上是不合算的，如果占用两个标准层为设备机房的话，会使好地段楼价达1 亿元（人民币），业主得不到回报。同时也会影响建筑物立面景观和建筑物造型。高承压水路系统设计从节能来考虑经济意义也是显著的，对于一幢150m 高建筑，中间不设板式换热器，垂直一个系统供回水温度是7/12℃，如果中间设板换，上层的供回水就是9/14℃，有一半建筑空调通过板换供冷，热效率至少下降20% 左右，而且末端装置换热面积要加大20%，对于安装、设备投资、噪声均带来问题。当然高承压设计设备压力增加，造价随之提高，但是相对于高承压系统整体效益还是比较小的。按理论一幢500m 高的建筑，最理想的空调水系统是中间不设任何转换设备垂直系统，最大静水压力为5.0MPa，目前还没有发明减低静水压力的装置，设备承压能力是有限的，只能采用一次板换，甚至二次板换来解决。目前国内有的工程100m 以下建筑中间设置一个转换层，那是没有必要的。

（1）设备和管件承压能力。

1）离心式冷水机组（国外或合资企业生产的）

普通型　$PN = 1.0$MPa；

加强型　$PN = 1.7$MPa；

特加强型　$PN=2.1$MPa。

2）螺杆式制冷机（国外或合资企业生产的）。蒸发器水侧压力2.45MPa，油分离器的设计压力为2.41MPa，冷媒侧的出口管上配有安全阀，其起跳压力为2.41MPa。

3）板式换热器。工作压力最高达2.5MPa压力，测试压力是1.5倍的工作压力。有的工作压力可达到2.2MPa（使用时板式换热器是两侧均受压工况）。整体式板式换热器最大工作压力为3.0MPa。

4）末端设备承压。风机盘管：采用高纯度无缝紫铜管与百叶式正弦形铝质散热片，经14MPa水压胀管，使铜管与铝片紧密结合。集水头采用黄铜锻造，水流设计分布均匀，能发挥最高的整体传热效果，承压可达6.4MPa。另外一种采用无缝铜管用铝翅片机械胀接作了过冷处理，盘管的工作压力设计为3.1MPa。空调机组的冷热盘管：采用纯铝质缠绕铝鳍片，以10MPa以上水压紧密结合于5/8in紫铜管上，承压可达6.4MPa。冷却和加热盘管采用铜管、铝翅片、翅片用机械加压胀接在铜管上。盘管试验压力3MPa，最大设计工作压力为1.5MPa（york. ysm系列）。

5）VAV空调机组的冷热盘管类似上述空调机组，末端装置设备，经过二次试压，耐压能力高，标准水侧压力为2.5MPa。

（2）管材和管件的公称压力（GB 1048—1970）。低、中、高压管道和低、中、高压阀门的公称压力详见第12章12.2节。

公称压力小于或等于32MPa的阀门其试验压力为公称压力的1.5倍。

无论从设备、管材、部件或施工焊接，系统运行压力维持2.1MPa、2.8MPa均是可能的，上海静安希尔顿饭店已经在2.1MPa以下使用10年左右。对于空调水系统热水温度在50～60℃之间，在高压力下万一出现管子破裂，只要裂口不对准人体，安全是不会有问题的。民用建筑2.1MPa左右算高压力，对于石油化工业这种压力仍属中低压力。一旦管材破裂，系统压力下降时，有压力保护装置的水泵会自动停泵的。上海金茂大厦，高区板换系统承压达2.8MPa，是目前我国空调系统承压的最高压力，但是其制冷机仍维持在2.1MPa系统内，运转几年没有出现问题。说明高承压设计是可靠的，有其经济意义和使用价值。

（3）超高层建筑为了使空调设备，特别是制冷机不上楼，与尽量少上楼布置，因此在设计中必须提高设备承压能力，不能受传统框框限制。香港中环广场（368m），风冷机组分别布置在5层与6层、44层与45层、70层与71层以及72层（共3个设备层）。每个设备层设3台600RT热泵式风冷机组，设备层高约8m（标准层高为4m，一个设备层高为两个标准层高），四周外墙上设有进风百叶窗，风冷冷凝器与压缩机组分体，冷凝热通过设备层上面周边百叶窗排出。每个设备层空调水路系统均承受1.6MPa压力。由于香港政府在建筑法规上限制使用冷却塔，只能把风冷制冷机布置在中间几层。采用高承压水路系统设计，对减少设备层数量是有很大经济意义的。香港中银大厦（73层，315m高），采用10台340RT风冷制冷机安装在第四层设备层内。还有2台340RT风冷机安装在第50层设备间，中间几层空调水系统最大承压达到2.1MPa。这完全为照顾建筑物立面需要而设计的，除了经济效益外还具有环境效益与社会效益。

（4）目前我国超高层建筑绝大部分水路系统，中间加水-水换热器，把冷水从低层区提升至高层区进行闭式热交换。使低层区与高层区承受各自高度的压力。从而避免了低层区承压过大。

一次水为7℃/12℃，二次水为9℃/14℃，送风温度为17℃，室温为25℃。深圳发展中心大厦（165m）、深圳彭年广场（222m）、北京名人广场（138m）、深圳蛇口新时代广场（150m）、蛇口海景广场（155m）、深圳加里中心（145m），均是采用板式换热器交换冷热水的。只不过一次水与二次水温度设计取值不同，而且实际运行中又有差异而已。

例如，深圳发展中心大厦：

设计：一次水5℃/10℃，二次水7℃/12℃。

实际运行：一次水7℃/12℃，二次水10℃/14℃。

其原因：

1）选用Carrier离心式冷水机组，在冷水出水温度5℃时容易产生“喘振”，出现过多次停机跳闸现象。

2）冷水供水温度在5℃时，由于保温施工质量较差，系统部件表面冷凝水量过多。

3）板式换热器换热效率问题。按公式计算出来二次水温度可能有问题，由于温差仅为1~2℃左右，按传热公式计算很难精确。应按厂家提供的实测数据。目前国内运行的板式换热器二次水出水温度均在8℃以上。而深圳发展中心大厦一次水7℃进水，二次水只能达到10℃出水。

提高空调水路系统承压能力，关键是提高制冷机和板式换热器的承压能力。而制冷机的蒸发器的管壁厚度和板式换热器的板面厚度均与承压能力有关，板面和管壁加厚了、承压能力提高了，传热效率则要下降。而我国超高层工程中，外方设计最高承压，制冷机为2.1MPa，而板式换热器最高承压为2.8MPa，相对空调末端设备的盘管均为水压胀管而成，承压均可达到6.4MPa，在超高层工程中使用是没有问题的。因此提高水路系统承压能力，关键是提高制冷机蒸发器水侧承压能力。

对于超高层建筑空调设计，不能受设备制造厂家约束，承压能力可以根据系统需要进行特殊订购，来满足楼宇设计要求。管材施工同样也应按特殊要求进行施工。试验压力按规定要达到设计压力的1.5倍。实际上超高层建筑试压仅为设计压力的1.25倍。

随着技术的发展，国内有人借鉴膜流运动理论，采用类似于流体非满管流的减压方式，已经在高层建筑直连供暖工程中得到应用。同样也能在超高层建筑空调水路系统上采用，届时超高层建筑水路设计上将有新的突破性的进展。

13.4　高层、超高层建筑水系统的设计[21,22]

超高层建筑的概念是相对于高层建筑而言的，其划分标准是以建筑室外地面以上高度100m为界的。如前所述，通常水系统竖向分区也是100m左右为界，因此，超高层建筑在水系统上进行分区是合理的。其竖向分区的界限可以和超高层建筑中的避难层结合来考虑。

13.4.1　建筑高度在100~200m之间的水系统设计

这个高度可以考虑两个水系统，即高、低区系统。其冷源方案也有两种形式。

13.4.1.1　高、低区合用冷、热源

低区采用水冷冷水机组直接供冷，同时在设备层设置板式换热器，作为高、低区水压的分界设备。低区冷水作为换热器的一次水，高区水系统采用经热交换后的二次水，系统如图13-4所示。

这一系统的优点是冷水机组集中设于地下，便于管理及维护，同时，冷水机组的集中控制可综合全楼能耗来进行，因此综合能效比较好。在设备层中只有少量高区水循环泵，可避免过多的设备重量及运行噪声，对施工及使用都有一定的好处。另外，这一系统的低区采用两管制系统时，高区也自动成为了两管制系统。

它的不足之处是：（1）由于设热交换器，必然存在能量损失，尽管板式换热器效率较高，但用于冷水时，其损失仍然是明显的。例如，如果一次水供水温度为7℃，则二次水供水温度只能达到8.5~9℃左右，更低是十分困难的。由于二次水供水温度较高，在同样标准层负荷情况下，必然要求高区各末端表冷器的面积加大，因而设备投资增加。如果把高区冷水供水温度降低，必然要求降低低区供水温度，这又势必影响冷水机组的制冷效率。(2) 当低区采用开式膨胀水箱定压时，必然放在设备层之上，有时其设置位置不容易找到（但如果低区采用气体定压罐，则没有此问题）。

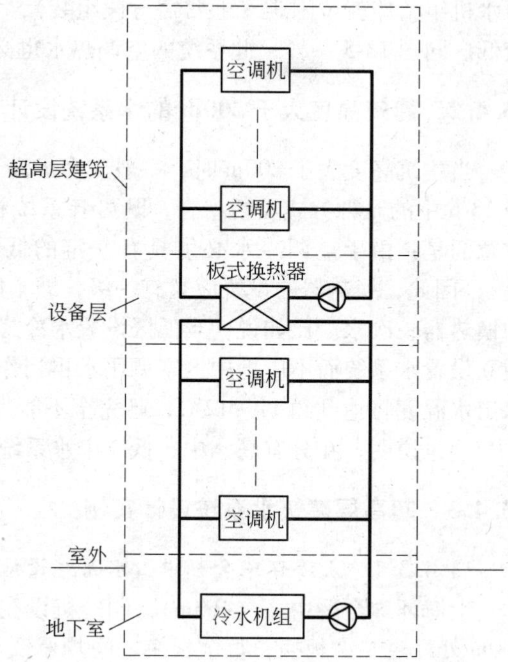

图 13-4　高、低区合用冷源的超高层水系统

13.4.1.2　高、低区独立冷源

高、低区分别采用各自的冷水机组，互不影响，冷源装置可以是水冷式，如图 13-5 所示；也可以是低区水冷、高区风冷式，如图 13-6 所示。

图 13-5 克服了图 13-4 形式由于换热而存在损失的缺点，因此所有标准层设备的布置及参数、规格均相同。但它的缺点是由于冷水机组设于中间设备层，对结构的荷载增加较多，且要求设备层净高相对较大；冷水机组作为一个整体，安装就位存在一些困难。同时，由于冷水机组运行噪声较大，对设备层的消声隔振等处理要求非常严格，否则会对上下两个使用层都会带来不利影响。另外，这一方式的高、低区需要各自的分区热水系统供冬季空调使用。

图 13-6 最大的优点就是不用专门的设备层，因而可以节省投资或增加使用面积。缺点是

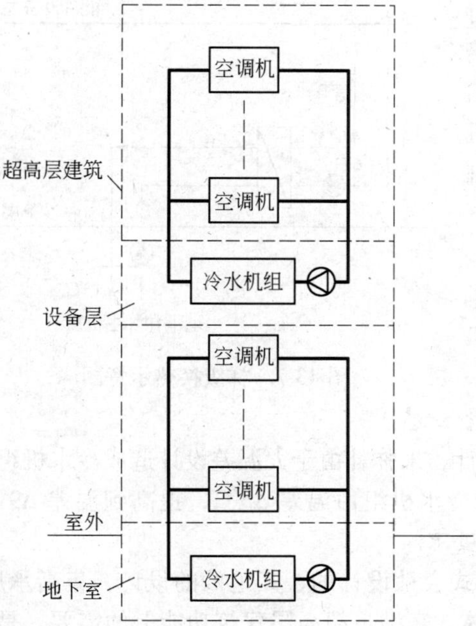

图 13-5　高、低区各自采用独立的水冷冷水机组的超高层水系统

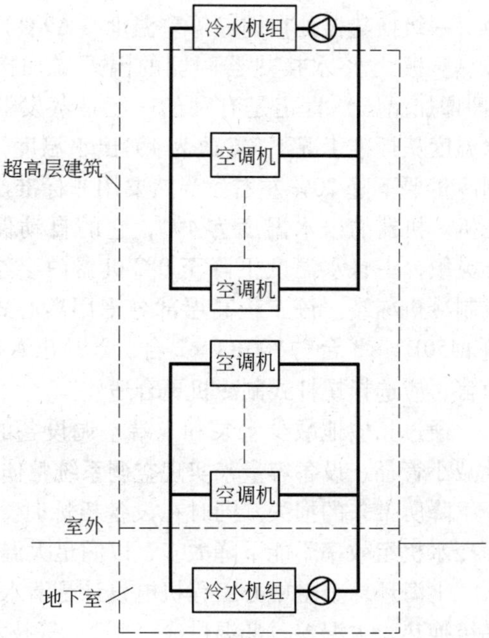

图 13-6　低区水冷、高区风冷式的超高层水系统

冷水机组整体就位困难（通常需分段组装），对屋顶的荷载较大，高区风冷机组的 COP 值相对较低。同图 13-5 一样，此系统的空调热水也必须分为高、低区两个系统。

13.4.2　建筑高度大于 200m 的水系统设计

当建筑高度大于 200m 时，一般应考虑高、中、低 3 个水系统，其系统方式可在图 13-4 ~ 图 13-6 中的几种方式灵活组合，既可各系统相互独立，又可通过换热或采用风冷机组。但应注意的是：由于空调冷水必须具有一定的低温（否则末端设备性能影响太大且除湿能力太差），因此，换热器的设置应只有一级，即不能用换热器出来的二次水当作冷、热媒供另一区的换热器一次水。比如说，当低区设置水冷式冷水机组，中区采用中间换热器供冷时，高区应独立设置水系统而不应把中区空调用水再当作高区热交换器的一次水，否则经两次换热后的冷水出水温度将达到约 11 ~ 12℃，已完全不能满足空调要求了。

这也说明，在分有高、中、低 3 个水系统时，整个大楼至少要设置两处以上的冷源装置。

13.4.3　超高层建筑水系统设计实例

13.4.3.1　上海环球金融中心水系统设计

上海环球金融中心（460m），制冷机设在地下 10m 处，主机房为一个垂直系统，在 150m、300m 处经过二次板换，每个板换之间均承受 2.1MPa 压力。与其相对应的冷水温度，采用大温差设计，地下主机房制冷机出水 4℃、回水 13℃。150m 处板式换热器出水 6℃、回水 15℃。300m 处板式换热器出水 8℃、回水 17℃。采用梯级换热方式，把地下室的 4℃冷水送至最高层（见图 13-7）。

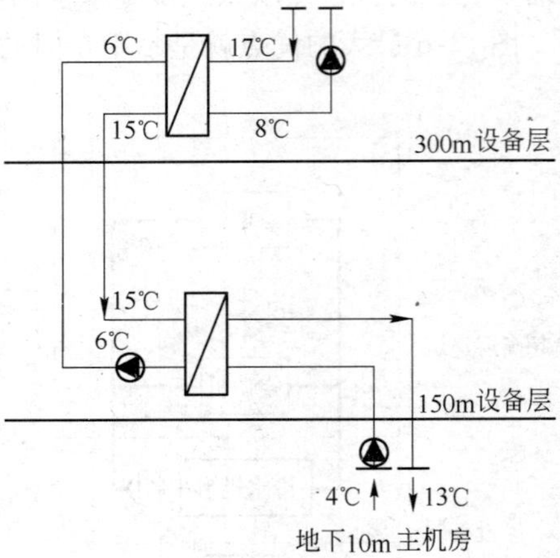

图 13-7　梯级换热示意图

冷水温差设计特点是：冷水温差增大，冷水机组效率有所降低，单位制冷量能耗增加，但是对超高层建筑来说，冷水通过一次热交换与二次热交换，使每一级换热器处在同一等差温度（Δ9℃）下进行传热，板式水-水换热器两侧的温差增加接近一倍（即增加温压）肯定是有利的。但是蒸发器冷水出水温度从标准工况下 7℃改为 4℃出水温度，制冷机制冷量要下降 20% 左右。当然要用非标准产品的制冷机。机器的出水温度为 4℃，它的自动保护装置要灵敏，一旦水温度下降至 0℃机器内会结冰，造成制冷机冻裂。该工程高层部分采用离心式制冷机组 1450RT × 3 台与 700RT × 2 台。单从出水温度 4℃而言，应选择螺杆式制冷机更合适些。

通过相应地减少水泵和末端空调设备的耗电量及减小管径、设备容量来实现空调系统整体优化设计，来弥补由于大温差设计造成冷水机组效率下降所带来的损失。同时在设备招标时，应要求冷水机组由温差 Δ5℃，提高到温差 Δ9℃，而冷水机组效率不能下降太多，以满足大温差设计要求。

上海环球金融中心工程机电设计是清水建设株式会社设计的，其绝妙的设计，集高承压、梯级换热、大温差，低温供冷（4℃）等技术于一体，来满足超高层建筑功能上的需要，是值得我们学习的。

13.4.3.2　超高层建筑和水系统相关的设备层实例

几幢典型超高层建筑和水系统相关的设备层与设备转换层示意图，如图 13-8 所示。

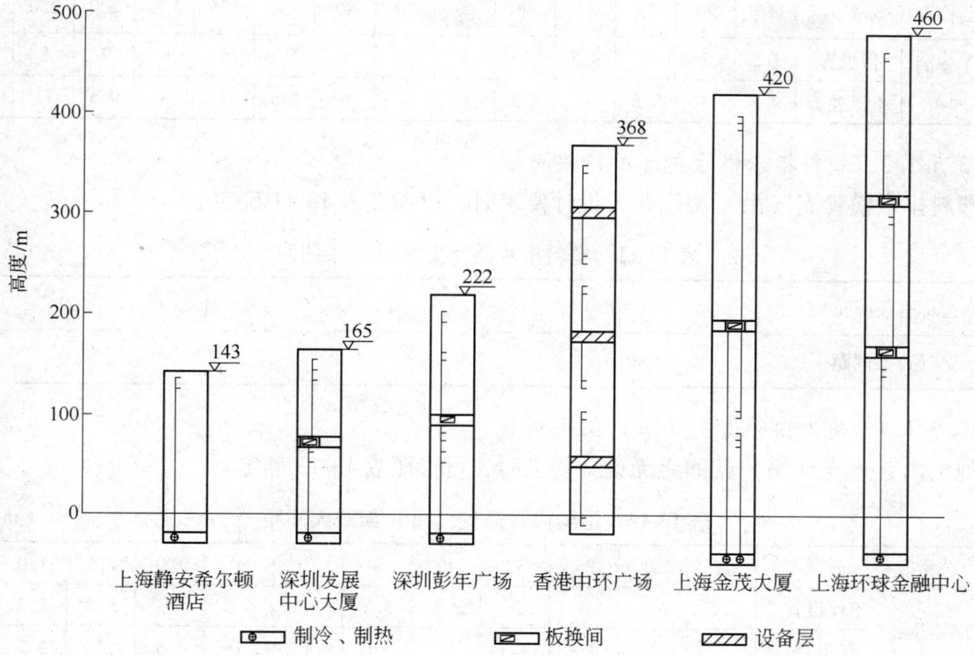

图 13-8 几幢典型超高层建筑的设备层与设备转换层示意图

13.5 水系统管网的安装[8]

水系统管网安装中的管道除污调直、管道连接、系统打压试验和管道清洗等，多见于空调和给排水技术书籍与相关规范，限于篇幅不在赘述。现仅就管道与支（吊）架间距以及设备与管道的保温（冷）分述如下。

13.5.1 管道间距与支（吊）架间距

13.5.1.1 室内空调冷（热）水管与其他工业管道间的最小净距

室内空调冷（热）水管与其他工业管道间的最小净距见表 13-9。

表 13-9 室内空调冷（热）水管与其他工业管道间的最小净距 (m)

室内管道敷设方式	管道种类						
	绝缘导线电缆、电线管	裸母线滑触线	煤气管	乙炔管氧气管	给水管	排水管	压缩空气管
平 行	0.5	1.0	0.5	1.5	0.5	1.0	0.15
交 叉	0.3	0.5	0.25	0.25	0.1	0.1	0.1

注：1. 空调冷（热）水管应设在煤气、氧气、乙炔管之下。
2. 空调冷（热）水管与开关插座、配电箱距离不应小于 0.5m。
3. 空调冷（热）水管道不得同输送燃点低于或等于 120℃ 的可燃体或可燃、腐蚀性气体的管道在同一条管沟内平行或交叉敷设。

13.5.1.2 钢管管道支（吊）架最大间距

钢管管道支（吊）架间距无设计要求时，可参照表 13-10 确定。

表 13-10　钢管管道支（吊）架最大间距　(m)

公称直径/mm		15	20	25	32	40	50	70	80	100	125	150	200	250	300
支(吊)架的最大间距	保温管	1.5	2	2	2.5	3	3	4	4	4.5	5	6	7	8	8.5
	不保温管	2.5	3	3.5	4	4.5	5	6	6	6.5	7	8	9.5	11	12

13.5.1.3　塑料排水横管支（吊）架间距

塑料排水横管支（吊）架间距无设计要求时，可参照表 13-11 确定。

表 13-11　塑料排水横管支（吊）架间距　(m)

公称直径/mm	50	75	100
支(吊)架间距	0.6	0.8	1.0

13.5.1.4　地沟内管道支（吊）架间距

地沟内管道支（吊）架间距无设计要求时，可参照表 13-12 确定。

表 13-12　地沟内管道支（吊）架最大间距　(m)

公称直径/mm		15	20	25	32	40	50	70	80	100	125	150	200
支(吊)架间距	不保温管	2.5	2.5	3	3	3.5	3.5	4.5	4.5	5	5.5	5.5	6
	保温管	2	2	2.5	2.5	3	3.5	4	4	4.5	5	5.5	5.5

13.5.2　空调设备与管道的保温（保冷）

（1）下列设备和管道应保温（保冷）：

1）有冷、热损失的部位；

2）可能产生冷凝水的部位。

（2）设备和管道保温（保冷），应符合下列要求：

1）保冷层的外表面不得产生凝结水；

2）非闭孔保温材料的外表面应设隔汽层和保护层；

3）管道和支（吊）架之间，管道穿墙、穿楼板处，应采取防止“热桥”（冷桥）的措施。

（3）空调供冷管道与凝结水管的保冷厚度见表 13-13 ~ 表 13-15。

表 13-13　空调供冷管道经济保冷厚度

保冷材料	年供冷时间/h	公称直径/mm	经济保冷厚度/mm
橡塑管壳、平板	2880	15 ~ 32	19
		40 ~ 150	25
		200 ~ 500	32
	3600	15 ~ 50	25
		65 ~ 150	32
		200 ~ 500	38
	4320	15 ~ 100	32
		125 ~ 500	38

保冷材料	年供冷时间/h	公称直径/mm	经济保冷厚度/mm
离心玻璃棉管壳（$64kg/m^3$）	2880	15 ~ 50	25
		65 ~ 150	30
		200 ~ 500	35
	3600	15 ~ 50	30
		65 ~ 150	35
		200 ~ 500	40
	4320	15 ~ 50	35
		65 ~ 150	40
		200 ~ 500	50

表 13-14　空调供冷管道最小保冷厚度（介质温度≥5℃）　　　　　　（mm）

保冷位置	保冷材料							
	柔性泡沫橡塑管壳、板				玻璃棉管壳			
	Ⅰ类地区		Ⅱ类地区		Ⅰ类地区		Ⅱ类地区	
	管径	厚度	管径	厚度	管径	厚度	管径	厚度
房间吊顶内	*DN*15～25	13	*DN*15～25	19	*DN*15～40	20	*DN*15～40	20
	*DN*32～80	15	*DN*32～80	22	≥*DN*50	25	*DN*50～150	25
	≥*DN*100	19	≥*DN*100	25			≥*DN*200	30
地下室机房	*DN*15～50	19	*DN*15～40	25	*DN*15～40	25	*DN*15～40	25
	*DN*65～80	22	*DN*50～80	28	≥*DN*50	30	*DN*50～150	30
	≥*DN*100	25	≥*DN*100	32			≥*DN*200	35
室　外	*DN*15～25	25	*DN*15～32	32	*DN*15～40	30	*DN*15～40	30
	*DN*32～80	28	*DN*40～80	36	≥*DN*50	35	*DN*50～150	35
	≥*DN*100	32	≥*DN*100	40			≥*DN*200	40

表 13-15　空调凝结水管防凝露厚度　　　　　　（mm）

位　　置	材　　料			
	柔性泡沫橡塑管壳		玻璃棉管壳	
	Ⅰ类地区	Ⅱ类地区	Ⅰ类地区	Ⅱ类地区
在空气调节房间吊顶内	6	9	10	10
在非空气调节房间内	9	13	10	15

注：1. 表 13-13～表 13-15 中的保冷厚度按以下原则确定：

（1）以《设备及管道保冷设计导则》（GB/T 15586）的防凝露厚度计算为基础，并考虑减少冷损失的节能因素和材料的价格、产品规格，结合工程实际应用情况而确定，其厚度略大于防凝露厚度。

（2）表 13-13～表 13-15 中的地区范围，按《管道及设备保冷通用图》（98T902）中全国主要城市 θ 值（潮湿系数）分区表确定：Ⅰ类地区：北京、天津、重庆、武汉、西安、杭州、郑州、长沙、南昌、沈阳、大连、长春、哈尔滨、济南、石家庄、贵阳、昆明、台北。Ⅱ类地区：上海、南京、福州、厦门、广州及广东沿海城市、成都、南宁、香港、澳门。未包括的城市和地区，可参照邻近城市选用。

（3）保冷材料的导热系数 λ：

柔性泡沫橡塑：$\lambda = 0.03375 + 0.000125t_m$ W/(m·K)

玻璃棉管、板：$\lambda = 0.031 + 0.00017t_m$ W/(m·K)

硬质聚氨酯泡沫塑料：$\lambda = 0.0275 + 0.0009t_m$ W/(m·K)

式中　t_m——保冷层的平均温度，℃。

2. 表 13-13～表 13-15 中的保冷厚度均大于空气调节水、风系统冬季供热时所需的保温厚度。

3. 空气调节水系统采用四管制时，供热管的保温厚度可按《民用建筑节能设计标准（采暖居住建筑部分）》（JGJ 26）中保温规定执行，也可按表 13-13 中的厚度进行保温。

14 定流量水系统与变流量水系统

14.1 定流量水系统的应用特征

空调水系统分定流量和变流量两种。定流量系统是通过改变供回水温差来满足空调房间负荷变化要求的，系统中水流量是不变的。而变流量系统是通过改变水流量来满足空调房间负荷变化要求的，所以供水量随空气处理设备负荷的变化而改变。

在定流量系统中，虽然总水量不变，但空气处理设备的负荷可采用电动三通阀进行调节。三通阀进行双位控制，当室温没有达到规定值时，室温控制器使三通阀的直通阀座打开，旁通阀座关闭，这时系统供水全部流经空气处理设备。当室温达到或超出规定值时，室温控制器使直通阀座关闭，旁通阀座开启，这时系统供水全部经旁通流入回水管。另外，在定流量系统中，空气处理设备的负荷也可采用电动二通阀进行调节。常用二通阀也是双位控制的，当室温没有达到规定值时，二通阀开启，系统供水按规定值全部流经空气处理设备；当室温达到或超出规定值时，室温控制器作用使二通阀全部关闭，这时系统停止向空气处理设备供水。由于定流量系统的管路内流量是不随负荷变化而变化，因此系统中水泵的配置和流量的控制必须采取相应的行之有效的措施。

14.2 变流量水系统的方式及特征

14.2.1 变流量水系统的方式

实现变流量的方式很多，诸如节流调节、变速调节、台数调节以及台数与调速相结合的调节方式等。表 14-1 所示为变流量水系统的方式及其特征[1]。

表 14-1 变流量水系统方式及特征

序号	方式	特性图	特征	效果
1	节流调节	见图 14-1	改变水泵出口阀门的开度，使工作状态点由 1 移至 2，利用节流过程的损失 $\Delta p(\Delta p = p_2 - p_3)$ 使流量由 Q_1 减至 Q_2	水泵效率由 η_1 降至 η_2；单位流量的功耗增大
2	变速调节	见图 14-2	根据水泵流量 Q、压力 p、转速 n 和功率 N 间的下列关系：$\frac{n_1}{n_2} = \frac{Q_1}{Q_2} = \frac{\sqrt{p_1}}{\sqrt{p_2}} = \frac{\sqrt[3]{N_1}}{\sqrt[3]{N_2}}$ 改变水泵转速，使流量适应负荷变化的要求（由点 1 移至点 2）	功率大幅度下降，节能效果显著
3	台数调节	见图 14-3	通过压力、流量或能量等参数的控制，改变运行水泵的台数。 压力控制时，若流量减少，工作点 1 左移。当达到压力上限点 2 时，自动停泵一台，这时，工作点移至点 3；若流量续减，则工作点继续左移，直至压力上限点 4 时，又自动停泵一台。反之，当流量增大时，工作点由点 5 右移，到达压力下限点 5′时，自动增泵一台，这时，工作点移至 4′；若流量续增，则工作点继续右移，直至压力下限点 3′时，又自动增泵一台……	不但节省能耗，且能大幅度减少每台水泵的运行时间，从而，延长使用寿命； 运行中水泵效率有升有降，无效能耗较少
4	台数调节与变速调节相结合	见图 14-4	采用定速泵与变速泵并联运行，当流量不太大时，仅变速泵运行；流量增至 Q_3 时，定速泵自动投入运行，以使流量增大，与此同时变速泵的转速自动降低，保持总流量为 Q_4；若流量续增，则变速泵的转速自动增高，直至两者的流量和等于设计总流量 Q_6 为止	运行过程中，变速泵的效率 $\eta_1 = \eta_2 = \text{const}$；定速泵的效率则有升有降； 能兼收台数调节与变速调节的主要优点，节能效果明显

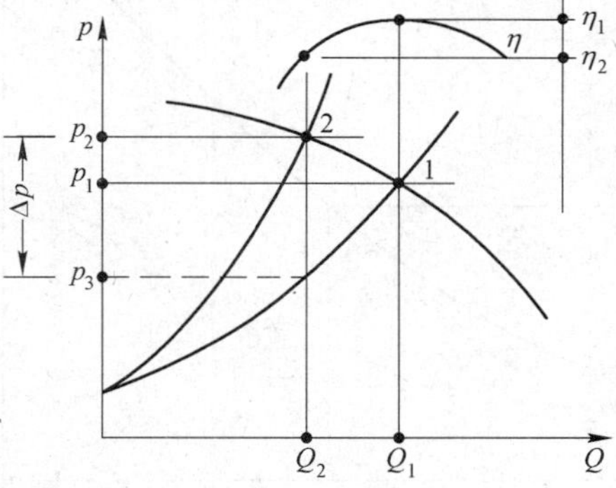

图 14-1　节流调节方式

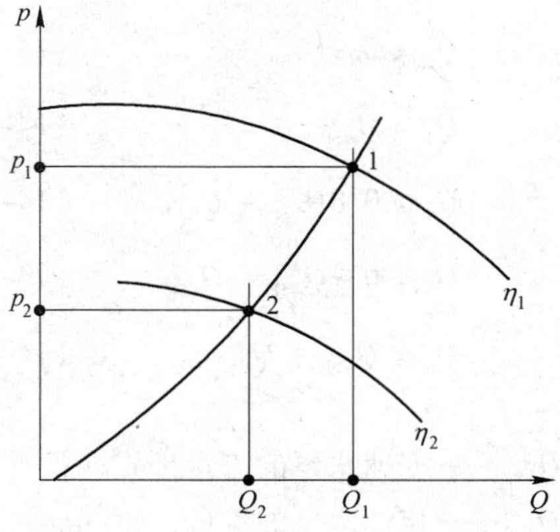

图 14-2　变速调节方式

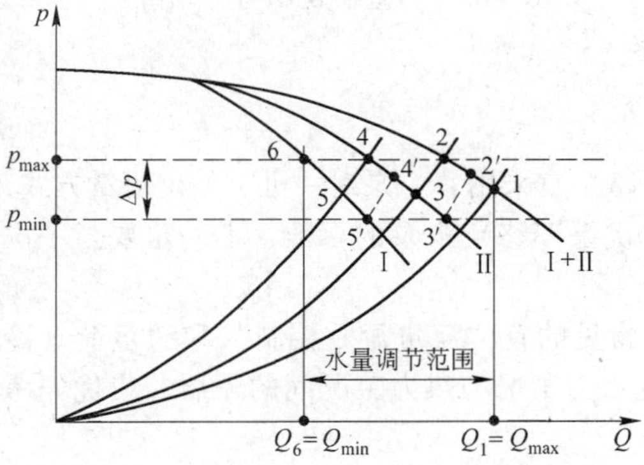

图 14-3　台数调节方式

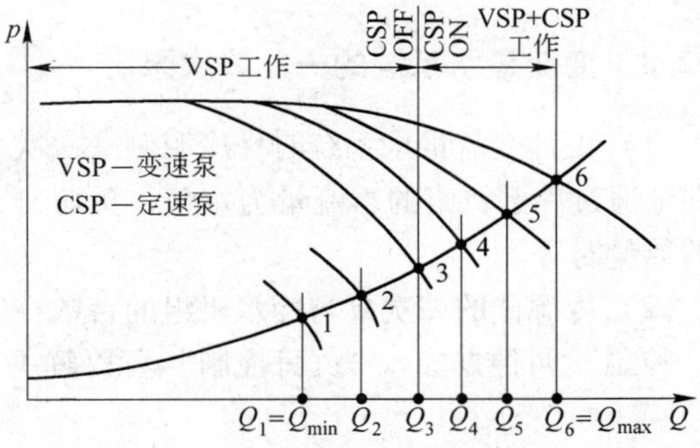

图 14-4　台数与变速调节相结合方式

14.2.2　变流量水系统调节方式的选择

变流量水系统调节方式的选择有以下几方面：

（1）变流量采用节流调节时，应选择特性曲线较平坦的水泵；节流阀不应设置在水泵吸水管上。

（2）当采用变速调节时，用压差控制比用出口压力控制更节能，而且系统的稳定性好。

因变速调节的调节上限，会受最大允许转速的限制，所以，越过这一转速，易导致水泵的损坏。调节下限则受临界速度的制约，若过分接近这一速度，易使水泵产生剧振。

（3）采用台数调节时，必须处理好当减至只有一台水泵工作，压力接近上限而系统流量继续减少时，应及时报警并让旁通阀自动开启。

台数调节方式应使水泵的启停能依次顺序进行，以保持水泵的工作机会彼此均等。

台数调节方式还应考虑到泵群中某一台产生突发故障的可能性，这时，应有另一台水泵自动投入运行进行替代。因此须设置备用泵。

（4）采用台数调节与变速调节相结合的方式时，由图 14-5 可知，流量的变化关系大致如下：

$$Q_1 = 0.8Q_{VSP} \tag{14-1}$$

$$Q_2 = 0.9Q_{VSP} \tag{14-2}$$

$$Q_3 = Q_{VSP} \tag{14-3}$$

$$Q_4 = 0.8Q_{VSP} + Q_{CSP} \tag{14-4}$$

$$Q_5 = 0.9Q_{VSP} + Q_{CSP} \tag{14-5}$$

$$Q_6 = Q_{VSP} + Q_{CSP} \tag{14-6}$$

式中　Q_{VSP}——变速水泵的流量，m^3/h；

Q_{CSP}——定速水泵的流量，m^3/h。

采用台数调节与变速调节相结合的方式时，应给定速泵的启停预留一定的提前和延迟时间，以防水泵的启停过分频繁。这也有利于变速泵在小流量区工作时防止进入不稳定区。

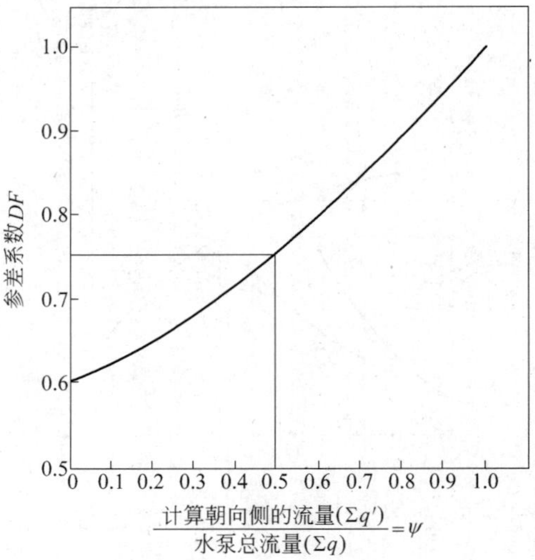

图 14-5　参差系数 *DF* 查算图

14.2.3　变流量水系统的一、二次泵

（1）设计变流量水系统时，冷源侧（一次泵环路）宜采用“一泵对一机”的定流量方式，以保证通过冷水机组的水流量为定值；负荷侧（二次泵环路）水泵的台数，不一定要与一次泵的数量对等。

（2）冷源侧的一次泵与冷水机组的台数控制，常见的有“流量盈亏控制”和“负荷（冷量）控制”两种方式。“负荷控制”可以解决系统水力工况与热力工况间的矛盾，应优先考虑。

14.2.4　供回水环路的旁通

设计变流量水系统时，供、回水环路之间必须设置旁通调节装置。

14.2.5　变流量水系统的优点

变流量水系统有以下优点：

（1）可使室温基本稳定。由于变流量系统采用室温控制器来自动调节供冷（热）水量的大小，所以可使室温波动范围较小，达到室温基本稳定的效果。

（2）节能效果好。空调负荷在一年之中的分布是极不均衡的，设计负荷约占总运行时间的 6% ~8%。

表 14-2 为引自美国制冷协会标准 880—56 的数据。

表 14-2　空调负荷的全年分布　（%）

冷负荷率	75 ~100	50 ~75	25 ~50	<25
占总运行时间的百分数	10	50	30	10

水泵的能耗较大，约占空调系统总能耗量的 15% ~20%，为此，采用变流量系统，使输送能耗能随流量的增减而增减，具有显著的节能效益与经济效益。但须注意的是，设计变流量

水系统时，必须注意到各末端装置的流量变化与负荷的改变并不成线性关系。所以应考虑系统的动态平衡和稳定的问题，才能达到节能的最佳效果。

14.3 变流量水系统设计流量的查算方法[1]

14.3.1 算式计算法

对于负担两个或两个以上朝向负荷的管网系统，当负荷侧设计有变流量自动调节设施时，实际设计流量必须按各向房间的设计流量累加的总和，乘以参差系数 DF。

$$DF = \frac{Q}{\Sigma q} = 0.6 + 0.21\psi + 0.197\psi^2 \tag{14-7}$$

$$\psi = \frac{\Sigma q'}{\Sigma q} \tag{14-8}$$

式中 Q——变流量水系统的实际设计流量，m^3/h；

Σq——各向空调房间在设计负荷条件下的流量总和，m^3/h；

$\Sigma q'$——所计算朝向侧各个空调房间在设计负荷条件下的流量总和，m^3/h。

14.3.2 查图计算法

变流量水系统的实际设计流量，也可用查图法先查出参差系数，然后再计算其设计流量 Q。而 DF 值可以根据 ψ 值直接从图 14-5 查出。

14.3.3 查算方法示例

现举实际设计流量的查算方法，供设计人员参考。

【例 14-1】变流量水系统管网布置，见图 14-6。试计算各管段的实际设计流量。

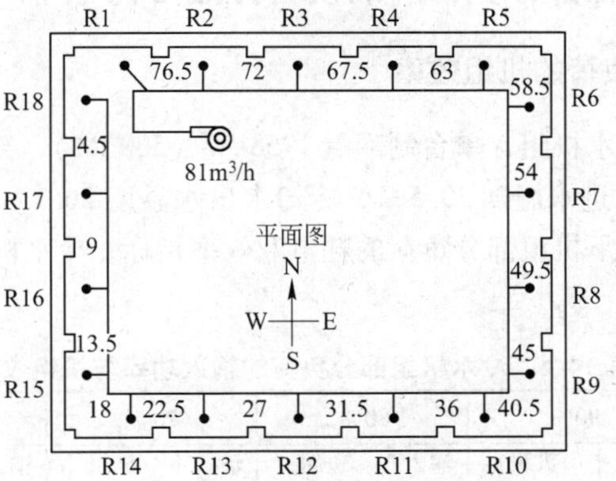

图 14-6 例 14-1 平面图

解：求出各向的流量比及参差系数：

总流量：$\Sigma q = 4.5 \times 18 = 81 m^3/h$

北向：$\frac{\Sigma q'}{\Sigma q} = 4.5 \times \frac{5}{81} = 0.28$

$DF = 0.67$（查图 14-5）

东向：
$$\frac{\Sigma q'}{\Sigma q}=4.5\times\frac{9}{81}=0.50$$
$$DF=0.76$$

南向：
$$\frac{\Sigma q'}{\Sigma q}=4.5\times\frac{14}{81}=0.78$$
$$DF=0.89$$

西向：
$$\frac{\Sigma q'}{\Sigma q}=4.5\times\frac{18}{81}=1.00$$
$$DF=1.00$$

根据以上 *DF* 值，利用式（14-7）即可算出实际设计流量，见表 14-3。

表 14-3　实际设计流量表

管　段	$q/m^3\cdot h^{-1}$	*DF*	$Q/m^3\cdot h^{-1}$	管　段	$q/m^3\cdot h^{-1}$	*DF*	$Q/m^3\cdot h^{-1}$
1	81.0	0.67	54.3	9～10	40.5	0.89	36.0
1～2	76.5	0.67	51.3	10～11	36.0	0.89	32.0
2～3	72.0	0.67	48.2	11～12	31.5	0.89	28.0
3～4	67.5	0.67	45.3	12～13	27.0	0.89	24.0
4～5	63.0	0.67	44.5(42.2)	13～14	22.5	0.89	20.0
5～6	58.5	0.76	44.5	14～15	18.0	1.00	18.0
6～7	54.0	0.76	41.0	15～16	13.5	1.00	13.5
7～8	49.5	0.76	37.6	16～17	9.0	1.00	9.0
8～9	45.0	0.76	36.0(34.2)	17～18	4.5	1.00	4.5

14.4　变流量水系统在部分负荷时的设备性能与耗电量

14.4.1　冷水机组部分负荷的机组效率

选择某电动离心式冷水机组，单台制冷量 1758kW（500 RT），冷水出水温度 6.7℃，冷水进水温度 13.3℃，冷却水进水温度 30.5℃，冷却水出水温度 36.1℃。在 5 种不同运行状态下运行，可得出各运行状态下机组部分负荷的耗电及效率指标。冷水机组部分负荷的机组效率见表 14-4。

表 14-4　冷水机组部分负荷的输入功率与机组效率

状　态	100%		90%		80%		70%		60%		50%	
	输入功率/kW	机组效率/kW·kW⁻¹	输入功率/kW	机组效率/kW·kW⁻¹	输入功率/kW	机组效率/kW·kW⁻¹	输入功率/kW	机组效率/kW·kW⁻¹	输入功率/kW	机组效率/kW·kW⁻¹	输入功率/kW	机组效率/kW·kW⁻¹
状态①	311	0.1769	277	0.1751	245	0.1742	219	0.1780	195	0.1848	169	0.1923
状态②	311	0.1769	275	0.1738	243	0.1728	217	0.1763	192	0.1820	167	0.1900
状态③	311	0.1769	280	0.1770	249	0.1770	225	0.1828	202	0.1915	178	0.2025
状态④	311	0.1769	276	0.1744	244	0.1735	219	0.1780	194	0.1839	169	0.1922
状态⑤	311	0.1769	280	0.1770	250	0.1777	227	0.1845	204	0.1934	180	0.2048

14.4.2　冷却塔部分负荷的性能

按主机的要求，选择某横流冷却塔，室外湿球温度设为27.6℃，其在部分负荷时的性能见表14-5、表14-6。

表14-5　冷却塔恒流量时部分负荷性能

冷却负荷/%	水流量 /m³·h⁻¹	进水温度/℃	出水温度/℃	冷却负荷/%	水流量 /m³·h⁻¹	进水温度/℃	出水温度/℃
100	339.8	36.10	30.50	70	339.8	34.13	30.21
90	339.8	35.48	30.44	60	339.8	33.48	30.12
80	339.8	34.80	30.32	50	339.8	32.87	30.07

表14-6　冷却塔变流量时部分负荷性能

冷却负荷/%	水流量 /m³·h⁻¹	进水温度/℃	出水温度/℃	冷却负荷/%	水流量 /m³·h⁻¹	进水温度/℃	出水温度/℃
100	339.8	36.10	30.50	70	237.8	35.80	30.20
90	305.8	36.00	30.40	60	203.8	35.75	30.15
80	271.8	35.85	30.25	50	169.9	35.70	30.10

由表14-5、表14-6可以看出，选定的冷却塔在部分负荷时，恒定水流量与变化水流量的出水温度基本接近，也就是说，水流变化对冷却塔的性能影响不大。

14.4.3　水泵变频调速性能

按主机的要求，选择离心式冷水泵及冷却水泵，根据离心式水泵相似定律的特性，其在部分负荷时的性能见表14-7、表14-8。

表14-7　冷水泵变频调速性能

负荷 /%	流量 /m³·h⁻¹	扬程 /kPa	转速 /r·min⁻¹	轴功率 /kW	负荷 /%	流量 /m³·h⁻¹	扬程 /kPa	转速 /r·min⁻¹	轴功率 /kW
100	226.5	390	1450	31.38	70	158.8	191.1	1015	10.76
90	203.8	315.9	1305	22.88	60	135.9	140.4	870	6.78
80	181.2	249.6	1160	16.07	50	113.2	97.5	725	3.92

表14-8　冷却水泵变频调速性能

负荷 /%	流量 /m³·h⁻¹	扬程 /kPa	转速 /r·min⁻¹	轴功率 /kW	负荷 /%	流量 /m³·h⁻¹	扬程 /kPa	转速 /r·min⁻¹	轴功率 /kW
100	339.8	213.3	1450	22.93	70	237.8	104.5	1015	7.86
90	305.8	172.8	1305	16.72	60	203.8	76.8	870	4.95
80	271.8	136.5	1160	11.74	50	169.9	53.3	725	2.87

由表14-7、表14-8可以看出，变频调速水泵在部分负荷时的节能效果显著。

14.4.4　变流量系统部分负荷综合耗电量

变流量系统部分负荷耗电量见表14-9。

表 14-9 变流量系统部分负荷综合耗电量

状态	耗电量/kW				与状态②比较节能
	冷水机组	冷水泵	冷却水泵	总耗电量	
100%负荷					
状态①	311	31.38	22.93	365.31	
状态②	311	31.38	22.93	365.31	
状态③	311	31.38	22.93	365.31	0
状态④	311	31.38	22.93	365.31	0
状态⑤	311	31.38	22.93	365.31	0
90%负荷					
状态①	277	31.38	22.93	331.31	
状态②	275	31.38	22.93	329.31	
状态③	280	31.38	16.72	328.1	1.21
状态④	276	22.88	22.93	321.81	7.5
状态⑤	280	22.88	16.72	319.6	9.71
80%负荷					
状态①	245	31.38	22.93	299.31	
状态②	243	31.38	22.93	297.31	
状态③	249	31.38	11.74	292.12	5.19
状态④	244	16.07	22.93	283	14.31
状态⑤	250	16.07	11.74	277.81	19.5
70%负荷					
状态①	219	31.38	22.93	273.31	
状态②	217	31.38	22.93	271.31	
状态③	225	31.38	7.86	264.24	7.07
状态④	219	10.76	22.93	252.69	18.62
状态⑤	227	10.76	7.86	245.62	25.69
60%负荷					
状态①	195	31.38	22.93	249.31	
状态②	192	31.38	22.93	246.31	
状态③	202	31.38	4.95	238.33	7.98
状态④	194	6.78	22.93	223.71	22.6
状态⑤	204	6.78	4.95	215.73	30.58
50%负荷					
状态①	169	31.38	22.93	223.31	
状态②	167	31.38	22.93	221.31	
状态③	178	31.38	2.87	212.25	9.06
状态④	169	3.92	22.93	195.85	25.46
状态⑤	180	3.92	2.87	186.79	34.52

14.4.5　变流量系统的节能效果

变流量系统的节能效果见表14-10。

表14-10　变流量的节能效果

阻力损失/$Pa\cdot m^{-1}$	全年耗功/$10^5kW\cdot h$			
	定流量	变　流　量		
		台数控制	转数控制	台控与转控合用
30	3.46	1.7	1.36	0.95
50	4.28	2.14	1.53	1.07
100	6.39	3.14	2.03	1.48

第5篇　舒适性空调和工艺性空调的设计与运行

15　酒店、宾馆及高层、超高层建筑空调的设计与运行

15.1　客房空调的设计与运行

客房是酒店、宾馆中最重要的功能房间。客房空调一般多采用风机盘管 + 新风系统的典型方式。

15.1.1　客房空调的风机盘管系统[1]

15.1.1.1　风机盘管的选型与布置

客房风机盘管常用的有4种形式：(1) 卧式暗装型，一般安装在客房过厅的吊顶内；(2) 立式明装型，一般安装于窗下地面上；(3) 立柱式明装型，一般安装于客房一角的地面上；(4) 柜式明装型，一般安装于客房靠墙的地面上。

图15-1为客房标准间（双人）卧式暗装风机盘管安装布置图；图15-2为立式明装与柜式

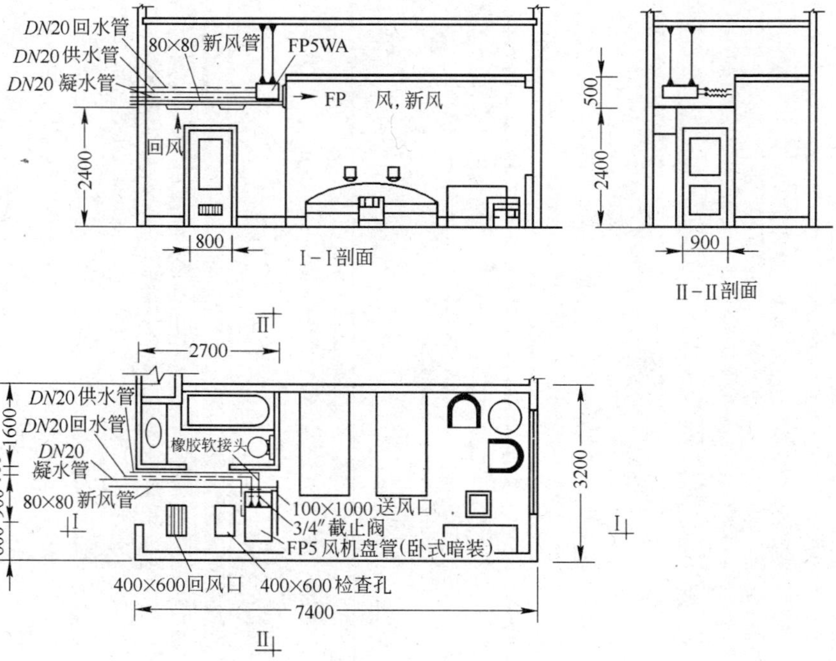

图15-1　客房标准间暗装风机盘管安装布置

明装风机盘管安装布置图[1]。

4 种形式中前两种应用较多。除上述 4 种常用形式外，还有立式暗装和卧式明装等多种形式。

15.1.1.2 风机盘管的降噪措施

客房噪声是空调设计者、宾馆管理者和住宿宾客都十分关心的问题。因此，必须从设计阶段就力求降低客房的噪声。空调系统对客房造成噪声污染源的有三方面：即新风系统、排风系统和风机盘管系统。前两项可通过加装消声器和减振措施降低噪声，唯独风机盘管因直接配装在客房的各个部位，必须按照不同形式和不同的安装位置，采取一些特殊消声措施方能降低其噪声干扰。其降噪措施有：

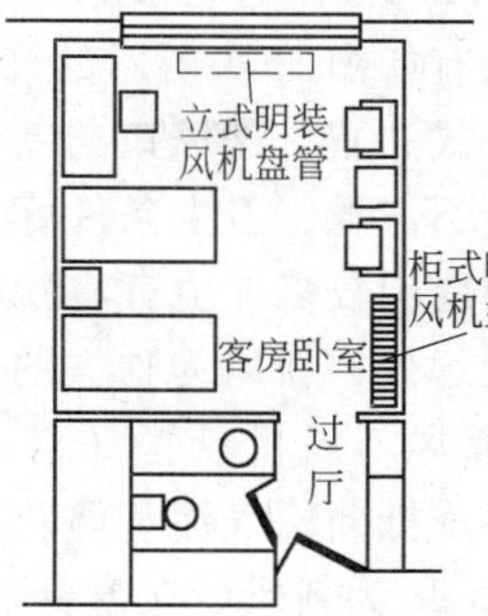

图 15-2 立式明装与柜式风机盘管的布置

（1）选用低噪声的风机盘管，选定前应对样机进行噪声测定，并应预计到样机与批量生产时的差值，一般为 5dB(A)。

（2）根据客房允许噪声的标准要求，合理选择风机盘管的配置方式：

1）要求客房内噪声级不大于 30dB(A)和 NC—20 噪声评价曲线时：

如条件许可，风机盘管可配置在管道间内，并在风机出风口至房内送风口的管道内作消声处理。

2）要求客房内噪声不大于 35dB(A)和 NC—25 时：

应采用卧式风机盘管安装于客房过厅的吊顶上部，可在出风口前加设 500 ~ 700mm 长的管式消声器，降低噪声约 6dB(A)左右。立柱式风机盘管应安装在远离床铺和书桌的部位，并在上部（出风口处）加设“室式”消声器。

3）要求客房内噪声不大于 40dB 和 NC—30 时：

应选用中等噪声级的卧式、立柱式或柜式风机盘管，并使出风口尽可能远离床铺和书桌；夜间睡眠时开低挡，以降低噪声级。

15.1.1.3 风机盘管的水系统与运行调节方法

风机盘管水系统的设计，见第 13 章。

风机盘管运行时，应及时排除水管路系统中的气体，要确保系统中不缺水，应定时清扫回风过滤网上的积尘，应注意接水盘的排水口不被杂物堵塞，注意凝水能顺利排出。

15.1.2 客房空调的新风系统[1]

15.1.2.1 客房设立新风系统的必要性

客房设立新风系统的必要性在于既要保证室内卫生要求，维持室内正压，防止无组织的渗透风进入而破坏室内的温度均匀性，而又要通过新风换气，使客房内前批旅客的气味不影响下批旅客，并当室内无人时关闭风机盘管而不停新风，就可使房间不产生霉味等不良气味。

新风所应负担冷负荷的数值，设计上有两种考虑：（1）认为可负担夜间或过渡季室内负荷，送风温度夏季 16℃，冬季 30℃左右为宜；（2）认为应将新风处理到室温，即不负担室内显热负荷，室内负荷全部由风机盘管负担。无论哪种设计都应减轻风机盘管的负担，而在实际运用中，相互有一定程度的调节作用。也有人认为新风不加处理可直接送入房间，工程上也有过这种设计方案，但要加大风机盘管型号，否则将影响室内温度。然而专家们认为此法不可取。

15.1.2.2　*新风送入房间的方式*

一般有如图 15-3 所示的几种做法。图 15-3*a* 为风机盘管卧式布置，送风口与新风口并列出风，具有管路简单，不占地，卫生条件好，装饰易于结合等诸多优点，故应用较多。也有将新风口设在离开风机盘管出风口较远处，新风为独立的单个喷口送风方式；图 15-3*b* 为新风与风机盘管（立式）均设在窗下，这样有利于冬季抵挡冷气流和防止窗面结露，但占地面积大；图 15-3*c* 为新风设在窗台下，风机盘管卧式安装，或二者相反安装，这种方式的管道布置复杂；图15-3*d* 为把新风送入走廊，经门下部百叶进入房间，并经浴厕排出，这样虽解决了排风产生的负压问题，但并不能满足较好的卫生条件，故一般不推荐使用；图 15-3*e* 为利用走廊吊顶空间作为静压箱，将新风从静压箱直接引入风机盘管，这样室内出风口就是风机盘管的送风口。这就要求新风机组负担较大的负荷，从而使风机盘管的处理负荷不致太大。此种方式弊端较多，除非不得已不宜采用。

新风系统的管道布置，往往利用建筑设计时留出的新风竖井将新风管道垂直布置其中，到各层接出水平支管（接出处须装防火阀），分区控制较方便。管道井可纵向布置，沿建筑物长度方向有的稍凸出于走廊使检修便利；管道井也可横向布置（即沿建筑物宽度方向）。横向布置时建筑平面处理较合理，但检修较困难。

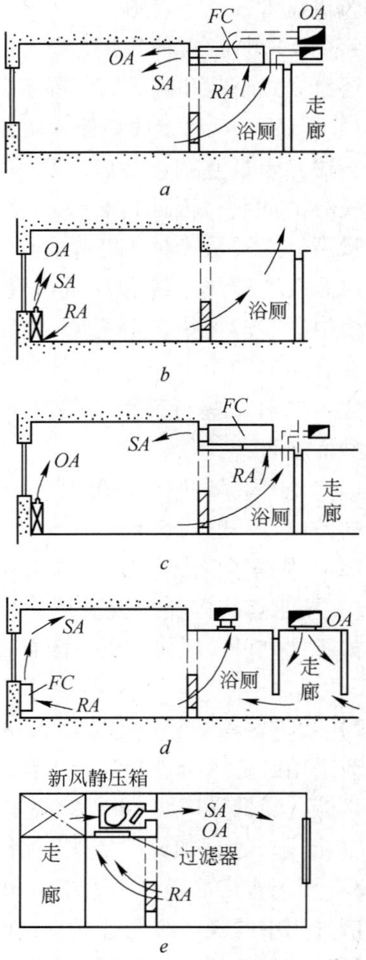

图 15-3　新风送入客房的方式

如旧建筑物加建空调，或旅馆按层分区使用者，只需有一个总的竖井设置干管，水平风管则沿各层吊顶布置并接入客房中，这样对建筑破坏较小。

15.1.3　客房空调的排风系统[1]

客房卫生间的排风有其本身的特殊性，若卫生间无良好的排风措施，就可能臭气外逸，严重影响客房的舒适程度和卫生要求。一栋建筑物使用水平的高低，在很大程度上取决于卫生间水平的高低，因此近年来世界各国对提高卫生间的水平都相当重视。

15.1.3.1　*旅馆客房卫生间的排风方式*

A　*自然排风方式*

这种排风方式简单、省能、投资少，并且在一天大部分时间内均能起作用，特别是在冬天效果较为显著，而在夏季的夜晚室内温度高于室外温度时，这种排风方式也能发挥作用，使卫生间有害物日平均浓度有所降低，见图 15-4*a*。在卫生条件要求较低的四级旅馆可用自然排风方式，但这种方式排风能力小，且易受室内外温湿度、大气压力、风向、风速等因素的影响，排风量不稳定。当排风口处气压处于正压状态时，甚至还会发生倒灌现象。同时应注意到，这种方法无防止回流的措施，因此不能满足防火要求。好在采用这种方式的卫生间内几乎都无可燃物，且排风口、竖井截面均较小，不会导致窜火现象。

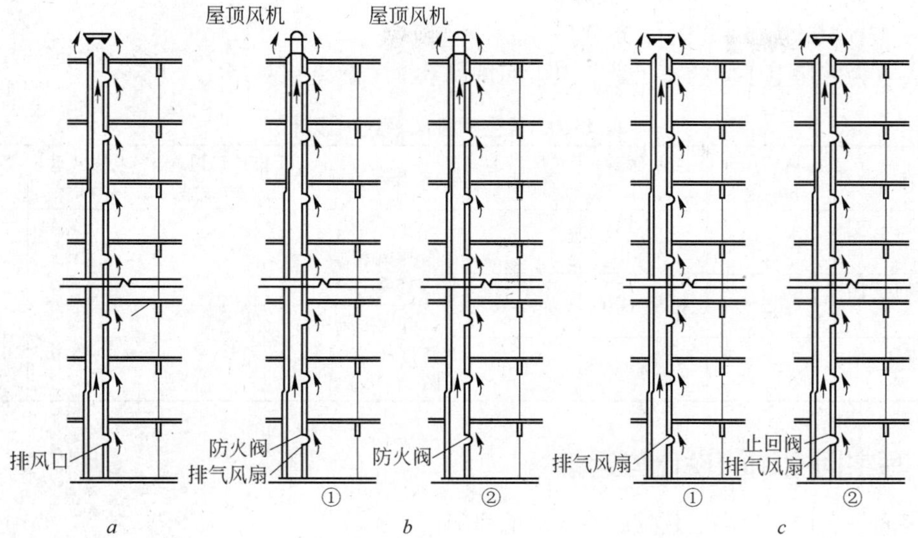

图 15-4 客房卫生间排风方式

a—自然排风方式；*b*—机械排风方式；*c*—机械与自然相结合的排风方式

B 机械排风方式

机械排风方式通常有两种做法：

（1）每一卫生间均装设排气风扇及防火阀，屋顶设有引风机，并且排气风扇与屋顶风机联锁，见图 15-4*b* 中①。当该竖井中所联锁的排气风扇有一台工作时，屋顶风机就工作；当所有排气风扇都停止使用时，屋顶风机也停机。采用这种排风方式的卫生间，通风效果好且能满足防火要求，万一发生火灾，当排气温度高于 70℃时，防火阀就自动关闭，可防止火灾蔓延。同时，由于在屋顶安装了引风机，可以使排气竖井中始终保持负压状态，避免了各楼层之间的相互窜气，因此不会产生交叉污染。并且这种方式使用灵活，排气速度快，故广泛应用于卫生标准要求较高的一、二、三级宾馆客房的卫生间。但是这种系统初投资高，维修、管理工作量大。

（2）屋顶上设有引风机，在每个卫生间的排风口处设有防火阀，见图 15-4*b* 中②。这种方式的屋顶风机要负担较大的风量和风压，目前多应用于高层建筑的公共卫生间。

C 机械排风和自然排风相结合的排风方式

这种方式的卫生间所用的排气风扇有两种形式：

（1）在各卫生间装设普通排气风扇，对卫生间进行全面通风换气，而竖井主要依靠自然排风能力将排气风扇排出的废气排至室外，见图 15-4*c* 中①。这种方式比单纯的自然排风能力强，能将卫生间的污浊空气较快排出。但是，排风竖井受气候影响较大，有时会发生倒灌，因此，这种方式适合于卫生标准要求不太高的四级宾馆。

（2）在各卫生间装设带止回阀的排气风扇，见图 15-4*c* 中②。这种方式可将不排风的卫生间均由止回阀与竖井隔断，不会产生倒灌和窜气，同时还能满足防火要求，竖井排风也不主要依靠自然排风。但是排气风扇既要克服止回阀的阻力，又要为气体在竖井中流动提供动力，因此需要有较高的压头。目前已用在高层宾馆客房卫生间的排风，若能研制出与排气风扇同步开启且阻力小、密封性好的止回阀，则这种方式的应用效果就会更好。

15.1.3.2 排风量的计算

客房卫生间排风量应按以下两种方法计算：

（1）按新风量的85%～90%计算；

（2）按换气次数5～8次/h计算。

取大者为客房卫生间的排风量。卫生间排风系统的设计见表15-1。

表15-1 卫生间排风系统的设计

排风方式	排风口风速 /m·s^{-1}	竖井风速 /m·s^{-1}	总风量的同时使用系数	排风方式	排风口风速 /m·s^{-1}	竖井风速 /m·s^{-1}	总风量的同时使用系数
自然排风，图15-4*a*	0.5～1.0	1.0～1.5	1.0	机械排风与自然排风相结合，图15-4*c*①		1.0～1.5	0.6～1.0
机械排风，图15-4*b*①		4.5～6.0	0.5～0.8	机械排风与自然排风相结合，图15-4*c*②		2.0～3.0	0.5～0.8
机械排风，图15-4*b*②	3.5	3.5～4.5	1.0				

15.2 写字间空调的设计与运行[1]

写字间是高层、超高层建筑的主要功能房间。

写字间空调方式有全空气集中式低风速系统、风机盘管+新风系统和热泵空调系统等多种方式[23]。

15.2.1 现代写字楼的分类与功能特点

现代写字楼的分类与功能特点如下：

（1）按使用方式写字楼可分为单位自用办公（写字）楼和出租写字楼两类。自用办公楼空调系统运行管理模式比较一致，因此整幢楼可选用同样的设备和系统。而出租写字楼的空调系统必须考虑其系统分区、使用时间、计量和租金管理等诸多因素。

（2）按用途写字楼可分为专用写字楼和综合写字楼两类，专用写字楼除了一般业务空间（办公室、会议室）外，还有导入空间、余暇空间和装置空间，这些不同的空间在使用和负荷分布上各有特点，空调设计中应充分加以考虑。综合写字楼除了商务办公业务之外，还有餐饮、居住、购物、娱乐等多种功能，因此要着重考虑系统分区、运行时间差异和安全等因素。

（3）按规模写字楼可分为大、中、小三类。小规模写字楼建筑面积在6000m^{2}以下，一般可采用全分散式空调系统，空调设备本身最好带有自动调节装置。建筑面积6000～20000m^{2}的是中等规模写字楼，标准层平面一般要分“内部区”和“周边区”，采用集中或半集中系统。大规模写字楼建筑面积在20000m^{2}以上，这类写字楼应着重考虑能源的合理使用，尽量采用各种空调节能措施与能量回收措施。

15.2.2 现代写字楼的空调负荷与空调分区

15.2.2.1 照明与人体散热量计算基数

（1）照明与人体散热量计算方法，见第7章，写字间照明散热计算基数和人体散热量计算基数，见表15-2。

表15-2 写字间照明、人体散热计算基数

照明容量/W·m^{-2}	人体散热量		备注
	人员密度/人·m^{-2}	散热量/W·(h·人)$^{-1}$	
30	0.15	145	照度300～800lx

（2）写字间设备散热量计算基数。由于现代写字楼中大量使用电信电气设备，因此空调负荷中主要是由设备等内部散热量引起的负荷。现代化写字间内，OA 机器（Office Automation）将达到平均每人一台，其设备散热量计算基数，见表 15-3。

表 15-3 写字间设备散热量计算基数

名　称	写字间单位面积	OA 区域单位面积	名　称	写字间单位面积	OA 区域单位面积
电量/$V \cdot A \cdot m^{-2}$	49	200	发热量/$W \cdot m^{-2}$	40	163

（3）写字间在设备使用高峰期，由于电信、电气设备的启动运作，使内部发热量可高达 80W/m^2 以上（即人体 16W/m^2、照明 30W/m^2、设备 40W/m^2）。

（4）现代写字间的间接照明（顶棚照明）和桌面工作灯的照度分配比例为1:1。间接照明的一部分热量（约 30%）被吊顶回风或排风带走，不进入工作区。

（5）在平面分内部区和周边区的智能化写字楼中，内部区基本上全年供冷，周边区也由于较高的内部发热量，夏季空调负荷基本上是稳定的，随时间的变化不大，而冬季则根据地区气候和围护结构的情况，可能会出现供热→供冷→供热交替反复的形式。如果空调系统间歇运行，即使在冬季在启动期内也可能需要供冷。

（6）智能化写字楼夏季冷负荷为一般办公楼的 1.3～1.4 倍，而冬季热负荷却仅为一般办公楼的 50%。

15.2.2.2　写字楼空调系统的分区

写字楼空调系统的分区划分应符合下列要求：

（1）空调系统应根据房间用途、标准高低、负荷变化以及使用时间等的特点划分。

（2）可划分为内部区及周边区平面的办公建筑，应针对各区负荷特点分设系统，空调宜采用空气—水系统或变风量系统。

（3）在全年使用空调的特殊房间，如计算机房、自动电话间、大楼自控中心（含消防控制中心）等，应设独立空调系统。

（4）超高层办公建筑的设备层设在避难层时，且空调系统按垂直方向分区的，设备层应作为分区的依据。

15.2.3 写字楼常用的几种空调系统

15.2.3.1　空调机组全空气低风速系统

现代写字楼多采用下送风空调，空调机组将风送到地板下的配线空间，再通过地板送风口或地面送风柱将空气送入室内。作为“背景空调”，在每一工作单元的工作桌下均设有将送回风混合的循环风机，送风至桌面风口，或将隔断屏风的夹层作送风静压箱，通过屏风上的条形百叶风口送风至工作单元内。背景空调能保证整个空间都有均匀的热环境，根据各人的习惯和爱好可以调节桌面风口，以达到每个人最为满意的环境状态。背景空调的回风是通过顶棚空间使风回到空调机组。

15.2.3.2　风机盘管＋新风方式的空调系统

采用风机盘管＋新风方式的空调系统设计，是写字楼空调的主要方式，其设计方法，参照本章 15.1 节客房空调方式设计。

15. 2. 3. 3　热泵空调系统

写字楼所用热泵空调方式基本上可分为 4 类：即埋管闭路式地源热泵空调方式；风冷热泵空调方式（VRV 等）；水源热泵方式（井水、地表水、海水等）；水环热泵方式。详见第 10 章。

15. 3　餐厅、宴会厅、多功能厅空调的设计与运行[1]

15. 3. 1　餐厅、宴会厅、多功能厅空调的特点

餐厅、宴会厅、多功能厅空调主要有以下特点：

（1）空调负荷变化大。餐厅、宴会厅、多功能厅当非就餐时间，或不举行宴会、不举办各种庆典会议及活动时，室内的空调负荷很低。但当餐厅、宴会厅、多功能厅一旦启用时，往往人员大增，达到宾客满堂、座无虚席，有时甚至超员 20%。人多发热量大，加上中餐的热菜、热汤和酒品的散热，如果是夏季，霎时间冷负荷大增，空调送冷量顿时上升到最高峰。负荷变化大是餐厅、宴会厅、多功能厅的主要特点。如人员密度变化在 1. 2 ~ 0. 3 人/m^2 之间，随宴会的种类不同，照明容量的变化在 30 ~ 70W/m^2 之间，室内冷负荷（显热）变化在 58 ~ 174W/(h · m^2) 之间。因此在餐厅、宴会厅、多功能厅空调冷负荷设计计算时，要充分考虑满员超员的冷负荷余量。

（2）空调方式以用空调机组的全空气低风速系统居多。由于餐厅、宴会厅、多功能厅一般面积均较大，故采用全空气低风速的组合式大风量空调机组方式居多。常用送回风方式有两种，即只设送风管而不设回风管方式和设有送、回风管的送回风方式。低风速全空气方式虽然占空间较大，但餐厅、宴会厅、多功能厅的建筑往往有较高的空间可利用，管道布置不至有困难，宴会厅系统新风百分比较大，采用全空气系统可以在过渡季节充分利用室外空气的自然冷量。

然而除使用组合式大型空调机组外，中小型柜式空调机组也常用于中小型餐厅、宴会厅、多功能厅。这是因为大型旅馆的餐厅、宴会厅、咖啡厅、展览厅、会议厅等种类繁多，规模有大有小，多达数十个（如日本帝国旅馆有 40 个、京王旅馆有 54 个、皇宫大旅馆有 25 个），而使用要求非常灵活，因此对中小型厅室使用不同容量的柜式空调机组是比较适宜的。机组紧靠使用房间，在机组的空气进出口设消声器（出口必须设消声箱或消声弯头），可以满足一般使用要求。

（3）风机盘管 + 新风系统是另一种常见的空调方式。由于近年来高层建筑的层数屡见增高，但每层楼的层高却往往有所降低，所以餐厅、宴会厅、多功能厅往往因层高所限，难以装设全空气低风速形式的较大断面的送（回）风管道，因而对层高较低的餐厅、宴会厅、多功能厅以采用风机盘管 + 新风系统的空调方式为好。这种空调方式近年来经常出现在许多工程设计中。

15. 3. 2　餐厅、宴会厅、多功能厅负荷计算的特殊性

餐厅、宴会厅、多功能厅的负荷计算包括四部分：围护结构负荷计算；照明与人体散热量计算；菜品、酒水散热量计算；火锅、烧烤设备散热量计算。

15. 3. 2. 1　围护结构负荷计算

围护结构负荷计算内容与逐时计算步骤为常规计算方法并无特殊性，见第 7 章。

15. 3. 2. 2　照明与人体散热量计算基数

照明与人体散热量的计算方法，见第 7 章。餐厅、宴会厅、多功能厅的照明与人体散热计算基数，见表 15-4[1]。

表 15-4　餐厅、宴会厅照明与人体散热计算基数

厅室分类	照明容量/W·m^{-2}	人体散热量	
		人员密度/人·m^{-2}	散热量/W·(h·人)$^{-1}$
中式餐厅、宴会厅	50	0.6	126
日式餐厅、宴会厅	55	0.6	126
小宴会厅	40	1.0	126
大宴会厅	70	0.8	126
咖啡厅	40	0.5	126
会议厅	40	0.5	126
休息室	30	0.25	126

15.3.2.3　菜品、酒水散热量的估算

中式菜品中除酒菜多为凉菜外，正菜一般均为烧、烤、炸、熏、蒸、煮制作的热菜、热汤，酒席菜品的散热量很大；而西餐菜品有热有凉，菜品散热量相应也较低。酒水中以白酒散热量最大，红酒啤酒等次之，而饮料一般均为冷饮，散热量并不大。如何计算菜品酒水的散热量，目前有关研究论证资料尚不多见。但忽略其散热量，又往往会导致设计的冷负荷偏低，以至造成当宾客满堂、座无虚席时，甚至由于宾客爆满不得不加桌加座时，冷负荷就会骤增。而热菜、热汤和酒类所引起的负荷量增加值，在设计时又难以确切计算。

菜品酒水的散热量既不可忽略，又无法确切计算，现提出一种估算办法——按人体发热量的 1~2 倍计算，供设计人员设计计算时参考。

15.3.2.4　火锅、烧烤等设备的散热量

A　火锅餐厅热平衡

火锅餐厅热平衡模型见图 15-5。热平衡以房间的围护结构为界面，不考虑灯光热量、人员的代谢热量及由外界传递进入的热量。火锅的发热量通过对流、辐射、煮食进入餐厅，扣除剩菜、残汤和人食用带走的热量外都成为餐厅的得热量。考虑到餐厅的空调系统大多间歇运行，即营业时间运行，非营业时间不运行。这样由辐射而蓄存在围护结构中的热量将在下一营业期间形成冷负荷，近似地认为抵消了该段时间由辐射蓄热而减小的冷负荷。即近似认为火锅散发到室内的热量均是瞬时冷负荷。

B　火锅冷负荷、湿负荷的确定

（1）酒精膏火锅的冷负荷与湿负荷。据统计，进入餐厅的人均食物消耗折合羊肉的量为 $m_{m,i}=0.5$kg，进入餐厅的水 $m_{w,i}=1.5$kg，撤出餐厅的肉量按 $m_{m,i}$ 的 5% 计，即 $m_{m,o}=0.025$kg，撤出餐厅的汤水 $m_{w,o}=0.4$kg，撤出餐厅的残余汤水温度为 70℃，进入餐厅羊肉的温度为 0℃，水的温度为 80℃。平均就餐时间 $\Delta\tau$ = 1h = 3600s。汤水蒸发量、烟气散湿量和火锅的产热量，已测得或计算得到（见表 15-5）。

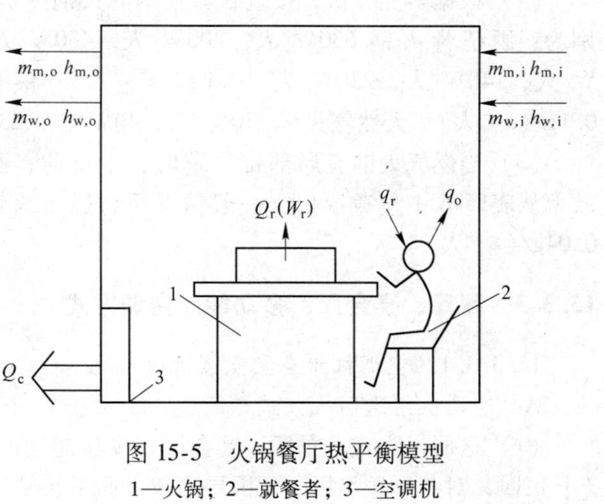

图 15-5　火锅餐厅热平衡模型

1—火锅；2—就餐者；3—空调机

（2）燃气火锅的冷负荷与湿负荷。

燃气火锅人均食物消耗、汤水蒸发量、烟气散湿量和火锅的产热量，已测得或计算得到（见表15-5）。

表15-5 燃气火锅的冷负荷与湿负荷

名称	Q_c/kJ	$Q_{c,l}$/kJ	$Q_{c,s}$/kJ	W /kg · 人$^{-1}$	q_c /W · 人$^{-1}$	$q_{c,l}$ /W · 人$^{-1}$	$q_{c,s}$ /W · 人$^{-1}$	w /g · (s · 人)$^{-1}$
酒精膏	2277.6	1562.7	714.9	0.669	630	430	200	0.186
人工煤气	1997.5	1236	761.5	0.54	370	230	140	0.1
液化气	2210.6	1222	988.6	0.54	410	230	180	0.1
天然气	1443.6	1222	221.6	0.54	270	230	40	0.1

（3）有局部排气罩时火锅的冷负荷与湿负荷。燃气灶上部加局部排气罩后，可以认为火锅蒸发的水量和烟气中的水蒸气有一部分被排气罩直接排到室外，因此在计算空调冷、湿负荷时应将其扣除。

如设排气罩的捕集效率 $E_c = 0.5$ 和 0.7，则可计算得到3种燃气火锅的冷负荷与湿负荷，见表15-6。

表15-6 有排气罩时燃气火锅的冷负荷与湿负荷

名称	$E_c = 0.7$				$E_c = 0.5$			
	q_c /W · 人$^{-1}$	$q_{c,l}$ /W · 人$^{-1}$	$q_{c,s}$ /W · 人$^{-1}$	w/g · (s · 人)$^{-1}$	q_c /W · 人$^{-1}$	$q_{c,l}$ /W · 人$^{-1}$	$q_{c,s}$ /W · 人$^{-1}$	w /g · (s · 人)$^{-1}$
人工煤气	209	69	140	0.03	255	115	140	0.05
液化气	249	69	180	0.03	295	115	180	0.05
天然气	109	69	40	0.03	155	115	40	0.05

注：表15-5、表15-6中的符号为：

Q_c—冷负荷；　q_c—火锅瞬时负荷；

$Q_{c,l}$—潜热负荷；　$q_{c,l}$—潜热瞬时负荷；

$Q_{c,s}$—显热负荷；　$q_{c,s}$—显热瞬时负荷；

W—火锅散湿量；　w—瞬时散湿量。

（4）根据实测分析，按就餐者平均的火锅冷负荷、显热冷负荷、潜热冷负荷和湿负荷分别为：酒精膏火锅630W/人，200W/人，430W/人，0.186g/(s · 人)；人工煤气火锅370W/人，140W/人，230W/人，0.1g/(s · 人)；液化气火锅410W/人，180W/人，230W/人，0.1g/(s · 人)；天然气火锅270W/人，40W/人，230W/人，0.1g/(s · 人)。

（5）当燃气火锅有局部排气罩时，冷负荷、湿负荷均有所降低，可根据排气罩的捕集效率从表15-6中参考取值。一般情况下，燃气火锅人均冷负荷可取180W/人，湿负荷可取0.04g/(s · 人)。

15.3.3 餐厅、宴会厅、多功能厅空调方式

15.3.3.1 空调机组全空气低风速系统

A 空调机组送回风方式与风速

（1）送回风方式。餐厅、宴会厅、多功能厅的送回风方式大多采用上送下回，或上送侧（下）回，对冬季送热风时常因层高较大而不易使气流下降时，可在设计中采用平顶风口调节

装置等措施，以使冬季送热风时具有较大射程。对于高度不大而下部难以设回风口的可用上回方式。送风口采用散流器的较多，但也可采用双层百叶送风口，某些宴会厅或国际会议厅也有用侧墙喷口送风方式的实例。总之，餐厅、宴会厅建筑装修的艺术要求较高，送风口形式必需照顾到与建筑装修的密切配合。

（2）经济风速。低风速送风管的经济风速可按表15-7选取。餐厅、宴会厅空调区域内的气流速度一般不大于0.25m/s（不吹动宴会时用的蜡烛火）。

表15-7　经济风速

风管、风口类别	主风管	无送、回风口的支风管	有送、回风口的支风管	送风口
风速/$m\cdot s^{-1}$	6~8	5~7	3~5	3~5

寒冷地区的餐厅、宴会厅、多功能厅为了改善冬季的供暖效果，也可采用地板辐射供暖和中部设置辐射供暖装置。

B　全空气系统送回风的消声措施

降低全空气、低风速系统的噪声，是至关重要的。对于组合式空调机组来说，可在机组的功能段中加设“消声段”，而在空调机组的出风管道上加装消声弯头、消声器和消声管。但对紧靠餐厅、宴会厅、多功能厅安装的柜式空调机组，除在出风管上必须设置消声弯头和在各连接处采用软连接外，还需采用必要的其他消声措施。

15.3.3.2　风机盘管+新风空调系统

A　风机盘管空调系统设计

餐厅、宴会厅、多功能厅的风机盘管+新风空调方式，基本上类同于客房空调中风机盘管+新风系统，参见本章15.1节。与客房风机盘管系统设计所不同的是，客房风机盘管的送风形式多为侧送式，而餐厅、宴会厅、多功能厅风机盘管的送回风形式，大多为上送上回形式。送风口与回风口多为散流器、双层百叶风口或条缝形风口。然而雅间小餐厅也多用侧送风形式。

B　新风系统设计

餐厅、宴会厅、多功能厅的新风系统设计，也可参照客房新风系统进行，只不过要注意大餐厅、大宴会厅、大功能厅新风与排风的均匀性。虽然餐厅、宴会厅、多功能厅等公共部分人员密集，而且个别厅室有时允许吸烟，但又因是人员短暂停留的场所，所以每人新风量指标要比客房小。新风量的多少与该空调系统的新风冷量关系很大，因而规定一、二、三、四级旅馆中的餐厅、宴会厅、多功能厅的新风量分别为30、25、20、15m^3/(h·人)。由于大型宴会厅往往要求是多功能的，因此人数也不固定（按用途不同，人数可在0.3~1.2人/m^2范围内变化），设计时应给予安全余量的考虑，而在系统设计上则须考虑到新风和冷量调节的可能性。

15.3.3.3　排风排烟系统

餐厅、宴会厅、多功能厅的排风与排烟，对于任何形式的空调系统都是必需考虑的，其原因是：（1）餐厅、宴会厅内个别宾客吸烟量大；（2）餐厅、宴会厅、婚礼厅一天内要使用几次，必须迅速排除使用结束后尚存的气味；（3）最新的宴会厅、多功能厅附有完备的放映设备，不应使烟气影响视线。

小型宴会厅如用单风管与风机盘管结合方式，或用柜式空调机者，可专设排烟风机（排烟口设在上部）进行全面排气。中大型宴会厅如用全空气方式者，则可利用双风机空调系统来进行排风，这样既解决了空调回风又达到了排烟目的（但排烟口仍应设在上部），用双风机系统调节新风量和排风量最为合理。

15.4　KTV歌舞厅空调的设计与运行[1]

KTV歌舞厅空调的设计计算参数，见第6章表6-2；冷负荷计算，见第7章；其照明与人体散热计算基数，见表15-8[1]。

表15-8　KTV歌舞厅照明与人体散热计算基数

房间类型	照明容量/W·m⁻²	人体散热量	
		人员密度/人·m⁻²	散热量/W·(h·人)⁻¹
KTV厅	50	0.5	210
歌　厅	50	0.5	145
舞　厅	40	0.25	290

15.4.1　KTV歌舞厅空调的特点

15.4.1.1　KTV厅空调

KTV厅空调多采用风机盘管+新风方式，这是因为KTV厅面积小、数量多，而隔声又要好，以防相邻房间串声或产生共鸣现象而影响卡拉OK演唱效果，故以各间单独装设风机盘管作为空调设施为好。新风补充和排风设计也要注意到隔声效果，以防止串声。然而有些KTV厅也采用全空气低风速系统的空调方式，多数是与歌舞厅的中央空调共为同一系统。

15.4.1.2　歌舞厅空调

歌舞厅空调可采用空调机组全空气方式，也可采用风机盘管+新风方式。两种空调方式在歌舞厅空调设计中是并驾齐驱的。具体设计时应因地制宜，要权衡各种利弊并与建设单位充分协商后，再确定采用哪种空调方式。

15.4.1.3　KTV歌舞厅的空气清新度与含尘浓度

KTV歌舞厅往往宾客较多，而且活动较为剧烈。人们呼出的二氧化碳气、部分宾客吸烟所吐出的烟气、激烈舞动者出汗的汗气和空气中所含各种尘埃等，给空调工作者带来了繁重任务。这些污秽气体必须通过空调不断送入新风，又不断排出室内污浊空气进行交换，如此才能确保KTV歌舞厅空气的清新度，并借此达到降低室内空气含尘浓度的目的。

15.4.2　KTV歌舞厅空调方式

15.4.2.1　空调机组全空气低风速系统

KTV歌舞厅常采用以空调机组处理空气，以低风速的单风管或双风管为送风管道，以散流器、双层百叶或条缝形风口顶送方式的空调送风系统。这是从KTV歌舞厅作为公共场所的功能特点而决定的。KTV歌舞厅的使用特点是：

（1）使用时间较为集中，空调高峰负荷出现在使用时间。

（2）内热负荷（如人体、灯光、电气设备等的散热量）所占的比重较大。

（3）使用时单位面积人员的密度高、散热散湿量大，要求供应的新风较多，需要换气量也大。

选择空调机组全空气低风速空调系统就能更好地适应KTV歌舞厅的上述特点。

采用全空气低风速空调方式时，除可用由数段功能段组装的卧式空调机组外，也可采用集中供水的柜式空调机以及自带压缩机的水冷或风冷柜式空调机分散安装，将一大系统分割成数个小系统，以利于减小送风管道断面，并有利于回风系统减小阻力。

KTV 歌舞厅采用空调机组全空气低风速空调方式的系统设计方法，与餐厅、宴会厅、多功能厅采用此方式的设计方法基本相近，参见本章 15.3 节。

15.4.2.2 风机盘管 + 新风方式的空调系统

风机盘管 + 新风空调系统设计方法可参见本章 15.1 节。

15.4.3 KTV 歌舞厅的新风、排风系统

KTV 歌舞厅是人群集体活动的场所，与旅馆中的客房、餐厅、多功能厅、门厅、康乐中心和写字间等空调房间一样，必须补送新风并排烟排尘，以减少空气中 CO_2 含量和降低空气含尘浓度，保证室内空气的清新卫生。

15.4.3.1 送入新风减小室内空气中 CO_2 含量

空气是人类赖以生存的不可缺少的条件。人们生理上的新陈代谢，需要吸入一定数量的新鲜空气，同时又呼出相应数量的 CO_2 与水气，并从体内排泄出有气味的有机物。因而需要向空调房间内供给一定数量的室外新鲜空气进行稀释。一般来说，送入的新风量越多，室内空气的新鲜程度就越高。但是，所送入的室外新鲜空气必须经过各种处理，以达到规定的清洁度和温湿度。而新风处理与输送都需要消耗一定的能量，送入新风越多，消耗的能量也越多。因此为节约基建投资与节约能源，又要限制送入过多的新风量。从国内已建成的一些高层旅馆的实测来分析，空调新风供给量标准高低相差悬殊，最低标准中不设新风系统，新鲜空气靠开窗来解决；而最高标准高达 74 ~ 78m³/(h · 人)，超过了日本京王广场豪华饭店的标准。

在确定新风量标准时，既要反对盲目追求高标准，加大安全系数，使设计新风量的取值过高；又要防止不顾人们健康，只为降低能耗与初投资而压低设计标准。确定新风量标准的原则，是要在满足卫生标准的前提下力求节能。

KTV 歌舞厅与宾馆饭店内其他房间一样，除厨房、洗衣房之外，室内主要污染源是人体的新陈代谢与行为活动，具体说就是人们呼吸产生的 CO_2，从皮肤排出有气味的有机物质，吸烟所产生的烟尘与烟气等。CO_2 不是有毒物质，只是在 1% 及以上的浓度时才危害人的健康。因此，美国政府与工业卫生专家会议建议把 0.5% 浓度作为工业范围的 CO_2 临界浓度。但是在舒适性空调房间内，由于人员密度较低，人体处于轻微活动或休息状态，新陈代谢较低，室内 CO_2 浓度一般远远低于上述的临界浓度水平。如果从维持人的生命过程需要的氧气来计算，所需提供的新鲜空气是很少的。据测算，静坐工作的人大约只需要提供 0.41m³/(h · 人) 新鲜空气就可以了。因此，向空调房间内提供室外新鲜空气的主要作用，是稀释人体呼出的 CO_2、皮肤分泌出来的气味，以及烟气与悬浮尘杂物。

美国 ASHRAE62 标准与日本“空气调和 · 卫生工学会”HASS102《换气（案）》，对 CO_2 允许浓度都有规定，我国专家根据客房内人体的新陈代谢率、CO_2 产生率，参照美、日标准利用稀释公式计算出在不吸烟条件下所需的新风供给量，然后再按吸烟条件下新风量需加倍的原则，以及四级旅游旅馆可不设新风系统的条件，确定了 KTV 歌舞厅的新风量标准为 30m³/(h · 人)。

15.4.3.2 排风排烟降低空气含尘浓度

KTV 歌舞厅和旅馆内其他空调房间一样，不但需要一个室内热舒适的环境，而且还需要一个清洁卫生、有利于人们身体健康、有利于室内建筑设备和建筑装饰保护的室内环境，所以要求空气中悬浮微粒的浓度不能超出规定值。

A 室内空气含尘浓度的构成

悬浮于空气中的微粒，是粒径小于 10μm 的固态与液态的微粒，以气熔胶的形态存在，称

为大气尘或飘尘。因为这种微粒可直接被人吸入肺内，危害人体健康，故又称之为“可吸入颗粒物”（英文缩写为 IP）。“可吸入颗粒物”占“含尘量”的 70%，即空气中 100g 尘埃中 70g 为可吸入颗粒物。含尘浓度除距地面 200m 高度的原有高空中大气尘之外，还有城市中烟囱的烟尘、刮风吹起的灰尘等粒径大于 10μm 的灰尘，以及在空调房间内人们行为活动所扬起的大大小小的尘埃。

B　室内空气含尘浓度的限值

室内空气含尘浓度的限值国内尚无标准，因此参照美国环境保护局（EPA）标准和日本《建筑基准法》的规定，对人们长时间停留并对健康有影响的场所，如 KTV 歌舞厅等康乐场所和客房、餐厅、多功能厅等房间，规定空气中含尘浓度不超过 0.15mg/m^3，而对门厅、四季厅、服务行业等公共场所，规定为不超过 0.25mg/m^3，商场不超过 0.20mg/m^3。

15.4.3.3　新风排风系统设计

以半圆形 KTV 歌舞厅新风排风系统设计为例予以说明，见图 15-6[23]。

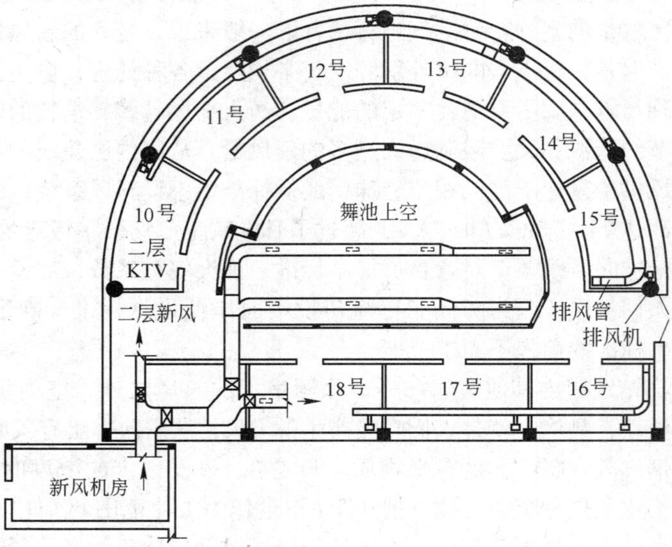

图 15-6　KTV 歌舞厅新风排风平面图

A　新风系统

该建筑物 2 层设有新风机房，为 1 层、2 层送新风。新风机组为 TWH-0.6，设有初效过滤段、中间段、中效过滤段、表冷（热）段（6 排翅片）和送风机段。出风端配有消声弯头和消声器。风量 $L=6075\text{m}^3/\text{h}$，风压 =834Pa，功率 $N=4\text{kW}$。新风机房东墙上设有采风窗，配装有固定百叶窗和可调百叶窗。

1 层 KTV 歌舞厅的新风，采用新风管道向舞池下送，并通过各 KTV 厅的排风产生的负压，使新风进入各 KTV 厅（由于 1 层 KTV 厅的层高很低，无法安装新风管道）。2 层各 KTV 厅均装有新风管道和双层百叶下送风口。

B　排风系统

KTV 厅排风——1、2 层各 KTV 厅均装有吊顶式离心排风机和排风管道，屋顶上装有屋顶排风机。1、2 层排风管道汇合于 2 层后，排风通过屋顶风机排于室外。

舞厅排风——舞厅屋顶上装有另一台屋顶式排风机，舞厅内的 CO_2 气、烟气、异味和悬浮性尘埃，经由舞池上空被屋顶风机抽排于室外，从而使舞厅内空气含尘浓度不大于 0.15mg/m^3。

15.5　康乐中心空调的设计与运行

15.5.1　康乐中心的功能房间及其特点[1]

15.5.1.1　康乐中心的功能房间

康乐中心一般常设有：台球室、保龄球室、羽毛球厅、乒乓球厅、壁球厅、网球厅、麻将室、游戏机室、健身房、美容美发室、桑拿浴蒸汽浴室、按摩室、录像厅、贵宾厅、休息室、更衣室等。一般来说，康乐中心都配备有中西餐厅和厨房等，以供宾客娱乐与餐饮。

15.5.1.2　康乐中心的功能特点

在现代化高层建筑中大多设有不同规模的康乐中心，也有单独建造专业性康乐中心的。康乐中心的兴建和康乐设施齐全、性能先进与康乐中心的豪华装饰，是现代文明社会进步的标志之一。在物质生活高度发展的国度里，精神文化生活的文明化、高层化是不可缺少的。

康乐中心不仅能使辛劳工作、颇感疲惫的男仕女郎，通过各种现代化康乐设施的活动，消除疲劳、恢复精力，给人以轻松舒适的享受，而且通过球类活动和健身器械的锻炼，还可增强体质、陶冶情操；又可通过桑拿浴、按摩和美容美发，加强人体新陈代谢、增进血液循环、提高健美意识，使人具有永葆青春活力之感受。康乐中心主要康乐设施的功能为：

（1）台球室、保龄球室、壁球厅、网球厅：设备优良装饰考究的各类球室、球馆、球厅、球场，可供球类运动爱好者进行愉快的娱乐性练球，也可进行各种竞技比赛，是适合不同兴趣、不同体质的男女老少的高雅体育娱乐活动场所，是康乐中心内最吸引宾客的场所。

（2）麻将室、游戏机室：麻将是起源于中国的一种文雅、高贵的娱乐形式，早已普及到日、韩和东南亚各地。康乐中心的麻将室具有自动洗牌、自动码牌的自动麻将桌，使欲以麻将娱乐的人们免除洗牌、码牌的时间和劳作，将精力更集中于玩牌上。游戏机室汇集有各种不同风格、不同玩法的多台电子游戏机。如果说麻将最适合成年人娱乐的话，那么游戏机则能特别吸引青年和少儿到此常握“把柄”。

（3）健身房：设有各式运动器材，可提供或编排适合每一个人的运动程序，达到娱乐性运动与健身的双重目的，使人更加精神饱满、精力充沛、强健体魄、延年益寿。

（4）桑拿浴室：分为男宾部与女宾部。通过电加热器把矿石加热，经水淋后产生出带特殊矿物质的蒸汽，对于治疗人体的皮肤病和感冒有特殊的功效。经过桑拿浴使全身汗水淋漓后，便可令人身心松弛，顿觉精神倍增，有一种宁静、舒适之感受。

（5）蒸汽浴、冷热水浴和中草药浴：蒸汽浴室内可喷冒出经特殊处理过的、带有中草药疗效的热湿蒸汽，使人经高温湿汽的熏蒸而全身出汗，从汗毛孔内排泄汗渍与体内废物，并增强血液循环。然而冷水浴池能刺激汗毛孔收缩。通过蒸汽浴和冷水浴，能使血管和汗毛腺体扩张和紧缩，一扩一缩，能使具有健康体魄的人得到更好地体能锻炼。热水浴池则通过不同角度、不同孔径喷出不同力度的各种水流冲向人体的腰、腿、背、臂、颈、胸等部位，使人能享受到大自然中的瀑布浴、喷泉浴、冲浪浴等野味情趣，也可造成一种类似人工按摩的无人按摩浴。如在热水浴水中或池中浸泡几十种名贵中药，即为中草药浴，可使人们在洗浴中不知不觉的接受对各种疾病的治疗。

（6）按摩室：为宾客提供完善而舒适的按摩服务与设备，通过按摩能达到消除疲劳和舒筋活络的效果。

15.5.2　康乐中心空调的设计与运行[1,23]

15.5.2.1　康乐中心空调的特点

现代化的康乐中心具有多方面的使用功能，空调设计要根据康乐中心内各个功能厅的不同使用性能和对环境气候条件的不同要求，要采取能适应其不同需要的各种不同的空调方式。其特点如下：

（1）风机盘管 + 新风系统是康乐中心的主要空调方式，亦即是康乐中心最常见的空调方式，特别适用于房间面积较小的台球室、保龄球室、麻将室、健身室、美容美发室、按摩室、贵宾厅、休息室和更衣室等房间。康乐中心空调设计的最大特点，是要特别注意风速和气流组织，即要防止空调送回风的风速过大，最好使气流不直接吹向宾客的身体，不吹向台球台和保龄球道。

（2）吊顶式或柜式空调机组全空气系统，常用于房间面积中等的壁球厅、保龄球室和健身房等分散设置房间的空调。

（3）卧式空调机组全空气系统，常见于房间面积较大的网球厅（馆）、壁球厅和房间相距不远的保龄球室、台球室、健身房等房间。

（4）排风量大于送风量的空调系统，有桑拿浴、蒸汽浴室、冷热水浴室及公共卫生间等。这些房间均应设独立的排风系统，以便把废气和怪味排出屋顶及室外，使这些房间保持负压，防止这些房间的废气和怪味发生外逸，窜入相邻康乐中心的其他房间。

15.5.2.2　康乐中心空调系统的设计与运行[1,23]

康乐中心空调系统设计需根据不同的使用功能、独特要求及建筑特点，因地制宜地选用不同形式的空调末端装置和不同的空调方式：

（1）健身房、麻将室、冷热水浴、桑拿浴、蒸汽浴、按摩房、办公室、贵宾室、休息室、更衣室、美容美发室等，可采用卧式风机盘管 + 新风系统，将风机盘管吊装在房间的天花板内，经铝合金散流器或双层百叶送风口向房间内吹送冷（热）风，而回风口可为单层百叶回风口。送、回风口表面与顶棚平整地装饰在一起，以求美观。每台风机盘管的连接水管上可安装电动比例调节二通阀或三通阀，并在风机上安装自动恒温控制器，以便随意调节房间内的温度和送风速度。设计时应使控制器装设在房间内，这样可随时根据宾客的需求进行调节，从而实现房间内适宜的气候环境。

至于新风系统，可根据各层建筑的实际特点，采用集中型或分散型的新风系统。如采用多台分散安装的吊顶式新风机组，不但可满足各房间对新风的需求，而且，还可不建新风机房（新风机组内配有冷、热交换翅片4～8排）。

（2）台球、保龄球、壁球厅等，可设置卧式吊顶式空调机组暗装于顶棚之内。其送、回风口与装饰顶棚相平齐，保证美观大方的格局和谐调雅观的装饰。系统中所需的新鲜空气，可采用分散采风形式，将新风口分布在隐蔽于吊顶以上的墙上，利用小断面新风管与吊顶空调机组的回风管相接而采集所需的室外新风和房间内的回风。这种方式的最大优点是：可减小新风集中式的大断面风管，有利于降低建筑物的层高，节省建筑空间及投资。

（3）网球厅（馆）和面积较大的壁球厅等，选用低噪声可变风量空调机组，并采用变风量低风速单风管系统，利用安装于吊顶上并与之平齐的散流器向厅内输送冷（热）风。该系统可采用单层百叶回风口并直接装设在机房立面墙壁上作为侧回风，也可采用将回风口装设于吊顶板上作为上回风，或采用格栅回风口装于地板上作为下回风。回风口形状与颜色应与装饰相协调，并保证安装回风口部位的墙面、顶棚或地板的美观平整。这种系统调节风量的方法有多种，可在宾客较少的非峰值负荷时减少送风量，从而可大大节省动力消耗。据检测，当运行风量减至设计风量的50%时，运行电流约减少25.6%，因而全年空调运行消耗的电力比定风量方式小得多。如送风面积大或房间多，设计时可将变风量系统分为两个或数个系统，以使控制更灵活，调节更方便，节能效果更显著。

（4）康乐中心的电梯机房，因设备发热量较大和机房屋面受太阳辐射热的影响，致使室温较高，但设立中央空调又因受到系统膨胀水箱安装高度的限制，以致不能实现集中供冷。在此情况下可设计为分体立式风冷空调机组的局部空调方式。

以上各种空调系统的设计方法前已有论述，风机盘管+新风系统设计，见第3章3.5节和本章15.1节，而空调机组全空气系统的设计，见第3章3.3节。

（5）康乐中心空调水系统一般采用两管制，分别由设在制冷机房内的冷水机组供冷，由设在锅炉房内的热水锅炉或蒸汽锅炉所产生的蒸汽通过汽水热交换器转换为热水向系统供热。也可采用直燃型双效溴化锂吸收式冷热水机组进行夏供冷、冬供热。夏供冷、冬供热是通过制冷机房内分水器、集水器上的转换阀门来实现换向，以转换冷、热媒供给的。冷水的进出口水温为7/12℃，热水的供回水水温为60/50℃。水系统最好采用双管同程式，以保证其水力运行工况的稳定可靠、冷热均匀。利用带有补充水管和水位控制的膨胀水箱（一般安装于屋顶上）或定压补水装置（一般安装于机房内）来保证水系统始终能满流运行。在空调水系统每层管道的末端设备上均需装设自动排气阀，以便随时自动把系统中分离出来的空气排净，保证管道系统中水力工况在满流状况下运行。位于水系统上的空调末端设备最好由三通阀或二通阀控制，这样可避免低负荷时的压力积聚，能保证系统的安全运行。

15.6　门厅、四季厅空调的设计与运行[1,24]

门厅、四季厅俗称大堂，其空调的设计计算参数，见第6章表6-2；冷负荷计算方法，见第7章；门厅、四季厅照明与人体散热计算基数，见表15-9[23]。

表15-9　门厅、四季厅照明与人体散热计算基数

名　称	照明容量/W·m^{-2}	人体散热量	
		人员密度/人·m^{-2}	散热量/W·（h·人）$^{-1}$
门　厅	20	0.1	145
四季厅	20	0.1	145

15.6.1　门厅、四季厅空调的特点

门厅与四季厅是民用建筑的门面，其建筑与装饰的宏伟豪华程度，客运电梯或观赏电梯的功能与质量，空调送排风效果的好坏，总台服务态度的优劣等，往往是首先映入宾客脑海的第一印象，因此必须要给予足够的重视。

门厅、四季厅的空调大多采用两种方式，即全空气单风管末端再热方式，或风机盘管+新风方式。送风布置与建筑装修应紧密配合，一般采用平顶散流器下送风方式，或采用条形风口下送、侧送风方式，也有采用其他送风方式的，如日本京王旅馆的一个四季厅用带空隙的泡沫石膏平顶下送风（相当于孔板送风）。

门厅的供暖方式应特别注意，因为门厅往往有大面积的玻璃窗和较大的空间，容易受冬季寒冷气候的影响。故可采取将热风从下部向上沿玻璃窗上送方式，也可以在门厅入口处设地板辐射供暖装置，以及防止冷风渗透的回风控制机构，或在门厅外口装设红外线辐射供暖器。

从建筑上考虑，门厅入口应设转门，或设计安装空气幕，这对防止室外冷热风渗入能起很大作用。此外，门厅吊顶上应设置排烟风口，以排除门厅、四季厅中的异味和秽气烟雾。

15.6.2　门厅、四季厅空调设计

15.6.2.1　门厅、四季厅空调设计

门厅、四季厅由于建筑层较高，空间与面积均较大，所以一般多采用全空气集中式空调系统。但由于风机盘管 + 新风系统的诸多优点，不少建筑物的门厅、四季厅也采用了风机盘管 + 新风系统的空调方式。

门厅、四季厅采用空调机组全空气低风速系统的设计方法，见第 3 章 3.3 节，而采用风机盘管 + 新风系统的设计方法，见第 3 章 3.5 节和本章 15.1 节。

15.6.2.2　门厅空气幕

大型建筑物的门厅是否设置空气幕，设计人员和业主往往有截然相反的两种不同见解：主张设置空气幕者，多以冬季隔绝室外冷空气以防降低门厅温度，而夏季防止门厅的冷气散失室外致使门厅温度升高为由而坚持己见，无疑这种见解不无道理。设置空气幕除防止冬夏季门厅温度波动外，还可起到冬季节约热源、夏季节约冷源的目的。可见门厅设置空气幕理由充足。然而，与上述见解完全不同的意见认为，高级旅馆绝不应设置空气幕，其原因是设置在大门处的空气幕的高速下吹气流会吹乱男女宾客的发型，特别会使刚从美发厅做完绝美发型的女士因吹乱了特殊发型而不快，故主张门厅的大门应配置转门或电感应自动起闭门，以防冬夏季室外冷热空气对门厅内空气温度的影响。

至于该工程究竟是否设置空气幕，需由设计人员和该工程的业主商定。

15.6.3　中庭的空调设计[24]

中庭为高层、超高层或多层建筑物中设于中央的“共享空间”，其高度为十多米至数十米。有些建筑物的中庭与门厅合二为一，而有些建筑物则单设中庭。

15.6.3.1　封闭式中庭

封闭式中庭是起室内外缓冲作用的过渡地带，与当地的全年室外气温变化相比，中庭内的平均温度波动要小得多，根据使用要求一般有两种考虑：

（1）只考虑夏季的排风和地面处的采暖（如可采用地板辐射采暖），而不设空调系统。

（2）根据中庭下部的实际负荷（主要是门厅进出的渗透负荷等）设置空调送风系统，用水平送风隔断上、下空间。夏季采用自动控制的天窗排风或机械排风，排除积聚在屋顶下（如有的中庭采用大面积玻璃屋顶）的热量；有的建筑物在上部几层房间墙面（靠中庭）设置风机盘管以抵消由于温度梯度对上层房间舒适感的影响。

15.6.3.2　开启式中庭

一般除作为建筑物的主要通道外，还有休闲的功能，下部与商店、餐饮部门相接，上部为办公或宾馆客房的走廊，空间难于分隔。为了保证下部环境，可在低层部分用空调送回风系统直接控制活动区的环境参数，在各层的相邻中庭上设下送风口。

在寒冷地区的中庭，为防止大面积玻璃的结露，除用隔热性能好的玻璃结构外，可用高速诱导气流送干燥的热风于玻璃内表面。现举一工程实例：中庭采用喷口侧送风方式，在中庭的两侧分别设置 9 个 ϕ390mm 和 11 个 ϕ290mm 的可调圆形喷口，送风角度可以自动调节，夏季送冷风时，水平出风；冬季送热风时，送风角度自动向下调 15 度。风口安装高度 5.4m，出风速度分别达到 3.7m/s 和 4.2m/s，射程达 21.8m 和 18.3m。由于冬季热空气上浮，整个中庭在

垂直方向上会出现较大的温度梯度，使中庭下部，特别是地面处温度偏低，达不到设计的空调温度，为此在大堂地面采用地板供暖方式。供水温度设定为45℃，地面设计温度为28℃，单位地面散热量105W/m^2，中庭地面总散热量53kW，不足部分由空调送风系统补充。

15.6.3.3 中庭的防排烟

对于净空高度小于12m的中庭，采用自然排烟时，可开启的天窗或高侧窗的面积不应小于该中庭地面面积的5%。

采用机械排烟时，其排烟风机的排烟量应满足以下要求：对中庭体积小于17000m^{3}时，其排烟量按其体积的6次/h换气计算；对中庭体积大于17000m^{3}时，其排烟量按其体积的4次/h换气计算；但最小排烟量不应小于102000m^3/h。

15.7 地下停车库通风排烟的设计与运行

15.7.1 地下停车库的防火及防烟分区[1]

防火及防烟分区是确保地下停车库正常运营功能、确保防火安全和进行空调排风设计的重要条件。

15.7.1.1 防火分区

为了防止着火后火势的蔓延和扩散，有利于扑救和人员的疏散，地下停车库防火分区的划分，应主要考虑汽车的流通和停泊的合理性，且要兼顾到建筑平面分割的方便性。防火分区的最大允许建筑面积为500m^2，如防火单元内设有自动灭火系统，则防火单元面积可增大一倍。每个防火分区之间可用防火墙或防火卷帘门隔断。

15.7.1.2 防烟分区

划分防烟分区的目的，是为防止火灾发生时烟气侵入非火灾发生地区，以防影响人员从有害的烟气中安全撤离，并为排烟通风设计创造条件。每个防烟分区的建筑面积不宜超过500m^2，且不能穿过防火分区。防烟区之间一般用挡烟垂壁来分隔，可用梁作为挡烟垂壁，但要求一般从梁下突出不小于500mm。另有资料提出防烟分区也可利用顶棚下突出不小于500mm的梁来划分。挡烟垂壁要用非燃性材料制作，为了便于汽车的行驶，降低车库的高度，挡烟垂壁宜为自动型，非火灾时可置于梁内或悬吊于屋面下。一个机械排烟系统可担负几个防烟分区，其最大排烟量为60000m^3/h，最小为7200m^3/h。

15.7.2 地下停车库通风排烟量的计算[12]

（1）汽车库设有分布均匀且可开启的门窗，或有开敞的车辆出入口时，可采用机械排风、自然进风的通风方式。当不具备自然进风条件时，应同时设置机械进、排风系统。

（2）停车库机械通风的排风量，可按下列两种方法计算：

1）换气次数。一般停车库汽车为单层停放，可按体积换气次数计算。

①当层高小于3m时，按实际高度计算换气体积；当层高不小于3m时，按3m高度计算换气体积。

②换气次数的选定为：商业建筑汽车出入频率较大时，按6次/h；出入频率一般时，按5次/h；住宅建筑等汽车出入频率较小时，按4次/h进行计算。

2）按每辆车所需排风量。汽车全部或部分为双层停放时，宜按每辆车所需排风量计算。如商业建筑等汽车出入频率较大时，可取每辆500m^3/h；汽车出入频率一般时，可取每辆400m^3/h；住宅建筑等汽车出入频率较小时，可取每辆300m^3/h。

（3）机械进风系统的进风量一般为排风量的80%～85%。

（4）考虑到出入频率的不同，车库的进排风机宜采用多台风机并联或采用变频风机，以适应通风负荷的变化。

（5）汽车库采用接风管的机械进、排风系统时，应注意气流分布的均匀，减少通风死角。

（6）汽车库有害气体CO、NO_2的允许浓度。汽车在地下停车库内行驶或启动时，会排出大量的CO和NO_2等有害气体。若不及时地排除有害气体，将会对人体产生极大的危害。据国家《工业企业卫生标准》规定，车间空气中CO及NO_2的最高允许浓度分别为30mg/m³及5mg/m³，当工人工作时间一次不超过30min时，CO允许浓度可放宽到100mg/m³。

实测结果表明，汽车排出的NO_2浓度依次为：国产小轿车2.56mg/m³，国产面包车5.67mg/m³，进口小轿车9.01mg/m³，进口面包车9.92mg/m³。可见最高的只高于规定的2倍，而CO浓度的最低值（进口小轿车）也要高出规定的数百倍，故CO的排放浓度最应引起人们的重视。

15.7.3　地下停车库的通风排烟设计与运行[1]

15.7.3.1　通风排烟系统设计

地下停车库通风排烟系统的设计原则之一，是应将机械通风系统与机械排烟系统密切结合起来。通过多年研究和实践证明，这不仅是必要的，而且也是可行的。就机械排风系统与机械排烟系统相比，前者系统功能单一，只要系统分布均匀，能满足上部排除稀释的1/3汽车废气，下部排除稀释的2/3汽车废气，排放点的废气扩散能满足环境保护的要求即可。而后者系统功能复杂，系统的分布要与地下停车库的防火分区、防烟分区紧密联系；排烟口的分布和启闭要与防烟分区的划分、起火点在哪个防烟分区、哪些防烟分区是非起火点等相对应；系统构件的动作和风机的启停，要与烟（温）感器的感应和消防控制中心的信息系统以及控制系统相联系；系统及其构件动作后又要能复原等。可见两者的功能及其相关的条件是很不一样的。但两者又均为排气系统，其气体的流动和排放方式、系统的结构和布置方式都是基本一致的。这样就可以将两个系统复合起来，形成两个系统构件的叠加，变成一个复合系统，从而将两者的功能兼顾在一起。平时，运行机械排风功能，火灾时，启动机械排烟构件，将排烟功能叠加上去，从而实现消防排烟。这种系统设计原则无论在技术上还是在经济上都是可行的，并已为广大设计人员所接受。

地下停车库的通风排烟系统应独立设置，不应和上层通风或空调系统相混设。

15.7.3.2　通风排烟系统的补风与气流组织

（1）地下停车库的补风。地下停车库通风排烟系统的送风机、排风机可采用轴流通风机、离心通风机或混流通风机，而电机应选用防爆电机。在地下停车库通风排烟系统设计中，必须要考虑新风的补风，补充新风的方法有两种：即利用车道进行自然补风及设计机械送风的补风方法。从节能角度看，应尽量利用车道补风。车道补风要注意车道进风断面的风速，一般应小于0.5m/s，以保证汽车进出车道不受影响。如果车道较长，弯道较多或者采用车道补风风速大于0.5m/s时，应采用机械送风系统。为保证地下停车库内微负压，一般机械送风的送风量应为排风量的85%～95%。

（2）地下停车库内的气流组织。地下停车库的排风与诸多因素有关，在满足排风量的基础上，送排风口的布置对车库内有害物能否排除有很大的影响。除按规范要求从停车库上部排除总风量的1/3，从下部排除总风量的2/3进行设计外，要将排风口均匀布置，并且应尽可能地靠近车体。送风口可以集中布置在主要车的上部，送风速度不宜太大，以防止送排风短路，从而影响排风效果。当设计布置地下停车库的排风管道时，由于要将排风风口兼作排烟风口，故排风风口离排烟点的最远距离以不大于30m为宜。

15.7.4　地下停车库空调供暖和防火的设计与运行[1]

15.7.4.1　空调

地下停车库除固定办公室、维修室等房间外，只作为周转停车和宾客短暂上车下车与出出进进，故对停车库内的温湿度无严格要求。一般冬季保持5℃以上，夏季保持30℃以下即可。但对要求较高的地下停车库，可按冬15℃、夏28℃设计。其设计温度可由设计人员与业主具体商定。地下停车库是否设置空调装置用于夏季降温和设置何种空调装置，均涉及到初投资和耗能的大小，故也需与业主商定。

15.7.4.2　供暖

根据《汽车库建筑设计防火规范》的规定，地下停车库的供暖应设置热水、蒸汽或热风等供暖设备。

地下停车库的冬季热负荷，应根据建筑围护结构、所确定的冬季库内温度、机械排风温度与风量、补风温度与风量以及车辆停放与周转数量等诸条件进行计算。

15.7.4.3　防火

地下停车库的防火安全，除前已论及的必须在通风排烟系统中设防火排烟阀和选用防爆电机等外，在进行供暖和通风排烟设计中还应注意如下各点：

（1）地下停车库不应采用火炉或其他明火供暖方式，以策安全。

（2）地下停车库不应进行修车，一般也不设修车库。如另设有修车库，在修车库内维修保养车辆常会产生一些可燃气体，如乙炔气、蓄电池放出的氢气和喷漆挥发的气体等。这些房间的排风系统应各自单设，不能与其他房间排风系统混设。

（3）通风管道是火灾蔓延的主要途径，所以地下停车库内的通风管应采用非燃材料制作。

（4）地下停车库中通风排烟风管尽量不穿越防火墙和防火隔墙，如不得已非穿越时，为保证其应有的防火作用，在风管穿越这些墙体时，其四周空隙应用非燃材料填实，并在穿过防火墙、防火隔墙处设防火阀。

15.7.5　地下停车库采用上排风方式的研究

同济大学李强民教授等专家根据最新的实验研究，得出了采用上排风的新见解。指出停车库内汽车尾气的流动过程可看作烟羽的形成过程。针对上排风、下排风及上、下同时排风3种排风方式分别进行了气流显示实验，根据得到的图片对汽车尾气烟羽的形成和发展过程进行了分析；对前两种排风方式下的排风量进行了测定。结果表明，3种排风方式下汽车尾气烟羽的形成过程基本相同；排风口面积相同的情况下，上排风的排风量大于下排风。指出地下停车库以下排风为主的通风系统的不合理性，建议采用上排风方式，以节省投资。

15.8　建筑物防火排烟的设计与运行

15.8.1　防火排烟的设计[12]

（1）设计新建、扩建和改建的九层及九层以下的住宅（包括首层设置商业服务设施的住宅）和建筑高度不大于24m的其他民用建筑，以及建筑高度大于24m的单层公共建筑时，应按国家现行的《建筑设计防火规范》GB 50016—2006执行。

设计新建、扩建和改建的十层及十层以上的居住建筑（包括首层设置商业服务网点的住宅）和建筑高度超过 24m 的公共建筑时，应按国家现行的《高层民用建筑设计防火规范》GB 50045—2005执行。

（2）非高层民用建筑及高度大于 24m 的单层公共建筑下列部位应设防烟、排烟设施：

1）防烟楼梯间及其前室、消防电梯间前室和合用前室应设防烟设施。

2）下列部位应设排烟设施：

①公共建筑中经常有人停留或可燃物较多，且面积大于 300m^2 的地上房间；

②总面积大于 200m^2 或一个房间面积大于 50m^2，且经常有人停留或可燃物较多的地下室；

③地下室、公共建筑中长度大于 20m 的疏散内走道，其他建筑中长度大于 40m 的疏散内走道；

④建筑占地面积大于 1000m^2 的地上丙类仓库；

⑤中庭。

（3）高层民用建筑的下列部位应设防烟、排烟设施：

1）防烟楼梯间及其前室、消防电梯前室或合用前室和封闭避难层应设置机械加压送风的防烟设施或设有可开启外窗的自然排烟设施。

2）高层民用建筑下列部位应设置可开启外窗的自然排烟设施或设有机械排烟设施。

①长度超过 20m 的疏散内走道；

②面积超过 100m^2，且经常有人停留或可燃物较多的房间；

③各房间总面积超过 200m^2 或一个房间面积超过 50m^2，且经常有人停留或可燃物较多的地下室；

④中庭；

⑤封闭避难层（间）。

（4）按本节（2）、（3）条规定应设防烟或排烟设施的部位，除建筑高度超过 50m 的一类公共建筑和建筑高度超过 100m 的居住建筑外，宜首先考虑采用自然通风方式进行防烟或排烟。当自然通风方式不能满足要求时，应采用机械防烟或排烟方式。

（5）采用自然排烟时，其自然排烟口的净面积应符合下列条件：

1）防烟楼梯间前室、消防电梯间前室可开启外窗面积不应小于 2m^2，合用前室不应小于 3m^2。

2）靠外墙的防烟楼梯间每 5 层内可开启排烟窗总面积不应小于 2m^2，且顶层应有一定的开窗面积。

3）长度不超过 60m 的内走道可开启外窗面积不应小于走道面积的 2%。

4）中庭、剧场舞台及生产厂房可开启外窗面积不应小于该部位建筑面积的 5%。

5）按本节（2）、（3）条中采取自然排烟设施的其他场所和部位，可开启外窗面积不应小于该场所和部位建筑面积的 2%。

（6）自然排烟口，宜设置在房间、走道 、楼梯间的上部或靠近屋顶的外墙上方，并应有方便开启的装置。排烟口距该防烟分区最远点的水平距离不应超过 30m。

（7）建筑中的下列部位应设独立的机械加压送风防烟设施：

1）不具备自然排烟条件的防烟楼梯间、消防电梯间的前室或合用前室。

2）采用自然排烟设施的防烟楼梯间中不具备自然排烟条件的前室。

3）封闭避难层（间）。

（8）机械加压送风量应经计算确定，常用的两个基本计算方法是：

1）压差法，即当疏散通道门关闭时，加压部位保持一定的正压值所需送风量

$$L_y = 0.827 \times A \times \Delta p^{\frac{1}{N}} \times 1.25 \times 3600 \tag{15-1}$$

式中　L_y——加压送风量，m^3/h；

0.827——计算常数（漏风率系数）；

A——门、窗缝隙的计算漏风总面积，m^2；

Δp——门、窗两侧的压差值 Pa，对于防烟楼梯间取 40～50Pa，对于前室、消防电梯前室、合用前室取 25～30Pa；

N——指数，对于门缝及较大漏风面积取 2，对于窗缝取 1.6；

1.25——不严密处附加系数。

2）风速法，开启着火层疏散门时需要相对保持门洞处一定风速所需送风量

$$L_y = \frac{nFv(1+b)}{a} \times 3600 \tag{15-2}$$

式中　L_y——加压送风量，m^3/h；

F——每个门的开启面积，m^2；

v——开启门洞处的平均风速，取 0.6～1.0m/s；

a——背压系数，根据加压间密封程度，在 0.6～1.0 范围内取值；

b——漏风附加率，取 0.1～0.2；

n——同时开启门的计算数量。当建筑物为 20 层以下时取 2，当建筑物为 20 层及其以上时取 3。

根据以上压差法和风速法分别算出风量并取其大值，再与《高层民用建筑设计防火规范》（GB 50045—2005）或《建筑设计防火规范》（GB 50016—2006）中有关规定比较，取其中大值作为系统计算加压送风量。

（9）机械加压送风系统最不利环路阻力损失外的余压值：防烟楼梯间应为 40～50Pa；前室、合用前室应为 25～30Pa。

（10）高层民用建筑防烟楼梯间的加压送风口宜每隔 2 或 3 层设置一个；非高层民用建筑的加压送风口宜每隔 1 或 2 层设置一个；前室或合用前室的加压送风口应每层设置一个。

（11）机械加压送风系统设计中需注意：

1）防烟楼梯间和合用前室的机械加压送风系统宜分别独立设置。

2）建筑层数超过 32 层时，其送风系统及送风量应分段设计。

3）剪刀楼梯间可合用一个风道，其风量按两楼梯间风量计算，送风口应分别设置。塔式住宅设置一个前室的剪刀楼梯应分别设置加压送风系统。

4）地上和地下同一位置的防烟楼梯间需采用机械加压送风时，均应满足加压风量的要求。

5）前室的加压送风口为常闭型时，应设置手动和自动开启装置，并与加压送风机的启动装置连锁，手动开启装置宜设在距地面 0.8～1.5m 处或常闭加压风阀。

6）前室的加压送风口为常开型时，加压送风量应计入火灾时不开门的楼层门缝的漏风量，可取总风量的 10%～20%，并应在加压风机的压出管上设置止回阀。

7）采用机械加压送风系统的楼梯间或前室，当某些层有外窗时，应尽量减少开窗面积或设固定窗扇，系统加压送风量应计算窗缝的漏风量。

8）封闭避难层（间）的机械加压送风量，应按避难层（间）净面积每平方米不少于 $30m^3/h$ 计算。

9）加压送风的楼梯间与前室宜设置防止超压的泄压装置。

（12）下列楼梯间或前室可不设防烟设施：

1）防烟楼梯间设有机械加压送风时的独立前室。

2）防烟楼梯间的前室或合用前室利用敞开的阳台、凹廊作自然排烟，或有不同朝向的可开启外窗、且面积符合要求的防烟楼梯间（建筑高度超过50m的一类公共建筑和超过100m的居住建筑除外）。

3）建筑高度低于100m的居住建筑，前室设有面积符合要求的可开启外窗的楼梯间。

（13）建筑中的下列部位应设置机械排烟设施：

1）在本节（2）和（3）条中规定应设排烟设施，但不具备自然排烟条件的部位。

2）有直接自然通风，但人员密集场所中长度超过40m的疏散内走道和其他建筑中长度超过60m的疏散内走道。

（14）需设机械排烟设施且建筑高度不超过6m的部位，应划分防烟分区，可采用隔墙或从顶棚下突出不小于500mm的梁或用不燃材料制作的挡烟垂壁划分防烟分区。每个防烟分区的建筑面积不宜超过500m^2。防烟分区不应跨越防火分区。自动控制的活动挡烟垂壁，应能就地手动控制，但下落时下端距地面的高度应大于1.8m。

（15）设置机械排烟设施的部位，其排烟风机的排烟量应符合表15-10的规定。

表15-10　排烟风机的排烟量

排烟系统及其设置部位		排烟量或换气次数	备　注
担负一个防烟分区的排烟系统		≥60m^3/(h·m^2)	风机最小排烟量不应小于7200m^3/h
净高大于6m且不划分防烟分区的空间的排烟系统			
担负两个及以上的防烟分区的排烟系统		≥120m^3/(h·m^2)	应按最大的防烟分区面积计算
中庭排烟系统	体积不大于17000m^3	6次/h	体积大于17000m^3，最小排烟量不应小于102000m^3/h
	体积大于17000m^3	4次/h	

（16）机械排烟系统横向宜按防火分区设置，竖向穿越防火分区时，垂直风管宜设置在管井内。穿越防火分区的排烟管道，应在穿越处设置280℃时自动关闭的防火阀。

（17）在地下室设置机械排烟系统时，应同时设置补风系统，且补风量不宜小于排烟量的50%。当补风通路的空气阻力不大于50Pa时，可采用自然补风方式，否则应采用机械补风方式。

（18）机械排烟系统中排烟口或排烟阀的设置应符合以下要求：

1）排烟口或排烟阀应按防烟分区设置。

2）排烟口应设置在顶棚或靠近顶棚的墙面上，且与附近安全出口的最小距离不应小于2.00m。设在顶棚上的排烟口，距可燃构件或可燃物的距离不应小于1.00m。

3）排烟口与该防烟分区内的最远点的水平距离不应超过30m。

4）排烟口和排烟阀应与排烟风机连锁，当任一排烟口或排烟阀开启时，排烟风机应能自行启动。

（19）排烟风机风量应考虑10%～20%的漏风量，风压应满足排烟系统最不利环路的要求，排烟风机应保证在280℃时能连续工作30min。在风机入口总管上应设置当烟气温度超过280℃时能自行关闭的排烟防火阀，且应与排烟风机连锁，当该排烟防火阀关闭时，风机应能停止运转。

（20）排烟风机和用于补风的送风风机宜设在通风机房内，机房围护结构的耐火极限应不小于2.5h，机房的门应采用乙级防火门。设在室外时，应有防护设施并便于维护。

（21）排烟系统采用金属管道时，其钢板厚度按《通风与空调工程施工质量验收规范》（GB 50243—2002）高压系统选用。

（22）排烟系统设计中的其他几个要点：

1）排烟系统的补风系统室外进风口与排烟出口水平距离不宜小于10m，或垂直距离不宜小于3m，且进风口宜低于排烟口。

2）排烟管道宜顺气流方向向上或水平敷设，排烟风机宜设在系统最高排烟口之上。

3）当排烟口平时处于关闭状态时，除设置自动开启外并应有手动开启功能，手动开启装置的位置应便于操作。

4）一个排烟系统带几个防烟分区时，除特殊需要外，应避免防烟分区面积差别太大，若因需要，有大小悬殊面积的防烟分区，应合理设计，保证火灾中小面积的防烟分区排烟时，排烟风管和风口的速度能满足规范的要求。

5）排烟管道不应穿越前室或楼梯间，如确有困难必须穿越时，其耐火极限不应小于2h。

6）需设软接头的排烟风机，其软接头应是耐高温材料，且应在280℃温度下连续工作0.5h以上。

（23）防烟与排烟系统中的风管、风口及阀门等必须采用不燃材料制作，排烟管道应与可燃物体保持不小于150mm的间隙，并应采用不燃材料进行隔热。

（24）机械加压送风管道、排烟管道、排烟口、送风口的风速应符合下列规定：

1）采用金属风管时，不应大于20m/s。

2）采用内表面光滑的混凝土等非金属风道时，不应大于15m/s。

3）排烟口的风速不宜大于10m/s，送风口的风速不宜大于7m/s。

（25）机械排烟系统与通风、空气调节系统宜分开设置。若合用时，应符合下列要求：

1）系统的风口、风管道、风机等应满足排烟系统的要求。

2）当火灾被确认后，应能开启排烟区域的排烟口和排烟风机，并自动关闭与排烟无关的通风、空调系统。

（26）通风和空气调节系统管道的布置，横向应按每个防火分区设置，竖向不宜超过5层。当管道设有防止回流设施或设有防火阀，且各层设有自动喷水灭火系统时，其管道布置可不受此限制。穿过楼层的垂直风管宜设在管井内。

（27）下列情况之一的通风、空气调节系统的风管应设防火阀：

1）风管穿越防火分区处。

2）风管穿越通风、空气调节机房及重要的或火灾危险性大的房间隔墙和楼板处。

3）垂直风管与每层水平风管交接处的水平管道上。

4）穿越变形缝处的两侧应各设一个。

（28）一般防火阀的动作温度通常为70℃；防火阀应靠近防火分隔处设置，且在防火阀两侧各2.0m范围内的风管及其保温应采用不燃材料制作。防火阀应单独设置支、吊架，当防火阀暗装时，应在安装部位设置检修口。公共建筑厨房排油烟管道在与垂直排风管连接处，应设置动作温度为150℃的防火阀。

（29）凡空气中含有容易起火或爆炸及爆炸危险物质的房间，应有良好的自然通风或独立的机械通风系统设施，且其空气不应循环使用，其通风设备必须符合防火、防爆的要求。如放映室、实验室、药品库、汽车库、蓄电池室、变配电室、氧气瓶间、煤气表间等的排风系统应各自分设单独系统。

(30) 输送可燃气体和甲、乙、丙类液体的管道严禁穿过防火墙、电梯井；不得穿过通风机房，不应敷设在吊顶内，也不应沿风管的外壁敷设。其他管道不宜穿过防火墙，如必须穿过时，管道穿过隔墙、楼板处应采用难燃烧材料将其周围的空隙填塞密实。

(31) 通风、空气调节系统的风管应采用不燃材料制作，但接触腐蚀性介质的风管和软接头，可采用难燃材料制作。

非居住建筑中，当通风、空调系统的风管按防火分区设置，且在防火分隔处设置防火阀时，风管亦可采用燃烧产物毒性较小、且烟密度等级不应大于 50 的难燃材料。但在防火阀两侧各 2.0m 范围内的风管及其保温材料应采用不燃材料制作。

(32) 设备和风管的保温材料，用于加湿器的加湿材料、消声材料及其黏结剂，应采用不燃或难燃材料。风管电加热器前后各 800mm 范围内应采用不燃保温材料。

(33) 燃气、燃油直燃型溴化锂冷（热）水机组的机房，应有良好的自然通风或机械通风设施。设置机械通风设施时，其通风量应符合下列规定：

1）燃气直燃机房的通风量，宜按换气次数不小于 6 次/h 确定。

2）燃气直燃机房的事故排风量，宜按换气次数不小于 12 次/h 确定。

3）燃油直燃机房的通风量，宜按换气次数不小于 3 次/h 确定。

(34) 地下汽车库的面积超过 $2000m^2$ 时，应设机械排烟系统。

1）每个防烟分区的建筑面积不宜超过 $2000m^2$，且防烟分区不应跨越防火分区。

2）排烟风机的排烟量应按换气次数不小于 6 次/h 计算。若汽车库内无直接通向室外的汽车疏散出口的防火分区，当设置机械排烟系统时，应同时设置补风量不小于排烟量 50% 的补风系统。

3）排烟管道、排烟口的设置及排烟风机的选择等要求与本章其他有关排烟系统的要求相同。

15.8.2　房间、车库和走廊的防排烟方式[1]

15.8.2.1　密闭防烟

对于小面积房间可用密闭防烟，即对有耐火性能的墙、楼板和防火门的房间，火灾时关闭房门以断绝氧气。

15.8.2.2　自然排烟

利用房间和走道对外开启的窗，或通过专为排烟用的排烟口进行自然排烟。窗或排烟口面积不应小于该房间或走廊面积的 2%。高层建筑内净空高度小于 12m 的室内中庭，采用自然排烟时，应设有可开启的天窗或高侧窗，其开启面积不应小于地面积的 5%。

15.8.2.3　机械排烟

对不具备自然排烟条件的走廊或房间，应设机械排烟设施。

A　机械排烟系统的设置方式

(1) 走廊的机械排烟。如在高层建筑的客房与走廊之间设置防火门，排烟系统则较为简单，排烟口的布置也较方便，只要考虑走廊的排烟即可。走廊的机械排烟系统宜竖向设置，见图 15-7。排烟风机可用离心风机或

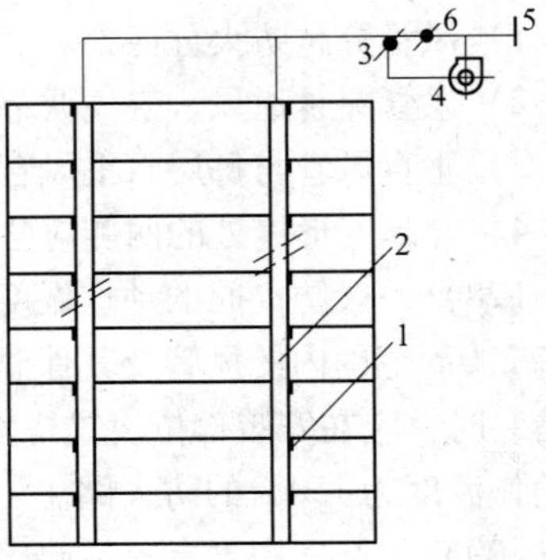

图 15-7　走廊排烟系统

1—排烟口；2—排烟管道；3—防火阀(280℃)；4—排烟风机；5—排烟出口；6—电动阀

专用排烟轴流风机。在其入口处应设排烟温度大于280℃时能自动关闭的防火阀。

排烟口的风阀应与排烟风机设连锁装置，当任一排烟口开启时，排烟风机即能自行启动。排烟风机进口前的防火阀与旁通排烟管道上的电动阀连锁，使排烟风机停止运转后，仍能自然排烟。与排烟风机的连接不宜用柔性材料，而应用法兰连接。

排烟口平时处于关闭状态，只有当发生火灾时仅开启着火层的排烟口。

（2）房间的机械排烟。房间的机械排烟可分为专用排烟系统和非专用排烟系统两类。

1）专用排烟系统。房间的机械排烟系统宜按防烟分区设置，每一防烟分区按需要设置排烟口或两个通常的排风口带一只排烟风阀。当某区发生火灾时，该区烟感器或温感器自动报警，并使该区的排烟口或排烟阀立即打开，而排烟风机随即投入运转。图15-8为一车库的排烟系统图，排烟支管向上弯，用铁丝网封口。作为排烟用的排风口应接近平顶，以便能顺利地排除积聚在平顶下的烟气。

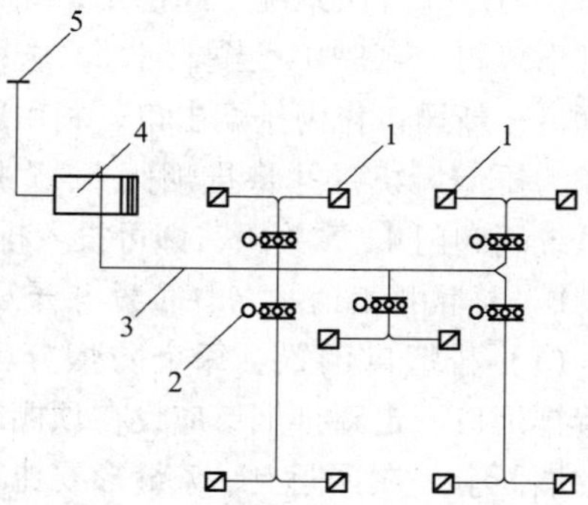

图15-8　房间排烟系统

1—排烟口；2—排烟阀；3—排烟风管；4—排烟风机；5—排烟出口

2）非专用排烟系统。当房间必须设置机械排烟而该房间内已有空调系统时，可以利用空调系统的风口、风管道或风机兼作排烟系统用，但必须采取可靠的防火安全措施并须符合排烟系统要求。

图15-9为排烟时利用空调系统的回风口作排烟口，原有风机作排烟风机，新风口作排烟出口的系统图。当火灾时，空调系统自动切换为排烟系统，与烟感器或温感器连锁的排烟阀门9、10打开，空调系统使用的阀门6、7、8关闭，该系统即投入排烟使用。

图15-10为另一种空调系统兼排烟系统。空调用的风机在空调机组内，故须另外设排烟风机，仅利用原有回风口作排烟口。当火灾时，与温感器或烟感器连锁的排烟阀11打开，其余的空调系统使用的阀门8、9、10全部关闭，该系统即投入排烟使用。

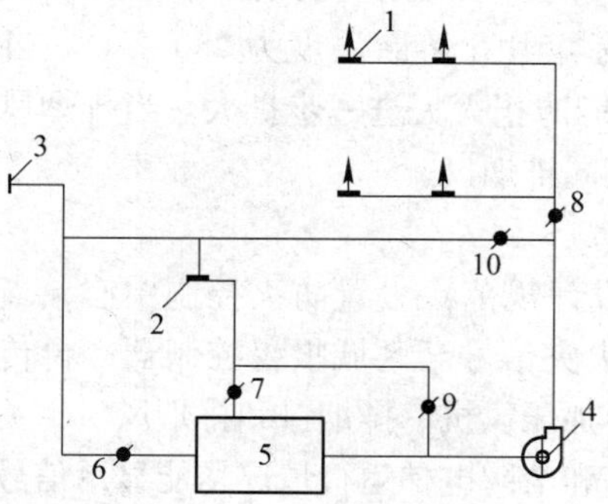

图15-9　排烟系统兼空调系统（风机合用）

1—送风口；2—回风口兼排烟入口；3—新风口兼排烟出口；4—风机（空调与排烟合用）；5—空调机组；6、7、8—多叶风阀（空调用）；9、10—排烟阀

（空调系统运转时：开6、7、8；关9、10
排烟时：开9、10；关6、7、8）

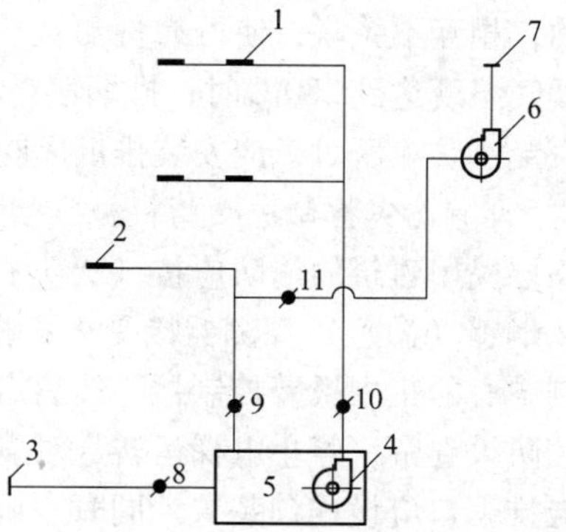

图15-10　排烟系统兼空调系统（另设排烟风机）

1—送风口；2—回风口兼排烟入口；3—新风口；4—空调用风机；5—空调机组；6—排烟风机；7—排烟出口；8、9、10—多叶风阀（空调用）；11—排烟阀

图15-11为将送风系统兼作排烟系统的示意图，火灾时可将送新风系统转入排烟系统。如汽车库，正常运转时有送风系统和排风系统，但排风系统的风量往往满足不了排烟时的需要，排风量一般按换气次数估算，不小于6次/h，多数采用6～8次/h。如果发生火灾时，能将送风系统转换为排烟系统，则可大大增加排烟风量，与原有排风系统一起使用，保证烟气迅速排出。图15-11中，当排烟时，送风口作为排烟口，新风口作为排烟出口，利用原有送风机作为排烟风机，并将排烟阀6、7打开，送风系统用阀门4、5关闭，即可投入排烟使用。

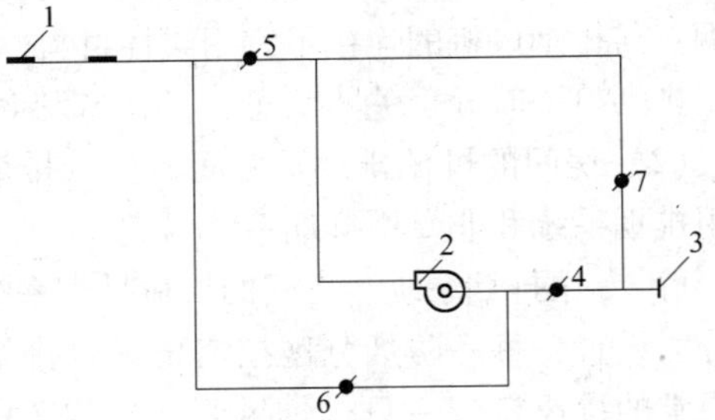

图15-11　送风系统兼作排烟系统

1—送风口兼排烟入口；2—送风机兼排烟风机；3—新风口兼排烟出口；4、5—送新风多叶调节阀；6、7—排烟阀

（送风系统运转时：开4、5；关6、7
排烟时：开6、7；关4、5）

B　机械排烟的排烟口位置与开启方式

（1）排烟口位置。每个防烟分区应分别设置排烟口。走廊排烟口应设在顶棚或靠近顶棚的墙面上，在顶棚上，条缝形要比方形排烟口更为有效；房间的排烟口应设在防烟分区顶棚上或靠近顶棚的墙面上，且距本防烟分区最远点的水平距离不超过30m（水平距离是烟气流动路线的水平长度），一般尽可能设在防烟分区中心部位。排烟口高度必须在距平顶800mm以内，当平顶高度超过3m以上，则可设在距地面2.1m以上或可设在地面与平顶之间1/2以上高度的墙面上。排烟口的尺寸根据烟气通过排烟口有效断面的速度不大于10m/s来确定。

（2）排烟口开启方式。排烟口安装在建筑物的内走廊、地下室、无窗房间等需要排烟的场所，平时常闭，需要排烟时，才开启排烟口。开启方式有自动和手动，复位采用手动。

1）自动开启。当火灾发生时，安装在平顶上的烟感器和温感器动作传到防灾控制中心，由防灾控制中心将信号放大，并输出DC24V信号到排烟口或排烟阀执行机构，电磁铁吸合，使叶片自动开启，叶片自动开启信号又直接反馈到防灾控制中心，由中心联动相应设备工作。

2）手动开启。利用拉手可直接远程打开叶片。要求手动开启和自动开启两种方式都能独立传动，相互不关联，使可靠性更高。排烟口带有易熔片，熔断温度为280^{+5}_{-15}℃。当火灾蔓延，烟气温度达到280℃时，排烟口自动关闭叶片，能防止火灾进一步扩大。当排烟风管水平或垂直穿过防火区时，应安装排烟风阀，其开启方法同排烟口。

C　设有防灾控制中心的机械排烟控制程序

高层民用建筑的消防应按《火灾自动报警系统设计规范》设置防火控制中心，当火灾发生时从烟感（温感）探测器接受火灾报警后，发出火灾信号至区域报警控制器，再传送到防灾控制中心的集中报警控制器，然后启动消防水泵、加压风机、排烟口和排烟风机，关闭空调系统和防火卷帘，停止电梯运转，对以上的工作状态和消防电梯运行情况均能显示信号。排烟风机与排烟口应设连锁装置，同时空调系统风机和排风机亦应与排烟口直接连锁，其程序可按工程具体需要来设计。

15.8.3　防烟楼梯间及其前室、消防电梯前室和合用前室的防排烟方式

这些部位的防排烟方式可采用自然排烟、机械排烟或机械送风加压防烟三种不同的方式。

15.8.3.1　自然排烟方式

自然排烟是利用烟气的热压和浮力或室外风力的作用进行排烟。可采用自然排烟的部位有

以下几种：

（1）防烟楼梯间、前室和合用前室如有阳台或凹廊，则可利用室外阳台或凹廊排烟，见图15-12。图中门均为防火门。

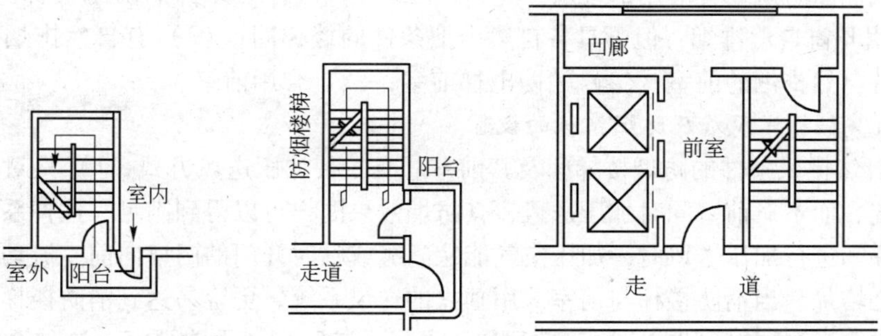

图15-12 利用室外阳台或凹廊排烟

（2）防烟楼梯间前室、消防电梯前室如有可开启外窗面积不小于$2m^2$、合用前室窗面积不小于$3m^2$，则可利用向外开启的窗排烟，见图15-13。图中门均为防火门。

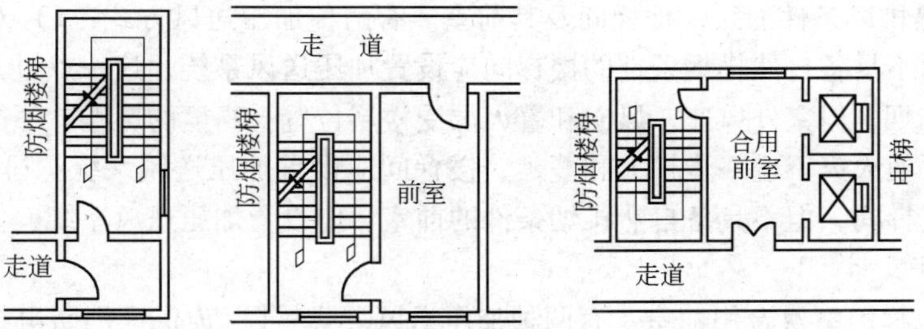

图15-13 利用向外开启的窗排烟

（3）靠外墙的防烟楼梯间每五层内有可开启外窗面积不小于$2m^2$的，则利用此窗排烟。利用阳台、凹廊和直接向外开启的窗以及防烟楼梯间前室、消防电梯前室进行自然排烟，具有投资少、维护管理简单等优点。就我国目前的经济、技术和管理水平，当建筑物高度50m以下时，自然排烟方式应在楼梯间及其前室、消防电梯前室予以推广。但在建筑物高度超过50m时，因受室外风向和烟囱效应的影响，不一定能达到排烟的效果，因此不宜用自然排烟方式。超过50m的一类公共建筑和超过100m的其他建筑，不应采用自然排烟方式。

15.8.3.2 机械排烟方式

用排烟风机对前室进行机械排烟和自然进风，或机械排烟和机械送风，这是《高层民用建筑设计防火规范》中控制烟气所采用的一种方法，也是日本排烟规范中的一种排烟方式。《高层民用建筑设计防火规范》中规定前室排烟风机的排烟量为$14400m^3/h$，合用前室为$21600m^3/h$，并规定了自然进风时的竖井面积不宜小于$2m^2$，合用前室不宜小于$3m^2$，进风口有效面积不宜小于$1m^2$，合用前室不宜小于$1.5m^2$。

楼梯间前室的排烟主要是考虑人员进行疏散时，带入前室的部分烟气可用排烟风机排出。一些老建筑（如北京图书馆和上海宾馆）防烟楼梯间前室均采用机械排烟和机械送风方式。这种方式如排烟口和送风口位置不恰当，烟气不能顺利排出，由于前室设排烟系统，容易将走道的烟气吸入，虽然前室有送风系统，但由于排烟系统存在，使前室之正压难以建立，要达到理想的排烟效果，亦比较困难，因此目前已不采用此种方式排烟。

15.8.4 机械送风加压防烟方式[1]

机械送风加压防烟装置应用部位有：（1）不具备自然排烟条件的防烟楼梯间及其前室；（2）前室采用开窗自然排烟，但不具备自然排烟条件的楼梯间；（3）有自然排烟条件的楼梯间；但不具备自然排烟的前室；（4）消防电梯前室；（5）合用前室。

15.8.4.1 *机械送风加压防烟系统的设置*

（1）无自然排风条件的防烟楼梯间及其前室。有三种加压送风方式：1）只对楼梯间设置加压送风系统，而不对前室同时加压送风，其防烟效果同样可以得到满足。这种系统设置比较简单，因楼梯间进行加压送风时，加压空气能从门缝或临时开门的门口向前室流动，前室之空气压力也随之增加。当消防楼梯与前室采用独立的送风系统，更容易达到消防楼梯间和前室各自不同的压力。2）楼梯间和前室同时进行加压送风，其防烟效果能更好。这种系统用于重要的建筑物，如条件允许，前室的正压送风垂直管道有地方设置的场合。3）只对楼梯间设置加压送风，在楼梯间与前室之隔墙上和前室与走道之隔墙上设置余压阀。这样空气通过余压阀从楼梯间送入前室，当前室超过25Pa时，空气再从余压阀漏到走道，这样使楼梯间和前室能维持各自的压力，效果较好，但增加了余压阀，造价较高，仅在防烟要求高的建筑物内使用。

（2）有自然排风条件的防烟楼梯间及其前室。有两种加压送风方式：1）对采用开窗自然排烟的前室，而不具备自然排烟条件的楼梯间应设置加压送风系统，这一点过去未曾要求。如前室虽有自然排烟，但室外风速、风向和着火层受楼层位置、高度的影响，不能保证烟气能顺利排除时，为了使火灾不进一步扩大和蔓延，楼梯间应设置加压送风系统。2）有可开启外窗能自然排烟的楼梯间，但不具备自然排烟条件的前室，应设置加压送风系统，但这种形式比较少见。

（3）消防电梯前室及合用前室。有两种加压送风方式：1）为保证消防电梯井无烟，对其前室应设置独立的加压送风系统。2）合用前室由于受消防电梯井及楼梯间烟囱效应影响较大，因此楼梯间和合用前室应设置独立的加压送风系统。

15.8.4.2 *加压送风系统的设立*

消防楼梯与合用前室宜采用独立送风系统，这样容易达到所维持的压力。当共用一个系统时，应在通向合用前室的支风管上设置压差自动控制装置，如此设置较好，但设备增加了，调节也麻烦了。

当消防楼梯或前室送风系统的层数大于 20 层以上，送风量较大时，则可考虑在垂直方向设两个风机送入。

15.8.4.3 *加压送风的风管道与送风口*

楼梯间的加压送风宜多点送入，最好不少于三层设一个送风口。这样即使在几扇楼梯门打开时，亦能保证空气均匀地输送到竖井中去。当单点或两点送入，则接近送入点的几扇门打开时，大部分空气就会流出而造成短路，会使楼梯间压力高的地方的门之压差增大到 100Pa 左右，从而影响开门。

美国对一栋 20 层高的建筑物模型试验结果表明：当只在楼梯间最上端送风时，10 层以上就超过了门内外最大允许的压差 102Pa；当采用从防烟楼梯间最上端开始每隔 5 层设一个送风口的多点送风时，只在 14 层以上才超过 102Pa。因此，在楼梯间上端设泄气口是为了减少 14 层以上的超压现象。不提倡采用只从楼梯间最下端送风方式，以避免大量送入的空气从一层楼梯间门处流出。

楼梯间的加压送风口应采用自垂式百叶风口或常开的百叶风口，当采用常开的百叶风口时，应在其加压风机的压出管上设置止回装置。

前室风口每层设置一个，风口为常开的双层百叶风口，风量按总风量1/3计算。

加压送风风管道要采用密实不漏风非燃烧材料，如用金属风管时，风速不应大于20m/s；采用内表面光滑的混凝土等非金属材料风道时，风速不应大于15m/s。如建筑平面地位允许，不希望风速取高值，因为风速太高，会影响空气顺利送出，甚至有时会引起某些风口倒流。送风口流速不宜大于7m/s。

15.8.4.4　楼梯间及其前室的压力控制

（1）楼梯间的压力控制。在消防楼梯井中间安放压差控制器，当楼梯间压力超过50Pa时，风机出口的旁通风阀打开，空气即旁通出去，或在楼梯间装一余压阀，防止楼梯间存在过高压力。

（2）前室的压力控制。可在每一前室安装一余压阀控制前室压力，亦可在每一前室的送风支管上装压差自动控制装置。当前室压力过高时，该支管上阀门自动关小。但前室设置压力控制设备，费用昂贵，往往在设计中就省略不做，即使做了设计，在施工时也常被取消。

15.8.5　高层建筑防排烟设计中应注意的技术要点

15.8.5.1　新风竖井风速与断面尺寸

在高层建筑中，由于建筑立面的要求，在每层开设新风口的可能性较小，建筑师往往倾向于以设新风井的方式来满足各层的新风要求。

有很多资料说明，对空调新风井，其井道入口处新风风速不得超过5m/s，否则将影响各空调机组的正常运行。按照这个要求，如果新风井所需新风量为75000m^3/h，则新风井所需净面积为4.2m^2；如果新风井所需新风量为100000m^3/h，则新风井所需净面积将达到5.6m^2，在寸土寸金的高层建筑中，留出这么大的建筑竖井是不太现实的。在实际工程中，新风井断面往往被缩小，新风风速远远大于5m/s。如忽略这一点，而不采取任何措施，这将带来很大的问题。

15.8.5.2　烟气流向对人员疏散的影响

《高层建筑防火设计规范》条文说明中指出："据火场实际观测，人在浓烟中低头掩鼻最大可通行距离为20~30m。"因此，尽可能减少人在烟气中的滞留时间是设计中应首先考虑的因素。进一步分析可知，若能使人员的疏散方向与烟气流动方向相反，则是最理想的。因此，各层的机械排烟口应远离疏散口（见图15-14），这可使大多数情况下人员疏散方向上的烟气浓度越来越小（加压风进入走道）。

在前室门口处设置排烟口的缺陷是：人与烟气同向流动，相当于人为把烟气源放在了疏散口处，对走道内人员的疏散是不利的。

15.8.5.3　关于前室及楼梯间的自然排烟

由于各种原因，有时前室或楼梯间采用了开启外窗自然排烟的方式，《高层建筑防火设计规范》对此也是认可的。但是，这样做只会把烟气进一步引入前室或楼梯间（尽管最后可通过外窗排除）。因此，无论何种建筑，采用这种方式都不能保证前室或楼梯间是安全无烟的。

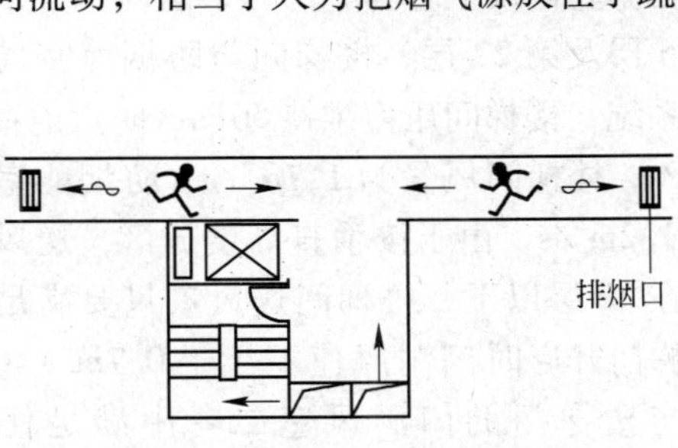

图15-14　排烟口远离疏散口示意图

15.8.5.4 加压风口的型式

对于楼梯间，由于其上下贯通，因此保证其加压的均匀性是必要的，通常每层（或隔一两层）可设置一个常开式百叶风口。

对于合用前室，由于其每层相互隔离，其加压风口也应是每层能独立控制的，即应在每层前室采用自动加压阀。如果每层前室也采用百叶风口，每层前室的送风量将会被基本均分，从而导致两个问题：

（1）为保证失火层前室必需的加压风量，风机的总送风量将会极大，送风管道也会加大，显然是不合适的；

（2）如果按三层前室的加压风量来选择风机，则一旦运行，失火层风量将不能保证。也有人认为失火时只有失火层及其上下层前室门打开，而其他各层前室由于未开门，加压后使得这些前室即使采用百叶风口也不能继续送风，因而风机风量此时仍可按三层的风量来决定。这无异于规定在大楼失火时，除失火层及其上下层的人员可立即疏散外，其他楼层的人员不能疏散，这实际上是不可能的。

15.8.6 高层建筑防排烟工程实例

现举上海静安希尔顿酒店工程实例予以说明[1]。该建筑共43层，其中第5层及22层为设备层兼避难层，整个大楼在消防电梯前室设正压送风系统，两侧的消防楼梯及防烟前室均设独立的正压送风系统，走廊设排烟系统。图15-15为该工程防排烟系统。

15.8.6.1 消防电梯前室正压送风系统

消防电梯与服务电梯为合用一个前室，因此通过电梯门的空气渗漏量较大，电梯前室所维持的压力为50Pa，整个系统的渗漏量为17m^3/s，分两条竖风道输送，每层设两个送风口，送风机设在第22层设备层，本工程按英国规程，设计防排烟系统，因高于20层，要求两层门同时开启，通过前室门之风速不低于0.5m/s。

15.8.6.2 消防楼梯和防烟前室正压送风系统

因第5层和第22层均为设备层兼避难层，故在垂直高度上分为3个区，送风机分别设在第5层及第22层，楼梯间与防烟前室均有独立系统，楼梯间压力维持50Pa，防烟前室维持25Pa，楼梯间风量为1.7m^3/s，防烟前室风量为1.2m^3/s，由于按垂直高度分区，送风系统都在22层以下，楼梯间送风量只要满足一层楼梯门开启时门洞风速不小于0.7m/s（前室门与楼梯门的门洞风速二者中满足任意一个即可）。前室送风口面积按送风口风速

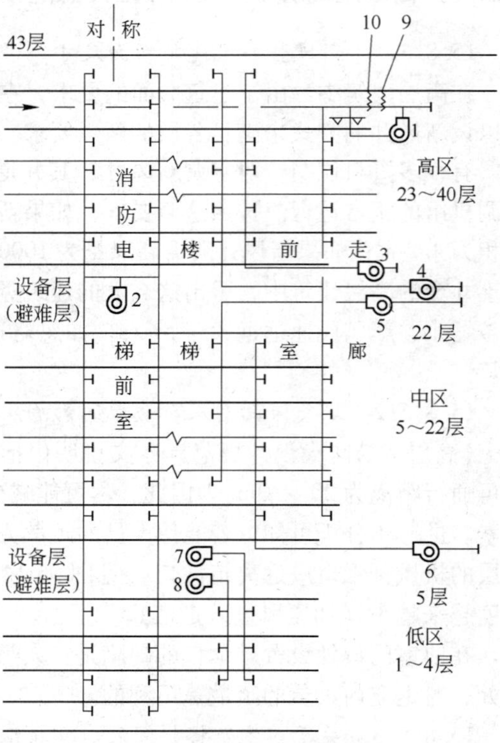

图15-15 防烟楼梯及前室、消防电梯前室正压送风及走廊排烟系统

1—排烟风机；2—正压送风机（消防电梯前室）；3—正压送风机（23～40层前室）；4—正压送风机（23～40层楼梯）；5—正压送风机（5～22层楼梯）；6—正压送风机（5～22层前室）；7、8—正压送风机（裙房）；9—电动阀；10—防火阀（280℃）

($v<7$m/s)和每层平均送风量进行计算。

15.8.6.3　运行效果

该工程的楼梯间与前室设独立正压送风系统，这样容易控制所要维持的压力，相互干扰少，无控制设备，系统简单。但由于楼梯间送风系统在22层以下，参考英国规定，只要满足一层楼梯门开启时门洞风速不小于0.7m/s，这比其他国家所要求之风量均小。前室风口面积，因按每层前室平均风量计算，亦感稍小。

15.9　厨房空调和通风的设计与运行

15.9.1　厨房的冷负荷与温度[1]

15.9.1.1　厨房冷负荷的特点

餐厅、宴会厅的用餐高峰时间为早7:30~9:30，中午11:30~1:30，晚上5:30~8:30。当然厨房炉灶上的烤、炸、炒、蒸、煮等操作也都集中在这三段时间。从炉灶的使用规律看，其开启、点火的数量若令午餐为100%，晚餐约为80%，早餐约为50%，其他备餐时间约为25%。午餐、晚餐、早餐和备餐时间的冷负荷比大致是3:2:1:1。

15.9.1.2　厨房的温度

由于厨房内有大量表面温度为50~60℃的发热设备，故使房间的平均辐射温度较高。实测表明，厨房炉灶工作台前的平均辐射温度差别很大，一般工作时间与中午高峰工作时间之间的差别也较为显著，因此在选定设计参数与通风方案时，一定要考虑到这种差别。

表15-11为室外气温29℃时所测得的厨房温湿度与风速。

表15-11　厨房温湿度与风速

名　　称	风速/$m\cdot s^{-1}$	相对湿度/%	干球温度/℃	平均辐射温度/℃
炉前位置	0.25	43	34.2	54.96
工作台位置	0.20	38	31.2	34.57

15.9.2　厨房通风的设计[12]

(1) 中、高级民用建筑的厨房应设机械送、排风系统，普通民用建筑的厨房应以自然通风为主，必要时辅以机械排风。

(2) 产生油烟的设备应设带有机械排风和油烟过滤器的排气罩，有条件时宜设自动清洗式除油装置；产生大量蒸汽的设备应安置在隔开的小房间内，并在其上部设带有机械排风的排气罩。

(3) 排气罩设计应符合下列要求：

1) 排气罩的平面尺寸应比炉灶边尺寸大100mm，排气罩下沿距炉灶面的距离不宜大于1.0m，排气罩的深度不宜小于600mm。

2) 排气罩的最小排风量按下式进行计算：

$$L = 1000 \times P \times H \tag{15-3}$$

式中　L——排风量，m^3/h；

P——罩子的周边长（靠墙的边不计），m；

H——罩口至灶面的距离，m。

注：用上述公式计算出的排风量应按罩口面积核算罩口的吸风速度，罩口的吸风速度不应小于0.5m/s。

（4）洗碗间排气罩断面吸风速度不宜小于0.2m/s。一般食堂洗碗间的排风量为500m^3/h。计算补风量时，考虑到洗碗间不连续工作，可按排风量的30%计算。

（5）厨房通风系统的风量应按下列原则确定：

1）厨房的排风量宜根据设备散热量和送排风温差，按热平衡进行计算。计算时，厨房的室内计算温度可采用下列数值：冬季15℃，夏季35℃。计算公式为：

$$L = \frac{Q}{0.348(t_p - t_j)} \tag{15-4}$$

式中 L——必需的换气量，m^3/h；

t_p——室内排风设计温度，℃；

t_j——室外送风计算温度，℃；

Q——厨房内的总发热量（显热），W：

$$Q = Q_1 + Q_2 + Q_3 + Q_4$$

Q_1——炊事设备发热量，W，宜按工艺提供数据；

Q_2——操作人员散热量，W；

Q_3——照明灯具散热量，W；

Q_4——外围护结构的冷负荷，W。

2）厨房排风量应大于补风量，补风量为排风量的80%～90%，使厨房保持一定负压。

3）总排风量的65%由局部排气罩排出，其余35%由厨房全面换气排风口排出。

（6）厨房排风系统宜专用，整个厨房不宜只设一个排风系统，补风系统根据排风系统做相应设置。

（7）有条件时，宜对夏季补风做冷却处理，可设置局部或全面冷却装置；北方地区应对冬季补风做加热处理。

（8）当不具备准确计算条件时，厨房的排风量可按换气次数进行估算：

中餐厨房	40～50次/h
西餐厨房	30～40次/h
职工餐厅厨房	25～35次/h

注：1. 上述换气次数对于大、中型旅馆、饭店的厨房最为合适。

2. 当按吊顶下的房间体积计算风量时，换气次数取上限值；当按楼板底面下的房间体积计算风量时，换气次数取下限值。

（9）厨房排风系统应注意的其他问题：

1）排风管道一般用1.5mm厚的钢板焊接制作，应尽量缩短水平管道，并应有2%以上的坡度坡向排气罩。

2）排风管道内的风速不应小于8m/s。排气罩内接风管处的喉部风速应为4～5m/s。

3）应采用电机外置型的排风机。

15.9.3 厨房排风补风措施[1]

15.9.3.1 厨房排风系统的划分

厨房的排风系统宜按防火区设置，尽量不穿防火墙。如果厨房排风管通过厨房以外的房间时，在厨房的墙上应设防火阀门。如果阀门的位置少许离开厨房的墙时，厨房墙和阀门之间的管道应采用2mm厚的钢板制作。系统宜小并专用，既灵活又节能。最好不要全厨房设一个排风系统。

15.9.3.2 厨房补风部位与补风的处理

可将补风量的30%作为岗位送风，利用送风口（每个风口送风量500m³/h 左右）直接均匀布置在排气罩前侧上方，炊事人员可根据要求调节送风角度，以起到局部降温的作用，而且送风会形成一定的风幕气流，对阻止锅灶上油烟气外溢有一定作用。补风量的其余部分送到厨房其他部位，如粗加工部等。

15.9.3.3 厨房排风的油脂过滤

目前从市场购置的厨房灶具，一般均带有排气罩和排气设施。但须注意的是厨房的局部排气罩应设油脂过滤器及回收装置，以避免排出油脂对风机、风管以及建筑的污染和引起火灾（风管内存油），具体设计安装应符合当地的火灾预防条例和消防规范。

15.9.4 厨房设备散热、散湿量与空调冷负荷

15.9.4.1 厨房用蒸汽量

厨房用蒸汽量可按0.5～1.0kg/(h·人)估算，蒸汽压力为0.2～0.3MPa。

15.9.4.2 厨房设备的散热、散湿量

厨房设备的散热、散湿量应由工艺设计提供，如无资料可参考表15-12[1]。

表15-12 厨房设备散热、散湿量

序号	设备名称	散热量/W	散湿量/kg·h⁻¹
1	炉灶 平面尺寸每1m²	4000	
2	炉灶 炸煎表面每1m²	5800	
3	食物保暖灶 平面尺寸每1m²	1500	
4	蒸箱 平面尺寸每1m²	2900	
5	煤火灶 平面尺寸3.87m×1.67m	40000	
6	煤火灶 平面尺寸1.68m×0.72m	7400	
7	煤火灶 平面尺寸2.40m×1.14m	17400	
8	电灶 每1kW安装容量	500	
9	饭店组装式煤气灶 尺寸为1.135m×0.3m 每单元煤气用量为3.8m³/h	4600	
10	饭店用煤气灶 8眼带烤箱 用煤气量116kW	15600	
11	饭店用煤气灶 12眼带烤箱 用煤气量278kW	23200	
12	饭店用煤气灶 16眼带烤箱 用煤气量232kW	31200	
13	煮汤锅 40L 60L 125L 250L 400L 600L 800L	1276 1600 2000 2670 3700 5000 5800	
14	点心灶每1m²外表面积	580	
15	开水炉（L_2）容量200L，直径0.8m 容量100L，直径0.8m 容量50L，直径0.5m 容量25L，直径0.5m	2320 1740 1392 696	

续表 15-12

序　号	设　备　名　称	散热量/W	散湿量/kg · h^{-1}
16	点心炸、煎、烤灶（箱）	2900	
17	煤气或电烤炉（УЖГ-Г1，УЖГ-31）	2900	
18	除开水器、炉灶和锅以外的其他电器设备　每 1kW 安装容量	300	
19	蒸汽管道，每 1kg 蒸汽	29	
20	人，每一名工作人员	90	
21	灶上的幕墙，每 $1m^2$ 玻璃面	116	
22	灶上被加工的食品，每 1kg/h	(290)	
23	法式油炸用具　10kg/h 21kg/h	4000 12500	
24	肉饼烤盘　480 个/h 760 个/h	6400 12000	
25	烤面包器　125 个/h	1200	
26	饭锅的散湿量 饭锅容量　40L 60L 125L 250L 400L 600L 800L		 3 5 10 16 23 39 48

注：1. 当计算设备的散热、散湿量时，设备的同时使用系数：大饭店取 0.7，咖啡馆、小吃店等取 0.8。用电设备的负荷系数：电灶取 0.65，电烤箱取 0.5，其他电气设备取 0.3。

2. 凡带有排气罩等的设备散热量按表中数据的 20% 采用。其散湿量不计，括弧中为潜热。

3. 计算排气罩时按排热量 80%、排湿量 100% 考虑。罩内的空气温度在灶上边取 45℃，饭锅上边取 80℃，相对湿度为 80%。

4. 每名工作人员的散湿量取 0.16kg/h，每加 1kg/h 食品的散湿量为 0.4kg/h。

15.9.4.3　厨房设备散热量与空调冷负荷的关系

（1）使用电器及蒸汽的场合：

$$q_c = q_e \times F_1 \times F_2 \approx 0.16 q_e \tag{15-5}$$

式中　q_c——厨房空气调节冷负荷，kW；

q_e——厨房器具发热量，kW；

F_1——同时使用系数，取 0.5；

F_2——器具输入功率中表面放出辐射热的比例，取 0.32。

（2）使用煤气的场合：

$$q_c = \frac{q_e \times F_1 \times F_2}{F_3} \approx 0.1q_e \tag{15-6}$$

式中　q_c——厨房空气调节冷负荷，kW；

q_e——厨房器具发热量，kW；

F_1——同时使用系数，取0.5；

F_2——器具输入功率中表面放出辐射热的比例，取0.32；

F_3——排气的排热系数，取1.6。

15.10　洗衣房空调和通风的设计与运行

15.10.1　洗衣房空调和通风的设计

15.10.1.1　洗衣房冷负荷的特点

宾馆饭店洗衣房所洗的大宗被单、衣服等由客房服务员收集起来运送到洗衣房的时间，大约在10:00~11:00。因而，洗衣房工作繁忙的劳作时间便从此大规模展开。由此可见投入洗衣、甩干、烘烤和烫熨设备最多的时间，就是每天中午前后，持续时间约为2~3h。除中午以外的其余时间，洗、烘等设备不会全部运转，洗涤被单衣物的操作处于非高峰阶段。据测试，一般工作时间的负荷大约是中午高峰负荷时的50%~60%。空调设计与空调设备运行要符合这种负荷变化规律[1]。

15.10.1.2　洗衣房空调通风设计[12]

（1）洗衣房尽量采用自然通风和局部排风相结合的方式，当自然通风达不到室内环境要求时，则设机械通风系统。

（2）机械通风系统的补风应采用岗位送风和全面送风相结合的方式，如有条件宜对夏季补风做冷却处理；北方地区应对冬季补风做加热处理。

（3）洗衣机、烫平机、干洗机、压烫机、人形吹烫机的上部应设排气罩，烘干机上应设排气管。排气罩的罩面风速不应小于0.5m/s。干洗机的排气系统应单独设置，不得与其他系统合并，收衣房间应单独设排风系统，且宜有消毒措施，以防病菌传染。

（4）洗衣房的通风量与冷负荷宜按设备散热量、散湿量计算确定。设备散热量、散湿量应由工艺提供。当设计无数据时，则可参照表15-13。室内计算温度可采用：冬季15℃，夏季35℃。无计算资料时，小型洗衣房的通风量可按换气次数20~30次/h估算。

（5）洗衣房通风的气流应使空气由取衣部分向收衣部分流动，工作区的气流速度一般不应大于0.5m/s。

（6）洗衣房的排风应略大于送风，以使其保持微负压状态。

15.10.2　洗衣房空调系统和排风系统的设置与运行[1]

15.10.2.1　洗衣房空调系统

洗衣房的空调系统设计和餐厅、多功能厅等的空调系统设计方法相似，所不同的是洗衣房空调除全面均匀地送风外，对烘干、熨烫工作岗位的员工可采取和厨房炉前操作员工相似的空气淋浴方式。洗衣房高温高湿环境应采取比相邻房间或室外气压低5Pa的微负压状态为好。

洗衣房空调如采用全空气低风速的集中式中央空调系统可参照第3章3.3节进行系统设计，如采用风机盘管+新风空调系统，则可参照第3章3.5节进行系统设计。

表 15-13　洗衣房设备散热、散湿量及有关数值

设备名称	能力 /kg·h⁻¹	干衣容量 /kg	安装容量 /kW	用汽量 /kg·h⁻¹	湿汽温度 /℃	散湿量 /kg·h⁻¹	散热量/W	
							显热	潜热
洗 衣 车 间								
洗衣机	280	80	2.2	35.0	80	3.60	1925	2668
	190	32	1.95	25.0	80	2.70	905	1972
	120	22	1.75	15.0	80	1.80	777	1334
	—	10	—	—	80	0.50	696	343
	—	5	—	—	80	0.25	500	174
清洗槽	600	—	0.75	—	25	2.50	—	1566
消毒洗濯	440	80	—	160.0	90	2.80	870	2088
煮沸器	220	40	—	80.0	90	2.50	650	1856
洗濯煮沸器	50	8	—	13.0	90	1.10	336	812
煮碱槽 370L	—	—	—	50.0	60	2.10	533	1508
煮碱槽 110L	—	—	—	18.0	60	0.90	185	650
手工洗衣池	—	—	—	—	35	3.40	452	2436
离心机	510	32	3.5	—	—	—	—	—
	200	12	1.3	—	—	—	—	—
地面（每 $1m^2$）	—	—	—	—	25	0.30	—	209
湿衣服（每 100kg）	—	—	—	—	40	5.00	—	3596
人员（每 1 名）	—	—	—	—	—	0.20	93	145
电动机（每 1kW）	—	—	—	—	—	—	100	—
工艺用蒸汽管道（每 1kg 蒸汽）	—	—	—	—	—	—	23	—
浸 泡 车 间								
浸泡池（每 $1m^2$）	—	—	—	—	25	0.59	—	484
地面（每 $1m^2$）	—	—	—	—	22	0.18	—	128
人员（每 1 名）	—	—	—	—	—	0.20	93	145
烘 干 烫 平 车 间								
电烫斗	—	—	—	—	—	0.30	475	220
大型铁烫斗	—	—	—	—	—	0.15	250	110
五辊式蒸汽压平机	480	—	1.3	70.0	—	$\frac{4.00}{23.00}$	$\frac{7880}{13312}$	$\frac{2958}{17342}$
五辊式轧光机	600	—	1.5	90.0	—	$\frac{5.00}{29.00}$	$\frac{9200}{20764}$	$\frac{4292}{21576}$
烘干烫平机	1500	—	—	—	—	52.5	39440	44000
	1000	—	—	—	—	45	32500	32500
	500	—	—	—	—	22.5	19720	17400
	250	—	—	—	—	13	11600	9280
压平机	—	—	—	—	—	3.2	3250	2320
烘箱（每 1 个挂杆）	50	—	—	8.0	—	2.4	2410	1740
重锤压平机	300	—	0.75	—	—	—	—	—
电动机（每 1kW）	—	—	—	—	—	—	100	—
工艺用蒸汽管道（每 1kg）	—	—	—	—	—	—	29	—
人员（每 1 名）	—	—	—	—	—	0.16	93	116

注：1. 湿衣服的假定温度为 40℃。

2. 散热量、散湿量用分数表示时，分子为直接散入室内的热量及湿量；分母为散入设备上边排气罩内的部分。

3. 烘干、烫平以后的衣服散出的热量已计入设备散热量中。

15.10.2.2　洗衣房排风系统

洗衣房排风系统的设置，是为排除洗衣房内的热湿空气，消除工作人员的闷热感。关于排风风机，在工程设计中选用轴流风机或离心风机的实例最多，然而轴流风机虽有排风量大、功率小的优点，但噪声甚大；而离心风机具有噪声小，对空气环境不会造成噪声污染的优点，但在相同排风量条件下，其功率一般均较大。

在最近的洗衣房排风设计中所采用的斜流式风机的空气动力特性较好，此类风机比转数介于轴流风机和离心风机之间，兼有轴流风机流量系数较大和离心风机压力系数较高的特点，而且高效区的范围较宽，进出风方向位于同一条轴线上，占用空间少，噪声较低。用于洗衣房作为排风机，可简化设计，方便安装。

洗衣房的排风和空调降温系统的设计，应选用双速风机、并联双风机或变频调速的变风量风机，以便做到既满足洗衣房空调设计参数，又达到节约能耗的目的。

关于排风系统的设计方法和餐厅、多功能厅、歌舞厅等房间的排风系统的方式相近，不再赘述。

16　文化体育场馆空调的设计与运行

16.1　影剧院空调的设计与运行

16.1.1　影剧院空调负荷的特殊性[1]

16.1.1.1　影剧院空调负荷的特点

影剧院空调负荷有如下特点：

(1) 影剧院一般是非全天、非连续使用的，或间断使用或集中在部分时间使用。观众厅演出时间每场只有 1～2.5h，最多约 4h，而门厅、休息厅观众停留时间则更短。

(2) 影剧院的观众厅、休息厅是人员密集的场所，人体散湿量较大，而潜热较大时空气的热湿比较小。因而当室温较低时，也可以减少加热量，从而降低或不要再热（夏季），这样有利于节能。

(3) 影剧院的观众厅往往被其他附属房间所包围，因而温差传热量和太阳辐射的热量很小。且因建筑声学处理的需要，墙壁、顶棚等大量使用吸声材料，这就使这种围护结构的隔热性能非常好，更加减少了建筑围护结构传热的冷热负荷。

(4) 冬季由于室内发热量大（人体、照明等），建筑耗热量小，所以在温带和亚热带地区的影剧院有可能非但不需送热风，还可能需送冷风，甚至需要制冷。

(5) 观众厅一般照明负荷比较小，$1m^2$ 建筑面积约 5～10W。电影院只需在开映前或散场时才开灯照明，因此照明负荷更小，映出时间则全部关闭，国内一般电影院观众厅不计入照明负荷。

但剧场舞台的灯光发热则是剧场的主要负荷，不但负荷大而且变化也大，设计时应设法在灯具附近排风，以排除灯光负荷的 40%～60%。

(6) 高大空间的观众厅，地面前低后高，室内温度分布也是前低后高，特别是冬季更为明显。在垂直方向上也有较大的温度梯度，下部温度低，上部温度高，靠近顶棚形成稳定的高温空气层，这就是温度分层现象。这一现象在一定程度上降低了夏季冷负荷。

(7) 在观众厅、休息厅等人员密集的场所，为满足卫生要求，必须要供给大量新风，因而新风负荷大，常可达空调总冷负荷的 30% 左右。

16.1.1.2　影剧院人体与照明散热量计算的特殊性

A　人体散热、散湿量计算基数

人体散热、散湿量计算方法已详述于第 7 章，而电影院与剧场两个建筑设计规范规定的观众厅内人体散热、散湿量计算基数，见表 16-1。剧场演员和舞台工作人员的散热、散湿量可按中等劳动强度计算。

表 16-1　影剧院人体散热量、散湿量计算基数

温度/℃	14	15	16	17	18	19	20	25	26	27	28	29	30
显热/W·人$^{-1}$	96	92	88	83	80	77	75	60	56	52	48	43	38
潜热/W·人$^{-1}$	15	15	15	18	20	21	22	36	40	44	48	53	58
全热/W·人$^{-1}$	111	107	103	101	100	98	97	96	96	96	96	96	96
散湿量/g·人$^{-1}$	23	23	23	27	29	31	34	54	61	67	73	80	86

B　照明灯具散热量计算的特殊性

影剧院照明灯具与一般房间的灯具不同，因而其散热量的计算也有别于第 7 章中照明散热量的计算。

影剧院观众厅的照明负荷一般较小（约为 5～10W/m^2）。电影院观众厅在放映时不开灯，所以不必计算照明负荷。

剧场舞台灯光照明容量大，一般安装容量约为 150～340kW。一个能演出大型芭蕾舞剧的舞台各部分灯光安装功率，见表 16-2。

表 16-2　剧院舞台各部分灯光安装功率

灯光种类	回路数	每回路功率/kW	合计功率/kW	总计功率/kW
面　光	30	2.0	60.0	
耳　光	16	2.0	32.0	
立柱光	10	2.0	20.0	
反　光	30	2.0	60.0	
地排灯	40	2.0	80.0	
流动光	8	2.0	16.0	
脚　光	6	2.0	12.0	
排　光	30	2.0	60.0	340.0

舞台灯光最高负荷的延续时间不长，同时出现每种类型光的功率为 4kW（最小为 2kW），同时出现最大照明功率为 200kW 的持续时间 20～30min，因此需要考虑同时使用系数。

为避免气流将灯光热大量带入工作区，送风口应安装在灯具之下，回风口设在灯具高度以上。实际工程中常在面光部位（或小室）设机械或自然排风，可以将部分热量直接排向室外。因此，剧院灯具发热量远小于安装容量下的发热量。灯具发热量按下式计算：

$$Q_\tau = 1000 n_1 n_2 n_3 \Sigma N \tag{16-1}$$

式中　Q_τ——灯具计算发热量，W；

N——灯具安装容量，kW；

n_1——灯具同时使用系数，取 $n_1 = 0.7$；

n_2——灯具调光系数，取 $n_2 = 0.6$；

n_3——灯具位置系数，取 $n_3 = 0.4$。

因此，$Q_\tau = 1000 \times 0.7 \times 0.6 \times 0.4\ \Sigma N = 1000 \times 0.168\ \Sigma N$

考虑灯光的不同类型，也有按下式分别计算灯光发热量的，即：

$$Q_\tau = \Sigma 1000 n_1 n_2 N \tag{16-2}$$

式中　Q_τ、N——同上式；

n_1——同时使用系数，见表 16-3；

n_2——散热系数，考虑灯罩等因素，见表 16-3。

表 16-3　系数 n_1、n_2 值

灯光类型	n_1	n_2	灯光类型	n_1	n_2
面　光	0.6	0.5	顶　光	0.66	0.6
流动光	0.5	1.0	侧　光	0.5	0.6
耳　光	0.5	0.5	脚　光	1.0	1.0

上述计算散热量时还应考虑两个系数：分配系数和负荷系数。

灯光热量中一般按对流、辐射各占 50%，即其中的 50% 以辐射形式投射到工作区，因此上述计算热量应乘以分配系数 $c_1=0.5$，方为工作区的得热量。

辐射热进入工作区后仍然有蓄热放热过程，所以还应考虑负荷系数。

因为剧院围护结构为重型结构（1m^2 地板面积的建筑材料约为 635kg），其负荷系数 c_2 见表 16-4。

表 16-4　负荷系数 c_2 值

连续开灯之总时数/h	开灯后小时数/h				连续开灯之总时数/h	开灯后小时数/h			
	1	2	3	4		1	2	3	4
1	0.41	0.59	0.16	0.05	3	0.42	0.60	0.65	0.29
2	0.42	0.60	0.24	0.10	4	0.42	0.61	0.66	0.70

综上所述，实际的照明负荷应以式（16-1）或式（16-2）计算出灯具发热量后，再乘以系数 c_1 及 c_2，即：

$$Q_{\tau h} = c_1 c_2 Q_{\tau} \tag{16-3}$$

16.1.2　观众厅空调的设计与运行[1]

16.1.2.1　对观众厅空调设计与运行的要求

（1）送风气流分布要均匀，在观众区能形成均匀的速度场和温度场。

（2）送冷风时，观众无吹冷风感。

（3）送热风时，要防止热气流送不到下部。

（4）对于变风量空调系统，不因送风量减少而破坏气流组织效果，影响气流分布。

（5）要消除送风死角。如在送风气流无法达到的位置设回风口。

（6）在不影响空调效果的前提下，应尽量减少送风口数量，送风管道尽可能简单一些，以降低初投资费用。

16.1.2.2　观众厅空调的送回风方式

A　顶棚散流器或百叶风口上送风下回风

影剧院空调的传统形式，就是送风口设置在顶棚上，而将送风管道安装在顶棚内，并将回风口装在观众厅的下部，形成气流由顶棚自上而下的流向，见图 16-1。这是影剧院基本的空调方式。

上送下回的优点是：（1）在夏季送冷风时，气流分布均匀；（2）观众区温度分布也比较均匀；（3）可以采用较大的送风温差，减少总送风量；（4）地面灰尘不易飞扬，卫生条件较好；（5）顶棚送风也比较容易与建筑装饰配合，比较美观；（6）由于送风布置比较均匀，回风口的位置和数量对空调效果影响不大，可以简化回风口和回风管道的布置。

上送下回的缺点是：（1）由于全室空调，因而空调负荷大，耗能量大；（2）空调造价和运行费用较高；（3）在顶棚内布置风管比较复杂，冷损失大。（4）在冬季送热风时，垂直温度梯度大，往往下冷上热。

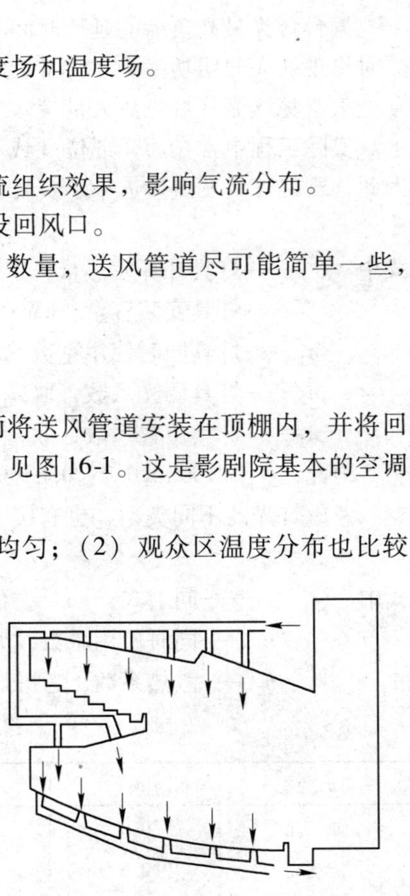

图 16-1　影剧院上送风下回风

这种气流组织形式常用的送风口有：散流器、格栅或百叶送风口等。

常用的回风口则有：格栅风口、百叶风口、网式风口或安装在座椅下的蘑菇形回风口等。

观众厅后部往往有楼厢、楼座或楼下后部座位的空间高度都比较低，即顶棚到观众区的距离很近，所以应避免送冷风时气流直接吹向观众，常采用散流器送风。而观众厅前部则为高大空间，为增大送风射程而采用喷口型送风口。

B　顶棚旋流风口上送风下回风

该方式气流组织如同图 16-1 一样，只不过上送风采用的是旋流型送风口。

旋流风口上送风下回风的优点是：

（1）诱导比大，送风速度衰减快，观众席有较均匀的速度场和温度场，可防止冷风直接吹向人体。

（2）可采用大直径送风口送风，因而可减少送风口数量 30% ~50%，简化了送风系统，降低了系统造价。

（3）送风流型可以调节（如冷风吹出型、冷风散流型等），以适应各种不同送风射程的要求。

（4）送风流型改变时，风口局部阻力系数仅变化约 6%，因而不会因调节送风口而改变风口之间的风量平衡。

（5）旋流送风口结构简单、紧凑、制作方便。但这种送风口作顶棚下送时同样需负担全室冷负荷，节能效果差。在送热风时，难于送入观众厅下部。

C　顶棚喷口上侧送风下回风

喷口送风是一种简单的气流组织形式，被许多影剧院成功地采用。喷口送出高速射流，不断诱引周围空气，射流断面不断扩大，轴心速度与轴心温差也逐渐衰减。射流轴心轨迹发生弯曲（冷射流向下弯曲，热射流向上弯曲）。喷口出口风速 $v_0 = 4 \sim 10\text{m/s}$ 时，射程可达 25 ~ 30m。观众处于回流区，因而温度场和速度场都比较均匀。

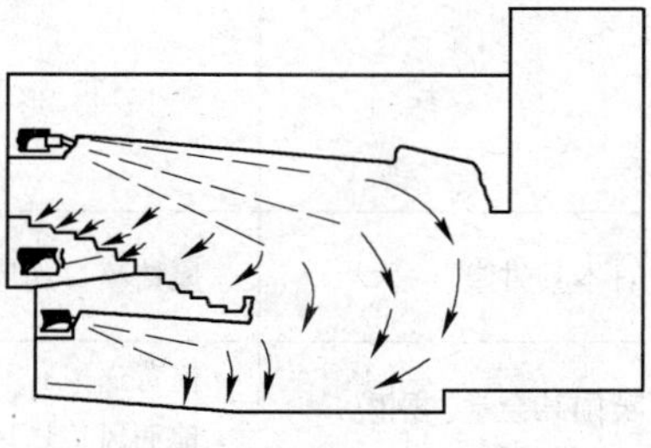

图 16-2　上侧喷口送风下回风

图 16-2 为在观众厅后部墙面的上部或顶棚下安装喷口型送风口，水平方向（或有一定倾角）向前送风，由后墙下部或楼座阶梯的侧面回风。

喷口型送风口的优点是：（1）构造简单；（2）送风射流射程远，气流混合过程长，所以可以采用较大的送风速度和较大的送风温差；（3）与一般上送风下回风系统比较，送风量可以减少 25% ~30%，节省风管 30% ~50%，节省设备投资 10% ~15%；（4）喷口可以水平安装，也可有一定的倾角，由顶棚向下送风时，还可以垂直安装。因此，国内外应用喷口送风方式比较多。

D　地面或座椅下送风上回风（置换通风方式）

此种方式是由观众厅下部（地面或座椅）送风，由上部或中部回风（或排风）。经空调机组处理后的空气直接送入观众区，吸收了人体散发的热、湿之后再进入观众厅上部，一部分作为回风回至空调机组，而另一部分则由顶部排向室外。此方式的排风温度很高，因吸收了屋顶、上部侧墙及部分照明发热量，这是一种节能效果颇佳的空调方式。图 16-3 所示为座椅送风口，其中图 16-3*a* 是诱导空调椅，它是在靠背内装静压箱及喷口送出一次风，在椅背的下部引入二次风，混合后再由椅背上部的风口送出。送风轴心温度衰减快，在距风口 750mm 处气流温度已接近室温，在距椅背 750 ~ 800mm 处，送风气流的轴心速度都在 0.3m/s 以下。实验

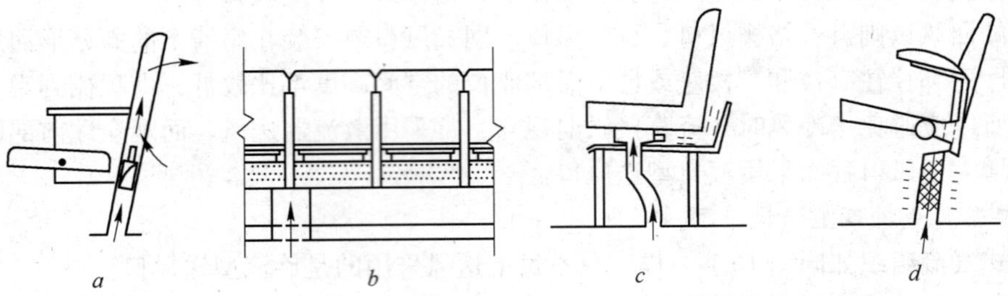

图 16-3　座椅送风口

室测定诱导比可达 2 以上。用这种空调椅作观众厅下送风时，耗冷量指标可降为 139.5 ~ 197W/每座椅，可节约总冷量 26% ~48%。这种座椅用于成都锦城艺术宫观众厅的送风，曾对耗冷量作了计算比较，上送下回方案时，耗冷量为 389.8kW，用诱导空调椅下送风时，为 298.4kW，前者为后者的 1.3 倍。图 16-3*b* 为梁式通风座椅；图 16-3*c* 为日本的通风座椅；图 16-3*d* 为国外另一种通风座椅。

下部送风的温度场、速度场都比较均匀。但必须防止冷风直接吹向人体。如采用地面格栅风口或贴近地面的其他形式风口，则要注意防止吹起地面灰尘。

表 16-5 为外国有关座椅下送风的数据[1]。

表 16-5　外国影剧院座椅下送风数据

名　称	风 口 形 式	每个座位或每个地面风口			备　注
		送风量 $/m^3 \cdot h^{-1}$	送风速度 $/m \cdot s^{-1}$	送风温差 /℃	
日本某讲堂	座椅喷口送风	75	1	3 ~ 4	图 16-3*c* 诱导比 1:2
英国某会堂、剧院	椅背送风 地面风口送风	30 ~ 36 30 ~ 216	0.5 ~ 2		图 16-3*a*
德国某歌剧院	椅柱脚多孔送风 孔径 ϕ9mm	60	1.5	2.2	图 16-3*d*
德国某歌剧院	椅柱脚多孔送风 孔径 ϕ7.6mm	55	1.45	2.2	图 16-3*d*
前苏联某歌剧院	地面格栅送风	110	0.2 ~ 0.3	1.0	

E　观众厅其他送回风方式

观众厅空调除上述 4 种主要的送回风方式外，还可以采用以下其他几种送回风方式：

(1) 墙壁侧送风下回风。在观众厅侧墙上部安装格栅风口送风，气流沿水平面或向下倾斜一定角度送出，再从同侧墙下部的回风口回风。此方式观众区座位处为空气回流区，气流分布均匀，风管设置也较简单。为防止将顶棚和侧墙上灯光散热量带入坐席部位，侧送风口一般安装在距地面 3 ~ 4m 以下。当空间高度大于 10m 时，在 3 ~ 4m 以下为侧送风下回风区域，其以上部位可设排风机向外排风。此方式有利于排除观众厅上部的热量，从而可降低冷负荷。

(2) 前侧墙送风，后墙回风。由靠舞台两侧墙用大面积格栅送风口送风，观众厅后部楼座上、下回风。

这种形式送风口集中，系统也比较简单，还可以利用建筑风道，因此造价低。有利于观众厅内形成气流分层，从而节能效果较好。但当格栅送风量大，风速高时容易产生噪声。

(3) 后墙与挑台分区送风，下回风。在楼上和楼下后墙以及楼厢挑台前缘分3个区域送风，送风口可用喷口也可用百叶风口。此方式可以适当降低出口风速以防止噪声。回风口设在楼厢后墙及观众大厅后墙的下部。如观众厅前部顶棚有排风（如面光室排风等），前部观众区以上的散热可以直接排除，有利于节能。但挑台前的送风管安装有一定困难。

(4) 舞台台唇下送风，后墙上回风。舞台台唇前侧面送风（用格栅送风口或百叶送风口），楼厢后墙上部和观众厅的后墙上部回风。气流由送风口送出，即由前向后流动。系统简单，并对气流分层和节能均有利，但后部观众区空气有污染。

(5) 风机盘管+新风系统。该方式的设计方法，请参照第3章3.5节。

16.1.3　观众厅空调设计与运行应注意的问题

16.1.3.1　防止观众有吹冷风感的问题

要解决这一问题，一是吹向观众席的风速不宜太高；二是避免气流吹向观众脑后。

16.1.3.2　防止冬季热风不能下送到观众席的问题

解决这一问题有下列措施：

(1) 喷口下送风。这种方式送风速度大，而且风速衰减慢，能克服浮力而将热风送下。

(2) 改变送风口的数目。在送热风时减少送风口数目，加大出口风速，用以增加射程。将送风管道和送风口分为两部分，送热风时用 n_1 个风口，送冷风时用 (n_1+n_2) 个风口，这就可以使送热风的速度较送冷风大 $(n_1+n_2)/n_1$ 倍。

(3) 冬季采用等温送风。即送风温度等于要求的室温，这就不会因密度差而使送风气流上浮。观众厅的空调热负荷则由地面的供暖设备解决。国外有此用法，但因工程复杂，国内尚未见实例。

(4) 水平送风时，采用可以改变气流倾角的送风口，如可转动的喷口，可调叶片角度的百叶风口等。在送热风时，使送风气流向下倾斜。

16.1.3.3　排除观众厅上空的热空气

有一些气流组织形式，在高大空间的观众厅内，上下容易形成大的温度差，在顶棚下面形成稳定的高温空气层。空调将冷风送入观众厅的下部区域，而在靠近顶棚的高温空气层附近排热风，可以降低空调冷负荷。其降低的百分数，见表16-6。

表16-6　排除热风使负荷减少率　(%)

部　位	负荷减少率	部　位	负荷减少率
屋　顶	20	聚光灯	40
墙壁（4.5m以上）	32	白炽灯	16

16.1.3.4　回风口的合理布局与运用

观众厅空调合理设计回风形式，可以改善空气分布的效果。回风口设置的部位与形式有：

(1) 地面回风口。回风口分散设置于地面，常用的有格栅回风口（装于过道地面或座椅下）、座椅下的蘑菇形回风口等。回风口与地沟回风道连接。格栅回风口往往会使地面灰渣、杂物及冲洗地面的污水流入回风沟道，因而须经常清扫回风沟道。而蘑菇形回风口可防止这类问题的发生，地面回风口数量多，布置分散，所以施工不便。

(2) 观众厅两侧墙或后墙下部设回风口。多用网式、格栅式或百叶式回风口。一般与设在墙内的建筑风道或地沟风道连接。风口数量可以相对地减少，简化回风管路。

(3) 楼座台阶的前侧面设回风口。一般多用网式或格栅式风口。将楼厢内的结构空间密封成回风静压箱，每个回风口能均匀地向静压箱回风，静压箱再连接回风系统。此方式能少用或不用金属风管，较好地解决楼座的回风问题，比较简单易行。

(4) 舞台台唇前侧面或乐池墙面设回风口。将网式、格栅式回风口布置在舞台台唇前侧，面对观众的一面加以装饰，风道在舞台下或作地沟风道。有乐池时，也可在乐池墙壁面作回风口，这是比较容易处理的方法。

(5) 顶棚回风口。用网式、格栅式或百叶式回风口，安装于顶棚上，可以防止观众席热空气的积聚。

16.1.4　舞台空调的设计与运行[1]

16.1.4.1　舞台空调的送回风方式

A　上送风侧下回风

在舞台上空的天桥下设送风管和送风口，后台侧墙处设置回风柜。

B　送风柜侧送侧下回风

这是将送风柜和回风柜均设于舞台上的一种送回风方式。

以上两种方式均用百叶送风口，通过调节叶片角度来控制气流方向和气流扩散角，可以使大幕不受影响，必要时还可以关闭该送风管内的风阀，停止送风。前天桥下送风还可以在舞台和观众厅之间形成一道空气幕，防止两者之间压力不平衡而出现的气流横向流动。

C　球形旋转风口两侧送风，下侧回风

这是一种新型喷口型送风口，风口可向任一侧倾斜40°，送风方向可在上下左右80°范围内变化。这种风口在舞台两侧向舞台中央送风时，根据演出情况预先调节送风方向，而且调节非常方便。这种风口的出口直径可由38～226mm共10种型号，风管开口直径为84～486mm。

D　舞台空调的其他送回风方式

舞台空调除上述3种送回风方式外，还有以下几种方式可供选用：

(1) 将风管设置在二、三道幕布之间的上空，风管作成扁高型，适当控制出风速度和角度，送风可直接送到表演区，而不吹动幕布。

(2) 将送风管设置于舞台之外耳光室之下端，将送风管设置在该处与舞台工艺不发生矛盾。

(3) 如为伸出式舞台，可将风管明装在舞台的表演区上空（当然应使风管外形美观），并将灯具、送风口和声学反射板结合在一起统一处理，以使表演区有一个更加舒适的空气环境。

16.1.4.2　舞台空调应防止冷气流的影响

由于剧场舞台空间高大（可达30m），舞台外墙在寒冷季节被冷却，靠近墙表面常可形成强的低温气流，自上而下冲向舞台，造成舞台的冷风。同时还在大幕的下部形成相对于观众厅的正压，上部为负压，使大幕下部向观众厅鼓出。在大幕升起的瞬间，这股向下的冷气流又以相当大的速度流向前部观众席，使观众厅内空气环境受到破坏。为阻止这种冷气流，可在舞台外墙面作一平行于墙面的隔板，并在舞台外墙面的几个高度上横向安装风管，在冬季向上方送出热风，形成了空气幕阻挡了下降的冷气流。或者在该风管的位置上，沿整个墙面长度上装设散热器，也可以阻止冷气流的下降。另外，如在墙面上加装玻璃棉保温“护壁板”，或在墙面上贴上绝热材料，效果会更好。

16.1.5　影剧院空调的预冷运行

影剧院每天演出时间较少，如演出一场以上时，场与场的间隔时间也比较长，一般有2～

4h。如果在观众入场前，空调系统提前开始运转，将室温降低到设计室温以下几度，这样在观众入场后，室内瞬时冷负荷增加，当出现高峰负荷时，空调设备容量虽然低于此高峰冷负荷，室温逐渐升高，但可以不超过设计室温。这种预先将室温降低到低于室内几度，以减少为满足短时间高峰负荷所需要的设备容量的方法，即称为"预冷"。

预冷适合于一天中较热时间（特别是下午场）间断使用的场所。空调系统提前开机 3 ~ 4h，预先降低室温，并利用围护结构的蓄冷能力，减少观众入场后出现的高峰负荷，从而减少了空调和制冷设备的容量。

16.2　体育馆空调的设计与运行

16.2.1　体育馆空调的负荷与要求

16.2.1.1　体育馆空调的负荷计算基数

体育馆负荷变化大，在比赛时要容纳的观众，可由几千人到万人以上，即观众密度可达 2 ~ 2.5人/m^2，比赛场地内又有较强的照明，如大型体育馆比赛时可达 100 ~ 200W/m^2；中小型体育馆可为 50 ~ 70W/m^2。因此，在总的冷热负荷中，观众和照明负荷占主要地位，其次是新风负荷，然后为围护结构的负荷，其比重较小，约占总负荷的 20% 以下。根据经验估算，一般冷负荷估算指标约在 180 ~ 470W/m^2，热负荷估算指标约在 120 ~ 180W/m^2。

16.2.1.2　对体育馆空调设计与运行的要求

（1）送风气流能在观众区形成均匀温度场和速度场，无吹风感，并尽量避免脑后风。

（2）观众看台上部和下部的温差不能太大，建议不要超过 2℃。

（3）送风气流要满足比赛场地各种体育项目比赛的要求。例如小球比赛时，风速不超过 0.2m/s，其他比赛时，风速不超过 0.5m/s。

（4）在满足上述要求下，要做到调节灵活，尽可能节省能量。

16.2.2　比赛大厅空调的送回风方式

比赛大厅空调一般多采用全空气集中式空调方式，其设计方法，见第 3 章 3.3 节。体育馆的送风方式如下：

体育馆送风方式
- 上送方式
  - 散流器上送
  - 旋流风口上送
  - 喷口上送
  - 条缝或孔板上送
- 侧送方式
  - 喷口侧送（四周向场中心送）
    - 单排喷口侧送
    - 双排喷口（远程和近程）侧送
  - 百叶风口侧送
    - 由四周向场中心送风
    - 由场中心向四周侧送
- 下送方式
  - 座椅送风
    - 椅背送风
    - 椅脚送风
  - 地面送风
- 分区送风
  - 观众区：喷口侧送，比赛场：局部孔板、条缝上送
  - 观众区：旋流风口侧送，比赛场：旋流风口上送
  - 观众区：上送，比赛场：上送

16.2.2.1 上送风下回风

上送下回又称顶送下回，是将送风口安装在比赛大厅顶棚或上部网架空间内，而将回风口设在座位台阶和比赛场边的侧壁上，空气自上而下送入观众席和比赛场，然后由回风口回到空调机房。

这种方式的优点是：能把处理好的空气均匀送到各个部位，以满足各个区域所需的空调参数。其缺点是：（1）由于送风支管较多，有时顶棚难以布置；（2）与其他送风方式相比，处理空气量和负荷要多；（3）管道在顶棚内冷热损失大，因而耗能多；（4）造价高。尽管如此，该方式仍是体育馆中常用的一种方式。如北京的亚运村中心综合体育馆，就是采用了方形散流器和旋流风口上送、座位下回风的方式。

体育馆比赛大厅上送风下回风又可分为下列几种方式[1]：

（1）散流器上送风方式，见图16-4*a*。此方式适用于中小型体育馆，还可将散流器均匀布置在观众区的顶棚上，但应注意：

1）体育馆观众席的看台因有坡度使上部和下部有较大高差，上部区域的风口距观众席较近，易使冷气流进入观众席，造成吹风感。要使观众区达到均匀温度，送风速度在观众席的各地区应不同，利用可调节的散流器可使上部观众区平送风，下部观众区下送风。

2）当冬季送热风时，如下部观众席因热气流上升而送不下来，会造成观众席上下温差较大。因此，要考虑能加大送风速度的可能性，可在设计时多设些送风口，冬季时适当关闭一些送风口来提高送风速度。

（2）喷口上送风方式，见图16-4*b*。依比赛大厅坡度的坡向，在体育馆顶棚上设置不同角度的喷口顶送，比赛场的喷口是由上向下垂直送风。这种方式由于能按要求调节喷口角度来满足使用，在国外体育馆中应用较多。

（3）旋流风口上送风方式，见图16-4*c*。旋流风口的优点是：1）诱导比大、送风速度衰减快；2）气流流型可调（如可调成吹出型和散流型）；3）风口阻力稳定，调节起旋器改变流型，风口局部阻力系数仅变化约6%，便于风量平衡等。武汉洪山体育馆将旋流风口布置在比赛场和观众区顶棚内，比赛场采用可调型的旋流风口，当小球比赛时，调成散流型或关闭，而

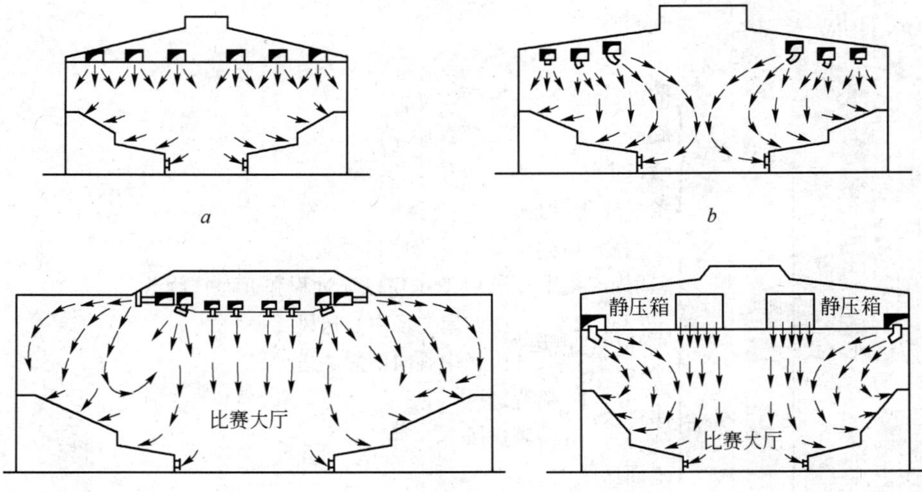

图16-4 体育馆上送下回空调方式

a—散流器上送下回；*b*—喷口上送下回；*c*—旋流风口上送下回；*d*—孔板或条缝风口上送下回

观众区分两个区域送风，均为吹出型旋流风口。

（4）孔板或条缝风口上送风方式，见图16-4*d*。孔板或条缝风口上送方式一般用于对比赛场地有风速要求时的辅助方式。如首都体育馆在乒乓球、羽毛球和冰球比赛时，将处理好的空气全部送入顶棚内，顶棚作为静压箱，由顶棚的缝隙向下送风，达到了空调的要求，但冷热量损失较大，是此方式的缺点。

16.2.2.2　侧送风下回风

此种方式是将送风口安装在比赛大厅四周侧墙上部，根据建筑体形设置送风口。对于圆形建筑，可将送风口均匀布置在四周侧墙上，由四周向场中心送风；对于椭圆形建筑，可在短轴方向均匀设置送风口，长轴方向因座位少而少设或不设送风口；对于多边形建筑，可将送风口设在观众座位较多的周边侧墙上进行送风。上述几种送风方式，回风口均布在座位下台阶的侧壁处和比赛场边。

还有另一种侧送方式，是将送风口设置在比赛场顶部中心环侧面，由此向四周观众席送风，回风口仍均布于座位下和场边。

A　喷口侧送风方式

喷口侧送风是体育馆比赛大厅最广泛采用的一种送风方式。其特点是：（1）射程长，由于送风射流在喷射过程中，将不断混入周围空气，使流量增加了3～5倍，送风温差可采用8～12℃，同时在气流流经观众席过程中，又与室内空气混合，使流量增加到送风量的5～6倍，并不断将室内余热从座位下的回风口带走，因此，无论从消除室内余热量还是保持应有的风速来看，喷口侧送的送风量比上送可减少25%～30%。因此是较节能的一种送风方式，特别是大中型体育馆更明显。所以一般国内大部分体育馆都采用这种方式。（2）观众区处于回流区，无脑后风。（3）送风管路短而简单。（4）造价低。

然而喷口送风也有一些缺点，如当有低风速要求时，由于送风温差大、射程长，冷气流下降和热气流上升十分明显，而使比赛场地的风速难以控制，有时会超过0.2m/s。克服这个问题可采用如下几种办法：（1）采用双排喷口分远程和近程以不同角度侧送，一般情况下仅使用远程喷口送风，当比赛场有低风速要求时，远程和近程喷口同时送风，这就能保证达到要求的风速。（2）在比赛场边的顶棚处增设上送（如孔板、散流器、旋流风口等）下回方式，当有低风速要求时，将这部分送风系统开启，以减少喷口侧送射程，并阻止冷气流下降进入比赛区。（3）调节喷口开启的个数或减少总送风量，以缩短送风射程。一般情况下关闭一些喷口，增加射程，当有风速要求时，全部开启送风口，减少送风速度达到缩短射程，使比赛区处于涡流状态。（4）调节喷口角度，冬季向下倾斜一定角度（一般大于15°）送风，夏季向上或水平送风，以保证所要的设计参数。上述4种办法，在国内建成的体育馆中均有应用，效果均较好。

B　百叶风口侧送风方式

在体育馆中有两种百叶风口侧送风方式。一种是由四周向中间送风；另一种是由中间向四周侧送。百叶风口的送风风速一般不大于6m/s，否则会产生风噪声。百叶风口的优点是：由于百叶风口的叶片角度可调，可以适应冬夏季不同的要求。一般夏季水平送风，冬季叶片角向下15°～30°送风。

侧送风方式，也可设法在中心环上设置上下两排百叶风口，错开排列，上排风口为贴附射流，射程长，下排风口以一定角度侧下送，在进入观众区前，温度、速度已衰减。下排风口一方面要阻挡上排风口气流进入比赛场地，另一方面要负担观众席前区的送风，这就使比赛区的气流为不稳定气流，风速将会在0.2m/s以下。这种送风方式的缺点是：会使一部分观众处于脑后风状态，因此，只有在体育馆四周或顶部无法布置送风口时才采用。

16.2.2.3　下送风上回风（置换通风方式）

此方式是将送风口设置在观众区地面或座椅上，回风口设在顶棚上。体育馆下送上回方式和影剧院下送上回方式相似。

下送上回方式是一种节能的气流组织形式，这种方式用于体育馆空调有如下特点：

(1) 节能。由于每个座椅只送新风、诱导室内空气与其充分混合，将室内余热量从建筑物上部排走，避免了灯光和屋顶等空调负荷带入观众区和比赛区，使空调负荷大为减少，空气处理设备亦相应减小。据国外资料介绍，夏季可节省冷负荷26%以上。

(2) 空气直接送给观众，新风充足。观众区温度和速度均匀。

(3) 风口型式较复杂，数量相当多。如果采用座椅下送风，一次投资则要大些。此外，由于风口设在椅背或椅柱脚上，送风孔易被堵塞，需定期清理。

(4) 座椅下地面送风口易将灰尘掀起，并给人带来吹冷风感。

总之，采用下送方式时，要考虑3个问题：(1) 送风速度要合理，因为送风速度太大，易产生风噪声，观众会有吹风感而不舒服；送风速度太小，混合不充分，难以满足室内温度要求；(2) 要有一定诱导比；(3) 送风温差不宜太大，否则会使人有冷感而不适。

16.2.2.4　分区送风分区回风

分区送回风方式是在比赛大厅内将观众区和比赛场分区送风和回风，以适应两区不同的要求。这种方式适用于大型综合体育馆、游泳馆等。一般而言，对综合性多功能体育馆，比赛场的送风方式，都是作为有风速要求的比赛时辅助使用，以保证赛区的风速要求。观众区有时也可分几区送风，以保证观众区均匀的温度，防止出现较大的上下温差。从以往的研究和使用以及运行效果来分析这几种送风，都有各自的优缺点。目前采用最多的是喷口送风方式，其次是上送风方式，而下送上回方式因具有较好的节能效果，已在北京地坛体育馆和木樨园体育馆等中小型体育馆中应用。

16.2.2.5　体育馆的排风与回风

比赛大厅的灯具发热和人体散热量很大，馆内几乎全年都有余热量。又由于体育馆的建筑高大，其发热量会集聚在建筑物的上部，因此在比赛场上部设排风口排风是适宜的。

比赛大厅回风口的位置，对馆内气流组织的均匀性有一定影响。它与送风方式密切相关。例如，上送下回方式，回风口应均布在观众席台阶侧壁和比赛场边为佳。而侧送下回方式，其回风口应分设在观众区后部、前部和中部以及比赛场边。回风量应能调节，当夏季送冷风时，应能加大后部回风量，一般70%回风量从观众区后部回风口带走，以使观众区上下温差减小，不会造成上部观众过热的现象。而当冬季送热风预热时，应能加大前部回风量，保证热风能送到人员逗留区。对于下送方式，其回风和排风均设在建筑物上部，以充分排除馆内余热量。

16.2.3　体育馆空调送风的设计计算

体育馆送风计算多以美国的Koeslel单股非等温（垂直或水平）射流计算公式为基础，通过试验得出经验系数，因而公式的差别仅在试验系数或指数上有所不同。我国在高大空间体育建筑的气流组织方面亦做过不少模型试验研究，结合实际工程的实测，总结回归提出了经验计算式。目前经常使用的设计计算方法一般用非等温侧送射流的计算法[1]。

16.2.3.1　单股喷口非等温侧送风的设计计算

$$\pm\frac{y}{d_0}=\frac{x}{d_0}\tan\theta+C\cdot Ar\left(\frac{x}{d_0\cos\theta}\right)^n \tag{16-4}$$

式中　y——射流落差，m；

x——射流射程，从射流出口中心到计算点的水平距离，m；

d_0——风口直径，m；

θ——风口安装角度，即风口中心线与水平面的夹角；

C——实验常数，它与风口型式有关，$C=\frac{0.42}{k}$，一般 $C=0.052\sim0.245$，计算时可取 $C=0.065$；

k——风口特性系数，由风口型式确定；

Ar——阿基米德数；

$$Ar = \frac{gd_0\Delta t_0}{v_0^2 T} \tag{16-5}$$

Δt_0——送风温差，℃；

v_0——送风速度，m/s；

g——重力加速度，m/s^2；

T——室内空气绝对温度，K；

n——实验指数，一般为 $n=3$。

说明：冷射流为（－），热射流为（＋），前者为下降距，后者为上升距。

当风口安装角度 θ 为0°时，则：

$$\pm\frac{y}{d_0} = C\cdot Ar\left(\frac{x}{d_0}\right)^n \tag{16-6}$$

如前所述，体育馆比赛大厅的体形为圆形、矩形和多边形，基本上都是由大厅四周向馆中心送风，射流在送风流程上截面逐渐变小，即变截面非等温射流，可取 $C=0.1$，$n=3$；一般情况下，建议采用 $C=0.065$，$n=3$。

射流轴心速度衰减公式为：

$$\frac{v_x}{v_p} = k\frac{d_0}{x} \tag{16-7}$$

$$v_p = \frac{1}{2}v_x \tag{16-8}$$

式中　v_x——射流轴心速度或末端速度，m/s；

v_p——射流末端平均速度，m/s。

风口个数 N 由下式确定

$$N = \frac{L_s}{L_0} = \frac{L_s}{2827d_0v_0} \tag{16-9}$$

由式（16-4）或式（16-6）用试插法计算，以确定送风速度、风口直径和个数。具体步骤如下：

（1）根据馆内余热量选择送风温差 Δt_0，计算出总送风量 L_s，Δt_0 宜在6～12℃之间选择。

（2）假设风口直径 d_0 和风口安装角度 θ，一般 d_0 宜在0.2～0.8m之间，冷射流时 $\theta=0°\sim15°$，热射流时 $\theta>15°$。

（3）由式（16-4）或式（16-6），求出 Ar 数。

（4）由式（16-5）的 Ar 准数公式，计算出送风速度 v_0，并由式（16-7）和式（16-8）计

算得出轴心速度 v_x 和工作区平均风速 v_p。

(5) 若 $v_0 > 10\text{m/s}$ 和 v_x 超过要求值时，重新假设 d_0 和 θ，重复 (3)、(4) 计算，直至符合要求为止。

(6) 由计算得出的 v_0、d_0 和 L_s，按式 (16-9) 确定风口个数 N。

16.2.3.2　多股平行非等温射流送风的设计计算

比赛大厅一般都为多股平行非等温射流送风。所谓多股平行射流是指风口平行布置，风口之间的间距在 (5～15) d_0，射流在 (10～20) d_0 以内就相互叠加汇合形成一片气流，使射流射程加长，称这种为多股平行射流。其特点：汇合后射流断面周界要小于汇合前各单股射流断面周界，因此，射流扩展和速度衰减都减慢，在达到同样末端速度时，其射程要比单股射流长，落差要小，这就是多股平行非等温射流与单股射流的区别。根据中国建筑科学研究院空调所的研究得出下列计算公式：

轴心轨迹公式为：

$$\pm \frac{y}{d_0} = \frac{x}{d_0}\tan\theta + 0.812Ar^{1.158}\left(\frac{x}{d_0}\right)^{2.5} \tag{16-10}$$

当为水平送风时 (即 $\theta = 0°$)，则式 (16-10) 为：

$$\pm \frac{y}{d_0} = 0.812Ar^{1.158}\left(\frac{x}{d_0}\right)^{2.5} \tag{16-11}$$

射流轴心速度衰减公式为：

$$\frac{v_x}{v_0} = 3.347Ar^{-0.147}\left(\frac{x}{d_0}\right)^{-1.51} \tag{16-12}$$

式中

$$Ar = \frac{g\Delta t_0 d_0}{v_0^2 T}$$

将式 (16-11) 和式 (16-12) 联立求解，则可得出 d_0 和 v_0

$$d_0 = 0.064\left(\frac{T}{\Delta t_0}\right)^{0.615} x^{-0.302} y^{0.687} v_x^{1.23} \tag{16-13}$$

$$v_0 = 4.295\left(\frac{T}{\Delta t_0}\right)^{-0.591} x^{1.124} y^{-0.533} v_x^{-0.182} \tag{16-14}$$

关于多股平行非等温射流送风的设计计算的步骤，根据设计计算经验，可以按以下步骤进行：

(1) 确定计算参数，即射程 x，落差 y 和末端速度 v_x 及送风温差 Δt_0。对于多股平行冷射流，一般当 $\frac{x}{d_0} = 30 \sim 50$、$v_p / v_x = 0.5$ 时，也就是说，当要求工作区平均速度 $v_p = 0.2\text{m/s}$，则 $v_x = 0.4\text{m/s}$。

(2) 对于喷口侧送，由式 (16-13) 和式 (16-14) 计算求出风口直径 d_0 和送风速度 v_0。

(3) 由 d_0 和 v_0 计算出每个风口风量 L_0。

(4) 由式 (16-9) 计算出风口个数 N_0。

16.2.4　体育馆的防火排烟

体育馆的防火排烟应遵照《体育馆建筑设计防火规范》执行。

16.2.4.1　比赛大厅的防火排烟[1]

体育馆比赛大厅的排烟有自然排烟和机械排烟两种方式。

A　自然排烟方式

自然排烟是利用设在比赛大厅顶部的天窗（或排烟口）或侧墙上的高窗进行排烟。自然排烟的工程实例如：

（1）北京工人体育馆。在比赛大厅的中间最高部位，设有一圈排气窗，平时作为排除大厅吊顶内的余热及大厅内污浊空气之用，火灾时可起到自然排烟的作用。

（2）援巴基斯坦体育馆。比赛大厅也是采用自然排烟的方式，在其大厅中央顶部屋面上设有8个筒形风帽，直径为ϕ1000mm。平时利用热压作用，将顶棚内的余热及废气排至室外，总排风量为40000m^3/h。火灾时可作为排除烟气之用。

（3）上海体育馆。在比赛大厅的中心顶部距地面33.5m设有排风窗和可开启的侧窗，火灾时开启排烟。平时根据需要可进行自然排风，或排除观众厅上部的烟雾，以改善大厅的清晰度。

B　机械排烟方式

机械排烟方式是依靠消耗动力的排烟风机，将比赛大厅的烟气从钢网架屋顶内排至室外，或从观众席上部排至室外。

机械排烟的工程实例如：

（1）美国底特律展览中心体育大厅（有10000个固定座位，3200个临时座位）。采用机械排烟的方式，在比赛大厅中心部位顶棚上部，设有排烟口和离心式排烟风机，经排烟风管从屋顶上的侧墙处排至室外，平时兼作排气用。

（2）北京地坛体育馆（观众席人数为3000人左右）。在比赛大厅的钢网架内，设有4套排风系统，排风口均匀布置。用水平风管与排风机相连接，将T40-11型7号排风机安装在排风静压箱内，从屋顶的侧墙处排至室外。平时作为大厅内通风换气之用。总排风量为43400m^3/h。火灾时可用以排除网架内烟气。

16.2.4.2　体育馆其他房间的防排烟

（1）凡有条件设置外窗，且可开启的外窗面积大于房间地板面积的1/50时，可采用自然排烟的方式。

（2）面积超过100m^2，且经常有人停留或可燃物较多的无窗房间和地下室的房间，应设置机械排烟设施。

排烟量的确定方法：当排烟风机担负两个或两个以上防烟区时，应按最大防烟区面积每1m^2不小于120m^3/h计算。这里指的是选择排烟风机的风量，并不是把防烟区排烟量加大一倍（对每个防烟区的排烟量仍按防烟区单位面积不小于60m^3/(h·m^2)计算）。

（3）无直接采光和自然通风条件，且长度超过20m的内走道，或虽有直接采光和自然通风条件，但长度超过60m的内走道，均应设有机械排烟设施。因为任何一个房间着火，烟气将会窜入走廊，而人员要通过走廊才能安全疏散，据火灾现场的实际观察，人在浓烟中低头掩鼻最大可通行的距离为20～30m。所以体育馆建筑防火设计中不应忽视走廊的排烟。

16.3　游泳馆空调的设计与运行

16.3.1　游泳馆空调的特点

16.3.1.1　游泳馆的功能特点

游泳馆的功能特点有以下几方面：

（1）宾馆中的游泳馆多为娱乐性的室内游泳馆，而体育建筑中的竞技性游泳馆须进行正规比赛，因而多数须设跳台、泳道和观众席。

（2）游泳馆要保证一年四季都能游泳。游泳馆的室内环境要保持卫生，同时要保持对游泳者和游泳馆工作人员有舒适的温度条件。一般游泳馆的水温应保持在 25 ~ 27℃。所以，室内温度条件应考虑池水温度而决定。

（3）游泳馆的池水要灭菌，以确保池水的卫生条件。一般采取向池水中加入液氯的方法进行杀菌。但空气中氯气浓度高于 $1\times10^{-6}mg/m^3$（1ppm）又会影响人体健康，并对金属制品有腐蚀作用。为了把空气中氯气浓度控制在容许浓度以下，需要进行通风换气。

16.3.1.2　*游泳馆的建筑特点*

游泳馆建筑物须具备如下特点[1]：

（1）游泳馆大厅，由于功能上的需要，顶棚较高，多数是大空间建筑物。宾馆中的娱乐性游泳馆的天棚高度可达 9m 左右。而竞技性游泳馆由于设有跳台，天棚高度则更高。

（2）根据采光的要求，最好应有一个壁面从地面到顶棚全做成玻璃壁（窗）。另外，根据游泳馆的形状，也可在顶部设置照明灯。

（3）由于游泳馆是大空间建筑物，屋顶多数采用钢制网架结构。

16.3.1.3　*游泳馆的空调特点*

游泳馆的空调特点如下：

（1）必须进行通风换气。为了防止加入池水中的液氯所产生的氯气对人体健康形成危害，必须通过通风换气的方法，将游泳馆内空气中的氯气浓度控制在 $1\times10^{-6}mg/m^3$（1ppm）以下。其通风换气次数可为 1 ~ 4 次/h。

（2）夏季须排除的热湿负荷较大。由于游泳馆的空间高大，加之水池池面有大量水蒸气蒸发，因而须排除馆内的余热、余湿量就很大。为此所需的排风量也相应比一般建筑物要大。

（3）冬季须供给的热负荷较大。由于游泳馆须要利用天然采光，玻璃面积较大，有时须做成双层大玻璃窗或墙，而有时又须采用透光屋顶，或采用顶部照明，故冬季所需的热负荷较大。

（4）要防止游泳馆围护结构内表面结露。由于游泳馆在冬季也须保持较高温度，不使游泳者感到因低温而不舒适，故温度一般以不低于 28℃ 为宜。这样往往会造成冬季馆内外温差过大，加之馆内池水蒸发产生大量水蒸气而使馆内空气处于高温高湿的条件下，极易形成墙面、玻璃和顶棚等处结露滴水。因此，需搞好防结露的设计计算和采取必要的防结露措施。

（5）冬季游泳馆供暖方式。以热风供暖和辐射供暖结合的方式最好。因为采用热风与辐射供暖并用时，从人体体感方面来说，比只用热风供暖时的室温低 2 ~ 3℃ 也感觉良好。在池边活动的人体全部是着过水的，所以，采用加热地面来提高地表面温度的方法，会使人体能充分收到传热和辐射作用的供暖效果，因此有条件时希望采用地板加热的供暖方式。

（6）废热应回收利用。游泳馆的池水因需定期更换而要消耗热量，淋浴废水要耗热，池水加热也要耗热，故游泳馆的耗热量是很大的。设计时，要考虑废热回收利用的措施。

16.3.2　游泳馆空调负荷的特殊性

16.3.2.1　*游泳馆空气参数对人体舒适感的影响*

影响人体舒适感的空气三要素是温度、湿度和风速。对于在游泳馆着泳装的人来说，舒适感之三要素显得比处于任何场合穿任何服装更为敏感。

（1）温度对游泳者的影响。对于游泳者来说，温度是影响舒适感的首要因素。游泳者不仅要在水中感到舒适，而且在入水前和出水后都离不开环境空气温度的直接影响，特别是当人体刚出水面时，如温度较低就会有寒冷感。一般认为馆内空气温度要比池水温度高 1～3℃为宜，国际游泳池设计标准规定室温要比水温高 2℃。据此可见，馆内空气温度以 28～30℃为宜，最低不应低于 26℃，而最高不应超过 33℃。

（2）湿度对游泳者的影响。游泳馆中空气湿度与人们的舒适感有着密切的关系，相对湿度低空气干燥，同时空气中水蒸气分压力低，会使刚出水面的人体皮肤表面的水分蒸发加快，从人体带走蒸发潜热多而使人体产生寒冷的感觉。但空气中含湿量过大，会使空气露点提高，容易形成墙壁、玻璃窗以及器物表面结露，促使室内滋长霉菌以及容易产生腐蚀作用。因此世界各国都对游泳馆的相对湿度做出了规定，德国资料提出相对湿度应不大于 75%；法国资料提出只要建筑许可，相对湿度应尽量提高到 70% 以上，而我国规定相对湿度不得超过 75%，一般设计可按 65%～75% 进行计算。

（3）风速对游泳者的影响。室内游泳馆的游泳池和池边活动区，要求在距地面 2.4m 以下的范围内的空气流动速度一般保持在 0.2m/s 左右，空气流动速度过高，会使游泳者有吹风感和寒冷感。

16.3.2.2　游泳馆空调负荷计算的基数

A　围护结构传热量 Q_w 的计算基数

由于游泳馆内的空气温度比一般建筑物要高，所以冬季的通风换气和补偿围护结构热损失所需的热量也较大，其供暖负荷平均热指标约为 349～465W/m^2。如北京市的某游泳馆，冬季供暖总热负荷为 769kW（66.1×10^{4}kcal/h），建筑面积 2300m^2，故供暖负荷平均热指标为 334W/m^2。游泳馆内装有 831 型柱式铸铁散热器 88 组（每组 22 片）。

B　人体散热量 Q_r 的计算基数

据多方论证，可确定娱乐性游泳馆内人体发热量的计算基数：

（1）按游泳馆平面面积和人均面积 3.34m^2/人计算出人数。

（2）30% 的人在池边 28℃室温下活动，每人每小时散热量 134W（相当于轻体力劳动）。

（3）65% 的人在游泳池 26℃的水中娱乐性慢游，每人每小时散热量 235W（相当于中等劳动）。

（4）5% 的人在游泳池 26℃的水中竞技性快游，每人每小时散热量 407W（相当于重体力劳动）。

16.3.3　游泳馆散湿量、冷负荷与送风量计算

16.3.3.1　围护结构防结露计算

游泳馆热工设计的首要问题是防止结露，这是以建筑专业为主，暖通专业为辅的一项重要工作。

首先，应注意保温层的合理布置和材料选择。保温层应靠室外侧布置，避免室外侧材料由于温差较大而产生凝结水，甚至冰冻。而且，保温材料应选择水蒸气渗透阻小，不吸水的材料。这样，即使有凝结水产生也不会积存。但要特别注意保温材料不应有毛细作用。

其次，最好采用水蒸气渗透阻较大的不锈钢板或铝板作为隔汽层并布置在室内侧。容重大、密实性好、水蒸气渗透阻大的承重结构应布置在室内侧，有利于减少湿渗透。一举两得的作法是采用金属夹心保温板保温和隔汽，但要注意板与板之间的咬口要绝对严密，否则一旦湿气进入就无法散出。外表面层应选择透气性好的材料，以便室内侧透过来的水蒸气能顺利散发。

第三，现代的建筑设计越来越注重人与自然的融合，游泳馆的玻璃面积也相应增加，但应有限度。天窗的设置要格外慎重，因为水平方向的太阳辐射热强度很高，会使空调负荷大大增加，同时热湿比线变陡，风量明显增大。而且，天窗的坡度往往很小，如果有凝结水产生很易滴落。

第四，通过计算校核是否结露。在进行热工校核计算时，室内空气露点温度要有1℃以上的裕量，以弥补实际工程建造与理论计算的差距。另外，在计算水蒸气渗透阻时，无论吊顶夹层中有无通风或加热设施，吊顶的水蒸气渗透阻均不应计算。步骤如下。

（1）计算各层内表面温度：

$$\tau_i = t_n - \frac{R_n + \sum_{i=1}^{n-1} R_i}{R_0}(t_n - t_w) \tag{16-15}$$

式中，τ_i 为由内向外数第 i 层的内表面温度,℃；t_n 为室内空调计算干球温度,℃；t_w 为室外空调计算干球温度,℃；R_0 为围护结构总热阻（含内外表面对流换热阻），$m^2 \cdot ℃/W$；R_i 为第 i 层内表面传热阻，$m^2 \cdot ℃/W$；R_n 为内表面对流换热阻，$m^2 \cdot ℃/W$。

（2）校核内表面温度 τ 值是否大于（$t_{nL}+1$）℃。如大于则继续校核，否则调整保温层厚度。t_{nL}为室内空气露点温度,℃。

（3）对应每一个 τ_i 值，从 h-d 图中查出相应温度下的饱和水蒸气压力值 e_i，单位为Pa。

（4）计算各层水蒸气分压力值：

$$E_i = E_n - \frac{H_n + \sum_{i=1}^{n-1} H_i}{H_0}(E_n - E_w) \tag{16-16}$$

式中，E_i 为由内向外数第 i 层的内表面水蒸气分压力，Pa；E_n 为室内空气的水蒸气分压力，Pa；E_w 为室外空气的水蒸气分压力，Pa；H_i 为第 i 层内表面水蒸气渗透阻，$m^2 \cdot s \cdot Pa/g$；H_0 为围护结构总湿阻，$m^2 \cdot s \cdot Pa/g$；H_n 为内表面的蒸汽转移阻，$m^2 \cdot s \cdot Pa/g$。

（5）如果 $E_i < e_i$，则不结露；如果某一点 $E_i > e_i$，则处于结露区，应调整保温层厚度和隔汽层材料。

16.3.3.2　散湿量、冷负荷与送风量计算

这也是游泳馆设计中的一个关键。通风量取得过小，达不到除湿效果；取得过大，则增加一次投资和运行费用。

A　散湿量的计算

散湿量是计算风量的最重要的数据，分为池面、池边和人员三部分。目前国内外主要依据下面的公式进行计算。

（1）池面散湿

$$W = \frac{C_z(p_2 - p_1)F \times 101300}{B} \tag{16-17}$$

式中，W 为蒸发量，kg/s；C_z 为蒸发系数，$kg/(Pa \cdot m^2 \cdot s)$；$p_2$ 为水表面的饱和水蒸气分压力，Pa；p_1 为水表面的空气和水蒸气分压力，Pa；F 为水表面积，m^2；101300为标准大气压，Pa；B 为当地的大气压力，Pa。

其中，C_z 值是一个关键数据。它是通过模型实验得出的，一般取 $6.6 \times 10^{-8} \sim 7.8 \times 10^{-8}$ $kg/(Pa \cdot m^2 \cdot s)$，但模型实验与实际相差较大，所以应根据其与水面平静程度、风速、水温

和水蒸气分压力差有关的特点，在不同场合选取不同的 C_z 值。有关资料显示国外积累的经验数据，当室内温度28℃，相对湿度70%时，蒸发量 C_z 一般最多可取0.2kg/(m²·h)。

（2）池边散湿

$$W = 4.75 \times 10^{-6}(t_{干} - t_{湿})FC_r \tag{16-18}$$

式中，$t_{干}$ 为室内干球计算温度，℃；$t_{湿}$ 为室内湿球计算温度，℃；F 为池边面积，m²；C_r 为润湿系数，一般取0.2～0.4。

（3）人员散湿量按普通舒适性空调计算方法计算即可。

B　冷负荷的计算

冷负荷的计算中容易忽略由于水蒸气的蒸发而带入空气中的热量。其实这部分热量很可观，它主要来自于池水加热和灯光辐射（空气本身传给水的热量很少，可忽略不计）。冷负荷中应扣除池水吸收的灯光辐射热。这部分热量可按池面和池边的面积近似分摊。另外，平时开放时，照度只有300 lx，一般性比赛最多900 lx，而国际比赛时可达1500～2000lx，相距甚远。在选择制冷机时也应大小搭配，平时用小制冷机，其容量只考虑平时开放时的低照度负荷。

C　过渡季风量的计算

游泳馆过渡季利用全新风既节能除湿效果又好，过渡季的送风温度应大于或等于室内露点温度。对应这一温度的含湿量应按此时室外的气象曲线上的有关点选取，即一年12个月的通风曲线与露点温度加1℃的温度线相交点。计算公式为

$$L = \frac{W}{d_n - d} \tag{16-19}$$

式中，L 为送风量，kg/s；W 为散湿量，kg/s；d_n 为室内空气含湿量，kg/kg；d 为送风点含湿量，kg/kg；北京地区过渡季的含湿量 d 一般取12.1g/kg。

综上所述，经过计算以上数据，依据 h-d 图求出风量，它应不小于过渡季风量，换气次数则控制在2～3次/h为宜。

16.3.3.3　气流组织

若在一个大空间中营造两个不同的小气候环境（看台区和池区），气流组织是很重要的。

看台区空调最通常的做法是在看台后部由远程送风口送风，看台下部回风。送风射程控制在总长度的60%～80%，以减少冷风侵入池区的可能。如果用座椅送风，由于有主席台，楼梯和走道不规整，管道布置复杂，调试也较困难。

为了防止冷风侵入池区，应采取隔断措施。垂直风幕是最好的，但要保证效果，风量颇大，给工程中布置管道带来很大困难，能耗也高。所以，单面看台可以考虑垂直风幕。使用水平风幕不可能做出上下温差很大的两个区。同时，水平风幕的出风速度不易控制好，风速越大，诱导作用越强，两区温差就越小，而且可能影响池面的风速，使运动员有吹风感；风速过小，则起不到风幕的作用，冷气可能会从看台直接进入池边区。

16.3.4　游泳馆采暖系统的设计与运行

为了确保冬季室内游泳池空气的温度和相对湿度，在采暖地区必须设计采暖系统。由于冬季室内大玻璃窗会有强烈冷气流向下降，而在游泳池与更衣室之间的通道上，游泳运动员更衣和出水后均要来往于这个通道，人体需要有较多的热量补偿。游泳者中途出水停留在池边或池的周围，亦需保持一定的温度。因此搞好室内游泳池的采暖是十分重要的。

游泳馆的采暖方式有4种：（1）热水采暖；（2）热风采暖；（3）辐射采暖；（4）热风采暖和地板辐射采暖相结合方式。一般小型游泳馆，只设采暖装置，但室内湿度无法控制。对于

大中型游泳馆（带观众看台），一般为热风采暖，而最佳方式是热风采暖和辐射采暖相结合（我国常用方式为热风采暖和局部散热器采暖相结合的方式），即观众看台为热风采暖，或者在窗下墙内、地板内埋设加热盘管进行采暖。应按温度要求低的观众席来设计采暖系统，而其他温度要求较高的区域，则另设散热器局部采暖。

在游泳馆采暖设计和运行中，必须考虑散热器的防腐蚀措施，若采用闭式对流散热器，要在其表面涂防锈漆加以保护。对于埋设的加热管道，如果是钢管，应涂防锈油漆或防腐药剂等，从防腐蚀角度讲，采用柱式铸铁散热器较耐腐蚀。

16.3.5　游泳馆空调的设计与运行

无论游泳馆的空调系统还是送热风系统，一般均采用集中式单风管系统。有关设计方法可参照第3章3.3。

16.3.5.1　*游泳馆的空调送风系统*

游泳馆的送风方式有上部送风、下部送风、就地送风以及侧送加风幕等方式。

（1）上部送风方式，是根据建筑形状将送风口布置在上部，以各种不同角度来适应各个区域的要求。这种方式对有观众席的游泳馆，其观众区比较满意，但池区效果不太理想。

（2）下部送风方式，是对于池区可在池边地面上设置送风口送风，并可利用窗台下面布置送风口由下向上送风，以抵制下降冷气流。对于观众区可在座位下设送风口或座椅送风，这种方式优点是节省能量，并可把新鲜空气直接送入工作区域。

下送风的方式和体育馆相近，其送风口有喷口、地面送风口、穿孔板或小孔等，其送风方式有座椅背送风、座椅柱脚送风、座椅梁式送风以及座椅下台阶侧壁送风等。

（3）就地送风方式，是把送风口设在建筑物的柱子上或利用跳水台空心部分做风道，开侧面风口送风。这种方式可把新鲜空气直接送入所需地点，便于控制空气速度。

（4）侧送和风幕相结合方式，是在观众区采用侧送风座位下回风方式，在池区设空气风幕并用上排风方式，而在池区地面采用地板辐射方式。由于在池边设置风幕，阻止了池区潮湿空气进入观众区，使观众区和池区能分区控制，不会造成较大的温差。对于大型比赛性的游泳馆，这是一种值得推荐的送风方式，见图16-5。

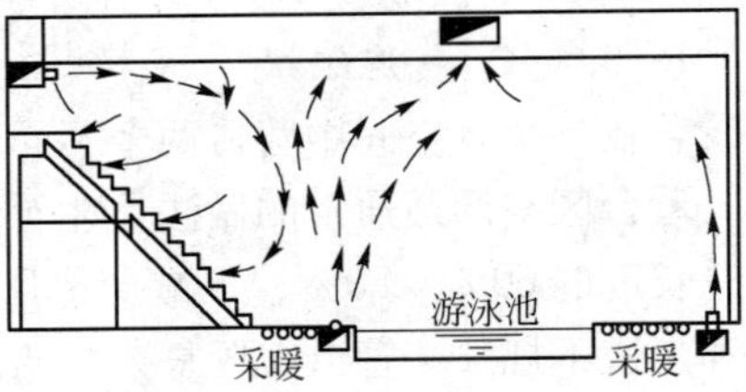

图16-5　侧送风和风幕相结合方式

上述几种送风方式的设计计算与体育馆比赛大厅相同。

关于送风口的位置，除下部送风外，建议布置在离地面2.5～3m以上为好，为保证均匀性，送风口多而小效果较好。

16.3.5.2　*游泳馆的回风与排风系统*

观众区的回风口设在座位下台阶侧壁上，基本上应为均匀布置；池区的排风口宜设在近水面附近，以便及时将潮湿空气排走。当池水用氯消毒时，更应如此设置，切不可使池区的排风通过观众区后排走。为排除室内烟气和水面蒸发上升的水蒸气，排风口应设在屋顶或顶棚上面，可采用机械排风。

根据游泳馆构造上的特点，利用部分混凝土构件做风道，可节省投资，又可避免腐蚀。

16.3.5.3　*游泳馆的除湿*

我国主要城市不保证小时数50h、120h、150h的室外含湿量值见表16-7。一般而言，取120h不保证含湿量值进行设计是可行的，我国的云南、贵州、甘肃、宁夏、新疆、内蒙古、黑龙江、吉林、西藏、青海等大部分地区都可以采用通风除湿，而且室外干球温度不太高，有一定消除室内显热冷负荷的能力。

表 16-7　我国主要城市不保证小时数的室外含湿量　(g/kg)

城　市	每年不保证小时数			城　市	每年不保证小时数		
	50h	120h	150h		50h	120h	150h
呼和浩特	16.27	14.98	14.71	哈尔滨	17.99	16.66	16.32
昆　明	17.22	16.71	16.55	长　春	18.82	17.63	17.24
兰　州	15.07	13.85	13.60	沈　阳	19.36	18.21	17.95
银　川	16.80	15.53	15.17	西　安	20.11	19.15	18.83
贵　阳	18.57	18.00	17.92	北　京	20.43	19.24	18.98
乌鲁木齐	10.80	9.93	9.72				

对于辽宁、北京、河北北部、陕西等大部分地区，夏季不保证 120h 的含湿量大都在 19g/kg左右，通风有一定除湿能力，但干球温度较高，只用通风方法除湿无法对室内温度进行控制。这些地方宜采用通风与冷却两种方法共同对室内的温、湿度进行控制的方案。冷却能力应能消除室内显热冷负荷及通风带入的显热，而通风量应能消除室内的余湿（减去冷却消除的一部分余湿）。当室外温度下降时，可逐渐增大通风量，直到全部采用通风。用这种方案比单纯用冷却方法可以节省再加热量，而且也节省冷量。

对于我国长江流域、东南沿海等大部分地区，夏季含湿量、干球温度均比较高，通风已无除湿能力，而且还增加冷负荷，因此只能采用冷却方法对室内温、湿度进行控制。比较合理的方案是采用调温除湿机空调系统。这种除湿机可以利用部分冷凝热量进行再加热（可调的），从而实现对室内温度的控制，比常规空调系统节省再加热量。

我国各类地区在过渡季节和冬季，游泳池大厅的除湿都可采用通风的方法，通风量根据室内的湿度进行调节，但不应小于满足人员所必需的最小新风量。

17　商场空调的设计与运行

17.1　商场空调冷负荷计算基数及概算值

17.1.1　商场空调冷负荷计算基数

商场空调冷负荷计算基数，见表17-1、表17-2。

表17-1　百货商场的照明负荷计算基数

照明部位	照明负荷/W·m^{-2}	照明部位	照明负荷/W·m^{-2}
一层、地下层商场	40~50	最上层商场	35~40
标准层商场	35~50	珠宝商场柜台	200~220

表17-2　商场其他负荷计算基数

部位	负荷	部位	负荷
商品陈列柜	7~10W/m^2	自动扶梯	7.5~11kW/台

人员密度计算基数见表17-3的估算数字。对人员集中的火车站、港口以及繁华商业区的商场，人员密度可按表17-3计算，其余商业区可在表17-3的基础上减少20%~40%。

表17-3　商场人员密度估算表

楼层或营业厅	人员密度/人·m^{-2}	楼层或营业厅	人员密度/人·m^{-2}
一层	1.5	特殊售货场	2.0
标准层	0.5~1.0	食品、冷饮	1.0
地下室	1.0	奢侈品售货场	0.3

17.1.2　商场噪声及空调负荷的概算值

17.1.2.1　商场噪声

百货商场人多，环境噪声比较大，对一般营业厅的要求为噪声级NC50~55(dB)；但要求稍高的高档商场允许噪声级NC40~50(dB)。对特殊要求的应根据不同情况提出：如乐器商店、珠宝店、美术商店、书店的允许噪声级为NC35~45(dB)。

17.1.2.2　空调负荷的概算值

百货商场建筑在方案设计阶段，往往需要粗估空调负荷的供冷量。有条件时，应尽量根据具体资料进行计算；当无计算条件时，可参照表17-4进行估算。

表17-4　商场空调制冷负荷概算值

建筑物名称	普通空调系统/W·m^{-2}	省能空调系统/W·m^{-2}	换气次数/次·h^{-1}	荧光灯照明/W·m^{-2}
百货商场（全部有空调的面积）	209~244	175~198	6~9	40
（一层）	279~314	233~256		
（二层以上）	186~233	151~186		

17.2 商场空调方式

17.2.1 全空气中央空调系统

17.2.1.1 全空气集中式空调系统

百货商场的空调以采用全空气单风管定风量集中式者为最多，这是商场空调的典型方式，这是因为：

（1）空调机置于机房内，运转、维修容易，能进行初、中效的空气过滤。产生振动、噪声传播的问题较少；

（2）送风量大，换气充分，空气污染小。特别是如设置回风机，则能进行冬季和过渡季的新风供冷；

（3）分区数少时，设备费比其他方式便宜。

但此方式也有缺点，就是机房占用面积大，全年的风机送风动力大，不利节能。由于不能适应某一分区中的每个商店的负荷变化，而导致各个商店之间存在温度波动。所以在大型商场建筑中，采用变风量空调方式会更好。

图 17-1 为商场空调最常用的标准空调方式的系统图。图中的 T 及 H 分别表示自动控制用的恒温控制器和恒湿控制器。图中设有回风机可进行利用新风供冷的情况。为此，冬季、过渡季根据送风温度 T_3 可控制阀门 M_1、M_3，通过改变新回风混合比来控制送风温度。

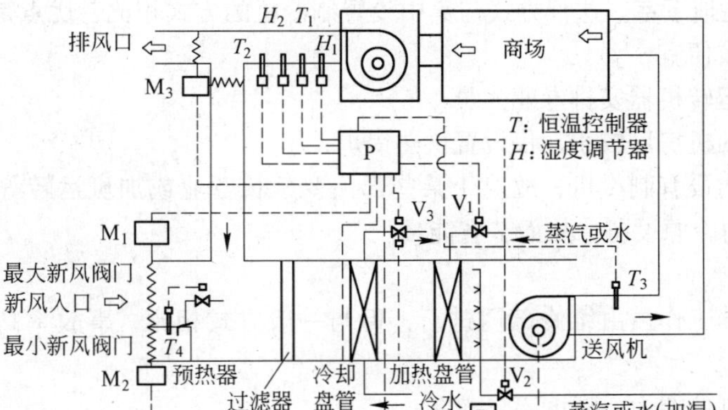

图 17-1 商场空调系统的基本方式

夏季根据 T_2 及 H_2，通过电动调节器 P 控制冷水三通阀 V_3，根据 T_1 控制再热器阀门 V_1；冬季根据 T_1 控制蒸汽阀门 V_1，根据 H_2 控制加湿器用阀门 V_2。对于室外温度低的地方，可根据新风温度 T_4，将新风加热到0℃以上送入系统。夜间装置停止使用时，将风机电机和阀门 M_2 连锁，关闭 M_2。

这种全空气单风管集中式送回风空调系统的设计方法，见第 3 章 3.3 节。

17.2.1.2 全空气单风管分层机房式空调系统

采用这种方式的商场也比较普遍，如北京西单购物中心和天津滨江购物中心等。

17.2.2 风机盘管 + 新风系统与柜式空调系统

17.2.2.1 风机盘管 + 新风空调系统

采用这种空调方式的商场也较多，如天津劝业场（老楼）、太原工贸大厦等。其设计方法，见第 3 章 3.5 节。

这种作为与末端机组结合使用方式（空气-水方式）的共同优点是：

（1）对于大负荷的商场风管尺寸可以做得较小，从而减少风管占用空间；

（2）用一台机组可组成一个小的分区，故分区极为方便，如果通过手动操作，则可经济地进行个别控制；

（3）造价较全空气空调方式略低。

其缺点是：

（1）由于附设的过滤器性能较低，对于商场内空气的净化无多大作用；

（2）末端机组噪声影响较大；

（3）因必须设水配管，故有可能发生漏水危害商品的情况；

（4）由于常年运行，必须对机组的过滤器进行定期清扫，而且当设置大量末端机组时，维修较麻烦。

可见与末端机组结合使用的空调系统，以用在较小的被分割的一些商店中更适宜，该方式也可用于商场周边的辅助房间（如办公室、会议室等）。

17.2.2.2　柜式空调机组分层送回风空调系统

这种空调方式是以柜式机组取代附有冷水盘管和过滤器的空调机组，作为单风管定风量的空调方式用于商场。

该系统将柜式机组所需的冷却水通过置于屋顶的冷却塔进行循环冷却，而冬季加热的热源，可集中设置在地下室。这种方式与集中设置制冷机的方式相比，优点是：

（1）设备费较便宜；

（2）无须为运转机器安排专业人员；

（3）地下室的机房可较小，仅设置供热锅炉；

（4）因机组内设有制冷机，故对于某些部门要延长营业或加班运转等部分运行时，可以不开动集中设置的冷源设备，从而节省能量。

其缺点是：

（1）维修保养工作虽由维修部门进行，但与一般方式相比，事故率高，使用寿命短，故维修费用大；

（2）室温控制偏差大，湿度不易控制；

（3）小型柜机的风机余压小，当设置中效过滤器时，则需另加风机。

17.2.3　全水空调系统与多联机商用空调方式

17.2.3.1　全水方式中央空调系统

只装风机盘管而不设新风系统的全水方式，因没有风管而不占风管空间，但因为没有新风系统送入房间，所以室内空气的污染将很严重。因此该方式只用于小店铺等室内人员少，且墙壁有间隙或通过外门缝隙而有渗透风的场合。

17.2.3.2　多联机商用空调方式

多联机商用空调的室内机组（一般不接风管，也有风管机）直接设置于商场内。多联机商用空调方式的优点是：

（1）由于制冷机设于各套室外机组内，只有使用时才开动，不仅节能好，而且可以灵活地适应个别店铺延长营业的运行；

（2）自带恒温控制器，可灵活地进行个别控制；

(3) 操作简单（即使大型设备，外行也能操作运转）。

其缺点是：

(1) 由于室外机内设有制冷机，一般噪声振动较大；

(2) 除热泵装置外，用于供暖尚需电加热或另加设一套暖气系统；

(3) 使用寿命比较短；

(4) 无新风系统，过渡季也不能利用新风冷却。

多联机商用空调方式大多用于中小商店等中小型建筑中，对有些商店需要增设空调，但又限于机房和管道难以布置时，可采用多联机商用空调系统。

17.3　商场的防火排烟

由于百货商场集聚人多，面积较大，其重要疏散通道部位，必须设置防排烟设施。因为一旦商场内发生火灾，物体燃烧将产生温度很高的有毒和可燃气体四处流窜，瞬即爆燃，浓烟会使疏散困难，以致中毒、窒息、死亡。

17.3.1　商场防烟部位及防烟措施

17.3.1.1　需要作防烟设计的商场建筑及部位

(1) 对于高层建筑类型的商场（建筑高度超过32m的二类建筑），面积超过100m²、四周无窗时，使用面积超过500m² 的地下商场等，应设防烟、排烟设施。

(2) 防烟楼梯间及其前室、消防电梯前室和合用前室，应设独立的防烟、排烟设施。

(3) 无直接天然采光和自然通风，且长度超过20m的内走道或虽有直接采光和自然通风，但长度超过60m的内走道，也应设防烟、排烟设施。

排烟设施的目的是排除火灾初期发生的烟气，以利于避难活动和消防活动。

与防排烟设施有关的规定详见《高层民用建筑设计防火规范》。

17.3.1.2　商场的防烟措施

商场防烟原则是要防止火灾时烟气进入疏散通道，以确保人员能安全疏散。为此火灾时应截断空调管道，封闭楼板上的竖向孔道，关闭起火商场通向走道的门；也可以提高起火商场外走道内的空气压力，使烟气不能从起火房间流出，而把烟气从排烟口排出。

防烟设计的方法，就是在建筑物的防火分隔区范围内，首先假定火灾时的空气压力分布，然后布置防烟垂壁、进风口和排烟口的位置，进行各种形式的组合，采用自然排烟或机械强制排烟等方式，经过分析比较之后，最终选出最优方案。

一般防烟设计都尽量把烟从远离楼梯间的位置排除，而且，为了使烟不能进入楼梯间，维持楼梯间内的正压，常在楼梯间外设置前室，并把进风口放在楼梯间内。

17.3.2　商场内分割房间及货柜面积较大商场的防排烟

17.3.2.1　商场内有分割房间（或独立承包单间）的防排烟

(1) 起火房间的防排烟。在起火房间门口堵烟，使起火房间内的烟全部向室外（或排烟口、塔）排除。这样，起火房间以外的地方都是无烟而安全的。从理论上讲，这是最理想的方案。

但为采用这种方案，每个房间都要设置直接通向室外的排烟口或排烟塔，安装排烟管道和排烟机，这在实践上是难于实现的。而且，在用房间的门堵烟时，同时也挡住了来自走道的新鲜空气，在没有新鲜空气补给的条件下，为把起火房间内的烟彻底排除，也是难于达到目的的。

采用这个方案，也可不用房间的门来堵烟，而用走道内的正压空气向起火房间进风的办法。但这时，可能有一部分烟仍流进走道，甚至经过楼梯，在整个建筑物内蔓延开来。

（2）起火层走廊的防排烟。为防止烟在起火层走廊内流动，要靠走廊内设置的门或防烟垂壁（效果不如门）堵烟，并用排烟口排烟，由正压送风口进风。如靠走廊上烟塔排烟效果会更好。

（3）起火层前室的防排烟。可利用楼梯间前室的门堵烟，以防止烟进入楼梯间。这时，采用由前室进风和在楼梯间进风并用，对保护楼梯间来说，是比较可靠的。走廊内的排烟口可以直接通向排烟塔。

（4）起火层楼梯间的防排烟。可以直接在楼梯间门口堵烟，并从前室及楼梯间进风，以便使楼梯间内保持正压。但在正压作用下，各层楼梯间的门都有关不上的危险，这应引起注意。

但只靠楼梯间的门要把烟全部堵住是不可能的，人流经过时多少要进一点烟，所以还要用楼梯间内的风把烟稀释到允许的浓度（相当于起火房间内烟浓度的 1/100 ~ 1/300）。

17.3.2.2　大面积布置货柜商场的防排烟

大面积布置货柜的商场，应由建筑专业部门首先进行防火分区设计，然后，把防火分区和防排烟分区综合进行考虑，尽量相互一致。否则，如果设备过多的穿通隔墙，也会削弱防烟分区的机能。防烟分区的保护措施有穿墙管道的埋设和采用防烟阀等。如果考虑到施工质量、运行的可靠性和漏气等因素，应尽量避免穿墙。

从防火防烟角度应将建筑物中不同用途的部分明确分开。还要特别注意不让容易成为烟气扩散通路的空调管道横穿这些分区。

17.4　地下商场空调的设计与运行[25]

近些年来，国内地下商场、地下商业街发展很快，已成为大中城市商业网的重要组成部分。从目前已建成的地下商业建筑的使用情况来看，通风空调效果有的较好，有的一般，有的较差。空调效果较差主要表现为空调季节商场内闷热、相对湿度偏高、空气浑浊。造成这些现象的原因主要有 3 个：一是空调计算负荷偏小；二是设备选型不当，换气次数太小，气流短路；三是空调系统运行管理水平不高。下面分别讨论这 3 个问题。

17.4.1　地下商场的空调设计负荷

17.4.1.1　客流密度是影响地下商场空调负荷的决定因素

地下商业建筑的空调负荷主要来源于人体的散热和室外新风带进的热量，这两项负荷约占总负荷的 80% 以上。新风标准确定之后，客流密度成为地下商业建筑空调负荷的决定性因素。

地下商场大多建在繁华地段，目前地下商场人流密度的取值范围在 0.5 ~ 1.5 人/m^2 之间，对实际工程的调查发现，在繁华地区人流密度取 0.7 人/m^2 以下的工程，多数空调效果较差；大部分工程人流密度在 0.75 ~ 1.2 人/m^2 之间，新风量一般在 15 ~ 20m^3/(人 · h)之间；人流密度取 1.3 ~ 1.5 人/m^2 的工程极少，这种工程处在极繁华地段，如广州的洞天商场等。

综上所述，确定地下商场客流量时，应认真考虑以上各因素，以发展的眼光看待。考虑到市场越来越繁荣，人们对舒适程度要求越来越高及空调系统的工作能力随着运行时间的延长呈下降趋势，客流量的取值适当偏高一点是很必要的。而目前大多数地下商场的空调设计负荷略显偏小。

17.4.1.2 遗漏再热负荷是空调负荷偏小的另一重要原因

据调查，地下商场与同样客流密度的地上商场相比，余热（ΔQ）略小，而余湿（ΔW）却略大，所以热湿比（ε）比地上商场的小。地下商场湿负荷大，ε 线趋向水平，这是需要再热的主要原因，见图 17-2。计算结果表明，广州、南京、哈尔滨、银川、乌鲁木齐等有代表性的地区的地下商场的再热负荷占总负荷的 20%～28%。

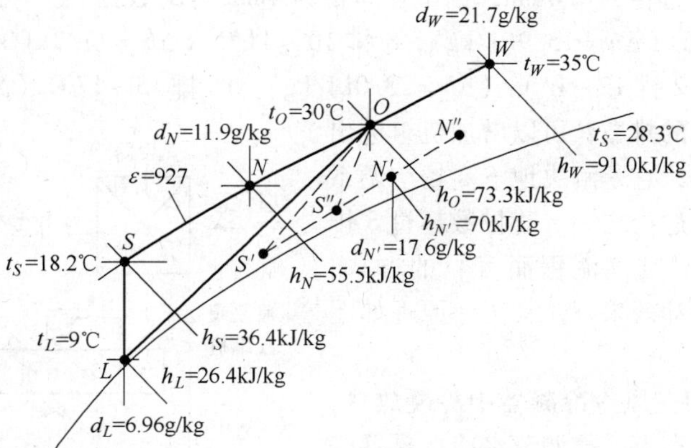

图 17-2 南京某地下商场焓湿图

例：图 17-2 为南京某商场空气处理过程的 h-d 图。其中 $L \rightarrow S$ 过程为等湿加热过程，$(h_S - h_L)G$ 即为再热负荷。本工程再热负荷与总热负荷的百分比为：

$$\frac{(h_S - h_L)G}{(h_O - h_L)G} \times 100\% = 21.4\%$$

遗漏了占总热负荷 21.4% 的再热负荷，总的空调负荷变小，必定影响空调效果。

遗漏再热负荷必然遗漏空气处理中的等湿加热过程，所以设备选型时就不会选择加热设备。分析图 17-2 中各状态参数和空气处理过程可以发现以下问题：（1）该工程选用表冷器为 8 排的组合式空调机组，冷水温度 7℃，空调机组进口空气状态参数为 t_O，h_O，d_O，出口空气状态参数为 $t_{S'}$，$d_{S'}$，$h_{S'}$，空气处理过程为 $O \rightarrow S'$，室内空气状态由 N 点移向 N'，$h_{N'} > h_N$，$d_{N'} > d_N$，相对湿度 $\varphi_{N'}$ 接近 90%，空气中含有较大的潜热（$h_{N'} - h_N = 14.5$kJ/kg）和较大的余湿（$d_{N'} - d_N = 5.7$g/kg），商品易发霉，食品易变质，空气不清新。温度虽不高，但并不能令人感到凉爽。（2）该地另一同类工程，选用蒸发器排数为 4 排的冷风机，冷风机进出口空气温差为 7～8℃，空气处理过程为 $O \rightarrow S''$，送风状态参数为 $t_{S''}$，$h_{S''}$，$d_{S''}$，室内空气状态由 N 点移向 N''，室内环境更不能令人满意。

17.4.2 提高地下商场空调效果的措施

地下商场的空调措施是建立在对其负荷进行科学计算和对 h-d 图的综合分析基础上的。主要有以下几个措施。

17.4.2.1 选择合适的空调设备

由图 17-2 可知，该空气处理过程要求空调机组入口参数 $t_O = 30$℃，$h_O = 73.3$kJ/kg；出口参数 $t_L = 9$℃，$h_L = 26.4$kJ/kg。其温差 $\Delta t = 21$℃，焓差 $\Delta h = 46.9$kJ/kg，是大温差和大焓差空

调，而且伴随较大的再热负荷。这是地下商场的特点决定的，选用一般的空调设备无法达到设计要求，目前多数工程选用调温除湿空调机组或水冷机组加组合式空调机组作为地下商场的空调设备。

A 调温除湿空调机组

（1）可以根据空气处理温差（焓差）来选定机组蒸发器，蒸发器的管排数与温差（或焓差）一般有如下关系（标准大气压下，室内温度为27℃，相对湿度为60%，迎面风速为2～2.5m/s，表冷器铜管管径为9.8mm，铝串片间距为4mm时的数据）：4排7～8℃（Δh＝12.6kJ/kg），6排9～10℃（Δh＝15.9kJ/kg），8排10～11℃（Δh＝17.2kJ/kg），10排11～12℃（Δh＝18.8kJ/kg），12排12～13℃（Δh＝23.0kJ/kg），16排15～17℃（Δh＝35.6kJ/kg）。

可见增加表冷器的排数，可以增加机组进出口空气的温差和焓差，它是解决地下商场空调系统大温差要求的重要途径之一。管排数超过8排时采用两组串联（对空气流程而言）的方式，制冷剂直接蒸发，冷却效果好，其工作原理如图17-3所示。

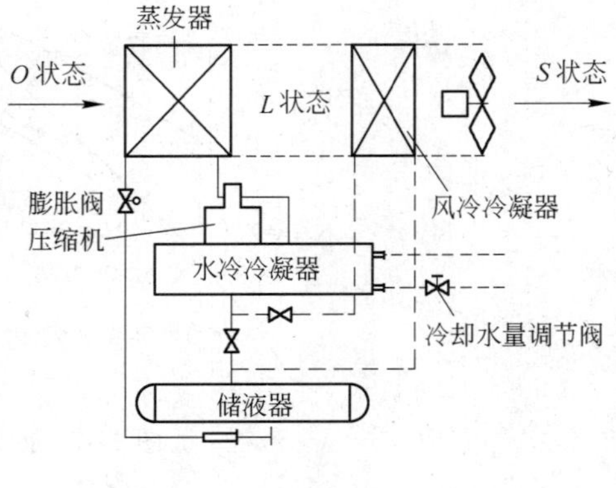

图17-3 调温除湿空调机组工作原理

（2）利用制冷剂在风冷冷凝器中冷凝放热，将空气再加热到S状态点，靠调节水冷冷凝器的冷却水量来调节机组出风温度使其等于t_S。这样做的优点是利用制冷剂的冷凝放热调节出风温度，不需要外加热源，节能效果十分明显。

（3）除湿性能优越是这种机组的另一大优点。地下商场不仅有人员散湿，还有围护结构散湿和人为散湿及用水设备散湿，一般比地上商场湿负荷大，而且通风死角多，结构严密。设计时应针对这些特点选用除湿性能好的设备。

（4）该机组比冷水机组加组合空调机组的空调方式结构紧凑、占地面积小，初投资少，制冷效率高。

所以调温除湿空调机组是地下商场空调系统的首选设备。

B 水冷机组加组合式空调机组

冷水机组提供7℃的冷水给组合式空调机组。这种系统的设计要点有两个：（1）要并联两组表冷器（对冷水而言是并联，对空气而言是串联），以便解决大焓差问题。（2）设加热段以实现空气的等湿加热过程。

这种机组出风参数不易调节、占地面积大、初投资高、效率低，运行费用高，工程中应用较少。

17.4.2.2 增大换气次数

地下商场热湿负荷较大，一般都有再热负荷，用常规的送风温差法计算送风量、选择空调机组不能保证室内空气参数达到设计要求。所以改用换气次数法来确定送风量。南京某地下商场夏季人流密度为1人/m^2，新风量为15m^3/(人·h)时，余热量为687.5kJ/m^2。用换气次数法进行计算的结果见图17-4和表17-5。由图17-4和表17-5分析可知，增大换气次数可缩小表冷器进出口温差Δt（或焓差Δh）。目前在实际工程中换气次数从5次/h到20次/h都有。实践证明采用8次/h以下换气次数的地下商场空调效果多数较差。虽然增大换气次数可以解决地下商场空调系统大焓差（温差）问题，但是换气次数不能太大，否则送风管道会占据太多有效空间，并且能耗也大，不够经济。所以在设计中将换气次数控制在10～15次/h，并辅以合理的运行调节，能得到良好的空调效果。

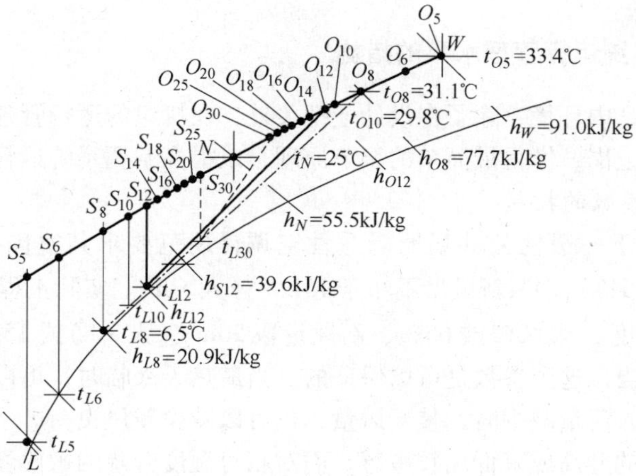

图 17-4 换气次数与焓差

表 17-5 不同换气次数下的计算结果

换气次数 /次·h^{-1}	余热 ΔQ /kJ·m^{-2}	室内空气焓 h_N/kJ·kg^{-1}	送风状态焓 h_S/kJ·kg^{-1}	$\Delta h = h_N - h_S$ /kJ·kg^{-1}	混合状态焓 h_O/kJ·kg^{-1}	表冷器出口焓 h_L/kJ·kg^{-1}	焓差($h_O - h_L$) /kJ·kg^{-1}	温差（$t_O - t_L$）/℃
5	687.5	55.5	17.3	38.2	91.0	-2.9	93.9	41.0
6	687.5	55.5	23.7	31.8	81.7	9.0	72.7	33.4
8	687.5	55.5	31.6	23.9	77.7	20.9	57.0	24.6
10	687.5	55.5	36.4	19.1	72.6	27.0	45.6	21.3
12	687.5	55.5	39.6	15.9	70.3	30.5	39.8	18.2
14	687.5	55.5	41.9	13.6	68.2	32.7	35.5	16.6
16	687.5	55.5	43.6	11.9	66.6	35.1	31.5	15.1
18	687.5	55.5	44.9	10.6	65.4	36.4	29.0	14.4
20	687.5	55.5	46.0	9.5	64.4	37.5	26.9	13.7
25	687.5	55.5	47.9	7.6	62.2	39.6	22.6	12.4
30	687.5	55.5	49.1	6.4	61.4	41.2	20.2	11.6

17.4.2.3 改善气流组织，提高通风效率

目前地下商场多为厅式布局，气流组织只能布置成上送、上回方式，而且采用的是近乎平送流形的散流器，回风口常布置在送风口附近，极易发生气流短路，使以全室空气为稀释和冷却对象的送风气流相当一部分从人的工作区上部很快排走，减少了呼吸区的新风量和工作区的空气掺混与扰动，这样难以达到稀释有害物以及消除余热余湿的目的。这是目前工程中通风空调效果不佳的另一重要原因。

建议顶棚高度大于 3m 的大厅，尽量采用直片式散流器，使送风气流能有效地进入工作区，并能有 0.3 ~0.5m/s 流速。尽量避免采用平送流形的散流器，尤其是回、排风口附近的送风口要有一定的送风速度，以防短路。

回、排风口有引导厅内气流流向的作用，所以回风口适当集中到边缘或有害物较为集中的部位是必要的，有的工程满天星式地布置风口，在上送风的情况下，对提高通风效率也是不利的。

17.4.3 提高空调系统运行管理水平的措施

为了创造舒适的室内环境，除了在设计上把关外，在机组的运行管理上也要严格要求。空调操作工应先培训后上岗，懂得最简单的调节原理，以提高空调系统运行管理水平。

17.4.3.1　空气参数的控制

地下商场空调属于一般性公共场所舒适性空调，规范要求其室内空气参数：温度 $t_n \leq 28$℃，相对湿度 $\varphi \leq 75\%$，空调新风量不小于 $15m^3/$（人 · h）。实际工程设计时一般温度 t_n 取 25℃或 26℃；相对湿度 φ 取 60% 或 65%，新风量取 $20m^3/$(人 · h) 或 $15m^3/$(人 · h)。一般只要设计合理，管理适当，这个参数是可以保证的。当最热天来临时，可以适当关小新风阀，新风量取下限。另外在人流量减少时调整新风量，也可以减少新风负荷。

一般人们对温度的升高或降低比较敏感，而对相对湿度升降的敏感性要差些，相对湿度变化 5% 和温度改变 1℃ 的敏感程度大致相当。但是湿度不能太高，75% 是界限，大于 75% 物品易发霉。夏季高峰负荷时，温湿度分别为：$t_n = 26$℃，$\varphi = 70\%$；或 $t_n = 27$℃，$\varphi = 65\%$ 或 $t_n = 28$℃，$\varphi = 60\%$ 都是人们宜于接受的，这三个状态的空气焓值相同。

17.4.3.2　天天通风换气

每天商场开业前 1h 应对商场进行置换通风，把前一天用过的空气用新风置换出去，然后再转入空调运行。

18　工艺性生产厂房空调与洁净空调的设计与运行

18.1　工艺性生产厂房空调的设计与运行

18.1.1　工艺性生产厂房空调的设计运行方法

工艺性生产厂房的空调包括造纸、化工、医药、橡胶、机械、电子和纺织等工业以及计算机、计量和光学仪器等行业的空调。冷负荷计算方法，见第7章。空调设备的选型设计和通风管道的设计计算，见第3、4章。其空调方式多采用全空气集中式空调系统，设计运行方法，见第3章3.3节。工艺性生产的小型车间也可采用风机盘管+新风空调系统，其设计运行方法，见第3章3.5节和有关该系统的其他章节。

18.1.2　空调厂房的气流组织形式

合理选择和布置送风口与回风口，就可将空调的气流组织成按一定方向的流动。下列几种流型是各行业工艺生产厂房常用的气流组织形式。其中有一些流型也适用于舒适性空调[1]。

（1）上送上回。图18-1为这种送风、回风方式的五种例子。上送上回方式适用于房间下部不能布设回风口的场合。

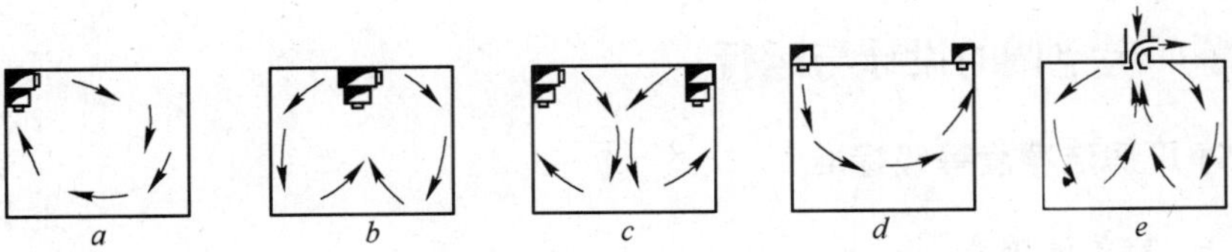

图18-1　上送上回的五种气流流型

（2）侧送侧回。图18-2为这一形式的三种流型。图18-2a为一侧顶上送风，同侧下部回风；图18-2b为一侧顶部送风，对侧下部回风；图18-2c为双侧送风、双侧回风。

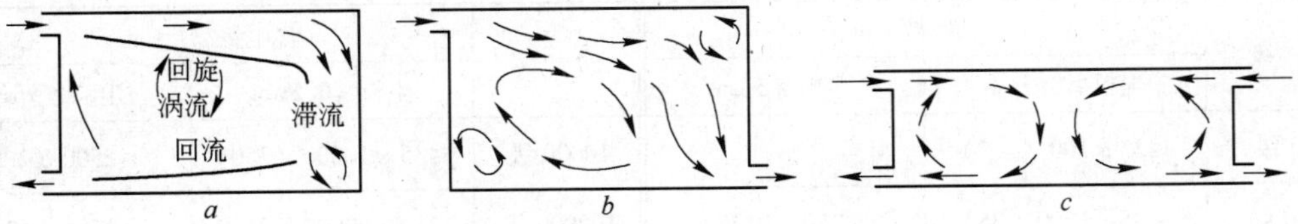

图18-2　侧送侧回的三种气流流型

（3）上送下回。图18-3为上送下回的两种方式。图18-3a为散流器送风，设计时应使散流器的射流范围遍及工作区；图18-3b为孔板送风，送风口愈小，布置愈密，则气流愈均匀。

（4）中送上、下回。图18-4为这一送风的两种形式。对于高大的房间，采用这种方式较

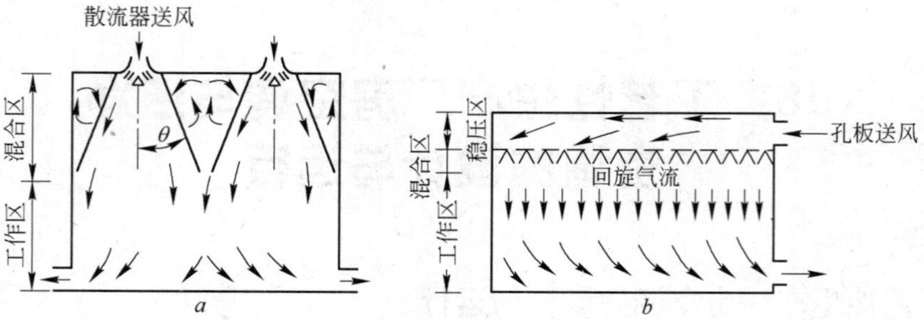

图 18-3　上送下回的两种气流流型

合理。

（5）下送上、下回。图 18-5 为下送风的两种形式。适用于室内余热量大的场合，如计算机房、广播电视演播大厅等。

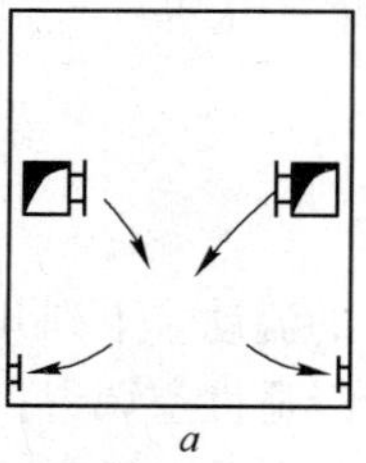

图 18-4　中送上、下回的两种气流流型

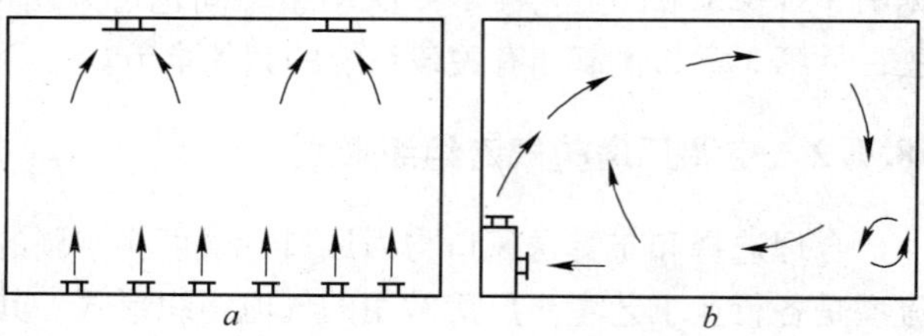

图 18-5　下送上、下回的两种气流流型

18.2　洁净厂房空调的设计与运行

18.2.1　洁净厂房洁净度等级标准

18.2.1.1　*空气洁净度等级*

《洁净厂房设计规范》中规定的洁净度等级划分原则，见表 18-1。对于空气洁净度为 100 级的洁净室内大于等于 5μm 尘粒的计数，应进行多次采样。当其多次出现时，方可认为该测试数值是可靠的。

表 18-1　空气洁净度等级

等　级	含尘量/粒 · m^{-3}		等　级	含尘量/粒 · m^{-3}	
	尘粒≥0.5μm	尘粒≥5μm		尘粒≥0.5μm	尘粒≥5μm
100 级	≤35×100（3.5）		10000 级	≤35×10000（350）	≤2500（2.5）
1000 级	≤35×1000（35）	≤250（0.25）	100000 级	≤35×100000（3500）	≤25000（25）

对于控制粒径不是以 0.5μm 为计量标准的某些工艺，可按所要求的粒径和数量，参考空气洁净度级别平均粒径分布曲线图来确定空气相应的级别。

18.2.1.2　*药品生产厂房的洁净度级别*

《医药工业洁净厂房设计规范》（国家医药管理局批准的 GMP）规定的洁净级别的等级，见表 18-2。

表 18-2　医药工业洁净厂房空气洁净度等级

空气洁净度等级	含尘浓度		含菌浓度	
	尘粒粒径/μm	尘粒数/个·m^{-3}	沉降菌（ϕ9cm 碟 0.5h）	浮游菌/个·m^{-3}
100 级	≥0.5	≤3500	≤1	≤5
	≥5	0		
10000 级	≥0.5	≤350000	≤3	≤100
	≥5	≤2000		
100000 级	≥0.5	≤3500000	≤10	≤500
	≥5	≤20000		
大于 100000 级（相当于 300000 级）	≥0.5	≤10000000		
	≥5	≤61800		

100 级洁净厂房适用于生产无菌而又不能在最后容器中灭菌药品的配液（指灌封前不需无菌过滤）及灌封；能在最后容器中灭菌的大体积（不小于 50mL）注射用药品的过滤、灌封；粉针剂的分装、压塞；无菌制剂、粉针剂原料药的精制、烘干、分装。

10000 级洁净厂房适用于生产无菌而又不能在最后容器中灭菌药品的配液（指灌封前需无菌过滤）；能在最后容器中灭菌的大体积注射用药品的配液及小体积（小于 50mL）注射用药品的配液、过滤、灌封；滴眼液的配液、过滤、灌封；不能热压灭菌口服液的配液、过滤、灌封；不在最后容器中灭菌的油膏、霜膏、悬浮液、乳化液等药品的制备和灌封；注射用药品原料药的精制、烘干、分装。

100000 级洁净厂房一般适用于片剂、胶囊剂、丸剂及其他制剂的生产；原料的精制、烘干、分装。

洁净厂房的窗户、天花板及进入室内的管线、风口、灯罩与墙壁或天花板的连接部位均应气密。洁净级别不同的厂房之间应保持不小于 4.9Pa（相当于 0.5mmH_2O 或近似于 0.0368mmHg）的压差，并应有指示压差的装置。洁净级别要求高的厂房对相邻的洁净级别低的厂房一般呈相对正压。

洁净厂房的温度和相对湿度应与其生产及工艺要求相适应（温度控制在 18～24℃，相对湿度控制在 45%～65% 之间为宜）。

洁净厂房内安装的洗手池、下水道的位置应适宜，不得对药品生产带来污染。下水道的开口位置应对厂房的洁净级别影响最小，并有避免污染的措施。100 级洁净厂房不宜设下水道。

18.2.1.3　*各种房间的洁净度级别*

当工艺提不出洁净度等级要求时，可参照表 18-3 选取。

表 18-3　各种房间的洁净度级别

洁净室类别	行业类别	房间名称	洁净度等级			
			100	1000	10000	100000
工业洁净室	精密工业	精密陀罗、人造卫星	0	0		
		微型轴承清洗检查	0		0	
		微型轴承测试		0	0	
		微型轴承润滑油充填			0	
		计算机精密测定			0	0
		计算机精密部件			0	0
		计算机磁鼓磁带			0	0
		微型接点	0	0		

续表 18-3

洁净室类别	行业类别	房　间　名　称	洁净度等级			
			100	1000	10000	100000
工业洁净室	电子工业	光刻、照相制版	0	0		0
		焊接、扩散	0	0	0	
		蒸发	0		0	0
		点焊		0		
		清洗、加工			0	
		组装		0	0	
		印刷制版、复印			0	0
		烧结、测定				0
		扩散炉进料口	0			
		暗室、显影室	0	0		
	胶片工业	制膜			0	0
		涂布		0	0	
		微型胶片	0	0		
		录像带涂敷压光切带检验	0		0	
生物洁净室	医　疗	一般手术室			0	0
		无菌手术室	0	0		
		无菌试验、细菌试验	0	0		
		无菌病室（烧伤、器官移植、急性白血病）	0		0	
	动物试验	无菌动物饲养室（GF）	0			
		无特定病原体动物饲养室（SPF）			0	
		普通动物饲养室（CV）				0
	制药工业	更衣、填充封品			0	0
		干燥、充填、装药			0	
		蒸馏水、针剂、滴眼药制造			0	
		抗生素培养、充填、检查	0	0	0	
		安瓿瓶贮存			0	
	食品、养殖	肉食加工、乳制品			0	0
		蚕、鱼养殖			0	0
		酿造工业			0	0

18.2.2　洁净空调系统的设计原则[1]

18.2.2.1　洁净空调系统设计总原则

洁净空调系统设计总原则，应符合下列要求：

（1）面积较大、净高较高、位置集中和消声减振要求严格的洁净室，宜采用集中式净化系统；反之，可采用分散式净化系统。

（2）当工艺无特殊要求时，在保证新风量和洁净室正压条件下，要尽量利用回风。当回风含尘浓度较高时，可在回风口或回风管道上设置中效过滤器。

（3）除直流式系统和设置值班风机的系统外，应采取防止室外污染空气通过新风口渗入洁净室内的防倒灌措施。

（4）空气过滤器的选用、布置和安装方式，应考虑下列要求：

1）初效空气过滤器不选用浸油式过滤器；

2）中效过滤器集中设置在净化空调系统的正压段；

3）高效过滤器或亚高效过滤器放置在净化空调系统的末端，即尽量靠近洁净室的送风口；

4）中效、亚高效、高效过滤器按额定风量选用；

5）在同一洁净室内，设置阻力和效率相近的高效过滤器；

6）高效过滤器的安装方式简便可靠，易于检漏和更换。

（5）送风机可按净化空调系统的总送风量和总阻力值进行选择。中效、高效空气过滤器的阻力宜按其初阻力的两倍计算。各类空气过滤器的效率和阻力，见表18-4。

表 18-4 空气过滤器的效率和阻力

项　目	计数效率/%（对0.3μm的粉尘）	阻力/Pa	项　目	计数效率/%（对0.3μm的粉尘）	阻力/Pa
初效空气过滤器	<20	≤30	亚高效空气过滤器	90～99.9	≤150
中效空气过滤器	20～90	≤100	高效空气过滤器	>99.97	≤250

（6）空气过滤器的滤料和过滤对象

1）初效空气过滤器。一般采用易于清洗和更换的粗、中孔泡沫塑料或其他滤料，用于新风过滤，过滤对象是大于10μm的尘粒；

2）中效空气过滤器。一般采用中、细孔泡沫塑料或其他纤维滤料（如无纺布），用于过滤新风及回风，延长高效空气过滤器使用期限。过滤对象是1～10μm的尘粒；

3）亚高效空气过滤器。一般用玻璃纤维纸和棉短纤维纸制作的过滤器。过滤对象为小于5μm的尘粒；

静电过滤器也属于亚高效范畴。

4）高效空气过滤器。国内已生产的有玻璃纤维过滤纸和合成纤维滤纸制作的过滤器。主要用于过滤小于1μm的尘粒。

（7）净化空调系统如需电加热时，应用不锈钢管状电加热器，位置应布置在高效空气过滤器的上风侧，并应有防火安全措施。

18.2.2.2 洁净空调系统的划分原则

洁净空调系统的划分原则，应符合下列要求：

（1）层流洁净室的净化空调系统与乱流洁净室的净化空调系统；

（2）具有初效过滤器、中效过滤器和高效过滤器的高效净化空调系统与只有初效过滤器和中效过滤器的中效净化空调系统；

（3）产生剧毒有害物房间的净化空调系统与一般房间的净化空调系统，产生不同有害物的房间，其回风不能混合的净化空调系统；

（4）回风温、湿度很高的净化空调系统与回风温、湿度较低的净化空调系统；

（5）运行班次与使用时间不同的净化空调系统。

注：集中式净化空调系统一般不宜过大，面积大的车间，应采用多个净化空调系统。

18.2.2.3 洁净室的正压原则

洁净室的正压原则，应符合下列要求：

（1）洁净室必须维持一定的正压。不同等级的洁净室以及洁净区与非洁净区之间的静压差，不应小于5Pa；洁净区与室外的静压差，不应小于10Pa。

（2）洁净室正压一般可通过送风量大于回风量和排风量之和的方法来达到。维持洁净室正压所需的风量，要根据围护结构密封性能的好坏来确定。一般按换气次数 2 ~ 6 次/h 来确定所需的风量。

(3) 为了达到洁净室正压，除在送回风干管及新风管上设风量调节阀外，尚应采取必要措施。表 18-5 为洁净室正压装置的特点与适用范围。

表 18-5　洁净室正压装置的特点与适用范围

名　称	特　点	备　注
回风口上或支风管上装调节阀	结构简单；经济；调节精确度不高	适用于各种洁净室，最好用对开式多叶调节阀
回风口上装空气阻尼层	结构简单；经济；起一定过滤作用；室内正压有些变化，随着阻尼层阻力逐渐增加而有些上升	仅适用于走廊或套间回风方式； 阻尼层一般用厚 5 ~ 8mm 泡沫塑料或无纺布制作； 阻尼层一般 1 ~ 2 个月清洗一次，以维持室内正压不致过高
余压阀	灵敏度较高；安装简单；长期使用后，关闭不严	当余压阀全关闭时室内正压仍低于预定值，则无法控制；一般设在洁净室下风侧的墙上
差压式电动风量调节器	灵敏度高，可靠性强；设备较复杂；主要用于控制回风阀和排风阀	当正压低于或高于预定值时，可自动调节回风阀或排风阀，使室内正压保持稳定

(4) 为了保证洁净室的正压值，送风机、回风机和排风机一般要联锁。联锁程序为：系统启动时先启动送风机，再启动回风机和排风机；系统关闭时，先关排风机、回风机，再关送风机。

(5) 对洁净度要求高的洁净室，为维持室内正压值，防止空气倒灌，宜设置值班风机。

18.2.2.4　洁净空调温湿度设计计算参数

洁净室内的计算温、湿度，应符合下列要求：

(1) 满足工艺使用要求。

(2) 当生产工艺无温、湿度要求时，洁净室温度为 20 ~ 26℃（冬季取下限，夏季取上限)，湿度小于 70%。

(3) 人员净化室和生活办公室温度为 18 ~ 28℃（冬季取下限，夏季取上限)，表 18-6 所示为部分工业部门洁净室温湿度参数，可供设计人员参考。

表 18-6　洁净室内温湿度参数

工业部门	工　作　类　别	温　度/℃		相对湿度/%	备　注
		夏　季	冬　季		
机械工业	精密轴承精加工	18 ~ 27		40 ~ 65	
	高精度外圆及平面磨床	18 ~ 24		40 ~ 65	
	高精度刻线机	20 ±（0.1 ~ 0.2)		40 ~ 65	
光学仪器工业	抛光间、细磨间、镀膜或镀银间、胶合间、照明复制间、光学系统装配及调整间	(22 ~ 24) ±2		<65	室内空气有较高的净化要求
	精密刻划间	20 ±（0.1 ~ 0.5)		<65	

续表 18-6

工业部门	工 作 类 别	温 度/℃		相对湿度/%	备 注
		夏 季	冬 季		
电子工业	精缩间、翻版间、光刻间	22±1		50~60	室内空气有很高的净化要求
	扩散间、蒸发、钝化、外延	23±5		60~70	
电子计算机房	电子计算机房	(20~23)±(1~2) 26±（1~2）	(20~22) ±（1~2）	50±10	磁盘、磁鼓室对净化有较高的要求
	卡片、磁带、纸带贮存	18~24		40~60	
	穿孔机室	23~25	21~24	40~60	
	磁鼓、磁带室	10~32		40~60	
医药工业	抗菌素无菌分装车间青霉素、链霉素分装，菌落试验，无菌鉴定，无菌衣更衣室等房间	不大于22（盖瓶塞的工艺操作），不大于25（灌装安瓿等发热大的操作）	20	≤55	
	针剂及大输液车间调配、灌装等属于半无菌操作的房间	25	18	≤65	

18.2.2.5 洁净室供暖设计原则

洁净室供暖设计原则，应符合下列要求：

（1）对于100级、1000级、10000级洁净室，不应采用散热器供暖，100000级洁净室，不宜采用散热器供暖。

（2）值班供暖可利用技术夹道的散热器进行间接供暖；采用间歇运行净化空调系统或值班风机系统进行热风供暖。

（3）所采用的散热器应表面光滑、不易积尘和便于清扫。

18.2.2.6 洁净室排风设计原则

洁净室排风设计原则，应符合下列要求：

（1）洁净室内产生粉尘和有害气体的工艺设备，应设局部排风装置；排风罩的操作口面积应尽量缩小，以减少排风量。

（2）局部排风系统在下列情况下，应单独设置：

1）非同一净化空调系统，一般不能共用一个局部排风系统；

2）排风介质混合后能产生或加剧腐蚀性、毒性、燃烧爆炸危险性的系统；

3）所排出的有害物毒性相差较大的系统。

（3）洁净室的排风系统设计，应注意处理以下问题：

1）当局部排风系统停止运行时，为防止空气倒灌，可在风机吸入段设置中效过滤器或止回阀；

2）含有易燃、易爆物质的局部排风系统，应采取防火、防爆措施；

3）应注意消声问题，若设置消声器时，应设在排风系统的吸入管段上；

4）有害气体浓度高于国家规定排放指标时，应采取废气处理措施；

5）洁净室事故排风系统的换气次数，应取15~20次/h；

事故排风的控制开关，应分别设在室内和室外便于操作的地点，并应同时联锁关闭净化空调系统，其室内应设报警装置；

6）换鞋室、存外衣室、盥洗室、厕所和淋浴室等辅助房间是产生灰尘、臭气和水蒸气的地方，如处理不好，会污染洁净室，应采取必要的通风措施，具体做法为：

送入经过中效过滤器过滤后的洁净空气；或送入洁净室多余的回风或正压排风；同时在厕所或浴室内采用机械排风。

(4) 人员净化室通风换气次数可按表18-7选取。

表18-7 人员净化室通风换气次数

序号	房间名称	送风次数/次·h^{-1}	回风次数/次·h^{-1}	备注
1	门厅			室内宜保持正压
2	换鞋间	≥0.5		室内宜保持正压
3	存外衣室	≥3		室内宜保持正压
4	淋浴室	<8	≥10	对邻室宜保持负压
5	盥洗室	<3	≥5	对邻室宜保持负压
6	厕所		≥5	对邻室宜保持负压
7	洁净工作服清洗间	≥5		室内宜保持正压

18.2.2.7 洁净室噪声设计原则

洁净室内的噪声级，应符合下列要求：

(1) 动态测试时，洁净室内的噪声级不超过70dB(A)。

(2) 空态测试时，乱流洁净室的噪声级不大于60dB(A)；层流洁净室的噪声级不大于65dB(A)。

(3) 当房间内的噪声大于70dB(A)对生产无影响时，噪声级可适当放宽，但不宜大于75dB(A)。

18.2.3 洁净空调的气流组织及其系统的基本形式[1]

18.2.3.1 洁净空调的气流组织

洁净室气流组织应符合下述原则：

(1) 当产品要求洁净度为100级时，选用层流流型；当产品要求洁净度为1000~100000级时，选用乱流流型。

(2) 减少涡流，避免把工作区以外的污染物带入工作区。

(3) 为了防止灰尘的二次飞扬，气流速度不能过大。乱流洁净室的回风口不应设在工作区的上部。宜在地板上或侧墙下部均匀布置回风口。

(4) 工作区的气流应均匀，流速必须满足工艺和卫生要求；洁净气流应尽可能把工作部位围罩起来，使污染物在扩散之前便流向回风口。

(5) 工作设备布置时要留有一定的间隔，为送、回风口的布置和气流的通畅创造条件；气流组织设计时要考虑高大设备对气流组织的影响。

(6) 洁净工作台不宜布置在层流洁净室内。当布置在乱流洁净室时，宜将其置于工作区气流的上风侧，以提高室内的空气洁净度。

(7) 洁净室内有通风柜时，宜置于工作区气流的下风侧，以减少对室内空气的污染。

18.2.3.2 洁净空调系统的基本形式

表18-8为洁净空调系统的基本形式。

表 18-8 洁净空调系统的基本形式

形式	特征	适用范围
全室净化	以集中式净化空调系统对整个房间造成具有相同洁净度环境	适合于工艺设备高大，数量很多，且室内要求相同洁净度的场所。这种方式投资大、运行管理复杂、建设周期长
局部净化	以净化空调器或局部净化设备（如洁净工作台、棚式垂直层流单元、层流罩等），在一般空调环境中造成局部区域具有一定洁净度级别的环境	适合于生产批量较小或利用原有厂房进行技术改造的场所
洁净隧道	以两条层流工艺区和中间的乱流操作活动区组成隧道形洁净环境	这是全室净化与局部净化相结合的典型，是目前推广采用的净化方式

18.2.3.3 集中送风式洁净空调系统

（1）单风机系统，见图 18-6。

（2）设置值班风机的系统，见图 18-7。

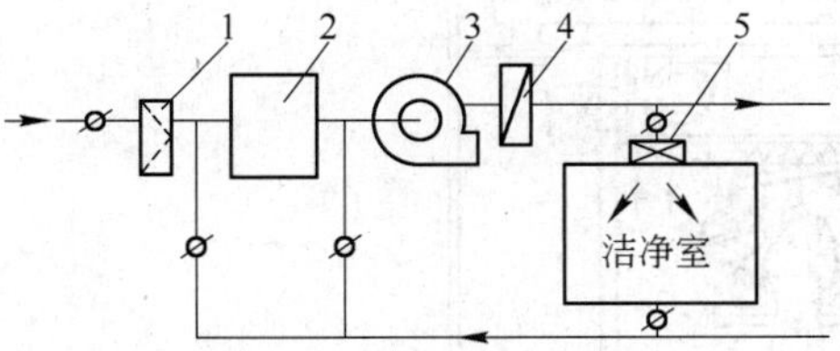

图 18-6 单风机洁净空调系统

1—初效过滤器；2—热湿处理室；3—风机；4—中效过滤器；5—高效过滤器

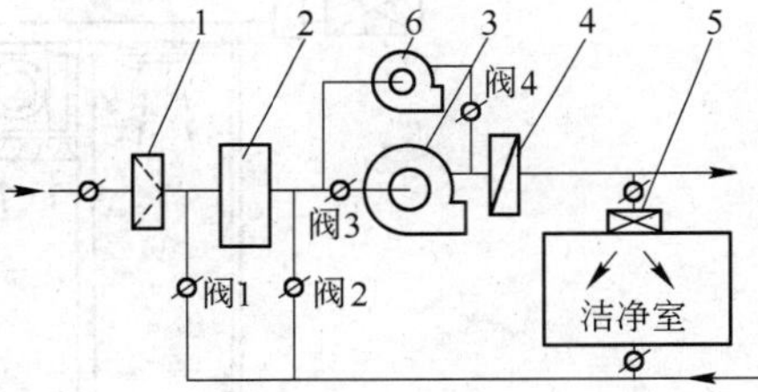

图 18-7 设有值班风机的洁净空调系统

1—初效过滤器；2—热湿处理室；3—正常运行风机；4—中效过滤器；5—高效过滤器；6—值班风机

当净化空调系统间歇运行时，为防止系统停运后室外污染空气通过围护结构的缝隙或从新风口进入洁净室，可以设置值班风机。

系统正常运行时，阀 1、阀 2、阀 3 打开，阀 4 关闭，风机 3 投入运行；系统值班运行时，阀 2、阀 3 关闭，阀 4 打开，风机 6 投入运行。

设计时必须使值班风机 6 与正常运行风机 3 并联；保证对值班风量的热、湿处理，防止室内结露及保证冬季的值班供暖。

值班风机的风量按维持室内预定正压值所需换气次数确定；如果洁净室内的排风系统全天运行或在非生产时减少风量运行，则值班风机的风量还应考虑排风系统的排风量。

除集中送风式空调系统外，还有分散式洁净空调系统和洁净隧道。如需要详细资料，请参阅有关洁净空调专论书籍。

18.2.3.4 层流式洁净室

A 垂直层流洁净室

垂直层流式洁净室有典型式、顶棚阻尼层式和全孔板顶送式等多种形式，图18-8、图 18-9、图 18-10 为其中的几种形式。

B 水平层流洁净室

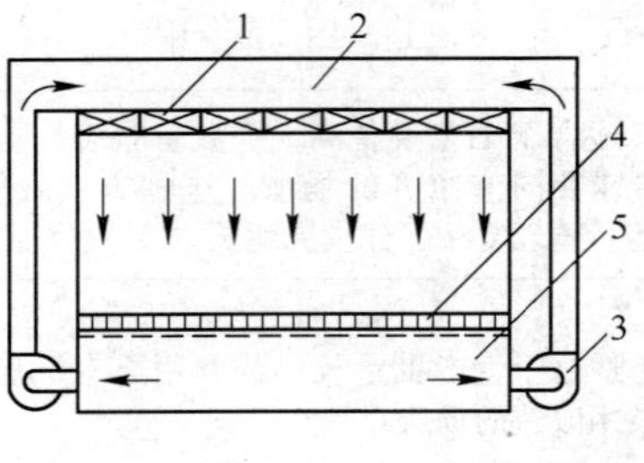

图 18-8　典型垂直层流洁净室

1—高效过滤器;2—送风静压箱;3—循环风机;
4—格栅地板及中效过滤器;5—回风静压箱

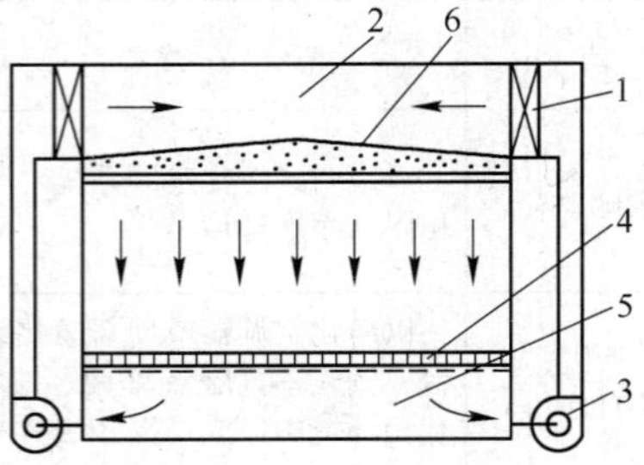

图 18-9　顶棚阻尼层垂直层流洁净室

1—高效过滤器（侧布）; 2—送风静压箱; 3—循环风机;
4—格栅地板及中效过滤器; 5—回风静压箱; 6—顶棚阻尼层

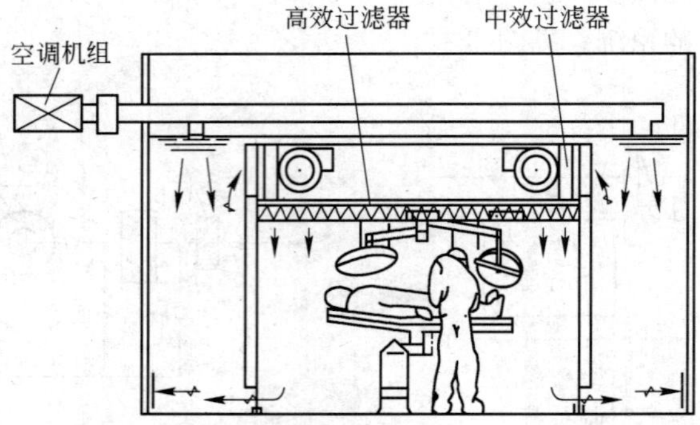

图 18-10　单元式垂直层流手术室

水平层流洁净室有典型式、双重式和两侧对送式等多种形式。图 18-11、图 18-12 为双重水平层流洁净室。

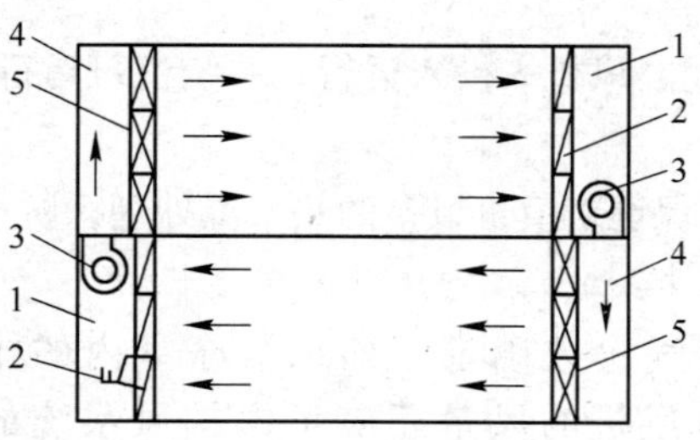

图 18-11　双重水平层流洁净室示意图

1—回风静压箱; 2—中效过滤器; 3—循环风机;
4—送风静压箱; 5—高效过滤器

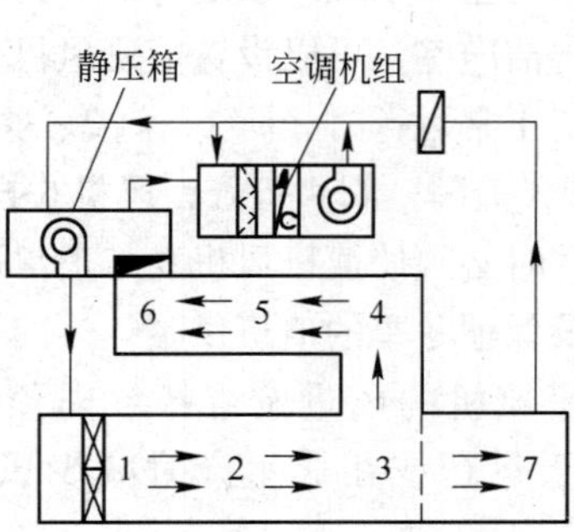

图 18-12　双重水平层流洁净室实例

1—无菌药物存放;2—药物分类;3—器皿储存与灭菌;
4—洗净、分装; 5—洗净与药物储存; 6—药物开
箱与预净化; 7—更衣及辅助间

18.2.3.5　乱流式洁净室

乱流式洁净室的形式有孔板顶送式、散流器顶送式、高效过滤风口顶送式和侧送式等多种形式，图 18-13、图 18-14 为其中的几种形式。

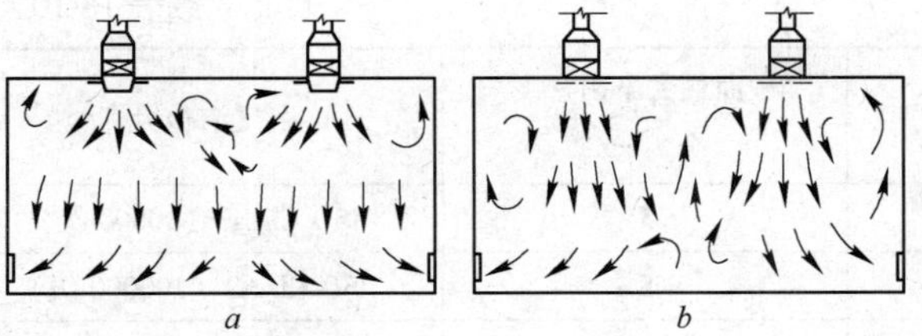

图 18-13 高效过滤器风口顶送乱流洁净室

a—带扩散板；*b*—不带扩散板

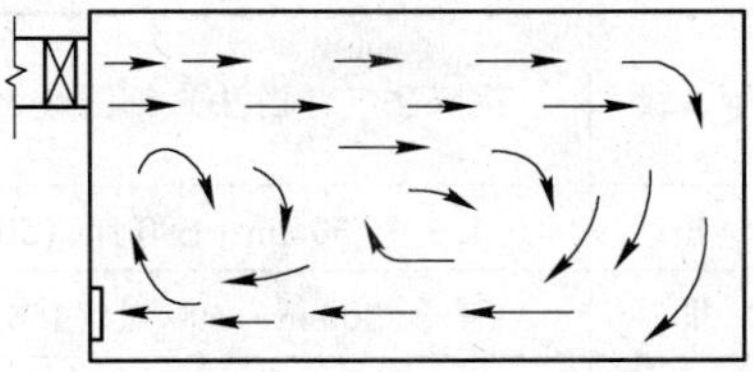

图 18-14 侧送乱流式洁净室

乱流式洁净室不如层流洁净室效果好，但也有其特点，这些特点是：

（1）只能达到较低的洁净度级别，通常在 1000 ~ 100000 级范围内。

（2）每小时换气次数一般在 15 ~ 100 次范围内。

（3）室内有涡流，气流流速不均匀，某些尘粒在室内循环，而不易被排出。

（4）构造简单，高效过滤器的安装和堵漏方便，无论新建、扩建或改建，常常被采用。

18.3 医院空调的设计与运行

18.3.1 医院洁净空调的等级标准与主要技术指标[26]

医院洁净空调的等级标准与主要技术指标见表 18-9 ~ 表 18-12。

表 18-9 洁净手术室的等级标准（空态或静态）

等 级	手术室名称	沉降法（浮游法）细菌最大平均浓度		表面最大染菌密度/个 · cm^{-2}	空气洁净度级别	
		手术区	周边区		手术区	周边区
Ⅰ	特别洁净手术室	0.2 个/30min · ϕ90 皿（5 个/m^3）	0.4 个/30min · ϕ90 皿（10 个/m^3）	5	ISO Class5（100 级）	ISO Class6（1000 级）
Ⅱ	标准洁净手术室	0.75 个/30min · ϕ90 皿（25 个/m^3）	1.5 个/30min · ϕ90 皿（50 个/m^3）	5	ISO Class6（1000 级）	ISO Class7（10000 级）
Ⅲ	一般洁净手术室	2 个/30min · ϕ90 皿（75 个/m^3）	4 个/30min · ϕ90 皿（150 个/m^3）	5	ISO Class7（10000 级）	ISO Class8（100000 级）
Ⅳ	准洁净手术室	5 个/30min · ϕ90 皿（175 个/m^3）		5	ISO Class8.3（300000 级）	

注：1. 浮游法的细菌最大平均浓度采用括号内数值。细菌浓度是直接所测的结果，不是沉降法和浮游法互相换算的结果。

2. Ⅰ级眼科专用手术室周边区按 10000 级要求。

摘自 GB 50333—2002 表 3.0.3-1。

表 18-10 洁净辅助用房的等级标准（空态或静态）

等 级	沉降法（浮游法）细菌最大平均浓度	表面最大染菌密度/个 · cm^{-2}	空气洁净级别
Ⅰ	局部：0.2 个/30min · ϕ90 皿（5 个/m^3） 其他区域 0.4 个/30min · ϕ90 皿（10 个/m^3）	5	局部 ISO Class5（100 级）其他区域 ISO Class6（1000 级）

续表 18-10

等　级	沉降法（浮游法）细菌最大平均浓度	表面最大染菌密度 /个 · cm^{-2}	空气洁净级别
Ⅱ	1.5 个/30min · ϕ90 皿（50 个/m^3）	5	ISO Class7（10000 级）
Ⅲ	4 个/30min · ϕ90 皿（150 个/m^3）	5	ISO Class8（100000 级）
Ⅳ	5 个/30min · ϕ90 皿（175 个/m^3）	5	ISO Class8.3（300000 级）

注：浮游法的细菌最大平均浓度采用括号内数值。细菌浓度是直接所测的结果，不是沉降法和浮游法互相换算的结果。

摘自 GB 50333—2002 表 3.0.3-2。

表 18-11　洁净手术部用房主要技术指标

名　称	最小静压/Pa		换气次数/次 · h^{-1}	手术区手术台工作面高度截面平均风速/m · s^{-1}	自净时间/min	温度/℃	相对湿度/% RH	最小新风量		噪声/dB（A）	最低照度/lx
	程度	对相邻低级别洁净室						m^3 · (h · 人)$^{-1}$	次 · h^{-1}		
特别洁净手术室、特殊实验室	+ +	+8		0.25 ~ 0.30	≤15	22 ~ 25	40 ~ 60	60	6	≤52	≥350
标准洁净手术室	+ +	+8	30 ~ 36		≤25	22 ~ 25	40 ~ 60	60	6	≤50	≥350
一般洁净手术室	+	+5	18 ~ 22		≤30	22 ~ 25	35 ~ 60	60	4	≤50	≥350
准洁净手术室	+	+5	12 ~ 15		≤40	22 ~ 25	35 ~ 60	60	4	≤50	≥350
体外循环灌注专用准备室	+	+5	17 ~ 20			21 ~ 27	≤60		3	≤60	≥150
无菌敷料、器械、一次性物品室和精密仪器存放室	+	+5	10 ~ 13			21 ~ 27	≤60		3	≤60	≥150
护士站	+	+5	10 ~ 13			21 ~ 27	≤60	60	3	≤60	≥150
准备室(消毒处理)	+	+5	10 ~ 13			21 ~ 27	≤60	30	3	≤60	≥200
预麻醉室	−	−8	10 ~ 13			22 ~ 25	30 ~ 60	60	4	≤55	≥150
刷手间	0 ~ +	>0	10 ~ 13			21 ~ 27	≤65		3	≤55	≥150
洁净走廊	0 ~ +	>0	10 ~ 13			21 ~ 27	≤65		3	≤52	≥150
更衣室	0 ~ +		8 ~ 10			21 ~ 27	30 ~ 60		3	≤60	≥200
恢复室	0	0	8 ~ 10			22 ~ 25	30 ~ 60		4	≤50	≥200
清洁走廊	0 ~ +	0 ~ +5	8 ~ 10			21 ~ 27	≤65		3	≤55	≥150

注：1. “0 ~ +5”表示该范围内除“0”外任一数字均可。

2. 最小新风量还应符合《医院洁净手术部建筑技术规范》中 7.1.6 条的规定，产科手术室为全新风。

摘自 GB 50333—2002 表 4.0.1。

表 18-12　各国手术室标准比较

项　　目	美国 ASHRAE	英国 DHSS	瑞士 SKI	联邦德国 DIN1946/4
出版时间	1974	1983	1975	1978
空气温度/℃	20~24.4	18~21	19~24	21~24
相对湿度/%	50	40~60	45~60	45~65
最大风速/$m \cdot s^{-1}$		0.25	0.45/0.25	0.18~0.22
最小新风量	5 次/h	2340m^3/h	15 次/h	20 次/h
可否再循环	可	否	可/否	否
浮菌量			10/200/500CFU/m^3	
噪声/dB（A）		50	50/45	40

18.3.2　医院空调的特点及室内设计参数[27]

医院空调要为病人的诊断、治疗和康复提供良好的环境，并有利于医护人员的医疗效果，保障医护人员的健康，维持诊疗设备的性能。由此目的出发，医院空调应具有下列特点。

18.3.2.1　*确保医疗要求的室内空气环境*

除了诊疗部门的特殊要求外，医院最主要的服务对象是病人。不同的病人对室内空气环境要求不同。最适宜的空气温、湿度能使病人的代谢量降到最低，有利于集中能量于患部，促使早日恢复健康，这对生理调节机能降低的重病人尤为重要。而空气洁净度级别则是病人免受污染的保障。对于现代化的医疗技术来说，空调所创造的合适的室内温、湿度和洁净度已成为一种重要的技术保障。医院主要各科室的温、湿度要求见表 18-13。

表 18-13　医院空调设计的室内温、湿度

房间名称	夏　季		冬　季		换气次数/次·h^{-1}	
	干球温度/℃	相对湿度/%	干球温度/℃	相对湿度/%	进　风	排　风
病　房	26~27	45~50	22~23	40~45	每床 40m^3	每床 40m^3
诊　室	26~27	45~50	21~22	40~45	1.5	2
候诊室	26~27	45~50	20~21	40~45	2	2
急救手术室	23~26	55~60	24~26	55~60		
手术室	23~26	55~60	24~26	55~60		
ICU 特别监护室	23~26	55~60	24~26	50~55		
恢复室	24~26	55~60	23~24	50~55	2	2
分娩室	24~26	55~60	23~24	50~55	6	5
婴儿室	25~27	55~60	25~27	55~60		
中心供应(管理部分)	26~27		21~22		2	2
各种试验室	26~27	45~50	21~22	45~50		
红外线分光器室	25	35	25	35		
X 线、放射线室	26~27	45~50	23~24	40~45	2	3
动物室	25~27	45~50	25~27	30~40	8~15	8~15
药　房	26~27	45~50	21~22	40~45	1	1
药品贮存	16	<60	16	<60	3	3
管理室	26~27	45~50	21~22	40~45	2	2

18.3.2.2　确保医疗要求的感染控制对策

医院中人是最大的发尘发菌源，其感染的途径见表18-14。污染途径主要针对鼻、口与皮肤。其中，间接感染是指附着病源菌的尘埃被人吸入引起的感染；而直接感染是指别人呼气、咳嗽及喷嚏直接飞入呼吸道引起的感染。除了医院在管理上制订常规的对策外，还要求空调系统对微生物的污染及其引起的交叉感染做出系统性的对策。

表18-14　医院内感染途径与对策

名　称	媒　体	病源菌的移动	对　　策	途　径	病　例
间接感染 （空气感染）	尘　埃	人员活动 医院内空气流动 清扫时尘埃飞扬 整理床具	通风换气与设置自净器 控制医院内空气流动 采用集中式真空吸尘器 湿法整理 清洁空调系统与设备 设置带排风专用清洁室	呼吸器官	天花 猩红热
直接喷溅 （空气感染）	飞　沫	喷嚏 咳嗽	保持一定距离与空间 通风稀释 设置单间或隔离室 大空间设置空气幕	呼吸器官	结核病 流行性感冒
接　触 （由口而入）	水	水源污染 给水道污染	清洁供水系统 水槽内消毒	消化器官	消化道疾病
	饮　食	食品	食品、厨房人员检查 厨房清扫与通风	消化器官	消化道疾病
接　触 （由皮肤传入）	接　触	血液 盥洗与厕所	消毒、一次性器械 器具消毒、室内排风	皮肤黏膜	性病、砂眼 化脓性皮肤病
	土　壤			皮　肤	破伤风
	媒　介	飞虫，爬虫，小动物	隔离、驱除	皮　肤	脑炎、瘟疫

18.3.2.3　确保医疗要求的空气净化能力

空气净化能力反映在室内的洁净度级别，是指用合适的空气过滤、合理的气流组织和有效的压力控制等措施表现出来的综合能力。在医院中大多数场合主要是控制微生物，由于细菌、病毒不可能单独存在，必须依附于悬浮粒子，形成了所谓活的生物粒子，其当量直径大于1μm。因此完全可大力推广低阻力的亚高效空气过滤器，不仅可保证送风气流的无菌，而且可大大降低初投资和运行费用。

对于医院空调中的非净化空调系统，也应提出较高的空气过滤要求。表18-15是引自美国资料，并补充了相对于我国的空气过滤器标准。由表可见，医院空调系统至少应该设置两级过滤，第2级过滤器的效率必须是中效以上的。另外加强新风过滤是减少空调系统的污染、提高室内空气品质的有效手段。

表18-15　医院各科室要求的空气过滤器效率

区域对净化要求		有较高净化要求			有净化要求		空调要求	
系统设置空气过滤器段数		1级	2级	3级	1级	2级	1级	2级
初效过滤器 （5μm≥40%）	相当于美国AFI 计数效率≥60%	⊙			⊙		⊙	

续表 18-15

区域对净化要求		有较高净化要求			有净化要求		空调要求	
系统设置空气过滤器段数		1 级	2 级	3 级	1 级	2 级	1 级	2 级
中效过滤器（1μm≥60%）	相当于美国 NBS 比色效率≥60%	⊙			⊙			⊙
高中效过滤器（1μm≥80%）	相当于美国 NBS 比色效率≥85%		⊙			⊙		
亚高效过滤器（0.5μm≥99%）	相当于美国 DOP 计数效率≥95%			⊙		⊙		
高效过滤器（0.3μm≥99%）	相当于美国 DOP 计数效率≥99.9%			⊙				

新风过滤至少要经过高中效空气过滤器过滤才有效。安装在送风口处的末端过滤器不宜采用木框结构，以防滋菌。这样才能保持送风的净化能力，而不会成为室内的污染源。

18.3.2.4　确保满足医疗要求的系统安全性和可靠性

由于系统的服务对象主要是病人，不允许出现任何差错，系统的安全性与可靠性是必然的要求。系统的安全性还需要对新风口设置提出更高的要求，对危及环境污染的排风提出处理的要求。不仅要创造室内高品质的环境，而且还要保护室外的环境。

医院空调的设计参数主要指空气温度、相对湿度、气流速度、洁净度以及室内空气品质。由于医院空调不仅仅是一种环境的控制，而且也是一种确保诊断、治疗疾病、减少污染、降低死亡率的技术措施。但是医院各室功能差异很大，所要求的室内设计参数也不同。为了防止污染、降低室内细菌和尘埃浓度，还对室内新风量、换气次数、室内外压差以及末级空气过滤器等有一定要求。一般来说，凡是清洁、无菌、无尘、无臭以及怕污染的场所，应保持正压；凡是有污染发生、有害气体散发以及极大热湿产生的房间，应保持负压。无明显的污染、热湿及有害气体发生，又无特殊要求的房间可与室外保持同压，人员进出不会造成较大的影响。由于科室不同，设备繁多，要求各不相同。在确定室内设计参数时还要充分听取医护人员和技术人员的意见。

18.3.3　医院空调系统的选择与设计原则[27]

众所周知，空调系统可分为集中式、半集中式和分散式三种形式。哪一种空调形式最适合医院建筑，不能一概而论。因为医院建筑各部门功能不同，对空调的要求不同，难于统一选择。比起其他建筑来，医院空调系统复杂、方式繁多，在设计、施工和管理各方面难度大一些。

医院空调设计原则可简介如下。

18.3.3.1　空调分区合理

空调系统应慎重分区。首先针对医院各部门、各房间的功能，室内空调的设计参数、设备概况、卫生要求、使用时间（见表 18-16）、空调负荷等进行详细调查研究，反复比较，才能合理地将系统分区，以便能确保各室要求的参数，减少不同区域间的不利影响，也便于管理与维护，降低运行费用。一般来说，高洁净度要求或严重污染的房间，或者独立的并自成体系的区域等最好单独成为一个系统。

表 18-16　医院各科室通风空调运行时间

运行时间	科室名称
每日定时运行	门诊部（急诊除外）、诊疗中心、管理部门、洗衣房、厨房餐厅
全天连续运行	住院部、新生儿室、早产儿室、康复室、特别护理室
随时需要运行	手术室、紧急手术室、急救室、分娩室
夜间需要运行	值班科室（医生、护士、药房、检查部门）
要求独立运行	检查室（细菌）、X 光室、同位素室、洁净手术部、洁净病房、解剖室、太平间、动物房

18.3.3.2　空调合适的方式

医院空调方式除了能确保各室特殊的温、湿度与洁净度外，还对系统的初投资、运行费用、室内噪声和振动、污染的排除能力等有很大的影响。空调方式的选择还特别强调其使用方便，维修量少，可靠性高，尤其是手术室、新生儿室、特别监护室等。这也是因为考虑到国内医院中空调管理和维修力量较弱的缘故，如空调系统或运行调节模式过于复杂，往往达不到应有的效果。

18.3.3.3　系统灵活并有备量

系统的灵活性主要表现在对医疗技术的变革和诊疗设备更新的适应能力。强调系统（包括冷、热源）灵活性并留有备量，在于适应医院建筑平面布置的更改、室内负荷的变化，以及建筑的改建或扩建的需要。

18.3.3.4　系统的消声减振要求高

医院大多数的科室对消声减振要求高，否则会影响病人的康复，干扰医护人员正常的医疗工作，甚至要影响一些精密的诊疗设备。消声减振问题须综合考虑，这要从系统分区、系统形式的选择、设备的选用、机房的设置等方面进行综合考虑。

18.3.3.5　系统要有节能对策

医院空调的同时使用系数较低，有的部门需要全天运行（如病房等），有的部门需要短时运行（如手术室等），有的部门需要随时能运行（如紧急处置室等），造成峰谷负荷相差较大。一些部门需要提前供热或供冷，延迟停止供热或供冷，造成系统季节转换的复杂性。一般来说，医院空调的新风需要量较大，一些科室需要全新风。这些都要求在系统设计时考虑相应的节能对策。

18.3.3.6　系统大小适宜

医院建筑各个科室功能差异很大，运行时间也各不相同。因此空调系统不宜过大、过于集中，但也不必过多采用分散式系统。一般宜采用集中供给冷热源，分区布置末端设备系统为佳。国内医院除病房等外，空调晚间都停开。要注意各空调区域能互相封闭的原则，否则很容易通过管道或区间无组织的空气流动，引起交叉感染。

医院建筑各部门各科室空调系统的特点以及设计注意事项见表 18-17。

表 18-17 医院各部门的空调要求

部门	室名		考虑因素					空调系统设计注意事项	空调系统特点
			热	湿	臭气	有害气	菌、尘		
住院部	病房	一般病房			○		○	不同疾病不同温、湿度要求，要有排除异味的对策	（1）系统变更较少；（2）许多场所要全天运行；（3）即使有的场所是定时运行，其运行时间也长；（4）要从长期住院的生活角度，考虑温、湿度、气流、洁净度、噪声和除异味
		隔离病房			○		○	设单独排风并进行特殊处理	
		放射治疗室			○	○		注意排风，梅雨季节防结露	
		特别护理室					○	湿度指标偏高（55%～60%）	
		洁净病房	○				○	注意风机发热和噪声	
门诊部	各科室	诊疗室					○	保持所需温、湿度、设防霉排风	（1）建筑平面、设备变更较多，系统有相应的灵活性；（2）与诊疗部相比，系统规模较小；（3）会出现内部负荷、特殊负荷；（4）系统中会有特殊排风；（5）系统定时运行
		隔离观察室					○	设专用排风，室内保持负压	
		内诊室				○		室温可以调节，要有排异味对策	
		候诊大厅	○				○	换气量大，室外渗透风多，注意空气流向	
诊疗室	手术室	一般手术室				○	○	室内温、湿度可以调节	（1）建筑平面、设备变更多，要求系统具有更大的灵活性；（2）出现内部负荷、特殊负荷，冬季可能出现供冷区域；（3）有特殊的温、湿度和洁净度的要求；（4）系统有特殊的送、排风要求以及排风处理要求；（5）独立的空调系统较多；（6）一般都定时运行
		传染手术室				○	○	最好单独成为一个系统	
		洁净手术室	○			○	○	注意风机发热和噪声	
	材料消毒	污衣、污物室			○		○	菌尘量大，设局部排风和紫外线消毒装置	
		洗衣室	○	○				发热发湿量大，有相应排风对策	
		消毒室	○				○	热辐射量大，应有相应对策，室内保持正压	
	放射线	普通 X 光			○			室温可以调节，注意防止镜头结露	
		CT 机室	○		○			单独设置一个系统，保持所需的温、湿度	
		Co60 放射			○	○		室温可以调节，患部局部排风	
	理疗	电疗	○				○	设局部排风	
		水疗		○				最好采用辐射采暖，湿气排风	
		康复						采用辐射采暖	
	药局	制剂	○	○				符合 GMP 要求	
		调剂					○	高压釜和蒸馏水器发热量大	
		药品库				○		有温、湿度要求，注意危险品的通风	
	急救室							最好采用独立的机组	

18.3.4 医院手术室空调系统[1,27]

18.3.4.1 手术室空调特点

手术的成败很大部分取决于感染的控制，手术室的空调主要任务是创造一个无菌的环境。首先是手术室的设置，应该远离医院的主要入口、主干道及停车场。在多层建筑中应设于顶层，在高层建筑中应设于设备层的下一层，均不宜设置在底层。在一个楼面上具有不同的空气洁净度级别的手术室时，应顺洁净气流的流向，配置自高级别至低级别的手术室，并使最高级别的手术室处于人流最少的部位。

现代化的手术室的概念不仅仅是有几间洁净手术间，而是以手术室为中心，将其他的辅助用房有机地组合在一起，构成一个相对独立的医疗区。它主要是由建筑的洁净环境与净化空调系统两部分所组成，包括了空气洁净技术、医学无菌技术、医院管理科学和建筑设计在内的多学科综合性技术。洁净手术部已成为现代化综合性医院的重要标志。

（1）洁净手术室宜采用集中式净化空调系统。对于大面积的洁净区域，可采用多个净化空调系统。易引起交叉感染的隔离手术室，应为独立的净化空调系统。只有少量或分散的洁净手术室，才可采用其他方式的净化空调系统。

（2）手术室的级别标准是以洁净手术室为基准，比它高的为特殊洁净手术室，比它低一级的为一般洁净手术室，共分为 3 级。第 4 级定为有洁净和无菌要求的辅助用房。手术室内最高一级定为 100 级，最低一级定为 100000 级。洁净手术室用房分级见表 18-18，各室相应的洁净度级别见表 18-19。

表 18-18　洁净手术用房分级

用房类别	等　级	用房名称	适　用　范　围
手术室	Ⅰ	特殊洁净手术室	脑外科、全身烧伤、股关节置换、脏器移植及感染率大的处置室
	Ⅱ	洁净手术室	心脏外科、眼外科、整形外科及非全身烧伤
	Ⅲ	一般洁净手术室	胸外科（心脏外科除外）、泌尿外科、分娩室、皮肤科及耳鼻喉科
	Ⅳ		门诊、急诊一般外科
辅助区	Ⅳ	无菌更衣室 准备室 后处置室 器械准备室 麻醉室 苏醒室 洁净走廊	更换手术衣 术前准备、过渡 手术后处置 手术器械准备 麻醉操作 术后苏醒 内走廊
	无级别	其他用房	换鞋、一次更衣

表 18-19　洁净护理室与洁净手术室各级用房的空气洁净度和细菌浓度

等　级	空气洁净度级别			细菌浓度	
	相应级别		≥0.5μm 微粒数/p · m⁻³ （p/L）	浮游菌 /CFU · m⁻³	沉降菌①/CFU · (φ90 皿 · 30min)⁻¹
	国际单位	英制单位			
Ⅰ	M3.5	100	≤3500（3.5）	≤5	≤1
Ⅱ	M4.5	1000	≤35000（35）	≤75	≤2
Ⅲ	M5.5	10000	≤350000（350）	≤150	≤5
Ⅳ	M6.5	100000	≤3500000（3500）	≤400	≤10

①参见《医院洁净手术部建筑技术规范》GB 50333—2002。

（3）4 个级别的手术室的细菌浓度既要考虑到相应的洁净度级别，又要考虑到手术室的特定控制要求。最高一级主要考虑心脏外科、器官移植和关节置换等手术的要求，定为 5CFU/m^3。最低一级主要考虑手术室内降低空气传播感染的明显危险性，定为 400CFU/m^3。各室要求的含菌浓度见表 18-19。

（4）对于洁净度级别为100级的洁净手术室，应采用单向流的气流方式。由于手术室内的关键控制区域在手术台及其附近区域，因此应尽量采用局部单向流的气流方式。对于洁净度级别低于100级的洁净手术室，应采用非单向流（乱流）的气流方式。在布置送风口时，应尽量使送风的洁净气流覆盖于手术台部位。一般宜采用上送下回或斜上送下回的气流方式。

（5）手术室的温、湿度主要考虑手术切口的感染率和愈合率。手术时医护人员高度紧张，工作强度较大，当温度下降到小于25℃，才能有效降低医护人员的发菌量，因此上限温度设定在25℃。而冬季为减少患者身体外露部分的热损失，最低温度设定在21℃。尤其是进行大手术时，更必须保持在大于21℃，否则在很长的手术时间内，裸露的皮肤热损失很大，加上皮肤上的消毒剂的蒸发会吸收大量的热量，易使病人发生低温机能性障碍。其他辅助用房则考虑人的舒适性，把温度上下限放宽到21～27℃。同样，考虑手术的特殊性，相对湿度不宜定得太高，否则医护人员会感到气闷，皮肤发湿，发菌量增加。另外，当相对湿度大于65%时，也易使细菌繁殖，器械锈蚀。但湿度过低，手术切口的水分散发过快，不易愈合，静电不易消除，有时甚至引起麻醉气体的爆炸。因此相对湿度设定在50%～60%，其他辅助用房放宽到45%～65%。洁净手术部各室的设计参数见表18-20。

表18-20 洁净手术部各级用房的设计参数

名称	静压			换气次数/次·h⁻¹	单向流截面风速/m·s⁻¹	
	程度	对相邻不同级别压差/Pa	与室外相邻时正压值/Pa		垂直	水平
特殊洁净手术室	＋＋	+7.5	15		0.3～0.35	0.4～0.5
洁净手术室	＋＋	+7.5	15	1000级：≥55 10000级：≥30		
一般洁净手术室	＋	+5	15	1000级：≥30 10000级：≥20		
准备室	＋	±5	≥15	15～20		
器械准备室	＋	±5	≥15	15～20		
无菌更衣室	0～＋	≥0	≥15	15～20		
苏醒室	0～＋	±5	≥15	≥20		
洁净走廊	0～＋	≥0	≥15	15～20		
后处置室	－	-5	≥15	15～20		
麻醉室	－－	-7.5	10	≥15		

名称	温度/℃	相对湿度/%	最小新风量		噪声/dB(A)	照度/lx
			$/m^3 \cdot (h \cdot p)^{-1}$	$/次 \cdot h^{-1}$		
特殊洁净手术室	22～25	50～60	60	6	45～50	350
洁净手术室	22～25	50～60	60	6	45～50	350
一般洁净手术室	22～25	45～65	60	4	45～50	350
准备室	22～27	45～65	30	3	≤60	150
器械准备室	21～27	45～65	30	3	≤60	150
无菌更衣室	21～27	45～65	30	3	≤60	200
苏醒室	22～27	45～65	30	3	45～50	150
洁净走廊	21～27	45～65	30	3	≤60	150
后处置室	22～27	45～65	30	3	≤60	150
麻醉室	22～25	50～60	30	3	≤60	150

18.3.4.2　手术室的空调方式

洁净手术室空调的特点是为了尽快将污染粒子排出室外，需要有较大的送回风量，所以其送回风的焓差较普通空调系统为小。随着洁净等级的不同，其一次投资及运行费用差别也大。此外，为了保持室内的正压值，所需的新风量也要大些。如手术室采用为平开门，其漏风量较大，通用的空调机组如超过了规定的 15% 的新风负荷，就应考虑增设一台空气预处理机，以降低空调机组的负荷。由于具体情况各不相同，设计时应按具体条件选用经济可靠的方案，医院净化空调系统的流程，见图 18-15。

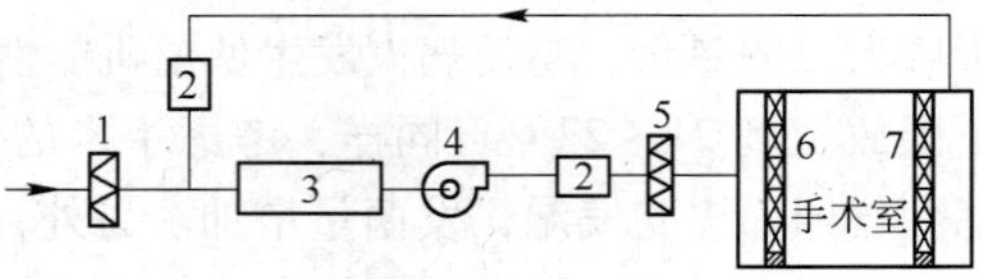

图 18-15　净化空调系统流程

1—初效过滤器；2—消声器；3—空调机组；4—加压风机；
5—中效过滤器；6—高效过滤器；7—阻尼回风口

由于手术室需要排除消毒及麻醉气体，过渡季仍应使用空调系统，有值班风机以保持非手术时的室内正压值时，其流程见图 18-16。对于净化级别较低的空调系统，因土建条件不同，也可相应简化该图中的某些设备。

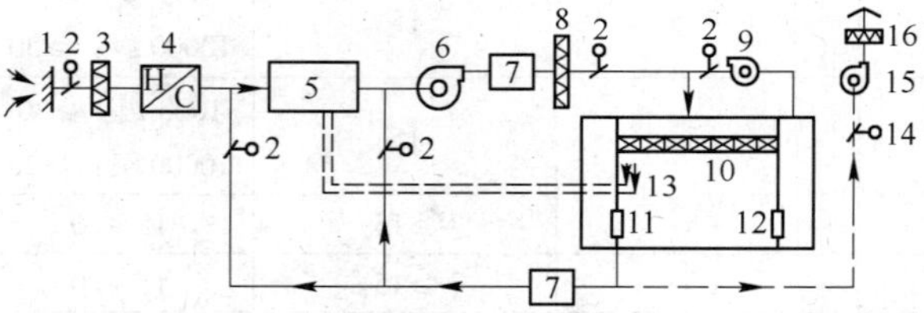

图 18-16　医院常用空调系统流程

1—新风口；2—电动百叶阀；3、16—初效过滤器；4—空气预处理机；5—空调机；6—加压风机；
7—消声器；8—中效过滤器；9—值班风机；10—高效过滤器；11—阻尼回风口；
12—余压阀；13—温、湿度传感器；14—电动密闭阀；15—排风机

18.3.5　医院排风系统的设计与运行[1]

18.3.5.1　医院排风系统的作用

医院中许多房间均需设置通风排气系统，目的是为了排除这些部门产生的臭味、粉尘、有害气体、余热及散发出来的致病菌，例如产生蒸汽及余热的部门有洗衣房、厨房、制剂、中药煮成等场所；产生臭味的部门有放射科、蜡疗及配制室等；产生粉尘的部门有牙科模型室等。医院门诊部大厅、往往布置成挂号、取药、付费结账等集中又向各科室分散的中心，这儿有大量患者在此集散，各种疾病所散发出来的致病菌，也在这里传播，门诊部大厅设置通风系统，集中排除细菌，可防止细菌扩散；排除人员余热；送入新鲜空气，排除 CO_2，这是近代医院中提高卫生条件的重大措施，但有些医院门诊部门，这样的通风系统较少，随着国民经济的增强，必将建立起这类通风系统。医院各部门须注意排出的有害物，见表 18-21。

表 18-21 医院各部门排除的有害物质

部门	房间名称	余热	臭气	湿气	有害气体	粉尘	细菌	其他
病房	结核病房	○	○				○	
	ICU	○			◎		◎	
	放射治疗室	○	○				○	
诊疗部	手术室、分娩室	○			○		◎	
	解剖室	○	◎		○			
	病理室	○	○		◎			
	高压灭菌	◎		○				
	牙科制模				○	○		
	人工透析室	○	○					
	治疗室	○		○				
	药房调剂室	○				○		
	中药煮成	○	○	◎				
门诊	一般门诊	○					○	○
	隔离门诊	○					○	○
其他	厨房烹调室	○	○	○	◎			
	洗衣房	○	○	○				
	烘干室	○	○	◎				

注：◎为主要排除物质。

对排除有害气体时的进风，一般采用初效过滤器即可，然而，对有组织的排风系统的气体净化往往被忽视，这样虽改善了室内环境，但污染了室外的小环境，最终仍将影响到室内环境。对于排出气体采用何种处理方式，应根据环保要求的标准妥善加以解决。

18.3.5.2 医院排风的方式

医院中机械送、排风方式可分为3种类型：

（1）机械送风及机械排风。可以有较好的气流组织形式，室内可满足正压或负压的要求，效果较好，但造价及运行费用也较高，适用于卫生标准较高的场所。

（2）机械送风无组织排风。室内可满足正压的要求，不能产生负压，这就势必造成室内的污染源向压力低的场所流动，并且不能控制其流动的方向。这种方式只能用于污染并不严重的部门，需特别注意其送风口不能设置在污染严重的房间或部门。

（3）机械排风自然进风。由于排风是有组织的系统，可以基本达到规定的气流流向，使产生污染源的房间形成负压，防止污染扩散，所以这类系统使用的场所较多。由于进风处于无组织状态，进风的空气质量无法保证，所以应该很好保护外环境的清洁。其空气排出口应很好选择，一般都向高空排放，但应注意周围是否建有高层建筑物，特别需注意排出口应在下风向处。如设置为集中进风口，应对进风口的外环境加以特别保护。

18.4 计算机房与程控机房空调的设计与运行

18.4.1 机房空调的特点及基本要求

18.4.1.1 机房空调的特点

电子计算机机房及装有存储程序控制通信设备的程控交换机机房（简称“两机”）的空

调，都具有以下相似的共同特点：

(1) 设备散热量大而散湿量小。大中型电子计算机的装设功率大，运行中的机柜散热不但量大且又集中。一个机柜的散热量每小时由几千瓦至十几千瓦。计算机设备在机房中每 $1m^2$ 的散热量平均在 175W 左右。

万门电话程控交换机，散热量随话务量的增减而变化，但其变化量不太大。程控机设备在机房中每 $1m^2$ 的散热量平均在 165～222W。

“两机”设备的散热量虽大，但无散湿量。机房内的湿量主要来自工作人员及渗入的室外空气。因此，机房内的散湿量很小，电子计算机房中每 $1m^2$ 的散湿量平均为 8～16g。

(2) 空调送风的焓差小而风量大。机房设备的散热约占 95% 左右是显热，热量大、湿量小，热湿比近似无穷大。因此，空调的空气处理可近似作为一个等湿降温过程。送风的相对湿度，一般也要控制到小于 80%。这种工况下的焓差小，要消除余热必然是风量大。机房空调的换气次数，电子计算机机房每小时达 20～40 次；程控交换机机房每小时达 30～60 次。

(3) 自下（地板风口）而上的送风方式使用效果好。大中型计算机及大容量的程控交换机散热量大而集中，所以，不单是对机房进行空调，而且要对“两机”设备进行送风冷却。需要送风冷却的计算机设备，进风口一般设在设备的下侧或底部，排风口设在设备的顶面。空气通过架空的活动地板上的风口进入计算机机柜或程控机机架，使自下而上的冷空气迅速有效的冷却“两机”设备。

(4) 较长时间的空调运行周期。“两机”投入正常运行后，一般有个较长时间的运行周期，特别是程控交换机有可能全年连续不断地运行。即使在冬季，“两机”机房内还有余热，因此，空调系统必须考虑能全年运行的高可靠性。一般在分析机房负荷的特点后，对空调设备负荷进行两台以上的最佳组合。既减少一次投资费用，又能经济运行达到互为备用的目的。

电子计算机机房的空调设备，宜留有少量的备用负荷，以适应对部分计算机设备的换型或扩充。

18.4.1.2 对机房空调的基本要求

A 运行的可靠性

不间断地长时间稳定工作的特点，决定了对空调系统运行要求的高可靠性。为此，往往对机房空调系统设置两套设备（如空调机、制冷机、冷却塔、水泵等），以便于互为备用。以往有的对空调设备负荷采取百分之百的备用，这虽然安全可靠，但投资较大。为维持“两机”机房的基本工作的环境条件，可按夏冬季机房空调负荷的特点，对空调设备的负荷进行最佳组合，既能包括有备用的能量，又能减少一次性投资，实现经常运行的节能。

空调机除具有能有效地消除“两机”设备散热及机房得热所需的冷量外，空调系统还宜留有 10%～15% 的备用冷量，以适应“两机”系统部分设备的扩充或换型。

B 合理选择空调方式与空调设备

(1) 气流组织。机房空调一般多采用下送上回方式，以使“两机”设备获得较好的冷却效果，又能使机房工作人员感到舒适卫生，并且有利于提高机房内良好的空气洁净度。

(2) 空气的过滤与净化。机房空调的空气管路中，一般应设有初效及中效两级空气过滤器。当机房场地周围大气中存在有一定浓度的腐蚀性气体时，则宜考虑在新风进入的管路或设备内装设经过特殊处理过的活性炭，或新型化学复合吸附净化器等装置。

(3) 新风量。机房空调无论采用什么形式的空调系统，都必须确保机房内补充有一定量的新风。这是机房工作人员的健康需要，也是维持机房内的洁净度保持机房正压的需要。

(4) 空调机组。机房空调系统采用集中与分散相结合，全新风与全循环风相结合的多种灵活的空调系统。

根据机房设备散热量大，送风焓差小和风量大的特点，应选用功能多、技术先进、运行节能的机房专用空调机。

C 必备的安全措施

（1）自控、自检与报警装置。空调系统要做到安全节能运行，系统中应设有自动控制、运行检测，故障显示报警等装置。这在机房专用空调机的设备上基本上都已配套。

（2）事故排风装置。当机房内设有消防自动灭火系统时，应专门设置独立的机械排风事故通风系统。

（3）防火防水防冻措施。空调系统采用的设备材料必须是防水性能好的难燃或不燃的材料。对于各种形式空调机的水路系统，要考虑有漏水后水的排除出路，或者当排水不畅时（特别是在活动地板下）有可能导致水溢流而要设置的安全措施。室外及室内的漏明管道，应做好防寒保温措施。

18.4.2 机房空调的送回风方式

“两机”机房空调通常采用的是上送下回或下送上回两种截然不同的气流组织。

18.4.2.1 上送下回式空调系统

上送下回式空调系统是通常采用的全室空调送回风的基本方式。上送还可分为机房顶送或紧靠机房顶下的上部侧送两种形式。下回通常采用为机房的下部侧回形式。

图 18-17 所示的上顶送下侧回的气流组织，送风经过顶棚上的空调风口往下送冷风，至室内先与机房内的空气混合，通过设备自带的风机，再进入需送风冷却的“两机”设备。机房顶棚安装散流器或孔板风口送风，工作区的空气流速小且均匀，人有良好的舒适感。但大多数计算机机柜的冷却进风口设在机柜的底下侧，排风口设在机柜的顶上。顶棚风口送下的冷空气与机柜顶上排出的热空气，两股气流逆向混合，导致进入机柜的空气温度偏高，影响了对机柜的冷却效果，在一些计算机房中确有这类情况。由于机柜进风温度偏高，机柜内得不到良好的冷却效果，必然造成机柜内的气温偏高，导致计算机不能进行有效的正常工作。

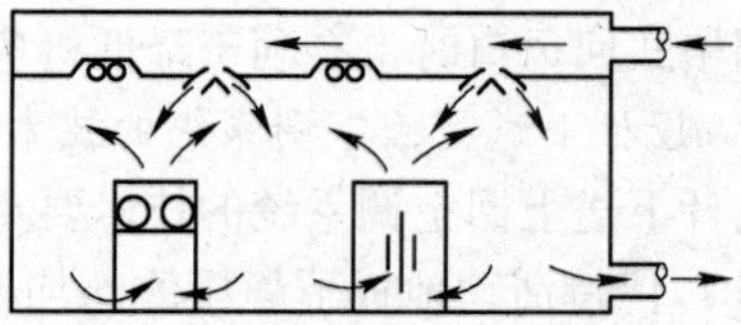

图 18-17 上顶送下侧回方式

采用上顶送下侧回的气流组织，对于散热量较大的机房，只有采用较低（13～16℃）的空调送风温度，来维持机房较低的（20℃±2℃）空调温度基数。机柜才能获得良好的冷却效果，但这样的能源消耗较大。机房内维持较低的空调温度，对在机房工作的人员往往也带来不舒适的偏冷感觉。

上送下回式宜用在机房面积不大于100m^2，得热量小于200W/(m^2·h)的小型计算机及微型计算机机房。

上送式的送风风口宜采用散流器、孔板风口或百叶风口。下回式回风口一般采用百叶风口，较少采用活动地板回风口。

18.4.2.2 下送上回式空调系统

A 下送上回式的气流组织

大中型计算机机房及程控交换机机房，机房内通常设有架空的活动地板，在活动地板下的空间，常被空调用作送风的通道。空气通过在活动地板上装设的送风口进入机房和机柜或机架柜。下送上回气流组织见图18-18，这是把机房空调与机柜或机架柜的设备冷却合二为一的送风系统，回风通过机房顶棚上装设的风口回至空调装置。这不同于一般空调房间的气流组织，是计算机机房及程控交换机机房空调特有的气流组织。

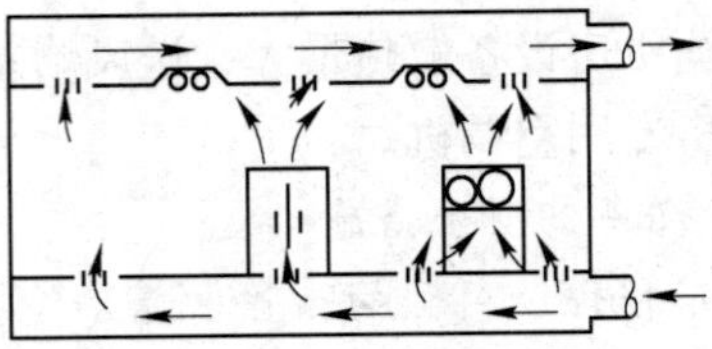

图18-18 下送上回方式

下送式机房活动地板的空调送风风口，一般布置在计算机机柜近侧或程控交换机机架底部。冷却空气从设在机柜附近的活动地板风口送出，送出的低温空气只在瞬间与机房内的热空气混合，即刻从机柜的进风口进入机柜，有效地提高了送入机柜冷却空气的质量，用较少的风量，不但提高了机柜的冷却效果，同时也减少了送入的洁净空气与机房内含有悬浮尘埃空气相混合的污染，从而也提高了进入计算机机柜的空气洁净度。

地板送风风口无论采用矩形或圆形形式，只要有足够的风口面积，都能满足机房的送风要求。但地板送风风口均宜配带调节风阀，以便于调节送风风口的风量，否则也往往影响到工作区人的舒适感。有的地板送风风口附上一层空气过滤层，虽然增加了送风风口的空气阻力，但有利于提高送入机房及进入机柜空气的洁净度。

B 地板风口下送风顶棚上回风的优点

地板风口下送风顶棚上回风的优点为：

（1）土建施工方便,活动地板下既用作送风静压箱,又可用来敷设各种管道和供电通信线路。

（2）当计算机设备进行增减或更新时，可方便地调动或新增地板送风口及机柜接线口的位置及数量。

（3）顶棚上留有的空间既可用作回风静压箱，又可敷设照明及消防等各种管线。顶棚如装有网格式回风口时也有利于降低机房噪声。

C 设计下送上回空调系统的技术要点

设计下送上回空调系统的技术要点是：

（1）保持活动地板下静压值的均衡稳定。机房内架空的活动地板下的空间，用作送风风道，通风截面较大，为矩形形状，截面竖向间隔有许多活动地板的支撑杆，截面的横向上间隔甚至重叠并有许多电缆及通信线路，所有这些，造成空气沿地板长度方向流动过程中的压力损失。如果送风沿途的距离较长，选用的通风机全压值虽能克服地板长距离送风的全部压力损失，但送风的始、终端的压差较大，不利于地板下保持均匀的静压值。因此，要适当控制地板下送风的距离。如果空调机房设在计算机机房长度方向的一端且距离较长时，则可在机房的活动地板下敷设一条适当长度的风管，在风管两侧的适当间距及端头开设送风风口，以利于把空气较均匀的分布在活动地板下的空间，在一定的全压值下，使各处的动压与静压值相近。

（2）活动地板下送风口的设置。机房空调向活动地板下送风的送风口，宜分散布置而不宜集中在一处。由于一个机房空调送风的风量大，送风口过分集中在一个断面出口，往往在一定全压条件下，出口处的动压值较大，静压值较小，如果离空调机组送风出口附近的不远处设有地板送风风口，那么这个风口很可能要变为实际上的吸风口。为防止产生这种不良现象，宜在空气经过地板送风口之前，设立一条风阻坝，以减小动压值增大静压值。此外，可在端部送风截面上横向多开几个送风口。如果机房地板上设立有多台专用空调机时，也应将空调机沿机房长度方向，适当间隔一定距离布置，以利于活动地板下的气流分布均匀。

（3）下送上回气流组织宜用在机房面积大于$100m^2$，得热量大于$200W/(m^2 \cdot h)$的大中型计算机机房。

（4）下送上回式的下送风口，一般采用可调节风量的活动地板送风口。上回式风口一般采用百叶风口或网板风口。

18.4.3　机房空调系统的空气处理工况

机房空调采用集中式送风的空气处理方式有：一次回风系统，一、二次回风系统和全新风加柜式空调机循环风系统等。

现将最常用的一、二次回风系统空气处理工况做一简要论述[1]。

集中式空调装置如图 18-19 的一、二次回风空调系统，过去常用于大中型机房的地板风口下送顶棚风口上回气流组织的空调系统。先由新风与机房循环风进行一次混合，在夏季（见图 18-20*a*）混合空气点 1，通过空调机组的空气表面冷却器冷却，至点 2 “露点”。经过冷却后的空气点 2 再与机房循环空气点 4 进行二次混合至 O 点，然后由通风机通过风管送风点 S（温升约 1 ~ 1.5℃）送至机柜点 3 及机房点 N。在冬季（见图 18-20*b*）混合空气点 1′，通过空调机组的空气加湿器加湿至点 2′（也可先进行二次空气混合后再进行空气加湿处理），再与机房循环风点 4′进行二次混合至 O'点后，再送入机柜 3′及机房 N'。

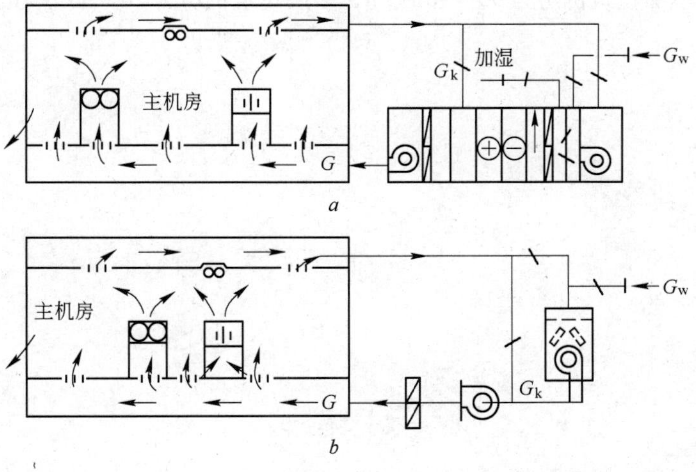

图 18-19　机房空调的一、二次回风系统

a—卧式空调机组系统；*b*—柜式空调机组系统

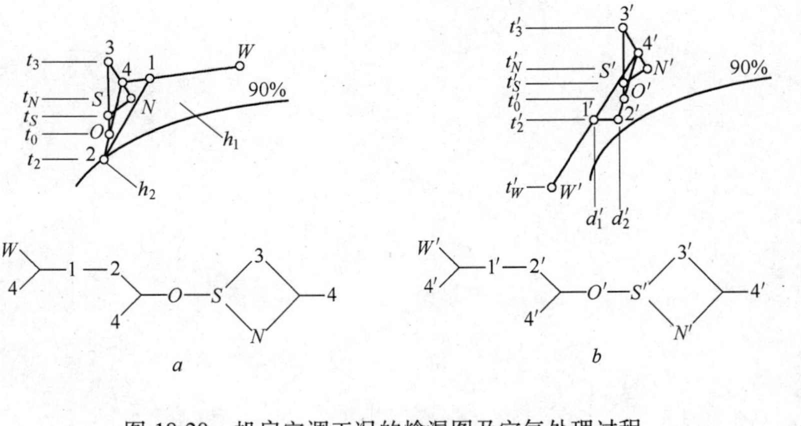

图 18-20　机房空调工况的焓湿图及空气处理过程

a—夏季工况；*b*—冬季工况

18.4.4　机房空调的运行

虽然计算机的类型不同，体积不等，但它们都是由许多电子元器件组合。计算机机柜是个散热量大而又集中的设备，运行中的机柜内温度不断升高，此时，机柜的一部分热量向机房内散放，使机房内的室温升高，同时，又影响到机柜的散热。当机柜的散热不充分时，机柜内的温度将继续升高到一定值时（最高极限温度为 60℃），造成电子元器件发生参数故障。因此，机房空调与机柜冷却两者互为关联，其中首要的是机柜冷却，其次才是机房的舒适环境。机房的送回风方式不但关系到机柜的冷却效果，而且也关系到空调的送风风量及初次投资和日常的经济运行。

现就机房的温湿度、换气次数等内容，对各种机房实际运行所进行的测试结果如下：

机房温度——夏 23℃，冬 20℃；

相对湿度——夏冬均为 55%；

冷却效果——同等冷量条件下，下送上回式对机柜的冷却效果好；

机房内工作区风速——0.1～0.2m/s（均小于 0.3m/s 的允许值）；

换气次数——单层建筑机房为 30～40 次/h，多层建筑机房为 20～30 次/h。

第6篇　制冷机房设备的设计选型与安装维修

19　制冷机房主机设备设计选型与安装维修

19.1　制冷机的选型设计[1]

19.1.1　制冷机台数与制冷范围

19.1.1.1　总制冷量与设备台数

总制冷量的大小将与该工程设计的冷负荷、一次性投资、占地面积、能量消耗和运行管理等密切相关。

设计制冷机房时，以2~3台机组为佳。一般情况下不宜设单台制冷机，以保证一旦制冷机发生故障或停机检修时，仍能继续供冷。但选用过多的机组也是不利于投资、占地和维修的，因此设计时必须根据单机制冷量，结合具体情况，确定机组台数。

19.1.1.2　优先选用定型成套的制冷机组

各种制冷机的种类及其适用范围，见第9章。

当选定了制冷机的种类之后，应当优先选用专用的制冷机组。例如，冷水机组、除湿机组、氨泵机组、盐水机组、乙醇机组等。此外，根据需要还可分别选用单级双级机组、冷凝机组等各类压缩式制冷机组。也可选用蒸汽型、直燃型或热水型溴冷机组。

19.1.1.3　水冷式冷水机组单机制冷量范围

水冷式冷水机组单机制冷量范围见表19-1。

表19-1　水冷式冷水机组单机制冷量范围

单机名义工况制冷量/kW	冷水机组机型	单机名义工况制冷量/kW	冷水机组机型
≤116	活塞式、涡旋式	1054~1758	螺杆式
116~700	活塞式		离心式
	螺杆式	≥1758	离心式
700~1054	螺杆式		

19.1.2　制冷机的节能性、环保性及投资运行费

19.1.2.1　能耗及能源的综合利用

选择制冷机类型时必须考虑机组的电耗、汽耗及油耗。当设计大型制冷机的区域性供冷的

大型制冷机房时，应当充分考虑对电、热、冷的综合利用和平衡，尤其是对废气、废热的充分利用。力求达到最佳的经济效果。

19.1.2.2　安全、环保与防振

选用制冷机时，应考虑的环境保护问题有以下几个方面：

（1）噪声。噪声值不仅随制冷机的大小而增减，而且各种类型的制冷机的噪声值也相差较大。

（2）制冷剂的安全性。有些制冷机所用的制冷剂有毒、有刺激味，具有燃烧性和爆炸性。所以选型时必须严加注意其适用场所。

（3）制冷剂的环保性。压缩制冷机所用 CFC_S 制冷剂会破坏大气中的臭氧层，达到一定程度时，将会给人类带来灾难。国际环境保护会议上已限定了 CFC_S 停止生产的年限，已经引起世界各国对于 CFC_S 替代物的大量研究与开发工作。新的替代 CFC_S 的工质不断涌现。

（4）振动。压缩制冷机运行时的振动频率与振幅大小因机种不同相差较大。对于制冷机房周围有防振要求的，应选择振幅较小的压缩制冷机或运行无振动的溴化锂制冷机。对制冷机的基础与管道一般进行减振处理后均能达到要求。

19.1.2.3　一次性投资与运行管理费

制冷机在相同制冷量情况下，往往会由于选用的机种不同，而造成一次性投资相差较大。各种制冷机全年的运行管理费用也有较大差别，设计选型时应予特别注意。

19.1.3　制冷机的水温与水质条件

19.1.3.1　冷水温度

选择制冷机，应优先考虑所设计的工程对制取冷水温度的要求。冷水温度的高低对制冷机的选型和系统组成非常重要。例如，溴化锂吸收式制冷机用于空气调节制冷时优点颇多，但是它不宜制取 <5℃ 的低温冷水，而且就其溴冷机所制取的低温水的温度又有 7℃（D 型）、10℃（Z 型）和 13℃（G 型）之分。而电动压缩式制冷机一般制取 7℃ 冷水，也可制取小于 7℃ 的冷水。因此要求工程设计者应了解制冷机的适用范围及技术条件。

19.1.3.2　冷却水的水温与水质

冷却水进机水温一般以 24～32℃ 为宜。冷却水进机温度一般设计为 30℃ 或 32℃。冷却水的水质则对热交换器的影响较大，会引起设备的结垢与腐蚀，这不仅会造成制冷机制冷量的衰减，而且还会导致换热管堵塞与破损。冷却水水质指标是设计者必须关注的重要指标。

19.2　制冷机房设计[1]

19.2.1　制冷机房设计的技术要点

19.2.1.1　制冷机房的土建设计

（1）制冷机房须根据设计工程项目的具体情况，采用就地取材的非易燃材料建筑，设计要符合国家现行的有关规范。

（2）制冷机房的工艺设计人员，应与土建专业以及有关专业的设计人员共同商定制冷机房的建立方位与建筑形式、结构、柱网、跨度、高度、门窗位置及尺寸。

（3）氨压缩机间的主要操作通道不宜过长，以确保操作人员的安全和方便。如果需要超过 12m 时，则应至少设有两个向外开启的门。制冷机房所有房间的门窗，均应设计成朝外开启的。

（4）制冷机房屋架下弦的标高，应根据制冷机组的型号，并考虑安装和检修时便于起吊设备和主要部件（通常情况取3.6～5.0m）。如机房内设置起重机，还应考虑起重机所占用的空间高度。

对已有的旧厂房改做机房时，其高度应按具体情况处置（可适当地降低机房的高度要求），一般情况下机房高度应高于3.6m为宜。

（5）为使操作人员根据制冷压缩机或溴冷机的运行声音来判断制冷机运行是否正常，防止风机、水泵等噪声影响，可以将主机间与辅助设备间用隔墙分开，但须设有联通的出入口。而中、小型机房则可将制冷主机与辅助设备安装在同一机房内。如有条件应单设一间操作人员的监控值班室。

（6）制冷机房的变电间和配电间应紧靠主机间。如系氨制冷等有毒装置时，不应设计成直接通向主机间的门，而应用观察窗来代替直接出入的门。

（7）制冷机房的地面通常做成水泥压光或水磨石地面。

（8）制冷机房内的装修标准应与生产工艺厂房相适应。

（9）采用无毒制冷剂的制冷机房时，为了便于管理，其门可以直接通向生产厂房、通风机室或空调室；而氨制冷机房向外开启的门不允许直接通向生产厂房和通风机室。

（10）制冷机房须有良好的天然采光，其窗孔投光面积和机房地面的比例不宜小于1∶6。

（11）氨制冷的主机间不宜设在地下室，也不宜与其他厂房共同建筑在一起。而溴化锂吸收式制冷机的机房，可以不受此限制。

19.2.1.2　制冷机房的暖通设计

（1）制冷机房的温度。冬季为了防止设备冻裂，停机时的值班温度不应低于5℃。采暖地区冬季工作的机房温度不应低于16℃。

制冷机房内其他房间的采暖温度，应按国标《工业企业设计卫生标准》设计。

（2）制冷机房的主机间和设备间应有良好的自然通风，这对氨制冷机房尤为重要，应尽量安排好穿堂风或采取其他形式的自然通风措施。主机间和设备间内应保证有每小时不少于3次的通风换气效果，还须设计有每小时不少于8次换气的事故通风装置。而设在氨制冷机间或设备间内的事故通风机及其电动机，均应采取防爆措施，对于通风管道亦应选用非易燃材料。

19.2.1.3　制冷机房的电气设计

（1）制冷机房的照度。各房间的照度，见表19-2。

表19-2　制冷站房的照度　（lx）

房间名称	照度标准	备注	房间名称	照度标准	备注
主机间	40～50	凡与国标或部标冲突时，均按国标或部标执行	贮存间	20～30	凡与国标或部标冲突时，均按国标或部标执行
辅助设备间	30～40		值班室	30～40	
控制间	40～50		配电间	40～50	
水泵间	20～30		走　廊	20～30	
维修间	50～100				

（2）机房测量仪表比较集中的地方，或个别设备处须加大照度时，可以采用局部照明。

（3）制冷机房内，应设有一定数量的低压行灯插座。

（4）氨制冷压缩机和事故通风机的电气开关，应设有明显的标志。除了设计有正常的操作开关之外，还应在机器间的外面邻近主要出口的地方设事故备用开关，以保安全。

（5）大、中型氨制冷机房，应设计有事故照明。事故照明的主要地点为：制冷压缩机间、总调节站、压缩机间与设备间的主要通道和机房的主要出入口等。

19.2.1.4 制冷机房的冷却水与给排水设计

(1) 制冷机房内应设有冲刷地面的给水排水设施，并应设置洗手盆或冲洗拖布槽。

(2) 冷却水系统应设计成循环系统，但必须保持一定的温度和清洁度。冷却水进入制冷设备的最高温度，不应超过设备样本中的规定数值。

(3) 冷却水必须进行水质稳定处理。目前，我国尚未制定出制冷设备用冷却水的水质标准，但应采取措施防止制冷系统的冷却水对设备的腐蚀和结垢，以确保设备的换热效率和使用年限。

为确保冷却水质，宜采用加药法予以处理。

对于开式系统的水质标准，见国标《工业循环冷却水处理设计规范》。

(4) 在制冷压缩机和冷凝器的排水管上，应装设排水漏斗或水流指示器，以便观察冷却水的循环状况。

(5) 冷却水进入制冷机的水压，一般应为0.15~0.2MPa，但不宜大于0.3MPa。

(6) 为能将冷却水系统中的存水全部排出，应在设备或管道最低处设有放水阀门，以防止冬季停机时冻裂设备。

(7) 埋地的给、排水管道如漏水会影响设备基础，故在大孔土地区应考虑主机间内的给、排水管道，采用地沟敷设或架空敷设方式。

19.2.2 制冷机房的布置原则

19.2.2.1 制冷机房布置的总原则

制冷机房布置的总原则应符合下列要求：

(1) 机房应靠近主要冷负荷区域。这不仅能够保证生产上的要求，而且可缩短管网、节约钢材和其他材料，并有利于投产后的运行、维护和管理。

(2) 制冷机房的布置方式分为集中与分散两种。分散布置系指在一个企业里由于用冷户的分散而分散布置。而集中布置则是建立一个或几个制冷机房供给所在企业中的多个用冷户，即建立全厂性或厂区区域性的制冷机房。

(3) 制冷机房在企业总图上的位置。应避免将其布置在乙炔站、锅炉房、氢氧站、煤气站、堆煤场、易于散发灰尘和有害气体站房的近处及其下风向。

(4) 直接蒸发的低温装置或环境试验制冷机房必须靠近用冷处，或与用户共同建设在一个厂房内和用冷处相邻为好。

(5) 附设在生产厂房的制冷机房，应避免西晒，尤其炎热地区更应注意。

(6) 当制冷机房用电负荷较大时，应将机房设在靠近电源建筑附近。

(7) 新建的制冷机房布置应考虑远景规划，在设计中常常将机房的一端作为其发展端。

19.2.2.2 大中型制冷机房的布置原则

大中型制冷机房，宜为单独建筑。该机房应靠近主要用冷建筑物或靠近几个用冷建筑的中心地带。对于以水为载冷剂的大、中型制冷机房，应优先考虑集中建设的方案。这是因为：

(1) 可选用大型的制冷设备，以减少制冷设备的台数；

(2) 可节省机房的建筑面积，以加快工程的建设进度；

(3) 可节省基本建设投资；

(4) 可方便维护管理和操作运行，减少操作人员；

(5) 大中型制冷机房，可分为主机间和辅助设备间，并应确定在机房中设立变电间、配电间、水泵间、维修间、贮藏间、控制间、值班室等单独的隔间。小型制冷机房则可同设于一室。

19.2.2.3 氨制冷站的布置原则

氨制冷站的布置原则如下：

（1）氨制冷站中的氨系有毒物质，为了确保安全，不宜在主机间和辅助设备间的上、下面和直接相邻的四周，建有宿舍、病房、学校、幼儿园、礼堂、餐厅、游艺场所、商店及其他人多的场所等公用建筑。

（2）氨制冷站宜单独建站，因对氨的漏损易于处理，以保安全。

19.3 电动压缩式冷水机组的安装调试[1,28]

19.3.1 安装前的准备工作

19.3.1.1 制定安装施工计划

安装施工的承接方（即乙方），应对制冷系统的用户单位（即甲方）所提供的技术资料、技术文件、设备的到货情况、管路配件的入库率、现场的施工条件以及土建部门的施工状况，进行认真仔细的核实，以便制定出切实可行的施工计划。

在制冷系统工程施工以前，需从甲方获取的图纸和技术资料一般有以下几个方面：

（1）制冷系统施工流程图；

（2）制冷机器、设备布置图；

（3）制冷系统管路布置图；

（4）设备、管路、阀门、配件清单和原材料清单；

（5）制冷机器、设备随机图纸和有关技术文件；

（6）厂房建筑施工图；

（7）制冷机器、设备基础施工图及其他土建施工图；

（8）上、下水管道设计施工图；

（9）电气设计施工图；

（10）仪表、自控系统设计施工图。

19.3.1.2 安装工程的费用预算

工程费用预算在双方签订协议文本前，主要根据甲方提供的说明工作量、施工难度、设备重量的有关技术资料和图纸，并根据“全国统一安装工程预算定额及某省或某地区单位估价表”中的相应分册，计算各安装单位（包括每一个阀门）的基价。该基价包括三项费用：人工费、材料费、机械费，所有基价之和为该工程的直接费。然后根据配套使用的“某省或某地区建筑安装费用定额”（以下简称费用定额）计算出安装工程的费用。

19.3.1.3 施工图纸的审阅

施工组织人员必须全面地熟悉施工图纸，并组织技术分管人员对分管的施工项目有关的施工图纸和资料进行认真仔细的审阅核实，正确地理解其设计意图，熟悉其施工的技术要求，发现设计中存在的问题，核实施工图纸与施工现场土建工程中构件的相符状况等，以确保施工的顺利进行。

19.3.1.4 设备的开箱验收

设备的开箱验收，对甲、乙双方都是一项非常重要的检验与交接工作，因此，该项工作应会同甲方人员一起，核查箱号、数量，确信无误后，进行开箱检查。

开箱应自顶板开始，并须注意不得损坏设备。在开箱验收过程中，应从设备外包装的完好状况开始，一一做好检查记录。

（1）开箱检查的内容如下：

1）检查开箱后的设备名称、型号、规格，与订购单上型号、规格及外包装箱号是否相符；

2）清点装箱单中随机的质量保证书、使用说明书及有关的技术文件；

3）根据装箱单清点随机配件的规格与数量，并确认配件完好与否；

4）认真检查设备外部及装配在外部的附属部件等有无缺损、锈蚀等现象；

5）核对质量保证书中该设备检验、试验的项目及其日期与设备出厂日期是否相符。

（2）开箱检查的目的是：

1）完好的设备由甲方移交给乙方；

2）开箱检查中发现设备型号规格不符，或不能认可的质量问题，由甲方向制造厂交涉；

3）复核设备管口连接尺寸，地脚螺栓安装尺寸，将可能出现的尺寸不符发现在施工之前；

4）随机配件可分类入库，不易丢失。

设备开箱检查后，将双方认可签字后的验收记录，各持一份备案。对开箱后的设备进行防护保管，做好防水、防尘、防砸的措施。

19.3.1.5　*施工进场前的准备工作*

在施工队进入施工场地以前，一般应根据该安装项目工程量的大小，施工场地的空间状况，安排以下几个方面的工作：

（1）施工计划的制定。施工计划是根据双方协议时限和工程量大小作依据，而制定的计划性文件，该文件在施工前制定，并在施工过程中执行，其内容一般包括以下几个方面：

1）施工进程表。该表根据协议时限和施工项目以及某些客观条件等因素而定，通常纵坐标为施工项目，横坐标为日期，绘制进程图表；

2）施工人员配备。在施工计划中，做好施工人员的配备以及工作量的安排，避免人员窝工；

3）施工机具。施工机具视施工状况而定，除施工人员配备的机具以外，计划中应拟订出新置机具种类、数量，以及可能需借用的大型设备，如场内运输的叉车、汽车吊等；

4）施工场地安排。场地安排，确切地讲是每一个作业小组，在施工过程中的动态施工布局安排，以免施工过程中主体交叉作业而出现事故隐患。在一般情况下，动用十余人的工程，均由工程技术人员根据现场实际情况，及时做出合理的施工布局。

（2）进场准备工作。进入施工现场，需做的准备工作主要是现场堆放物清理，清理出足够的施工通道和作业场地；安全的引入和合理的配置施工动力电源和照明电源；落实施工机具摆放处，并尽可能保证机具摆放位置不受施工的影响；部分施工预制件，简易起重抱杆的制作；设备基础的验收等。

19.3.2　电动压缩式冷水机组的安装与调试[28]

19.3.2.1　*水冷冷水机组的安装*

水冷冷水机组是一种提供冷水的间接式制冷装置，一般安装于室内，即制冷机房内。水冷冷水机组集压缩机、节流阀、冷凝器、蒸发器等于一体，其压缩机可以是活塞式、螺杆式或是离心式，还需配设冷却塔。机组只有四个外接水管，即冷水进口、冷水出口、冷却水进口、冷却水出口。空调用冷水进出口温度一般为 7～12℃，冷却水进出口温度一般为 32～37℃或 30～35℃。

水冷冷水机组的安装应注意以下几点：

（1）机组定位应确保在机组周围留有足够的安装、维修及操作空间，基础养护期后，方能进行机组就位。

（2）机组冷水进出口、冷却水进出口必须设软接头（橡胶软接头、橡胶软管、金属软管均可）。

（3）管路的设置应避免影响机组的正常运行和维修管理。

（4）机外管路的重力应由支架或吊钩承受。

（5）机组各进出水管应加设调节阀、温度计、压力表、水流指示开关、温度传感器等。

（6）冷水、冷却水进水管应加过滤器，冷水、冷却水出水管最高处加设自动排气阀。

（7）机组安装在基础上时一般应加装减震器（机组出厂前已加装减震器的除外）。

19.3.2.2　风冷热泵机组的安装

风冷热泵机组一般安装于室外,常设于建筑物屋顶(或室外地面),不占用机房面积,无冷却水系统,不需配置冷却塔。机组既能供冷又能供热,可免去供热锅炉。由于机组置于室外屋顶,其运行噪声对环境影响较小,加之无冷却塔飘水现象,又不必为锅炉配置燃料及其设施,有利于改善内外环境,故在地处城市繁华地段的建筑物内的中小型中央空调系统中应用广泛。但该系统输入功率大,COP值比一般水冷制冷机小,机组单价高,耗电量大,运行费用高,是诸空调方式中一次性投资较大、运行费较高的一种,且机组不适合寒冷地区的冬季供热。

风冷热泵的接管只有两个，即冷（热）水进出水管，水温夏季为7～12℃，冬季为37～45℃风冷热泵机组的形式包括超薄型、侧吹型、上吹型等。

风冷热泵机组的安装应注意以下几点：

（1）安装必须考虑不同形式的风冷热泵机组的工作要求，以免机组排出的空气又从机组进风口吸入，造成冷凝压力不正常上升（冬季蒸发温度不正常下降），使机组性能恶化。

（2）沿海地区以及有很强季节风的地区，当采用侧吹型风冷式冷热水机组时，应注意台风和强风造成的影响和破坏，当台风或强风正面吹向机组出风口时，机组出风量减少，冷凝压力上升，直至高压保护开关将机组关闭，同时强大的逆向压力可能使运行中的风机受损，因此在这些地区应尽可能用上吹型机组避免面对强风。

（3）当风冷热泵机组用于有雪地区时，积雪可能对机组造成一系列危害，其一是当机组间歇运行时，积雪可能将出风口堵塞。由于风冷式热泵所用轴流风机风压较小，所以再次启动时，可能无法将积雪吹散；其二是机组上部的积雪融化时，可能在机组四周和空气换热器表面形成冰凌，除霜时很难除去；其三是如机组下部未设支架，积雪可能将机组下部覆盖，影响机组正常运行，因此当风冷热泵机组露天安置、又无遮挡时，应设防雪罩（应注意进风口和出风口上部均需安装），防雪罩的开口面积应大于机组进出风口面积，同时应防止雪花吸入进风口，防雪罩的进风口可向下。

（4）风冷热泵机组内的压缩机、风机和水泵均设有隔振装置，但是机组整体仍有一定的振动，在隔振要求不高，楼板荷载受到限制时，一般可在机组下部四个角处配制橡胶隔振垫，当隔振要求较高，机组设在低层或允许由楼板承载时，对大机号机组可设钢弹簧基础，隔振材料的选择和隔振基础应通过计算确定。

（5）冷（热）水进出口必须加设软接头（金属或橡胶软接头）。

（6）冷（热）水进出口设压力表、温度计、调节阀。

（7）进水口设过滤器、总管（进水或出水管）上设流量计。

19.3.2.3　电动压缩式冷水机组的调试

机组的调试包括：（1）气密性试验；（2）真空试验；（3）充注润滑油；（4）充注制冷剂；

（5）机组试运行（空载）；（6）机组带负荷试运行。由于冷水机组的调试一般由生产厂商派人来现场调试，限于篇幅在此不再赘述。

19.4　溴化锂吸收式冷水机组的安装与调试[15,28]

溴化锂制冷机是吸收式制冷的典型设备。其特点是运行平稳、噪声小、节省电能。尤其适用于电价高、用电紧张的地区及场合，另外在有废热可利用的地方则更显其独到的优势。溴冷机的另一大优点是可实现部分负荷运行，这大大有利于系统节能。溴冷机的缺点是设备体积庞大，一般造价较高，管理较复杂，耗蒸汽或耗燃料量大，在电价较低的场合使用不经济。溴冷机分为蒸汽型、直燃型及热水型，其中直燃型结构较为复杂，应用也较广，COP 值也较高。

19.4.1　溴冷机房的要求与设备安装

19.4.1.1　机房的要求

（1）机房无论设在地下室、楼层中或屋顶，均需考虑预留通道，并对吊装难度有充分的估计。

（2）因水泵运行噪声大、振动大，泵房与机房应隔离。

（3）机房应考虑一定的通风量以避免潮湿而腐蚀机组。对于直燃型机组，通风不良将导致机组运行所需空气量不足。机组所需必要的空气量约为 $3.6\times10^4 m^3/kJ$。

（4）机房排水十分重要。因为机组接管处不可避免地会产生凝结水，且外部系统管路阀门不可避免会有泄漏，一旦机房积水将引发电路故障和机组锈蚀。排水工程应注意：1）保持机组基础处于机房最高地面位置；2）机组四周设置排水沟，沟上须垫铸铁网板，使排水沟的水能顺利排出机房；3）机房所有泄水管、信号管均应置于排水沟上可见处，不能埋入沟内；4）地下室机房应设置集水坑和潜水泵，潜水泵应尽可能装设自控装置，能自动排水。

（5）机房温度控制在 5～43℃。过低则在机组停机时会造成机体内铜管冻裂，过高则会损坏机组电气元件。机房湿度控制在 85% 以下，过高将影响电器绝缘，还将影响机组寿命。

（6）机房尺寸：机组尺寸直接影响机房尺寸，建议机房尺寸不小于图 19-1 所示尺寸。图中 B 为洗管空间。此空间可利用门或窗，亦可两台机组共用。此范围的冷（热）水、冷却水管道应能方便拆卸，机房高度建议高于机组 500mm 以上。

（7）基础荷载：机组基础设计可按设备静荷载考虑。

19.4.1.2　机组设备安装

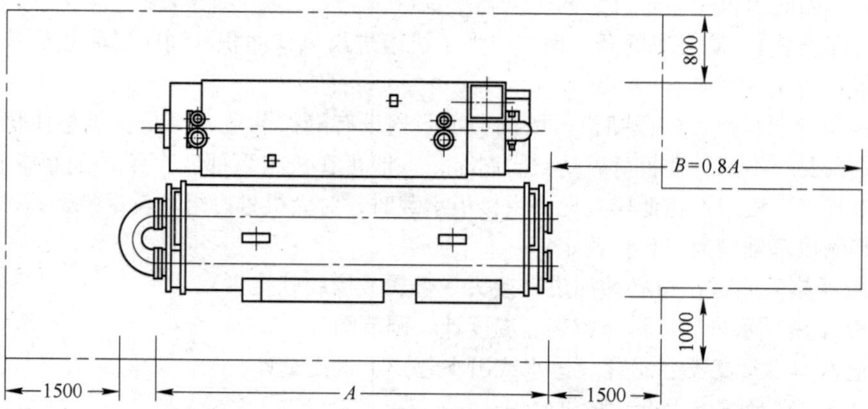

图 19-1　溴冷机房空间尺寸

在设备就位之前应做完粗坯基础。机组就位后，应立即进行水平校正，水平校正后最大不平度为：0.8/1000，如图19-2所示。机组就位机脚与基础面的接触方法是十分重要的，如受力不均将使机组扭伤，绝不能轻视。

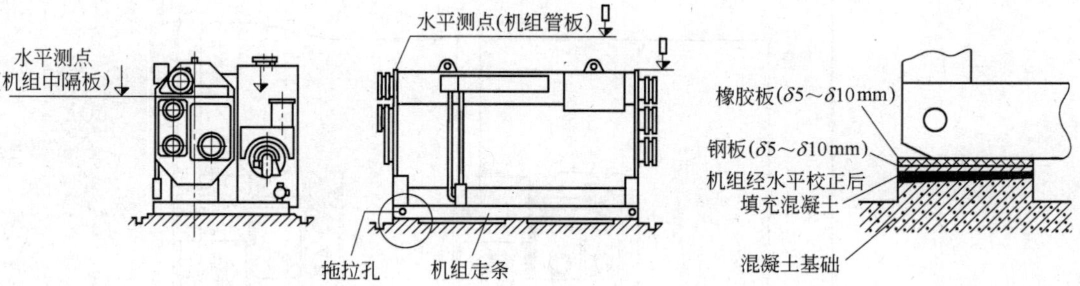

图19-2 溴冷机组的水平校正

19.4.2 溴冷机水系统与电气系统的安装

19.4.2.1 水系统安装

(1) 溴冷机组各水管进出口必须设软接头、压力表、温度计、调节阀。

(2) 水系统静压高于25m时建议将泵置于机组出口段，以减小机组承压。对高于50m的系统，宜用中间技术层（二次换热）方式或选购高压型机组。

(3) 管路的设置方位应考虑机组前、后方管道可拆卸，不阻碍卸开端盖清洗换热管所必需的空间。

(4) 所有机外管路的重力应该由支架或吊钩承受，绝不允许由机组承受，机组受载或受震将影响寿命，严重时可能造成损坏。

(5) 机组正上方不允许安装阀门，以免阀门漏水损坏机组。

19.4.2.2 机房电气系统的安装

(1) 冷却水泵、冷（热）水泵、冷却塔风机配电柜内需另设启动、停止控制线接线端及手动/自动转换开关，用于机组与上述设备的联动控制，应敷设线径为0.75mm^2的导线（每台电机4根线）并作好标记。

(2) 若装设燃气泄漏检测装置和消防检测装置，将该装置的输出继电器的一组触点预留给机组进行电气控制，且需各敷设两根0.5mm^2的导线并作好标记。

(3) 送至机组的动力线及控制线必须分管敷设。引线至机组电控柜下方。机组及所有电动设备均应有可靠接地，电阻小于10Ω。

19.4.3 直燃机的安装与调试

19.4.3.1 直燃机组排气系统的安装

(1) 烟道、烟囱截面尺寸如下：

1) 机组排烟气压10～100Pa（随负荷变化）；

2) 机组排烟量：由输入燃料量决定，每输入10^4kJ热量，排出4.3m^3标准状态气体；

3) 建议烟道、烟囱内烟气流速3～5m/s。

(2) 共用烟道的排气系统如图19-3所示。

1) 可与同种燃料的直燃机、锅炉共用烟道，但不能与非同种燃料或其他类型设备（如发

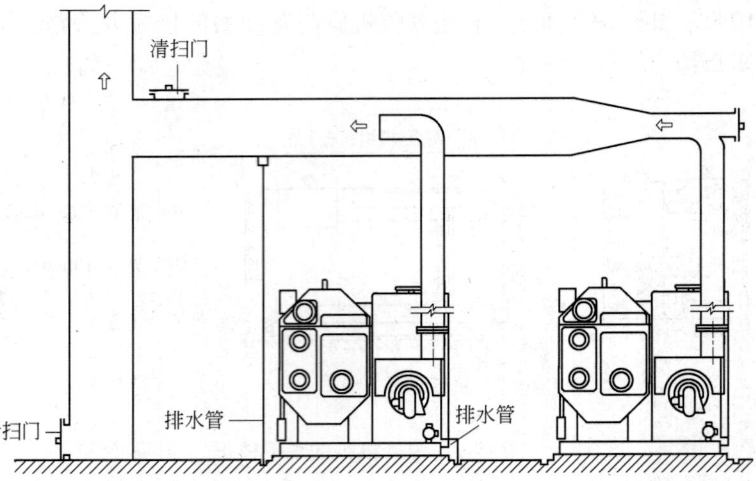

图19-3　直燃机排烟烟道系统

电机）共用烟道；

2）共用烟道截面取各烟道之和（如非备用机）；

3）必须采取插入式连接共用烟道以减少烟气相互干扰。

（3）烟道重量应由支架或吊钩承受，绝不允许由机组承受。

（4）在居住区应考虑二氧化碳及热量对环境的影响，排气口方位选择还应考虑下述问题：

1）距冷却塔12m以上或高于塔顶2m以上；

2）尽可能让机房人员方便观看，以便及时发现问题；

3）务必高于周围1m内建筑0.6m以上。

机组额定排气温度为180℃（1+10%）。为符合消防规范，务必按400℃选择保温材料并按400℃设计周围防火隔离区，在烟道周围0.5m以内不允许有可燃物；烟道绝不许从油库房及有易燃气体的房屋中穿过；排气口水平距离6m以内，不允许堆放易燃品。

19.4.3.2　直燃机燃气系统的安装

机房内必须安装燃气泄漏检测报警器，并于机房排风扇管路最低处设泄水阀。管路进入机房后，在距机组2~3m处应设放空管、压力计、球阀、过滤器、流量计。

管路应进行气密性试验，充入气压不小于0.4MPa，进行检漏。

燃气系统如图19-4所示。

19.4.3.3　保温材料的安装

保温材料应具有不吸水性、不透气性，接口用胶带封严，使空气完全不能渗入保温层。所有材料应是阻燃性材料，长期耐用热能力不小于180℃。

保温范围：高压发生器、低压发生器、热水器、热交换器及相关管道，蒸发器及相关管道，冷剂泵，蒸发器水盖及接管。

冷凝器、吸收器、抽气装置及其相关的部位（即表面温度20~60℃处）不需保温，后烟箱不许保温。

应在机组调试完成后进行保温施工。保温板用保温骨架固定，保温应具有可拆性，便于机组定期检漏，不能损伤机身电气线路器件，不能遮挡视镜、测温管、阀门、排污塞、电气装置及线路，外表应美观。

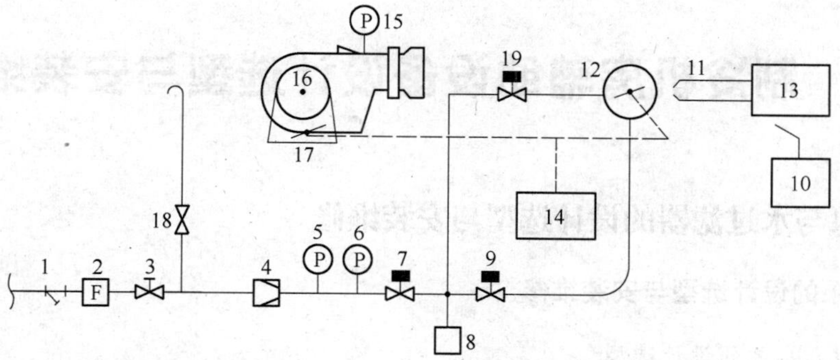

图 19-4 直燃机燃气系统

1—气体过滤器；2—气体流量计；3—球阀；4—调压器；5—燃气上限压力开关；6—燃气下限压力开关；7—主电磁阀；8—泄漏检测器；9—工作电磁阀；10—离子火焰检测器；11—打火电极；12—燃气蝶阀；13—点火变压器；14—风门伺服机构；15—空气压力开关；16—风机；17—风机风门；18—放空阀；19—点火电磁阀

19.4.3.4　直燃机的调试

(1) 安装工程审查。检查机组就位水平度、地基、水沟、机房布局、燃料和排烟管路、冷却水管路、冷（热）水管路、水泵、冷却塔、过滤器、流量计、压力计、橡胶减振器、自动排气阀以及安全阀等是否符合要求。电器控制系统是否完善，燃料供给系统是否合理，是否有安全保护和消防措施。必要时，亦应检查空调用户系统的设计安装是否合理、合格。审查时，应参照机房设计要求进行。

(2) 水系统清洗及试运转。向冷却水及冷（热）水系统灌水，开启冷却水泵、冷（热）水泵进行水系统清洗及试运转，检查系统清洗是否彻底，其流量是否达到设计要求，运转工况是否正常，系统是否清洁。

(3) 机组外观检查。检查机组是否受过损伤，走条是否变形，机身是否受过重振及碰伤，油漆是否擦破；屏蔽泵法兰是否有裂纹；电控柜、变频器、燃烧机、仪表、阀门及电缆是否正常；阀门及堵头是否被动过；真空压力表指示的读数是否正常；机组是否遭受到长时间的雨水淋泡以及在户外放置时间是否过长。若发现有明显损伤，应立即与厂家取得联系，及早处理。

(4) 机组电气系统通电试验。将外部电源接入电控柜内，合上空气开关，按“通电”按钮，观察各指示灯及各温度、液位、压力、流量检测点是否正常，然后选择“手动”运转方式，采用点动方法检查燃烧机、真空泵、发生泵、吸收泵和冷剂泵转向是否正确，转动是否正常。点动时间每次不得超过2s。

(5) 充注溴化锂溶液。一般由生产企业派代表现场充注，限于篇幅，不再赘述。

20 制冷机房辅助设备设计选型与安装维修

20.1 水泵与水过滤器的设计选型与安装维修

20.1.1 水泵的设计选型与安装维修

20.1.1.1 水泵的设计选型

用于空调工程的水泵类别与品牌很多，可使设计者有多种选择的范围，表20-1所列仅为其中一种空调用泵的性能参数。

表20-1 空调用水泵技术性能参数 （上海凯泉）

序号	型号	流量 $/m^3 \cdot h^{-1}$	流量 $/L \cdot s^{-1}$	扬程/m	效率/%	转速 $/r \cdot min^{-1}$	电机功率/kW	必需汽蚀余量/m	质量/kg
KQL173	KQL 150-250	140 200 260	38.9 55.6 72.2	21.8 20 17	73 79 77	1450	18.5	3.0	300
KQL174	KQL 150-250A	129 184.4 240	35.8 51.2 66.7	18.5 17 14.4	72 78 76	1450	15.0	3.0	262
KQL175	KQL 150-250B	117 167 217.5	32.5 46.4 60.4	15.2 14 12	76	1450	11.0	3.0	241
KQL176	KQL 150-315	140 200 260	38.9 55.6 72.2	33.8 32 28	70 78 73	1450	30.0	3.5	410
KQL177	KQL 150-315A	131 187 243	36.4 51.9 67.5	29.5 28 24.5	69 77 77	1450	22.0	3.5	335
KQL178	KQL 150-315B	121 273 225	33.6 48.1 62.5	25 24 21	76	1450	18.5	3.5	315
KQL180	KQL 150-400A	131 187 243	36.4 51.9 67.5	46.6 44 38.3	67 74 70	1450	37.0	3.5	454
KQL181	KQL 150-400B	122 174 226.5	33.9 48.3 62.9	40 38 33	73	1450	30.0	3.5	435
KQL182	KQL 150-400C	112 160 208	31.1 44.4 57.8	34 32 28	71	1450	22.0	3.5	365
KQL191	KQL 200-250	140 200 260	38.9 55.6 72.2	21.8 20 17	73 79 77	1450	18.5	3.0	305

续表 20-1

序号	型号	流量 /m³·h⁻¹	流量 /L·s⁻¹	扬程/m	效率/%	转速 /r·min⁻¹	电机功率 /kW	必需汽蚀余量/m	质量/kg
KQL192	KQL 200-250A	129 184.4 240	35.8 51.2 66.7	18.5 17 14.4	72 78 76	1450	15.0	3.0	267
KQL193	KQL 200-250B	117 167 217.5	32.5 46.4 60.4	15.2 14 12	76	1450	11.0	3.0	246
KQL194	KQL 200-315	140 200 260	38.9 55.6 72.2	33.8 32 28	70 78 78	1450	30.0	3.5	417
KQL195	KQL 200-315A	131 187 243	36.4 51.9 67.5	29.5 28 24.5	69 77 77	1450	22.0	3.5	342
KQL196	KQL 200-315B	121 173 225	33.6 48.1 62.5	25 24 21	76	1450	18.5	3.5	322
KQL197	KQL 200-400	140 200 260	38.9 55.6 72.2	53 50 44	68 75 71	1450	45.0	3.5	498
KQL198	KQL 200-400A	131 187 243	36.4 51.9 67.5	46.6 44 38.3	67 74 70	1450	37.0	3.5	462
KQL199	KQL 200-400B	122 174 226.5	33.9 48.3 62.9	40 38 33	73	1450	30.0	3.5	443
KQL200	KQL 200-400C	112 160 208	31.3 44.4 57.8	34 32 28	71	1450	22.0	3.5	373
KQL203	KQL 200-250（Ⅰ）	280 400 520	77.8 111.4 144	22.2 20 14	75 80 72	1450	30.0	4.0	475
KQL204	KQL 200-250(Ⅰ)A	250 358 465	69.4 99.4 129.2	18 16 11.2	73 78 70	1450	22.0	4.0	405
KQL205	KQL 200-250(Ⅰ)B	226 322 419	62.8 89.4 116.4	14.4 13 9.0	70 75 67	1450	18.5	4.0	387
KQL206	KQL 200-315（Ⅰ）	280 400 520	77.8 111.4 144	36 32 26	73 80 75	1450	55.0	4.0	675
KQL207	KQL 200-315(Ⅰ)A	262 374 486	72.8 103.9 135	31.5 28 23	72 79 74	1450	45.0	4.0	560

20.1.1.2 水泵的安装

水泵的安装方法，各型泵均大同小异，现说明如下：

（1）水泵连同电机和泵座整体配装出厂，以便于安装。当泵房设在地面时，可用地脚螺栓直接固定在混凝土基础上，如泵房设在楼面上，则可将水泵安装在减振装置上。可采用WJ型橡胶万能减振垫，其做法是：在泵座的4角处垫150mm×150mm减振垫4块。减振垫型号可参考表20-2。当泵房设在高层建筑地下室时，可不装配地脚螺栓，而在水泵座的四角填垫240mm×240mm减振垫4块，较大的泵可在泵座中部加垫2块减振垫。除配装橡胶减振垫外，也可配装弹簧减振器。

表20-2 橡胶减振垫配用型号

泵组质量/kg	型号	承载能力/kg·cm^{-2}	泵组质量/kg	型号	承载能力/kg·cm^{-2}
≤600	WJ-40	2~4	800~1000	WJ-85	6~8
600~800	WJ-60	4~6			

（2）水泵进出水管端必须安装橡胶软接头（可曲挠橡胶避振喉）。进出水管端必须固定。

（3）为使水泵保持最佳运行性能，应在水泵进出口处配装扩散管，以减小阻力损失。扩散管扩口的流速应为：吸水管流速 $v_1 \leq 1.5$m/s，出水管流速 $v_2 \leq 2$m/s。

20.1.1.3 水泵的运行保养

水泵的运行保养应注意：

（1）对采用机械密封的水泵，切勿在断水状态下运转。调试时，也只可作瞬间点动。正常运转时机械密封的摩擦环处不应有较大漏水出现，否则应检修或更换动、静摩擦环。

（2）一般水泵配装SKF等系列半封闭型轴承，出厂时已填充的高温润滑脂，可连续运行2年，以后须每年加润滑脂一次。如愿采用机油润滑，轴承体上的备用加油孔可供使用。

（3）如遇水泵叶轮损坏或轧入异物的特殊情况时，须拆下轴承体和尾盖，向后面拉出轴和叶轮进行检修，而泵体及进出水管不必拆动。

（4）水泵应配套3年的主要易损备件。如联轴器弹性块、机械密封动静摩擦环和O形橡胶圈等。

20.1.1.4 水泵常见故障及维修方法

水泵常见的故障现象、故障原因及其维修方法，见表20-3。

表20-3 水泵故障及维修方法

序号	故障	原因	维修方法
1	水泵不吸水，出水压力表及吸水真空表的指针在剧烈摆动	进入水泵的水不够，吸水管路或密封等漏气	拧紧丝堵、密封面等漏气处修理后，再抽真空或注水泵内
2	水泵不吸水，吸水之前有高度真空	底阀没有打开，或已淤塞，吸水阻力太大，吸水水位太低	校正或更改底阀，清洗或更改吸水管，将水泵位置放低
3	水泵出水管有压力，然而水管仍不出水	出水管阻力太大，叶轮旋转方向不对，叶轮淤塞	检查或缩短水管及检查电机转向，取下水管接头，清洗叶轮
4	流量低于预计值	水泵淤塞，口环磨损过多，接管管径太小	清洗水泵及换大管子，更换口环

续表 20-3

序 号	故 障	原 因	维 修 方 法
5	水泵耗用的功率过大	填料函压缩太紧，填料函发热或机械密封轧死，叶轮松动，叶轮或轴承损坏，水泵供水量增加	检查更换填料函或检查机械密封叶轮，关小出水管阀门，降低流量
6	轴承过热	没有油，水泵轴与电机轴不在一条中心线上	注油，调整两轴的同心度或换轴承
7	水泵内部声音反常，水泵不上水	流量太大，吸水管内阻力过大，吸水高度过大在吸水处有空气渗入，所输送的液体温度过高或叶轮吸到固体异物	关小出水阀门以减低流量，检查泵吸水管，检查底阀减小吸水高度，解决漏气处，降低液体的温度
8	水泵振动	泵轴与电机轴不在一条中心线上或泵轴斜了。检查轴承是否损坏	调整水泵轴和电机轴的同心度，检查轴承

20.1.2 水过滤器的设计选型

在水泵入口和水系统各换热器等入口管道上，均应安装水过滤器，以防止杂物进入堵塞或沾污设备。

20.1.2.1 Y 型水过滤器

Y 型过滤器具有外形尺寸小，安装清洗方便等优点，故应用较多。其型号与尺寸见表 20-4。但 Y 型水过滤器如不安装旁通管和阀，就只能在水系统停止运行时才能拆下清洗。有一种不停泵就能自动冲洗排污的过滤器效果较好，可在设计中选用。

表 20-4 Y 型水过滤器尺寸 （长沙申特）

型 号	公称通径 D/mm	法兰孔直径 D_1/mm	法兰盘外径 D_2/mm	外廓尺寸 $L \times H$/mm × mm
Y-50	50	125	165	220 × 268
Y-65	65	145	185	290 × 303
Y-80	80	160	200	310 × 330
Y-100	100	180	220	350 × 360
Y-125	125	210	250	400 × 405
Y-150	150	240	285	480 × 463
Y-200	200	295	335	610 × 598
Y-250	250	355	405	740 × 743
Y-300	300	410	460	870 × 870
Y-350	350	470	520	890 × 910
Y-400	400	525	580	970 × 990
Y-450	450	585	640	1100 × 1120
Y-500	500	650	705	1200 × 1243

注：1. 公称压力 1.6MPa，工作温度不大于 225℃。

2. 过滤网规格：1.651mm（10 目）、1.168mm（14 目）、0.833mm（20 目）。

3. 阻力为 0.98 ~ 1.96kPa（0.1 ~ 0.2mH_2O）。

20.1.2.2　自动冲洗排污过滤器

A　性能与特点

(1) DPG 型电动式自动冲洗排污过滤器运行管理方便、过滤速度高、冲洗简单可靠、反冲洗能力强。

(2) 冲洗排污可在全流量下正常工作，既保持系统高的流量，又具有很低的压力降（0.49 ~ 0.98kPa），避免了由于流速低而造成的表面污渍。冲洗排污在不停泵、不停水状态下进行。

(3) 节省投资运行费用。在安装过程中不需设旁通管路，减少了旁路 3 个阀门的投资及安装费用，直接安装在管网上，不需任何支撑结构，节省空间。不需拆卸排污，降低了劳动强度，避免了调试和维修过程中的拆卸排污，省工、省力、省时。

(4) 手动定时或压差控制方式，可自动进行过滤器排污清洗，保证过滤器的高效使用。

(5) 安装灵活，可水平安装、竖直安装，使用效果相同。排污口可根据用户需要方位而定。

(6) 过滤器在额定流速下阻力为 0.49 ~ 0.98kPa（0.05 ~ 0.1mH_2O）。

(7) 过滤网筒是整体固定连接于管体上的，刚性、强度好，无易损件，使用寿命长。

(8) 过滤网的规格：1.651mm（10 目）、1.168mm（14 目）、0.833mm（20 目），也可根据用户要求定制，满足恶劣水质处理要求。

(9) 控制箱设有过滤器工作状态、清洗状态、故障状态指示、相应信号的输出。

(10) 冲洗、反冲洗时间可调整，排污量小于正常工作流量的 10%。

B　三种冲洗排污方式

(1) 定时冲洗排污。定时清洗排污，可设定时间为 2 ~ 24h 动作。当定时时间到，电动执行器打开排污阀，过滤器进行排污 10 ~ 30s，然后电动执行器将转向阀旋转 90°至阻挡滤筒位，改变水流途径，进行清污排污 10 ~ 30s。转向阀复位，继续排污 3 ~ 5s，然后关闭排污口。

(2) 差压控制排污。差压控制器动作值可设定为 0.03 ~ 0.07MPa，当过滤器前后差压达到差压控制器动作设定值时差压控制器动作，过滤器排污阀开启，10 ~ 30s 结束，转向阀复位，继续排污 3 ~ 5s，关闭排污阀。

(3) 手动按动控制。通过控制箱上按钮，可直接控制清污、排污。

C　自动冲洗排污过滤器尺寸

自动冲洗排污过滤器尺寸与功率见表 20-5。

表 20-5　自动冲洗排污过滤器尺寸与功率　　（长沙申特）

型　号	进出水通径 D/mm	排污口通径 D_1/mm	外廓尺寸 $L \times H$ /mm × mm	转向阀执行器功率 N_1/W	排污阀执行器功率 N_2/W
DPG-150	150	50	700 × 875	60	16
DPG-200	200	65	870 × 1075	60	16
DPG-250	250	80	1080 × 1155	60	16
DPG-300	300	100	1280 × 1230	60	25
DPG-350	350	125	1580 × 1360	90	60
DPG-400	400	150	1800 × 1410	90	60
DPG-450	450	150	1860 × 1485	90	60
DPG-500	500	150	2032 × 1605	90	60
DPG-600	600	200	2440 × 1680	90	90
DPG-700	700	200	2850 × 1800	180	90
DPG-800	800	200	3040 × 1980	180	90
DPG-900	900	200	3300 × 2110	180	90
DPG-1000	1000	250	3580 × 2260	180	180

20.1.2.3　KC 型手动冲洗排污过滤器

手动冲洗过滤器价格较自动冲洗排污过滤器低廉，且较实用。

20.2　冷却塔的设计选型与保养维修

20.2.1　冷却塔的设计选型

冷却塔是制冷系统中将热量转移到大气的设备，选用时应根据其热工性能和周围环境对噪声、漂水等方面的要求综合分析比较[1]。

20.2.1.1　冷却塔的形式与结构

常用的冷却塔有玻璃钢和钢筋混凝土两种。玻璃钢冷却塔具有冷效高，占地面积小，轻巧，节能等优点，目前应用最为广泛。

冷却塔按进出水的温差 Δt 分为普通型（$\Delta t=5℃$）、中温型（$\Delta t=8℃$）和高温型（$\Delta t=28℃$）；按噪声分为普通型［噪声 > 65dB（A）］、低噪声型［60 ~ 65dB（A）］、超低噪声型［小于 60dB（A）］；按进风方式分为逆流式和横流式；按结构外形分为圆形、方形和矩形。超低噪声逆流式圆形冷却塔结构如图 20-1 所示。

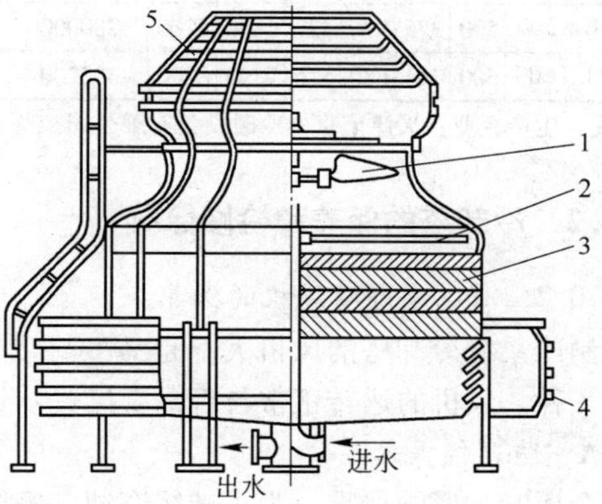

图 20-1　超低噪声冷却塔

1—冷却塔风机；2—布水器；3—填料(材质为塑料薄膜)；4—进风消声器；5—排风消声器

20.2.1.2　冷却塔的技术参数

冷却塔的类型和品牌很多，常用的有国内研制的超低噪声 $CDBNL_3$ 型和良机、斯蕨德、马利、空研、新菱、大洋等品牌，为设计者提供了广阔的选型领域。表 20-6 为 $CDBNL_3$ 系列冷却塔的技术参数。

表 20-6　$CDBNL_3$ 系列超低噪声型逆流玻璃钢冷却塔技术参数

型号	$t=28℃$ 冷却水量 /$m^3\cdot h^{-1}$		$t=27℃$ 冷却水量 /$m^3\cdot h^{-1}$		主要尺寸 /mm		风量 /$m^3\cdot h^{-1}$	风机直径 /mm	电机功率 /kW	质量/kg		进水压力 /kPa	噪声/dB(A)			塔体直径 /m
	$\Delta t=5℃$	$\Delta t=8℃$	$\Delta t=5℃$	$\Delta t=8℃$	总高度	最大直径				自重	运转重		*D*m	10m	16m	
$CDBNL_3$-12	12	9	15	10	2972	1600	7200	700	0.6	306	584	19.6	50.0	37.1	33.5	1.5
$CDBNL_3$-20	20	15	24	17	3062	2000	12400	800	0.8	330	644	20.0	50.0	36.3	34.6	1.5
$CDBNL_3$-30	30	22	35	27	3281	2400	18000	1200	0.8	546	1100	22.1	51.0	39.5	35.9	1.8
$CDBNL_3$-40	40	30	46	31	3781	2400	21500	1200	1.1	618	1258	26.0	51.0	39.5	35.9	1.8
$CDBNL_3$-50	50	37	57	44	3816	2800	28000	1400	1.5	756	1640	26.5	51.0	40.7	37.1	2.1
$CDBNL_3$-60	60	44	68	51	4066	2800	32300	1400	1.5	950	1752	29.0	52.0	41.7	38.1	2.1
$CDBNL_3$-70	70	51	79	60	4153	3300	39200	1600	2.2	998	2272	27.8	52.0	43.0	39.0	2.5
$CDBNL_3$-80	80	61	92	70	4403	3300	43400	1600	2.2	1083	2451	30.3	52.5	43.5	39.5	2.5
$CDBNL_3$-100	100	74	114	86	4440	3900	56000	1800	3.0	1230	3322	28.6	53.0	46.0	42.0	3.0
$CDBNL_3$-125	125	92	142	108	4690	3900	67200	1800	4.0	1320	3422	31.5	54.0	46.7	43.4	3.0
$CDBNL_3$-150	150	112	171	129	4765	4600	84000	2400	4.0	2045	4475	29.0	54.0	47.5	44.1	3.6

续表 20-6

型　号	$t=28℃$ 冷却水量 /$m^3 \cdot h^{-1}$		$t=27℃$ 冷却水量 /$m^3 \cdot h^{-1}$		主要尺寸 /mm		风量 /$m^3 \cdot h^{-1}$	风机直径 /mm	电机功率 /kW	质量/kg		进水压力 /kPa	噪声/dB(A)			塔体直径 /m
	$\Delta t=5℃$	$\Delta t=8℃$	$\Delta t=5℃$	$\Delta t=8℃$	总高度	最大直径				自重	运转重		Dm	10m	16m	
$CDBNL_3$-175	175	131	200	150	5015	4600	94300	2400	5.5	2182	4808	31.4	55.0	48.5	45.1	3.6
$CDBNL_3$-200	200	153	231	180	5194	5700	112000	2800	5.5	2663	6123	30.1	55.0	49.6	46.3	4.2
$CDBNL_3$-250	250	186	283	215	5444	5700	134300	2800	7.5	2876	6892	32.6	56.0	50.6	47.3	4.2
$CDBNL_3$-300	300	225	334	260	5713	6400	168000	3400	7.5	4132	9805	35.0	56.0	51.8	48.5	5.0
$CDBNL_3$-350	350	267	395	304	5963	6400	187400	3400	11.0	4434	10479	37.5	56.5	52.3	49.0	5.0
$CDBNL_3$-400	400	301	455	341	6269	7400	224000	3800	11.0	4995	12782	36.0	57.0	53.8	50.7	5.9
$CDBNL_3$-450	450	343	514	387	6519	7400	242000	3800	11.0	5341	14160	38.5	57.0	53.8	50.7	5.9
$CDBNL_3$-500	500	375	576	427	6890	8200	280000	4200	15.0	6612	17102	37.0	57.0	55.0	51.9	6.6
$CDBNL_3$-600	600	454	680	516	7390	8200	302200	4200	18.5	7414	19204	42.0	58.0	56.0	52.4	6.6

注：生产企业：天津市京泰冷暖设备有限公司。

20.2.2　冷却塔的保养和检修标准

20.2.2.1　冷却塔风机的保养

制冷系统冷却塔的风机大都是 $\phi700 \sim \phi6000$ 的轴流风机。叶片材质有钢板、合金铝和玻璃钢 3 种。风机的运转正常与否，直接关系到冷却塔出水温度的高低。

A　防腐蚀保养

金属叶片腐蚀严重。为了减缓腐蚀，停机后应立即将叶轮拆下，彻底清除腐蚀物，并做静平衡校验后，均匀涂刷防锈漆和酚醛漆各一道。实践证明，在叶片上涂刷一层 0.2mm 厚的环氧树脂，其防腐性能很强，一般可维持 2～3 年。检修后将叶轮装回原位，以防变形。而合金铝和玻璃钢叶片不存在严重腐蚀的问题。

B　防变形保养

停机期间，大直径的玻璃钢叶片容易变形，冬雪堆积叶片变形尤为严重。解决方法是：停机后马上把叶片旋转 90℃，使叶片垂直于地面。如叶片拆下分解保存，应分成单片平放，两点或多点支承，不可堆置。

20.2.2.2　风机及减速器检修标准

A　风机叶轮的静平衡校验

由于风机直径较大，所产生的振动和离心力远比水泵大得多。所以容易造成减速器损坏和叶片扭曲断裂事故。

风机叶轮静平衡检验方法和水泵的叶轮静平衡检验方法基本相同。不同之处是(1)校验风机叶轮不平衡重量时,一般用橡皮泥或油灰粘附在轻一侧叶梢处,为了加大油灰比重,可在油灰中加些铁屑。(2)薄钢板或玻璃钢制成的叶片,应采取在叶片的轻侧加重的方法校静平衡。如为金属叶片可利用焊补来增重,但必须注意叶片受热变形。玻璃钢叶片增重时,可用铸铁粉、棉纤维加环氧树脂调合成油灰状进行贴补,干燥牢固后,用砂布打磨光滑再涂以装饰材料。

不管是哪种材质的叶片，都必须把增重物体贴补在叶片的背风面。

B　减速器的检修标准

大直径风机均配有减速器，检修内容包括滚动轴承、伞齿轮、传动轴和油泵等。

（1）滚动轴承的质量鉴别和装配方法。减速器上常用的滚动轴承多为单、双列向心球轴承和单列圆锥滚柱轴承，大型风机在运转中产生的轴向推力较大，所以在减速器上多采用圆锥滚柱轴承。其上端轴承压盖和轴承间隙应适宜，间隙小会产生较大压力，使运转摩擦力增大，甚至会破坏齿轮和轴承等零件。而间隙过大，则风机运转时产生的轴向推力会迫使风机主轴上下窜动而损坏设备。间隙量一般为0.08～0.15mm。装配间隙量经过测量并调整后，紧固压盖并用手轻轻旋转主轴，如感到转动滑快且无间隙量，即可认为配合合理。

（2）油泵的检修。减速器用柱塞式油泵，它是向滚动轴承和齿轮供给润滑油的部件，为了使减速器得到充足润滑，应注意检查维修下列内容：

柱塞直径磨损程度的检查：柱塞套孔和柱塞配合间隙小于0.04mm，表面粗糙度R_a值大于1.6。如配合间隙大于0.1mm，且粗糙度明显下降，油泵输油量将下降50%。此时应根据磨损程度更换柱塞或更换油泵主体。

油泵偏心套磨损程度的检查：油泵运行中，偏心套由于受柱塞两端点摩擦而出现沟槽，并影响柱塞（活塞）的动程和输油量。因此，偏心套的活塞轨迹磨损应小于0.5mm。

（3）润滑油的检查与更换。减速器用润滑油多为HJ30或HJ40机械油，长期使用会使油中混入水分、脏物，而使油泵输油管堵塞、油量减少，致使运转部件很快磨损。润滑油质量应每年检查一次，其方法是：用玻璃量杯取100mL油和标准样品油对比。目测：污染的润滑油颜色较深，手拈，污染油比标准样品油黏度小；然后观察量杯底部如有沉淀物，说明应当更换新油。

换油时须用汽油将减速箱内部清洗干净。换油后将上盖和轴承盖做好密封，将油位视管做好封闭。

20.2.2.3　减速器的试运行

检修后应试运行4～5h。检查油泵输油量、运转的稳定性和润滑油的温升等。

在减速器上轴承盖紧固之前，启动电机使之运转20～30s，如油从主轴最上面的油孔流出，说明油泵性能正常。如30s未见上油，可继续运转1～2min，仍不上油，应检查油泵零件配合质量，油道是否畅通。确认油泵上油后，将上端轴承压盖装好，继续开车运转数分钟，如发出“沙沙”声，手感无振动，说明减速器零件精度和装配质量合格。

然后，将风机叶轮装回减速器上，调好角度紧固螺栓，开车运转并观察电流、润滑油和轴承温升。试运行电流应为额定电流的85%，试运行4～5h检查润滑油温度小于40℃，轴承温度小于45℃为合格。

20.3　定压补水设备与水锤吸纳器的设计选型[8]

20.3.1　定压补水设备

空调系统的定压补水有开式膨胀水箱与闭式定压补水两种方式。限于篇幅,现只介绍后者。

20.3.1.1　补水点宜设在循环水泵的吸入段

补水泵流量取补水量的2.5～5倍，而补水量为制冷机配套循环水泵流量的1%～3%。扬程应在循环水泵扬程的基础上附加30～50kPa。补水泵一般设置2台（1用1备）。

20.3.1.2　闭式定压设备及变频定压补水

A　闭式变频定压补水设备工作原理

采用微机控制2台或3台补水泵（其中1台为备用泵），当系统压力降低时微机可使变频器提高水泵转速使系统压力升高并稳定在设定值；当系统压力超过设定值时可通过安全阀或电磁阀泄压，使系统稳定在设定值。

B 变频恒压定压补水设备技术参数

KBD系列变频恒压定压设备技术参数见表20-7。

表20-7 KBD系列变频恒压定压设备技术参数 （天津科大）

设备型号	系统供热（冷）量/MW	最大补水扬程/MPa			最大补水量/$m^3 \cdot h^{-1}$			配套单台水泵参数 型号	配套单台水泵参数 功率/kW	水泵台数	用电量/kW	运行质量/kg
KBD3-0.3	0.35~1.16 (30×10^4~100×10^4 kcal/h)	0.31	0.3	0.23	2.4	3.0	4.7	25LG3-10×3	1.1	2	1.6	300
KBD3-0.4		0.41	0.4	0.30				25LG3-10×4	1.5	2	2.0	300
KBD3-0.5		0.52	0.5	0.38				25LG3-10×5	1.5	2	2.0	300
KBD3-0.6		0.62	0.6	0.46				25LG3-10×6	2.2	2	2.7	350
KBD3-0.7		0.72	0.7	0.53				25LG3-10×7	2.2	2	2.7	350
KBD3-0.8		0.83	0.8	0.61				25LG3-10×8	2.2	2	2.7	350
KBD3-0.9		0.93	0.9	0.69				25LG3-10×9	2.2	2	2.7	400
KBD3-1.0		1.1	1.0	0.77				25LG3-10×10	3.0	2	3.5	400
KBD6.5-0.3	1.4~2.8 (120×10^4~240×10^4 kcal/h)	0.32	0.3	0.23	4.5	6.5	9.5	32LG6.5-15×2	1.5	2	2.7	350
KBD6.5-0.4		0.48	0.45	0.34				32LG6.5-15×3	2.2	2	2.7	350
KBD6.5-0.5		0.65	0.60	0.48				32LG6.5-15×4	3.0	2	3.5	350
KBD6.5-0.6		0.65	0.60	0.48				32LG6.5-15×4	3.0	2	3.5	430
KBD6.5-0.7		0.81	0.75	0.57				32LG6.5-15×5	4.0	2	4.5	430
KBD6.5-0.8		0.97	0.90	0.69				32LG6.5-15×6	4.0	2	4.5	430
KBD6.5-0.9		0.97	0.90	0.69				32LG6.5-15×6	4.0	2	4.5	510
KBD6.5-1.0		1.14	1.05	0.80				32LG6.5-15×7	5.5	2	6.0	510

20.3.2 活塞式水锤吸纳器

20.3.2.1 结构与工作原理

水锤吸纳器为不锈钢外壳，缩醛活塞、两层O型圈、硅润滑油；能有效地防止水的渗漏。无需维修，只有活塞一个活动部件，气囊胀缩，气垫消能，吸纳水锤。

20.3.2.2 水锤吸纳器技术参数（表20-8）

活塞式水锤吸纳器技术参数见表20-8。

表20-8 活塞式水锤吸纳器技术参数 （长沙申特）

型号	接口螺纹法兰	充气容积/cm^3	工作压力/MPa	充气压力/MPa	总高度/mm	圆桶外径 ϕ/mm	相应用水器具当量
WLH-15	*DN*15	40	1.6	0.175	127	23	1~11
WLH-20	*DN*20	50	1.6	0.175	153	29	12~32
WLH-25	*DN*25	110	1.6	0.210	178	35	33~60
WLH-32	*DN*32	200	1.6	0.245	204	42	61~113
WLH-40	*DN*40	360	1.6	0.245	229	54	114~154
WLH-50	*DN*50	500	1.6	0.245	254	54	155~330
WLH-65	*DN*65	1000	2.1	0.28	305	80	331~450
WLH-80	*DN*80	1500	2.1	0.32	330	92	451~650
WLH-100	*DN*100	2400	2.1	0.35	406	105	651~900
WLH-125	*DN*125	4000	2.1	0.40	508	130	≥901
WLH-150	*DN*150	7000	2.1	0.42	584	155	≥901

20.4　水处理装置的设计选型

空调系统的冷（热）水和冷却水都须进行水质稳定处理，以防止腐蚀、结垢及微生物的滋生。水处理方式有物理法与化学法两大类。

A　物理水处理装置

物理水处理装置有如下两种：

（1）磁水器。

（2）电子水处理仪（静电除垢器、电子除垢器等）。

这两种水处理装置是通过磁场或电场作用，使水中的钙、镁离子及水中大结合体的水分子团解体，促进水分子的有序排列，改变水中沉积物沉积状态，起到防垢、杀菌、灭藻的作用。

但此类水处理装置因受磁场、电场作用半径的局限，只能起到对仪器附近的设备和管道的防垢等作用，而不能对数百米甚至上千米长的整个水系统起到作用，故效果不理想。

B　化学水处理装置

化学水处理装置有如下两种：

（1）离子交换装置。对于水温65℃以下的空调水系统，无须采用此种方法。此种方法要消耗大量食盐，而且会造成较严重的环境污染。

（2）全自动加药装置。这是根据空调水系统的水质和水温，将配比好的绿色环保的缓蚀阻垢剂、杀菌灭藻剂等药物自动计量加入水系统，从而控制全系统的水质，效果明显。

1）水处理药剂控制指标（表20-9）。

表20-9　化学水处理的水处理药剂控制指标

项　　目	冷 却 水	热　　水	冷　　水
钼酸盐(MoO_4 计)/$kg \cdot m^{-3}$	$(4\sim6)\times10^{-3}$	$(3\sim5)\times10^{-2}$	$(3\sim5)\times10^{-2}$
钨酸盐(WO_4 计)/$kg \cdot m^{-3}$	$(4\sim6)\times10^{-3}$	$(3\sim5)\times10^{-2}$	$(3\sim5)\times10^{-2}$
亚硝酸盐(NO_2 计)/$kg \cdot m^{-3}$	$<10^{-3}$	<0.8	<0.8
聚合磷酸盐(PO_4^{3-})/$kg \cdot m^{-3}$	$(5\sim10)\times10^{-3}$	$(1\sim2)\times10^{-2}$	$(1\sim2)\times10^{-2}$
硅酸盐(SiO_2 计)/$kg \cdot m^{-3}$	$(1.5\sim2.5)\times10^{-2}$	<0.12	<0.12

2）全自动加药装置技术参数（表20-10）。

表20-10　全自动加药装置技术参数　（天津科大）

型　　号	处理水量 /$m^3 \cdot h^{-1}$	药液出口压力 /MPa	电源电压 /V	总电功率 /kW	外形尺寸 /mm×mm×mm	设备质量 /kg
KDJⅡ-6	6（10）	0.7、1.0、1.5	220	0.6	550×420×1600	220
KDJⅡ-15	15（25）	0.7、1.0、1.5	220	0.7	600×420×1700	260
KDJⅡ-30	30（45）	0.7、1.0、1.5	220	0.8	600×450×1800	320

注：括号中的数据为最大处理水量。

3）KDJ型全自动加药装置的特点。

①一次性投资少，只有离子交换，物理除氧的20%～30%，加药量可在0～100%内进行无级调节；

②占地面积小,自动化程度高,可实现无人操作。适应环境温度 5 ~ 40℃,相对湿度小于 80%;

③加药量精确，误差小于 1%，可显示贮药箱液位，并设有高低位、事故声光报警装置，为恒流量加药设备。

4）药剂用量表（表 20-11）。

表 20-11 药剂用量表

序 号	名 称	用 途	用量/$g \cdot t^{-1}$
1	缓蚀阻垢剂	供暖水系统、空调水系统	30
2	除氧剂	无除氧的软化水	30
3	冷却水缓蚀阻垢剂	冷却循环水系统、空调水系统	50 ~ 60
4	杀菌灭藻剂	冷却循环水系统、空调水系统	50 ~ 80
5	纯 碱	调节系统水的 pH 值	计算量

注：1. 水系统初次加药的加药量，可根据水系统水容量大小一次投入药剂。当水系统运行时，只对补水进行加药即可。

2. 杀菌灭藻剂采用冲击式投药，大约每月 1 ~ 2 次，按水系统水容量确定投加的药剂量（g/次）。

20.5 减振器的设计选型

制冷机房的运转设备，加装减振器可减少设备运转造成的振动和噪声。

A 隔振（减振）效率 T

$$T = \frac{1}{\left(\frac{f}{f_0}\right)^2 - 1} \tag{20-1}$$

式中 f——振源（机器设备）的振动频率，Hz；

$$f = \frac{n}{60}$$

f_0——弹性减振支座的固有频率（自然频率），Hz；

n——设备转速，r/min。

振动传递率表示减振基础传递到地面的振动与非减振基础传递到地面的振动的比值。减振标准可按不同的安装情况，参照表 20-12 选取。

表 20-12 减 振 标 准

类 别	允许振动传递率 T/%	减振效果	使 用 场 所	推荐频率比 f/f_0
Ⅰ	<10	很 好	制冷机（或通风机等）安装在上一层，而其下层为办公室、图书馆、病房等和要求减振严格的房间	>3.3
Ⅱ	10 ~ 20	好	制冷机（或通风机等）装在广播电台、办公室、图书馆及病房一类要求安静的房间附近	2.5 ~ 3.2
Ⅲ	20 ~ 40	较 好	制冷机（或通风机等）安装在地下室，而其周围为上述以外的一般性房间	

B　工程中常用的减振器

（1）橡胶减振垫。这是用橡胶材料裁切成所需要的面积和厚度的块状减振垫。要根据允许振动传递率及荷载、振动频率等由计算确定。图 20-2 为常见的具有一定形状的减振垫，直接垫在机械设备之下。该类减振垫由丁腈橡胶制成，耐油性能好，抗老化能力强，使用寿命长。且可根据需要切割成任意大小，还可多层串联使用，非常方便。

（2）橡胶剪切减振器（图 20-3）。一般多用于转速 $n>1500$r/min 的设备。这是用丁腈合成橡胶制成的圆锥体形状的减振器，以剪切受力为主。减振体系自振频率低，品种多，应用范围广，结构简单，使用方便。对各种设备机组都具有减振、缓冲、消声的良好效果。单只减振器的荷载不应超过最大荷载范围（可以接近于这个数值），若超过则减振器易损坏。而小得太多又会使频率比 f/f_0 降低，影响减振效果，一般采取频率比 $f/f_0=2.5\sim1.5$，则振动传递率可降至 15% ~20%。如果频率比小而达不到要求时，可将两只减振器串联（小端连接）使用，则在同样荷载下，变形增大一倍，刚度降低一半，减振支座的固有频率 f_{0A} 减小为（Hz）：

$$f_{0A}=\frac{f_0}{\sqrt{2}} \tag{20-2}$$

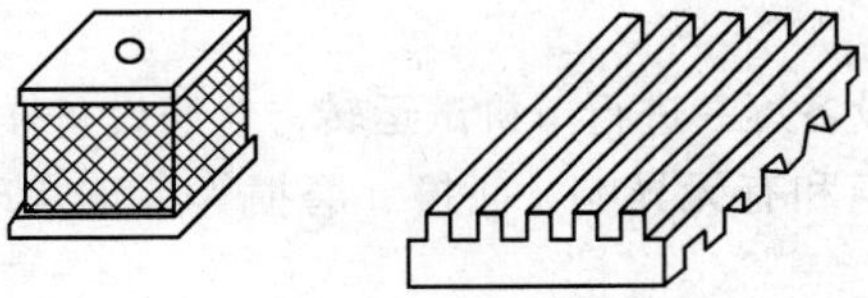

图 20-2　橡胶减振垫

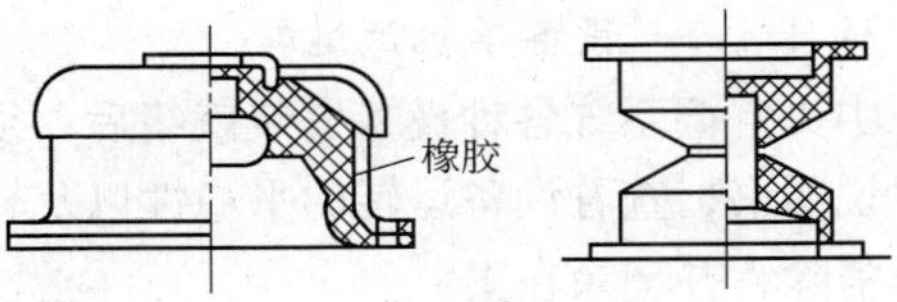

图 20-3　橡胶剪切减振器

（3）弹簧复合减振器（图 20-4）。这是用弹簧钢制成的螺旋形构件。静压压缩量大，固有频率低，隔振效果好，结构简单，性能可靠，安装方便，具有良好的耐油性、耐老化性和耐高低温性能，使用寿命长。一般多用于转速 <1500r/min 的设备。

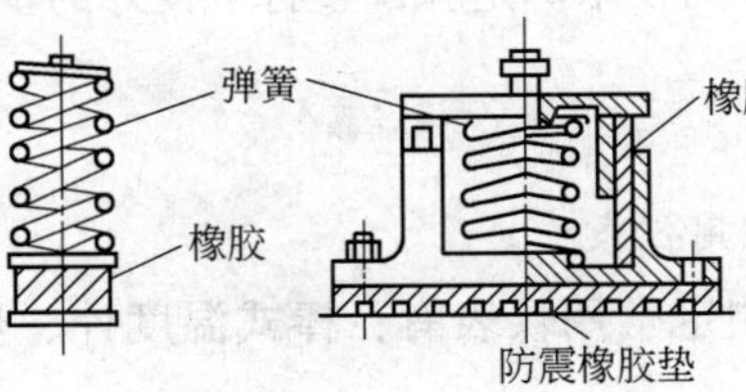

图 20-4　弹簧减振器

设计选用弹簧减振器时，应使设备的运转频率与弹簧减振器垂直方向的自由振动频率之比，大于或等于 2，否则会降低减振效果。弹簧减振器承受的荷载 P 不得超过制造厂规定的最大荷载（允许工作荷载）。

第7篇　中央空调系统的调试、监测控制与空调新技术

21　中央空调系统的调试与监测控制

21.1　中央空调系统的调试与测定

21.1.1　中央空调系统的运行调试

21.1.1.1　设备单机试运转

中央空调系统各种设备安装就绪后，须对各种设备逐一进行单机试运转，对照设备样本和技术说明书，查看设备运转的平稳性以及转向、噪声和有无异响、碰撞、磨损等不正常现象，予以消除，并记录在案。

21.1.1.2　设备联动空载试运转

将中央空调系统的各种设备均调整到正常运行状态后，一一启动进行系统设备的联动空载试运转，并逐一做好各种设备运行状况的记录。

21.1.1.3　设备联动带负荷试运转

在完成单机试运转和联动空载试运转正常后，须与业主协商，选择适当的时机进行带负荷的设备联动试运转，并为下一步的技术测定和调整打下良好的基础。

21.1.2　中央空调系统的测定

21.1.2.1　中央空调测定常用仪表[1]。

(1) 温度测定仪表。温度测定常用仪表有：棒式温度计、热电偶温度计、双金属自记温度计、电阻温度计等。

(2) 湿度测定仪表。湿度测定常用仪表有：普通干湿球温度计、通风干湿球温度计、毛发湿度计、湿敏电阻湿度计等。

(3) 压力测定仪表。压力测定常用仪表有：U 形管液柱式压力计、倾斜式微压计、皮托管、补偿式微压计、便携式数字压力计等。

(4) 风速测定仪表。风速测定常用仪表有：转杯式风速仪、叶轮式风速仪、热球式风速仪等。

21.1.2.2　中央空调系统风量的测定[2]

A　系统风量的测定

中央空调系统的风量可在送风管道、回风管道、排风管道和新风管道及各分支管道上采取皮托管和微压计配合进行测量。

操作步骤如下：

（1）测定断面的选择。测定断面原则上选择为气流均匀而稳定的直管段。按气流方向，一般应选在离前一个产生涡流的部件4倍以上的风管直径、距后一个产生涡流的部件1.5倍以上的风管直径的地方为好。如现场难以满足上述条件，也应使测定断面到前一个产生涡流部件的距离大于测定断面到后一个产生涡流部件的距离，同时再适当增加测定断面上测定点的数目。

（2）测点的确定。测定断面上各点的风速不完全相等，需要根据断面的形状和尺寸确定测点的位置和数目，一般采取等面积布点法。在同一断面上布置多个测点，分别测得各点动压，求出风速，最后再求出平均风速。

矩形风管的测点布置如图21-1所示，各小块面积小于0.05m²，测点位于小块中心。圆形风管的测点布置如图21-2所示，将测定断面划分为若干面积相等的同心圆环，测点位于圆环面积的等分线的象限点上。

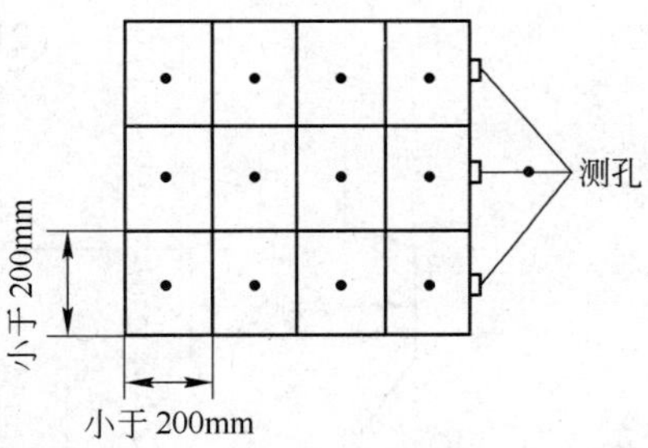

图21-1　矩形风管的测点布置

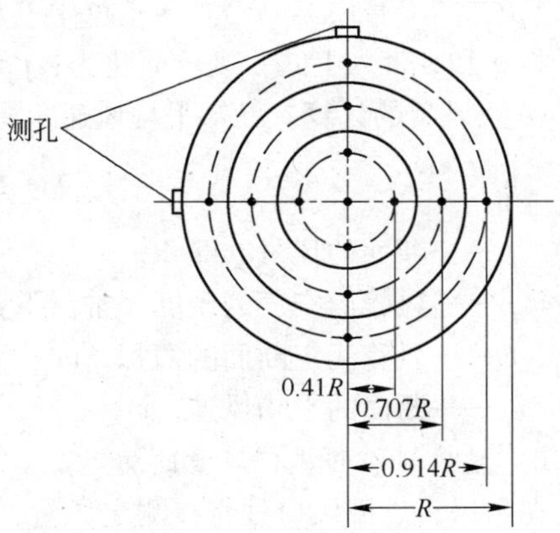

图21-2　圆形风管的测点布置

各测点距圆心的距离按下式进行计算：

$$R_n = R\sqrt{\frac{2n-1}{2m}} \tag{21-1}$$

式中　R——风管断面半径，mm；

R_n——风管中心到第n测点的距离，mm；

n——从风管中心算起的测点顺序号；

m——划分的圆环数。

圆形风管划分的圆环数见表21-1。

表21-1　圆形风管划分的圆环数表

圆形风管直径/mm	<200	200~400	400~700	>700
圆环个数	3	4	5	6

（3）平均风速的计算。各个测点所测参数的算术平均值即为平均风速。

$$v_p = \frac{v_1 + v_2 + \cdots + v_n}{n} \tag{21-2}$$

式中 v_p——断面的平均风速，m/s；

v_1、v_2，…，v_n——各测点的风速，m/s；

n——测点数。

在风量测定中，如果用皮托管测出了空气动压值（流动空气所具有的动能），则可用下式计算各测点的风速：

$$p = \left(\frac{1}{2g}\right)v^2\rho \tag{21-3}$$

$$v = \sqrt{\frac{2gp}{\rho}} \tag{21-4}$$

式中 g——重力加速度，一般取 $g = 9.8\text{m/s}^2$；

p——风管内气流的动压，Pa；

ρ——风管内空气的密度，常温下 $\rho = 1.2\text{kg/m}^3$。

将 g 和 ρ 带入上式，则可简化为：$v = 4.04\sqrt{p}$。

（4）风量的计算。已知平均风速，便可计算出通过测量断面的风量：

$$L = 3600\rho F v_p \tag{21-5}$$

式中 L——断面的风量，kg/h；

ρ——风管内空气的密度，常温下 $\rho = 1.2\text{kg/m}^3$；

F——风管测定断面的面积，m^2；

v_p——断面的平均风速，m/s。

B 送风口、回风口风量的测定

在送风口、回风口处直接测定风量，一般采用热球风速仪或叶轮风速仪。

在送风口处测定风量，通常采用加罩法。由于加罩造成所测风量小于实际风量，对于风管系统阻力较大场合，影响较小；而对于风管系统阻力较小场合，则应采用如图21-3所示的罩子。

在回风口处，可以直接在贴近回风口的格栅、网格处用测量仪器测定风量。

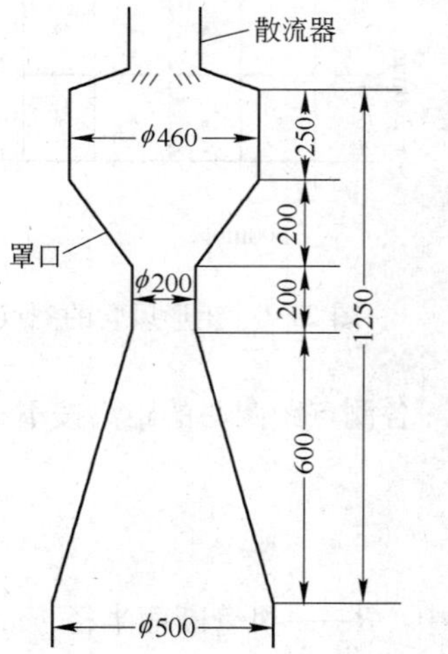

图21-3 加罩法测定送风口风量

21.2 中央空调系统送风量的调整[1,2]

调整空调系统风量的目的是使经处理后的空气能按设计要求沿着干管、支干管及支管和送风口送到空调房间，保证空调房间的温度和湿度。

正常情况下，各空调房间送风口的实际送风量总和应等于总的送风量，回风口吸入的总回风量应等于各空调房间回风口实测的风量之和。

21.2.1 空调系统送风量的调整原理

空调系统风量的调整是通过调整系统中阀门的开启度来实现的。阀门开启度的改变，引起了管网中管段阻力的改变，风量也随之发生变化。

由流体力学可知，风管系统阻力和风量有如下关系：

$$H = KL^2 \tag{21-6}$$

式中 H——风管系统阻力，Pa；

L——风管内风量，m^3/s；

K——风管系统的阻力特性系数，与其局部阻力和摩擦阻力有关。

如图21-4所示的风管系统，管段1的风量为L_1，阻力特性系数为K_1，风管阻力为H_1。管段2的风量为L_2，阻力特性系数为K_2，风管阻力为H_2。则：$H_1 = K_1L_1^2; H_2 = K_2L_2^2$。

由于管段1和管段2为并联管段，则：$H_1 = H_2; K_1L_1^2 = K_2L_2^2; K_1/K_2 = L_2^2/L_1^2$。

图21-4中，A点处的三通调节阀位置不变，而仅仅是送风机出口处的总调节阀改变，从而使总风量改变。则管段1和管段2的风量相应变为L'_1和L'_2，则：$K_1/K_2 = L'^2_2/L'^2_1$。

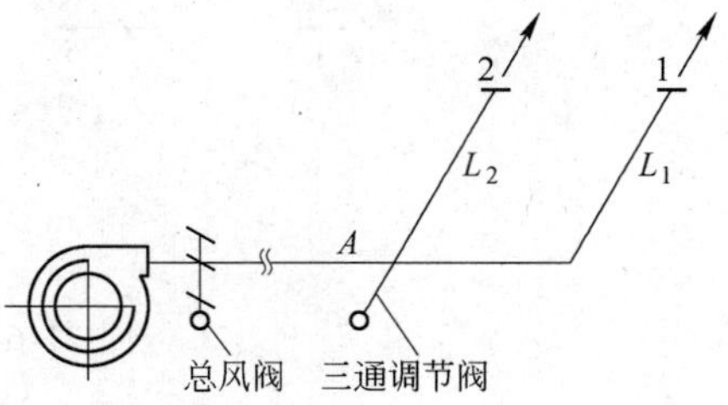

图21-4 管道风量分配

由于阻力特性系数不变，可知：$L_2^2/L_1^2 = L'^2_2/L'^2_1$，即$L_2/L_1 = L'_2/L'_1$。

式（21-6）表明，只要不改变三通调节阀的位置，则系统的阻力特性系数K不会改变，无论总风量如何变化，管段1和管段2的风量总是按固定的比例进行分配。即：若已知各风口的设计风量的比值，无论此时总风量是否满足设计要求，只要先调整好各风口的实际风量，使它们的比值与设计风量的比值相等，然后调整总风量至要求值，则各风口的送风量必定按设计比值分配，并等于各风口的设计风量。

21.2.2 空调系统送风量的调整方法

根据上述原理，在实际调整中，分为流量等比分配法、基准风口调整法和逐段分支调整法。

21.2.2.1 流量等比分配法

流量等比分配法一般从最远房间的送风支管开始，逐步调到风机，如图21-5所示。

风量的调整步骤是：

（1）首先调整最远管段1和2的风量，使两支管的实测风量比值与设计风量比值相等。

（2）用同样的方法测定和调整其他支管的风量，使其实测风量比值与设计风量比值相等。

（3）调整系统的总风量至设计风量。

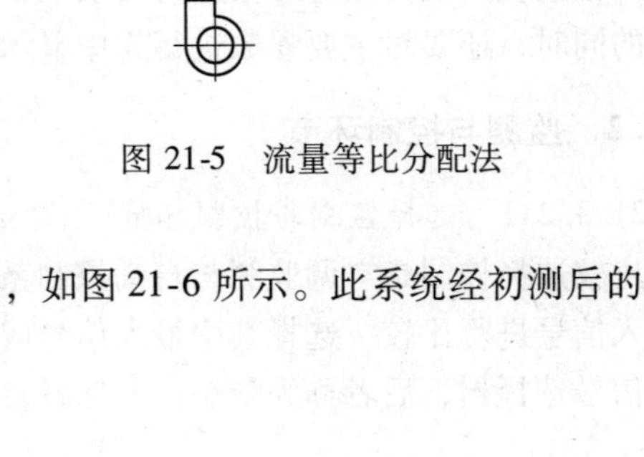

图21-5 流量等比分配法

21.2.2.2 基准风口调整法

基准风口调整法一般是在系统风量调整前先对全部风口风量进行初测，计算出各风口的初测风量与设计风量的比值，将比值最小的风口作为基准风口，并由此风口开始进行调整，如图21-6所示。此系统经初测后的结果见表21-2。

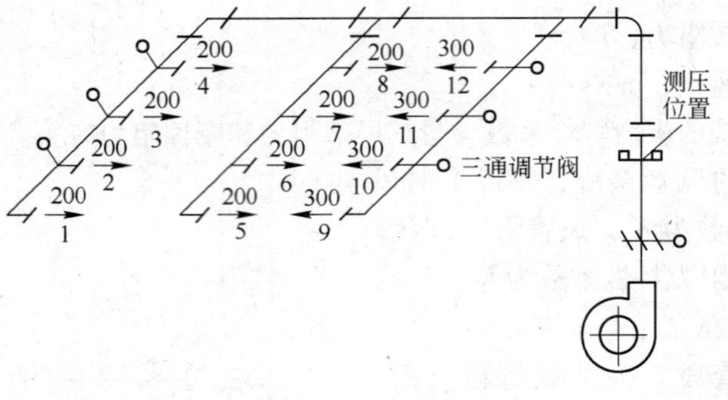

图 21-6 基准风口调整法

表 21-2 送风系统初测结果

风口编号	设计风量 /m³·s⁻¹	最初实测风量 /m³·s⁻¹	最初实测风量/设计风量 ×100%	风口编号	设计风量 /m³·s⁻¹	最初实测风量 /m³·s⁻¹	最初实测风量/设计风量 ×100%
1	0.056	0.045	80	7	0.056	0.053	95
2	0.056	0.050	90	8	0.056	0.067	120
3	0.056	0.062	110	9	0.083	0.066	80
4	0.056	0.07	125	10	0.083	0.075	90
5	0.056	0.059	105	11	0.083	0.091	110
6	0.056	0.064	115	12	0.083	0.100	120

风量的调整步骤是：

（1）初测全部风口风量，计算各风口的初测风量与设计风量的比值。

（2）确定基准风口。

（3）调整支管上的基准风口和其他风口，使其实测风量与设计风量的比值相等。

（4）利用系统中各支管的最近风口，调整各支管的风量，使其实测风量与设计风量的比值相等。

（5）调整总风量至设计风量。

21.3 中央空调系统的监测与控制[28]

21.3.1 监测与控制的工作范围

中央空调系统需要监测与控制的参数主要有空气的温度、湿度、压力（压差）等。在冷、热源方面，主要是冷、热水温度和蒸汽压力，以及冷、热水的流量和供、回水干管的压力差等。自控系统要能对这些参数进行自动调节，使之保持在设定值的范围内。在对这些参数进行控制的同时，还要对主要参数进行集中显示、记录、打印，并能监测各种设备的运行状态。

21.3.2 监测与控制环节[2]

21.3.2.1 选择监测与控制环节

比较选择控制是空调监测与自动控制系统中较为常用的一个简单控制环节，它常用于对两个输入信号进行比较。选择其中最大信号或最小信号，作为其输出的有效控制信号。前者称为最大信号选择器，后者称为最小信号选择器。不管是在气动控制中，还是在电子式控制中，都有相应结构的标准信号选择控制环节可供选用。电子式信号选择器的工作原理示于图21-7。控制器1和控制器2除了输出各自的信号a和c外，两者的另一路输出通过比较，还可获得其中的一个较大信号或较小信号，作为选择控制环节的有效输出控制信号。

信号选择控制环节的用途很多。例如，在新风量控制中用作最小新风量的限位控制；用于冷水表冷器，对其降温和除湿功能进行选择、控制；用于房间最小静压值的控制等。

在用于最小新风量控制时，可以采用一个固定信号给定器，在空调系统运行的全部时间内总是输出一个恒定的、相应于新风阀最小允许开启度的电压信号，比如4V。当室外温度逐步下降时，相应控制器的输出信号也趋于减小，以至低于4V，有把新风阀完全关闭的趋向。这时给定器输出的4V信号便会被自动地选择出来，作为有效控制信号，把新风阀的开启度控制在预定的最小允许开启度上。再如，在某些恒温恒湿型空调系统中的夏季运行工况中，由于表冷器身兼两种功能——降温和除湿，其供冷能力的调节机构——电动二通阀或电动三通阀理应同时接受两个参数（温度和相对湿度）的控制，见图21-8。

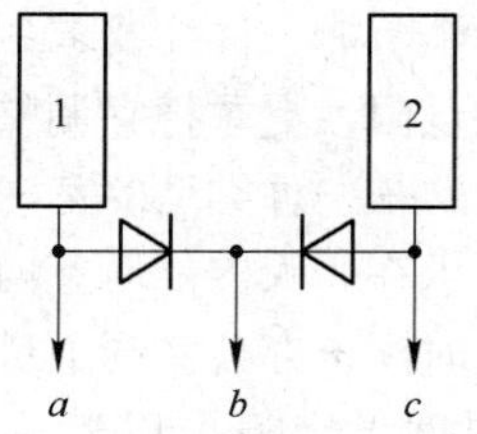

图21-7　电子式信号选择器工作原理

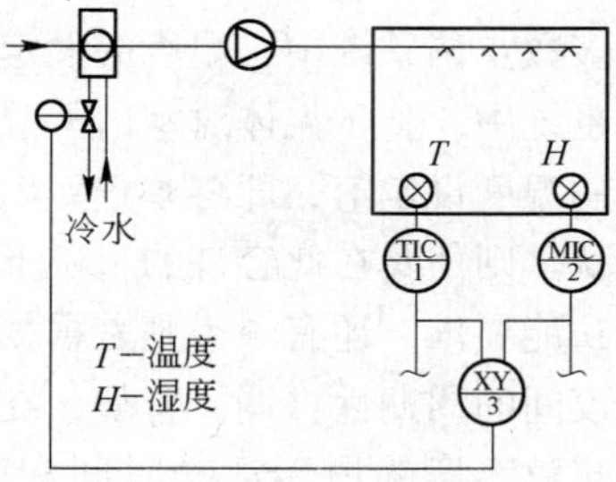

图21-8　温湿度选择控制环节

但是，要使一个调节机构能够有序地工作，在一个时间内它只能接受一个信号的控制。至于在某一个时刻它究竟该接受来自哪一个参数控制器的信号，则要看其中的哪一个信号量（如电压）大。如果实时温度接近室内温度设定值，则其相应的温度传感器T与控制器TIC-1的输出偏差信号很小。而与此同时，如果室内相对湿度较高，偏离设定值较大，于是湿度控制器MIC-2即输出相应于这一偏差的较强控制信号。后者便会通过高位选择控制器XY-3选择出来，作为此时表冷器的有效控制信号，作用于其调节机构上，使之加大供冷阀的开启度，直到两个参数的控制要求都得到满足为止。

21.3.2.2　分程监测与控制环节

分程控制的基本思想是利用单一控制器实现对多个执行机构的程序控制。对于分程控制的实施，各厂家所用仪表各有差异，但基本原理相同，这里拟用一种典型的应用方式——电子定位器来作说明。譬如，典型的舒适型空调冬季运行时，一般只需供暖，不

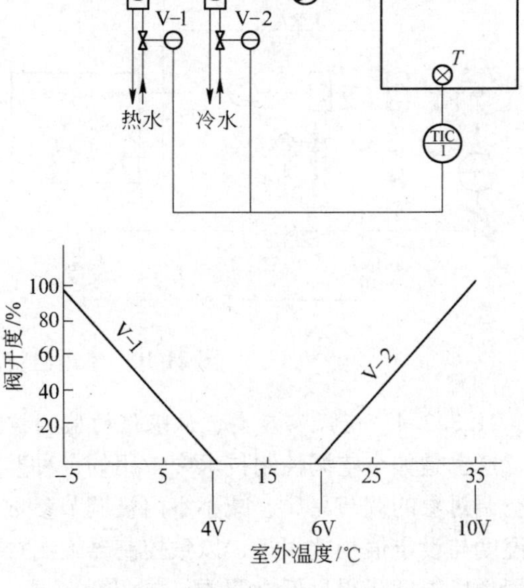

图21-9　分程控制基本原理

需供冷；过渡期可不供暖，也不供冷；夏季运行时只需供冷。这样，为了满足这一要求，可建立如图21-9所示的自动控制系统。在该系统中利用一个温度控制器TIC-1的输出信号在全年内实现对两个调节机构V-1和V-2的程序式控制。

在这种情况下，温度控制器TIC-1根据室内温度传感器T的信号，在全年的运行中输出0～10V的控制信号，同时对两个调节机构——加热阀V-1和冷却阀V-2施行控制。因此，V-1和V-2的执行机构中的电子定位器可预先设定在某个互不重复的电压信号段。譬如，V-1预设为0～4V，V-2预设为6～10V。各个执行机构的预设电压信号段实际上即代表其信号的响应段，即只有当来自控制器的信号正好处于其预设的信号响应段时，它才会有所响应，并作出相应的调节动作。如果其接受到的信号电压超出了预设的响应段范围，则将不会有所反应，因而也不会有所动作。这样，借助于分程控制，便可实现供暖与供冷功能的自动反锁。同样，如果冬季需要加湿的话，也可利用类似的分程控制原理实现加湿器与冷却去湿器工作的自动反锁，使之不致同时动作，以免发生加湿与去湿功能上的相互抵消，导致能源的浪费。

21.3.2.3　温度设定值的自动再调监测控制环节

在大多数空调系统中，温度的设定值并不要求全年都保持为一个固定的数值。譬如，在舒适型空调系统中，基于人体对室内外温差的适应考虑，同时也为了节能，往往要求冬季和夏季能有不同的温度设定值，即冬季把室内温度设定置调整到允许的低限，夏季把它调整到容许的高限，春秋季则任其在此容许的上、下限所界定的范围内浮动。这是一种类型的室内温度设定值再调的功能要求，还有一类则是根据对象房间使用的特点，要求在一天内能对室内温度设定值进行昼夜间的周期性再调。譬如，在餐厅的营业时间和非营业时间，办公室的上班时间和休息时间，宾馆客房的白天活动时间和夜间的睡眠时间，室内温度设定值可以进行低设再调（冬季）或高设再调（夏季）。这些都可以通过温度设定值的自动再调控制环节得以方便实施。在后一类的室内温度自动再调控制环节中，由于需要在一天24小时内实现规律性的再调，所以除需要随季节的变换实现低设和高设的再调外，还得结合时钟的钟点进行控制。

至于前一类的室内温度设定值再调，其工作原理如图21-10所示，利用室外空气温度传感器 T-2 及控制器TIC-2的输出信号来修正温度控制器TIC-1的室内温度设定值 T-1。

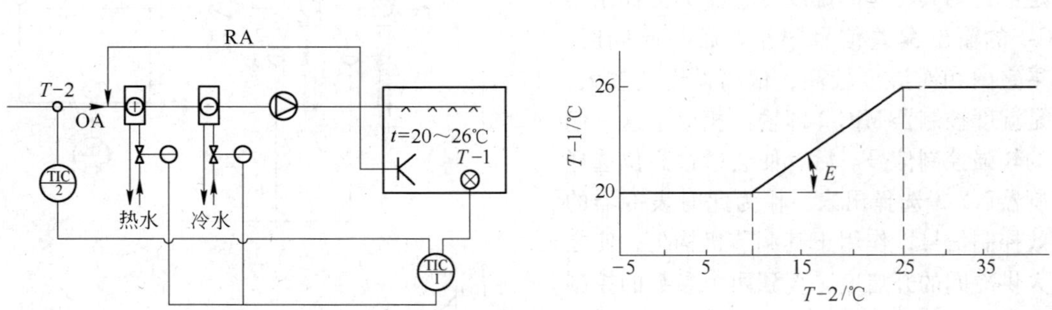

图21-10　室内温度设定值的自动再调环节

21.3.2.4　送风温度高、低限值的监测控制环节

这也是如今空调控制技术中常用的一种监测与控制环节，其主要好处是：节省能源，可改善空调对象的调节品质，减小室内被调节参数的波动。比如，当空调房间刚开始投入使用时，其温度与设定值相差很远，以致控制器输出很大的电压信号，促使调节阀开足全部开启度，从而把送风温度降得过低（夏季）或升得过高（冬季）。过低、过高的送风温度一方面可能引起

人体的不舒适感；另一方面也可能引起仪表、设备、家具甚至建筑内装修的损坏；再一方面，也不利于节能运行。因此，有必要采取措施把送风温度限制在一个适当的范围内，这就是如图21-11所示的送风温度高限或低限控制。由该图可知，当室内实时温度（有时用回风温度代之）*T*-1较低时（冬季），控制器TIC-1的输出信号将控制加热阀V-1，使其处于某一限定的最大开启度，以使送风温度不致超过预设的上限温度。在夏季时，当室内实时温度很高时，控制器TIC-1的输出信号将控制冷却阀V-2，使其处于某一限定的最大开启度，以使送风温度不致低于某一预设的下限值。

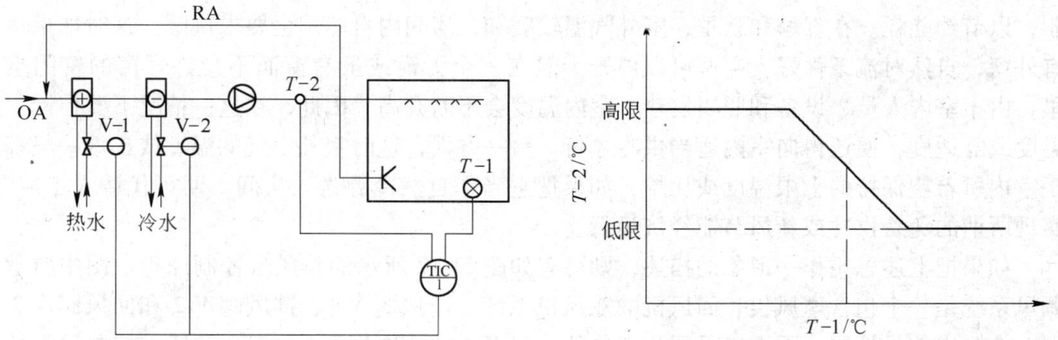

图21-11　送风温度高低限控制环节

这一控制环节的另一效应是改善控制品质。举例来说，如果室内温度传感器*T*-1检测到室内温度升高，通过控制器TIC-1发出指令，开大冷水阀V-2的开启度时，这以后要使流入盘管的冷水流量加大，降低其表面温度，并使通过该盘管的空气降低温度，这都需要有一定的时间。接着要把这一降低了温度的空气输送到房间内，使之与室内空气混合，并使温度传感器*T*-1所在部位的温度降低下来，这一切需要的时间将更长。待温度传感器*T*-1再检测出降低了的温度后需要关小阀门开启度时，盘管里却充满着低温的冷水，仍然在继续使室内温度下降，这就会导致室内过冷。在加热时，也会发生类似的情况，导致室内过热。这种由系统的巨大热惰性或时间滞后性所引起的较大室内温度波动，可利用送风温度传感器*T*-2的作用而大大减小。由于该温度传感器紧靠冷却器和加热器的出口，可提前检测到系统状态的可能变化。这时，如果以其检测信号按室内温度信号若干分之一的强度对控制器TIC-1进行控制，则意味着一旦当冷水阀V-2或加热阀V-1受控制器TIC-1的驱使而加大开启度时，便会很快因送风温度传感器*T*-2的迅速反应而又从控制器TIC-1得到一个令它稍稍收敛一点动作的指令。比如，本来按照传感器*T*-1检测的信号，要求冷却阀V-2的开启度应该加大到50%，加大冷水流量后送风温度传感器*T*-2迅速检测到了温度的降低，便以其预定的控制作用力度，通过控制器TIC-1令冷却阀V-2朝关阀方向动作，使之稍稍关小一点，即开启度不是50%，而可能是45%或更小。这样，控制的效果便可大大改善，室内的温度波动幅度可大大减小。

21.3.2.5　风量和新风量的监测控制环节

在风量控制的内容中，主要有新风量控制、送风量控制、通风机的风量控制等。此外，房间静压的控制也离不开风量控制，所以归根结底静压的校核也可归属于风量控制技术的范畴。至于送风量控制和风机风量的控制，则主要用于变风量空调系统和洁净室空调系统。其控制环节比较简单。但新风量的控制则比较复杂，而且随空调对象房间的功能要求不同而不同。

在恒温恒湿类空调和洁净室空调系统中，由于新风量的变化会导致湿负荷和尘负荷的大幅度、快速波动，对室内稳定地保持所要求的恒定相对湿度和洁净度有很大的干扰作用，所以在工程实用上，一般情况下都是全年采用固定不变的新风量。其控制和设定较简单，只需在系统的调试过程中，通过对新风阀的开启度位置进行整定，然后将阀位固定。此后在系统的开停时，只需把新风阀的执行机构与风机的开停进行联锁控制即可。

但是在全年运行的舒适型全空气集中式空调系统中，情况却要复杂得多。首先，一定的新鲜空气量是房间环境所必需的，所以系统的全年新风空气摄取量必须大于某一最小限度。在冬季和夏季，当室外温度或比焓低于（冬季）或高于（夏季）室内参数时，加大新风量会导致供暖（冬季）或供冷（夏季）负荷的增大。所以，在这一阶段，便需要施行最小新风量的控制，以节约能耗。在春季和秋季，室外气温较暖和，房间内自然不会要求供暖。这时如果房间有外窗，自然对流条件好，空调可以停开。但在一个无窗或虽有窗而不允许开窗的密闭空间里，由于室内人员、设备和照明发热，室内温度会不断升高。因此，在这一情况下要控制室内温度或舒适度，便还得向室内适当供冷才行。另一方面，这时室外空气的温度或比焓一般都低于室内所希望保持的上限温度或比焓，如果把它当作自然冷源送入房间，便可代替人工冷源，实现所谓的免费供冷或新风节能经济运行。

如果把上述思想作一形象的描述，则可有如图 21-12 所示的新风量控制原理。图中所示空调风系统是一个包含送风机、回风机的双风机系统。新风阀 V-1、排风阀 V-2 和回风阀 V-3 受同一个输出信号控制，因而也是同步工作的，但 V-3 的动作与 V-1 和 V-2 相反。控制风阀的执行机构 M-1 带有电子定位器，由电子定位器预设一个温度响应范围的最小值和最大值，譬如说设定为 3V（对应 10℃）和 8V（对应 24℃）。在室外温度变化过程中新风阀 V-1 需随室外温度的升高，逐步由某个预设的最小开启度加大到 100% 的开启度。

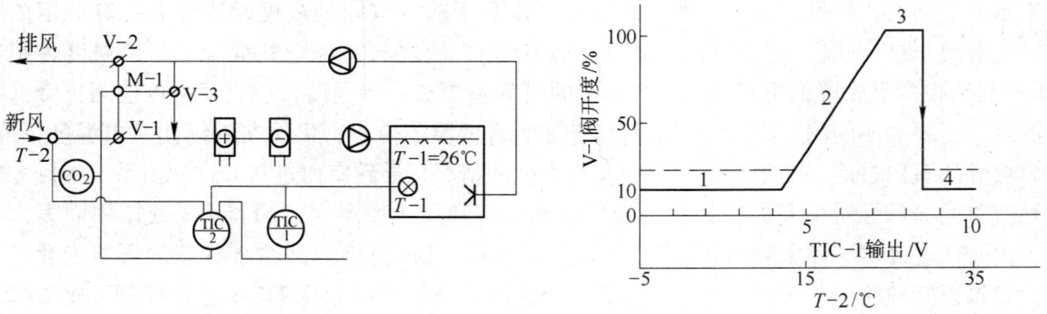

图 21-12　新风量控制环节及工作原理

在如图 21-12 所示的控制环节中。采用了两个温度控制器 TIC-1 和 TIC-2。前者为多个执行机构共用的分程控制器，后者的功能在于确保系统的最小风量控制。在冬季，也即当室外空气温度低于 10℃时，通过控制器 TIC-2 中的整定装置，可输出相应的电压信号，使新风阀阀位控制在最小的允许开启度，比如 10%。这一作用可由图中水平线段 1 表示。

然后，随着室外温度的逐渐升高，停止供暖后，在两个控制器的共同作用下，由室内温度控制器 TIC-1 通过 TIC-2 操纵执行机构 M-1，令新风阀 V-1 逐步加大开启度，直到当室外温度达到大约 24℃时，新风阀开足，并一直保持到当室外温度达到与室内温度设定值 *T*-1 相等时为止。这便是图中实线段 2 和 3 所代表的过渡季新风阀的运行状况。

当由 *T*-2 测得的室外温度信号与由 *T*-1 反映的室内温度信号一齐输入控制器 TIC-2 后，通过比较，如前者温度超过了后者温度，即表明运行工况由过渡季进入夏季。控制器 TIC-2 即输出信号，进行工况转换，使新风阀重新回到最小允许开度。这便是图中实线段 4 表示的含义。

这里是用温度参数作为工况转换的依据的。如做进一步优化，也有用比焓参数作为工况转换依据的。这时，利用类似的原理，比较新风空气和回风空气的比焓值，当前者的比焓大于后者时即进行工况的转换。这便是所谓的焓值经济运行控制。

以上论述，考虑的都是预设的固定最小新风量。但是，它并不能真实反映房间内人群流动状况变化的实时需要。所以，为了进一步节能，或者为了确保室内人多时 CO_2 浓度不超过允许的标准，可采用 CO_2 浓度传感器和相应的控制器代替 TIC-2 的部分功能。譬如，若 CO_2 浓度传感器测出的实时 CO_2 浓度值超过了预设的上限，其控制器即输出一个较高的电压信号，比如4V，于是线段 1 和 4 稍许平行上移（虚线所示），从而强令新风阀加大开启度，增加新风空气的摄入量，确保室内空气品质。

21.3.2.6　典型的全空气式舒适型空调的完整监测控制系统

结合采用上述各节的选择控制、分程控制、新风量控制、温度设定值自动再调等各种控制环节，即可构成如图 21-13 所示的典型的全空气式舒适型空调的完整监测控制系统。这也是如今国内外有关空调工程节能设计规范所要求的。

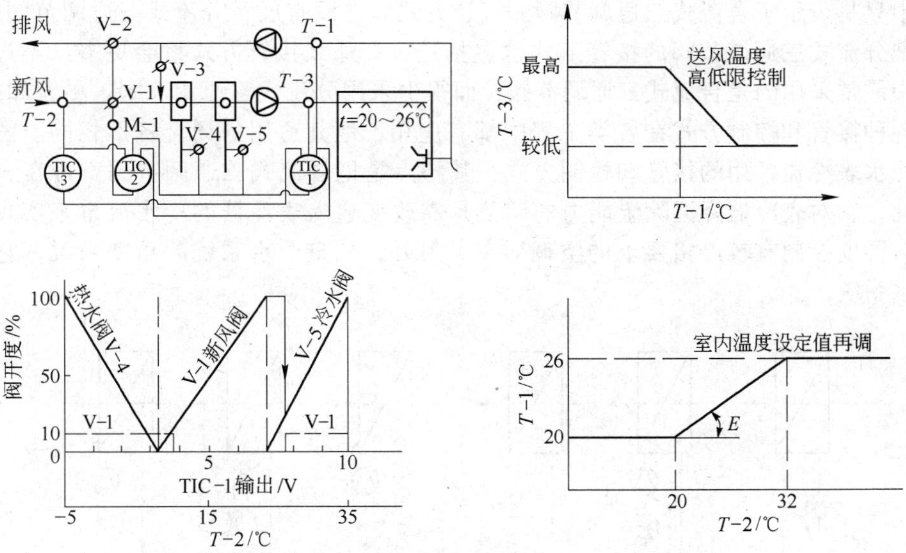

图 21-13　典型全空气舒适型空调完整控制系统

如图 21-13 所示，该系统主要由 3 个温度控制器组成，即 TIC-1、TIC-2 和 TIC-3。TIC-1 是一个多工况的分程控制器，TIC-2 用于工况转换，TIC-3 用于对室内温度设定值的自动再调。采用这样一套自控装置后，首先可实现多工况的节能运行，避免冷热抵消，实现新风降温经济节能运行。其次，还可实现室内温度设定值随室外温度的自动再调，进一步节能。

21.3.2.7　露点温度监测控制环节

露点温度监测控制环节，是工业上恒温恒湿类或对室内相对湿度有上限控制要求的空调系统中最基本的一个控制环节。它主要适用于喷水室和冷水表冷器的冷却除湿处理过程中对空气除湿量的控制。在露点温度控制环节中，值得着重指出的一点是传感器问题。如今在一些实际工程中往往不乏采用露点温度计作为露点温度控制中的传感器的现象。这是一种概念和认识上的错误，其在实际工程中的使用结果必然导致仪器烧坏。主要原因是露点温度计自身所用材料和结构并不适宜用于相对湿度接近饱和的气流介质中的缘故。

适用于露点温度控制的传感器不是别的复杂仪器，而只能是普通干球温度传感器。湿空气的热物理性能表明，只要冷却器的表面温度足够低，且其与待处理的空气有充分的接触，则经其处理后的空气即可达到近于饱和的状态。在近于饱和温度状态下，空气的干球温度、湿球温度和露点温度是大致相等的。正是基于这一原理，在通常的露点温度控制环节中，一般都是利用简单、价廉、可靠、耐用的干球温度计来代替露点温度计作为露点温度传感器。必须承认，这种代替会不可避免地带来一定的测量误差，但这一误差却为大多工程实践所允许。然而从另一方面说，正是基于这一简化，才赋予了露点温度控制方式的经济性、实用性和通用性。

21.3.2.8　*冷水表冷器和热水加热器的接管方式和监测控制*

冷水表冷器和热水加热器的接管和监测控制方式，与其所在的整个空调水系统的调节方式有着密切的关系，两者必须协调一致。有人认为在变流量水系统中只能采用二通调节阀，而三通调节阀则只适用于定流量式水系统。其实，这种说法是片面的。事实上，适用的接管和控制方式是多种多样的，只要采用适当的接管方式，三通调节阀也可用于变流量水系统，二通调节阀也可用于定流量水系统。图 21-14 给出了常用的几种接管和控制方式，在该图中只是表示了合流式三通调节阀的接管方式，并没有展示分流式三通调节阀的情况。如果再把分流式三通调节阀的接管形式也包括进去，那么接管方式将会更多。不过，在这类场合中最常采用的是合流式三通调节阀，而很少采用分流式三通调节阀。尽管如图 21-14 所示的各种接管和控制方式在各类工程中都有应用，但其适用的场合各不相同。图 21-14*a* 所示为冷水表冷器常用的接管和控制方式，其特点是把合流式三通调节阀安排在表冷器的出水管处，它对表冷器降温除湿能力的调节是靠改变通入表冷器的冷水流量来实现的。它适用于对湿度控制有较严格要求的空调对象。另外，从整个水系统的角度来说，它适用于定流量水系统。

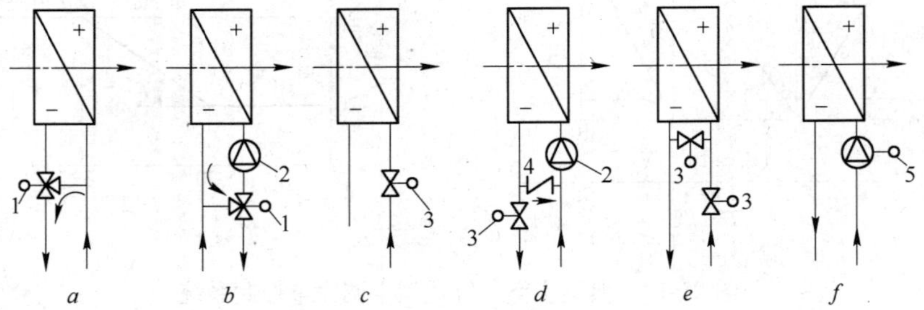

图 21-14　冷水表冷器和热水加热器的接管的控制

1—合流式三通调节阀；2—循环水泵；3—二通调节阀；4—单向阀；5—变频传动式循环水泵

在图 21-14*b* 中，虽然也是采用了合流式三通调节阀，但它安装在进水管一侧，并与定转速循环水泵一起工作。由图示不难想像，其对表冷器的控制作用主要是靠调节进入盘管的混合水温来实现的。因此，如果把它用在比较强调表冷器除湿处理能力的场合时，便显得有欠周全。此外，从整个水系统角度而言，它适用于变流量水系统。

图 21-14*c* 为二通调节阀的典型应用实例。显然，它对表冷器的控制作用在于对进入盘管的水量进行调节。它适用于变流量水系统。

图 21-14*d* 所示环节较常用于热水加热器，其运行特点是：利用循环泵混合部分回水，调

节供水温度，实现对加热度的控制。显然，它适用于变流量水系统。

图21-14e所示环节的调节作用与图21-14a所示三通调节阀的作用类似，只不过在这里用两只二通调节阀代替一只三通调节阀。两只二通调节阀受同一控制器输出信号的控制，但调节作用方向相反，也只适用于定流量水系统。

图21-14f所示为采用变频调速泵，根据控制对象的温度或湿度传感器和控制器的指令，自动改变水泵转速，调节冷水（或热水）进入盘管的流量。其主要优点是：接管简洁，调节可靠，技术先进。最适用于变流量水量系统。

22　中央空调新技术应用

在变制冷剂空调（VRV）和冰蓄冷技术应用若干年之后，近几年又有许多空调新技术与新设备应用于工程中，诸如：大温差低温送风空调系统、置换通风、空调热回收和冷热电三联供等。

22.1　低温送风空调系统[8]

在蓄冰空调系统能制备较低冷水（盐水）1～5℃条件下，则有可能将空气的机器露点温度降至3.5～10.5℃，相对于常规用7℃供水，12℃回水处理空气使其机器露点温度达到13～15℃，前者可谓是一种“低温”的空气处理系统。

22.1.1　低温送风空调系统与常规空调系统技术性比较

22.1.1.1　两种空调系统的参数比较

低温空调可减小送风量，同时风管尺寸和占用的建筑空间也相应有所减小。表22-1为常规空调系统与蓄冰空调系统采用低供水温度时的相互比较结果。

表22-1　常规空调与“低温”空调系统的比较

项　目	常规系统	蓄　冰　系　统		项　目	常规系统	蓄　冰　系　统	
	$t_N=24℃$	$t_N=25.5℃$	$t_N=24.5℃$		$t_N=24℃$	$t_N=25.5℃$	$t_N=24.5℃$
送风温度	13℃	5～8℃	8～11℃	风管尺寸	100%	65%～70%	80%
冷却介质温度	7℃	1～3℃	3～5℃	建筑空间	—	节省较大	有一定节省
冷却介质温升	5℃	13℃	10℃	送风侧保温	一般处理	加强保温	稍需加强保温
风机功率	100%	50%～70%	75%～90%				

22.1.1.2　两种空调系统表冷器选择参数比较

采用低温空调系统的空气冷却除湿处理一般具有降焓与降湿量大的特点。以北京地区为例，若室内空气参数取为 $t_N=25.5℃$，$\varphi_N=30\%$，室外夏季设计参数为 $t_X=33.2℃$，$\varphi_X=58\%$，按常规空调系统取新风量为总风量的15%计，则在总风量减小到常规总送风量的60%时，保持新风量不变，则其所占比例约为25%。由此可算出空气处理过程的除焓量与除湿量分别为 $\Delta h\approx30.0$kJ/kg（约7kcal/kg）；$\Delta d>3$g/kg。

为此，在选择表冷器时一般均需8排以上，以保证具有较大的降焓能力和低温冷却介质有较大的温升。为降低表冷器空气侧和水侧的阻力，常把空气迎面风速适当降低，同时保持具有与常规空调用表冷器相差不大的水阻力。常规系统与低温系统在表冷器选择方面的差异见表22-2。

表22-2　常规空调与低温空调表冷器选择参数比较

项　目	常规系统	低温系统	项　目	常规系统	低温系统
迎面风速/$m\cdot s^{-1}$	2.5	1.6～2.3	进（盐）水温度/℃	7	1～5
空气侧压降/Pa	150～250	150～250	出风温度/℃	13	7
水侧压降/kPa	300～600	300～600	冷（盐）水温升/℃	5～6	10～16

22.1.2　低温送风空调的优点与有关规定

22.1.2.1　低温送风空调的优点

从表22-1与表22-2可以看出，低温送风系统具有以下优点：

（1）比常规系统送风温差和冷水温升大，送风量和循环水量小，减小了空调机组、水泵、风管等的初投资，节省了机房面积和风管所占空间高度；

（2）由于冷水温度低，制冷能耗比常规系统要高，但采用蓄冷系统时，制冷能耗发生在非用电高峰，而用电高峰期使用的风机和冷水循环泵的能耗却有显著的降低，因此常与冰蓄冷结合使用的低温送风系统明显地减少了用电高峰期的电力需求和运行费用；

（3）特别适用于负荷增加而又不允许加大管道、降低层高的改造工程；

（4）加大了空气的除湿量，降低了室内湿度，增强了室内的热舒适性。

蓄冰空调冷源需要较高的初投资，实际用电量也较大，利用蓄冰设备提供的低温冷水，与低温送风系统结合，则可有效地减少初投资和用电量，且更能够发挥减小电力需求和运行费用的优点，所以特别推荐使用；其他能够提供低温冷媒的冷源设备，例如干式蒸发或利用乙烯乙二醇水溶液做冷媒的空调机组，也可采用低温送风系统；常规冷水机组提供的5～7℃的冷水，也可用于表冷器出风温度为8～10℃的空调系统。

低温送风系统的房间相对湿度较低，送风量较小，因此规定要求湿度较高及送风量较大的房间不应采用。

22.1.2.2　有关低温送风空调的技术规定

当设计采用低温送风系统时，应符合下列规定：

（1）表冷器的出风温度与冷媒的进口温度之间的温差不宜小于3℃，出风温度宜采用4～10℃，干式蒸发系统不应低于7℃。

（2）应计算送风机、送风管道及送风末端装置的温升，确定室内送风温度；并应保证在室内湿度条件下风口不结露。

（3）采用低温送风时，室内设计干球温度宜比常规空调系统提高1℃。

（4）空调机组的选型，应通过技术经济比较确定。表冷器的迎风面风速宜采用1.5～2.3m/s；冷媒通过空气冷却器的温升宜采用9～13℃。

（5）当采用向房间直接送低温冷风的送风口时，应采取能够在系统开始运行时，使送风温度逐渐降低的措施。

22.1.2.3　有关低温送风空调技术规定的若干说明

（1）表冷器的出风温度。制约表冷器出风温度的条件是冷媒温度，如冷却盘管的出风温度与冷媒的进口温度之间的温差（接近度）过小，必然导致盘管传热面积过大而不经济，以致选择盘管困难；送风温度过低还会带来以下问题：

1）宜引起风口结露；

2）不利于风口处空气的混合扩散；

3）当表冷器出风温度低于7℃时，可能导致干式蒸发系统的盘管结霜和液态制冷剂带入压缩机。

（2）送风温升。低温送风的温升一般可达3℃左右（风机、风管及末端装置的总温升）。

22.2 置换通风[8]

22.2.1 置换通风的特性及与常规空调的比较

22.2.1.1 置换通风的特性

在建筑空间中，人们只在活动区停留。以净高大于等于2.4m的民用建筑及层高为5.5m的工业建筑为例，其工作区人的呼吸带高度与建筑空间高度之比约为0.46～0.27。将通风系统的新鲜空气直接送入工作区，是强调了通风的有效性。

置换通风是将经过处理或未经处理的空气，以较低的速度、略低于室内设计的温度，直接送入人员活动区。送风口位于地板附近，吸风口位于天花板或屋顶附近。送入室内的空气先在地板上均匀分布，随后流向热源（人员或设备）形成热气流以烟羽的形式向上流动，在上部空间形成滞留层，从滞留层将余热和污染物排出室外。

置换通风的竖向流型是以浮力为基础，室内污染物在热浮力的作用下向上流动，在气流上升的过程中，卷吸周围空气，烟羽流量不断增大。在热力作用下，建筑物内空气出现分层现象，从而使室内形成两个截然不同的区域：在分层界面下方的下部区域（人员活动区）内没有循环气流（接近置换气流），在分层界面上方的上部区域（滞留区）有循环气流。

传统的混合通风是以稀释原理为基础的，而置换通风以浮力控制为动力。这两种通风方式在设计目标上存在着本质的差别。前者是以建筑空间为本而后者是以人为本。由此在通风动力源、通风技术措施、气流分布等方面及最终的通风效果上发生了一系列的差别，也可以说置换通风以崭新的面貌出现在人们面前。

22.2.1.2 置换通风与常规空调混合通风的比较

两种通风方式的比较见表22-3。

表22-3 两种通风方式的比较

项　目	混合通风	置换通风	项　目	混合通风	置换通风
目　标	全室温湿度均匀	工作区舒适性	措施4	风口掺混性好	风口扩散性好
动　力	流体动力控制	浮力控制	流　态	回流区为紊流区	送风区为层流区
机　理	气流强烈掺混	气流扩散浮力提升	分　布	上下均匀	温度/浓度分层
措施1	大温差高风速	小温差低风速	效果1	消除全室负荷	消除工作区负荷
措施2	上送下回	下侧送上回	效果2	空气品质接近于回风	空气品质接近于送风
措施3	风口紊流系数大	送风紊流小			

22.2.2 置换通风的自然对流与送排风温差

22.2.2.1 置换通风的自然对流现象

置换通风房间内的热源有工作人员、办公设备及机器设备三大类。在混合通风的热平衡设计中仅把热源的发热量作为计算参数而忽略了热源产生的上升气流。置换通风的主导气流是依靠热源产生的上升气流即烟羽来驱动房间内的气流流向，因此可产生自然对流现象。

22.2.2.2　送排风温差

欧洲国家根据多年的经验，确定了送排风温差与房间高度的关系，见表22-4。

表22-4　送排风温差与房间高度的关系

房间高度/m	送排风温差/℃	房间高度/m	送排风温差/℃
<3	5~8	6~9	10~12
3~6	8~10	>9	12~14

22.3　空调热回收与空气换热器[8]

22.3.1　热回收方式及其比较

空调热回收大多是靠空气换热器来实现的。

这类换热器可统称为空气对空气的热交换器，有旋转式和固定式两种。在建筑物空调负荷中，新风负荷占的比例很大，利用全热交换器或显热交换器回收排风中的能量，节约新风负荷是空调系统节能的一项有力措施。

从排风中回收热量的装置有转轮式、板翅式、热管式和热泵式等几种。各种热回收方式的比较见表22-5。

表22-5　各种热回收方式的比较

序 号	热回收方式	效率	设备费	维护保养	序 号	热回收方式	效率	设备费	维护保养
1	转轮换热器	A	B	B	4	板翅式全热换热器	A	B	A
2	中间热媒式换热器	C	A	A	5	热管换热器	B	B	A
3	板式显热换热器	B	B	A	6	热　泵	B	C	C

注：A、B、C的顺序按有利至不利排列。

22.3.2　全热换热器与新风换气机

22.3.2.1　转轮式全热换热器

转轮式全热换热器主要由转轮、驱动马达、机壳和控制部分所组成。转轮做成蜂窝状，如由吸湿材料组成，则不仅能回收显热量，也可回收潜热，称全热交换器。转轮中央有分隔板，隔成排风侧和新风进风侧，排风和新风气流逆向流动。从而各自释放和吸收能量，达到热回收的效果。

转轮式换热器的优缺点见表22-6。

表22-6　转轮式换热器的主要优缺点

优　　点	缺　　点
（1）既能回收显热，又能回收潜热；	（1）装置较大，占用建筑面积和空间多；
（2）排风与新风交替逆向流过转轮，具有自净作用；	（2）接管位置固定，配管灵活性差；
（3）通过转速控制，能适应不同的室内外空气参数；	（3）有传动设备，自身需要消耗动力；
（4）回收效率高，可达到70%~90%；	（4）压力损失较大；
（5）能应用于较高温度（≤80℃）的排风系统	（5）有少量渗漏，无法完全避免交叉污染

22.3.2.2 板翅式全热换热器

A 板翅式全热换热器的换热效率和压力损失

板翅式 QHW 型换热器的换热效率和压力损失见表22-7。

表 22-7 板翅式 QHW 型换热器的换热效率和压力损失

规格型号			温度效率/%	湿度效率/%	焓效率/%		压力损失/Pa
系列	型号	额定风量/$m^3 \cdot h^{-1}$			冬季平均	夏季平均	
40	4041 4042 4043 4044 4045	1280 2560 3800 5120 6400	80	56	72	65	180
	4041 4042 4043 4044 4045	1440 2880 4320 5760 7200	78	48	68	58	210
	4041 4042 4043 4044 4045	1600 3200 4800 6400 8000	77	42	66	54	230
100	10041 10042 10043 10044 10045	4000 8000 12000 16000 20000	77	40	64	52	320

B 全热回收装置的节能效益

全热回收装置的节能效益见表22-8。

表 22-8 全热回收装置的节能效益

全年负荷	全年热负荷/$kJ \cdot a^{-1}$			预计可节约的标煤量/$kg \cdot a^{-1}$	全年冷负荷/$kJ \cdot a^{-1}$			预计可节约的用电量/$kW \cdot h \cdot a^{-1}$
	显热	潜热	全热		显热	潜热	全热	
北京地区	119671	65641	185124	6.30	2211	14989	18321	0.96
上海地区	86323	21545	107869	3.66	5920	66227	72147	3.76
广州地区	26607	1947	28554	0.96	17291	107475	124767	6.50

22.3.2.3 热回收式新风换气机

(1) 热回收新风换气机的功能。此类新风换气机在某些场合可取代新风机组。

（2）XHB 系列热回收式新风换气机。该机的技术参数见表 22-9。

表 22-9　XHB 系列吊顶式新风换气机技术参数　　（北京环都）

型　号	新风量 $/m^3 \cdot h^{-1}$		机外余压 /Pa		焓回收率/%				温度回收率 /%		噪声 /dB（A）		额定电压/V	额定功率/W	额定电流/A	净重 /kg
					夏　季		冬　季									
	高	低	高	低	高	低	高	低	高	低	高	低				
XHBX-D1.5T	150	90	62	35					70	72	38	30	220	78	0.7	9.3
XHBQ-D1.5T					63	67	69	71								
XHBX-D2TA	200	150	90	70					70	72	38	32	220	134	1.18	10
XHBQ-D2TA					63	67	69	71								
XHBX-D2TB	200	150	75	60					70	72	38	32	220	132	1.17	19
XHBQ-D2TB					63	67	69	71								

22.4　冷热电联产与冷却塔供冷

22.4.1　冷热电联产[8]

22.4.1.1　冷热电联产的优点

冷热电联产（combined cooling heating and power，CCHP）是一种建立在能量梯级利用概念基础上，将制冷、供热（供暖和供热水）及发电过程一体化的总能系统。与集中式发电—远程送电比较，CCHP 具有电力、热力供应的稳定性和可靠性高，缓解电网拥挤、增加电网机动性，提高能源利用效率、降低发电煤耗，降低 CO_2 和 SO_2 的排放量等优点。

通过试点项目分析，从整体角度看，实施冷热电联产无论对国家、热电企业还是用户都带来了明显的经济效益。经济性的优点主要体现在（1）冷热电联产虽然初投资成本大，但是运营成本低，总体的收益绝对好于其他形式，无论对用户还是对国家都是有利的。（2）冷热电联产虽然减少了电力生产量，但是其带来的损失远远小于增产电力而带来的收益，这主要体现在发电煤耗的减少量超过了冷热电联产供冷煤耗的增加量。（3）从热经济学角度讲，冷热电联产供冷多数利用了发电结束以后的废热，利用了低品位的能量而提高了一次能源的使用率。（4）从外部环境收益角度来说，综合利用废热资源制冷有利于减少对环境的热污染，而其他形式的制冷方式均对外界环境有热污染。

22.4.1.2　冷热电联产的初投资比较与运行费用比较

现针对某热电厂的试点项目以实际运行数据为基础，从热电厂和用户的角度进行经济效益分析。目的不在于讨论冷热电联产是否节能和减少了多少高峰电力负荷，而主要是说明热电厂与用户采用联产的经济性，即减少了多少发电煤耗，也就是如何充分利用热电厂产热的优势削弱产电的劣势，从而降低整个电力系统的发电煤耗。

A　试点项目概况

该热电厂地处我国华北地区，原有蒸发量为 35t/h 的锅炉 5 台，3MW 和 6MW 背压式汽轮机组各 1 台，1.5MW 的凝汽式汽轮机组 1 台，2001 年又新增装 1 台 8MW 抽凝式汽轮机组和 1 台 51t/h 的锅炉。有北线和西线两条主供热管网。其中西线主要供工厂、住宅小区和民用设施。自从 1995 年起该厂就以西线一个 6 万 m^2 的住宅小区为试点实施冷热电联供，经过 8 年运行，经济效益良好。

B　初投资比较

研究用户侧的初投资因范围选取不同会产生较大的差异，这里所研究的用户侧仅限于整个小区围墙内，用户使用权限以外的土地、设备等费用一律不予考虑。冷热电联供系统全年用电用气，集中电制冷空调系统、直燃机空调系统和地板辐射供暖分散空调系统以及采用集中供暖，对负荷为5.1MW的该小区各系统初投资估算值见表22-10。

表22-10　各空调方案初投资比较（5.1MW）　（万元）

项　目	系　统　形　式			
	冷热电联供系统	集中电制冷	直燃机	户式分散空调＋地板辐射供暖
制冷机	540	420	560	358
冷却水泵	10.6	7.6	10.6	
冷（热）水泵	20.8	17.2	20.8	17.2
冷却塔	64	40	58	
换热设备	43	43	43	43
管线投资及末端设备	88	88	88	115.5
变电站建设费	2.1	62	2.1	98.6
供暖增容费	50	50	50	50
天然气增容费			280	
合　计	818.5	727.8	1112.5	682.3

注：各系统变电站建设费仅考虑空调系统所耗电量的建设投资额。

C　运行费用比较

4种方案的年运行能耗和运行费用，见表22-11。

表22-11　各空调方案年运行费比较（5.1MW）①

项　目	系　统　形　式			
	冷热电联供系统	集中电制冷	直燃机	户式分散空调＋地板辐射供暖
耗蒸汽量/$t \cdot a^{-1}$	11635.2	3528.7	3528.7	3528.7
耗天然气/$m^3 \cdot a^{-1}$			478830	
耗电/$kW \cdot h \cdot a^{-1}$	330038	2051600	203100	3692900
运行费/万元	136.3	166.24	169.6	271.3
管理人员费用/万元	6.0	4.8	4.8	4.8
年运行成本/万元	142.30	171.04	174.40	276.10

①该市电价为0.64元/（kW·h），蒸汽价格为99元/t，天然气价格为1.60元/m^3。

22.4.1.3　冷热电联产初投资增高部分的回收期

各系统的运行成本可近似视为初投资的折旧与运行费用之和。但是，分散式空调的折旧率与其他3种有显著区别，按照年均折旧法每年折旧费以10%计（压缩机经济使用年限），其他系统的折旧率按5%计算。从表22-11可以看出，冷热电联供的运行费最少，集中电制冷次之，直燃机的运行费用较大，而分散式空调加地板辐射供暖的运行费用最高。与集中电制冷、直燃机和分散空调相比，用户采用三联供形式的运行成本分别降低了17%，18%和48%。所以冷热电联产系统要比集中电制冷系统、直燃机系统和户式分散空调系统的运行费用降低很多。引用例子中由于初投资引起的冷热电联产费用增高的部分，只要3～

4年时间就可以完全收回。

22.4.2　冷却塔供冷系统[8]

22.4.2.1　冷却塔供冷系统特点

冷却塔供冷系统（又称免费供冷）是一种近年来引起人们十分关注的节能降耗的系统形式。目前，国内新建和已建成的开敞式现代办公楼中的空调方式多采用风机盘管+新风系统。这些建筑物的内区往往要求空调系统全年供冷，而在过渡季或冬季，当室外空气焓值低于室内空气设计焓值时，又无法利用加大新风量来进行免费供冷。对此，应该利用冷却塔供冷技术，通过水系统来利用自然冷源。当室外空气湿球温度低到某数值以下时，关闭冷水机组，以流经冷却塔的循环冷却水直接或间接向空调系统供冷，提供建筑空调所需要的冷负荷。在空调系统中，冷水机组的能耗占有极高的比例，如用冷却塔供冷技术可少开或不开冷水机组，其节能效果将会是显著的。

为了推动冷却塔供冷技术在我国的应用与推广，专家们建立了冷却塔供冷系统在我国不同条件下的运行能耗模型，以预测该系统在我国各地应用的情况，为设计提供参考。

22.4.2.2　冷却塔供冷系统的模拟研究

A　空调系统形式的选择

冷却塔供冷系统与常规供冷系统的差异主要体现在水系统上。在由常规供冷模式转换到冷却塔供冷模式后，尽管冷水机组停止运行，但系统中的水泵、冷却塔等设备仍照常运行。

为了便于对冷却塔供冷系统进行全面的分析，特选择了三种供冷方式：

(1) 冷却塔直接供冷系统——将冷却塔冷却后的冷却水直接经分水器通入空调末端供冷。

(2) 冷却塔间接供冷系统——将冷却塔冷却后的冷却水通入板式换热器，而另将板式换热器换热后的冷水按原循环方式通入空调末端实施间接供冷；

(3) 常规供冷系统——即开启制冷机正常供冷。

B　冷却塔供冷系统的组成

冷却塔供冷系统主要由三部分组成，即 (1) 常规制冷部分（包括冷水机组和相关设备）；(2) 冷却塔供冷部分（包括冷却塔和换热器等设备）；(3) 空调末端设备部分。

22.4.2.3　冷却塔供冷的节能率

现以某办公楼标准层（54m×54m，内外区比为1:8）为模拟建筑，模拟建筑围护结构参数见表22-12。为了便于比较，设定建筑物内部负荷均为60W/m^2，过渡季供冷温度为10℃、13℃。经采用模拟计算程序分别对乌鲁木齐、哈尔滨、兰州、北京、西安、上海、广州等7个典型城市进行了冷却塔供冷系统和常规供冷系统运行能耗的模拟，模拟结果列入表22-13。

表22-12　办公楼建筑围护结构参数

地　点	传热系数 K/W·(m^2·℃)$^{-1}$		遮阳系数	窗墙比/%
	外　墙	钢　窗		
广州 北京 上海 西安	1.92（24砖墙）	6.4（单层）	0.55	40
兰　州	1.49（37砖墙）	3（双层）	0.55	40
哈尔滨 乌鲁木齐	1.2（49砖墙）	3（双层）	0.6	40

表 22-13　7个典型城市冷却塔供冷的节能率

城　市	供冷温度/℃	冷却塔供冷形式	温差 Δt/℃	比常规系统节能/MW·h	节能率/%	冷却塔供冷时数/h
哈尔滨	10	直　接	—	41.76	17.53	888
	10	间　接	1.7	28.09	11.79	810
	10	间　接	2.2	26.32	11.05	790
	10	间　接	2.7	24.87	10.44	766
	13	直　接	—	52.49	22.04	1033
	13	间　接	1.7	35.29	14.82	942
	13	间　接	2.2	33.32	13.99	917
	13	间　接	2.7	31.75	13.33	898
乌鲁木齐	10	直　接	—	64.61	26.71	1154
	10	间　接	1.7	48.61	20.09	1070
	10	间　接	2.2	45.69	18.89	1032
	10	间　接	2.7	43.32	17.91	999
	13	直　接	—	84.03	34.74	1287
	13	间　接	1.7	61.69	25.50	1152
	13	间　接	2.2	58.40	24.14	1114
	13	间　接	2.7	55.08	22.77	1058
西　安	10	直　接	—	51.32	13.71	773
	10	间　接	1.7	32.61	8.71	676
	10	间　接	2.2	29.36	7.84	639
	10	间　接	2.7	26.40	7.05	604
	13	直　接	—	69.14	18.47	1009
	13	间　接	1.7	45.42	12.13	912
	13	间　接	2.2	42.20	11.27	868
	13	间　接	2.7	38.77	10.36	821
兰　州	10	直　接	—	69.72	25.21	1114
	10	间　接	1.7	51.71	18.69	1038
	10	间　接	2.2	48.37	17.49	1005
	10	间　接	2.7	44.77	16.19	962
	13	直　接	—	87.0	31.45	1298
	13	间　接	1.7	66.26	23.96	1198
	13	间　接	2.2	63.15	22.83	1169
	13	间　接	2.7	60.10	21.73	1145
北　京	10	直　接	—	62.49	17.66	1029
	10	间　接	1.7	43.78	12.37	970
	10	间　接	2.2	40.62	11.48	930
	10	间　接	2.7	37.46	10.58	907
	13	直　接	—	72.84	20.6	1129
	13	间　接	1.7	53.47	15.11	1077
	13	间　接	2.2	51.27	14.49	1064
	13	间　接	2.7	48.83	13.80	1050

续表 22-13

城　市	供冷温度/℃	冷却塔供冷形式	温差 Δt/℃	比常规系统节能/MW·h	节能率/%	冷却塔供冷时数/h
上　海	10	直　接	—	36.94	8.47	545
	10	间　接	1.7	18.21	4.18	414
	10	间　接	2.2	14.74	3.38	352
	10	间　接	2.7	12.80	2.94	325
	13	直　接	—	54.38	12.47	749
	13	间　接	1.7	31.59	7.24	637
	13	间　接	2.2	27.98	6.42	597
	13	间　接	2.7	24.41	5.60	566
广　州	10	直　接	—	4.86	0.81	60
	10	间　接	1.7	1.16	0.19	30
	10	间　接	2.2	0.77	0.13	24
	10	间　接	2.7	0.34	0.06	16
	13	直　接	—	13.49	2.26	180
	13	间　接	1.7	5.87	0.98	101
	13	间　接	2.2	4.46	0.75	84
	13	间　接	2.7	3.55	0.59	71

通过对表 22-13 的分析，可得出以下几点：

(1) 在我国采用冷却塔供冷系统，除广州等南方沿海地区以外，在其他地区都会收到一定的节能效果。上述 7 个城市中，当采用冷却塔直接供冷系统时（供冷温度 13℃），除广州外，其余 6 个城市中冷却塔供冷系统与常规供冷系统相比较，其节能率可达 12.47% ~ 34.74%。即使供冷温度为 10℃时，除广州、上海外，其节能率均在 10% 以上，乌鲁木齐高达 26.71%。当采用冷却塔间接供冷系统，在供冷温度为 13℃时，除广州、上海外，其节能率也在 10% 以上。乌鲁木齐可高达 25.5%。

(2) 西北地区（如兰州、乌鲁木齐），采用冷却塔供冷系统的节能效果最佳，其次是北方一些城市（如哈尔滨、北京等），南方沿海城市（如广州）节能效果最差。

(3) 对于舒适性空调，如对供冷温度（即制冷机冷水温度）无特殊要求的话，应将供冷温度定在人们舒适性所能允许的最高温度，越高越好。例如，供冷温度定在 13℃ 比定在 10℃ 节能率要高得多。

(4) 在系统形式的选择方面，两种冷却塔供冷系统各有优势。冷却塔直接供冷系统在节能方面优于间接供冷系统，采用间接供冷系统可免去像直接供冷系统那样日常维护的麻烦。因此，采用哪种冷却塔供冷系统应结合工程现场情况确定。

22.4.2.4　*冷却塔供冷的发展前景*

近几年来，高层建筑、超高层建筑在全国各大城市中发展迅速。适合于冷却塔供冷技术条件的大型办公建筑、具有高显热的大中型计算机房、要求空调系统全年供冷的建筑越来越多。这为冷却塔供冷技术在我国的应用与推广提供了良好的发展前景。

22.5 天棚辐射采暖制冷系统

22.5.1 天棚辐射与置换新风的优点

22.5.1.1 天棚辐射采暖制冷系统的优点

天棚辐射采暖制冷系统——供采暖制冷的水管均匀地埋设在混凝土楼板中，混凝土对水管起到保护作用。冬季供暖水温26℃左右，夏季制冷水温控制在20℃左右，通过低温差辐射调节室内温度。由于外围护结构良好地隔绝了外部环境的传热，所以采暖制冷负荷需求很小。房间内表面辐射温度和室温非常接近，因此营造了一个非常舒适、没有冷风刺激感、温湿均匀柔和、四季如春的室内环境。该系统最大的特点：

（1）不再用空气作为冷热媒。解决了传统空调中空气既作为冷热媒循环使用，又供人呼吸的污洁混合问题。

（2）自控性强。由于系统工作温度在舒适范围20～26℃左右，因此系统本身还具有很好的自控性能。冬天当室内接受较多太阳辐射时，室温会升高，室温无棚与辐射温差减小，无棚辐射强度自然降低，所需能耗减小，系统实现同步自我调控，当室温升至26℃，无棚热辐射停止，功率降为0W/m^2，夏天的情况相仿。

（3）热损耗很小。良好的外围护结构，将建筑热损耗降至最低。

（4）可利用地下水、土壤等作为冷热源。由于供水温度和环境温差很小，所以热泵的工作效率很高（所需电能仅为通常所需电能的1/5～1/7）。

22.5.1.2 配装置换式新风系统的优点

置换式新风系统——经处理后的室外空气通过风管以缓慢的速度(0.2～0.3m/s)从地面新风口送入房间,其温度略低于室温,在地面形成一个新鲜空气层,缓缓的溢满房间每个角落。人体等热源会将新风加热,使之沿着人体向上浮动,轻轻拂过人体,这样人体就被一个新鲜空气形成的湍流所包围,呼吸到的都是新鲜空气。热空气带着人呼出的废气和其他杂质升至顶棚,由顶部设置的排风口排出,新风连续下送上回。

置换式新风系统与传统空调相比较的优点是：

（1）无风感、无噪声、无尘土搅动，污洁空气不交叉，保证室内连续的新风供应。

（2）温湿度稳定。新风的相对湿度保持在40%～60%的舒适范围内，远未达到饱和状态，所以不会因空气与室内界面之间的温差而产生结露现象。

（3）新风利用率高，需求量小。送风管道截面很小，降低了设备成本且节约大量空间。

22.5.2 应用条件与其节能性

22.5.2.1 应用好天棚辐射采暖制冷系统的前提条件——需要有健康、舒适、节能的房屋建筑系统予以支持

（1）利用不同性能材料及技术组合构建成的房屋建筑，最大限度地利用有利因素，抵御恶劣气象条件和其他不利因素，使围护结构内部环境适宜人体居住环境，就像为建筑穿上了一件智能外衣，在没有辅助设备使用的条件下，具有长期抵御外界各种不利环境条件的能力，让室内空间尽可能多地利用自然环境中对人有利的一面——适宜的自然光、优美的景观、舒适的温湿度、新鲜的空气及安静的环境等。

（2）如果外部环境非常不利，必须使用辅助设备来达到舒适要求的时候，则应尽量缩短需要使用设备的时间，且降低对设备的功率需求，即用很少的能量补充就可将内部环境调整到

舒适范围。当这种需求量降到一定程度的时候，就可以从根本上改变设备的工作方式。

22.5.2.2　天棚辐射采暖制冷系统工程实例以及突出的节能性

瑞士凯乐（KT）技术——健康、舒适、节能建筑系统不仅在国外拥有很多的工程实例，而且在中国也建造了许多行之有效的工程。

凯乐（KT）健康、舒适、节能系统2001年开始走进中国。至今已在北京、上海、南京等地设计和建造了近50万 m^2 的建筑。凯乐（KT）在中国的所有作品均满足健康、舒适、节能要求，具有室内空气新鲜、温度稳定、无任何噪声、无风感、空间完整、布局紧凑、低能耗、低运行费用、高性价比等特点。

A　主要工程项目

主要工程项目如下：

（1）北京锋尚国际公寓。建筑面积：10万 m^2，开发商：北京锦绣大地房地产公司，2003。

（2）北京MOMA国际寓所。建筑面积：6万 m^2，北京东城区东直门香河园路1号，2003。

（3）北京POP MOMA恒湿恒温·科技住宅。9万 m^2，北京东直门香河园路1号，2004。

（4）上海“安亭新镇”青年公寓。2万 m^2，开发商：上海国际汽车城置业有限公司，2004。

（5）南京朗诗·国际街区住宅。28万 m^2，采用地源为主要冷热源，节能75%以上，2004。

（6）上海明丰湖滨花园别墅群。3.94万 m^2，上海吴江淀山湖畔，采用地源，2004。

（7）北京泰跃大厦办公楼。9万 m^2，北京三义庙（北三环与西三环交汇处），2004。

B　节能性比较

节能性比较见图22-1～图22-5。

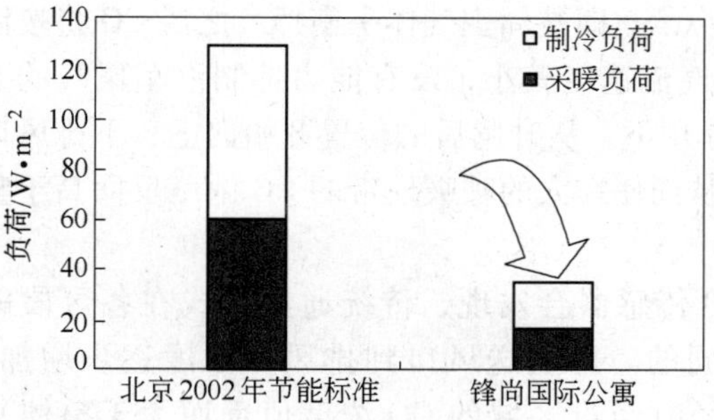

图22-1　实用冷热负荷比较

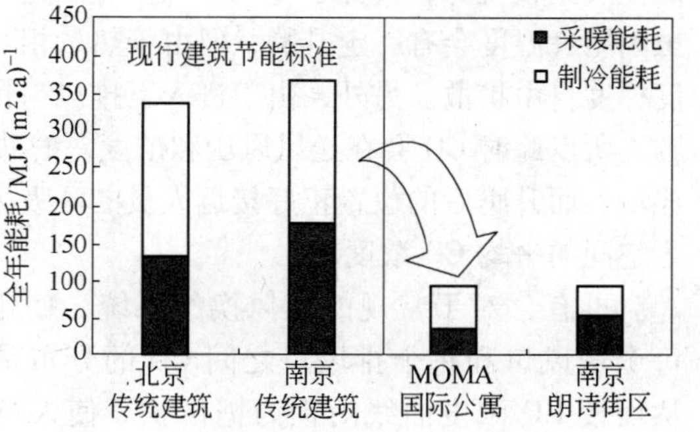

图22-2　全年能耗比较

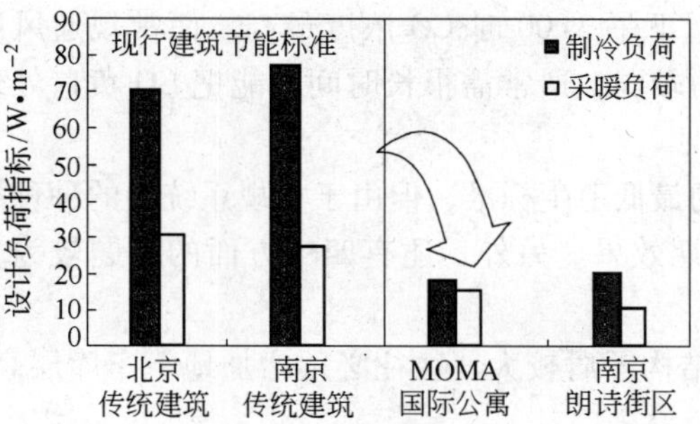

图22-3　设计负荷指标比较

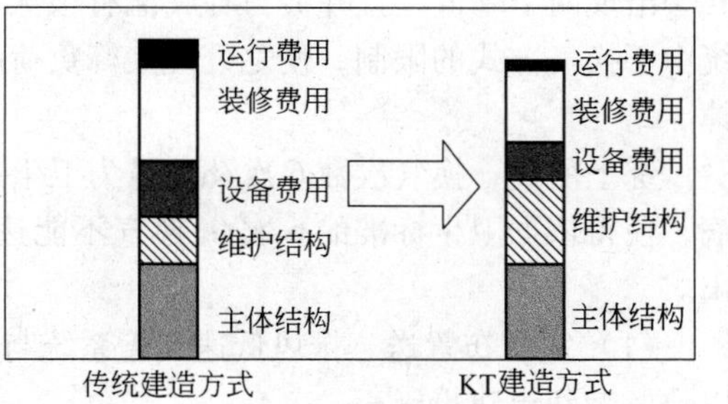

图22-4　成本分配比较

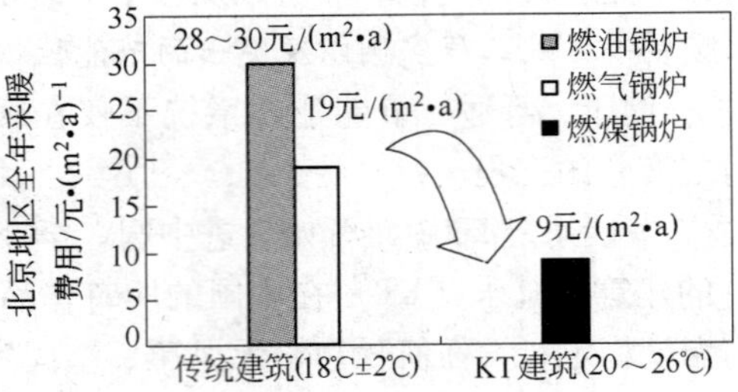

图 22-5　北京地区住宅年采暖费用比较

22.6　地下停车库诱导通风系统

目前，在我国停车库通风设计中，采用的送排风系统的通风换气次数为 6 次/h，此为我国卫生部门的最低标准。在送排风口布置时，对于分子量大于空气分子量的污染物采用三分之一上排风、三分之二下排风方式来处理负荷；分子量小于空气分子量的污染物采用三分之一下排风、三分之二上排风方式来处理负荷。

仅从理论上讲，常规地下车库通风方式在 CO 控制方面可以达到要求。但实际工程中常因气流短路，使车库中 CO 浓度高于卫生标准。这主要因为以下原因所造成：

首先，常规通风换气系统属于完全混合式换气系统，但完全混合式换气系统有着它先天的不足，即经一次换气之后，其通风有效度（排气后 CO 浓度与换气前空间内 CO 浓度之比）不可能大于 50%，有时甚至更低。

其次，现代燃料中，铅与硫的含量越来越低，而 CO 成了汽车尾气的主要有害物质，CO 的性质比较特殊，其分子量与空气相近（空气分子量约为 29）。CO 从汽车排气管中排出后，虽因尾气温度会有一定升腾，但由于热量相对太小，立即被周围气体平衡掉。之后 CO 将按浓度梯度自由扩散。另外，由于进入下排风口前的气流速度较小，没有能力抑制汽车尾气的升腾，所以此时 CO 会在送风风压和浓度差的共同作用下，从升腾后的位置开始向上、下排风口移动，而升腾后的位置正好接近人员的呼吸区，从而使在人的呼吸地带的 CO 浓度反而高于整个空间的平均 CO 浓度。

再有，对于常规的通风换气系统，使用 CO 传感器会发现，传统通风方式在各区段的每个送风口和每个排风口之间 CO 的分布是相同的。即从送风口到排风口浓度逐步增加，从而使 CO 浓度曲线沿程为锯齿状，使人员行经时经过区域的 CO 浓度值反而大于整体平均值。

最后，对于停车库的 CO 负荷产生并非一个连续稳定的过程，通常会在上午 8:00 和下午 3:00出现两个峰值。且峰尖与谷底值有很大差别。下午 3:00 时 CO 浓度最高。而常规通风系统由于换气方式的限制，使之处理尖峰负荷的能力较弱，通常需很长时间才能把 CO 负荷处理掉。

综上所述，换气次数 6 次/h，虽为卫生部门的最低卫生标准，但由于常规系统中的种种弊病，使得依据卫生标准的 6 次/h 换气不能达到如期效果。另外，还有四个方面的问题较为突出。

（1）室内布置送、排风低速风管系统与建筑结构矛盾较大，往往必须增加地下车库层高，以致影响到土建投资；

（2）风管截面尺寸大，使车库有压迫感；

（3）风管上积聚尘土难以清扫；

（4）运行费用较高。

为此，采用诱导通风系统来代替一般低速风管系统，便被视作解决这一问题的唯一的一种有效途径。

诱导通风系统是利用高速喷出的少量气体来诱导及搅拌周围的大量空气，并带动至特定的目标方向，这个系统是由喷嘴、高压风机、小口径螺旋风管所组成，对特殊环境或空间能发挥较常规通风系统更佳的效果。

诱导通风系统，又称为活塞式换气系统，各只喷嘴诱导的气体形成一面活塞式的气墙，向前推进，使其通风有效度理论上可达100%，其用于通风换气比常规系统彻底得多。诱导通风系统一方面稀释室内有害气体，一方面带动室内空气流动，沿着预设的空气流道行进，从而确保车库内的良好换气。这时，虽然进风和排风风机仍须采用，但其所需风压远比使用传统系统时为小。

再有，利用对喷射角度的调整，可使CO随主气流位于地表面不通过人区，使呼吸地带的CO浓度下降。诱导通风系统CO浓度沿程曲线为向排风口上升的曲线，但即使CO浓度在最高值处，由于高浓度区位于地表面，呼吸带CO浓度亦低于常规通风系统且非锯齿状分布，处处低于国家卫生标准。

另外，诱导通风系统具有较高的通风换气效率，其处理尖峰负荷的能力远远优于常规系统。通常，诱导通风系统处理某一尖峰负荷的时间仅为常规系统的一半。

从系统设置来讲，诱导通风系统代替了常规通风系统的送风管、排风管、各种风口、阀门和为克服这些阻力的压头，从而大大减少了电耗。其耗电量仅为2W/m^2。诱导通风系统结构简单，系统泄漏小。其系统设计也较简单，变动弹性大，即使系统施工完毕，仍可视实际情况增减风量。由于诱导通风系统不使用风管，基本无需维护；其气流流线可以据建筑特征布置，可彻底消灭死角。诱导通风系统施工费用低且周期短；其外观小巧加以精心布置，甚至可以起到装饰的作用。另外，车库层高可降低约300mm。

现在的诱导通风技术已有近20年的历史，在欧洲、东南亚、日本等国，在车库的使用中已相当广泛。

22.7 公共建筑节能设计标准（GB 50189—2005）的应用

现将GB 50189—2005标准中的计算参数、新风量及强制性条文分列如下。

22.7.1 计算参数与新风量

22.7.1.1 计算参数（国标中3.0.1—2条）

空气调节系统室内计算参数见表22-14。

表22-14 空气调节系统室内计算参数

参数		冬季	夏季	参数	冬季	夏季
温度/℃	一般房间	20	25	风速 v/m·s^{-1}	0.10≤v≤0.20	0.15≤v≤0.30
	大堂、过厅	18	室内外温差≤10	相对湿度/%	30～60	40～65

22.7.1.2 新风量（国标3.0.2）

公共建筑主要空间的设计新风量，应符合表22-15的规定。

表 22-15　公共建筑主要空间的设计新风量

建筑类型与房间名称			新风量 /m³ · (h · p)⁻¹
旅游旅馆	客　房	5 星级	50
		4 星级	40
		3 星级	30
	餐厅、宴会厅、多功能厅	5 星级	30
		4 星级	25
		3 星级	20
		2 星级	15
	大堂、四季厅	4～5 星级	10
	商业、服务	4～5 星级	20
		2～3 星级	10
	美容、美发、康乐设施		30

建筑类型与房间名称			新风量 /m³ · (h · p)⁻¹
旅店	客　房	一～三级	30
		四级	20
文化娱乐	影剧院、音乐厅、录像厅		20
	游艺厅、舞厅（包括卡拉 OK 歌厅）		30
	酒吧、茶座、咖啡厅		10
体　育　馆			20
商场（店）、书店			20
饭馆（餐厅）			20
办　公			30
学校	教　室	小　学	11
		初　中	14
		高　中	17

22.7.2　强制性条文

国家标准中的强制性条文必须严格执行。GB 50189—2005 中编号为 4.1.2、4.2.2、4.2.4、4.2.6、4.3.1～4.3.4、5.1.1、5.4.2（1、2、3、5、6）、5.4.3、5.4.5、5.4.8、5.4.9 属强制性条文。

22.7.2.1　*关于传热系数、遮阳系数和热阻的强制性条文*

（1）（4.1.2）严寒、寒冷地区建筑的体形系数应小于或等于 0.40。当不能满足本条文的规定时，必须按本标准第 4.3 节的规定进行权衡判断。

（2）（4.2.2）根据建筑所处城市的建筑气候分区，围护结构的热工性能应分别符合表 22-16（4.2.2-1）、表 22-17（4.2.2-2）、表 22-18（4.2.2-3）、表 22-19（4.2.2-4）、表 22-20（4.2.2-5）以及表 22-21（4.2.2-6）的规定，其中外墙的传热系数为包括结构性热桥在内的平均值 K_m。当建筑所处城市属于温和地区时，应判断该城市的气象条件与国标中的表 4.2.1 中的哪个城市最接近，围护结构的热工性能应符合那个城市所属气候分区的规定。当本条文的规定不能满足时，必须按本标准第 4.3 节的规定进行权衡判断。

表 22-16（4.2.2-1）　**严寒地区 A 区围护结构传热系数限值**

围护结构部位		体形系数≤0.3 传热系数 K/W · (m² · K)⁻¹	0.3＜体形系数≤0.4 传热系数 K/W · (m² · K)⁻¹
屋　面		≤0.35	≤0.30
外墙（包括非透明幕墙）		≤0.45	≤0.40
底面接触室外空气的架空或外挑楼板		≤0.45	≤0.40
非采暖房间与采暖房间的隔墙或楼板		≤0.6	≤0.6
单一朝向外窗（包括透明幕墙）	窗墙面积比≤0.2	≤3.0	≤2.7
	0.2＜窗墙面积比≤0.3	≤2.8	≤2.5
	0.3＜窗墙面积比≤0.4	≤2.5	≤2.2
	0.4＜窗墙面积比≤0.5	≤2.0	≤1.7
	0.5＜窗墙面积比≤0.7	≤1.7	≤1.5
屋顶透明部分		≤2.5	

表 22-17（4.2.2-2）　**严寒地区 B 区围护结构传热系数限值**

围护结构部位		体形系数≤0.3 传热系数 K/W·(m^2·K)$^{-1}$	0.3＜体形系数≤0.4 传热系数 K/W·(m^2·K)$^{-1}$
屋　面		≤0.45	≤0.35
外墙（包括非透明幕墙）		≤0.50	≤0.45
底面接触室外空气的架空或外挑楼板		≤0.50	≤0.45
非采暖房间与采暖房间的隔墙或楼板		≤0.8	≤0.8
单一朝向外窗（包括透明幕墙）	窗墙面积比≤0.2	≤3.2	≤2.8
	0.2＜窗墙面积比≤0.3	≤2.9	≤2.5
	0.3＜窗墙面积比≤0.4	≤2.6	≤2.2
	0.4＜窗墙面积比≤0.5	≤2.1	≤1.8
	0.5＜窗墙面积比≤0.7	≤1.8	≤1.6
屋顶透明部分		≤2.6	

表 22-18（4.2.2-3）　**寒冷地区围护结构传热系数和遮阳系数限值**

围护结构部位		体形系数≤0.3 传热系数 K/W·(m^2·K)$^{-1}$		0.3＜体形系数≤0.4 传热系数 K/W·(m^2·K)$^{-1}$	
屋　面		≤0.55		≤0.45	
外墙（包括非透明幕墙）		≤0.60		≤0.50	
底面接触室外空气的架空或外挑楼板		≤0.60		≤0.50	
非采暖空调房间与采暖空调房间的隔墙或楼板		≤1.5		≤1.5	
外窗（包括透明幕墙）		传热系数 K/W·(m^2·K)$^{-1}$	遮阳系数 SC(东、南、西向/北向)	传热系数 K/W·(m^2·K)$^{-1}$	遮阳系数 SC(东、南、西向/北向)
单一朝向外窗（包括透明幕墙）	窗墙面积比≤0.2	≤3.5	—	≤3.0	—
	0.2＜窗墙面积比≤0.3	≤3.0	—	≤2.5	—
	0.3＜窗墙面积比≤0.4	≤2.7	≤0.70/—	≤2.3	≤0.70/—
	0.4＜窗墙面积比≤0.5	≤2.3	≤0.60/—	≤2.0	≤0.60/—
	0.5＜窗墙面积比≤0.7	≤2.0	≤0.50/—	≤1.8	≤0.50/—
屋顶透明部分		≤2.7	≤0.50	≤2.7	≤0.50

注：有外遮阳时，遮阳系数＝玻璃的遮阳系数×外遮阳的遮阳系数；无外遮阳时，遮阳系数＝玻璃的遮阳系数。

表 22-19（4.2.2-4）　**夏热冬冷地区围护结构传热系数和遮阳系数限值**

围护结构部位		传热系数 K/W·(m^2·K)$^{-1}$	
屋　面		≤0.70	
外墙（包括非透明幕墙）		≤1.0	
底面接触室外空气的架空或外挑楼板		≤1.0	
外窗（包括透明幕墙）		传热系数 K/W·(m^2·K)$^{-1}$	遮阳系数 SC(东、南、西向/北向)
单一朝向外窗（包括透明幕墙）	窗墙面积比≤0.2	≤4.7	—
	0.2＜窗墙面积比≤0.3	≤3.5	≤0.55/—
	0.3＜窗墙面积比≤0.4	≤3.0	≤0.50/0.60
	0.4＜窗墙面积比≤0.5	≤2.8	≤0.45/0.55
	0.5＜窗墙面积比≤0.7	≤2.5	≤0.40/0.50
屋顶透明部分		≤3.0	≤0.40

注：有外遮阳时，遮阳系数＝玻璃的遮阳系数×外遮阳的遮阳系数；无外遮阳时，遮阳系数＝玻璃的遮阳系数。

表 22-20（4.2.2-5）**夏热冬暖地区围护结构传热系数和遮阳系数限值**

围护结构部位		传热系数 K/W·（m²·K）⁻¹	
屋　面		≤0.90	
外墙（包括非透明幕墙）		≤1.5	
底面接触室外空气的架空或外挑楼板		≤1.5	
外窗（包括透明幕墙）		传热系数 K/W·（m^2·K）$^{-1}$	遮阳系数 SC（东、南、西向/北向）
单一朝向外窗（包括透明幕墙）	窗墙面积比≤0.2	≤6.5	—
	0.2<窗墙面积比≤0.3	≤4.7	≤0.50/0.60
	0.3<窗墙面积比≤0.4	≤3.5	≤0.45/0.55
	0.4<窗墙面积比≤0.5	≤3.0	≤0.40/0.50
	0.5<窗墙面积比≤0.7	≤3.0	≤0.35/0.45
屋顶透明部分		≤3.5	≤0.35

注：有外遮阳时，遮阳系数=玻璃的遮阳系数×外遮阳的遮阳系数；无外遮阳时，遮阳系数=玻璃的遮阳系数。

表 22-21（4.2.2-6）**不同气候区地面和地下室外墙热阻限值**

气候分区	围护结构部位	热阻 R/（m^2·K）·W^{-1}
严寒地区 A 区	地面：周边地面	≥2.0
	非周边地面	≥1.8
	采暖地下室外墙（与土壤接触的墙）	≥2.0
严寒地区 B 区	地面：周边地面	≥2.0
	非周边地面	≥1.8
	采暖地下室外墙（与土壤接触的墙）	≥1.8
寒冷地区	地面：周边地面 　　　非周边地面	≥1.5
	采暖、空调地下室外墙（与土壤接触的墙）	≥1.5
夏热冬冷地区	地面	≥1.2
	地下室外墙（与土壤接触的墙）	≥1.2
夏热冬暖地区	地面	≥1.0
	地下室外墙（与土壤接触的墙）	≥1.0

注：周边地面系指距外墙内表面2m以内的地面；
　　地面热阻系指建筑基础持力层以上各层材料的热阻之和；
　　地下室外墙热阻系指土壤以内各层材料的热阻之和。

（3）（4.2.4）建筑每个朝向的窗（包括透明幕墙）墙面积比均不应大于0.70。当窗（包括透明幕墙）墙面积比小于0.40时，玻璃（或其他透明材料）的可见光透射比不应小于0.4。当不能满足本条文的规定时，必须按本标准第4.3节的规定进行权衡判断。

（4）（4.2.6）屋顶透明部分的面积不应大于屋顶总面积的20%，当不能满足本条文的规定时，必须按本标准第4.3节的规定进行权衡。

22.7.2.2　关于围护结构热工性能权衡判断的强制性条文

（1）（4.3.1）首先计算参照建筑在规定条件下的全年采暖和空气调节能耗，然后计算所设计建筑在相同条件下的全年采暖和空气调节能耗，当所设计建筑的采暖和空气调节能耗不大于参照建筑的采暖和空气调节能耗时，判定围护结构的总体热工性能符合节能要求。当所设计建筑的采暖和空气调节能耗大于参照建筑的采暖和空气调节能耗时，应调整设计参数重新计算，直至所设计建筑的采暖和空气调节能耗不大于参照建筑的采暖和空气调节能耗。

（2）（4.3.2）参照建筑的形状、大小、朝向、内部的空间划分和使用功能应与所设计建筑完全一致。在严寒和寒冷地区，当所设计建筑的体形系数大于本标准第4.1.2条的规定时，参照建筑的每面外墙均应按比例缩小，使参照建筑的体形系数符合本标准第4.1.2条的规定。当所设计建筑的窗墙面积比大于本标准第4.2.4条的规定时，参照建筑的每个窗户（透明幕墙）均应按比例缩小，使参照建筑的窗墙面积比符合本标准第4.2.4条的规定。当所设计建筑的屋顶透明部分的面积大于本标准第4.2.6条的规定时，参照建筑的屋顶透明部分的面积应按比例缩小，使参照建筑的屋顶透明部分的面积符合本标准第4.2.6条的规定。

（3）（4.3.3）参照建筑外围护结构的热工性能参数取值应完全符合本标准第4.2.2条的规定。

（4）（4.3.4）所设计建筑和参照建筑全年采暖和空气调节能耗的计算必须按照本标准附录B的规定进行。

22.7.2.3　关于冷热负荷计算与电采暖的强制性条文

（1）（5.1.1）施工图设计阶段，必须进行热负荷和逐项逐时的冷负荷计算。

（2）（5.4.2）除了符合下列情况之一外，不得采用电热锅炉、电热水器作为直接采暖和空气调节系统的热源：

1）电力充足、供电政策支持和电价优惠地区的建筑；

2）以供冷为主，采暖负荷较小且无法利用热泵提供热源的建筑；

3）无集中供热与燃气源，用煤、油等燃料受到环保或消防严格限制的建筑；

4）夜间可利用低谷电进行蓄热，且蓄热式电锅炉不在日间用电高峰和平段时间启用的建筑（该条为非强制性条文）；

5）利用可再生能源发电地区的建筑；

6）内、外区合一的变风量系统中需要对局部外区进行加热的建筑。

22.7.2.4　关于锅炉热效率与制冷机性能参数的强制性条文

（1）（5.4.3）锅炉的额定热效率，应符合表22-22（5.4.3）的规定。

表22-22（5.4.3）　锅炉额定热效率

锅炉类型	热效率/%	锅炉类型	热效率/%
燃煤（Ⅱ类烟煤）蒸汽、热水锅炉	78	燃油、燃气蒸汽、热水锅炉	89

（2）（5.4.5）电机驱动压缩机的蒸气压缩循环冷水（热泵）机组，在额定制冷工况和规

定条件下，性能系数（COP）不应低于表22-23（5.4.5）的规定。

表22-23（5.4.5） **冷水（热泵）机组制冷性能系数**

类型		额定制冷量/kW	性能系数/W·W^{-1}	类型		额定制冷量/kW	性能系数/W·W^{-1}
水冷	活塞式/涡旋式	<528	3.8	风冷或蒸发冷却	活塞式/涡旋式	≤50	2.40
		528~1163	4.0			>50	2.60
		>1163	4.2				
	螺杆式	<528	4.10				
		528~1163	4.30				
		>1163	4.60				
	离心式	<528	4.40		螺杆式	≤50	2.60
		528~1163	4.70			>50	2.80
		>1163	5.10				

（3）（5.4.8）名义制冷量大于7100W、采用电机驱动压缩机的单元式空气调节机、风管送风式和屋顶式空气调节机组时，在名义制冷工况和规定条件下，其能效比（EER）不应低于表22-24（5.4.8）的规定。

表22-24（5.4.8） **单元式机组能效比**

类型		能效比/W·W^{-1}	类型		能效比/W·W^{-1}
风冷式	不接风管	2.60	水冷式	不接风管	3.00
	接风管	2.30		接风管	2.70

（4）（5.4.9）蒸汽、热水型溴化锂吸收式冷水机组及直燃型溴化锂吸收式冷（温）水机组应选用能量调节装置灵敏、可靠的机型，在名义工况下的性能参数应符合表22-25（5.4.9）的规定。

表22-25（5.4.9） **溴化锂吸收式机组性能参数**

机型	名义工况			性能参数		
	冷(温)水进/出口温度/℃	冷却水进/出口温度/℃	蒸汽压力/MPa	单位制冷量蒸汽耗量/kg·(kW·h)$^{-1}$	性能系数/W·W^{-1} 制冷	供热
蒸汽双效	18/13	30/35	0.25	≤1.40		
	12/7		0.4			
			0.6	≤1.31		
			0.8	≤1.28		
直燃	供冷 12/7	30/35			≥1.10	
	供热出口 60					≥0.90

注：直燃机的性能系数为：制冷量（供热量）/［加热源消耗量（以低位热值计）+电力消耗量（折算成一次能）］。

附　录

附表1　部分水冷式表面冷却器的传热系数和阻力试验公式

型　号	排 数	作为冷却用之传热系数 $K/\mathrm{W}\cdot(\mathrm{m}^2\cdot℃)^{-1}$	干冷时空气阻力 ΔH_g 和湿冷时空气阻力 $\Delta H_s/\mathrm{Pa}$
B 或 U-Ⅱ	2	$K=\left[\frac{1}{34.3V_y^{0.781}\xi^{1.03}}+\frac{1}{207w^{0.8}}\right]^{-1}$	$\Delta H_s=20.97V_y^{1.39}$
B 或 U-Ⅱ	6	$K=\left[\frac{1}{31.4V_y^{0.857}\xi^{0.87}}+\frac{1}{281.7w^{0.8}}\right]^{-1}$	$\Delta H_g=29.75V_y^{1.98}$ $\Delta H_s=38.93V_y^{1.84}$
GL 或 GL-Ⅱ	6	$K=\left[\frac{1}{21.1V_y^{0.845}\xi^{1.15}}+\frac{1}{216.6w^{0.8}}\right]^{-1}$	$\Delta H_g=19.99V_y^{1.862}$ $\Delta H_s=32.05V_y^{1.635}$
W	2	$K=\left[\frac{1}{42.1V_y^{0.52}\xi^{1.03}}+\frac{1}{332.6w^{0.8}}\right]^{-1}$	$\Delta H_g=5.68V_y^{1.89}$ $\Delta H_s=25.28V_y^{0.895}$
JW	4	$K=\left[\frac{1}{39.7V_y^{0.52}\xi^{1.03}}+\frac{1}{332.6w^{0.8}}\right]^{-1}$	$\Delta H_g=11.96V_y^{1.72}$ $\Delta H_s=42.8V_y^{0.992}$
JW	6	$K=\left[\frac{1}{41.5V_y^{0.52}\xi^{1.02}}+\frac{1}{325.6w^{0.8}}\right]^{-1}$	$\Delta H_g=16.66V_y^{1.75}$ $\Delta H_s=62.23V_y^{1.1}$
JW	8	$K=\left[\frac{1}{35.5V_y^{0.58}\xi^{1.0}}+\frac{1}{353.6w^{0.8}}\right]^{-1}$	$\Delta H_g=23.8V_y^{1.74}$ $\Delta H_s=70.56V_y^{1.21}$
SXL-B	2	$K=\left[\frac{1}{27V_y^{0.423}\xi^{0.74}}+\frac{1}{157w^{0.8}}\right]^{-1}$	$\Delta H_g=17.35V_y^{1.54}$ $\Delta H_s=35.28V_y^{1.4}\xi^{0.183}$
KL-1	4	$K=\left[\frac{1}{32.6V_y^{0.57}\xi^{0.987}}+\frac{1}{350.1w^{0.8}}\right]^{-1}$	$\Delta H_g=24.21V_y^{1.828}$ $\Delta H_s=24.01V_y^{1.913}$
KL-2	4	$K=\left[\frac{1}{29V_y^{0.622}\xi^{0.758}}=\frac{1}{385w^{0.8}}\right]^{-1}$	$\Delta H_g=27V_y^{1.43}$ $\Delta H_s=42.2V_y^{1.2}\xi^{0.18}$
KL-3	6	$K=\left[\frac{1}{27.5V_y^{0.778}\xi^{0.843}}+\frac{1}{460.5w^{0.8}}\right]^{-1}$	$\Delta H_g=26.3V_y^{1.75}$ $\Delta H_s=63.3V_y^{1.2}\xi^{0.15}$

型　号	排 数	水阻力/kPa	作为热水加热用之传热系数 $K/\mathrm{W}\cdot(\mathrm{m}^2\cdot℃)^{-1}$	试验时用的型号
B 或 U-Ⅱ	2			B-2B-6-27
B 或 U-Ⅱ	6	$\Delta h=64.68w^{1.854}$		R-6R-8-24
GL 或 GL-Ⅱ	6	$\Delta h=64.68w^{1.854}$		GL-6R-8-24
W	2	$\Delta h=8.18w^{1.93}$	$K=34.77V_y^{0.4}w^{0.079}$	小型试验样品
JW	4	$\Delta h=12.54w^{1.93}$	$K=31.87V_y^{0.48}w^{0.08}$	小型试验样品
JW	6	$\Delta h=14.5w^{1.93}$	$K=30.7V_y^{0.485}w^{0.08}$	小型试验样品
JW	8	$\Delta h=20.19w^{1.93}$	$K=27.3V_y^{0.58}w^{0.075}$	小型试验样品
SXL-B	2	$\Delta h=15.48w^{1.97}$	$K=\left[\frac{1}{21.5V_y^{0.526}}+\frac{1}{319.8w^{0.8}}\right]^{-1}$	
KL-1	4	$\Delta h=18.03w^{2.1}$	$K=\left[\frac{1}{28.6V_y^{0.656}}+\frac{1}{286.1w^{0.8}}\right]^{-1}$	
KL-2	4	$\Delta h=22.5w^{1.3}$	$K=11.16V_y+15.54w^{0.276}$	KL-2-4-10/600
KL-3	6	$\Delta h=27.9w^{1.81}$	$K=12.97V_y+15.08w^{0.13}$	KL-3-6-10/600

附表 2　水冷式表面冷却器的 E' 值

冷却器型号	排　数	迎面风速 v_y/m · s^{-1}			
		1.5	2.0	2.5	3.0
B 或 U-Ⅱ GL 或 GL-Ⅱ	2	0.543	0.518	0.499	0.484
	4	0.791	0.767	0.748	0.733
	6	0.905	0.887	0.875	0.863
	8	0.957	0.946	0.937	0.930
JW	2*	0.590	0.545	0.515	0.490
	4*	0.841	0.797	0.768	0.740
	6*	0.940	0.911	0.888	0.872
	8*	0.977	0.964	0.954	0.945
SXL-B	2	0.826	0.440	0.423	0.408
	4*	0.97	0.686	0.665	0.649
	6	0.995	0.800	0.806	0.792
	8	0.999	0.824	0.887	0.877
KL-1	2	0.466	0.440	0.423	0.408
	4*	0.715	0.686	0.665	0.649
	6	0.848	0.800	0.806	0.792
	8	0.917	0.824	0.887	0.877
KL-2	2	0.553	0.530	0.511	0.493
	4*	0.800	0.780	0.762	0.743
	6	0.909	0.896	0.886	0.870
KL-3	2	0.450	0.439	0.429	0.416
	4	0.700	0.685	0.672	0.660
	6*	0.834	0.823	0.813	0.802

注：表中有 * 号的为试验数据，无 * 号的是根据理论公式计算出来的。

附表 3　JW 型表面冷却器技术数据

型　号	风　量 L/m^3 · h^{-1}	每排散热面积 F_d/m^2	迎风面积 F_y/m^2	通水断面积 f_w/m^2	备　注
JW10-4	5000 ~ 8350	12.15	0.944	0.00407	共有 4、6、8、10 排 4 种产品
JW20-4	8350 ~ 16700	24.05	1.87	0.00407	
JW30-4	16700 ~ 25000	33.40	2.57	0.00553	
JW40-4	25000 ~ 33400	44.50	3.43	0.00553	

附表4　部分空气加热器的传热系数和阻力试验公式

加热器型号		传热系数 K/W·(m²·℃)⁻¹ 蒸汽	传热系数 K/W·(m²·℃)⁻¹ 热水	空气阻力 ΔH/Pa	热水阻力 /kPa
SRZ型	5，6，10D	$13.6(v_\rho)^{0.49}$		$1.76(v_\rho)^{1.998}$	D型：$15.2w^{1.96}$ Z、X型：$19.3w^{1.83}$
	5，6，10Z	$13.6(v_\rho)^{0.49}$		$1.47(v_\rho)^{1.98}$	
	5，6，10X	$14.5(v_\rho)^{0.532}$		$0.88(v_\rho)^{1.22}$	
	7D	$14.3(v_\rho)^{0.51}$		$2.06(v_\rho)^{1.97}$	
	7Z	$14.3(v_\rho)^{0.51}$		$2.94(v_\rho)^{1.52}$	
	7X	$15.1(v_\rho)^{0.571}$		$1.37(v_\rho)^{1.917}$	
SRL型	B×A/2	$15.2(v_\rho)^{0.48}$	$16.5(v_\rho)^{0.24}$	$1.71(v_\rho)^{1.67}$	
	B×A/3	$15.1(v_\rho)^{0.43}$	$14.5(v_\rho)^{0.29}$	$3.03(v_\rho)^{1.62}$	
SYA型	D	$15.4(v_\rho)^{0.297}$	$16.6(v_\rho)^{0.36}w^{0.226}$	$0.86(v_\rho)^{1.96}$	
	Z	$15.4(v_\rho)^{0.297}$	$16.6(v_\rho)^{0.36}w^{0.226}$	$0.82(v_\rho)^{1.94}$	
	X	$15.4(v_\rho)^{0.297}$	$16.6(v_\rho)^{0.36}w^{0.226}$	$0.78(v_\rho)^{1.87}$	
I型	2C	$25.7(v_\rho)^{0.375}$		$0.80(v_\rho)^{1.985}$	
	1C	$26.3(v_\rho)^{0.423}$		$0.40(v_\rho)^{1.985}$	
GL型或GL-Ⅱ型		$19.8(v_\rho)^{0.608}$	$31.9(v_\rho)^{0.46}w^{0.5}$	$0.84(v_\rho)^{1.862}\times N$	$10.8w^{1.854}\times N$
B、U型或U-Ⅱ型		$19.8(v_\rho)^{0.608}$	$25.5(v_\rho)^{0.556}w^{0.0115}$	$0.84(v_\rho)^{1.862}\times N$	$10.8w^{1.854}\times N$

注：v_ρ—空气质量流速，kg/(m²·s)；w—水流速，m/s；N—排数；w—用130℃过热水，w=0.023～0.037m/s。

附表5　一些铸铁散热器规格及其传热系数 K

型　号	每片散热面积 /m²	每片水容量 /L	每片质量 /kg	工作压力 /MPa	传热系数计算公式 K/W·(m²·℃)⁻¹
TC0.28/5-4，长翼型（大60）	1.16	8	28	0.4	$K=1.743\Delta t^{0.28}$
TZ2-5-5（M-132型）	0.24	1.32	7	0.5	$K=2.426\Delta t^{0.286}$
TZ4-6-5（4柱760型）	0.235	1.16	6.6	0.5	$K=2.503\Delta t^{0.293}$
TZ4-5-5（4柱640型）	0.20	1.03	5.7	0.5	$K=3.663\Delta t^{0.16}$
TZ2-5-5（2柱700型，带腿）	0.24	1.35	6	0.5	$K=2.02\Delta t^{0.271}$
4柱813型（带腿）	0.28	1.4	8	0.5	$K=2.237\Delta t^{0.302}$
圆翼型：单排 双排 三排	1.8	4.42	38.2	0.5	

型　号	热水热媒当 Δt=64.5℃时 K/W·(m²·℃)⁻¹	不同蒸汽表压力下的 K/W·(m²·℃)⁻¹ 0.03	0.07	≥0.1
TC0.28/5-4，长翼型（大60）	5.59	6.12	6.27	6.36
TZ2-5-5（M-132型）	7.99	8.75	8.97	9.10
TZ4-6-5（4柱760型）	8.49	9.31	9.55	9.69
TZ4-5-5（4柱640型）	7.13	7.51	7.61	7.67
TZ2-5-5（2柱700型，带腿）	6.25	6.81	6.97	7.07
4柱813型（带腿）	7.87	8.66	8.89	9.03
圆翼型：				
单排	5.81	6.97	6.97	7.79
双排	5.08	5.81	5.81	6.51
三排	4.65	5.23	5.23	5.81

注：1. 本表前四项由原哈尔滨建筑工程学院ISO散热器试验台测试，其余柱型由清华大学ISO散热器试验台测试。
2. 散热器表面喷银粉漆、明装、同侧连接上进下出。
3. 圆翼型散热器因无实验公式，暂按以前一些手册数据采用。
4. 此为密闭实验台测试数据。在实际情况下，散热器的 K 和 Q 值，比表中数值约增大10%左右。

附表 6　一些钢制散热器规格及其传热系数 K

型　号	每片散热面积 /m^2	每片水容量 /L	每片质量 /kg	工作压力 /MPa
钢制柱式散热器　600 × 120	0.15	1	2.2	0.8
钢制板式散热器　600 × 1000	2.75	4.6	18.4	0.8
钢制扁管散热器				
单板　520 × 1000	1.151	4.71	15.1	0.6
单板带对流片　624 × 1000	5.55	5.49	27.4	0.6
闭式钢串片散热器	/$m^2 \cdot m^{-1}$	/$L \cdot m^{-1}$	/$kg \cdot m^{-1}$	
150 × 80	3.15	1.05	10.5	1.0
240 × 100	5.72	1.47	17.4	1.0
500 × 90	7.44	2.50	30.5	1.0

型　号	传热系数 $K/W \cdot (m^2 \cdot ℃)^{-1}$	热水热媒当 $\Delta t = 64.5℃$时 $K/W \cdot (m^2 \cdot ℃)^{-1}$	备　注
钢制柱式散热器　600 × 120	$K = 2.489\Delta t^{0.3069}$	8.94	钢板厚 1.5mm，表面涂调和漆
钢制板式散热器　600 × 1000	$K = 2.5\Delta t^{0.239}$	6.76	钢板厚 1.5mm，表面涂调和漆
钢制扁管散热器			
单板　520 × 1000	$K = 3.53\Delta t^{0.235}$	9.4	钢板厚 1.5mm，表面涂调和漆
单板带对流片　624 × 1000	$K = 1.23\Delta t^{0.246}$	3.4	钢板厚 1.5mm，表面涂调和漆
闭式钢串片散热器			
150 × 80	$K = 2.07\Delta t^{0.14}$	3.71	对应流量 $G = 50$kg/h 时的工况
240 × 100	$K = 1.30\Delta t^{0.18}$	2.75	对应流量 $G = 150$kg/h 时的工况
500 × 90	$K = 1.88\Delta t^{0.11}$	2.97	对应流量 $G = 250$kg/h 时的工况

附表 7　散热器组装片数修正系数

每组片数	<6	6 ~ 10	11 ~ 20	>20
β_1	0.95	1.00	1.05	1.10

注：上表仅适用于各种柱型散热器。长翼型和圆翼型不修正。其他散热器需要修正时，见产品说明。

附表 8　散热器连接形式修正系数

连接形式	同侧上进下出	异侧上进下出	异侧下进下出	异侧下进上出	同侧下进上出
4 柱 813 型	1.0	1.004	1.239	1.422	1.426
M-132 型	1.0	1.009	1.251	1.386	1.396
长翼型（大 60）	1.0	1.009	1.225	1.331	1.369

注：1. 本表数值由原哈尔滨建筑工程学院提供。该值是在标准状态下测定的。

2. 其他散热器可近似套用上表数据。

附表9　散热器安装形式修正系数

序　号	装置示意	装置说明	系数β_3
1	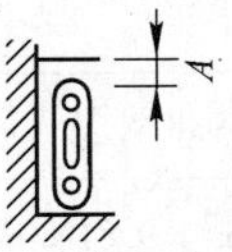	散热器安装在墙面上加盖板	当$A=40$mm时，$\beta_3=1.05$ $A=80$mm，$\beta_3=1.03$ $A=100$mm，$\beta_3=1.02$
2	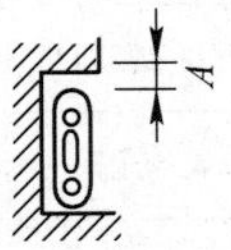	散热器装在墙龛内	当$A=40$mm时，$\beta_3=1.11$ $A=80$mm，$\beta_3=1.07$ $A=100$mm，$\beta_3=1.06$
3	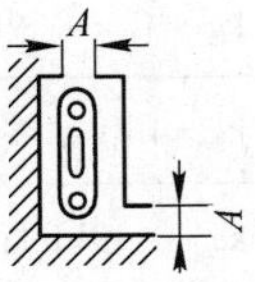	散热器安装在墙面，外面有罩。罩子上面及前面之下端有空气流通孔	当$A=260$mm时，$\beta_3=1.12$ $A=220$mm，$\beta_3=1.13$ $A=180$mm，$\beta_3=1.19$ $A=150$mm，$\beta_3=1.25$
4	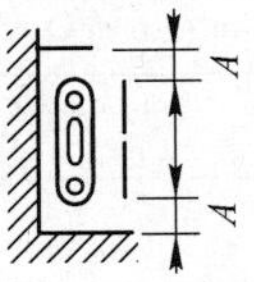	散热器安装形式同前，但空气流通孔开在罩子前面上下两端	当$A=130$mm时， 孔口敞开：$\beta_3=1.2$ 孔口有格栅式网状物盖着：$\beta_3=1.4$
5	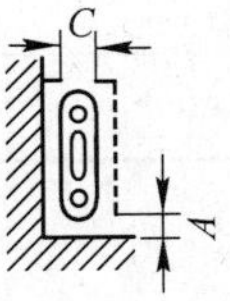	安装形式同前，但罩子上面空气流通孔宽度C不小于散热器的宽度，罩子前面下端的孔口高度不小于100mm，其他部分为格栅	$A=100$mm，$\beta_3=1.15$
6	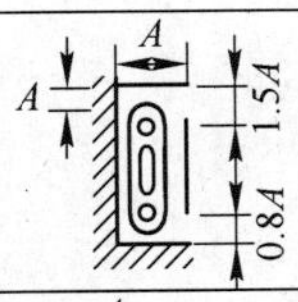	安装形式同前，空气流通口开在罩于前面上下两端，其宽度如图	$\beta_3=1.0$
7	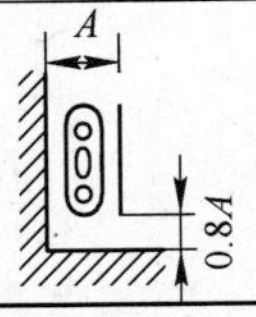	散热器用挡板挡住，挡板下端留有空气流通口，其高度为$0.8A$	$\beta_3=0.9$

注：散热器明装，敞开布置，$\beta_3=1.0$。

附表10　空调工程常用单位换算

序号	物理量	符号	IS-单位制	工程单位制	换　　算
1	长　度	l	m	m	
2	面　积	F	m^2	m^2	
3	质　量	m	kg	kg	
4	时　间	$z(\tau)$	s	s	
5	速　度	$v(\omega)$	m/s	m/s	

续附表 10

序号	物理量	符号	IS-单位制	工程单位制	换　　算
6	加速度	g	m/s^2	m/s^2	
7	力	f	N	kgf	1kgf = 9.81N
8	压　力	$p(H)$	$N/m^2 = Pa$	kgf/m^2	$1kgf/m^2 = 9.81N/m^2$
9	温　度	t	K	℃	1K = ℃ + 273.15
10	热　量	Q	kJ	kcal	1kcal = 4.19kJ
11	功　率	N	W	kgf · m/s	1kgf · m/s = 9.81W
12	比热容	c	kJ/(kg · K)	kcal/kg · ℃	1kcal/kg · ℃ = 4.19kJ/(kg · K)
13	焓	h	kJ/kg	kcal/kg	1kcal/kg = 4.19kJ/kg
14	汽化潜热	r	kJ/kg	kcal/kg	1kcal/kg = 4.19kJ/kg
15	传热系数	K	$W/(m^2 \cdot K)$	$kcal/m^2 \cdot h \cdot ℃$	$1kcal/m^2 \cdot h \cdot ℃ = 1.163W/(m^2 \cdot K)$
16	比体积	v	m^3/kg	m^3/kg	
17	密　度	ρ	kg/m^3	kg/m^3	
18	运动黏度系数	ν	m^2/s	m^2/s	
19	质量流量	G	kg/s(kg/h)	kg/s(kg/h)	
20	体积流量	L	$m^3/s(m^3/h)$	$m^3/s(m^3/h)$	

参考文献

1 何耀东，何青主编. 中央空调. 北京：冶金工业出版社，1998
2 朱勇等. 中央空调. 北京：人民邮电出版社，2003
3 赵荣义等. 空气调节（第三版）. 北京：中国建筑工业出版社，1994
4 何天祺主编. 供暖通风与空气调节. 重庆：重庆大学出版社，2002
5 蔡炳鉴主编. 空气调节. 北京：化学工业出版社，2003
6 陆亚俊等. 暖通空调. 北京：中国建筑工业出版社，2002
7 赵荣义等. 简明空调设计手册. 北京：中国建筑工业出版社，1998
8 何青等主编. 中央空调常用数据速查手册. 北京：机械工业出版社，2005
9 寿炜炜，姚国琪. 户式中央空调系统设计与工程实例. 北京：机械工业出版社，2005
10 孙一坚主编. 简明通风设计手册. 北京：中国建筑工业出版社，1997
11 陈沛霖主编. 建筑空调实用技术基础. 北京：中国电子出版社，2004
12 建筑部等. 全国民用建筑工程设计技术措施——暖通空调. 北京：中国计划出版社，2003
13 章建民. 制冷机器. 北京：化学工业出版社，2000
14 张早校等. 制冷与热泵. 北京：化学工业出版社，2000
15 何耀东. 空调用溴化锂吸收式制冷机（第二版）. 北京：中国建筑工业出版社，1996
16 中国有色工程设计研究总院主编. 采暖通风与空气调节设计规范，北京：中国计划出版社，2003
17 曹德胜. 制冷空调系统的安全运行、维护管理及节能环保. 北京：中国电力出版社，2003
18 李援瑛. 空调系统运行管理与维护. 北京：人民邮电出版社，2004
19 吴喜平. 蓄冷技术和蓄热电锅炉在空调中的应用. 上海：同济大学出版社，2000
20 潘云钢. 高层民用建筑空调设计. 北京：中国建筑工业出版社，1999
21 刘天川. 超高层建筑空调设计. 北京：中国建筑工业出版社，2004
22 华东建筑设计研究院. 高层公共建筑空调设计实例. 北京：中国建筑工业出版社，1997
23 何耀东，何青主编. 旅馆建筑空调设计. 北京：中国建筑工业出版社，1995
24 马最良，姚杨主编. 民用建筑空调设计. 北京：化学工业出版社，2003
25 杨盛旭等. 地下商场空调设计问题探讨. 暖通空调，2004（2）
26 胡吉士等. 医院洁净空调设计与运行管理. 北京：机械工业出版社，2004
27 沈晋明. 医院建筑空调设计. 空调设计，1997，第二辑
28 戈兴中. 制冷与空调装置安装、维修及管理. 北京：化学工业出版社，2002
29 李娥飞. 暖通空调设计与通病分析（第二版）. 北京：中国建筑工业出版社，2004
30 付小平，杨洪义，安大伟. 中央空调系统运行管理. 北京：清华大学出版社，2001
31 何耀东. 中央空调工程预算与施工管理. 北京：中国建筑工业出版社，2001
32 刘卫华等. 制冷空调新技术及进展. 北京：机械工业出版社，2005
33 俞炳丰等. 中央空调新技术及其应用. 北京：化学工业出版社，2005
34 中国暖通委员会、建工出版社. 暖通空调新技术 4. 北京：中国建筑工业出版社，2002